普通高等教育"十五"国家级规划教材

基因工程
Gene Engineering —— 第三版

主　编　孙　明

编　者　（按姓氏拼音排序）

陈雯莉	华中农业大学	储昭辉	山东农业大学
连正兴	中国农业大学	林拥军	华中农业大学
刘克德	华中农业大学	吕颂雅	武汉大学
彭东海	华中农业大学	苏　莉	华中科技大学
孙　明	华中农业大学	陶美凤	上海交通大学
谢胜松	华中农业大学	熊立仲	华中农业大学
姚伦广	南阳师范学院	张桂敏	北京化工大学
赵昌明	武汉大学	郑金水	华中农业大学
周　菲	华中农业大学	邹婷婷	华中农业大学

中国教育出版传媒集团

高等教育出版社·北京

内容简介

　　本教材系统介绍基因工程的科学原理、设计策略和技术方案，反映基因工程理论和实践的前瞻性、系统性和可操作性。教材分2篇共18章：第一篇为基因操作原理，系统描述基因操作和分子克隆的基本原理，涉及工具酶和载体的工作原理，以及基因和基因组的分离、检测、分析、扩增、诱变、转移、克隆等实施操作的技术原理，为开展分子生物学相关研究和实施基因工程案件提供理论指导；第二篇为基因工程应用，介绍基因工程在不同生物体中的实施状况、设计原理和应用效应，让读者了解基因工程生物体、产物、应用技术以及管理的概貌、进展和关切。

　　本教材可用作高等学校生物科学、生物工程、生物技术等生物类专业或相关专业本科生教材或研究生参考教材，也可用作科学研究、技术开发、社会服务和科技管理等相关领域人员的参考资料。

图书在版编目（CIP）数据

基因工程 / 孙明主编 . -- 3 版 . -- 北京：高等教育出版社，2024.8

ISBN 978-7-04-059840-7

Ⅰ. ①基… Ⅱ. ①孙… Ⅲ. ①基因工程 Ⅳ. ① Q78

中国国家版本馆 CIP 数据核字（2023）第 022654 号

JIYIN GONGCHENG

| 策划编辑　高新景 | 责任编辑　高新景 | 封面设计　孙昕悦 | 责任印制　赵佳 |

出版发行	高等教育出版社	网　　址	http://www.hep.edu.cn
社　　址	北京市西城区德外大街4号		http://www.hep.com.cn
邮政编码	100120	网上订购	http://www.hepmall.com.cn
印　　刷	人卫印务（北京）有限公司		http://www.hepmall.com
开　　本	889mm×1194mm　1/16		http://www.hepmall.cn
印　　张	27	版　　次	2006年5月第1版
字　　数	680千字		2024年8月第3版
购书热线	010-58581118	印　　次	2024年8月第1次印刷
咨询电话	400-810-0598	定　　价	56.00元

本书如有缺页、倒页、脱页等质量问题，请到所购图书销售部门联系调换

版权所有　侵权必究

物 料 号　59840-00

新形态教材·数字课程（基础版）

基因工程
（第三版）

主编 孙 明

登录方法：
1. 电脑访问 http://abooks.hep.com.cn/59840，或微信扫描下方二维码，打开新形态教材小程序。
2. 注册并登录，进入"个人中心"。
3. 刮开封底数字课程账号涂层，手动输入 20 位密码或通过小程序扫描二维码，完成防伪码绑定。
4. 绑定成功后，即可开始本数字课程的学习。

绑定后一年为数字课程使用有效期。如有使用问题，请点击页面下方的"答疑"按钮。

关于我们 | 联系我们　　登录/注册

基因工程（第三版）

孙 明

开始学习　　收藏

本数字课程与纸质新形态教材一体化设计，紧密配合，内容包括演示文稿、思考题、技术案例、拓展知识等，可供高校不同专业的师生根据实际需求选择使用，也可供相关科学工作者参考。

http://abooks.hep.com.cn/59840

第三版前言

自本教材第二版出版以来，生命科学和技术发展迅猛，基于基因的研究和应用突飞猛进，无论是全球还是我国都在生命科学领域的研究和开发方面取得了令人瞩目的成就，展现出一片繁荣而催人振奋的景象。如基因编辑技术大范围应用，高通量测序技术不断改进的同时催生了大量基于测序的高精尖研究技术和应用技术，基于基因工程相关技术的合成生物学快速发展，基因工程产品和检测或诊断技术层出不穷。

基于多年的教学需求和效果，第三版教材依然保留基因操作原理和基因工程应用两篇。21世纪以来，一直展现生物学世纪的面貌，并还将持续下去。在这个热点不断的生物学世纪，生物学基础研究是主体，也是"主战场"；同时，生物技术和生物工程开发与前者紧密结合，决定了立足于基因水平的操作技术成为基础性和平台性技术。基因操作原理早已成为研究生物学，特别是分子生物学，以及开展前沿生物技术和基因工程的必备理论基础，同时也为深度和精细认知基因水平的生物学属性提供新视角和新思维，为精准和精巧设计基因工程流程和线路提供元件和智慧；既提供精细如麻的高分辨锐利视场，又展现宽广的系统生物学宏观视野。

随着PCR技术全方位和高精度贯穿于基因操作，加上高通量测序技术的全面渗透，基因操作技术的丰富度和精确度得到快速提升，二者相互结合又产生许多全新的技术，进而推动生物学研究向更细、更广、更系统、更理性的方向发展，并产生大量划时代的研究成果。基因工程的发展也由单基因操作不断迈向基因簇、基因组和染色体操作，以及基因线路重构甚至生命重建。

传统基因操作技术的介绍，不仅在乎读者能够采用相关的技术来实施基因研究，还在于逆向向读者传递历史和发展的脉络，还原生物学固有的精彩和魅力，并从基因元件分解的角度去阅读生物的逻辑和协同、审视生物的系统和整合，以至进一步巩固基因操作理念的建立和强化。

服务于生物学研究的生化试剂公司所开发的基因操作试剂和试剂盒越来越丰富，为生命科学领域的研究提供了强有力的操作工具和解决方案，并推动生命科学的快速发展。科学的进步又给试剂公司的发展反向提供动力源泉，不断推出新进展为供其将此转化成新技术和新产品。同时，试剂公司也在不断进行重组和并购，加速技术的集成和研发，以及技术和市场的占有。需要注意的是，有些试剂公司对推出的产品并没有做详细描述，难以看出其工作原理，用户只能按提供的流程机械地实施操作。当遇到这样的情况时，用户们一定要擦亮眼睛，尽可能从本教材或其他资料中找到或推导其工作原理进而理性指导操作。

作为基因操作的基础工具和方法，描述工具酶、载体及其常规操作的基本原理是本教材的主要内容。本教材在操作原理的描述方面，做到充分和细致，力争达到最前沿的认知水平。尽管有些工具不再常用，但对其原理的介绍对于掌握系统性基因操作知识和强化基因操作理念，以及辅助分子生物学学习有重要作用。第三版教材中将常规克隆载体和大容量克隆载体合并，为此相比第二版减少一章。对 DNA 文库构建一章，将克隆化文库的构建做了简化和合并处理，重点在于介绍相互作用文库的构建原理，特别是为高通量测序而设计和制备的多样化、非克隆化 DNA 文库的构建原理。

  教材中列举了大量图片，大部分由作者自行绘制。自制图片数量相比第 2 版增加很多，但仍有一些图片不便重新绘制或未能及时绘制，在此感谢相关的作者和机构为本教材呈现的珍贵资料。本教材是在第二版的基础上更新和完善的，为此在引用参考文献时，只保留了最主要的和添加了最新的。其中 *Molecular Cloning* 各版本和 New England Biolabs 公司产品资料引用频次较多，但引注不一定到位。同时，由于许多有关工具和技术原理的资料来自试剂公司，为此在引注时直接将公司的网址作为参考文献。需要说明的是，本教材中参考文献的引用篇数多控制在 5 篇，最多不超过 6 篇（第十八章除外），且对在先前版本中标注过参考文献的图表，在本版中不再标注，因此一定会有许多采用的资料未注明来源，望相关作者和机构谅解。在编写过程中，作者尽量避免描述企业名称。但由于部分企业在共性资料的研发中做出了重要贡献或企业名称与开发的技术名称相偶联，为此在教材中不可避免会出现企业名称，不过这些与个人利益无关。教材中涉及许多学术名词和术语及其对应的外文名称，它们在不同文献或历史阶段的书写方式和格式常常存在差异，为此在编写中主要采用"全国科学技术名词审定委员会"审定的名词和书写格式，当在不同学科中存在差异时由主编和编者商量后选取。对于未审定的名词，参照了主流文献的书写范式，以及按出现频次、历史脉络、或编者的理解来选取或制定。

  教材所对应的基因操作原理部分，已有国家精品课程和国家精品开放课程支持以及教材配套数字课程支持，并已在爱课程网站上线。同时，在大数据的今天，网络上有海量资料可供查询，读者可从中淘选，以补充或强化对本教材的理解和掌握。

  许多研究生和基因操作原理课堂学生在第三版教材的编写过程中做了大量工作，特别是在图片绘制和文字校订方面做了出色工作，如王凯、李帆伶、耿阳、刘之彧等；编写过程中得到了高等教育出版社历版责任编辑的关心、支持和鼓励；第三版增加了 3 位年轻有为的作者，郑金水、邹婷婷和谢胜松；阮丽芳教授参与了第十四章审阅；部分作者参加多个章节的撰写或修改，但没有署名；我女儿孙昕悦用她对基因的认识和理解设计了封面。对以上人员以及其他给予帮助的人员表示由衷感谢！

  尽管本教材的作者都活跃在相关领域的教学和科研工作中，但对教材的更新进度远赶不上科学和技术的日新月异。在新颖性方面肯定有未描述到位之处，望读者见谅。特别是在对学术的理解和领会及其文字传达方面，一定有不到位、不准确，甚至有错误之处，望提出宝贵意见及批评和指正。

孙　明
2023年10月于武汉

目 录

第一篇　基因操作原理

第一章　基因工程概述 … 3
第一节　基因操作与基因工程 … 3
一、基因操作与基因工程的关系 … 3
二、基因工程的诞生与发展 … 4
第二节　基因工程是生物科学发展的必然产物 … 6
一、基因是基因重组的物质基础 … 6
二、基因操作技术的发展和进步 … 8
三、基因工程的内容 … 9
第三节　基因的结构——基因操作的理论基础 … 10
一、基因的结构组成对基因操作的影响 … 11
二、基因克隆和基因文库 … 12

第二章　分子克隆工具酶 … 14
第一节　限制性内切酶 … 14
一、限制与修饰 … 14
二、限制性内切酶识别序列 … 17
三、切割产生的末端 … 19
四、DNA末端长度对限制性内切酶切割的影响 … 20
五、位点偏爱 … 23
六、酶切反应条件 … 24
七、星星活性 … 25
八、单链DNA的切割 … 25
九、酶切位点在连接中的应用 … 25
十、影响酶活性的因素 … 27
十一、酶切位点在基因组中分布的不均一性 … 27
第二节　甲基转移酶 … 28
一、甲基转移酶的种类 … 28
二、依赖于甲基化的限制系统 … 28
三、甲基化对基因操作的影响 … 29
第三节　DNA聚合酶 … 29
一、大肠杆菌DNA聚合酶Ⅰ … 29
二、Klenow DNA聚合酶 … 31
三、T4和T7 DNA聚合酶 … 31
四、链置换型DNA聚合酶 … 31
五、耐热DNA聚合酶 … 34
六、反转录酶 … 34
七、末端转移酶 … 35
第四节　其他分子克隆工具酶 … 36
一、依赖于DNA的RNA聚合酶 … 36
二、连接酶 … 36
三、T4多核苷酸激酶 … 37
四、碱性磷酸酶 … 37
五、核酸酶 … 38
六、核酸酶抑制剂 … 40
七、琼脂糖酶 … 40
八、DNA结合蛋白 … 40
九、其他酶 … 41

第三章　分子克隆载体 … 43
第一节　质粒载体 … 43
一、质粒基本特性 … 43
二、标记基因 … 45

三、质粒载体种类 …………… 46
第二节　噬菌体 λ 载体 …………… 50
　　一、噬菌体 λ 分子生物学 ……… 50
　　二、噬菌体 λ 载体的选择标记 … 55
　　三、代表性噬菌体 λ 载体 ……… 57
　　四、噬菌体 λ 载体的克隆原理及
　　　　步骤 ……………………… 60
　　五、噬菌体 λ 位点特异性重组系统在
　　　　基因克隆中的应用 ………… 61
第三节　单链丝状噬菌体载体 …… 63
　　一、噬菌体 M13 生物学 ……… 64
　　二、噬菌体 M13 载体 ………… 66
　　三、噬菌体 M13 载体的宿主菌 … 67
　　四、噬菌粒 …………………… 69
　　五、辅助噬菌体 M13KO7 ……… 69
第四节　人工染色体载体 ………… 70
　　一、黏粒载体 ………………… 71
　　二、细菌人工染色体载体 ……… 72
　　三、其他人工染色体载体 ……… 75

第四章　表达载体 …………………… 78
第一节　大肠杆菌表达载体 ……… 78
　　一、大肠杆菌表达载体的结构 … 78
　　二、大肠杆菌表达载体的类型 … 80
　　三、无细胞体系蛋白质表达系统 … 88
　　四、表达产物的纯化 …………… 90
　　五、蛋白表达中可能存在的问题 … 90
第二节　穿梭载体 ………………… 92
　　一、大肠杆菌/革兰氏阳性细菌穿梭
　　　　载体 ……………………… 92
　　二、大肠杆菌/酵母菌穿梭载体 … 92
　　三、其他穿梭载体 ……………… 93

第五章　基因操作中大分子分离和检测 … 95
第一节　DNA 分离、检测和纯化 …… 95
　　一、大肠杆菌质粒 DNA 的分离和
　　　　纯化 ……………………… 95
　　二、基因组 DNA 分离 ………… 96
　　三、DNA 琼脂糖凝胶电泳 …… 98
　　四、聚丙烯酰胺凝胶电泳 ……… 98

　　五、脉冲场凝胶电泳 …………… 99
　　六、紫外吸收法检测 DNA 浓度和
　　　　纯度 ……………………… 100
　　七、DNA 片段纯化 …………… 101
第二节　RNA 分离、检测和纯化 … 102
　　一、控制潜在 RNA 酶的活性 … 102
　　二、RNA 抽提和纯化 ………… 102
　　三、mRNA 纯化 ……………… 103
　　四、RNA 电泳检测 …………… 103
第三节　分子杂交 ………………… 104
　　一、Southern 杂交 …………… 104
　　二、Northern 杂交 …………… 105
　　三、Western 杂交 …………… 105
　　四、其他分子杂交 …………… 106
　　五、DNA 微阵列分析 ………… 106
　　六、探针标记 ………………… 107
第四节　重组 DNA 分子导向大肠
　　　　杆菌 ……………………… 108
　　一、$CaCl_2$ 转化法 …………… 108
　　二、电转化法 ………………… 108

第六章　基因操作中核酸分析技术 …… 111
第一节　DNA 和蛋白质相互作用
　　　　分析 ……………………… 111
　　一、凝胶阻滞实验 …………… 111
　　二、DNase I 足迹实验 ………… 112
　　三、酵母单杂交技术 ………… 114
　　四、染色质免疫沉淀法 ……… 115
　　五、SELEX 与核酸适体技术 … 116
　　六、荧光标记技术 …………… 117
　　七、DNA-蛋白质相互作用研究
　　　　技术的新进展 …………… 117
第二节　RNA 作图和端点分析 …… 120
　　一、RNA 核酸酶 S1 作图 …… 120
　　二、核酸酶 S1 分析 mRNA 端点 … 122
　　三、引物延伸法分析 mRNA 5′ 端 … 122
第三节　RNA 干扰技术 …………… 123
　　一、RNAi 现象 ……………… 123
　　二、RNAi 作用机制 ………… 124
　　三、RNAi 技术关键问题 …… 124

四、RNAi 技术应用 …………… 126

第七章　PCR 技术及其应用 ………… 128
第一节　PCR 技术原理和工作方式 … 129
　　一、PCR 基本原理 …………… 129
　　二、PCR 反应体系 …………… 129
　　三、PCR 反应程序 …………… 133
第二节　PCR 产物克隆 …………… 134
　　一、PCR 产物两端添加限制性内切酶切割位点 …………… 134
　　二、TA 克隆法 …………… 135
　　三、平末端 DNA 片段克隆 …… 135
　　四、长片段 DNA 的 PCR 扩增 …… 137
　　五、无缝克隆技术 …………… 139
第三节　PCR 扩增未知 DNA 片段 … 140
　　一、反向 PCR …………… 140
　　二、热不对称交错 PCR …… 140
第四节　反转录 PCR …………… 142
　　一、扩增编码基因 …………… 143
　　二、构建 cDNA 文库 …………… 143
　　三、cDNA 末端快速扩增 …… 143
第五节　PCR 产生 DNA 指纹 …… 144
　　一、多重 PCR …………… 145
　　二、随机扩增多态性 DNA …… 146
　　三、扩增片段长度多态性 …… 146
第六节　定量 PCR …………… 147
　　一、实时荧光定量 PCR …… 147
　　二、数字 PCR …………… 150

第八章　DNA 序列分析 …………… 153
第一节　第一代 DNA 测序技术 …… 153
　　一、Maxam-Gilbert 化学降解法测序技术 …………… 153
　　二、Sanger 双脱氧链终止法测序技术 …………… 155
第二节　第二代测序技术 …………… 160
　　一、454 测序技术 …………… 161
　　二、Illumina 测序技术 …… 162
　　三、DNA 纳米球测序技术 … 164
第三节　单分子测序技术 …………… 166
　　一、SMRT 单分子测序技术 …… 166
　　二、纳米孔单分子测序技术 … 168
　　三、现代测序技术的发展趋势和展望 …………… 169
第四节　DNA 片段序列测定策略 … 170
　　一、通用引物指导未知序列的测定 …………… 170
　　二、引物步移 …………… 170
　　三、随机克隆测序 …………… 170
　　四、缺失克隆测序 …………… 171
第五节　转录组测序 …………… 172
　　一、RNA-seq 技术简介 …… 172
　　二、mRNA-seq 技术流程 …… 172
　　三、mRNA 富集 …………… 173
　　四、mRNA 测序 …………… 174
　　五、单细胞转录组测序 …… 175
第六节　序列数据分析 …………… 176
　　一、序列基本信息分析 …… 176
　　二、序列的比较分析 …… 178
　　三、基因组大片段序列以及全基因组信息分析 …………… 179
　　四、基因数据库和分析工具 … 180

第九章　DNA 诱变 …………… 182
第一节　随机诱变 …………… 182
　　一、错误掺入诱变 …………… 183
　　二、DNA 洗牌法 …………… 184
　　三、交错延伸重组 …………… 185
第二节　寡核苷酸介导的定点诱变 … 186
　　一、寡核苷酸介导定点诱变基本流程 …………… 186
　　二、诱变寡核苷酸设计 …… 186
　　三、DNA 定点诱变方式 …… 187
　　四、扫描诱变 …………… 190
　　五、DNA 片段定点组合 …… 192
第三节　嵌套缺失 …………… 193
　　一、嵌套缺失的制备 …… 193
　　二、嵌套缺失的应用 …… 194

第十章　DNA 文库构建 …………… 197
第一节　克隆化 DNA 文库构建 …… 197
一、基因组文库构建………………… 198
二、cDNA 文库构建 ……………… 199
三、文库筛选……………………… 202
第二节　片段化 DNA 文库构建 …… 206
一、基因组和转录组测序………… 206
二、单细胞转录组测序…………… 207
三、多维基因组文库……………… 209

第十一章　基因组研究技术…………… 214
第一节　基因组序列图谱构建 …… 214
一、基因组遗传图谱和物理图谱的构建 ……………………… 215
二、基因组序列图谱构建………… 215
三、高复杂度基因组序列图谱构建策略……………………………… 218
四、人类基因组序列图谱构建…… 219
五、特殊样本基因组序列图谱构建……………………………… 220
第二节　基因组序列解读…………… 221
一、基因组上基因的确定………… 221
二、基因功能预测和验证………… 222
三、功能基因组学研究技术……… 227
第三节　基因组工程………………… 233
一、基因工程与基因组工程……… 233
二、同源重组系统………………… 233
三、基因组编辑技术……………… 236
第四节　基因组设计与重构………… 241
一、基因组重排…………………… 242
二、基因组简化…………………… 242
三、基因组从头合成……………… 243
四、基因组重构…………………… 243

第二篇　基因工程应用

第十二章　植物基因工程……………… 249
第一节　植物基因工程的发展现状 … 249
第二节　植物基因工程方法………… 250
一、原生质体介导法……………… 250
二、基因枪法……………………… 252
三、根癌农杆菌 Ti 质粒介导法 … 254
四、基因枪法与根癌农杆菌 Ti 质粒介导法的比较…………………… 259
五、植物基因工程新技术………… 259
第三节　转化子细胞的筛选………… 260
一、植物基因工程中的选择标记基因……………………………… 261
二、报告基因……………………… 262
第四节　转化体的鉴定与证实……… 263
一、PCR 检测外源基因的整合…… 263
二、Southern 杂交检测外源基因的整合……………………………… 263
三、RT-PCR 检测外源基因的表达……………………………… 264
四、Northern 杂交检测外源基因的表达……………………………… 264
五、实时荧光定量 PCR 检测外源基因的表达……………………… 264
六、Western 杂交检测外源基因表达的产物…………………………… 265
第五节　植物基因工程研究的应用和展望 ……………………………… 265
一、抗性基因工程………………… 265
二、植物品质改良基因工程……… 268
三、植物杂种优势的利用………… 270
四、植物代谢工程………………… 270
五、植物生物反应器……………… 270
六、复合性状……………………… 271
七、筛选标记基因的去除………… 271

第十三章　动物基因工程……………… 273
第一节　动物基因工程的发展现状与趋势 ……………………………… 273

一、精细与安全的动物遗传修饰
　　　新技术…………………… 274
　二、基因组修饰动物将成为有限自然
　　　资源高效利用的主力军……… 275
第二节　动物基因组修饰技术……… 275
　一、动物基因工程载体…………… 276
　二、载体相关调控元件…………… 283
　三、基因转移技术………………… 285
第三节　基因组修饰动物制备……… 288
第四节　基因组修饰动物鉴定与安全
　　　　评价………………………… 291
　一、外源基因的基因组水平鉴定… 291
　二、基因组修饰动物中外源或内源
　　　基因表达水平检测…………… 292
　三、基因组修饰动物中目的基因的
　　　蛋白水平测定………………… 292
　四、基因组修饰动物传代与检测… 293
　五、基因组修饰动物及其产品的
　　　安全性评价…………………… 293
第五节　基因组修饰动物的应用与
　　　　展望………………………… 294
　一、基因组修饰动物的应用……… 294
　二、基因组修饰动物的应用与
　　　展望…………………………… 296

第十四章　基因工程酶制剂……………… 298
第一节　基因工程酶制剂的发展现状和
　　　　通用技术…………………… 298
　一、基因工程酶制剂的开发策略… 298
　二、酶的基因工程改造…………… 302
　三、高效表达工程菌的构建……… 311
第二节　基因工程酶制剂类别……… 313
　一、生产批量……………………… 313
　二、剂型…………………………… 317
第三节　基因工程酶制剂面临的问题和
　　　　发展趋势…………………… 319
　一、面临的问题…………………… 319
　二、发展趋势……………………… 320

第十五章　细菌基因工程……………… 322
第一节　细菌基因工程的发展现状和
　　　　发展趋势…………………… 322
　一、细菌基因工程的发展简史…… 322
　二、细菌基因工程的发展现状…… 322
　三、细菌基因工程的发展趋势及
　　　前景展望……………………… 325
第二节　细菌基因工程的表达系统… 325
　一、细菌基因工程的表达系统…… 325
　二、表达载体构建原则…………… 326
　三、常见细菌表达系统…………… 327
第三节　细菌基因工程的应用……… 331
　一、农业领域的基因工程细菌…… 332
　二、食品和工业基因工程菌……… 336
　三、重组 DNA 技术生产医用
　　　抗生素………………………… 341
　四、重组 DNA 技术生产胰岛素和
　　　药物前体……………………… 343
　五、环境微生物基因工程菌的
　　　应用…………………………… 344
　六、基因工程改造肠道细菌，用来
　　　治疗人类疾病………………… 349

第十六章　病毒基因工程……………… 351
第一节　病毒载体…………………… 352
　一、动物病毒载体………………… 352
　二、植物病毒载体………………… 361
　三、噬菌体载体…………………… 362
第二节　病毒与基因工程…………… 363
　一、基因工程病毒疫苗…………… 363
　二、病毒与基因治疗……………… 365
　三、溶瘤病毒与癌症治疗………… 367
　四、噬菌体治疗…………………… 368
　五、病毒与生物防治……………… 368

第十七章　医药基因工程……………… 372
第一节　基因工程药物的开发现状与
　　　　发展趋势…………………… 373
　一、基因工程药物的种类………… 373
　二、基因工程药物的产业化状况… 374

三、基因工程药物的发展趋势…… 374
第二节　基因工程蛋白和多肽药物… 377
　　一、基因工程胰岛素………………… 377
　　二、基因工程人红细胞生成素…… 379
　　三、基因工程干扰素………………… 380
　　四、基因工程疫苗…………………… 381
　　五、基因工程抗体…………………… 384
第三节　基因工程抗体……………………… 385
　　一、抗体的结构……………………… 385
　　二、天然抗体的局限性……………… 385
　　三、基因工程抗体的种类…………… 386
第四节　基因工程核酸类药物…………… 390
　　一、反义核酸药物…………………… 390
　　二、核酸疫苗………………………… 392
　　三、RNA 干扰 ……………………… 394

第十八章　基因工程产品的安全评价及其管理 ……………… 399
　第一节　基因工程产品的安全评价 ……………………… 399

　　一、DNA 重组生物安全准则 …… 399
　　二、转基因生物产品的安全评价原则 ……………………………… 400
　第二节　基因工程产品的安全性管理类型 ……………………………… 401
　第三节　基因工程技术安全性探讨及其产品的发展前景 ………… 404
附录　转基因农作物产品的安全性争论事件 …………………… 408
　　一、食用安全争议事件……………… 408
　　二、生态安全事例…………………… 409

索引………………………………………… 412

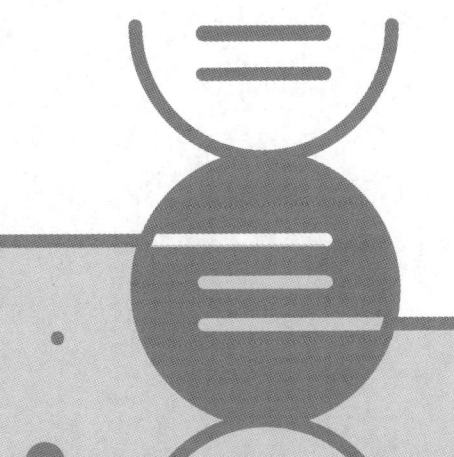

第一篇
基因操作原理

第一篇

基因与遗传

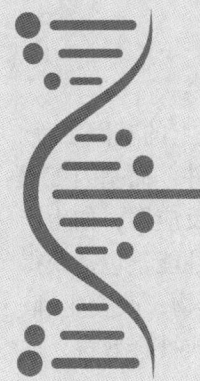 

基因工程概述

第一节 基因操作与基因工程

一、基因操作与基因工程的关系

自从1953年认识了DNA的双螺旋结构以来，掀起了分子生物学研究热潮，直到现在生物学仍是发展最为迅速的学科。从生物学研究进程或研究层次来看，其发展过程涉及个体、组织器官、细胞和亚细胞、分子生物学水平，并将朝向更深的领域以及交叉领域发展。同时，也通过反向遗传学从DNA或基因水平去研究生物个体、群体乃至社会行为的特征。

在阐述生物学的基本规律过程中，均涉及在基因水平或DNA水平的操作，并且其精度达到核苷酸水平，即通常所说的分子生物学研究。分子生物学研究主要是通过基因操作（gene manipulation）以及基因重组（gene recombination）来实现的。传统的分子生物学就好像是高级生物化学，阐述基因或者DNA（核酸）的静态和动态化学本质。现代分子生物学正朝着发育生物学、结构生物学、系统生物学和演化生物学方向发展。如果说传统的分子生物学是静态分子生物学的话，那么这些学科可以说是动态分子生物学，即在分子水平（核酸）上，阐述生物的生长、分化、死亡以及遗传和变异的内在规律。

基因操作是一个外延宽广的概念，是指对基因进行分离、分析、改造、检测、表达、重组、转移和编辑等操作的总称。对基因的操作可以是静态的也可以是动态的。仅仅将基因作为一段DNA分子来操作，进行分析、修饰或转移，属于生物化学或遗传学的范畴；只有当基因片段能够进行大量、可操作的扩增时才进入基因操作的范畴。基因的扩增可以是体内扩增也可以是体外扩增，前者的基础就是基因重组和基因克隆（gene cloning），所以基因的操作与基因克隆是密不可分的。PCR（聚合酶链式反应，polymerase chain reaction）技术的应用为基因的体外扩增提供了强大工具。基因的扩增又是通过复制来实现的，因此在整个基因操作过程中，时时伴随着复制事件的发生。对复制本质的深刻理解，是积极主动认识基因工程现象和实行基因工程实践的有力保证。

基因操作不仅能用于研究生物的本质和规律，同样也能够用来改造生物，并为人类的需求服务。我们把通过基因操作来定向改变或修饰生物体或人类自身，并具有明确的应用目的的活动称为基因工程（gene engineering）。基因工程是通过对基因的操作并实现基因重组来完成的，被操作的对象一般会发生遗传信息或遗传性状的变化，对大多数对象来说这种变化可以稳定遗传给下一代，当然基因治疗除外。

虽然基因工程是通过基因重组来实现的，但基因重组并不都是严格意义上的基因工程。基因重组是基因操作范畴的概念，包括实验研究和生物技术中的基因重组事件。而基因工程则专指为实践应用而进行的基因重组事件，产生的基因工程体可以用作生物反应器，如生产酶或活性物质等，也可是改变了生物性状的工程体，如改良生物体的品质和性能，包括获得杀虫或抗病性状，提高杀虫、抗病、固氮、免疫等活性，产生更多的代谢产物，改变生理、代谢和发育性状等。通过基因工程技术产生的基因工程体一般可以产生经济或社会效益，或具有明显地产生经济或社会效益的潜力。

因此，基因工程可用具体的生产实践作为例子，其内容涉及基因工程体的构建方式和策略，包括目的基因、载体、基因转移方式和受体的选择，预期产生的效果，目前已经获得的种类，进入批量生产的种类和数量等。

二、基因工程的诞生与发展

基因工程是从基因重组开始的。第一个创造重组 DNA 分子的是美国斯坦福大学的 Paul Berg 及其同事，他们于 20 世纪 70 年代早期用限制性内切酶（restriction endonuclease）将大肠杆菌（Escherichia coli，简称 E. coli）的 DNA 切开，并艰难地与病毒 DNA 连接，从而获得第一个重组 DNA 分子，由此拉开了基因重组的序幕。但这个重组 DNA 分子的产生还不是生物学意义上的基因重组，只是在化学水平上将不同来源的 DNA 进行了重新组合，并没有实现生物学意义上的可遗传和可增殖的目的。Stanley Cohen 和 Herbert Boyer 在基因重组方面做出了突出贡献，其主要贡献是限制性内切酶 EcoR I 的分离以及质粒载体的构建。Boyer 分离的限制性内切酶 EcoR I 可以将 DNA 切割成具有黏末端（cohesive end）的片段，按照现在的认识，具有黏末端的 DNA 片段很容易连接。Cohen 对大肠杆菌的质粒（plasmid）做了大量研究，并在 1972 年构建了具有实用价值的质粒载体，并用其名字的缩写将其命名为 pSC101。同时指出作为克隆载体的 3 大要素的雏形，即可用的酶切位点，如单一的 EcoR I 位点；有复制单位（replication origin），能够指导载体在宿主细胞中复制；具有选择标记，如抗生素抗性标记。

当时他们发现质粒还有一个重要特征，就是能够转移到宿主细胞中去。一旦质粒进入细胞，单个质粒就会自身复制出大量的复制体。如果质粒上带有外源基因，外源基因便可以随质粒的复制而得到增殖。同时带有质粒的细菌细胞也会增殖，每 20 min 左右增殖一次，从而产生大量后代，这样一来位于质粒上的外源基因也就被克隆了。从这样一个亲本细胞增殖而来的细胞群体就称为一个克隆（clone）。

在这一思想的指导下，Cohen 和 Boyer 于 1973 年开展了两个具有划时代意义的基因重组实验（图 1-1）。首先，将质粒 pSC101 与质粒 pSC102 连接起来并转移到大肠杆菌中。由于这两个质粒分别带有四环素抗性基因和卡那霉素抗性基因，因此重组大肠杆菌便获得了同时抗这两种抗生素的遗传性状。其次，他们把蟾蜍的 DNA 用 EcoR I 酶切后将编码核糖体 RNA 的基因片段与质粒 pSC101 连接，并转移到大肠杆菌中。实验结果表明，重组大肠杆菌能够产生蟾蜍的 RNA，这说明真核基因能在原核细胞中表达。这两个实验是人类第一次真正实现的基因工程实践。

此后基因工程迅速发展，1981 年第一个转基因哺乳动物小鼠在美国问世；1982 基因

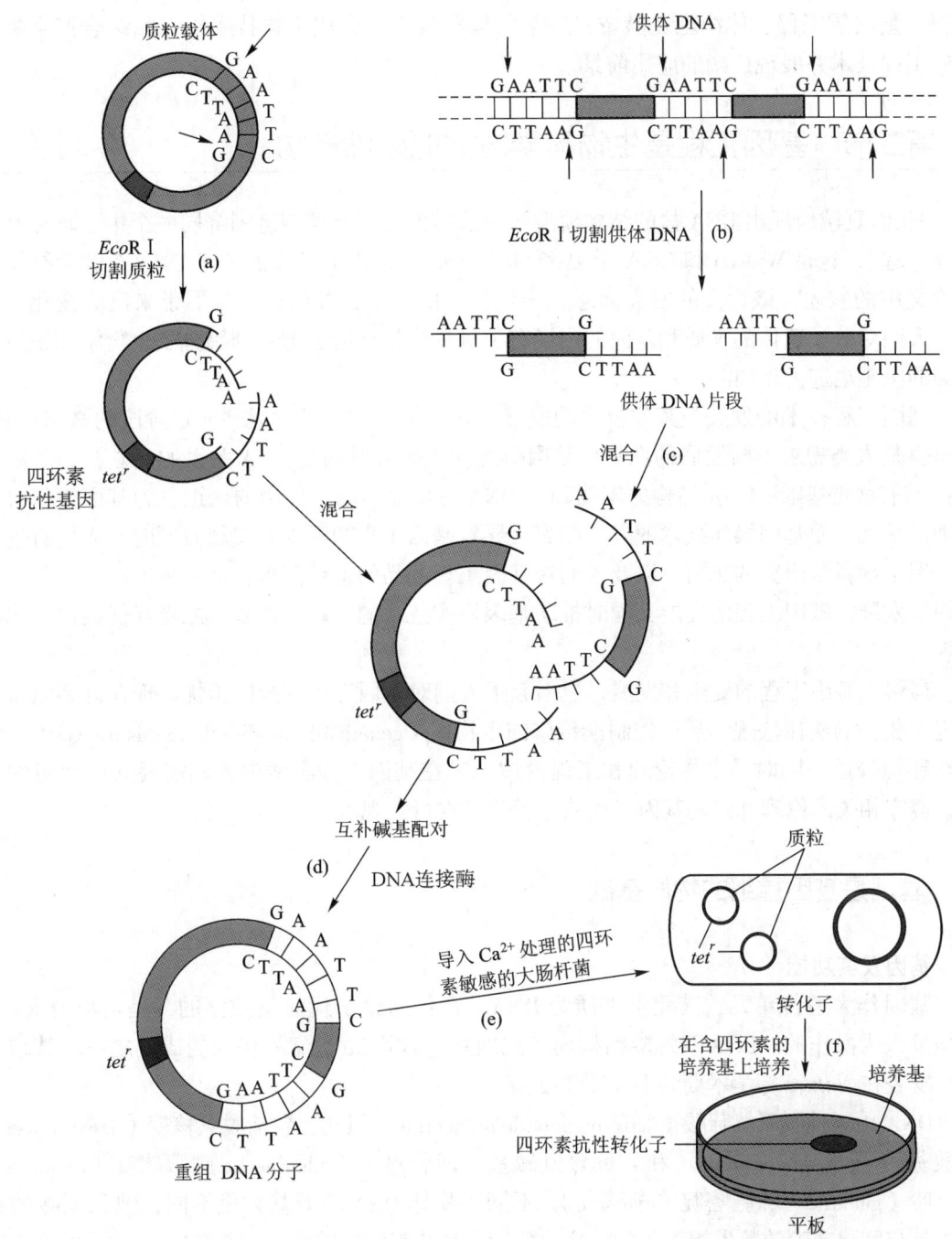

图 1-1 1973 年 Cohen 和 Boyer 开展的基因重组实验示意图

工程胰岛素商品在美国由 Eli Lilly 公司投向市场，同年转基因烟草获得成功并能按孟德尔方式遗传给后代。当前棉花和玉米等转基因作物以及基因工程产物、药物和疫苗等都进入商业化生产和大规模应用，此外基因治疗（gene therapy）和嵌合抗原受体 T 细胞免疫治疗（chimeric antigen receptor T-cell immunotherapy，CAR-T）也早已进入临床试验和治疗。基因工程技术已经广泛应用于生物的遗传改良、生物反应器编制，以及生物制品和药物创制等，并带来了巨大的科学价值和经济效益。今后将会再与其他生物工程技术，如细胞工程、酶工程、蛋白质工程、体细胞克隆技术、基因编辑技术、合成生物技术等，相结合产生更丰富的工程技术并展现广阔的应用前景。

第二节　基因工程是生物科学发展的必然产物

"我们真诚地提出 DNA 盐的结构模型……该结构由两条螺旋链围绕同一个中心轴相互缠绕在一起"，这是 Watson 和 Crick 于 1953 年在 Nature 杂志上发表的关于 DNA 双螺旋结构模型论文中的叙述，该论文的发表标志分子生物学的诞生，并给科学发展带来巨大变化。自此，人们对分子遗传的本质和基因的内涵有了进一步精确的了解，利用分子生物学知识造福人类的愿望也进一步加深。

基因工程技术的发展与其他技术的发展一样，是科学技术发展到一定阶段的必然产物，同时也是人类需求不断发展的产物。基因概念的提出和基因与 DNA 关系的建立，为基因重组打下了物质基础；DNA 结构的阐明和对 DNA 在生命活动中作用的认识，为基因操作打下了理论基础；而基因操作技术的发展则直接导致基因工程的诞生和发展。同时，人们对进一步开展生物科学研究的热情，以及人们对基因工程产品的迫切需求，进一步推动了基因工程的快速发展。基因工程的发展又同时推动基因操作技术的革新和进步，二者互促共进，相得益彰。

当然，基因工程的诞生和发展，也引起了人们对基因工程安全的担忧。现在许多国家都制定了相关的法律法规，严格控制遗传修饰生物体（genetically modified organism，GMO）向自然环境释放。同时，生物伦理和工程伦理也是在基因工程实践中人们需要共同面对的问题，遵守相关的伦理规则是基因工程从业者的基本行为规范。

一、基因是基因重组的物质基础

基因及其功能

基因作为遗传单元，其化学本质为 DNA，在传递给子代时是独立的，是可以分离的，也是可人为操作的。DNA 双螺旋结构模型的确立，造就 20 世纪最伟大的成就之一，其结果多次发表在 Nature 等学术期刊上（图 1-2）。

DNA 由 4 种脱氧核苷酸（deoxynucleotide nucleotide）组成，包括脱氧核糖（deoxyribose）、磷酸基团（phosphate group）和 4 种含氮碱基，即腺嘌呤（adenine）、胸腺嘧啶（thymine）、鸟嘌呤（guanine）和胞嘧啶（cytosine）。不同生物体 DNA 的碱基数量不同，但腺嘌呤的数量总是与胸腺嘧啶的数量相等，鸟嘌呤的数量总是与胞嘧啶的数量相等。DNA 就是由这 3 种成分联合组成的脱氧核苷酸聚合成的链状结构，且为双链缠绕的双螺旋结构（图 1-2），其中脱氧核糖和磷酸基团彼此交错连接在一起形成链状结构，碱基在双链内部相互配对排列，腺嘌呤碱基与胸腺嘧啶碱基配对，鸟嘌呤碱基与胞嘧啶碱基配对。碱基之间通过氢键配对。

DNA 双螺旋结构有助于揭示 DNA 的复制方式，由于碱基的严格配对，那么其中一条链的序列就可以决定另一条链的序列，任何一条链都是另一条链的镜像互补链。1955 年 Watson 和 Crick 再次在 Nature 期刊上发表论文，提出了 DNA 的复制模型，即每一条链都可以复制出各自的互补链。DNA 复制采用半保留复制（semiconservative replication）的方式进行，在复制完成后 DNA 链与新合成的互补链重新形成双链结构。

No. 4356 April 25, 1953 NATURE 737

equipment, and to Dr. G. E. R. Deacon and the captain and officers of R.R.S. *Discovery II* for their part in making the observations.

[1] Young, F. B., Gerrard, H., and Jevons, W., *Phil. Mag.*, **40**, 149 (1920).

[2] Longuet-Higgins, M. S., *Mon. Not. Roy. Astro. Soc., Geophys. Supp.*, **5**, 285 (1949).

[3] Von Arx, W. S., Woods Hole Papers in Phys. Oceanog. Meteor., **11** (3) (1950).

[4] Ekman, V. W., *Arkiv. Mat. Astron. Fysik. (Stockholm)*, **2** (11) (1905).

MOLECULAR STRUCTURE OF NUCLEIC ACIDS

A Structure for Deoxyribose Nucleic Acid

WE wish to suggest a structure for the salt of deoxyribose nucleic acid (D.N.A.). This structure has novel features which are of considerable biological interest.

A structure for nucleic acid has already been proposed by Pauling and Corey[1]. They kindly made their manuscript available to us in advance of publication. Their model consists of three intertwined chains, with the phosphates near the fibre axis, and the bases on the outside. In our opinion, this structure is unsatisfactory for two reasons: (1) We believe that the material which gives the X-ray diagrams is the salt, not the free acid. Without the acidic hydrogen atoms it is not clear what forces would hold the structure together, especially as the negatively charged phosphates near the axis will repel each other. (2) Some of the van der Waals distances appear to be too small.

Another three-chain structure has also been suggested by Fraser (in the press). In his model the phosphates are on the outside and the bases on the inside, linked together by hydrogen bonds. This structure as described is rather ill-defined, and for this reason we shall not comment on it.

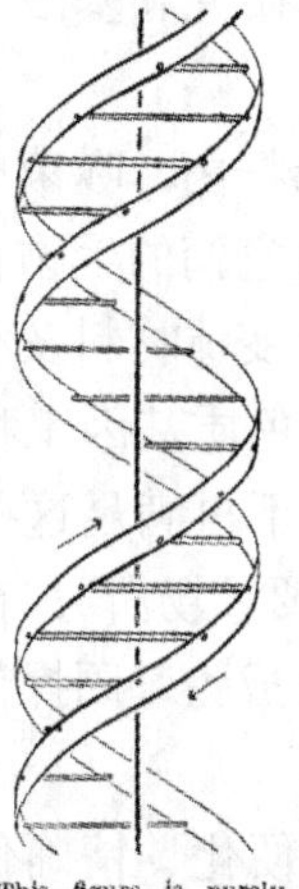

This figure is purely diagrammatic. The two ribbons symbolize the two phosphate—sugar chains, and the horizontal rods the pairs of bases holding the chains together. The vertical line marks the fibre axis

We wish to put forward a radically different structure for the salt of deoxyribose nucleic acid. This structure has two helical chains each coiled round the same axis (see diagram). We have made the usual chemical assumptions, namely, that each chain consists of phosphate diester groups joining β-D-deoxyribofuranose residues with 3′,5′ linkages. The two chains (but not their bases) are related by a dyad perpendicular to the fibre axis. Both chains follow right-handed helices, but owing to the dyad the sequences of the atoms in the two chains run in opposite directions. Each chain loosely resembles Furberg's[2] model No. 1; that is, the bases are on the inside of the helix and the phosphates on the outside. The configuration of the sugar and the atoms near it is close to Furberg's 'standard configuration', the sugar being roughly perpendicular to the attached base. There is a residue on each chain every 3·4 A. in the *z*-direction. We have assumed an angle of 36° between adjacent residues in the same chain, so that the structure repeats after 10 residues on each chain, that is, after 34 A. The distance of a phosphorus atom from the fibre axis is 10 A. As the phosphates are on the outside, cations have easy access to them.

The structure is an open one, and its water content is rather high. At lower water contents we would expect the bases to tilt so that the structure could become more compact.

The novel feature of the structure is the manner in which the two chains are held together by the purine and pyrimidine bases. The planes of the bases are perpendicular to the fibre axis. They are joined together in pairs, a single base from one chain being hydrogen-bonded to a single base from the other chain, so that the two lie side by side with identical *z*-co-ordinates. One of the pair must be a purine and the other a pyrimidine for bonding to occur. The hydrogen bonds are made as follows: purine position 1 to pyrimidine position 1; purine position 6 to pyrimidine position 6.

If it is assumed that the bases only occur in the structure in the most plausible tautomeric forms (that is, with the keto rather than the enol configurations) it is found that only specific pairs of bases can bond together. These pairs are: adenine (purine) with thymine (pyrimidine), and guanine (purine) with cytosine (pyrimidine).

In other words, if an adenine forms one member of a pair, on either chain, then on these assumptions the other member must be thymine; similarly for guanine and cytosine. The sequence of bases on a single chain does not appear to be restricted in any way. However, if only specific pairs of bases can be formed, it follows that if the sequence of bases on one chain is given, then the sequence on the other chain is automatically determined.

It has been found experimentally[3,4] that the ratio of the amounts of adenine to thymine, and the ratio of guanine to cytosine, are always very close to unity for deoxyribose nucleic acid.

It is probably impossible to build this structure with a ribose sugar in place of the deoxyribose, as the extra oxygen atom would make too close a van der Waals contact.

The previously published X-ray data[5,6] on deoxyribose nucleic acid are insufficient for a rigorous test of our structure. So far as we can tell, it is roughly compatible with the experimental data, but it must be regarded as unproved until it has been checked against more exact results. Some of these are given in the following communications. We were not aware of the details of the results presented there when we devised our structure, which rests mainly though not entirely on published experimental data and stereochemical arguments.

It has not escaped our notice that the specific pairing we have postulated immediately suggests a possible copying mechanism for the genetic material.

Full details of the structure, including the conditions assumed in building it, together with a set of co-ordinates for the atoms, will be published elsewhere.

We are much indebted to Dr. Jerry Donohue for constant advice and criticism, especially on interatomic distances. We have also been stimulated by a knowledge of the general nature of the unpublished experimental results and ideas of Dr. M. H. F. Wilkins, Dr. R. E. Franklin and their co-workers at King's College, London. One of us (J. D. W.) has been aided by a fellowship from the National Foundation for Infantile Paralysis.

J. D. WATSON
F. H. C. CRICK

Medical Research Council Unit for the Study of the Molecular Structure of Biological Systems,
Cavendish Laboratory, Cambridge.
April 2.

[1] Pauling, L., and Corey, R. B., *Nature*, **171**, 346 (1953); *Proc. U.S. Nat. Acad. Sci.*, **39**, 84 (1953).

[2] Furberg, S., *Acta Chem. Scand.*, **6**, 634 (1952).

[3] Chargaff, E., for references see Zamenhof, S., Brawerman, G., and Chargaff, E., *Biochim. et Biophys. Acta*, **9**, 402 (1952).

[4] Wyatt, G. R., *J. Gen. Physiol.*, **36**, 201 (1952).

[5] Astbury, W. T., Symp. Soc. Exp. Biol. 1, Nucleic Acid, 66 (Camb. Univ. Press, 1947).

[6] Wilkins, M. H. F., and Randall, J. T., *Biochim. et Biophys. Acta*, **10**, 192 (1953).

图 1–2 Watson 和 Crick 在 *Nature* 杂志上发表的 DNA 结构模型的论文（1953）

下框内为第二页的内容，并对排版格式作了调整基因可以控制蛋白质的产生，基因和蛋白质的氨基酸序列之间存在对应关系，基因突变会导致蛋白质中氨基酸的变化。DNA 中的遗传信息通过三联体密码（triplet code）传递给蛋白质。

DNA 可以编码 3 种 RNA，即 mRNA、rRNA 和 tRNA，RNA 是 DNA 遗传信息和蛋白质氨基酸序列之间的信息桥梁。tRNA 上的反密码子与 mRNA 上的密码子互补，并在蛋白质合成过程中携带氨基酸到正确的位置。转录（transcription）是以 DNA 为模板将遗传信息转移到 mRNA 的过程，而翻译（translation）是将 mRNA 中的遗传信息转移到蛋白质的氨基酸序列的过程。

基因表达的控制是由调节蛋白所指导的，当调节蛋白结合到调节位点并抑制转录时，呈负调节模式；当激活蛋白通过引发 DNA 解开螺旋并刺激转录的发生则表现为正调节模式。基因的表达和调控常常构成复杂的系统，如可以通过操纵子（operon）、碱基修饰（base modification）、RNA 干扰（RNA interference，RNAi）、染色质远程互作（long-range interaction）等控制基因的表达，并可以在是转录水平、转录后水平、翻译水平和翻译后（post-translation）水平实行调控。与人类或真核生物的基因表达系统相比，细菌的表达系统要简单得多，但细菌表达系统可以提供一种基本表达模式，其对开展基因工程是必需的。

二、基因操作技术的发展和进步

基因操作工具的发明或设计，是在核酸水平研究生物学属性的基础。人们通过剪切 DNA 并重新组装新的 DNA 分子，推动了理性设计和逻辑推导在生物学研究和基因工程实践中的发展和应用。

基因操作"车间"的建立，提供了基因操作的实用平台，其中大肠杆菌、噬菌体和酵母发挥了重要作用。人们对这些微生物开展了大量原创性的基础工作，对它们的生物化学、形态学、生理学和遗传学都已经了解得非常清楚，同时积累了大量遗传突变体材料及相关遗传操作技术，这就导致这些微生物不仅可用作研究平台，还可以用作染色质基因工程产品的活工厂。随着生物学研究的深入和对基因工程需求的增强，人们早已不再满足这些操作平台，动物细胞、植物细胞和植株也已经快速发展为实施基因工程的重要"场所"；在生物学研究过程中，拟南芥、水稻、小鼠、线虫、果蝇、斑马鱼等模式生物也成为基因操作的核心"领地"。

基因操作工具酶的发现和应用，直接将基因操作推向实用化、简便化、精确化和普及化。限制性核酸内切酶，简称限制性内切酶或限制酶（restriction enzyme），是精准获得基因片段的有力工具，为基因操作提供了一把"剪刀"，可以将基因或 DNA 片段从染色体特定的序列位点处剪切下来，以利于体外基因重组操作。不同来源的 DNA 经限制性内切酶切割后，其末端可以通过氢键使黏末端互补配对而结合在一起，但它们不会连接在一起。在生理温度下，这些末端之间的氢键并不足以维持稳定的结合。连接酶（ligase）可以将这些结合在一起的 DNA 片段连接起来，形成稳定的化学键（磷酸二酯键）。也就是通过连接酶这个"糨糊"可以将限制性内切酶这把剪刀切割下来的 DNA 片段连接起来，实现 DNA 重组乃至基因工程。由此，可以形象地将"剪刀"加"糨糊"称作基因工程操作的主要工具。

基因操作的载体是实现基因重组或基因工程的有力保障。在体外实现的 DNA 重组还只能算是一种化学或生物化学操作，只有当其进入细胞并进行复制后才能表现其生物学特征。

要做到这一点就需要能携带 DNA 进入细胞并维持其复制的载体。质粒和噬菌体都可以胜任基因操作载体一职。质粒是细菌染色体外的遗传物质，宿主细胞丢失质粒后并不影响其正常的生理功能。利用质粒的复制功能可以方便地将外源 DNA 导入宿主细胞并维持其复制，使之成为宿主基因组的一部分，并赋予宿主新的表型。同样，噬菌体也可作为载体将外源基因整合到宿主的染色体上，实现基因的转移和传代。

基因操作工具的开发为基因重组的实现打下了坚实基础，通过基因重组实验可以使基因工程顺利实现，从而获得基因工程体。基因重组实验已经成为生物学实验中的常规工作，从技术层面看人们可以自如地按照需求进行基因工程设计和实践。

三、基因工程的内容

1. 基因操作原理

（1）DNA 和 RNA 的操作　方便娴熟的基因操作技术是实现基因工程的前提，对承载基因的 DNA 和 RNA 的体外或体内操作构成了基因工程的基础工作。对核酸分子的分离、纯化、分析和检测、切割、连接、修饰，以及序列测定、诱变、扩增、重组、转移、基因编辑、组装与合成等基因操作是基因工程的基本技术。

（2）基因克隆　开展基因工程工作必须首先获得相关的基因。获取基因在技术上有成熟的方法，通过构建基因组文库（genomic library）或 cDNA 文库（cDNA library），并使用探针或相互作用属性就可以获取目的基因。随着基因组和功能基因组工作的大规模开展，人们在获取基因的技术方面已有飞跃的发展。除了信息分析后直接通过 PCR 扩增获得目的基因外，还可以通过对生物性状进行深入研究和解析，并由此设计、构建专一性的 DNA 文库以及绘制高精度遗传图谱，从而在没有直接可用探针和序列信息的情况下，克隆出复杂而具深奥生物性状的基因个体或群体。

（3）基于组学和信息学的基因操作　随着高通量 DNA 测序技术的快速发展，生物遗传信息的数据飞速增长。人们对基因的操作早已不再局限在单基因或少数基因的层面，从宏观和高通量层面研究基因和生物性状已成为重要的发展方向。同时随着蛋白质组、转录组、代谢组和互作组等相关组学的快速发展，单细胞测序（single cell sequencing）和生命时空图谱（spatiotemporal transcriptomic atlas）绘制等更精细技术的应用，扩宽了人们对已有生物学的认知，在此基础上通过生物信息学分析、归纳、提炼和总结乃至人工智能技术，人们已经能够超越单基因的认识和操作模式，系统性地研究基因、基因簇、染色体乃至生物体的属性或性状，甚至工程化改造或创造生物体。

2. 基因工程应用

（1）生物反应器（bioreactor）　自然界和人类体内存在许多生物活性物质如蛋白质和酶以及功能化合物，它们在医疗、保健、生产、加工、食品、生物材料等方面发挥重要作用，但由于它们自然存在的数量有限或获取成本高，从而限制了它们的应用。然而，通过基因工程方式可以将细胞或生物体打造成生物反应器大量生产所需要的生物物质。这个反应器工厂可以是微生物，如大肠杆菌和酵母，可以是动物细胞或转基因动物（transgenic animal），也可以是转基因植物（transgenic plant）。

（2）遗传改良（genetic improvement）　在农业或其他行业内，对物种的品种改良一直是人类与自然作斗争的一种追求。按照传统的筛选、杂交和诱变等方式改良品种的速度太慢，有的甚至永远无法得到。基因工程提供了一种快速进行远缘基因转移的途径，从而为品种改良提供一条捷径。在作物生产中，通过基因的转移可以培育出抗虫、抗病、改良品质的作物新品种，其中转基因棉就是典型代表。转基因动物也是如此，通过转入外源基因或增强自身基因的表达，提高其生长、生殖或抗逆等性能。微生物是人类生存的有益伴侣，通过基因工程进行改造可以获得增强性能的生物杀虫剂、抗病剂、新型抗生素、土壤改良剂和环境净化剂等。

（3）基因治疗（gene therapy） 已知的人类遗传病已达 4 000 种以上，单基因突变可导致大部分缺陷性遗传病。分子遗传学的迅速发展使在基因水平上治疗某些遗传病成为可能。将健康基因移植到相关组织或细胞可使遗传病患者的症状减缓甚至消失，这种治疗措施称为基因治疗。基因治疗包括基因修正、基因替换和基因增补。首先将与疾病有关的正常基因分离和克隆，然后通过反转录病毒把足量正常基因送入患者有关组织细胞内，并使其在患者体内正确表达。1990 年在一个患有重症联合免疫缺损病（severe combined immunodeficiency，SCID）的女孩身上实施了第一例基因治疗。CAR-T 治疗是另一种形式的基因治疗，在体外对人的 T 细胞做基因改造，使抗体单链可变区域与 T 细胞表面受体融合表达，改造后的 T 细胞输送回患者体内能特异性识别肿瘤细胞并受激活后杀死肿瘤细胞。基因治疗作为基因工程的一个分支，与典型的基因工程有明显的区别。基因治疗不会导致生命个体遗传性状的改变，只是某个组织或细胞获得了新的外来性状，不会导致外源基因传给下一代。

（4）生物合成技术（biosynthetic technology） 基于生物学基础理论以及基因操作原理，人们可以设计并在细胞中创造或改写基因组，合成生物组件或产物，表现出生命特征或让生命表现出预期的表型或执行预定的功能，展现合成生物学（synthetic biology）的魅力。通过基因工程手段可以创造出新的生物体或合成新功能新结构化合物的生物体，实现初级合成生物学的要义。人工合成生殖支原体（*Mycoplasma genitalium*）的染色体并展现生命特征，将酵母 16 条染色体连接成一条染色体，是人们对生物的合成、构造、运行等理论体系的检验和再认识。基于基因操作基本原理和生物运行基本规律，按照工程技术和系统工程理念，构建生物元件（biological part）、分子机器（molecular machine）和细胞工厂（cell factory），实现细胞的人工设计与合成或生命体的重构或构建，将能更好地深度研究生命活动规律、创制功能化合物或工程生物体。

第三节　基因的结构——基因操作的理论基础

人们对基因的认识在不断发展和完善中。基因是遗传信息的基本单位，从物质结构上看，基因是作为遗传物质核酸分子上的一个片段，可以是连续的，也可以是不连续的，可以是 DNA 也可以是 RNA，可以存在于染色体上，也可存在于染色体之外（如质粒、噬菌体和线粒体等）。

作为基因的核酸分子一般不能直接行使功能，为了实现其功能和永久保留下去，需依赖于细胞的其他成分。特定基因决定特定蛋白质的结构、功能和性质。基因不能直接翻译成蛋白质，需通过 mRNA 来介导。基因所含信息的传递遵循中心法则（central dogma）。因此通常认为基因包括 mRNA 所代表的整个序列，包括编码区以外的一段序列，如指导和调控合成 mRNA 的序列。本节不在于讲解基因的概念，而是强调在基因操作中经常涉及的基因元件、类型和形式，如编码蛋白质的开放阅读框（open reading frame）以及启动子（promoter）、终止子（terminator）和复制区（replication origin）等功能片段。

一、基因的结构组成对基因操作的影响

1. 基因及其产物的共线性

基因决定蛋白质的序列组成，是由密码子对应特定氨基酸所决定的。当基因的核苷酸序列与其产物的氨基酸序列一一对应时，则表明它们是共线性的。例如，由 N 个氨基酸组成的蛋白质，其基因主要由对应的基因编码区中 $3(N+1)$ 个碱基连续排列而组成。在原核生物中，基因与其产物是共线性。这在基因克隆中有重要意义。

2. 基因及其产物的非共线性

真核生物普遍存在内含子（intron），内含子是真核生物基因中不能翻译成蛋白质的 DNA 片段，但其可被转录。当两侧序列（外显子，exon）转录的 RNA 被剪接在一起时，就将内含子转录的 RNA 从整个转录物中除去。外显子是指能够翻译成蛋白质的任一间断的基因片段，一个基因可有多个外显子。但是，内含子并不是一成不变的，具有相对性。对一个 DNA 片段来说，在某个基因中是内含子，但在另一个基因中却可作为外显子。

3. 基因的重叠性与基因的可变性

DNA 序列与蛋白质序列的对应关系不是单一的，单个 DNA 序列可编码一个以上的蛋白质，这些蛋白质在结构上有的是相同的，有的也可以是全新的。单个基因可通过在不同部位起始（或终止）而表达出两种蛋白质，两个基因也可通过在不同读码框中译读 DNA 而共用同一序列。基因的重叠性与可变性也可从重组中得以体现。例如芽胞杆菌的 *spoIV* 基因片段分布在两个不同区域，当需要发挥作用时，便通过重组而连接在一起。另外，抗体基因的重组变换以及表面蛋白的产生也同样表明基因的重叠性与可变性。

4. 基因元件

基因元件是指与基因的结构、组成、调控等有关的功能组件的统称，包括启动子、终止子、核糖体结合位点（ribosome binding site，RBS）、翻译起始位点、翻译终止密码子等。基因元件可通过系统性集成和协作调控基因的表达，其中各元件能独立行使各自的职能。基因元件可以相互组合、叠加，从而产生新的运行方式，还可以制备成生物积块（BioBrick），便于应用在基因工程或组合生物合成领域。

启动子是基因转录过程中控制起始的部位，通常一个基因是否表达，转录起始是关键的一步，是起决定性作用的。对大多数基因来说，只要转录起始了，翻译一般是可进行的。启动子又是 RNA 聚合酶的结合位点，不同生物中这个结合（识别）位点是有差异的，同一生物的不同基因之间也有差异。从启动区到终止区这一距离，或者说一次性转录出的 RNA 称为转录单位（transcription unit）或者转录物（transcript），其中可包括一个或多个基因编码区。上游（upstream）指转录起始点左侧的序列，而下游（downstream）指起始点右侧的序列。但这些概念已有变化，往往指某位点的相对位置，上游指其 5′ 方向，下游指其 3′ 方向。原核生物的启动子与真核生物启动子不同，认识这一点对构建与认识表达载体以及穿梭载体具有重要作用。

转录终止子主要有两种，一种依赖 ρ 因子，另一种不依赖 ρ 因子。后者主要是能够形成特定二级结构的 DNA 序列，如茎-环结构（stem-loop），基因操作中常采用这种终止子。

在基因操作中除了对启动子要有清醒的认识外，对核糖体结合位点、终止子、复制子和遗传密码等基本概念也要深入理解，这对正确和精确操作基因有直接作用。

5. 修饰和加工

DNA 常被甲基化（methylation）修饰，如形成 5-甲基胞嘧啶和 6-甲基腺嘌呤。甲基化修饰 DNA 对于碱基配对和遗传信息传递不会产生质的影响，但对于基因操作会带来直接影响，如有些限制性内切酶不切割甲基化的位点或只切割甲基化位点，在单分子测序过程中甲基化的碱基在识别时会产生异样的信号进而可用于识别核酸分子上甲基化的有无和种类。

RNA 转录后，会经历剪接（splicing）和加工（processing）过程，前 RNA 经过剪接成为成熟 mRNA。通过基因操作可以检测剪接位点。真核生物 mRNA 的 5′ 端会添加帽子结构，3′ 端会形成多聚腺苷酸尾，即 poly(A) 尾。这些特殊结构在 mRNA 反转录合成 cDNA（complementary DNA）特别是合成全长 cDNA 时发挥重要的桥梁作用。

6. 三维染色体结构

随着人们对基因表达调控的深入认识，染色质的空间构象及其时空变化对表达调控的影响已经进入人们视野。真核生物染色体 DNA 在细胞中呈高度压缩状态，但在生命活动运行过程中常表现出特定的空间构型和布局，进而调控基因的表达，包括线性远程基因之间甚至不同染色体间基因在空间上靠近并互作的调控情形。通过基因间互作蛋白为抓手，可以捕捉远程互作的基因或 DNA 片段，从而了解或揭示染色体 DNA 的三维构象或时空调控机制。

二、基因克隆和基因文库

克隆的概念是广泛的，但基因克隆在一定程度上被等同于基因的分离。过去主要采用构建基因文库（gene library）的方式克隆基因，如从一个原核生物中克隆某基因，它的基本步骤是先用限制性内切酶切割外源 DNA 和载体（质粒 DNA 载体或噬菌体载体），然后连接、转化大肠杆菌，再筛选。克隆的简要步骤见图 1-3。构建克隆化基因文库的步骤和原理大致相似，只是基因组大小、针对 DNA 还是 RNA、预期装载 DNA 片段的大小以及基于此而选择

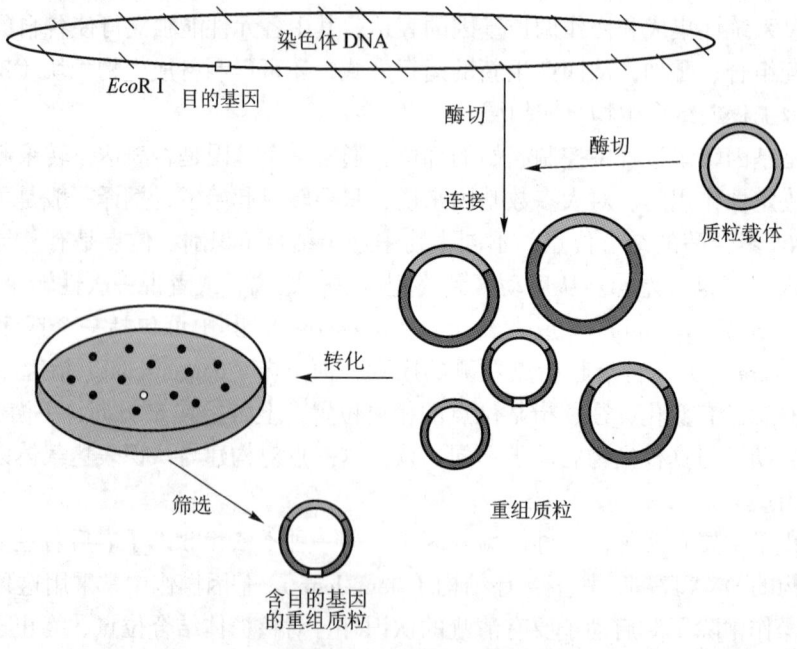

图 1-3　原核生物基因克隆的步骤示意图

的载体不同。对于大片段 DNA，以及未知序列基因，如相互作用属性基因、表达调控因子编码基因、新功能基因等的获取仍主要通过构建基因文库来获取。构建基因文库一般使用大肠杆菌作为宿主细胞。为便于理解，可用钓鱼来比喻基因克隆的过程。用一个池塘来比喻一个细胞或基因组，其中所含的鱼为基因或基因片段，而基因克隆就相当于将其中某条所想要的鱼钓出来。为此，可将池中的水连同鱼用若干个水桶全部分装起来。水桶就相当于载体，载水的水桶群体相当于基因文库。池塘越大，需要的水桶越多，而水桶越大，则所需水桶的数量就越少。然后，从水桶中一个一个去寻找，直到找到含有目的鱼的那个水桶。在实际操作中，由于池塘太大，不可能逐个水桶去寻找，因此需要建立一种快速筛选模型，通过探针来判断基因文库中哪个克隆子中存在所需要的基因。而探针的设计由学术信息决定，主要取决于对目的基因属性的了解或预期。

随着高通量测序技术蓬勃发展，在多样化 PCR 技术加持下，产生了大量和多样化的基因组序列信息。这些基因组序列信息一方面可以从公共数据库中获取，另一方面也可自主测试。片段化 DNA 文库构建是实施 DNA 测序的前提，除基因组和转录组测序外，人们设计出许多特殊测序方式，如相互作用、时空表达谱等，充分利用高通量测序的容量，来获得特殊属性的核酸序列信息。其中构建针对性片段化 DNA 文库和获得相关的特殊 DNA 片段是实施的关键步骤。至此，基因的获取早已不再局限于通过构建克隆化基因文库来实现，通过高通量测序、理性设计和 PCR 扩增可以获得大多数所需要的基因。

随着科学和技术的深度发展，基因操作和基因工程将成为生物学研究和应用的基础技术，为探索生命奥秘、生物技术开发和生物产业发展提供工具、数据、实施方案、设计理念，以及知识产权意识、市场观念、社会服务动能。

思考题

1. 如何理解基因操作、基因克隆、基因重组和基因工程的关系。
2. 基因的结构组成对基因操作有哪些影响，回顾并展望一下影响因素。
3. 预测一下，基因操作和基因工程将朝什么方向发展。

主要参考文献

1. 科学技术部社会发展科技司，中国生物技术发展中心. 2021 中国生命科学与生物技术发展报告. 北京：科学出版社，2021
2. Primrose S, Twyman R. Principles of Gene Manipulation and Genomics. 7th ed. Oxford：Blackwell Publishing，2006
3. Green MR, Sambrook J. Molecular Cloning：A Laboratory. 4th ed. Cold Spring Harbor：Cold Spring Harbor Laboratory Press，2012
4. Montaño López J, Avalos JL. Genetically engineered yeast makes medicinal plant products. Nature，2020，585 (7826)：504-505
5. Knott GJ, Doudna JA. CRISPR-Cas guides the future of genetic engineering. Science，2018，361 (6405)：866-869

（孙　明）

第二章

分子克隆工具酶

生物科学取得的革命性进步以及日常进展直接来源于对基因的进一步认识和操作。基因操作或遗传工程的实施和高效率发展，离不开所使用的工具及其衍生出的技术方法。基因操作的主要生物学工具有两类，一是可在 DNA 分子上催化特异性反应的酶，涉及切割、修饰、延长、连接，二是对 DNA 片段进行克隆或转移的载体以及相对应的受体菌株。本章和下一章重点介绍基因操作中常用工具及其工作原理。"工欲善其事，必先利其器"，通过对工具的发现、属性、构建和工作原理的介绍，希望读者能深刻认识工具的操作原理并掌握工具在基因操作实施过程中的设计原理。

第一节 限制性内切酶

限制性内切酶的发现和使用，让基因在 DNA 水平上的研究成为常规操作，进而推动分子生物学的迅猛发展。利用限制性内切酶可产生特定大小的 DNA 片段，使得纯化这些 DNA 片段成为可能。获得的限制性 DNA 片段可作为 DNA 操作中的基本介质，同时切割和识别位点可作为 DNA 物理图的特殊标记。随着 PCR 技术和无缝克隆技术的发展，基因操作对限制性内切酶的依赖程度呈下降趋势，但其作为经典和基础操作工具，仍是基因操作中必须掌握的内容，对于建立和强化基因操作的基本理念和意识有重要作用。

一、限制与修饰

1. 限制与修饰现象

任何物种都有排除异物保护自身的防御机制，如人的免疫系统和细菌的限制与修饰系统，即由限制酶（restriction enzyme）与修饰酶（modification enzyme）组成的系统。20 世纪 50 年代初，许多学者发现了限制与修饰（restriction and modification）现象，当时称作宿主控制的专一性（host controlled specificity）。噬菌体 λ 在不同宿主中感染率（efficiency of plate, EOP）存在差异的现象具有代表性和普遍性。噬菌体 λ 在感染某一大肠杆菌菌株后，再去感染其他菌株时会受到限制（表 2-1）。当从大肠杆菌 K 释放的噬菌体 λ_K 感染大肠杆菌 B 时，只有 10^{-4} 的感染率；同样，从大肠杆菌 B 释放的噬菌体 λ_B 感染大肠杆菌 K 时，感染率也只有 10^{-4}。而感染大肠杆菌 C 时，感染率都有 100%。

表 2-1　噬菌体 λ 对大肠杆菌不同菌株的感染率

E. coli 菌株	噬菌体 λ 感染率		
	λ_K	λ_B	λ_C
E. coli K	1	10^{-4}	10^{-4}
E. coli B	10^{-4}	1	10^{-4}
E. coli C	1	1	1

感染率的差异说明大肠杆菌 K 和 B 中存在一种限制系统，可排除外来的 DNA。10^{-4} 的感染率是由宿主修饰系统作用后的结果，此时限制系统还未起作用。而菌株 C 不能限制来自菌株 K 和 B 的 DNA。后来发现限制作用实际是限制酶降解外源 DNA，进而维护宿主遗传稳定的一种保护机制。甲基化是常见的修饰作用，可使腺嘌呤 A 成为 N^6- 甲基腺嘌呤（N^6-methyladenine，m^6A 或 6mA），胞嘧啶 C 成为 5′- 甲基胞嘧啶（5-methylcytosine，m^5C 或 5mC）。宿主通过甲基化作用识别自身遗传物质和外来遗传物质。

2. 限制性内切酶的发现和命名

在 20 世纪 60 年代，人们就注意到 DNA 在感染宿主后会被降解的现象，从而提出限制性内切酶和限制酶的概念。1968 年，首次从大肠杆菌 K 中分离到限制酶（采用分步纯化细胞提取物，结合放射性标记和甲基化与未甲基化的 DNA 作指示），但是这些酶的性质尚不清楚，如发挥作用时需要 ATP 和 S- 腺苷甲硫氨酸（S-adenosylmethionine，SAM）等。更重要的是，它们有特定的识别位点但没有特定的切割位点，其中切割位点离识别位点达 1 000 碱基对（base pair，bp）以上。由于其具有核酸内切酶活性，因此称其为限制性内切酶。

就在人们感到困惑的时候，美国约翰·霍普金斯大学的 H. Smith 于 1970 年偶然发现，流感嗜血杆菌（Haemophilus influenzae）能迅速降解外源噬菌体 DNA，其细胞提取液可降解大肠杆菌 DNA，但不能降解自身 DNA，从而找到限制性内切酶 HindⅡ。该酶可识别 4 个位点，在识别位点内部切割 DNA 的两条链。HindⅡ 识别位点和切割位点如下：

$$5'\cdots GTPy\downarrow PuAC\cdots 3'$$
$$3'\cdots CAPu\uparrow PyTG\cdots 5'$$

Py 指嘧啶（pyrimidine）碱基，表示胸腺嘧啶（thymine，T）或胞嘧啶（cytosine，C）碱基；Pu 指嘌呤（purine）碱基，表示腺嘌呤（adenine，A）或鸟嘌呤（guanine，G）。

随后，发现的限制性内切酶越来越多，并在实践中得到应用。EcoRⅠ 是应用最广泛的限制性内切酶，其识别位点只有一个，即回文对称序列（palindrome）GAATTC，切点在识别位点 5′ 端第一个和第二个碱基之间。EcoRⅠ 识别位点和切割位点如下：

$$5'\cdots G\downarrow AATTC\cdots 3'$$
$$3'\cdots CTTAA\uparrow G\cdots 5'$$

生物体内存在与限制性内切酶对应的修饰酶 [主要指甲基转移酶（methyltransferase）]，二者往往同时存在。

限制性内切酶和修饰酶的命名遵循一定的原则，主要依据其来源，涉及宿主的种名、菌株号或生物型。命名时，依次取宿主属名第一字母，种名前两个字母，菌株号，然后再加上序号（罗马数字）。如限制性内切酶 *Hind*Ⅲ，*Hin* 指来源于流感嗜血杆菌，d 表示来自菌株 Rd，Ⅲ表示序号。早期命名时在限制性内切酶和修饰酶的名称前分别加前缀 R 或 M，如 R. *Eco*RⅠ和 M. *Eco*RⅠ，后来限制性内切酶名称中的 R 省略不写。由于命名时使用了宿主种属名称的拉丁文，因此在书写时来自拉丁文的前 3 个字母采用斜体，即使前 3 个字母并不完全是拉丁文也习惯性书写为斜体。后来考虑到印刷因素以及不必要的麻烦，已经不再要求必须采用斜体。

3. 限制与修饰系统的种类

限制酶的生物学功能一般被认为是用来保护宿主不受外来 DNA 的侵染，可降解外来 DNA，从而阻止其复制和整合到细胞中。一般来说，与限制酶伴生的修饰酶是甲基转移酶，能保护自身 DNA 不被降解。它们与对应的限制酶识别相同的序列，但其作用不是切割 DNA，而是在两条链上对某个碱基进行甲基化。限制酶和甲基转移酶组成限制与修饰系统。

根据酶的亚单位组成、识别序列的种类、是否需要辅因子，以及切割时对甲基化的依赖与否，限制与修饰系统至少可分为 4 类。

Ⅱ型（type Ⅱ）限制与修饰系统所占的比例最大，其中限制酶占 96% 以上。Ⅱ型酶相对来说最简单，限制酶和修饰酶是分离的，各自独立。限制酶的首要特征是，其在识别位点内或紧邻附近切割 DNA。主要识别回文对称序列（palindrome），产生带 3′- 羟基和 5′- 磷酸基团的 DNA 产物，需 Mg^{2+} 存在才能发挥活性。相应修饰酶只需 S- 腺苷甲硫氨酸，识别序列主要为 4~6 bp，或更长且呈二重对称的特殊序列，但有少数酶识别更长的序列或简并序列（degeneracy sequence），切割位置因酶而异，有些是隔开的。

Ⅱ型限制酶一般是同源二聚体（homodimer），由两个彼此按相反方向结合在一起的相同亚单位组成，每个亚单位作用在 DNA 链的两个互补位点上。修饰酶是单体，修饰作用一般由两个甲基转移酶来完成，分别作用于其中一条链。

Ⅱ型限制酶可以分为很多亚型。常见的识别回文对称序列的限制酶，为ⅡP 型（占 90% 以上）；早期采用的ⅡS 型名称仍在沿用，其识别位点是非对称的，也是非间断的，长度为 4~7 bp，切割位点可能在识别位点一侧 20 bp 范围内；ⅡB 型酶可识别非连续序列，并在识别序列两端切割，如 *Bcg*Ⅰ；ⅡG 型酶同时具备限制酶和甲基转移酶的活性；ⅡM 型酶只识别甲基化序列，如 *Dpn*Ⅰ。

在Ⅱ型限制酶中还有一类特殊的类型，该酶只切割双链 DNA 中一条链，造成一个切口（nick），这类限制酶也称切口酶（nicking endonuclease）。这类酶在命名时前面要加一个前缀 N，如 N. *Bst*NBⅠ。有些异源二聚体（heterodimer）限制酶的突变体可衍生成切口酶，如 Nt. *Bbv*CⅠ和 Nb. *Bbv*CⅠ为限制酶 *Bbv*CⅠ的突变体，只能分别切割 DNA 上链（top）和下链（bottom）。

Ⅰ型（type Ⅰ）限制与修饰系统的种类很少，只占 1%，如 *Eco*KⅠ和 *Eco*BⅠ。其限制酶和甲基转移酶（即 R 亚基和 M 亚基）各作为一个亚基存在于酶分子中，另外还有负责识别 DNA 序列的 S 亚基，分别由 *hsdR*、*hsdM* 和 *hsdS* 基因编码，属于同一操纵子（转录单位）。*Eco*K 编码基因结构为 R_2M_2S，*Eco*B 编码基因结构为 $R_2M_4S_2$。

*Eco*BⅠ酶和 *Eco*KⅠ酶识别位点如下（分别见左侧和右侧），其中两条链中 A* 为 m6 甲基化位点，N 表示任意碱基。但是它们的切割位点是随机的，在识别位点 1 000 bp 以外，无特异性。

TGA*(N)₈TGCT　　　AA*C(N)₆GTGC

ACT(N)₈A*CGA　　　TTG(N)₆CA*CG

Ⅲ型（type Ⅲ）限制与修饰系统的种类更少，所占比例不到1%，如 *Eco*P1 和 *Eco*P15。它们的识别位点分别是 AGACC（25/27）和 CAGCAG（25/27），切割位点则在下游25～27 bp处，修饰位点都在第二个A处进行m6甲基化。

Ⅳ型（type Ⅳ）限制与修饰系统编码一个或两个蛋白质，这些蛋白质只切割修饰的DNA，包括甲基化、羟甲基化（hydroxymethylation）和葡萄糖基-羟甲基化（glucosyl-hydroxymethylation）碱基。对它们的识别序列研究不多，遗传和生化水平上研究最清楚的为 *Eco*KMcrBC（简写为 McrBC），为由 McrB 和 McrC 组成的二聚体依赖于甲基化的核酸内切酶，它识别两个二核苷酸 RmC 序列（嘌呤后接甲基化胞嘧啶 m4C 或 m5C），由40～3 000个碱基（最佳距离为55～103碱基）分开，切割发生在距其中一个位点约30 bp处。

随着时间的推移，限制酶种类和活性的多样性不断被发现，从1986年下半年发现615个限制性内切酶和98个甲基转移酶以来，到2022年3月共发现经过生化功能验证并测定其编码序列的限制酶和修饰酶及相关酶或蛋白质（黄金标准）3 603个，包括限制性内切酶563个，甲基转移酶1 945个，归位内切酶（homing endonuclease）53个，切割单链的切口酶7个。对于那些通过基因组测序预测的潜在酶，命名时添加一个后缀单词P。尽管它们数量很多，但商业化的种类却没有这么多，例如此处提到的那些酶分别有625、38、5和15个，其中Ⅱ型限制性内切酶的专一性有239种，能满足大多数科学研究的需要。在基因操作中，一般所说的限制酶或修饰酶，除非特指，均指Ⅱ型系统中的种类。

数据库 REBASE（The Restriction Enzyme Database）对限制与修饰系统相关的数据进行收集整理和更新、分类和命名以及信息传递，该网站由 New England BioLabs（NEB）公司维护（http://rebase.neb.com/rebase/rebase.html），每日更新。

二、限制性内切酶识别序列

1. 识别序列长度

限制性内切酶识别序列的长度一般为4～8个碱基，最常见的为6个碱基。当识别序列为4个和6个碱基时，它们可识别的序列在完全随机的情况下，平均每256个（$4^4=256$）和4 096个（$4^6=4\,096$）碱基会出现一个识别位点。以下是代表性的种类，箭头指切割位置（另一条链上的切割位置在中心对称位点处）。

4个碱基识别位点：*Sau*3A Ⅰ　　↓GATC

5个碱基识别位点：*Eco*R Ⅱ　　↓CCWGG

　　　　　　　　Nci Ⅰ　　　CC↓SGG

6个碱基识别位点：*Eco*R Ⅰ　　G↓AATTC

　　　　　　　　Hind Ⅲ　　　A↓AGCTT

7个碱基识别位点：*Bbv*C Ⅰ　　CC↓TCAGC

　　　　　　　　*Ppu*M Ⅰ　　RG↓GWCCY

8个碱基识别位点：*Not* Ⅰ　　　GC↓GGCCGC

　　　　　　　　Sfi Ⅰ　　　　GGCCNNNN↓NGGCC

以上序列中部分字母代表的碱基如下。

R = A 或 G	Y = C 或 T	M = A 或 C
K = G 或 T	S = C 或 G	W = A 或 T
H = A 或 C 或 T	B = C 或 G 或 T	V = A 或 C 或 G
D = A 或 G 或 T	N = A 或 C 或 G 或 T	

2. 识别序列结构

限制性内切酶识别的序列大多数为回文对称结构，切割位点在 DNA 两条链相对称的位置。EcoR I 和 Hind III 的识别序列和切割位置如下。

EcoR I   G↓AATTC   Hind III   A↓AGCTT
                CTTAA↑G   TTCGA↑A

有一些限制性内切酶的识别序列是非对称的，如 AccBS I［CCGCTC（-3/-3）］和 BssS I ［CTCGTG（-5/-1）］。识别序列后面括号内的数字表示在两条链上的切割位置，- 表示向识别位点内侧计数，无标识表示向外侧计数。

AccBS I   CCG↓CTC   BssS I   C↓TCGTG
                GGC↑GAG   GAGCA↑C

许多限制性内切酶可识别多种序列，即简并序列，如 Acc I 识别序列是 GT↓MKAC，也就是说可识别 4 种序列，其中两种是对称的，另两种是非对称的。Hind II 识别序列是 GTY↓RAC。

有一些限制性内切酶识别序列呈间断对称，对称序列之间含有若干个任意碱基。如 AlwN I 和 Dde I，它们的识别序列如下。

AlwN I   CAGNNNC↓TG   Dde I   C↓TNAG
                GT↑CNNNGAC   GANT↑C

3. 切割位置

限制性内切酶对 DNA 的切割位置大多数在内部，但也有在外部的。在外部又有两端、两侧和单侧之别。切割位置在两端的有 Sau3A I（↓GATC）、Nla III（CATG↓）和 EcoR II（↓CCWGG）等；在两侧的有 Bcg I［(10/12)CGA(N)$_6$TGC(12/10)］和 TspR I（CASTGNN↓），Bcg I 酶的切割特性与其他酶不同，它们在识别位点的两端各切开一个断点，而不是只产生一个断点。切割位置在识别位点单侧的还有 Sap I［GCTCTTC（1/4）］、Bsa I［GGTCTC（1/5）］和 BspM I［ACCTGC（4/8）］等，这些特点可用于 DNA 片段连接或组装的技巧设计。其中 Mme I［TCCRAC（20/18）］可用于三维基因组研究，将该位点设计在 20 核苷酸的引物内则可以在外侧 20 核苷酸位点处切割，当这样两套设计共同起作用时可获得由 80 bp 互作片段组成的 DNA 文库，经高通量测序即可获得染色体上相互作用 DNA 的信息。

Bcg I   ↓$_{10}$(N)CGA(N)$_6$TGC(N)$_{12}$↓   Sap I   GCTCTTCN↓NNN
          ↑$_{12}$(N)GCT(N)$_6$ACG(N)$_{10}$↑   CGAGAAGNNNN↑

Bsa I   GGTCTCN↓NNN   Mme I   TCCRAC(N)$_{20}$↓
         CCAGAGNNNNN↑   AGGYTG(N)$_{18}$↑

三、切割产生的末端

1. 匹配黏末端

回文对称序列经限制性内切酶切割后，产生的末端为匹配末端（matched end），亦即黏末端（cohesive end），这样形成的两个末端是相同的，也是互补的。若在对称轴 5′ 侧切割，DNA 双链交错断开产生 5′ 突出黏末端（5′ protruding end），如 *Eco*R I；若在 3′ 侧切割，则产生 3′ 突出黏末端（3′ recessed end），如 *Kpn* I。

$$\begin{array}{c} \text{NNG}{\downarrow}\text{AATTCNN} \\ \text{NNCTTAA}{\uparrow}\text{GNN} \end{array} \xrightarrow{Eco\text{R I}} \begin{array}{c} \text{NNG} \\ \text{NNCTTAA} \end{array} + \begin{array}{c} \text{AATTCNN} \\ \text{GNN} \end{array}$$

2. 平末端

在回文对称轴上同时切割 DNA 两条链，则产生平末端（blunt end），如 *Hae* III（GG↓CC）和 *Eco*R V（GAT↓ATC）。产生平末端的 DNA 可任意连接，但连接效率较黏末端低。

3. 非对称突出末端

许多限制性内切酶切割 DNA 产生非对称突出末端，末端序列是不同的，如 *Bbv*C I，其识别切割位点如下。

$$\begin{array}{c} \text{CC}{\downarrow}\text{TCAGC} \\ \text{GGAGT}{\uparrow}\text{CG} \end{array}$$

有些限制性内切酶识别简并序列，其识别序列中有部分是非对称的，如 *Acc* I，其中 GTAGAC 和 GTCTAC 为非对称。

$$\begin{array}{c} \text{GT}{\downarrow}\text{MKAC} \\ \text{CAKM}{\uparrow}\text{TG} \end{array}$$

有些限制性内切酶识别间隔序列，间隔区域的序列是任意的，如 *Dra* III 和 *Ear* I，识别切割位点分别为 CACNNN↑GTG 和 CTCTTC（1/4）。

4. 同裂酶

识别相同序列的限制性内切酶称为同裂酶（isoschizomer），但它们的切割位点可能不同。具体可分为以下几种情况。

① 同序同切酶　这些酶识别序列和切割位置都相同，如 *Hind* II 与 *Hinc* II 识别切割位点为 GTY↓RAC，*Hpa* II、*Hap* II 与 *Msp* I 识别切割位点为 C↓CGG，*Mob* I 与 *Sau*3A I 识别切割位点为 ↓GATC。

② 同序异切酶　*Kpn* I 和 *Acc*65 I 识别序列相同，但切割位点不同，分别为 GGTAC↓C 和 G↓GTACC。另外，*Asp*718 I 识别和切割位点为 G↓GTACC。

③ "同功多位"　许多识别简并序列的限制性内切酶包含了另一种限制性内切酶的功能。如 *Eco*R I 识别和切割位点为 G↓AATTC，*Apo* I 识别和切割位点为 R↓AATTY，后者可识别前者的序列。另外，*Hpa* I 和 *Hinc* II 的识别位点有交叉，它们的识别和切割位点分别为 GTT↓AAC 和 GTY↓RAC。

④ 其他　有些限制性内切酶识别序列有交叉，如在 pUC 系列质粒的多克隆位点

（multiple cloning sites，MCS）中有一个 *Sal* I 位点（识别切割位点为 G↓TCGAC），该位点也可被 *Acc* I（识别切割位点为 GT↓MKAC）和 *Hinc* II 切割。

识别位点相同但切割位点不同的酶也可称为异裂酶（neoschizomer）。

5. 同尾酶

许多不同限制性内切酶切割 DNA 产生的末端是相同的，且是对称的，即它们可产生相同的黏性突出末端。这些酶统称为同尾酶（isocaudarner），其切割 DNA 后的产物可进行互补连接，如以下限制性内切酶。通过表 2-2 很容易判断哪些酶可产生相同 DNA 末端。

- *EcoR* I   G↓AATTC   *Mfe* I   C↓AATTG   *Apo* I   R↓AATTY
- *Spe* I   A↓CTAGT   *Nhe* I   G↓CTAGC   *Xba* I   T↓CTAGA
- *BamH* I   G↓GATCC   *Sau*3A I   ↓GATC   *Sty* I   C↓CWWGG
- *Cla* I   AT↓CGAT   *Acc* I   GT↓MKAC（pUC19）

6. 归位内切酶

归位内切酶（也称归巢内切酶）是一种能够识别并切割较长特异性非对称识别序列的双链 DNA 核酸内切酶，识别位点的长度大致在 12~40 bp，可由内含子（intron）编码或内含肽（intein）剪切形成，或由常规基因编码，其命名参照限制酶的命名原则，同时根据其编码的来源在命名时分别添加"I"、"PI"或"F"前缀。

归位内切酶可切割自身基因组，尽管切割位点极少或单一。宿主在对切割 DNA 进行修复时常常导致归位内切酶的编码基因被复制到切割位点，"归位"描述了这些基因在体内的横向传递（lateral mobility）。它们存在于线粒体、叶绿体、核 DNA、大肠杆菌噬菌体或细菌，它们与限制和修饰系统是否有关还不清楚，无关的可能性较大。Rebase 数据库描述了更详细的信息和数据。

归位内切酶并不像限制性内切酶那样具有严格限定的识别位点，也就是说单个碱基的改变并不会阻止切割，只是酶切效率会发生不同程度的变化。识别位点的精确边界并不清楚，文献所列举的识别序列只是能够识别和切割的序列。

I-*Ceu* I 酶是衣滴虫（*Chlamydomonas eugametos*）叶绿体大 rRNA 基因的内含子编码的产物，识别位点为 27 bp。反应温度为 37℃，识别位点和切割位置如下。

$$\text{TAACTATAACGGTC}_\uparrow\text{CTAA}^\downarrow\text{GGTAGCGAA}$$

PI-*Psp* I 内切酶是蛋白质体内拼接的产物，来自极端嗜热的炽热球菌（*Pyrococcus species*）GB-D，在同一个多肽前体上同时产生嗜热 DNA 聚合酶和该内切酶。识别位点为 30 bp，TGGCAAACAGCTA↑TTAT↓GGGTATTATGGGT；反应温度为 65℃。

归位内切酶识别位点非常稀少，例如 18 个碱基的识别序列在由 7×10^{10} 碱基组成的随机序列中才出现一次，相当于每 20 个哺乳动物基因组出现一个位点。尽管如此，与标准的限制性内切酶不同，这些酶对识别序列的变化可以接受，识别的核心序列一般在 10~12 个碱基之间。

四、DNA 末端长度对限制性内切酶切割的影响

限制性内切酶切割 DNA 时对识别序列两端外侧的非识别序列有长度的要求，也就是说在识别序列两端必须有一定数量的核苷酸，否则限制性内切酶将难以发挥切割活性。通过了

表 2-2　识别 4 个和 6 个回文对称核苷酸序列的限制酶的识别序列和切割位置

	AATT	ACGT	AGCT	ATAT	CATG	CCGG	CGCG	CTAG	GATC	GCGC	GGCC	GTAC	TATA	TCGA	TGCA	TTAA
↓□□□□	*Tsp*509 I								*Dpn* II *Mbo* I *Sau*3A I							
□↓□□□		*Hpy*CH4 IV			*Msp* I *Hpa* II			*Bfa* I		*Hin*P1 I		*Csp*6 I		*Taq* I		*Mse* I
□□↓□□			*Alu* I *Cvi*J I				*Bst*U I		*Dpn* I		*Hae* III *Cvi*J I	*Rsa* I			*Hpy*CH4 V	
□□□↓□										*Hha* I						
□□□□↓		*Tai* I			*Nla* III				*Cha* I							
A↓□□□□T	*Apo* I		*Hin*d III		*Pci* I *Afl* III	*Age* I *Bsr*F I *Bsa*W I		*Mlu* I *Afl* III	*Spe* I	*Bgl* II *Bst*Y I						
A□↓□□□T		*Acl* I											*Cla* I *Bsp*D I			*Ase* I
A□□↓□□T						*Ssp* I				*Afe* I	*Stu* I	*Sca* I				
A□□□↓□T																
A□□□□↓T					*Nsp* I					*Hae* II					*Nsi* I	
C↓□□□□G	*Mfe* I				*Nco* I *Sty* I *Btg* I	*Xma* I *Ava* I *Bso*B I		*Btg* I	*Avr* II *Sty* I		*Eag* I *Eae* I	*Bsi*W I	*Sfc* I	*Tli* I *Xho* I *Ava* I *Bso*B I *Sml* I	*Sfc* I	*Afl* II *Sml* I
C□↓□□□G				*Nde* I												
C□□↓□□G		*Pml* I *Bsa*A I	*Pvu* II *Msp*A1 I			*Sma* I	*Msp*A1 I									
C□□□↓□G							*Sac* II		*Pvu* I *Bsi*E I	*Bsi*E I						
C□□□□↓G															*Pst* I	
G↓□□□□C	*Eco*R I *Apo* I					*Ngo*M IV *Bsr*F I	*Bss*H II	*Nhe* I	*Bam*H I *Bst*Y I	*Kas* I *Ban* I	*Psp*OM I	*Acc*65 I *Ban* I		*Sal* I	*Apa*L I	
G□↓□□□C		*Bsa*H I								*Nar* I *Bsa*H I		*Acc* I	*Acc* I			
G□□↓□□C			*Ecl*136 II	*Eco*R V		*Nae* I				*Sfo* I		*Bst*Z17 I	*Hinc* II			*Hpa* I *Hinc* II
G□□□↓□C																
G□□□□↓C		*Aat* II	*Sac* I *Ban* II *Bsi*HKA I *Bsp*1286 I		*Sph* I *Nsp* I					*Bbe* I *Hae* II	*Apa* I *Ban* II *Bsp*1286 I	*Kpn* I			*Bsp*1286 I *Bsi*HKA I	
T↓□□□□A					*Bsp*H I	*Bsp*E I *Bsa*W I		*Xba* I	*Bcl* I		*Eae* I	*Bsr*G I				
T□↓□□□A														*Bst*B I		
T□□↓□□A		*Sna*B I *Bsa*A I				*Nru* I			*Fsp* I		*Msc* I		*Psi* I		*Dra* I	
T□□□↓□A																
T□□□□↓A																

解这些可以指导我们更好地进行双酶切以及设计 PCR 引物。

限制性内切酶可用酶单位（unit）来描述其量的多少。1个单位酶指在建议使用的缓冲液及温度下，在约定体积（20 μl 或 50 μl）反应液中反应 1 h，使 1 μg DNA 完全消化所需的酶量（多数情况下采用 λ DNA 来测试）。

当用 20 单位（units）限制性内切酶切割 1 μg 标记的寡核苷酸做测试时，发现不同酶对识别序列两端的长度有不同的要求。相对来说，*Eco*R I 对两端序列长度要求较小，在识别序列外侧有一个碱基对时在 2 h 的切割活性可达 90%，而 *Acc* I 和 *Hind* III 对两端序列长度要求较大。

用 DNA 片段（线性载体）检测末端长度对切割的影响时，同样发现识别序列外侧的末端长度对限制性内切酶切效率有明显影响，不同酶对末端长度的要求不同（表 2-3）。在质粒载体 LITMU29 的多克隆位点中，有如下连续排列的酶切位点。

表 2-3 通过质粒载体测试对靠近 DNA 片段末端的限制性内切酶识别位点的切割效率

限制性内切酶	末端碱基对数	切割效率（%）	载体名称	产生末端的限制性内切酶
*Bam*H II	1	97	LITMUS 29	*Hind* III
*Eco*R I	1	100	LITMUS 29	*Xho* I
	1	88	LITMUS 29	*Pst* I
	1	100	LITMUS 39	*Nhe* I
*Eco*R V	1	100	LITMUS 29	*Pst* I
Hind III	3	90	LITMUS 29	*Nco* I
	2	91	LITMUS 28	*Nco* I
	1	0	LITMUS 29	*Bam*H I
Kpn I	2	100	LITMUS 29	*Spe* I
	2	100	LITMUS 29	*Sac* I
	1	99	pNEB193	*Sac* I
Pst I	3	98	LITMUS 29	*Eco*R I
	2	50	LITMUS 39	*Hind* III
	1	37	LITMUS 29	*Eco*R I
Sal I	3	89	LITMUS 39	*Spe* I
	2	23	LITMUS 39	*Sph* I
	1	61	LITMUS 38	*Sph* I

```
……NNNNNCTCGAGGAATTCCTGCAGGATATCTGGATCCNNNNNN……
……NNNNNGAGCTCCTTAAGGACGTCCTATAGACCTAGGNNNNNN……
           Xho I   EcoR I   Pst I   EcoR V   BamH I
```

用 *Eco*R I 切割的产物如下：

```
……NNNNNCTCGAGG        AATTCCTGCAGGATATCTGGATCCNNNNNN……
……NNNNNGAGCTCCTTAA          GGACGTCCTATAGACCTAGGNNNNNN……
      Xho I                  Pst I   EcoR V   BamH I
```

若再用 *Xho* I 或 *Pst* I 切割，两个酶切位点的短末端都只有一个碱基对（另有 4 个碱基单链突出），它们的切割效率分别是 97% 和 37%。但是如果先由 *Xho* I 切割，再用 *Eco*R I 切割，*Eco*R I 的切割效率则可达 100%；如果由 *Pst* I 先切，再用 *Eco*R I 切，其切割效率为 88%。

在设计 PCR 引物时，如果要在末端引入一个酶切位点，为保证能够顺利切割扩增的 PCR 产物，应在设计的引物末端加上能够满足要求的碱基对数目。另外，由于在用 DNA 片段（线性载体）检测末端长度对切割的影响时，未计算单链部分 4 个碱基，因此设计引物时应另加酶切产物单链突出末端所对应的碱基数（如 4 个碱基）。例如，在引物末端引入 *Xho* I 位点时，由于在末端有一个碱基对时切割效率可以接近完整，因此在酶切位点的 5′ 端添加 1+4，也就是 5 个保护碱基，可以满足高效切割的要求。从经验出发，一般在识别序列末端有 3~4 个碱基对时能满足常规的酶切需要。

另外，了解末端长度对切割的影响还可帮助在双酶切多克隆位点时选择酶切秩序。

五、位点偏爱

某些限制性内切酶对同一底物中部分位点表现出偏爱性切割，即对不同位置同一个识别序列表现出不同切割效率的现象称作位点偏爱（site preference）。

某些噬菌体 DNA 中某些相同酶切位点对酶的敏感性不同。噬菌体 λDNA 为 48 502 bp，两端为 12 bp 黏末端。*Eco*R I 酶切割 λDNA 的 5 个位点并不是随机的，靠近右端位点比分子中间位点切割快 10 倍；*Eco*R I 对腺病毒 2（adenvirus-2）DNA 不同位置切点的切割速率也不同。*Eco*R I 和 *Hin*d III 在噬菌体 λDNA 中的切割速率分别有 10 倍和 14 倍的差异。New England Biolabs 公司（简称 NEB）在位点偏爱方面做了系统性研究工作，并将其结果公开在其产品目录上。该公司发现许多限制性内切酶的活性差异达 10 倍以上，有的甚至更大。

造成上述现象的原因主要在于限制性内切酶的聚合体属性以及切割 DNA 时需要识别位点的数量差异。大多数限制性内切酶作为简单的单体或同源二聚体结合并切割一个识别位点，其切割带一个位点底物的效率和切割带多个位点底物的效率一样高。而有些酶发挥活性时显得复杂，需经历变构激活，或形成"瞬时"二聚体、四聚体甚至更大的组装体，并且其仅在同时结合到两个或更多位点时才切割 DNA。

II S 型酶一般是单体但普遍可瞬间结合形成二聚体以切割两条链，如 *Fok* I。有些酶要求 DNA 上有两个明显不同的结合位点，其中一个是激活另一个的变构位点（allosteric）。这两个序列可由顺式（cis）方式提供，即相互靠近或形成环（loop）；或由反式（trans）方式提供，由含识别序列的寡核苷酸提供。*Bsp*M I、*Sfi* I 和 *Ngo*M IV 都是同源四聚体蛋白质，它们需要结合两个识别序列并同时切割四个磷酸二酯键。例如在常用克隆载体 pBR322 和 pUC18/19 中只有一个 *Bsp*M I 位点，100 倍过量酶切割时仍然有一半 DNA 不被切割。

限制性内切酶的单位数值一般采用噬菌体 λDNA 进行标定，如果出现位点偏爱的话，可改用其他 DNA 介质如腺病毒 2 DNA 来测定。同样，切割相同量的不同 DNA 时所需的酶量也会不同。在切割 pUC19、pBR322 和 LITMUS 等质粒载体时，少数酶需要的酶量可减少，如 *Ase* I 只需 0.3 单位可满足 1 μg pBR322 质粒 DNA 的切割；多数酶需要的酶量超过标准用量，切割共价闭合环状（covalently closed circular DNA，cccDNA）即超螺旋结构质粒 DNA 时所需酶量也会超过标准用量。

位点偏爱虽然在限制性内切酶中被关注或研究，但不排除其他工具酶也存在类似现象。

六、酶切反应条件

任意一个限制酶都有其各自最佳反应条件。但为了使用方便，一般将反应条件划分成多种固定类型。每一种酶都有其最佳的反应类型，在其他类型的反应条件下往往不能达到高活性。销售商会在其产品上标明所需的最佳反应条件，包括缓冲液类型和反应温度等信息。

1. 缓冲液

常规缓冲液一般包括提供稳定pH的缓冲剂、Mg^{2+}、DTT（二硫苏糖醇）以及BSA（小牛血清清蛋白）。

pH通常为7.0~7.9（25℃），用Tris-HCl或乙酸调节；Mg^{2+}作为酶的活性中心，由氯化镁或乙酸镁提供，浓度常为10 mmol/L；DTT浓度常为1 mmol/L；有时缓冲液中还加入100 μg/ml BSA。不同酶对离子强度的要求差异很大，据此缓冲液按离子强度的差异分为高、中、低3种类型，离子强度以NaCl来满足，浓度分别为100 mmol/L、50 mmol/L和0 mmol/L。

大多数商业公司都提供3~4种常用缓冲液，包括高中低3种不同盐浓度的缓冲液和1种乙酸盐缓冲液。除此之外，有些公司还为某些酶提供专用缓冲液。

有一种含钾离子的通用缓冲液可适用于所有限制性内切酶，但不同酶使用缓冲液的浓度不同，即实验时仍要选择合适浓度如0.5或1或1.5或2倍。NEB公司将乙酸缓冲液4命名为CutSmart通用缓冲液，能让200多种限制性内切酶保持100%活性，这对双酶切实验来说非常方便，而且绝大多数常用修饰酶在该缓冲液中也能充分展示活性。

对DNA进行双酶切时，如何选择缓冲液是相当重要的。一方面可选用二者都适合的缓冲液或通用缓冲液；若找不到共用缓冲液则先用低离子强度缓冲液做相应的酶切反应，再加适量NaCl做第二种酶切反应；或先用低盐缓冲液再用高盐缓冲液（DNA可纯化或不纯化）。

2. 反应温度

反应温度大多数为37℃，一部分为50~65℃，少数25~30℃。高温作用酶在37℃下活性会下降，多数仅为最适条件下的10%~50%。如 *Taq* I 限制性内切酶（正常反应温度为65℃），在37℃只有在65℃活性的10%；*Sma* I 最适反应温度为25℃，在37℃时酶的半衰期只有15 min。销售商在产品说明中都会标明最佳反应温度。

3. 反应时间

反应时间通常为1 h或更长，延长反应时间可减少酶的用量。*Eco*R I 若反应16 h，所需酶量为正常酶切时间的1/8，即若反应时间为16 h，则所用酶量为只切1 h的1/8。其他酶也有类似情况，如 *Hind* III 为1/8；*Kpn* I 为1/4；*Bam*H I 为1/2。

许多制剂公司开发出一些高质量的限制性内切酶，可在5~15 min完成反应，反应时间过长也不会引起额外降解。类似这样的即时（time-saver）酶制剂将会被越来越多研究人员使用。

4. 终止酶切反应

EDTA可螯合酶活性中心镁离子，从而可终止酶切反应，终止浓度为10 mmol/L；加热是常用的方法，对于最佳反应温度为37℃的酶，在65℃或80℃处理20 min可使酶活性大部分丧失。但是对于在80℃处理20 min不失活的酶，如最佳反应温度为37℃的酶 *Bgl* II、*Hpa* I 和 *Pvu* II，65℃酶 *Tth*111 I 和 *Tsp*R I，以及50℃酶 *Bcl* I，可用苯酚抽提去除蛋白，或用试剂盒（kit）纯化 DNA。

七、星星活性

在极端非标准条件下，限制性内切酶能切割与识别序列相似的位点，这个改变的特殊活性称星星活性（star activity）。星星活性是限制内切酶的一般性质，任何一种限制性内切酶在极端非标准条件下都能切割非典型位点，如 *Bam*H I 、*Eco*R I 、*Eco*R V 、*Hin*d III 、*Kpn* I 、*Pst* I 和 *Sal* I 等常用限制性内切酶皆可表现出星星活性。星星活性在绝大多数情况下是可控制的。

限制性内切酶的特异性变化方式与酶的种类和所用的条件有关，最普遍的活性变化源自 1 个碱基的不同、识别位点外层碱基的随意性以及单链缺口。由于 pH 升高或离子强度降低，*Eco*R I 可切割 N/AATTN 位点，或切割只有一个碱基不同的识别位点，但这个变化的碱基只能是中央序列 AATT 中由 A 变 T 或由 T 变 A。

引起星星活性的因素有甘油浓度高（>5%），酶过量（>100 U/ml），离子强度低（<25 mmol/L），pH 过高（>8.0），含有机溶剂如 DMSO（二甲基亚砜）、乙醇、乙二醇、二甲基乙酰胺（dimethylacetamide）、二甲基甲酰胺（dimethbylformamide）、sulphalane 等等，或用其他二价阳离子如 Mn^{2+}、Cu^{2+}、Co^{2+} 或 Zn^{2+} 代替了 Mg^{2+}。不同酶对上述条件的敏感性不一样，如 *Pst* I 比 *Eco*R I 对高 pH 更敏感，但后者对甘油浓度更敏感。

抑制星星活性的措施有许多，如减少酶的用量（可避免过度酶切），减少甘油浓度，保证反应体系中无有机溶剂或乙醇，提高离子强度到 100~150 mmol/L（如果不会抑制酶活性的话），降低反应 pH 至 pH 7.0，以及保证使用 Mg^{2+} 作为二价阳离子。

八、单链 DNA 的切割

除了切口酶外，部分切割双链 DNA 的酶也可消化其单链，但是切割效率不同。*Hin*P II 、*Hha* I 、*Mnl* I 切割单链 DNA（single strand DNA, ssDNA）的效率是切割双链的 50%，*Hae* III 切割单链 DNA 的效率是切割双链的 10%，*Bst*N I 、*Dde* I 、*Hga* I 、*Hinf* I 、*Taq* I 切割单链 DNA 的速度比切割双链慢 100 倍。

九、酶切位点在连接中的应用

在酶切水平上，通过酶切和连接可产生新的酶切位点，因此可以设计出高效连接方式。

1. 将产生的 5′ 突出末端补平后再连接可产生新酶切位点

*Eco*R I 识别位点为 GAATTC，先用它切割 DNA，将 5′ 突出末端补平（如采用 DNA 聚合酶）后，再连接可产生 *Xma* I （GAANNNNTTC）和 *Ace* I（ATTAAT）酶切位点，而 *Eco*R I 酶切位点消失。

```
···G        AATTC···   补平    ···GAATT  AATTC···   连接    ···GAATTAATTC···
···CTTAA        G···   ────►   ···CTTAA  TTAAG···   ────►   ···CTTAATTAAG···
```

对 *Hin*d III 位点（AAGCTT）来说，经酶切和连接可产生 *Nhe* I 和 *Alu* I 酶切位点，同时

HindⅢ位点消失。

产生平末端的限制性内切酶切割DNA后再连接也可产生新酶切位点，例如 *Pvu* Ⅱ（CAGCTG）+ *Eco*R V（GATATC）→ *Mob* Ⅰ（GATC）。

2. 生物积块

同尾酶切割DNA产生的末端再相互连接后会导致原酶切位点消失，依据这样的现象人们设计出了便于组装的生物积块（BioBrick）。生物积块是一种带有功能序列DNA片段（也就是生物元件）并经过标准化处理、具有标准酶切位点的遗传部件。其两端配置有相同的前缀（prefix）序列和后缀（suffix）序列，其中前缀含有 *Eco*R Ⅰ 和 *Xba* Ⅰ 酶切位点，后缀含有 *Spe* Ⅰ 和 *Pst* Ⅰ 酶切位点。通过酶切和连接反应可以将两个功能片段（生物元件）在 *Xba* Ⅰ 和 *Spe* Ⅰ 这两个同尾酶切割后的末端处连接起来，连接后再无法原样切开（图 2-1）。生物元件作为最简单最基本的生物积块，可以通过生物积块将多个基因片段组装（assemble）成连续排列的基因簇或多基因生物部件，或将单基因组装成重复排列的多拷贝基因单元。生物积块可以标准化（standardization）和模块化（modular），可以像搭积木一样逐步搭建出一个复杂的生物系统，展示合成生物的魅力。

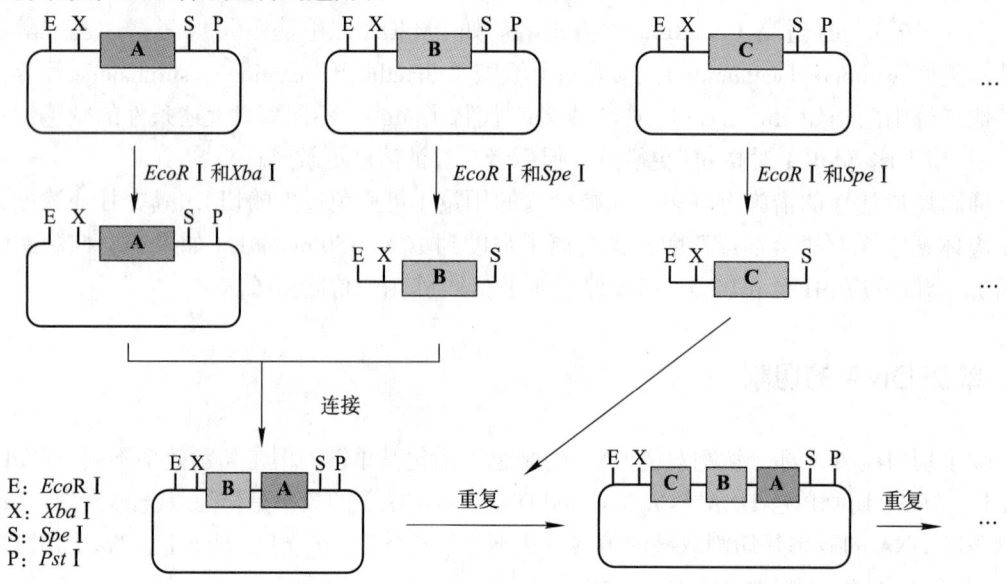

● 图 2-1 生物积块组装示意图

此外，*Sal* Ⅰ-*Xho* Ⅰ 和 *Bam*H Ⅰ-*Bgl* Ⅱ 等同尾酶也可用于生物积块的制作。

3. Golden Gate 组装技术

利用ⅡS型限制性内切酶的切割位置在其识别位点外侧附近的特点，可以对目标DNA片段（或生物元件）外侧任意位置进行切割且产生的突出末端可与以相同方式产生的末端进行黏端互补连接，连接后的接口处不再呈现酶切位点。通过这种方式可将不同DNA片段（或生物元件）快速和便捷地组装成连续排列的长片段（基因簇或多基因生物组件），这样的DNA片段连接方式被称为 Golden Gate 组装（Golden Gate assembly）技术。常采用的ⅡS型限制性内切酶有 *Bsa* Ⅰ[GGTCTC（1/5）] 和 *Sap* Ⅰ[GCTCTTC（1/4）] 等。图 2-2 展示将 9 个DNA片段经 *Bsa* Ⅰ 切割后，依次按顺序连接示意图。

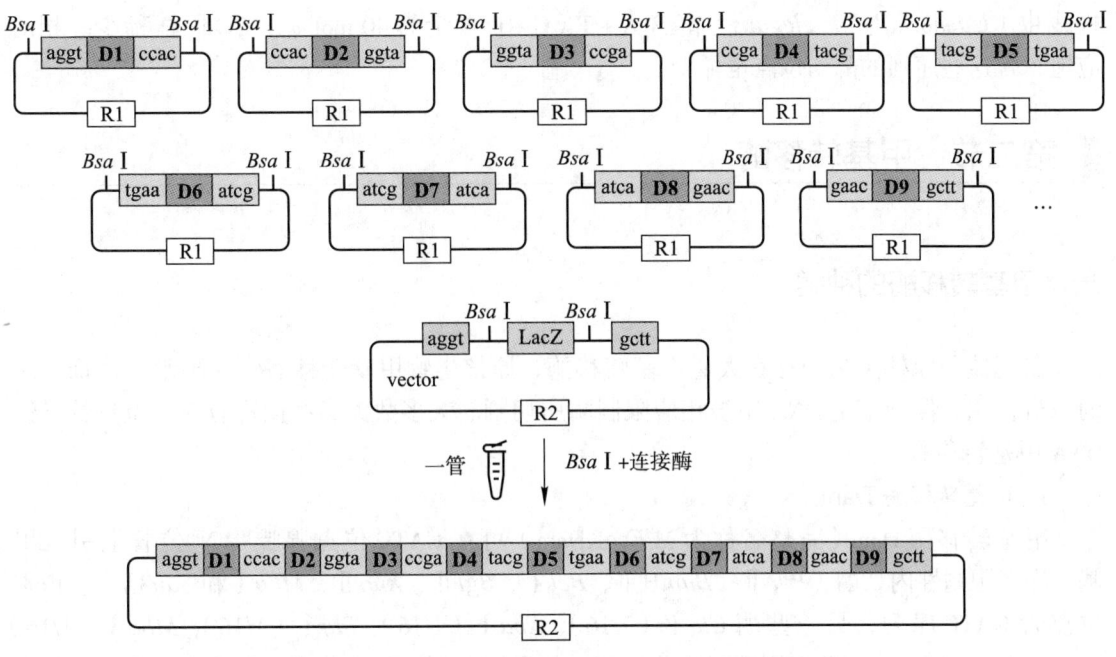

图 2-2 Golden Gate 组装技术串联多片段示意图

十、影响酶活性的因素

影响酶切活性的因素有许多，可分为外因和内因。外因是可预见和控制的，如反应条件、底物纯度（是否有杂质、是否有盐离子和苯酚的污染）、加酶顺序、操作是否恰当、反应体积以及反应时间等。内因包括星星活性、底物甲基化和底物构象。构象的影响主要指切割线性 DNA 和超螺旋 DNA 时的活性差异，如与切割 λDNA 相比，EcoRⅠ、PstⅠ和 SalⅠ需要至少 2.5～10 倍的酶来切割载体 pBR322 的超螺旋 DNA。PaeRTⅠ与 XhoⅠ切割相同的序列（C↓TCGAG），但如果 5′ 端为 CT 则 PaeRTⅠ 不能切割。

这些影响酶活性的因素或涉及的问题，不仅针对限制性内切酶，而且常常对基因操作或生化实验其他工具酶同样适用。

十一、酶切位点在基因组中分布的不均一性

在基因组中碱基对的排列是非均匀的，尽管有的酶切位点中 G + C 含量相同，但在基因组中出现的频率却不一样。如在大肠杆菌中，AsoⅠ（GGCGCGCC）切点平均 20 kb 出现一个，而 NotⅠ（GCGGCCGC）切点平均 200 kb 出现一个（常利用它出现的机会少而用于构建物理图谱），EcoRⅠ 和 HindⅢ 切点平均 5 kb 出现一个，而 SpeⅠ（ACTAGT）切点平均 60 kb 出现一个。

不同生物体会呈现不同的序列偏好，如大多数富含 A + T 的细菌中 CCG 和 CGG 排列非常少见，CTAG 在富含 G + C 细菌基因组中也很少见。酵母基因组 G + C 含量为 38 mol%，因此在重复序列之外（+ RNA 或 Ty elements）富含 G + C 的识别序列就特别少。哺乳动物细胞核基因组 G + C 含量为 41 mol%，其中 CG 序列比想象的低 5 倍多。果蝇和自由生活秀丽隐

杆线虫（*Caenorhabditis elegans*）富含 A + T（G + C 含量为 40 mol%），CG 同样稀少。相对应地，含这些序列的酶切位点也稀少。

第二节 甲基转移酶

一、甲基转移酶的种类

在真核和原核生物中存在大量甲基转移酶，原核生物甲基转移酶作为限制与修饰系统的一员，用于保护宿主 DNA 不被相应限制酶所切割。大多数大肠杆菌都有 3 个位点特异性 DNA 甲基转移酶。

1. 甲基转移酶 Dam

甲基转移酶 Dam（完整名称为 M.EcoKDam）可在 GATC 位点腺嘌呤 N^6 位置上引入甲基。许多限制性内切酶（*Pvu*Ⅱ、*Bam*HⅠ、*Bcl*Ⅰ、*Bgl*Ⅱ、*Xho*Ⅱ、*Mbo*Ⅰ和 *Sau*3AⅠ）识别位点含 GATC 序列，另一些酶 *Cla*Ⅰ（7/16）、*Xba*Ⅰ（1/16）、*Taq*Ⅰ（1/16）、*Mbo*Ⅰ（1/16）和 *Hph*Ⅰ（1/16）的部分识别序列含此序列，如平均 16 个 *Cla*Ⅰ位点（NATCGATN）中就有 7 个该序列。

有些限制性内切酶对 Dam 甲基化的 DNA 敏感，不能切割相应位点，如 *Bcl*Ⅰ、*Cla*Ⅰ和 *Xba*Ⅰ等。对甲基化不敏感的有 *Bam*HⅠ、*Sau*3AⅠ、*Bgl*Ⅱ和 *Pvu*Ⅰ等。*Mbo*Ⅰ和 *Sau*3AⅠ识别和切割位点相同，但其差异就在于前者对甲基化敏感。

一般哺乳动物 DNA 不会在腺嘌呤 N^6 上甲基化（2015 年以来陆续在小鼠和人类中发现），因此对甲基化敏感的限制性内切酶切割这些 DNA 时不会受到影响。当需要在这些敏感位点上完全切割 DNA 时，可利用 dam^- *E.coli* 扩增并提取 DNA。

2. 甲基转移酶 Dcm

甲基转移酶 Dcm（完整名称为 M. EcoKDcm）识别 CCAGG 或 CCTGG 序列，在第二个胞嘧啶 C 的 C^5 位置上引入甲基。受 Dcm 甲基化作用影响的酶有 *Eco*RⅡ（↓CCWGG）。大多数情况下，其同裂酶 *Bst*NⅠ（CC↓WGG）可避免这一影响，因为二者虽然识别序列相同，但切点不同。

受此甲基化酶影响的酶还有 *Acc*65Ⅰ、*Alw*NⅠ、*Apa*Ⅰ、*Eco*RⅡ和 *Eae*Ⅰ等。不受此甲基化影响酶有 *Ban*Ⅱ、*Bgl*Ⅰ、*Bst*NⅠ、*Kpn*Ⅰ和 *Nar*Ⅰ等。

3. 甲基转移酶 EcoK Ⅰ

甲基转移酶 *Eco*KⅠ（完整名称为 M. *Eco*KⅠ）的识别位点少，可在 DNA 识别位点 AAC(N)$_6$GTGC 两条链上靠碱基 C 的碱基 A 的 N^6 位置上甲基化。但因为其识别位点少（1/8 kb），所以研究较少。

二、依赖于甲基化的限制系统

大肠杆菌菌株 K 中至少有 3 种依赖于甲基化的限制系统 Mcr A、McrBC 和 Mrr，亦即Ⅳ型限制系统，它们识别的序列虽各不相同，但只识别经过甲基化的序列。ⅡM 型的限制性内切酶 *Dpn*Ⅰ只切割甲基化的 DNA，在定点诱变和表观遗传分析中发挥作用。

三、甲基化对基因操作的影响

1. 修饰切割位点

通过甲基化修饰可保护酶切位点不被切割。M. *Msp*I 修饰的产物为 ^{m5}CCGG，在 *Bam*H I 识别位点（GGATCC）前面如果为 CC 或后面为 GG，那么经 M. *Msp*I 处理的 DNA（GGAT^{m5}CCGG）对 *Bam*H I 不敏感（即抵抗切割）。

构建 DNA 文库时，用 *Alu* I（AG↓CT）和 *Hae* Ⅲ（GG↓CC）部分消化基因组 DNA 后，将得到的片段用 M. *Eco*R I 处理，然后加上合成的 *Eco*R I 接头（adapter），再用 *Eco*R I 来切割时只有接头上的位点可被切割，从而保护基因组片段。

2. 产生新的酶切位点

通过甲基化修饰可产生新的酶切位点。*Dpn* I 是依赖甲基化的限制性内切酶，TCGATCGA 受 M. *Taq* I 处理后形成甲基化（A）产物 TCG*ATCG*A，其中 G*ATC 即为 *Dpn* I 识别位点。

3. 对基因组作图的影响

在研究哺乳动物 ^{m5}CG、植物 ^{m5}CG 和 ^{m5}CNG、肠道细胞 G^{m6}ATC 的甲基化水平和分布时，可利用限制性内切酶对甲基化的敏感性差异来分析。随着测序技术的发展，特别是单分子测序技术的普及，对 DNA 甲基化水平和分布情况的测定变得越来越容易，不再依赖传统的酶学分析方式。

DNA 甲基化水平的变化会直接影响染色体的结构、DNA 构象及其稳定性、DNA 与蛋白质的结合。哺乳动物 DNA 甲基化一般只发生在 CG 岛的胞嘧啶，CG 位点在基因组不常见，主要密集分布在接近基因启动子的位置，因此 CG 位点的甲基化可影响基因的表达。

第三节　DNA 聚合酶

DNA 聚合酶（DNA polymerase）主要催化 DNA 的合成（在有模板，引物，dNTP 等的情况下）。任何细胞生物都具有 DNA 聚合酶，有些 DNA 病毒或噬菌体也能编码 DNA 聚合酶。早期描述的 DNA 聚合酶主要来自大肠杆菌以及大肠杆菌噬菌体，以后从其他细菌特别是高温生长细菌中获取了各具特色的 DNA 聚合酶，后续通过基因工程改造又衍生出多样化 DNA 聚合酶，它们在结构组成、活性多样性、活性个性化等方面形成性能丰富的系列工具。

一、大肠杆菌 DNA 聚合酶 I

1. 大肠杆菌 DNA 聚合酶 I 的活性

大肠杆菌 DNA 聚合酶 I（*E.coli* DNA polymerase I）为单链多肽（相对分子质量为 1.09×10^5），有 3 种活性。

（1）5′→3′DNA 聚合酶活性　反应底物为单链 DNA 及引物（带 3′-OH 基）或 5′ 突出的双链 DNA。

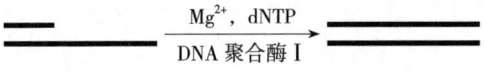

（2）$5'→3'$ 核酸外切酶活性　反应底物为双链 DNA 或 DNA：RNA 杂交体，其活性从 5' 端降解双链 DNA，也降解 RNA：DNA 中的 RNA（RNase H 活性）。

$$\xrightarrow[\text{DNA 聚合酶 I}]{Mg^{2+},\ dNTP}$$

（3）$3'→5'$ 外切酶活性　反应底物为带 3'-OH 的双链 DNA 或单链 DNA，其活性从 3'-OH 端降解 DNA，可被 $5'→3'$ 聚合活性封闭，也可被带 5' 磷酸的 dNMP 抑制。

$$\xrightarrow[\text{DNA 聚合酶 I}]{Mg^{2+}} \xrightarrow[\text{DNA 聚合酶 I}]{Mg^{2+},\ dNTP}$$

（4）交换（置换）反应。如果只有一种 dNTP 存在，$3'→5'$ 外切活性将从 3'-OH 端降解 DNA，然后在该位置发生一系列连续的合成和外切反应，直到露出与该 dNTP 互补的碱基，最终导致 3' 端为该添加的碱基。

总之，在没有 dNTP 的情况下，外切活性占主导地位；而当存在足够的 dNTP 时，合成活性占主导地位且与外切活性处于动态平衡中，导致双链 DNA 呈现为平末端。

2. 大肠杆菌 DNA 聚合酶 I 的用途

（1）切口平移标记　利用大肠杆菌 DNA 聚合酶 I 的 $5'→3'$ 核酸外切酶活性，可用切口平移法（nick translation）标记 DNA，在常用 DNA 聚合酶中只有此酶有此用途。使用时，首先用低限量 DNase I 处理双链 DNA 模板，产生少量切口；利用 DNA 聚合酶 I 的 $5'→3'$ 核酸外切酶活性使切口沿 $5'→3'$ 方向移动；同时产生的切口也可作为 DNA 聚合酶 I 催化 DNA 合成的起始位点。合成过程中，dNTP 前体不断掺入到正在增长的 DNA 链上。如果提供标记的底物，那么所有反应产物便被标记，可用作 DNA 探针。

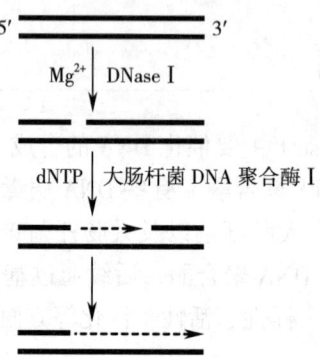

（2）合成 cDNA 第二链　用于 cDNA 克隆中第二链的合成，即单纯 DNA 聚合活性。但由于具有 $5'→3'$ 外切活性，可改用 Klenow DNA 聚合酶，更多情况下采用 PCR 相关 DNA 聚合酶或反转录酶。

（3）末端标记　对 3'- 突出末端的 DNA 作末端标记（交换或置换反应），但是此反应用 T4 或 T7 DNA 聚合酶效果会更好。

$$\xrightarrow[\text{[}\alpha\text{-}^{32}\text{P dATP]}]{Mg^{2+},\ DNA\ 聚合酶} \begin{matrix} A^* \\ T \end{matrix}$$

二、Klenow DNA 聚合酶

Klenow DNA 聚合酶是大肠杆菌 DNA 聚合酶 I 经蛋白酶（枯草杆菌蛋白酶）裂解而从全酶中除去 $5'→3'$ 外切活性的肽段后的大片段肽段，其聚合活性和 $3'→5'$ 外切活性不受影响。也称为 Klenow 片段（Klenow fragment），或大肠杆菌 DNA 聚合酶 I 大片段（*E. coli* DNA polymerase I large fragment）。现在可通过基因工程表达获得，相对分子质量为 7.6×10^4。

Klenow DNA 聚合酶活性与大肠杆菌 DNA 聚合酶 I 活性一致。由于没有 $5'→3'$ 外切活性，使用范围进一步扩大。当只使用聚合活性的时候，现在常常采用 PCR 相关的 DNA 聚合酶作替代。

1. 补平 DNA 3′ 凹端

仅使用单纯的 DNA 合成活性。使用时应添加足量 dNTP；如果使用带标记的 dNTP，则可对 DNA 进行末端标记。

2. 抹平 DNA 3′ 凸端

在 $3'→5'$ 外切活性作用下，可切除突出的 3′ 凸端。使用时应添加足量 dNTP，否则外切活性不会停止。但由于 T4 和 T7 DNA 聚合酶具更强的 $3'→5'$ 外切活性，现在已经取代了 Klenow DNA 聚合酶的这一作用。

3. 通过置换反应对 DNA 进行末端标记

但是该作用也已经被 T4 或 T7 DNA 聚合酶代替；它还可以在补平 3′ 凹端的过程中进行标记。

4. 随机引物标记

利用随机引物（random primer）引导 DNA 合成反应时，可对 DNA 进行标记。

三、T4 和 T7 DNA 聚合酶

T4 DNA 聚合酶（T4 DNA polymerase）来源于噬菌体 T4 感染的大肠杆菌，相对分子质量为 1.14×10^5。T4 DNA 聚合酶的活性与 Klenow DNA 聚合酶的活性相似，但其 $3'→5'$ 外切活性强 200 倍，且不从单链 DNA 模板上替换引物，也就是不会发生链置换（strand displacement）反应。因此该酶在诱变反应中更有用，诱变率约提高 1 倍。

T7 DNA 聚合酶（T7 DNA polymerase）来源于噬菌体 T7 感染的大肠杆菌，为两种蛋白质紧密结合形成的复合体，一种是噬菌体基因 5 蛋白，另一种是宿主细胞的硫氧还蛋白。其活性与 T4 DNA 聚合酶和 Klenow DNA 聚合酶的活性类似，但 $3'→5'$ 外切活性为 Klenow DNA 聚合酶的 1 000 倍。T7 DNA 聚合酶可替代 T4 的功能并可用于长模板的引物延伸。T7 DNA 聚合酶是常见 DNA 聚合酶中持续合成能力最强的一个，产物平均长度要大得多，在传统 Sanger 测序年代，去除 $3'→5'$ 外切活性后开发成测序酶（sequenase）。

四、链置换型 DNA 聚合酶

有些 DNA 聚合酶具有很强的链置换能力，同时具有很强的持续合成能力。这些 DNA 聚合酶主要被用来实施 DNA 等温扩增（isothermal amplification）。

1. *Bst* DNA 聚合酶

Bst DNA 聚合酶（*Bst* DNA polymerase）源自嗜热脂肪芽胞杆菌（*Bacillus stearothermophilus*），具有 $5'\to 3'$ 聚合酶活性以及针对双链 DNA 模板的 $5'\to 3'$ 外切酶活性，无 $3'\to 5'$ 外切酶活性，且具有反转录酶（reverse transcriptase）活性。常设反应温度为 65℃ 甚至 72℃，在该温度下有利于双链 DNA 解链、引物结合模板并启动 DNA 合成，进而有利于等温扩增。

当前用作工具的 *Bst* DNA 聚合酶多为其衍生物，如去掉了 $5'\to 3'$ 外切酶活性，增强了扩增速度、产量、热稳定性以及对高盐浓度的耐受性，在高浓度抑制剂存在时仍具强劲性能（robust performance），显著增加反转录酶活性。

2. phi29 DNA 聚合酶

phi29 DNA 聚合酶（phi29 DNA polymerase）源自枯草芽胞杆菌（*Bacillus subtilis*）噬菌体 Φ29，具有 $5'\to 3'$ 聚合酶活性以及 $3'\to 5'$ 外切酶活性，更重要的是具有极强的链置换能力和持续合成（processive synthesis）能力。可用于全基因组 DNA 扩增（whole genome amplification）、多重置换扩增（multiple displacement amplification，MDA）以及其他形式的等温扩增。

3. 等温扩增

等温扩增是指在恒温下快速有效地扩增核酸的简单扩增方法，可以按指数扩增、线性扩增、级联放大的方式累积核酸产物，不受热循环的限制。等温扩增有多种工作方式，但需要具有链置换活性的聚合酶，即在温度恒定的情况下实现引物与模板结合并启动扩增反应，同时还必须将合成的产物与模板分离。

等温扩增可用在无偏全基因组 DNA 扩增，包括从单细胞、病原体或宏基因组进行无细胞扩增以及从滤纸血斑样本中扩增，从纳克级模板中扩增，高温下单酶反转录扩增，低纯度或含有抑制因子的样本中扩增，高 G+C 含量 DNA 测序模板扩增，以及其他需要进行链置换的扩增等，在科学研究和分子诊断中发挥了重要作用。

等温扩增方式多种多样，常见的有环介导等温扩增（loop-mediated isothermal amplification，LAMP）和链置换扩增（strand displacement amplification，SDA）。

（1）环介导等温扩增　LAMP 是应用最广泛的等温扩增方法，利用 *Bst* DNA 聚合酶在 60~65℃ 恒温下 60 min 以链置换方式进行自动循环扩增核酸，无需通过特定设备将双链变性为单链。

扩增时模板、引物、DNA 聚合酶和底物混合在一起，可以一步完成目的基因的扩增和检测。扩增效率非常高，在 15~60 min 内扩增 $10^9 \sim 10^{10}$ 次，扩增产物为由目的 DNA 序列组成的若干倒转重复的茎环结构与带有多个环的花椰菜状结构的混合物组成，也就是由目的序列的交替反向重复序列组成。由于扩增的特异性高，因此仅通过判断扩增产物的存在就可以很容易地检测到目的基因序列的存在。如果以 RNA 做模板，只需添加反转录酶即可。

反应中使用一组（4个）特别设计的引物，包括两个内引物和两个外引物，来扩增目的 DNA 的 6 个特定区域，有时可增加 1 个或 2 个环引物来增多扩增产物量。图 2-3 展示了 LAMP 扩增的基本原理。引物设计体现了 LAMP 扩增设计的智慧和技巧，其中左侧正向内引物 FIP（forward internal primer）由两部分序列组成（F1c-F2），近 $3'$ 端与靶序列互补，近 $5'$ 端为该靶序列紧邻的下游序列。

① 60~65℃ 高温下，FIP 引物侵入到模板双链中，通过 F2 特异性序列引导 DNA 合成。

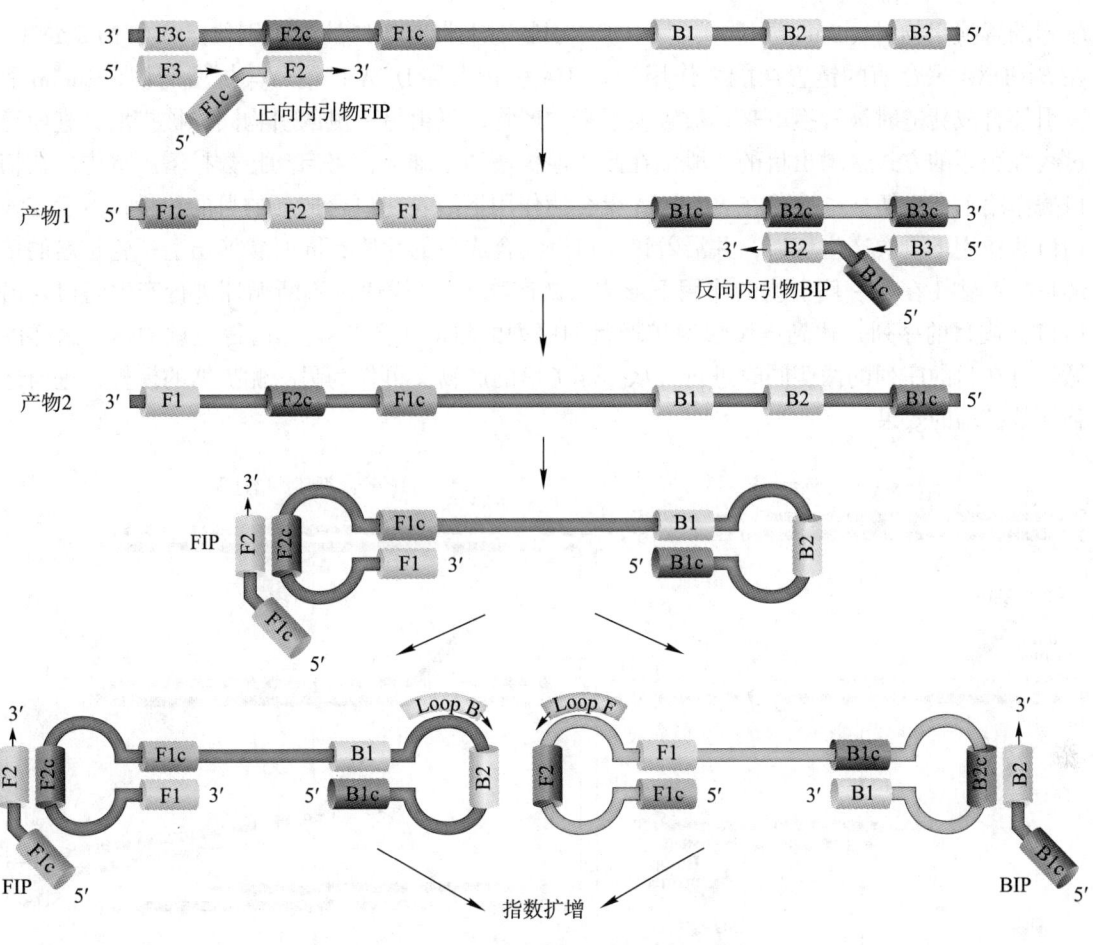

图 2-3 环介导等温扩增的过程和原理

② 在 *Bst* DNA 聚合酶的链置换功能作用下，引物 FIP 在引导 DNA 合成过程中可以持续置换模板中的同源 DNA 链，进而形成新的双链 DNA。

③ 新形成的双链 DNA 有助于 F3 引物配对并引导 DNA 合成，本轮合成过程中会由于聚合酶的置换功能将上一轮合成的 DNA 链从双链中"挤"出来，形成"游离"产物 1。

④ 同样，以产物 1 为模板，以反向内引物 BIP（backward internal primer）为引导合成 DNA，并在引物 B3 引导合成 DNA 的置换下，形成"游离"产物 2。

⑤ 接着，以 FIP 为引物，以产物 2 为模板，又可合成产物 1，从而以线性增长方式扩增出产物 1 和产物 2，并在合成过程持续进行。

⑥ 由于引物 FIP 和 BIP 的设计技巧，导致产物 1 和产物 2 能分别形成哑铃型结构，该结构的形成是后续指数扩增的关键物质基础。

⑦ 以产物 2 为例，左侧环状结构 3′ 端可引导 DNA 合成，在完成复制右侧环状结构后自身又可形成新的环状结构，新形成的环状结构又能持续进行同样的 DNA 合成过程，导致该 DNA 合成不间断地环绕目的序列循环扩增。

⑧ 如果需要进一步提高扩增速度，可添加以哑铃环上序列设计的引物 LoopB 或 LoopF 或同时添加这两个引物。

（2）链置换扩增 通过设计特定的扩增引物对（引物 SDA_F 和引物 SDA_R）和对应其外侧

序列的置换引物对（Bump 引物），其中扩增引物对上带有切口酶的识别位点，如 Nt.*Bst*NBI。在 *Bst* DNA 聚合酶的链置换能力作用下，SDA 引物引导 DNA 扩增，其扩增产物在 Bump 引物引导合成新链时被置换下来；被置换下来的产物，可由另一侧的引物同样被扩增，进而通过线性积累的方式扩增出目的片段。在此线性扩增的基础上，可启动指数扩增。首先，在切口酶作用下产生切口，接着在 *Bst* DNA 聚合酶作用下沿着切口合成新的目的片段；然后在该切口酶作用下再次产生切口，并沿着该切口继续合成目的片段，同时置换出上一轮扩增的单链目的产物（在另一侧引物的作用下形成双链产物）；这样通过不断循环进行产生切口 – 沿切口合成目的序列，达到连续快速扩增目的序列的目的（图 2-4）。值得注意的是，这样的循环可在目的序列的两侧同时进行，从一侧扩增的产物又可作为另一侧扩增的模板，进而达到指数扩增的效果。

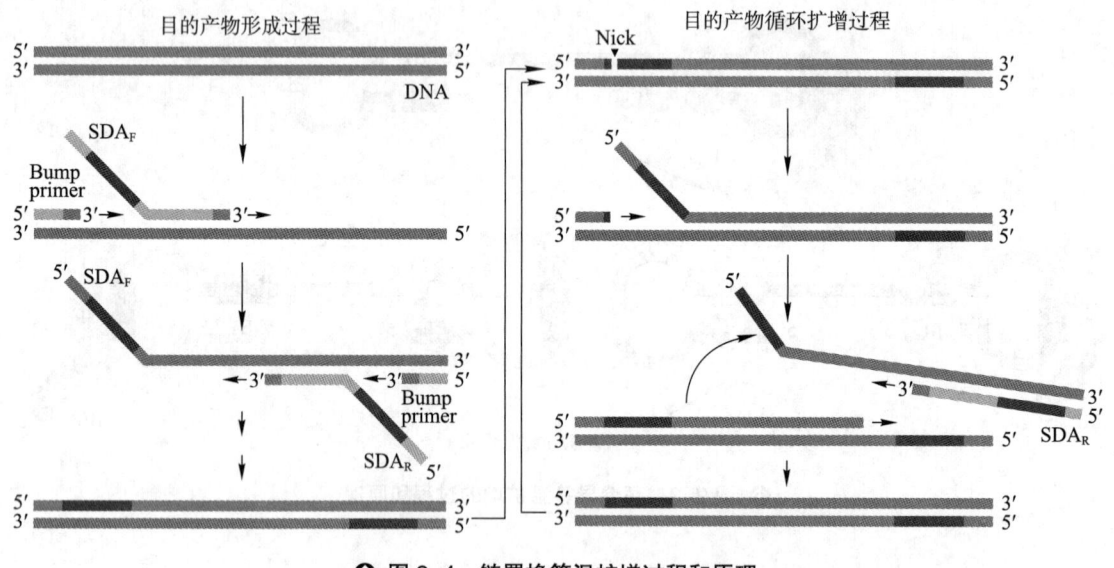

图 2-4　链置换等温扩增过程和原理

早期人们在设计 SDA 引物的时候，在引物中引入化学修饰碱基，通过切割双链的限制性内切酶如 *Hinc* Ⅱ 来切割未修饰的那条 DNA 链。

五、耐热 DNA 聚合酶

耐热 DNA 聚合酶是指在高温下具有活性的 DNA 聚合酶，来自嗜高温细菌，主要用于 PCR 反应，如 *Taq* DNA 聚合酶、*Pfu* DNA 聚合酶、*Pwo* DNA 聚合酶和 *Tth* DNA 聚合酶等。其性质详见第七章"PCR 技术及其应用"。

六、反转录酶

反转录酶（reverse transcriptase）即依赖于 RNA 的 DNA 聚合酶，主要来自反转录病毒（retrovirus），如禽成髓细胞瘤病毒（avian myeloblastosis virus，AMV）和 Moloney 鼠白血病病毒（Moloney murine leukemia virus，M-MuLV，或 Mo-MLV），具有 $5' \rightarrow 3'$ 合成 DNA 活性，但无 $3' \rightarrow 5'$ 外切活性。

AMV 反转录酶包含两条多肽链，具 5′→3′DNA 聚合活性和很强的 RNA 酶 H 活性。在 cDNA 合成开始时，引物和 mRNA 模板杂交体可成为 RNase H 的底物，此时模板降解和 cDNA 合成相竞争；反应终止时，RNase H 酶可在正在增长的 DNA 链近 3′ 端切割模板，趋向于抑制 cDNA 产量并限制其长度。该酶在 42℃（鸡的正常体温）能有效发挥作用，能有效地复制结构较复杂的 mRNA。

M-MuLV 反转录酶是单链多肽，相对分子质量为 8.4×10^4，其活性包括 5′→3′DNA 聚合活性以及弱 RNase H 活性。最佳反应温度为 37℃，有利于合成较长 cDNA。当前人们使用的多为其突变体，如减弱或去掉了 RNase H 酶活性，或耐热性更好（最佳反应温度可设定在 42℃），或兼而有之。

反转录酶主要用于 cDNA 克隆中第一链的合成，即将 mRNA 转录成 cDNA，可用于 cDNA 文库构建、测定 mRNA 转录起始点、反转录 PCR（RT-PCR）、转录组测序等。

值得注意的是，反转录酶无 3′→5′ 外切校正作用，在高 dNTP 和 Mn^{2+} 存在时每 500 个碱基会有一个错误掺入；为防止新合成 DNA 提前终止，反应需高浓度 dNTP；该酶可用于单链复制，也可合成双链（自身序列为引物，但效率低），50 μg/ml 放线菌素 D 可抑制其第二链合成。

七、末端转移酶

常用的末端转移酶（terminal transferase）来源于小牛胸腺，是存在于前淋巴细胞及分化早期类淋巴样细胞内一种 DNA 聚合酶，是一种不依赖于模板的 DNA 聚合酶。在 2 价阳离子存在下，该酶催化 dNTP 加于 DNA 分子的 3′ 羟基端。若 dNTP 为 T 或 C，此 2 价阳离子首选 Co^{2+}；若 dNTP 为 A 或 G 此 2 价阳离子首选 Mg^{2+}。

底物 DNA 可短至 3 个核苷酸，对 3′ 羟基突出末端的底物作用效率最高。在离子强度低时，带 5′ 突出末端或平末端 DNA 也可作为底物，但效率低。因此，该酶可在 cDNA 或载体 3′ 端添加同聚尾用于克隆；也可用标记的 rNTP、dNTP 或 ddNTP 作底物来标记 DNA 片段 3′ 端。

在不同条件下该酶所形成的同聚尾长度不同，其长度与 dNTP 对 3′ 羟基摩尔比和 dNTP 种类有关（表 2-4）。酶学反应条件一般设置为 37℃作用 15 min，随时间的延长尾亦延长。

表 2-4 末端转移酶形成的同聚尾的长度

pmol 3′–OH : μmol/L dNTP	dA	dC	dG	dT
1 : 0.1	1～10	1～5	1～5	1～10
1 : 1.5	10～30	10～30	10～20	10～35
1 : 3.0	100～200	100～200	15～35	200～250
1 : 15	400～500	400～500	15～35	300～400

大肠杆菌 poly(A) 聚合酶 Ⅰ [*E. coli* poly(A)polymerase Ⅰ]，也是一种末端转移酶，能在 RNA 3′ 端添加多聚腺嘌呤核苷酸，随着酶浓度的增加聚合度也增加，可多达 100 个核苷酸。可用于对 RNA 作 3′ 端标记，或给 RNA 添加 poly(A) 尾进而便于克隆或亲和纯化甚至增强在真核细胞中的翻译。

第四节 其他分子克隆工具酶

一、依赖于 DNA 的 RNA 聚合酶

依赖于 DNA 的 RNA 聚合酶（DNA dependent RNA polymerase）主要有 SP6 RNA 聚合酶（来源于噬菌体 SP6 感染的鼠伤寒沙门氏菌 LT2）和 T7 RNA 聚合酶或 T3 RNA 聚合酶（来源于噬菌体 T7 或 T3 感染的大肠杆菌）。

1. 活性

RNA 聚合酶实际上为转录过程中的 RNA 合成酶，识别 DNA 中各自特异的启动子序列，并沿此 DNA 模板起始 RNA 合成。它与 DNA 聚合酶不同，无需引物，但需识别特异性位点。

2. 用途

（1）体外合成 RNA 分子。将这些酶特异性的启动子安装在载体中，如在 pUC18 的基础上于多克隆位点两侧加入噬菌体 SP6 和 T7 启动子即构成 pGEM-3Z 载体（2.74 kb），可用于体外转录（合成）与外源 DNA 同源的 RNA，从而用作杂交探针、体外翻译系统中的 mRNA、体外剪接反应的底物或 RNA 干扰。

（2）用于表达外源基因。将 T7 RNA 聚合酶基因置于大肠杆菌启动子 *lac*UV5 之下，插入到噬菌体 λ 中，感染大肠杆菌 BL21（DE3），建立稳定的溶原菌。在大肠杆菌 BL21（DE3）中，启动子 *lac*UV5 和 T7 聚合酶基因置于噬菌体 λ 的 DE3 区，该噬菌体 DNA 整合于染色体位点 BL21 处。若将 T7 噬菌体启动子控制的目的基因经质粒载体导入该菌后，在 IPTG 诱导下可启动外源基因表达。详见表达载体一章。

二、连接酶

连接酶（ligase）是将两段核酸连接起来的酶，相当于基因工程中的"糨糊"。现已开发多种不同来源或作用于不同底物的连接酶。

1. T4 DNA 连接酶

T4 DNA 连接酶（T4 DNA ligase）是最常用的连接酶，其相对分子质量为 6.8×10^4，催化 DNA 5′ 磷酸基与 3′ 羟基之间形成磷酸二酯键。反应底物为黏末端、切口、平末端 DNA 或 RNA（但效率低）。低浓度聚乙二醇 PEG（一般为 10%）和单价阳离子（150~200 mmol/L NaCl）可以提高平末端连接速率。

一般采用 Weiss 单位来衡量 T4 DNA 连接酶的活性。在 37℃ 下 20 min 催化 1 nmol ^{32}P 从焦磷酸根置换到 [γ,β-^{32}P] ATP 所需的酶量，定义为 1 个 Weiss 单位。该定义方法基于 ATP 和焦磷酸的交换，是最常用的连接酶单位，但该定义所展示的直观生物学意义不显著。New England Biolabs 公司提出了另一种定义方式，即 NEB 连接单位，通过黏末端的连接效率来表示。即，在 50 μl 反应体系中于 16℃，使 *Hind*Ⅲ 切割的 λ DNA（300 μg/ml，0.12 μmol/L 5′ 端）在 30 min 内连接 50% 所需的酶量为 1 个 NEB 连接单位。1 NEB 连接单位等于 0.015 Weiss 单位，1 Weiss 单位等于 67 NEB 连接单位。

连接反应需要 ATP，若在 16℃ 反应，大约需 4 h；若在 4℃ 反应，则需反应过夜。

许多试剂公司研制出 5 min 连接的 T4 DNA 连接酶，短时间内在室温下可完成黏末端或平末端连接反应。

2. 大肠杆菌 DNA 连接酶

大肠杆菌 DNA 连接酶（*E.coli* DNA ligase）与 T4 DNA 连接酶活性相似，但需烟酰胺-腺嘌呤二核苷酸（NAD^+）参与，且其平末端连接效率低，活性温度范围宽（4~37℃）。做 cDNA 克隆时，不会将 RNA 连接到 DNA，不连接 RNA。

3. *Taq* DNA 连接酶

Taq DNA 连接酶可在两个寡核苷酸之间进行连接反应，同时必须与另一 DNA 链形成杂交体，相当于连接 dsDNA 中的缺口，作用在 45~65℃，需 NAD^+。可用于检测等位基因的变化以及在 PCR 扩增中引入寡核苷酸，但不能替代 T4 DNA 连接酶。

4. T4 RNA 连接酶

T4 RNA 连接酶催化单链 DNA 或 RNA 的 5′ 磷酸基与另一单链 DNA 或 RNA 的 3′ 羟基之间形成共价连接。单链 DNA 或单链 RNA 的 5′ 磷酸基可连接带 3′ 羟基的 DNA 或 RNA 或单核苷酸 pNp，因此 T4 RNA 连接酶可用于标记 RNA 的 3′ 端、单链 DNA 或 RNA 的连接、增强 T4 DNA 连接酶的连接活性以及合成寡核苷酸。

随着需求的增多，连接酶的衍生物或多途径来源的连接酶不断被开发出来，以满足耐高温、耐高盐或特殊连接方式的需求。NEB 提供了多种不同种类的 DNA 和 RNA 连接酶，描述了它们之间的区别并根据底物类型提出了选择连接酶的建议，详见其产品介绍的网站。

三、T4 多核苷酸激酶

T4 多核苷酸激酶（T4 polynucleotide kinase）是一种磷酸化酶，可将 ATP 的 γ-磷酸基团转移至 DNA 或 RNA 的 5′ 端。在分子克隆应用中呈现两种反应，其一为正反应，将 ATP 的 γ-磷酸基团转移到无磷酸的 DNA 5′ 端，用于对缺乏 5′ 磷酸的 DNA 进行磷酸化。其二为交换反应，在过量 ATP 存在情况下，该激酶可将 DNA 的 5′ 端磷酸转移给 ADP，然后 DNA 从 ATP 中获得 γ-磷酸而重新磷酸化。在这两个反应中如果使用的 ATP 均为放射性同位素标记 [γ-^{32}P] ATP，那么反应的产物将变成末端获得放射性标记的 DNA。

该酶主要用于对缺乏 5′ 磷酸的 DNA 或合成接头进行磷酸化，以利于 DNA 片段连接，同时可对末端进行标记。通过交换反应标记 DNA 的 5′ 端，可供 DNA 测序、S1 核酸酶分析以及其他须使用末端标记 DNA 的操作提供材料。此酶在高浓度 ATP 时发挥最佳活性，NH_4^+ 是其强烈抑制剂。

四、碱性磷酸酶

分子克隆中使用的磷酸酶主要来源于牛小肠碱性磷酸酶（calf intestinal alkaline phosphatase），简称 CIP 或 CIAP，也有来自细菌和虾的细菌碱性磷酸酶（bacterial alkaline phosphatase，BAP）和虾碱性磷酸酶（shrimp alkaline phosphatase，SAP）。它们均能催化除去 DNA 或 RNA 5′ 磷酸基的反应。通过去除 5′ 磷酸，可用于防止 DNA 片段自身连接，或标记（5′ 端）前除去 DNA 或 RNA 的 5′ 磷酸。CIP 可用蛋白酶 K 消化灭活，或在 5 mmol/L EDTA 下于 65℃ 或 75℃ 处理 10 min，然后用酚氯仿抽提，纯化去磷酸化的 DNA，从而去除 CIP。与 CIP 不同，

SAP 在 65℃处理 15 min 后不可逆地完全失去活性，因此在去除残留活性方面 SAP 更有优势。BAP 抗高温和去污剂。

五、核酸酶

1. BAL 31 核酸酶

核酸酶 BAL 31（nuclease BAL 31）来源于交替单胞菌（*Alteromonas espejiana*）BAL 31，具有 3′核酸外切酶活性，可从线性 DNA 两条链的 3′端迅速去除单核苷酸，随后可从单链 DNA 内部发挥缓慢的内切酶活性，形成截短了的平末端双链 DNA 分子（占 10%~20%）以及带有约 5 个核苷酸突出单链的截短分子（占 80%~90%）。对于所形成的单链突出，可用 DNA 聚合酶补平。酶活性发挥均匀，且酶浓度与活性呈线性关系，反应时依赖 Ca^{2+}。65℃加热 20 min 或 30 mmol/L EGTA 可使其失去活性或抑制其活性。

该酶可用来从两头缩短 DNA，用于构建嵌套缺失体（见"DNA 诱变"一章），也可用来制作 DNA 限制酶切图、确定 DNA 二级结构和从单链 RNA 上去除核苷酸。

2. 单链核酸酶

核酸酶 S1（nuclease S1）和绿豆核酸酶（mung bean nuclease）可降解单链 DNA 或 RNA，是单链核酸酶。前者来源于米曲霉（*Aspergillus oryzae*），降解单链核酸后产生带 5′磷酸的单核苷酸或寡核苷酸双链，对双链 DNA、双链 RNA 和 DNA：RNA 杂交体不敏感。酶浓度高时可完全消化双链，中等浓度可在切口或小缺口处切割双链。该酶可用于分析 DNA：RNA 杂交体的结构，去掉双链核酸中突出的单链尾从而产生平末端（如 S1 酶作图），打开双链 cDNA 合成中产生的发夹环。

绿豆核酸酶来源于绿豆芽，与 S1 酶相似，但比 S1 酶更温和，更容易使双链 DNA 突出末端变成平末端。

3. 核糖核酸酶 A

核糖核酸酶 A（ribonuclease A 或 RNase A）来源于牛胰，为核酸内切酶，特异攻击 RNA 上嘧啶残基的 3′端。可除去 DNA：RNA 中未杂交的 RNA 区，可用来确定 DNA 或 RNA 中单碱基突变的位置。广泛用来去除 DNA 样品中的 RNA。

核糖核酸酶 A 具有很好的耐热性能，为了去除可能污染的 DNA 酶，使用前可 90~100℃加热。当去除 RNA 效果不好时，可在 55℃下使用。

4. 脱氧核糖核酸酶 I

脱氧核糖核酸酶 I（DNase I）来源于牛胰，为核酸内切酶，可优先从嘧啶核苷酸处水解双链或单链 DNA。在 Mg^{2+} 存在下，独立作用于每条 DNA 链，且切割位点随机。在 Mn^{2+} 存在下，它可在两条链的大致同一位置切割双链 DNA，产生平末端或 1~2 个核苷酸突出的 DNA 片段。

DNase I 用途广泛，如切口平移标记时在双链 DNA 上随机产生切口；建立随机缺失的嵌套缺失体，用于功能分析或测序；在 DNA 酶足迹法（DNA footprinting）中分析蛋白：DNA 复合物；除去 RNA 样品中的 DNA。

5. 核酸外切酶Ⅲ

大肠杆菌核酸外切酶Ⅲ（exonuleaseⅢ）催化从 dsDNA 3′-OH 逐一去除单核苷酸的反应，底物为线状双链 DNA 和带切口或缺口的环状 DNA，反应结果是在 dsDNA 上产生长长的单链区。该酶还有对无嘌呤 DNA 特异性核酸内切酶活性、RNase H 活性和 3′- 磷酸酶活性（去磷酸）。但不降解核酸内部磷酸二酯键，也不降解单链 DNA 及带 3′ 突出 dsDNA。该酶持续作用能力不强，产物为切割程度相近的群体，有利于分离长短不等的 DNA。

该酶用途广泛，可用于制备部分截短的 DNA、链特异性探针或双脱氧测序用单链底物，定点突变，降解 PCR 反应中引物等。

6. 核糖核酸酶 H

核糖核酸酶 H（ribonuclease H 或 RNase H）是核酸内切酶，特异性水解与 DNA 杂交的 RNA，产生带 3′-OH 和 5′ 磷酸末端的产物，不降解单链核酸、dsDNA 或 dsRNA。许多酶附带有该酶的活性，如 AMV 反转录酶。

该酶主要用于在 cDNA 克隆合成第二链之前去除 mRNA；在寡脱氧核苷酸指导下在特异位点切割 RNA；分析体外多聚腺嘌呤反应的产物，在与 oligo(T) 或 poly(dT) 杂交后去掉 poly(A) 尾，从而在电泳中产生清晰的条带。

7. RNA 介导的核糖核酸酶

RNA 介导的核糖核酸酶（RNA-guided DNA endonuclease）指来自 CRISPR（clustered regularly interspaced short palindromic repeats）系统中执行切割 DNA 的 Cas 蛋白（CRISPR associated protein）。CRISPR 系统种类很多，其中 Class II 系统中的 Cas9、Cas12 和 Cas13 单链多肽即可展示核酸酶活性，由此在基因编辑和核酸检测中发挥了重要作用。

在向导 RNA（guide RNA，gRNA）指引下，Cas 蛋白能识别与向导 RNA 同源且邻近由 3 个核苷酸组成的 PAM 序列的 DNA 序列，并切割该序列导致 DNA 断裂。当该切割在体内发生的时候，细胞修复系统会对该断裂 DNA 进行修复而连接起来。但在修复过程中会引起断点处若干核苷酸缺失、插入或替换，导致断点处基因突变。如果在修复过程中存在同源 DNA 片段，修复系统将能通过同源重组方式将该片段插入到断点处，导致该片段插入或断点附近片段丢失。基于这些属性，人们通过设计向导 RNA 中 crRNA 部分的序列，可在 DNA 特定位点定向创造断点并修复，从而产生基因编辑效果。

Cas9 是最常见的 CRISPR 核酸酶，并在基因编辑实践中发挥了重要作用，相关内容见第十章。此外 Cas12a 和 Cas12b 的酶分子本身或向导 RNA 分子更小，对于进入细胞更有优势。同时 Cas12a 切割 DNA 后产生黏末端且切点远离识别位点，对于基因编辑来说带来了更多便利。

Cas12 和 Cas13 还具有单链核酸切割活性，当 Cas 蛋白与目标 DNA 结合后，会激发其对周边单链核酸的切割活性。因此，Cas 蛋白除了用于基因编辑外，还可用于核酸检测，如开发出用于检测新冠病毒 SARS-CoV-2 核酸的 DETECR（DNA endonuclease targeted CRISPR trans reporter）技术和 SHERLOCK（specific high-sensitivity enzymatic reporter unlocking）技术。从患者鼻咽拭子中提取 RNA 后，进行反转录等温扩增。通过设计检测新冠病毒基因的向导 RNA，在 Cas12a-向导 RNA 复合物识别病毒 DNA 后激活 Cas12a 单链切割活性，切割体系中单链探针，导致探针末端荧光基团摆脱另一端淬灭基团的约束而发出荧光。也就是说，当样品中存在靶 DNA，就会导致荧光发生。其中以病毒 E 基因和 N 基因为检测对象并以人的 RNase P 基因为对照。借助荧光分析仪或侧向流检测试纸条，检测过程可在 1 h 内完成，无需复杂仪器（图 2-5）。

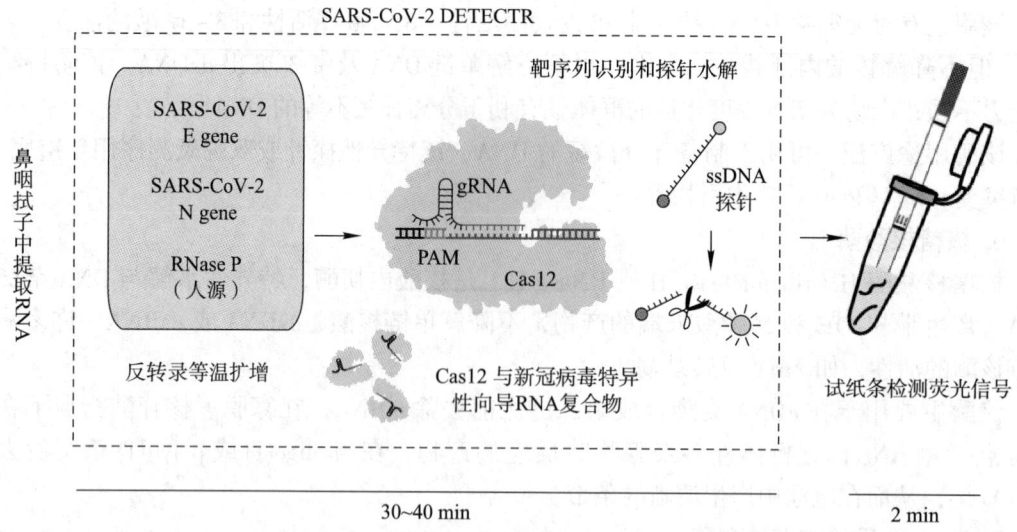

图 2-5　DETECTR 技术检测新冠病毒核酸流程
引自：Nat Biotechnol, 2020, 38（7）: 870-874

六、核酸酶抑制剂

Murine 核酸酶抑制剂（RNase inhibitor）源自小鼠，为相对分子质量为 5.0×10^4 的蛋白质，以重组表达方式制备，是 RNase 的非竞争性抑制剂，以非共价方式结合在 RNase A 类的酶上，其活性需要 DTT。抑制 RNaseA、RNase B 和 RNase C 等，不抑制 RNase H、RNase T1、RNase One 和 S1 等核酸酶，也不抑制 T7、T3 和 SP6 RNA 聚合酶，以及 AMV 和 M-MuLV 反转录酶和 *Taq* DNA 聚合酶。另外还有来自人类胎盘的核酸酶抑制剂 RNasin。

主要用于 cDNA 合成的反应中，如反转录、RT-PCR、体外转录和体外翻译。

七、琼脂糖酶

琼脂糖酶（agarase）是一种琼脂糖水解酶，可将琼脂糖亚单位（新琼脂二糖 neoagarobiose）水解为新琼脂寡糖（neoagarooligosaccharide），用于从低熔点琼脂糖凝胶（agarose gel）中分离纯化大片段 DNA 或 RNA 片段。该酶具有对热稳定性，反应时不需要缓冲液。

八、DNA 结合蛋白

1. 单链 DNA 结合蛋白

目前用作工具的单链 DNA 结合蛋白（single strand binding protein，SSB）有 2 种，如大肠杆菌 RecA 和噬菌体 T4 基因 32 蛋白。它们能协同地与 ssDNA 结合而不与 dsDNA 结合，可以削弱链内二级结构稳定性，从而加速互补多核苷酸的重新退火，并通过消除阻碍 DNA 聚合酶前进的链内二级结构，提高这些聚合酶的持续作用能力。

2. 拓扑异构酶 I

拓扑异构酶 I（topoisomerase I）来自小牛胸腺等，可通过瞬时破坏并再生磷酸二酯键，解除共价闭环 dsDNA 中的超螺旋。对 DNA 超螺旋度相对不敏感，在 EDTA 下仍有活性。与原核 I 型拓扑异构酶的不同之处在于，它可使正超螺及负超螺旋 DNA 完全松弛。来自痘苗病毒（*Vaccinia* virus）的拓扑异构酶 I 被开发成试剂盒用于 PCR 产物克隆。

九、其他酶

1. 大肠杆菌尿嘧啶 DNA 糖基化酶

大肠杆菌尿嘧啶 DNA 糖基化酶（uracil-DNA glycosylase，UDG）可将含尿嘧啶的单链或双链 DNA 中的尿嘧啶水解出来。对由 6 个或以下核苷酸组成的寡核苷酸不起作用。尿嘧啶碱基去除后的 DNA 片段不能再作为 DNA 聚合酶合成 DNA 的模板。

2. Cre 重组酶

Cre 重组酶（Cre recombinase）是噬菌体 P1 的 I 型重组酶，可催化 DNA 在两个 *loxP* 位点之间发生位点特异性重组。该酶不需要能量辅因子。*loxP* 位点由 34 个碱基组成，其两端为 13 碱基倒转重复序列，中间有用于定向的 8 bp 间隔区。

3. 蛋白酶 K

蛋白酶 K（proteinase K）是具有高活性的丝氨酸蛋白酶，属枯草杆菌蛋白酶，由白色念珠菌林伯氏变种（*Tritirachium album* var. *limber*）产生。K 指该蛋白酶通过水解角蛋白（keratin）可以为该真菌提供所有所需的碳源和氮源。蛋白酶 K 可以水解范围广泛的肽键，尤其适合水解羧基末端至芳香族氨基酸和中性氨基酸之间的肽键。成熟蛋白酶 K 相对分子质量为 2.9×10^4，在 50℃ 的活性比在 37℃ 高许多倍。可有效地降解内源蛋白，为此能快速水解细胞裂解物中的 DNA 酶和 RNA 酶，以利于完整 DNA 和 RNA 的分离。蛋白酶 K 是一种常用蛋白酶，用于去除残留的酶类以及样品中的蛋白质。

4. 溶菌酶

溶菌酶（lysozyme）是一类水解细菌细胞壁中肽聚糖的酶，在分子克隆中常用的是卵清溶菌酶，用于破碎细胞。

以上介绍了许多分子克隆常用工具酶，但在实际工作中使用的酶远不止这些，随着生物科学和技术的发展，还会有新的工具酶或改善活性的突变体不断涌现，同时部分工具酶也会逐渐退出历史舞台。

思考题

1. 如何寻找新的限制性内切酶，其种类和活性将呈现什么新特点？
2. 保证限制性内切酶正确发挥活性有哪些注意事项，有何启示？
3. 哪些工具酶可用于 DNA 片段末端标记？
4. 具有 3′—5′ 外切活性的核酸酶有哪些？
5. 如何理解和看待 DNA 聚合酶活性的多样性？
6. 工具酶来源广泛，可否通过基因工程方式获得？

主要参考文献

1. Green MR, Sambrook J. Molecular Cloning: a Laboratory. 4th ed. Cold Spring Harbor: Cold Spring Harbor Laboratory Press, 2012
2. Loenen W A M. Restriction Enzymes: a History. Cold Spring Harbor: Cold Spring Harbor Laboratory Press, 2019
3. Roberts RJ, Belfort M, Bestor T, et al. A nomenclature for restriction enzymes, DNA methyltransferases, homing endonucleases and their genes. Nucleic Acids Res, 2003, 31: 1805-1812
4. Roberts RJ, Vincze T, Posfai J, et al. REBASE-a database for DNA restriction and modification: enzymes, genes and genomes. Nucleic Acids Res, 2015, 43: D298-D299; updated on 01 November 2022
5. Sambrook J, Fritsch EF, Maniatis T. Molecular Cloning: a Laboratory. 2nd ed. Cold Spring Harbor: Cold Spring Harbor Laboratory Press, 1989

（孙　明）

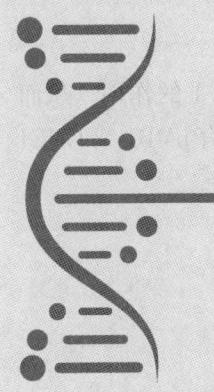

第三章 分子克隆载体

将外源DNA或基因携带入宿主细胞（host cell）的工具称为载体（vector）。载体具备以下特征：在宿主细胞内能够自主复制（具备复制原点）；具备合适的酶切位点，供外源DNA片段插入，同时不影响其复制；有选择标记，用于识别和选择。此外，最好有较高的拷贝数，便于载体制备。

利用重组DNA技术分离目的基因，称之为基因克隆。克隆作动词时，指从单一祖先产生同一的DNA分子群体或细胞群体的过程；作名词时指从一个共同祖先无性繁殖下来的一群遗传上同一的DNA分子、细胞或个体所组成的特殊群体。由大量含有基因组DNA（即某一生物全部DNA序列）的不同DNA片段的克隆所构成的群体，称之为基因文库。

按工作方式不同载体可分为质粒载体、噬菌体载体和人工染色体载体以及由此衍生的黏粒载体和噬菌粒载体等。载体主要用于克隆DNA片段、构建基因文库、基因表达、基因改造或编辑制备单链DNA或RNA等。

第一节 质粒载体

一、质粒基本特性

质粒是染色体外遗传因子，能进行自我复制（但依赖于宿主编码的酶和蛋白质）；大多数为超螺旋的双链共价闭合环状DNA分子（covalently closed circle DNA，cccDNA），少数为线状；大小一般为1~200kb，有的更大。

1. 质粒复制

通常一个质粒含有一个决定质粒复制的复制区（replication origin），其中至少含有一个复制起始位点（ori）以及与此关联的控制元件（整个遗传单位定义为复制子，即replicon）。不同质粒复制区的组成方式不同，其决定复制方式（如滚环复制和θ复制）、宿主范围以及质粒复制的严谨或松弛程度进而决定质粒拷贝数。

在大肠杆菌中使用的大多数载体都带有一个来源于pMB1质粒（9.3kb）或ColE1质粒（6.8kb）的复制区，位于非常相似的5.1kb区段内，在复制功能方面具有等同性。质粒复制时首先合成前RNA Ⅱ，即前引物，并与质粒DNA形成杂交体；而后RNase H切割前RNA Ⅱ，使之成为成熟RNA Ⅱ，同时形成三叶草二级结构，并作为DNA合成的引物引导质粒复制。形成的 RNA Ⅰ可控制 RNA Ⅱ形成二级结构，同时 Rop 蛋白增强 RNA Ⅰ的作用，从而控制质粒拷贝数。削弱 RNA Ⅰ和 RNA Ⅱ之间相互作用的突变，将增加带有 pMB1 或 ColE1 复制区质粒的拷贝数。其复制区组成和结构见图 3-1。

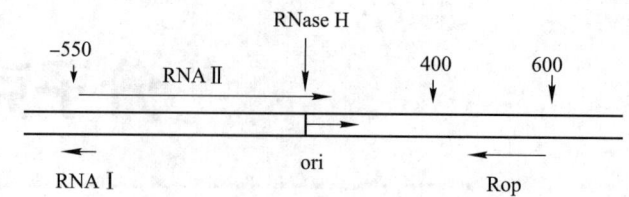

图 3-1　质粒 pMB1（或 ColEI）复制起始位点（ori）组成结构示意图

2. 质粒拷贝数

按照质粒控制拷贝数的程度，可将质粒的复制方式分为严谨型与松弛型。严谨型质粒在每个细胞中的拷贝数有限，为 1 至若干个；松弛型质粒拷贝数较多，可达数百。表 3-1 列出了不同质粒与复制区及拷贝数的大致关系。

表 3-1　质粒载体及其拷贝数

质粒载体	复制区来源	拷贝数
pBR322 及其衍生质粒	pMB1	15 ~ 20
pUC 系列质粒及其衍生质粒	pMB1 突变体	500 ~ 700
pACYC 及其衍生质粒	p15A	10 ~ 212
pSC101 及其衍生质粒	pSC101	~ 5
ColE1	ColE1	15 ~ 20
pBeloBAC11	F 质粒	1

pUC 系列质粒的复制区来自质粒 pMB1，但其拷贝数较高。这主要是由于 RNA Ⅰ的起点上游 1 个核苷酸 G 变成了 A，从而使得其转录起点改在下游 3 个核苷酸处。RNA Ⅰ 5′ 单链的完整对于 RNA Ⅰ/RNA Ⅱ间的相互作用至关重要，而缩短的 RNA Ⅰ与 RNA Ⅱ的结合效率降低，从而导致 pUC 质粒拷贝数增加。

pMB1 质粒的复制并不需要质粒编码的功能蛋白，而是完全依靠宿主提供的半衰期较长的酶（DNA 聚合酶Ⅰ、DNA 聚合酶Ⅲ、依赖于 DNA 的 RNA 聚合酶，以及宿主基因 *dnaB*、*dnaC*、*dnaD* 和 *danZ*）来进行。当存在抑制蛋白质合成并阻断细菌染色体复制的氯霉素或壮观霉素等抗生素时，带有 pMB1 或 ColE1 复制区的质粒将继续复制，导致每个细胞可积聚 2 000 ~ 3 000 个质粒。

3. 质粒不相容性

两个质粒在同一宿主中不能共存的现象称质粒不相容性（incompatibility），它是指在第二个质粒导入后在不涉及 DNA 限制系统时出现的不能共存的现象。不相容的质粒一般都利用同一复制系统，从而导致不能共存于同一宿主中。两个不相容性质粒在同一个细胞中复制时，在分配到子细胞过程中会彼此竞争，随机挑选，微小的差异最终被放大，从而导致在子细胞中只含有其中一种质粒。不相容群指那些具有不相容性的质粒组成的群体，一般具有相同的复制区。大肠杆菌至少有 30 多个不相容群，如 ColE1（pMB1）、pSC101 和 p15A 是不同的不相容群中的质粒。当需要在同一宿主细胞中导入两种载体时，应采用不同的不相容群质粒的复制区构建载体。

4. 转移性

质粒具转移性。在自然条件下，很多质粒可以通过称为接合作用（conjugation）转移到其他宿主细胞内，如 F 质粒。结合转移需要移动基因 *mob*、转移基因 *tra*、顺式因子 *bom* 及其内部的转移切口位点 *nic*。质粒 pBR322 是常用的克隆载体，本身不能进行结合转移，但含有转移起始位点 *nic*。接合型质粒的分子量较大，带有 DNA 转移相关的编码基因，因此能从一个细胞自我转移到原来不存在该质粒的另一细胞。在基因操作中可以将转移必需的因子放在不同的复制单位上，通过顺反互补可控制目的质粒的结合转移。三亲本杂交（triparental mating）就是根据结合转移原理设计的基因转移方式。但大多数克隆载体无 *nic/bom* 位点（如 pUC 系列质粒）。

二、标记基因

标记基因按其用途可分为选择标记基因和筛选标记基因。前者用于鉴别目的 DNA（载体）的存在，将获得了载体的宿主细胞挑选出来，而筛选标记用于将装载了外源 DNA 片段的重组子挑选出来。

1. 选择标记

抗生素抗性基因是使用最广泛的选择标记。

（1）氨苄青霉素抗性基因　氨苄青霉素抗性基因（ampicillin resistance gene，*amp*^{r}）是基因操作中使用最广泛的选择标记，绝大多数在大肠杆菌中应用的质粒载体带有该基因。青霉素可抑制细胞壁肽聚糖的合成，与有关的酶结合并抑制其活性，并抑制转肽反应。氨苄青霉素抗性基因编码一种 β-内酰胺酶（β-lactamase），该酶可分泌进入细菌的周质空间（periplasmic space），并催化 β-内酰胺环水解，从而解除氨苄青霉素的毒性。

（2）四环素抗性基因　四环素可与核糖体 30S 亚基中的一种蛋白质结合，从而抑制核糖体的转位。四环素抗性基因（tetracycline resistance gene，*tet*^{r}）编码一个由 399 个氨基酸组成的膜结合蛋白，可阻止四环素进入细胞。pBR322 质粒除了带有氨苄青霉素抗性基因外，还带有四环素抗性基因。

（3）氯霉素抗性基因　氯霉素可与核糖体 50S 亚基结合并抑制蛋白质合成。目前使用的氯霉素抗性基因（chloramphenicol resistance gene，*cm*^{r}，*cat*）来源于转导性 P1 噬菌体（也携带 Tn9）。*cat* 基因编码氯霉素乙酰转移酶，即一个四聚体细胞质蛋白（每个亚基的相对分子质量为 2.3×10^4）。在乙酰辅酶 A 存在时，该蛋白催化氯霉素形成氯霉素羟乙酰氧基衍生物，使之不能与核糖体结合。

（4）卡那霉素抗性基因和新霉素抗性基因　卡那霉素和新霉素是氨基糖苷类抗生素，都可与核糖体结合并抑制蛋白质合成。卡那霉素抗性基因（kanamycin resistance gene，*kan*^{r}）和新霉素抗性基因（neomycin resistance gene，*neo*^{r}）都是编码氨基糖苷磷酸转移酶［(APH(3′)-Ⅱ，相对分子量为 2.5×10^4］的基因，氨基糖苷磷酸转移酶可使这两种抗生素磷酸化，从而干扰它们向细胞内的主动转移。在细胞中合成的这种酶可以分泌至周质空间，保护宿主不受这些抗生素的影响。

（5）琥珀突变抑制基因 *supF*　在基因编码区中，若某个密码子发生突变后变成终止密码子，则称这样的突变称为赭石突变（突变为 UAA）、琥珀突变（突变为 UAG）或乳白突变（突变为 UGA）。*supF* 基因编码细菌的抑制性 tRNA，可在密码子 UAG 上编译酪氨酸。如果在某一宿主中含有琥珀突变的 *tet*^{r} 基因或 *amp*^{r} 基因，那么只有当宿主含有 *supF* 基因时才会对四环素或青霉素产生抗性。相应的，*supE* 基因在密码子 UAG 上编译谷氨酰胺。该类标记当前主要用于酵母菌相关的载体。

（6）其他　还有一些正向选择标记，表达一种使宿主致死的基因产物，而当外源基因片段插入后，该基因便失活。如蔗糖致死基因 *sacB*，来自解淀粉芽胞杆菌（*Bacillus amyloliquefaciens*），编码果聚糖蔗糖酶（levansucrase）。在含蔗糖的培养基上 *sacB* 基因的表达对大肠杆菌来说是致死的，因此该基因可用于插入失活筛选重组子。另外还有 *ccdB* 基因，见后文。

2. 筛选标记

筛选标记主要用来区别重组质粒与非重组质粒，当一个外源 DNA 片段插入到一个质粒载体上时，可通过该标记筛选出插入了外源片段的质粒，即重组质粒。

（1）α-互补　大肠杆菌乳糖 *lac* 操纵子中 *lacZ* 基因编码的 β-半乳糖苷酶（β-galactosidase）在不同部位发生突变的两个突变体共同存在时可实现功能恢复，产生 α-互补（α-complementation）现象。β-半乳糖苷酶由 1 024 个氨基酸组成，α-互补是基于在两个不同缺陷的 β-半乳糖苷酶之间可实现功能互补而建立的。如果 *lacZ* 基因发生突变，则不能合成有活性的 β-半乳糖苷酶。例如，基因 *lacZ*ΔM15 编码的 β-半乳糖苷酶缺失第 11~41 个氨基酸，产物无酶学活性。只编码 N 端 140 个氨基酸的基因 *lacZ*（称为 *lacZ'*），其产物也没有酶学活性。但这两个无酶学活性的编码基因共存时，可恢复 β-半乳糖苷酶的活性，实现基因内互补。

在 *lacZ'* 编码区上游插入一小段 DNA 片段（如 51 个碱基对的多克隆位点），不影响 β-半乳糖苷酶的功能内互补。但是，若在该 DNA 小片段中再插入一个片段，将几乎不可能产生具有 α-互补能力的 β-半乳糖苷酶突变体。利用这一互补性质，可用于筛选在载体上插入了外源片段的重组质粒。在该载体系统中，*lacZ*ΔM15 放在 F 质粒上，随宿主传代；*lacZ'* 放在载体上，作为筛选标记（图 3-2）。相应的大肠杆菌有 JM 系列、TG1 和 XL1-Blue，前二者均带有 Δ（*lac-proAB*）F' [*proAB* + *lacI*^{q} *lacZ*ΔM15] 基因型。其中 *lacI* 为 *lac* 阻抑物的编码基因，*lacI*^{q} 突变使阻抑物产量增加，防止 *lacZ* 基因渗漏表达（leaky expression）。

（2）插入失活　通过插入失活（insertional inactivation）筛选重组质粒是常见的选择方式。以质粒克隆载体 pBR322（图 3-3）为例，当外源 DNA 片段插入四环素抗性基因后，导致该基因失活，变成只对氨苄青霉素有抗性。这样可通过对抗生素是双抗还是单抗来筛选是否有外源片段插入到载体的重组子。

三、质粒载体种类

质粒载体主要用于装载目的 DNA 片段，从用途角度看大致可分为两类，一是主要用于克隆 DNA 片段以及基于克隆而衍生的作用，二是用于目的基因的表达。质粒载体经历了 3 个发展阶段，在 pBR322 出现之前，pSC101 和 ColE1 应用较多，但分子量大且酶切位点少。

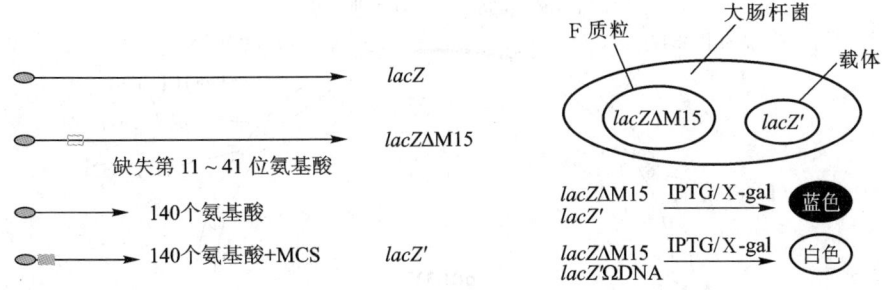

图 3-2 *lacZ* 和 *lacZ'* 多肽的结构关系（左）和通过 α- 互补产生的菌落颜色变化（右）

> *lacZ* 基因是乳糖 *lac* 操纵子中编码 β- 半乳糖苷酶的基因，乳糖及其衍生物可诱导其表达。乳糖既是 *lac* 操纵子的诱导物，也是作用的底物。异丙基 -β-D- 硫代半乳糖苷（IPTG）是乳糖的衍生物，可作为 *lac* 操纵子的诱导物，但不能作为反应的底物；5-溴 -4 氯 -3 吲哚 -β-D- 半乳糖苷（X-gal）可作为 *lac* 操纵子的底物，但不能作为诱导物。底物 X-gal 还可充作生色剂，被 β- 半乳糖苷酶分解后产生蓝色产物，可使菌落或噬菌斑呈蓝色。

由于转化效率与大小成反比，所以质粒大于 15 kb 时，转化效率成为限制因素。同时质粒越大，越难以用限制性内切酶切割进行鉴定；质粒越大，拷贝数越低。

在 pBR322 出现以后，通过调整载体的结构，载体的工作效率得到显著提高。去掉非必需片段并安装多克隆位点和筛选标记后形成 pUC 系列质粒载体。

以后在此基础上，又增加了辅助功能，形成表达载体和穿梭载体等功能性载体；与噬菌体载体结合后形成了黏粒（cosmid）和噬菌粒（phagmid）载体，以及基于 F 质粒构建的人工染色体载体 BAC。

克隆载体

克隆载体主要用于扩增或保存 DNA 片段，是最简单的载体。

（1）质粒载体 pBR322 质粒 pBR322 大小为 4 361 bp，GenBank 注册号为 J01749，含有 30 多个单一酶切位点，具有四环素抗性基因和氨苄青霉素抗性基因，其复制区来自 pMB1。目前使用广泛的质粒载体几乎都由此发展而来。利用四环素抗性基因内部的 *Bam*H I 位点来插入外源 DNA 片段，可通过插入失活进行筛选（图 3-3）。

> GenBank 是美国国立生物技术信息中心（National Center for Biotechnology Information, NCBI）建立的大型 DNA 序列数据库，是国际上最大的 DNA 序列数据库之一。所有已经发表的 DNA 序列都可以免费获取，同时也可以接受新的数据。数据库网站地址是 http://www.ncbi.nlm.nih.gov。

（2）质粒载体 pUC18 和 pUC19 pUC18 和 pUC19 大小只有 2 686 bp，是最常用的质粒载体，其结构组成紧凑，几乎不含多余 DNA 片段（图 3-4），GenBank 注册号分别为 L08752 和 X02514。由 pBR322 改造而来，其中 *lacZ*（MCS）基因来自噬菌体载体 M13mp18/19。

这两个质粒的结构几乎完全一样，只是多克隆位点的排列方向相反。这些质粒缺乏控制拷贝数的 *rop* 基因，因此其拷贝数达 500~700。pUC 系列载体含有一段 LacZ 蛋白氨基末端

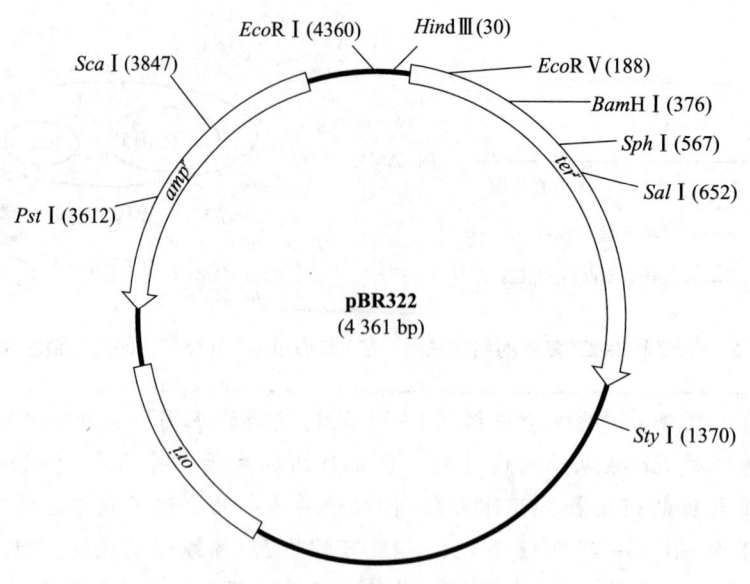

图 3-3　pBR322 质粒图谱

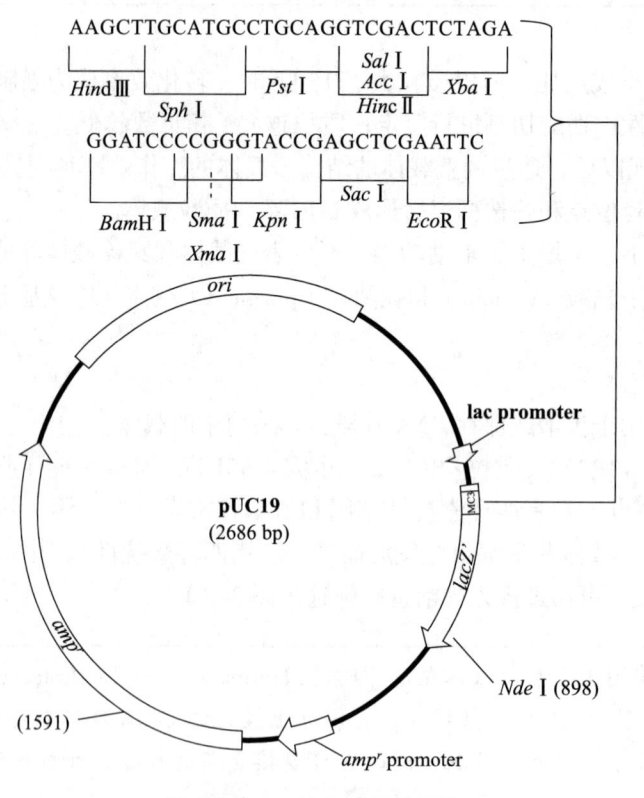

图 3-4　pUC19 质粒图谱

的编码序列，在特定受体细胞中可表现 α- 互补作用。因此在多克隆位点中插入了外源片段后，可通过 α- 互补作用形成的蓝色和白色菌落筛选重组质粒。

（3）噬菌粒 pUC118 和 pUC 119　由 pUC18/19 增加了一些功能片段改造而来，大小为 3 162 bp，GenBank 注册号为 U07649（pUC118）和 U07650（pUC119）。相当于在 pUC18/19

中增加了带有噬菌体 M13 基因组 DNA 合成的起始与终止以及包装进入噬菌体颗粒所必需的顺式序列（IG），当含这些质粒的细胞被噬菌体 M13 感染时，可合成质粒 DNA 的其中一条链（环状单链 DNA），并包装在子代噬菌体颗粒中。通过纯化噬菌体颗粒，可制备单链 DNA。这类带有噬菌体 M13 顺式元件用于制备单链 DNA 的质粒载体称作噬菌粒（phagemid）。有关噬菌体 M13 及其衍生载体的详细情况，参见下文。

（4）体外转录载体 pGEM-3Z/4Z　pGEM-3Z/4Z 由 pUC18/19 增加功能片段改造而来，大小为 2.74 kb，GenBank 注册号为 X65304（pGEM-3Z，2 743 bp）和 X65305（pGEM-4Z，2 746 bp）。与 pUC18/19 相比，在多克隆位点的两端添加了噬菌体的转录启动子，如噬菌体 Sp6 和噬菌体 T7 的启动子。pGEM-3Z 和 pGEM-4Z 的差别在于二者互换了两个启动子的位置。利用这些载体，可对克隆或装载的目的 DNA 片段在体外进行转录进而制备 RNA。其他类似载体只是在多克隆位点两端加入的启动子类型不同或只在一端有启动子。

（5）多功能质粒载体　在上述载体的基础上，人们设计出了一些多功能质粒载体，综合了以上质粒的特点。除了包含作为质粒载体基本要素外，综合了上述功能要素，如多克隆位点、α-互补、噬菌体启动子和单链噬菌体的复制与包装信号（图 3-5）。典型的这类质粒有 pBluescript II KS（±），这些质粒一般由 4 个质粒组成一套系统，其差别在于多克隆位点方向相反（根据多克隆位点两端 *Kpn* I 和 *Sac* I 的顺序，用 KS 或 SK 表示），或单链噬菌体的复制起始方向相反（或者说，引导 DNA 双链中不同链合成单链 DNA，用 + 或 - 表示）。pBluescript II KS（+）的 GenBank 注册号为 X52327。pBluescript II KS（±）的多克隆位点与 pUC18/19 的不同，且使用与噬菌体 f1（与噬菌体 M13 等同）的复制与包装信号序列。

（6）表达载体　该类载体在常规克隆载体的基础上衍生而来，主要增添了强启动子，以及有利于表达产物分泌、分离或纯化的元件，详细情况见后文。

从以上质粒载体的组成可以总结出载体应具备以下特点，即在宿主细胞内必须能够自主

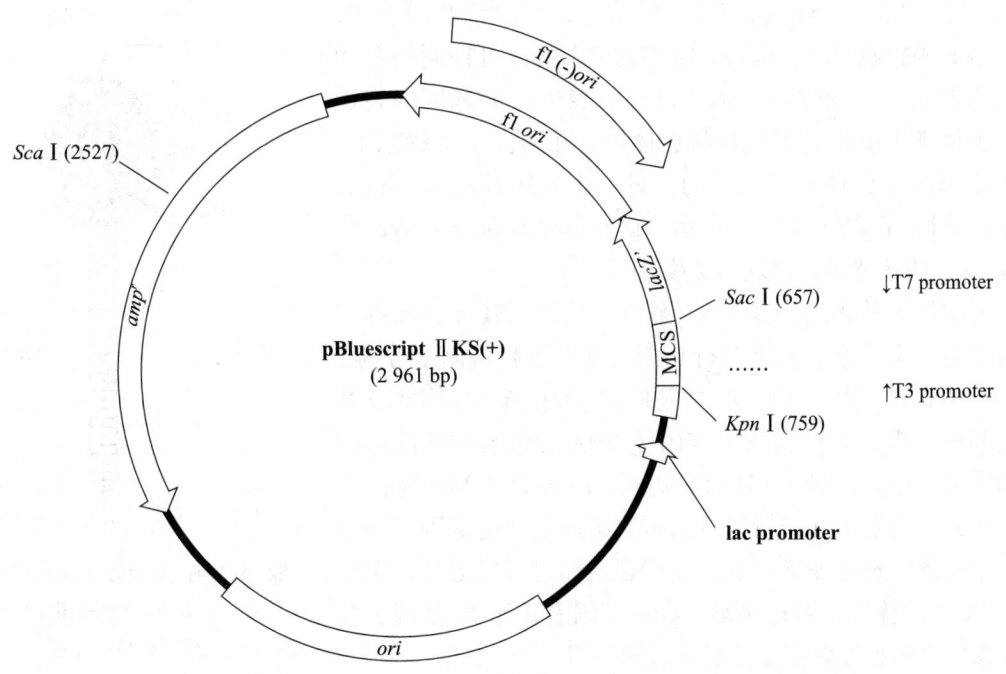

图 3-5　pBluescript II KS（±）系列质粒图谱

复制（具备复制原点）；必须具备合适的酶切位点，供外源 DNA 片段插入，同时不影响其复制；有一定的选择标记，用于筛选。另外有一定的拷贝数，便于制备。有时还有其他附加因素，如多克隆位点、*lacZ'*（α- 互补）、单链噬菌体的复制起始和终止位点、启动子和噬菌体 λ 的 *cos* 位点等。

第二节 噬菌体 λ 载体

噬菌体 λ 载体（bacteriophage λ vectors）是最早使用的克隆载体，人们对噬菌体 λ 的遗传学和生理学已经作了深入研究。为了更好利用该载体，了解噬菌体 λ 分子生物学特性，以及载体的设计和组建原则是有必要的。

一、噬菌体 λ 分子生物学

噬菌体 λ 是感染大肠杆菌的溶原性噬菌体，在感染宿主后可进入溶原状态（lysogenic state），也可进入裂解循环。噬菌体 λ 基因组是长度约为 50 kb 的双链 DNA 分子，实际大小为 48 502 bp（GenBank 注册号为：J02459 或 M17233）。图 3-6 是噬菌体 λ 的结构示意图。在噬菌体颗粒内，基因组 DNA 呈线性，其两个 5' 端为带有 12 个碱基的互补单链（黏末端），12 个碱基序列为 5'GGGCGGCGACCT3'。当噬菌体 λ DNA 进入宿主细胞后，其两端互补单链通过碱基配对形成环状 DNA 分子，而后在宿主细胞的 DNA 连接酶和促旋酶（gyrase）作用下形成封闭环状 DNA 分子，充当转录模板。此时，噬菌体可选择进入裂解生长状态（lytic growth），大量复制并组装成子代噬菌体颗粒，导致宿主细胞裂解。经过 40~45 min 生长循环，可释放出约 100 个感染性噬菌体颗粒（每个细胞）。或者进入溶原状态，噬菌体基因组 DNA 可通过位点专一性重组方式整合到宿主染色体 DNA 中，并随宿主繁殖传给子代细胞（图 3-7）。在进入溶原状态时，噬菌体只有少量基因表达，包括编码阻抑物的 *c*I 基因。阻抑物 CI 蛋白可抑制裂解功能基因的表达，同时正向调节自身的表达；*int* 基因的表达使噬菌体基因组整合到细菌染色体中。在溶原维持状态下，噬菌体基因组总体上是沉默的，只有 3 个基因表达：*rexA*、*rexB* 和 *c*I。前两个基因的产物可防止其他噬菌体对溶原体（lysogen）的超感染，表现出免疫作用。

噬菌体 λ 基因组至少可编码 30 个基因，其分布和排列与功能有一定关系。根据执行功能的不同可将基因组分为 3 个区（图 3-8，图 3-9）。左边区域包括从 *Nu1* 基因到 *J* 基因之间的基因，其产物用于噬菌体 DNA 的包装和噬菌体颗粒的形成。中间区域（*J* 基因右边至 *gam* 基因）编码基因调节、溶原状态发生和维持以及遗传重组所需要的基因。许多基因对裂解生长是非必需的，在构建载体时可以去掉，用外源 DNA 片段替代。右边区域（*gam* 基因右边至 *Rz* 基因）包含噬菌体复制和裂解宿主菌所必需的基因。

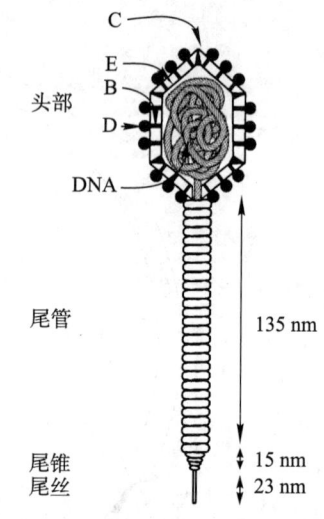

↑ 图 3-6 噬菌体 λ 结构示意图
C、E、B 和 D 分别指相应基因
编码的颗粒蛋白

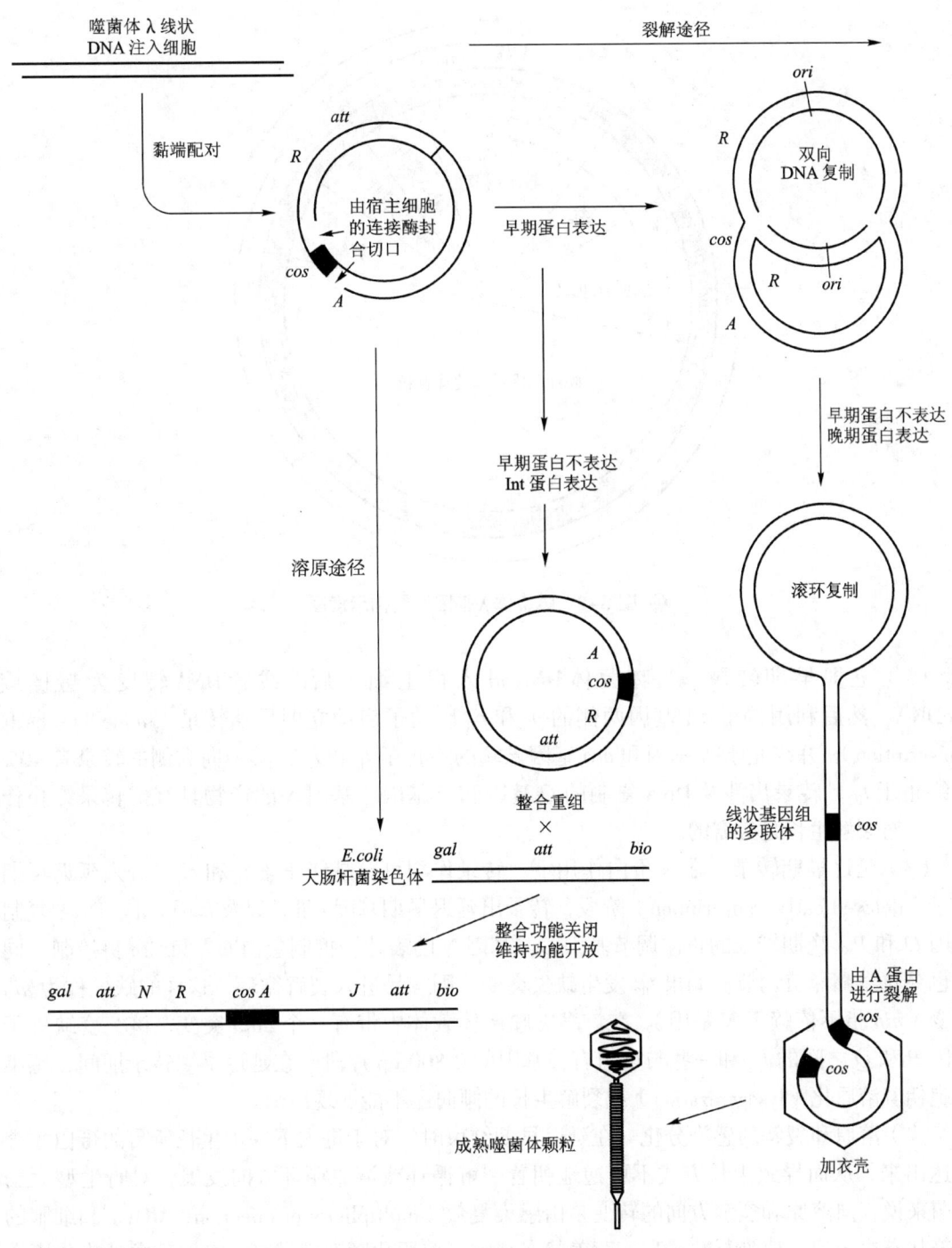

图 3-7 噬菌体 λ 生活史简图

1. 噬菌体 λ 发育调节

（1）吸附　噬菌体 λ 对宿主的侵染，是从吸附（adsorption）开始的。噬菌体可吸附在大肠杆菌外膜受体蛋白上，该蛋白由 *lamB* 基因编码，受麦芽糖诱导。因此，在含麦芽糖培养基上有利于噬菌体对宿主的吸附。在 37℃条件下，噬菌体的感染是正常的，但在室温下感染不能有效进行，不能形成噬菌斑（plaque）。

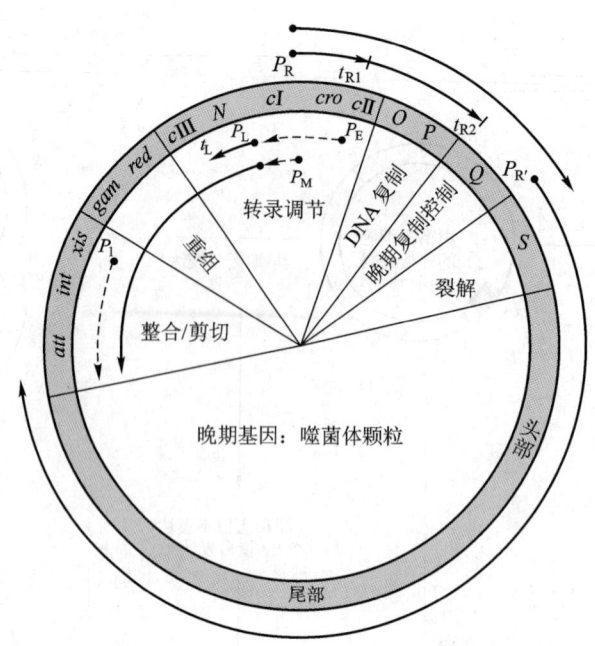

图 3-8 噬菌体 λ 基因组结构示意图

（2）立即早期转录 当噬菌体 DNA 进入宿主细胞后，线状 DNA 转变为超螺旋 cccDNA。然后利用位于 cI 基因两侧的 p_L 和 p_R 启动子启动立即早期转录（immediate early transcription），并终止于 N 基因和 cro 基因末端的终止子 t_L 和 t_{R1}，其中向右侧的转录有 40% 可终止于 t_{R2}，转录出涉及 DNA 复制的 O 基因和 P 基因。基因 N 的产物具有抗转录终止作用，且对裂解生长是必需的。

（3）延迟早期转录 在 N 蛋白作用下，转录作用可穿越终止子 t_L 和 t_{R1}，进入延迟早期转录（delayed early transcription）阶段，转录出延迟早期基因 $cIII$，以及基因 cII、DNA 复制基因 O 和 P、晚期转录的正向调节基因 Q。基因 N 的表达受抑制蛋白 C I 和 Cro 负控制，同时也受自身翻译负调节。如果 t_{R2} 发生缺失突变，则容易进入裂解循环，这样的缺失称为 nin 突变（nin 指不依赖于 N 基因）。在许多 λ 噬菌体载体中带有一个 $nin5$ 突变，该突变缺失了基因 P 和 Q 之间的 t_{R2} 和一些与重组有关基因的 2 800 bp 片段。在延迟早期转录期间，感染细胞朝着溶原化（lysogenization）或裂解生长的倾向还不能展现出来。

（4）溶原和裂解的感染分化 在延迟早期结束时，对于进入下一步生长所需的蛋白才会表达出来，从而导致生长方式不可逆地朝着裂解循环或溶原循环方向发展。对野生型大肠杆菌来说，向溶原和裂解方向的转变是由感染复数（multiplicity of infection，MOI）和细胞的营养状态决定的。感染复数越高，营养状态越差，溶原化频率就越高。溶原现象的生化媒介可能是 3′-5′cAMP，它在细胞内的浓度会随营养条件的变化而改变。当细胞在富营养培养基中生长时，cAMP 浓度较低，有利于裂解生长。在缺乏 cAMP 的突变细胞中，更有利于裂解生长。

另外一个重要调节因素是噬菌体 C II 蛋白，它是噬菌体基因转录激活子，抑制裂解功能基因表达，催化噬菌体 DNA 整合到细菌染色体。高浓度 C II 蛋白促进溶原化，而低浓度 C II 蛋白促进裂解生长。C II 蛋白还可协助调节 p_{RE}、p_I 和 p_{aQ} 3 个启动子向左转录，分别控制基因 cI 和基因 int 表达，以及指导减少 Q 基因（抗终止子）表达的反义 RNA 合成。当 C II 蛋

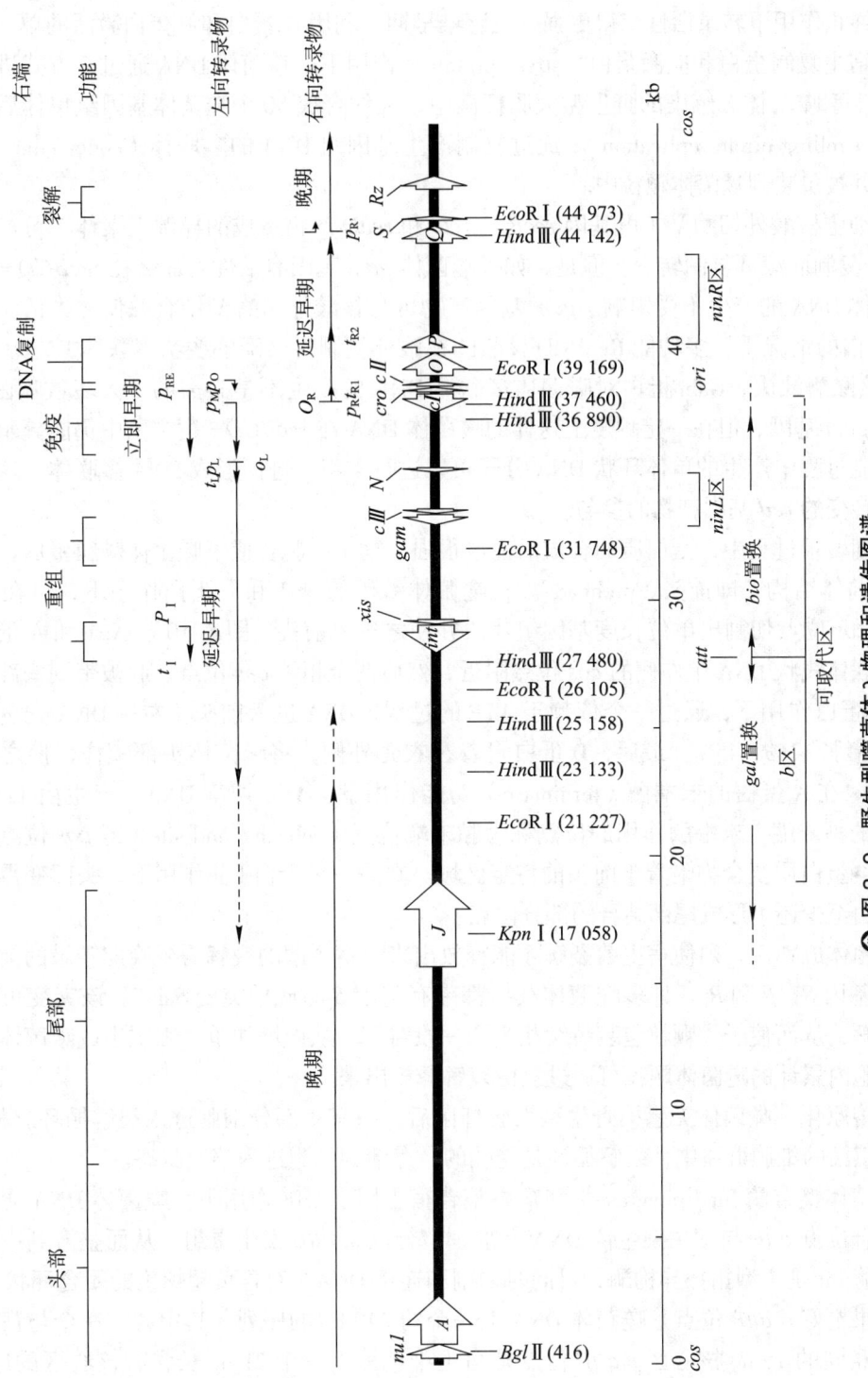

图 3-9 野生型噬菌体 λ 物理和遗传图谱

示意图的上方注明了编码裂解和溶原功能基因的大致位置。中间部分遗传图谱显示了噬菌体 λ 的部分特异基因

白浓度足够时，激活 cI 基因和 int 基因表达，导致噬菌体 DNA 整合到宿主染色体上。

(5) 进入裂解生长　基因 O 和 P 在立即早期转录过程中的转录是微弱的，但在蛋白 N 介导的抗终止作用下转录活性变得更强。在感染早期，利用 O 蛋白和 P 蛋白激活的单一复制起点，在宿主复制蛋白和应激蛋白（stress protein）作用下，噬菌体 DNA 通过 θ 方式进行复制。在野生型噬菌体 λ 感染的野生型大肠杆菌中，大约合成 50 个噬菌体基因组单体后进入滚环复制（rolling circle replication）。通过复制产生基因组 DNA 的多联体（concatemer），最后被切割并被包装到噬菌体颗粒中。

宿主细胞核酸外切酶 V（由基因 $recB$、$recC$ 和 $recD$ 产物组成的异源三聚体）可抑制噬菌体 DNA 复制向滚环复制转变。但是，如果噬菌体 gam 基因有活性，那么在 $recBCD^+$ 宿主菌中多联体 DNA 的产生不受影响。gam 基因产物可与核酸外切酶 V 结合并使之失活。在没有 Gam 蛋白的情况下，多功能 RecBCD 核酸酶在滚环复制时会降解线状多联体 DNA。如果 RecBCD 核酸酶缺失，Gam 蛋白对噬菌体多联体 DNA 的产生不是必需的。大多数噬菌体 λ 载体缺失 gam 基因，但在一定程度上这样的噬菌体 DNA 在 $recBCD^+$ 宿主菌中仍能繁殖。因为在 θ 复制过程中产生的单体环状 DNA 分子可以进行重组，进而形成 DNA 多联体。这需要涉及重组转变的 red 基因产物的参与。

在晚期转录过程中，蛋白质的合成活性也很强，宿主细胞合成了噬菌体颗粒蛋白，并形成包装的前体结构，即前头（prehead）。在噬菌体编码的 Nu1 和 A 蛋白作用下，可在 DNA 多联体的 cos 位点切割出单位长度基因组片段并使之进入前头（图 3-10）。Nu1 和 A 蛋白可结合在多联体线状 DNA 中左侧的 cos 位点附近，然后两个相邻 cos 位点一起被带到头部入口处。在 FI 蛋白作用下，通过一个依赖于 ATP 的过程，DNA 进入前头（左端 DNA 先进入），同时前头膨胀 11%~45%。最后，D 蛋白附着在衣壳外侧，将噬菌体头部锁住，使之围绕 DNA 就位。在 A 蛋白的末端酶（ternimase）功能作用下，交互切割 DNA，产生由 12 个核苷酸组成的黏末端。末端酶作用的位点称为黏末端位点（cohesive end site）或 cos 位点。切割的 DNA-蛋白质复合物附着于前头的特定区域。在另一个蛋白 FⅡ作用下，头部变得更稳定，该蛋白至少还可形成尾部结合的部分位点。

在噬菌体成熟后，须使宿主菌裂解才能释放出来。宿主菌的裂解需要晚期转录的前 3 个基因，即基因 S、R 和 R_z。许多噬菌体载体都带有基因 S 的琥珀突变 $Sam7$。该突变可防止或延迟裂解，从而使子代颗粒包装持续相当长一段时间，从而增加单个细胞生成噬菌体的数目。在细胞内累计的噬菌体颗粒可通过氯仿裂解释放出来。

(6) 溶原化　噬菌体 λ 感染野生型大肠杆菌后，只有一部分细胞进入裂解循环。相反，在大多数感染的细胞群体中，裂解循环是受挫的，存活的细胞进入溶原状态。

在噬菌体整合酶 Int（integrase）和宿主整合宿主因子 IHF 作用下，噬菌体 DNA 通过其上唯一整合位点 $attP$ 与宿主染色体 DNA 上唯一整合位点 $attB$ 发生重组，从而整合到染色体中。整合酶 Int 是 I 型拓扑异构酶，可同时切割和连接 DNA，对含负超螺旋的闭合环状 DNA 的作用效果更好。$attP$ 位点是噬菌体 DNA 上一个约 240 bp 的序列，其中含有一个与宿主染色体完全相同的 15 bp 核心区。$attB$ 位点是宿主染色体上一个 21 bp 长含有核心区的序列。在整合过程中这两个位点之间发生同源重组，使噬菌体 DNA 整合到染色体中形成原噬菌体（prohpage），并在原噬菌体两端形成 $attL$ 位点和 $attR$ 位点，以及外侧一对 15 bp 正向重复序列。在物理或化学因素的刺激下，原噬菌体可从宿主染色体上切离（excision）出来。原噬菌体切离时，在这些重复序列之间发生同源重组，恢复 $attP$ 位点和 $attB$ 位点。

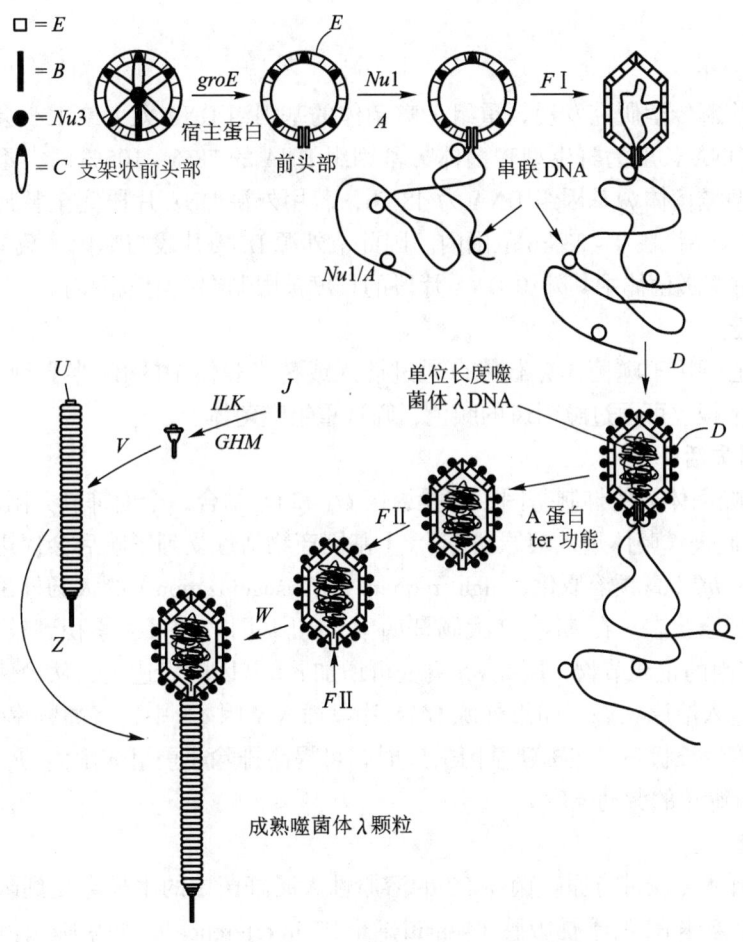

图3-10 噬菌体λ组装路径示意图

2. 噬菌体λ的可取代区

在溶原状态，噬菌体λ DNA整合在半乳糖代谢基因 gal 和生物素合成基因 bio 之间。噬菌体λ在某些条件下，会从宿主染色体上切离出来，进入裂解循环。切离和整合是相互对立的过程，在不同重组酶的作用下，导致切离或整合的发生。溶原化噬菌体λ在切离时，可能产生不正确切离，从而产生不正常噬菌体λ，即缺陷型噬菌体λ。在这些缺陷型噬菌体中，噬菌体丢失了一部分基因组 DNA，同时获得了一部分宿主 DNA。通过分析大量缺陷型噬菌体的 DNA，发现 J 基因与 cro 基因之间的 DNA 被 gal 基因或 bio 基因替换后，不影响噬菌体裂解生长。这个区段约占噬菌体 DNA 的 1/3，主要包含控制 λ 噬菌体进入溶原状态的调节基因和功能基因。在构建载体时，外源 DNA 片段可插入其中或替换该区段。其他60%区域为裂解生长所必需，其中在左臂约20 kb，含有编码噬菌体头部和尾部蛋白的基因，即从 A 基因至 J 基因的区域；右臂为8~10 kb，从 p_R 启动子到右侧 cos 位点。

二、噬菌体λ载体的选择标记

在利用噬菌体λ作载体时，所使用的选择标记与质粒载体的标记差别很大。后者主要用抗生素抗性基因作标记，而在噬菌体λ载体中主要利用噬菌体λ的生物学特性来作选择标记。

1. 基因组大小

噬菌体 λ 的遗传学研究发现，重组 λ 噬菌体的基因组 DNA 太大或太小会影响其存活能力。当基因组 DNA 长度为野生型噬菌体 λ 基因组 DNA 的 78%~105% 时，不会明显影响存活能力。野生型噬菌体 λ 基因组 DNA 为 48 kb，若用外源 DNA 片段完全替换可取代区，外源 DNA 片段的大小将在 9~23 kb 范围内。因此，外源 DNA 片段与噬菌体载体 DNA 连接后，在重新再生的重组噬菌体中其外源 DNA 片段的长度被限制在一定范围内。

2. *lacZ* 基因

lacZ 基因也可用于噬菌体 λ 载体，通过插入或替换载体中的 β-半乳糖苷酶基因片段，在 IPTG/X-gal 平板上可通过噬菌斑的颜色，筛选重组噬菌体。

3. *c* I 基因失活

c I 基因是噬菌体 λ 的抑制基因，与操纵区 O_R 和 O_L 结合，全面抑制并阻断基因的表达。*c* I 基因的表达促进噬菌体进入溶原状态，*c* I 基因产物活性受到影响后会促进噬菌体进入裂解循环。在带有 *hfl*（高频溶原化，high frequency of lysogenization）的大肠杆菌中，噬菌体可高效率地进入溶原状态。在 *hfl* 突变大肠杆菌中，*c* II 基因产物可以累积到较高水平。*c* II 基因产物为 *c* I 基因的正调节物，因此 *hfl* 突变可增加 *c* I 基因的表达量，从而使裂解生长受到抑制，高效地进入溶原状态。如果外源 DNA 片段插入基因 *c* I 中，将高频率地使 *hfl* 突变大肠杆菌进入裂解生长状态。在构建基因文库时，可提高排除非重组噬菌体的效率，从而降低对基因文库进行筛选的劳动强度。

4. Spi 筛选

野生型噬菌体 λ 在带有原噬菌体 P2 的溶原性大肠杆菌中的生长会受到限制的表型，称作 Spi+，即对噬菌体 P2 的干扰敏感（sensitive to P2 interference）。如果噬菌体 λ 缺少两个参与重组的基因 *red* 和 *gam*，同时带有 *chi* 位点，并且宿主菌为 *rec*+，则可以在噬菌体 P2 溶原性大肠杆菌中生长良好，噬菌体 λ 的这种表型称作 Spi−。因此，通过噬菌体 λ 载体 DNA 上的 *red* 和 / 或 *gam* 基因的缺失或替换，可在噬菌体 P2 溶原性细菌中鉴别重组和非重组噬菌体 λ。

red-gam− 噬菌体 λ 不能在 *rec*A− 的寄主细胞中生存，但在此噬菌体有一个 *chi* 位点的情况下可在 *rec*+ 的寄主中生存。*chi* 位点，即交换热点激活区（crossover hot-spot instigator），亦称 χ 位点，是一段与重组事件相关联的 8 bp DNA 序列（5′GCTGGTGG3′），它激活以 *rec* 为媒介的交换反应。*gam* 基因还控制复制从 θ 模型转向滚环模型，*gam*− 噬菌体不能产生作为头部包装底物的多联体线性 DNA 分子。但 *rec* 和 *red* 重组体系能对环型 λDNA 分子发生重组，而形成头部包装底物的多联体分子。依赖 *rec* 的重组交换反应，*red-gam−* 噬菌体具有在 *rec*+ 细菌中形成噬菌斑能力。但在一般情况下，λDNA 分子不是很好的底物，因为野生型 λDNA 不含 *chi* 位点，只能形成微小噬菌斑。在噬菌体 λ 为 *red-gam−* 时，若外源插入片段含 *chi* 位点，则形成清亮噬菌斑。由于 *chi* 位点的未知性，因此重组体可形成大小不等的噬菌斑。为避免此问题，大多利用 Spi 筛选的替换型载体在不能被取代的 DNA 区插入 *chi* 位点。一批经改良的 λ 噬菌体载体共同点是在它们的可替换区域中含有基因 *red* 和 *gam*。

三、代表性噬菌体λ载体

噬菌体λ只有进入裂解循环，才能大量扩增。因此，噬菌体λ只有在特定大肠杆菌中烈性生长才能用作载体。这就决定了噬菌体λ载体必须含有裂解生长所必需的基因或 DNA 片段。去掉一部分对裂解生长非必需的 DNA 片段后，可用来装载外源 DNA 片段，这样改造后的噬菌体λ便可用作噬菌体λ载体。通过特定酶切位点允许外源 DNA 片段插入的载体称为插入型载体（insertion vectors），而允许外源 DNA 片段替换非必需 DNA 片段的载体，称为置换型载体（replacement vectors）。

1. 插入型载体

由于噬菌体λ对所包装 DNA 有大小的限制，因此一般插入型载体设计为可插入 6 kb 外源 DNA 片段，最大 11 kb。

（1）λgt10 载体　λgt10 载体（GenBank U02447）大小为 43 340 bp，是经典的噬菌体λ载体，主要用作 cDNA 克隆（图 3-11），允许的插入片段大小为 0~6 kb。外源 DNA 量有限时选用，克隆效率高。

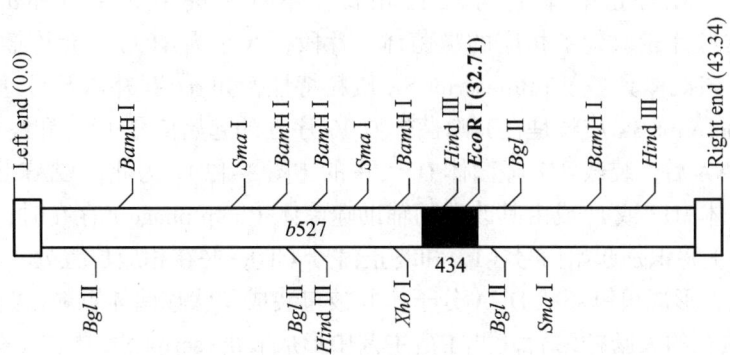

▲ 图 3-11　λgt10 载体的结构示意图

该载体缺失了含有溶原整合 att 位点的片段 b527，在 N 基因至基因 cⅡ 替换了一段来自 φ434 噬菌体的片段 imm434，其中 cⅠ 基因内有一个 EcoRⅠ位点。其他 EcoRⅠ位点都去除掉了，基因 cⅠ 内的 EcoRⅠ位点作为唯一位点，可用于外源 DNA 片段的插入。重组后的 λgt10 变为 cⅠ⁻，很容易用带 hflA150 突变的宿主菌筛选重组体。cⅠ⁻ λgt10 在 hflA 中形成噬斑，cⅠ⁺ 在 hflA 中形成溶原菌，产生混浊噬斑。cⅠ⁺ λgt10 在 hflA 宿主中进入溶原状态的能力提高 50~100 倍。一般采用宿主菌 C600（BNN93）来增殖载体，C600 hflA（BNN102）用于筛选重组体。

（2）λgt11　λgt11 载体大小为 43.7 kb，允许插入的 DNA 片段大小为 0~7.2 kb。它用于构建 cDNA 文库、基因组文库和表达融合蛋白。该载体最大的特点是在最左侧可替代区通过置换增加了 lac5 基因的一段片段，可编码 β-半乳糖苷酶，在 IPTG/X-gal 平板上形成蓝色噬菌斑。基因 lac5 编码区终止密码子之前有一个 EcoRⅠ位点（53 bp 上游），可用于外源 DNA 片段的插入。筛选时，在 lac⁻ 宿主菌中非重组噬菌斑为蓝色。当外源 DNA 片段与 lacZ 的阅读框相吻合时，可表达出融合蛋白，使用免疫学方法筛选阳性重组子。

该载体带有 S 基因的琥珀突变 Sam100，该突变可被 supF 抑制，因此该载体需要在 supF

宿主菌内进行增殖和筛选。S 基因是噬菌体从宿主细胞释放前参与溶解细菌细胞膜的一个基因，该基因突变后引起感染性噬菌体在非抑制性宿主细胞内发生积累。

该载体还带有基因 cI 的温度敏感突变 $cIts857$，该基因产物对温度敏感。在 32℃时，$cIts857$ 基因产物有活性，可使相应的噬菌体 λ 处于溶原状态；当温度提高到 42℃时，基因 $cIts857$ 产物失去活性，导致噬菌体 λ 进入裂解生长。根据这一性质，可用来控制噬菌体的复制和融合蛋白的表达。

（3）λGEM-2/4 在上述载体的基础上，为了提高载体的使用效率，可增添一些功能元件。λGEM-2 和 λGEM-4 由 λgt10 改造而来，也是 cDNA 克隆载体。

λGEM-2 和 λGEM-4 大小分别为 43.8 kb 和 46.2 kb，可分别装载 0~7.1 kb 和 0~4.7 kb 外源片段。λGEM-2 与 λgt10 相比，在基因 cI 内 EcoRI 位点被来自 pGEM-1 质粒的一小部分片段取代。该小片段含有多克隆位点，其两端分别有一个噬菌体 SP6 和 T7 启动子，启动子之外各有一个 SpeI 位点。在 λGEM-4 中，则是将完整 pGEM-1 质粒替换 EcoRI 位点。对 λGEM-4 来说，当获得一个含有目的 cDNA 克隆片段的重组子后，将重组噬菌体 DNA 用 SpeI 酶切，连接，就可得到相当于目的 cDNA 片段安插在 pGEM-1 质粒载体的重组质粒，可直接用于转化大肠杆菌，简化目的 cDNA 片段的亚克隆步骤。

（4）λZAP II λZAP II 整体上与 λgt11 相似，不同的是在 J 基因和 att 位点之间用 pBluescript SK 质粒片段取代了相应的噬菌体 λ 片段，大小为 41 kb，允许插入 0~10 kb 外源片段。因此，该载体具备了 pBluescript SK 质粒特性，如 α-互补以及可通过启动子合成 RNA 探针。pBluescript SK 质粒是在其噬菌体 f1 IG 序列的起始信号（I）和终止信号（T）之间切割成线状 DNA 后，装载到 λ 噬菌体 DNA 中的（图 3-12）。为此，λZAP II 在感染大肠杆菌后，在有噬菌体 M13 或 f1 或由其改造的辅助噬菌体（help phage）存在时，噬菌体特异蛋白（基因 II 蛋白）将识别起始信号（I）和终止信号（T），并在相应位置处"切割"。切割下来的片段会环化，形成单链环状 DNA 分子，并被包装成丝状噬菌体颗粒。这样的噬菌体颗粒在感染带 F′ 质粒的大肠杆菌后，可在宿主菌中形成 pBluescript SK 质粒（图 3-12）。通过这样一个过程，相当于将 λZAP II 中的 pBluescript SK 质粒片段剪切出来。如果在 λZAP II 中含有一个阳性 cDNA 克隆片段，通过这种剪切过程很容易将阳性 cDNA 克隆片段亚克隆至质粒载体上。

λExcell 载体与 λZAP II 相似。不同的是，在该载体中装载了 pExCell 质粒载体片段（4 190 bp），该片段含有噬菌体 λ 整合到大肠杆菌染色体所必需的整合位点 att。λExcell 载体相当于 pExCell 质粒在整合位点 att 整合到噬菌体 λ DNA 所形成的重组体。因此，在 λExcell 载体中其 pExCell 质粒的两端分别为左右整合位点 attL 和 attR。当 attL 和 attR 之间发生同源重组，可产生质粒 pExCell，很容易将阳性 cDNA 克隆片段亚克隆至质粒载体上（详见本教材第二版）。

> 通过了解 λZAP11 和 λExCell，可进一步了解载体构建原理的精髓，领会如何利用生物基本特征来构建载体，即对生物或 DNA 某一特征加以利用，为基因工程提供精巧思维方式。

2. 置换型载体

置换型载体是对噬菌体 λ 基因组进一步改造而来的，去掉了大多数非必需片段，保留了用作载体的必需左臂（含与包装蛋白有关的基因）和右臂（含与裂解生长有关的基因）。在

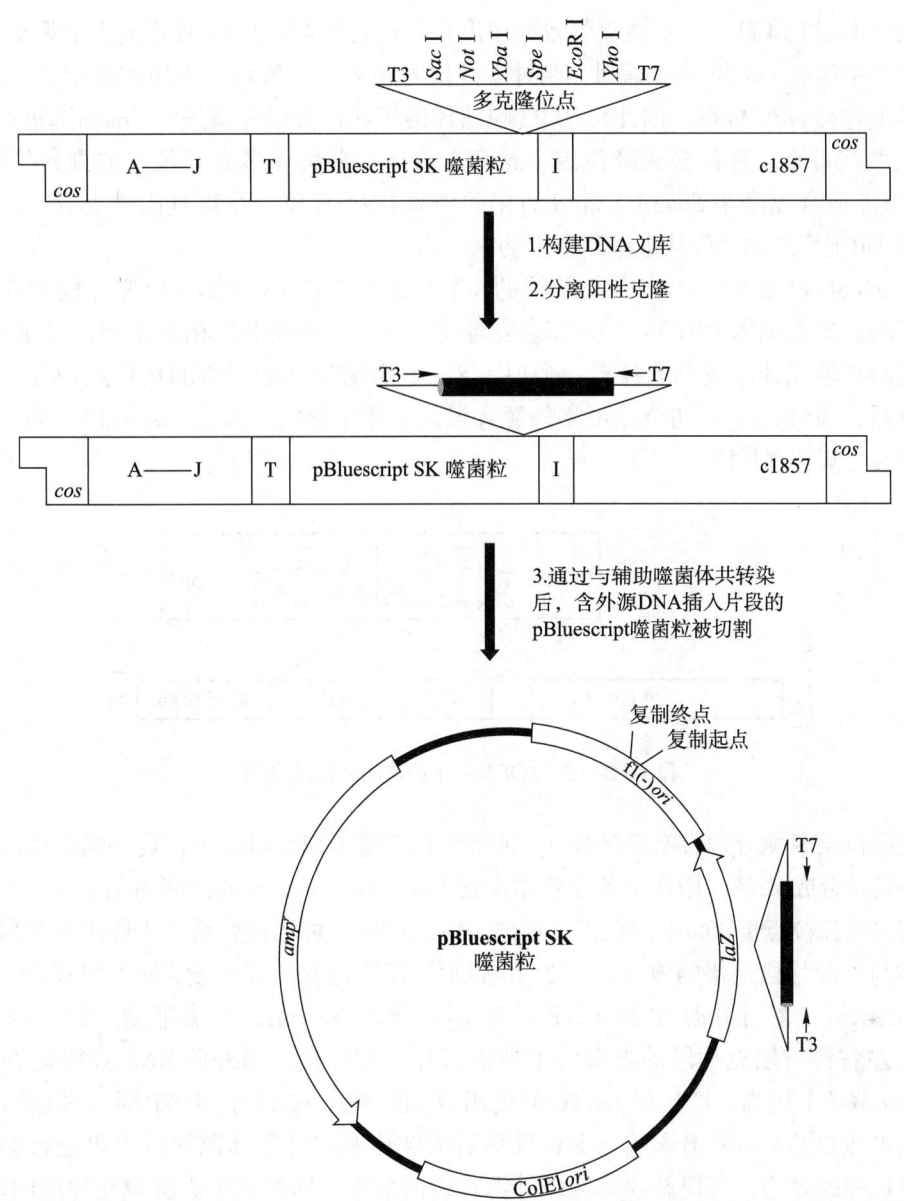

图 3-12 λZAP Ⅱ 载体释放出质粒的原理图

在帮助噬菌体感染后,噬菌体复制起点(initiator)至复制终点(terminator)所在区域
(相当于整体 pBluescript 质粒)将被包装成丝状噬菌体,这个重组噬菌体通过
感染带 F′ 质粒的大肠杆菌后,得到 pBluescript 重组质粒

左右臂之间用一段填充片段(central stuffer)替换与溶原循环有关的基因片段。填充片段的组成多种多样,有 λDNA、大肠杆菌 DNA、动物 DNA 或其他 DNA。在克隆外源 DNA 片段时,用外源 DNA 片段替换载体的填充片段,经体外包装并感染大肠杆菌后,进入裂解生长并形成噬菌斑。由于置换型载体是将外源片段置换载体的填充片段,因此该载体可克隆较大 DNA 片段;同时,太小的片段也由于包装限制而不能被克隆。一般情况下,置换型载体克隆外源片段的大小范围是 9~23 kb,故而该载体主要用来构建基因组文库。

(1)EMBL3 和 EMBL4 这两个载体大小为 43 kb,其左臂、右臂和填充片段的大小分别为 20 kb、9 kb 和 14 kb。从提高克隆效率角度来看，它们克隆 DNA 片段的大小为 9~23 kb。在填充片段中带有 red 和 gam 基因，当外源片段替换填充片段后，重组体将变成 red⁻gam⁻，同时载体上含有 chiC 位点，因此可用 P2 噬菌体的溶原性大肠杆菌进行 Spi 筛选重组体。在填充片段两端带有对称的多克隆位点，这两个载体的差别是多克隆位点的排列位置相反。BamH I 位点适合克隆用 Sau3A I 部分消化的外源 DNA 片段，在得到阳性克隆子后，可用 Sal I 或 EcoR I 将外源片段从重组载体上切割出来。

（2）λGEM-11 载体　λGEM-11 载体的左右臂来自 EMBL3 载体，填充片段来自 λ2001，是一个多功能置换载体（图 3-13）。其多克隆位点与上述置换载体稍有不同，但保留 Xho I 位点，同时在填充片段最末端各有一个识别 8 个核苷酸序列的稀有酶切位点 Sfi I。在获得阳性克隆后，通过 Sfi I 酶切位点可将外源片段从载体中切割下来进行亚克隆，而在相当大程度上不会切割外源片段。

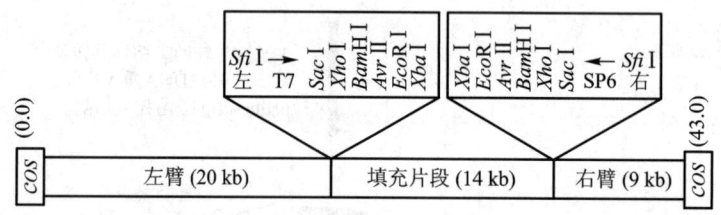

↑ 图 3-13　λGEM-11 载体的结构示意图

多克隆位点两侧分别带有噬菌体 T7 启动子和噬菌体 SP6 启动子，这些噬菌体的启动子可在体外转录合成 RNA，用作制备染色体步查（chromosome walking）的探针。

利用多克隆位点上 Xho I 位点，并通过一定的措施，可比较容易地去除填充片段，从而提高载体与外源片段连接的效率。图 3-14 展示了简要过程。载体被 Xho I 切割后，产生带 TCGA 突出末端；在利用 dTTP 和 dCTP 对末端进行部分补平后，形成带 TC 的突出末端。此时载体的左右臂与填充片段的末端将不能进行黏末端连接。当外源 DNA 片段被 BamH I、Sau3A I 或 Mob I 切割，产生带 GATC 的突出末端并利用 dGTP 和 dATP 对末端进行部分补平后，则产生带 GA 的突出末端。上述处理后的载体左右臂和外源片段可以进行黏末端连接。经过这样的处理，可提高载体装载外源片段的效率。同时在不去除填充片段的情况下，不会明显影响连接效率。

四、噬菌体 λ 载体的克隆原理及步骤

噬菌体 λ 载体属于克隆载体，主要用于克隆 DNA 片段。构建 cDNA 文库和基因组文库，并从中筛选目的基因是噬菌体 λ 载体的一般用途，也可用于亚克隆在大容量载体（如黏粒载体）中增殖的外源 DNA 片段。

噬菌体 λ 载体克隆外源 DNA 片段的原理与质粒载体的工作原理类似，只是在形式上有许多差别。载体和外源 DNA 片段经过酶切以后，外源 DNA 片段插入到载体的适当位置，或置换载体的填充片段。这种连接后的重组 DNA 保留增殖性能，但由于分子量太大，不能像重组质粒那样可通过转化方式进入大肠杆菌。通过提取噬菌体 λ 的蛋白质外壳，可在体外将重组噬菌体 DNA 进行包装，形成噬菌体颗粒。这样的噬菌体颗粒保留对大肠杆菌的感染能

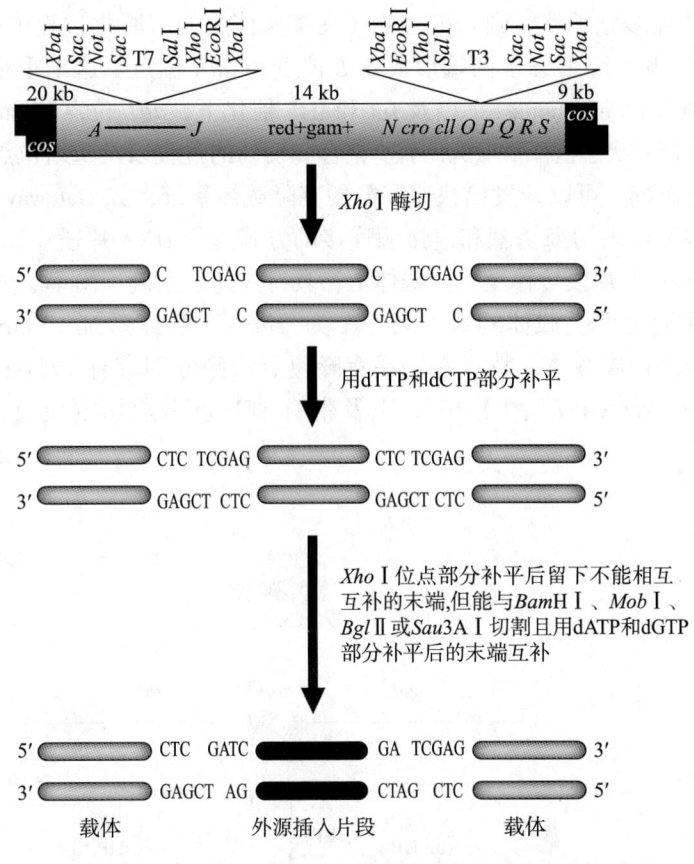

图 3-14 利用部分补平末端方法提高外源片段连接效率

力,可将被包装的重组噬菌体 DNA 注射到宿主细胞中。通过裂解生长,可增殖重组噬菌体。重组噬菌体 DNA 经过裂解生长过程最终形成噬菌斑。这些噬菌斑的集合,就构成了基因文库。用噬菌体 λ 载体构建基因文库时,文库以噬菌斑形式存在,而质粒载体构建的文库以菌落形式存在。

构建文库涉及如下步骤,即通过裂解过程增殖载体、载体与外源 DNA 的酶切、外源 DNA 与载体连接、重组噬菌体体外包装、包装噬菌体颗粒感染大肠杆菌、涂平板产生噬菌斑。大量噬菌斑组成的群体构成基因文库。基因文库可用于筛选含有目的基因片段的重组噬菌体(详见本书第 2 版)。

五、噬菌体 λ 位点特异性重组系统在基因克隆中的应用

噬菌体 λ 在溶原过程中,其 DNA 通过与大肠杆菌染色体 DNA 发生位点特异性重组,整合到宿主染色体中。利用该位点特异性重组系统,可以在 DNA 片段克隆中发挥快速和简化操作程序的作用。前面提到的 λExCell 载体用到了这个重组系统,当通过该载体克隆到目的基因片段后,在特定的宿主中使 attR 和 attL 位点之间发生重组,从而将克隆片段转移至质粒载体中,免去亚克隆步骤。

这个重组系统包括噬菌体的特异位点 attP 和宿主的特异位点 attB,它们在噬菌体整合酶 Int(integrase)和宿主的整合宿主因子 IHF(integration host factor)催化下可发生同源重组,

将 *attP* 位点所在的环形分子整合到 *attB* 位点（在噬菌体 λ 的溶原化过程中导致噬菌体 DNA 整合到染色体中），并在环形分子两端形成 *attL* 位点和 *attR* 位点。这个重组过程是可逆的，在噬菌体的切离酶 Xis（excisionase）以及 Int 和 IHF 催化下，*attL* 位点和 *attR* 位点之间可发生重组，恢复到整合前状态。图 3-15 展示了整合和切离的过程以及重组位点的组成和序列。

通过这个重组系统，可以开发出快速和简便克隆载体系统，如 Gateway 克隆技术。该载体系统不再依赖限制性内切酶切割和连接酶连接的方式进行 DNA 片段亚克隆，可简单地通过重组方式将目的 DNA 片段转移至目的载体上，具有快速、精确、简单、方便等特点。

该载体系统主要由两类载体构成，第一个为"进入"载体系统（Entry），载体骨架为用作 PCR 产物克隆的 TA 载体，特点在于在克隆位点两侧分别带有 *attL1* 和 *attL2* 位点。如 TA 克隆载体 pCR8/GW/TOPO（图 3-16），以及带有 TEV 蛋白酶切割位点、核糖体结合位

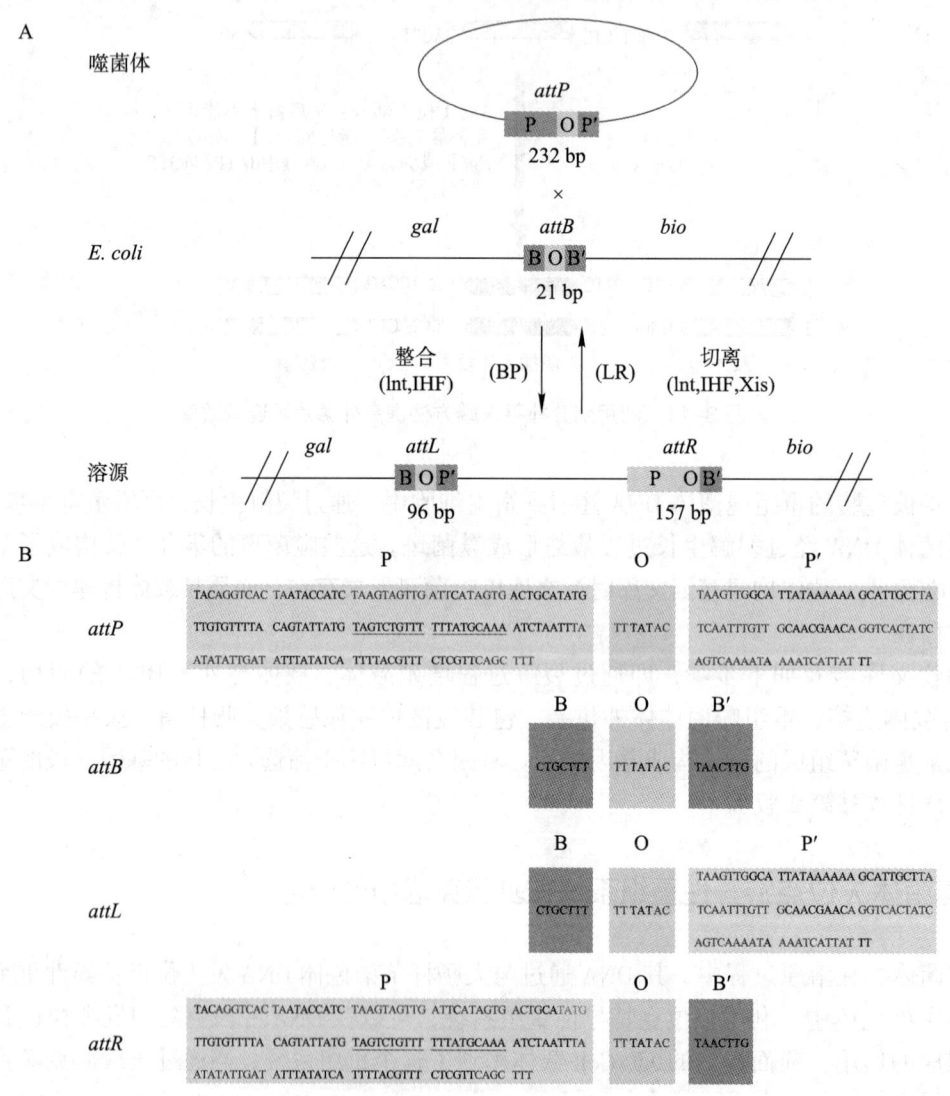

图 3-15 噬菌体 λ 位点特异性重组

BP 指 *attB* 和 *attP* 位点间发生重组，LR 指 *attL* 和 *attR* 位点间发生重组。在 Gateway 系统中，通过改变重组位点核心区（O）中的某个核苷酸而形成系列突变体，导致只有 *attL1* 和 *attR1* 之间以及 *attL2* 和 *attR2* 之间能发生重组，*attB* 和 *attP* 突变体之间也一样如此。*gal* 和 *bio* 表示大肠杆菌 *attB* 位点两端的半乳糖代谢酶基因和生物素合成基因

点和正向克隆控制位点的TA克隆载体pENTR系列（有关TA克隆载体的属性见第七章）。第二是"目标"载体系统（Destination），是指用作研究的目标载体，如用作基因表达、蛋白质相互作用、RNA干扰等研究。在克隆位点处含有 *attR1* 和 *attR2* 位点，可在体外与进入载体发生同源重组，从而快速将目的DNA片段装入目标载体中（图3-17）。

在使用过程中，先通过PCR扩增出目的DNA片段，通过配套的拓扑异构酶TOPO连接系统与进入载体连接，转化大肠杆菌并获得纯化重组质粒，之后与目标载体混合，在重组酶系统作用下发生重组，产生目的"表达"重组子。

该载体系统提供了一种简易且快速的克隆工具，但并不是不可替代的工具，常规的方法同样可达到相应的目的。由于该载体只能购买，不能再生，因此价格昂贵。作为一种无缝克隆技术，在克隆多片段串联或重复克隆多片段工作中能很好体现优势。

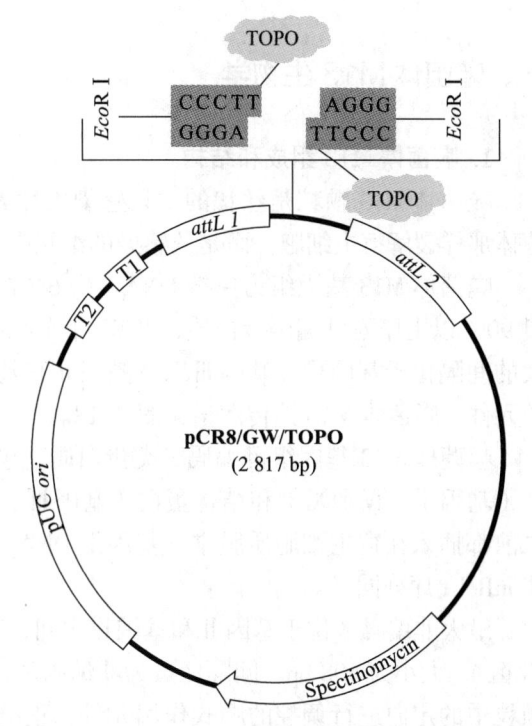

图3-16　含有 *att* 重组位点的TOPO TA克隆载体

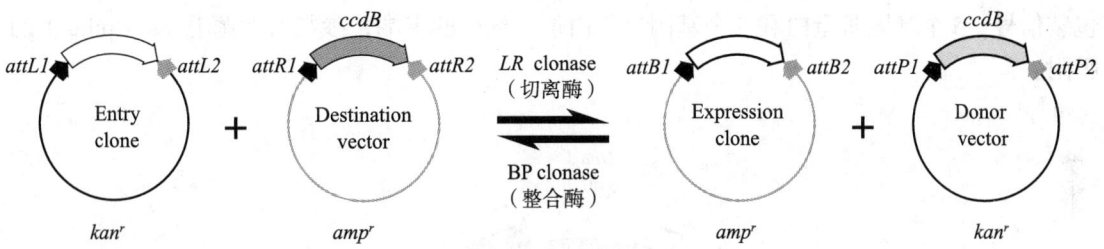

图3-17　Gateway重组反应

ccdB 是大肠杆菌F质粒上的毒素-抗毒素系统中的毒素编码基因，编码产物能使促旋酶失活而抑制DNA复制，使细胞中毒死亡。此处用做筛选标记

第三节　单链丝状噬菌体载体

在基因的操作过程中常常需要使用双链DNA片段中的一条链，即单链DNA。利用单链噬菌体载体可以方便地制备单链DNA。大肠杆菌有噬菌体M13、f1和fd等单链DNA丝状噬菌体。这些噬菌体的组织形式相同、颗粒大小以及形状相近而且DNA相似性高达98%。其中少数序列差异分布在整个基因组中，并且大多数出现在冗余密码子的第三位置上。这3个噬菌体之间的互补现象十分活跃，彼此间很容易发生重组，在功能上或至少在构建载体方面是等同的。

一、噬菌体 M13 生物学

1. 噬菌体 M13 组成和结构

噬菌体 M13 颗粒是丝状的，只感染雄性大肠杆菌。感染宿主后增殖的噬菌体不像 λ 噬菌体那样裂解宿主细胞，而是从感染的细胞中分泌出来，宿主细胞仍能继续生长和分裂。

噬菌体 M13 基因组为单链 DNA，由 6407 碱基组成（GenBank 注册号为 V00604）。基因组 90% 以上序列可编码蛋白质，共有 11 个编码基因，基因之间的间隔区多为几个碱基。较大的间隔位于基因Ⅷ和基因Ⅲ以及基因Ⅱ和基因Ⅳ之间，其间有调节基因表达和 DNA 合成的元件。噬菌体 M13 遗传图谱见图 3-18。

噬菌体 M13 基因组可编码 3 类蛋白质，包括复制蛋白（基因Ⅱ、Ⅴ和Ⅹ），形态发生蛋白（基因Ⅰ、Ⅳ和Ⅺ）和结构蛋白（基因Ⅲ、Ⅵ、Ⅶ、Ⅷ和Ⅸ）。所有结构蛋白在形态发生之前都插入在宿主细胞质膜中。基因组 DNA 为正链，按基因Ⅱ至基因Ⅳ方向合成，与噬菌体 mRNA 序列同义。

最大非编码区位于基因Ⅱ和基因Ⅳ之间，称为间隔区（intergenic region，简称 IR 区，或 IG 区），大小为 508 bp。间隔区虽为非编码区，但不是非必需区，含有对包装及 DNA 在病毒颗粒中的定向进行调控的顺式作用元件、正链与负链 DNA 合成起始和终止位点，以及不依赖于 ρ 因子的转录终止信号。

噬菌体 M13 颗粒为丝状长管状结构，长 880 nm，直径 6~7 nm。噬菌体颗粒核心由 2 700 个基因Ⅷ编码的结构蛋白呈管状排列而成（图 3-19），成熟的基因Ⅷ产物为由 50 个氨基酸残基组成的 α 螺旋蛋白。顶端由 5 个基因Ⅶ和 5 个基因Ⅸ产物组成，作用于间隔区中的包装信号。5 个基因Ⅲ蛋白和 5 个基因Ⅵ蛋白位于丝杆的末端，参与对性菌毛（sex pilus）的吸附。

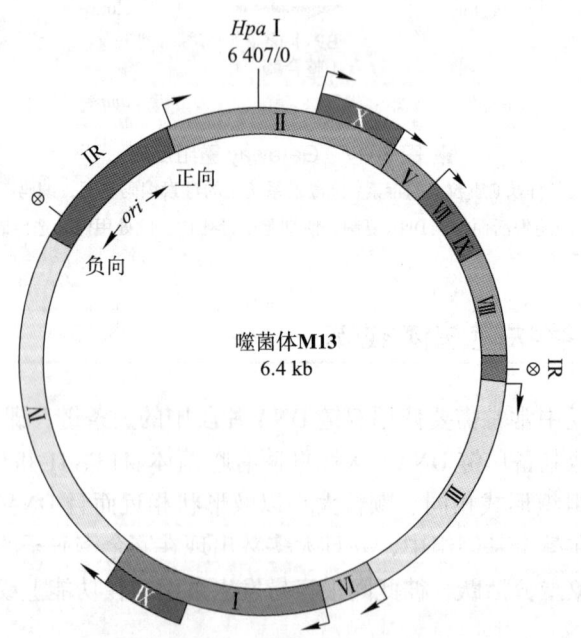

图 3-18 噬菌体 M13 的遗传图谱

2. 噬菌体 M13 增殖

吸附是噬菌体感染的第一步，噬菌体 M13 只感染具有性菌毛的大肠杆菌，携带 F 质粒的菌株可产生性菌毛。在吸附过程中，噬菌体基因Ⅲ蛋白与性菌毛发生作用。随后丝状噬菌体穿入到性菌毛，基因Ⅲ蛋白与宿主 TolQ、TolR 和 TolA 蛋白发生作用，去除外壳蛋白，致使噬菌体 DNA 及附着于其上的基因Ⅲ蛋白进入宿主菌体内。噬菌体 DNA（正链）在宿主酶作用下转变成环状双链 DNA，用于 DNA 复制，这种双链 DNA 称为复制型 DNA（replicative form DNA），即 RF DNA。通过 θ 复制方式，RF DNA 进行扩增，基因的转录也随即开始。基因组中任意一个启动子都可以启动基因转录，单方向地终止于下游终止子。启动子和终止子的位置关系使得靠近终止子的基因转录更频繁。

当基因Ⅱ蛋白在亲代 RF DNA 的正链特定位点上产生切口时，便启动噬菌体基因组进行滚环复制。此时，在大肠杆菌 DNA 聚合酶Ⅰ作用下，以负链为模板在切口 3′ 端加入核苷酸，并持续合成 DNA，用新合成的 DNA 替换原有的正链。当复制叉环绕模板整整一周时，被取代的正链由基因Ⅱ产物切去，经环化后

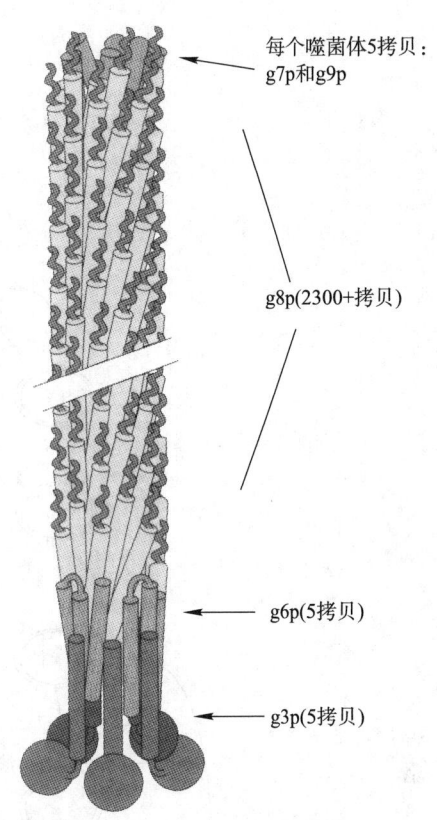

↑ 图 3-19　噬菌体 M13 颗粒结构模型

形成单位长度的噬菌体基因组 DNA。在感染开始 15～20 min 内，这些子代正链在宿主细胞酶作用下又转变成 RF DNA，然后以之为模板继续转录并继续合成子代正链 DNA。当感染细胞内累计有 100～200 个 RF DNA 时，细胞内也产生了足够单链 DNA 结合蛋白，即基因Ⅴ蛋白。该蛋白可以抑制翻译活性，特别是抑制基因Ⅱ mRNA 的翻译，并且强烈地结合在新合成的正链 DNA 上，阻止其转化成 RF DNA。此时，DNA 合成几乎只产生子代正链 DNA。另外，基因Ⅹ蛋白和基因Ⅴ蛋白也是噬菌体特异 DNA 合成的强力抑制子，从而限制感染细胞内 RF DNA 的数量。结果，感染细胞内 RF DNA 数目和子代正链 DNA 的产生速率都能保持适度。噬菌体 M13 的复制过程见图 3-20。

噬菌体 M13 颗粒的形态发生与大多数其他噬菌体不同，噬菌体颗粒并不是在细胞内组装的，而是在基因Ⅴ蛋白-DNA 复合物移动至细菌细胞膜的同时，基因Ⅴ蛋白从正链上脱落，而噬菌体基因组从感染细胞的细胞膜上溢出时被衣壳蛋白所包被。由于噬菌体基因组并不需要插进一个预先形成的结构之中，因此对于可被包装的单链 DNA 的大小并无严格限制。

成熟噬菌体颗粒由 11 个病毒蛋白中的 5 个组成，至少 4 个其他蛋白〔如基因Ⅰ、Ⅳ和 Ⅺ蛋白，以及宿主的硫氧还蛋白（thioredoxin）〕对噬菌体颗粒的组装和分泌是必需的。

丝状噬菌体的复制与宿主菌的复制和衷共济，因此被感染的细菌宿主并不发生裂解，却可继续生长，但生长速率为正常生长速率的 1/2～3/4，每个感染细胞内每一代可产生数百个噬菌体颗粒。因此，噬菌体的感染将导致培养基内累积大量的噬菌体颗粒，在感染细胞培养物中的噬菌体滴度很高，噬斑形成单位（plaque forming unit，pfu）常常超过 10^{12} pfu/mL。

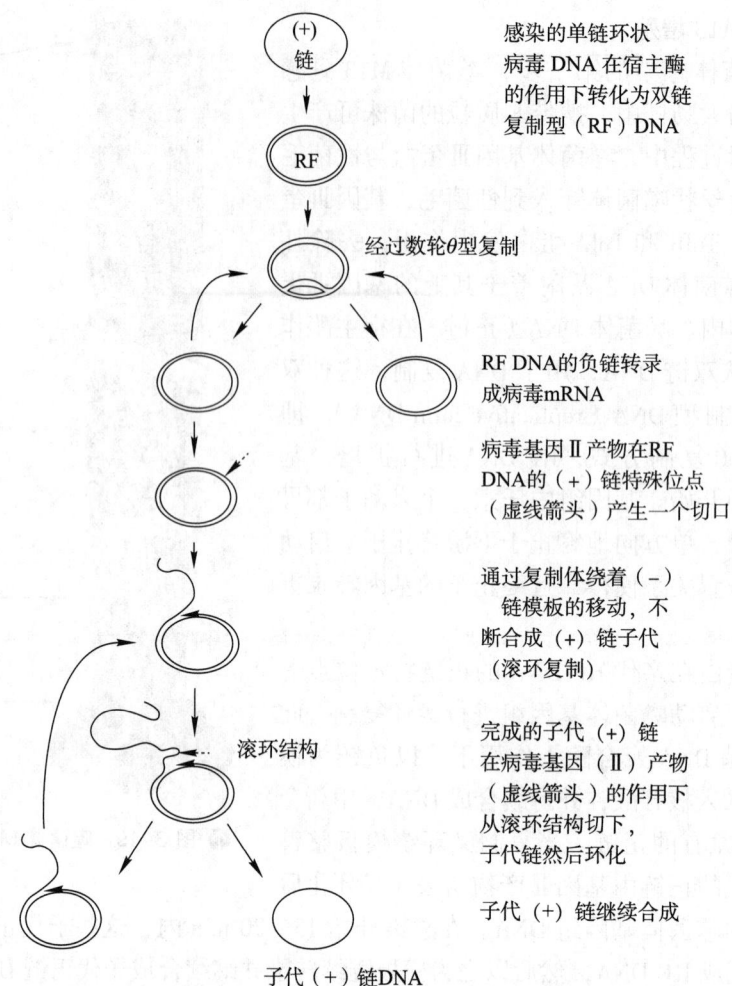

图 3-20　噬菌体 M13 在感染细胞中的复制

二、噬菌体 M13 载体

单链 DNA 的酶切和连接是比较困难的，因此采用其双链状态 RF DNA 用作载体。RF DNA 很容易从感染细胞中纯化出来，可以像质粒一样进行操作，并可通过转化方法再次导入细胞。导入的双链 DNA 可进行复制，最终形成子代噬菌体颗粒，其噬菌体 DNA 中含有外源双链 DNA 片段中的一条链。另外一条链，即负链，是永远不会被包装的。

1. 载体的插入位点

作为一个载体，必须有合适的位点供外源片段插入。然而，在噬菌体 M13 基因组中绝大多数为必需基因，只有两个间隔区可用来插入外源 DNA（基因Ⅱ/Ⅳ和基因Ⅷ/Ⅲ之间）。基因Ⅱ和基因Ⅳ之间的 508 bp 间隔区是主要的外源片段插入位点，但外源 DNA 插入后会严重影响噬菌体基因组的复制。一些突变体（基因Ⅱ或基因Ⅴ的突变）可以部分补偿这种被灭活的负责调控复制的顺式作用要素的功能，进而允许在间隔区插入外源片段。在基因Ⅷ和基因Ⅲ之间的小间隔区也可用来插入外源片段。

2. 噬菌体 M13 载体组成

噬菌体 M13 载体以基因 II 和基因 IV 之间的区域作为外源 DNA 插入区，同时在间隔区内的 HaeIII 位点插入了一小段大肠杆菌 DNA，这一区段带有 β- 半乳糖苷酶基因（lacZ）的调控序列及其 N 端 146 个氨基酸的编码信息。当感染带有 F′ 质粒的宿主菌便可实现 α- 互补，借此可以建立一种简单的颜色反应来鉴别有无外源 DNA 插入。因此外源 DNA 片段插入的载体进入携带相应 F′ 质粒的宿主菌后，铺于含有 IPTG 与 X-gal 的培养基上，就会形成深蓝色噬菌斑。

3. M13mpl8 和 M13mpl9

M13mpl8 和 M13mpl9 这两个载体含有 13 个不同的酶切位点，可供插入由多种限制酶切割而成的 DNA 片段（图 3-21），但二者方向相反，可用来制备双链 DNA 中的不同单链。

组建 M13mp 系列载体所用的 lacZ 片段，已被插入到 pBR322 的衍生质粒中，构建成一系列含有各种常用克隆位点的质粒载体（pUC 载体）。这些载体在前面已有详细介绍。

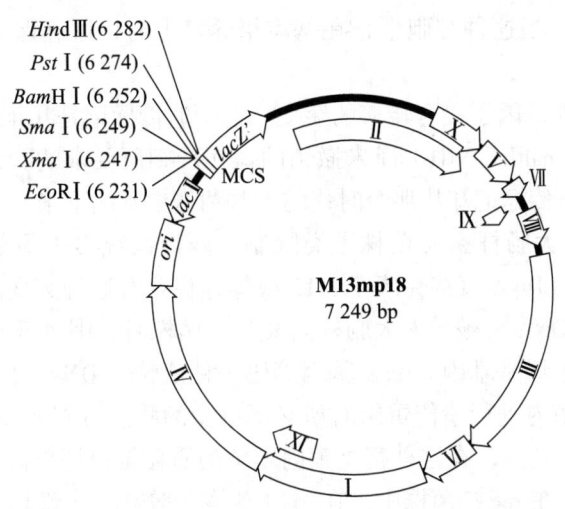

图 3-21　M13mp18 载体遗传图谱

三、噬菌体 M13 载体的宿主菌

由于噬菌体 M13 通过 F 质粒编码的性菌毛进入宿主细胞内，故其只能用雄性细菌来增殖。用转染方法也可使噬菌体 DNA 进入宿主菌，造成雌性细菌的感染。但是转染细胞所产生的子代病毒颗粒不能感染环境中的其他细胞，故病毒产量非常低。携带 F′ 质粒并便于 M13 载体进行基因操作的大肠杆菌菌株一般带有以下遗传标记：

（1）*lacZ*ΔMl5　*lacZ* 基因缺失突变体。缺失 *lacZ* 基因中 β-半乳糖苷酶 N 端的部分编码序列。ΔMl5 所表达的小肽可以参与 α-互补。噬菌体 M13 的许多宿主菌所携带的 F′ 质粒都有这种缺失的 *lacZ* 基因。

（2）Δ（*lac-proAB*）　*lac* 基因缺失突变体。缺失横跨乳糖操纵子及毗邻的脯氨酸生物合成酶类的编码基因的染色体片段，携带这一标记的宿主菌不能利用乳糖作为碳源，其生长需要脯氨酸。

（3）*lacI*^{q}　*lacI* 基因的突变体。可使 *lac* 操纵子阻抑物的合成量增加到大约为野生型的 10 倍。在没有诱导物的情况下，*lac* 操纵子的转录水平本已较低，而阻抑物的过量表达则使之受到进一步的抑制。因此，当外源编码序列被置于 *lacZ* 启动子控制下，在带有 *lacI*^{q} 标记的细胞中进行表达时，它所编码的外源蛋白的合成被控制在最低水平。在大多数用于噬菌体 M13 载体克隆的菌株内，*lacI*^{q} 与 *lacZ*ΔMl5 同时出现在 F′ 质粒上。

（4）*proAB*　*proAB* 基因为大肠杆菌染色体上脯氨酸生物合成酶类的编码区域，通常位于 F′ 质粒上。在 D（*lac-proAB*）宿主菌内，F′ 质粒上的 *proAB* 基因可以通过互补作用使宿主菌恢复为脯氨酸原养型，当这种细胞生长在基本培养基上时，可确保 F′ 质粒得以保持稳定遗传。

（5）*traD36*　一种抑制 F′ 因子接合转移的突变。这个遗传标记是几年前美国国立卫生研究院（National Institute of Health，NIH）尚未撤销的操作准则所要求的。该操作准则现已不再具有法律效力，但这个遗传标记却从那个时代的一些菌株中延续下来。

（6）*hsdR*l7 与 *hsdR*4　大肠杆菌 K 菌株 I 类限制-修饰系统失去限制活性但仍保留修饰功能的突变体。未修饰的 DNA 直接克隆于 M13 载体并在含有这种突变的宿主菌内增殖时 DNA 会被修饰，此后这些 DNA 再被导入大肠杆菌 K *hsd*$^+$ 菌株时，则可抵御限制作用。

（7）*recAl*　大肠杆菌重组酶基因。*recA* 基因编码一种依赖于 DNA 的 ATP 酶，由 352 个氨基酸组成，是在大肠杆菌内进行遗传重组时所必不可少的酶。带有 *recAl* 突变的菌株是重组缺陷株，具有两个优点。其一，在这种宿主菌内增殖的质粒将保持单体环状分子形式，而不会形成多分子环。其次，在 *recA*$^-$ 菌株中，在 M13 载体上增殖的外源 DNA 区段很少丢失。

（8）*supE*　琥珀抑制基因。琥珀抑制基因可在 UAG 密码子处加入谷氨酰胺。过去一段时期内，NIH 的操作准则曾要求 M13 载体携带琥珀突变，但这一要求早已撤销。目前常用的大多数载体都不再有这种突变。但许多宿主菌都是在 NIH 操作准则仍然有效时建立的，这些宿主菌及其许多衍生株仍带有抑制基因，可以容许带有某些琥珀突变的载体复制。

在 M13 噬菌体载体中进行克隆时常用的宿主菌株如下：

JM101	*supE* Δ（lac-proAB）[F′*traD36 proAB* + *lacI*^{q} *lacZ*ΔM15]
JM105	JM101/*hsdR*4
JM107	JM101/*hsdR*17
JM109	JM101/*hsdR*17 *recAl*
TG1	JM101/*hsd*Δ5（不修饰不限制）
XL1-Blue	*supE lac- hsdR*17*recAl*[F′*proAB* + *lacI*^{q} *lacZ*ΔM15] Tn*10*（Tet^r）

有一些常用的大肠杆菌菌株没有 F 质粒，如 DH5α、DH10B 和 Top10 等用于克隆的菌株以及用于蛋白表达的菌株 BL21（DE3），不过前三者都有安装在 Φ80 原噬菌体中的 *lacZ*ΔM15 遗传元件用于蓝白菌落筛选。

四、噬菌粒

噬菌粒（phagemid）实际上是带有丝状噬菌体大间隔区的质粒载体，是集质粒和丝状噬菌体于一身的载体，具有 ColE1 复制起点和抗生素抗性选择标记，以及丝状噬菌体的间隔区。此间隔区含噬菌体 DNA 合成的起始和终止以及噬菌体颗粒形态发生所必需的全部顺式作用元件。含噬菌粒的细菌被噬菌体感染后，基因Ⅱ蛋白可作用于噬菌粒的间隔区，启动滚环复制产生单链 DNA（ssDNA）并进行包装。

克隆于这些载体内的外源 DNA 区段可以像质粒一样用常规方法进行增殖。而带有这种质粒的细菌被噬菌体 M13（或 f1）感染后，在噬菌体基因Ⅱ蛋白影响下，质粒的复制方式发生改变。基因Ⅱ产物与质粒所携带的基因间隔区发生相互作用，启动滚环复制，产生质粒 DNA 其中一条链的拷贝，最终包装在子代噬菌体颗粒中。

pUC118 和 pUC119 是功能比较完善的噬菌粒载体，对外源 DNA 片段大小不那么敏感，并且保留了 pUC 质粒在克隆操作方面的优点。常用噬菌粒载体一般成对出现，分别带有方向相反的间隔区和多克隆位点，组成由 4 个载体构成的载体系列，便于选择载体来扩增所需要的那条单链，如 pBluescriptⅡKS（±）系列（图 3-5）。

与噬菌体 M13 载体相比，噬菌粒具有以下优点：①双链 DNA 既稳定又高产，具有常规质粒的特征。②免除了将外源 DNA 片段从质粒亚克隆于噬菌体载体这一既繁琐又费时的步骤。③由于载体足够小，故可得到长达 10 kb 的单链外源 DNA。

通过噬菌粒制备单链 DNA 时，需要用噬菌体 M13（或 f1）来辅助感染带噬菌粒的大肠杆菌，才能将噬菌粒 DNA 中的一条链包装至噬菌体颗粒。M13KO7 是常见的辅助噬菌体，通常可以产生足够量的含有噬菌粒 DNA 的单链子代病毒颗粒（$1 \times 10^{11} \sim 5 \times 10^{11}$ pfu/mL）。

五、辅助噬菌体 M13KO7

辅助噬菌体 M13KO7 是 M13 的衍生株，大小为 8.7 kb。辅助 M13KO7 噬菌体带有来自 p15A 质粒的复制起点，可以像质粒一样复制，且可以与带 ColEI 质粒复制区的质粒共存于同一个宿主菌中。基因Ⅱ带有一个 G→T 的突变（第 6125 核苷酸），导致基因Ⅱ蛋白第 40 位氨基酸由甲硫氨酸变为异亮氨酸。

当辅助噬菌体 M13KO7 感染带有噬菌粒的大肠杆菌后，如 E. coli（pUC118），M13KO7 单链 DNA 在宿主胞内酶作用下转变为双链，后者可在质粒 p15A 复制起点控制下复制。M13KO7 双链 DNA 可表达产生子代单链 DNA 所必需的所有蛋白。但 M13KO7 中突变的基因Ⅱ表达的产物与自身携带的间隔区复制起点的作用尚不如它与克隆于噬菌粒 pUC118 和 pUC119 中的噬菌体复制起点的作用有效，这就使噬菌粒正链 DNA 能够优先合成，以确保在细胞所产生的病毒颗粒中来自噬菌粒的单链 DNA 能够占据优势。当不含噬菌粒的宿主菌被 M13KO7 感染后，突变的基因Ⅱ产物则完全与自身的残缺复制起点作用，并产生足够量的 M13KO7，以作为产生噬菌粒单链 DNA 的种子。

许多需要利用单链 DNA 进行操作的技术（如 DNA 测序和 DNA 定点诱变）在当前可以用 PCR 相关技术替代，单链噬菌体载体的应用遇到了前所未有的挑战。但当前常用的许多载体仍携带噬菌体 M13 的间隔区（常以 IG、f1 或 fd 形式呈现），可能这些区域是这些载体在由噬菌粒改造而来时存留下来的。

第四节 人工染色体载体

常规载体在工作时是在不影响质粒或噬菌体复制功能的基础上装载外源 DNA 片段的，同时保持质粒或噬菌体的基本特性。这样一来，载体所装载的容量就受到限制。利用染色体的复制元件来驱动外源 DNA 片段复制的载体称为人工染色体载体（artificial chromosome vector），其装载外源 DNA 片段的容量可以与染色体大小媲美。酵母人工染色体载体（yeast artificial chromosome，YAC）是模拟酵母菌染色体复制而构建的载体，其装载外源 DNA 片段后能在酵母菌中像酵母菌染色体一样复制，从而达到克隆大片段 DNA 的目的。细菌人工染色体载体（bacterial artificial chromosome，BAC）尽管从本质上来说仍然是质粒载体，但由于其采用了大质粒（F 质粒，98 kb）的复制元件，可像 YAC 载体一样装载大片段 DNA，因此沿用了人工染色体载体这一名称。黏粒载体和 P1 人工染色体载体（P1 artificial chromosome，PAC）严格来说，应该也是人工染色体载体，只不过采用了噬菌体染色体的复制元件。由于这些人工染色体载体模拟了染色体的复制方式，因此都能装载大 DNA 片段，从 40 kb 到几百 kb，甚至超过 1 000 kb。正因为如此，它们也被称为大容量克隆载体（high-capacity vector）。

人工染色体载体在染色体图谱制作、基因组测序和基因簇克隆等方面发挥了重要作用。这些载体有助于将有部分重叠序列的单个克隆片段快速组装成重叠群（contig），从而加速基因组测序的拼接进程，并提供物理图谱和遗传图谱可能的结合点。随着人们进一步深入开展功能基因组以及大片段基因簇功能研究，这些载体还会有更多用武之地。每一种载体都有各自的优缺点及对应的适用对象，表 3-2 是 5 种主要的大容量载体及其性质。

表 3-2 5 种常见大容量克隆载体及其基本特性

载体	容量/kb	复制子	宿主	拷贝数	导入重组 DNA 的宿主方式	筛选标记	克隆 DNA 的获取方法
cosmid	30~45	ColE1	大肠杆菌	高	转导	多样化	碱抽提
P1	70~100	P1	大肠杆菌	1	转导	*sacB*	碱抽提
PAC	130~150	P1	大肠杆菌	1	电转化	*sacB*	碱抽提
BAC	120~300	F	大肠杆菌	1	电转化	α-互补	碱抽提
YAC	250~400	ARS	酵母菌	1	转化	*ade2*	脉冲场电泳

在高等生物和人类遗传研究中，常常需要将大片段 DNA 转移至异源宿主或细胞中研究基因的功能和表达。将覆盖整个转录单元及其周边广泛调节区的大片段用于基因的表达研究，能够更真实地反映基因表达的内在状况。人类蛋白质编码基因的平均大小为 27 kb，控制基因精确表达的调控元件可能分布在转录单元上下游几十甚至几百 kb 范围内。因此，利用大容量克隆载体能更好地将对基因精确表达起重要作用的调控区进行研究。

一、黏粒载体

1. 黏粒的结构特征

黏粒（cosmid）实际是质粒的衍生物，是带有 cos 序列（亦称 cos 位点）的质粒。cos 序列是噬菌体 λDNA 中将 DNA 包装到噬菌体颗粒中所需的 DNA 序列。黏粒的组成包括 ColE1 质粒复制区，抗性标记（amp^r），cos 位点，因而能像质粒一样转化和增殖。它的大小一般为 5~8 kb，用来克隆大片段 DNA，最大 DNA 片段可达 45 kb。有的黏粒载体含有两个 cos 位点，在某种程度上可提高使用效率。

2. 黏粒载体工作原理

黏粒的工作原理与噬菌体 λ 载体类似。在外源 DNA 片段与载体连接时，黏粒载体相当于噬菌体 λ 载体的左右臂，cos 位点通过黏末端退火后，再与外源片段连接成多联体。当多联体与噬菌体 λ 包装蛋白混合时，噬菌体 A 基因编码蛋白的末端酶功能将切割两个 cos 位点，并将两个同方向 cos 位点之间的片段包装到噬菌体颗粒中。这些重组噬菌体颗粒感染大肠杆菌时，线状重组 DNA 就像噬菌体 DNA 一样被注入细胞并通过 cos 位点环化，这样形成的环化分子含有完整的黏粒载体，可像质粒一样复制并使宿主获得抗性。因而，带有重组黏粒的细菌可通过含抗生素的培养基筛选。通过这种方式，就将外源 DNA 片段通过黏粒载体克隆到大肠杆菌中了（图 3-22）。

与噬菌体 λ 载体不同的是，外源片段克隆在黏粒载体中是以大肠杆菌菌落的形式表现出来的，而不是噬菌斑。这样所得到菌落的总和就构成了基因文库。

黏粒可克隆多达 45 kb 的 DNA 片段，其克隆能力除了与自身大小有关外，主要取决于能包装到噬菌体 λ 头部 DNA 的大小。如前所述，噬菌体能容纳 DNA 的大小为 38~51 kb，而黏粒载体为 5~8 kb，因而所能转载的外源 DNA 片段大小为 35~45 kb。在染色体步查和真核基因组片段在细胞中瞬时表达研究中，黏粒具有优势。

3. 黏粒载体类型

黏粒载体除了具有上述共同特征外，还有一些特殊的元件，从而赋予载体特殊的性质。

黏粒 pJB8 是一个典型的黏粒载体，其组成简单，大小为 5.4 kb，由抗性基因 amp^r、ColEI 质粒复制起始位点（ori）、cos 位点和多克隆位点组成，可容纳 33~46.5 kb 外源 DNA 片段（图 3-23）。所用宿主菌为 $recA^-$ 大肠杆菌，以避免发生不必要的重组。

黏粒 Supercos-1 含双 cos 位点，大小为 7.94 kb，含有在真核细胞中起作用的来自猿猴病毒 SV40 的复制起点 ori-SV40 和新霉素抗性基因（neo^r）（图 3-24）。在获得阳性重组子后可方便地将克隆片段转移到动物细胞中增殖并作进一步分析和筛选。在常用插入位点 BamH I 两侧分别有噬菌体 T3 和 T7 启动子。在得到阳性克隆后，利用这些启动子可转录出外源 DNA 片段末端序列对应的 RNA 片段，用作染色体步查克隆其邻近片段的探针。启动子外侧分别各有一个识别 8 个碱基序列的 Not I 酶切位点，可将大多数外源插入片段完整地切出来用于进一步分析。

图 3-24 为黏粒 Supercos-1 的克隆示意图。载体经 Xba I 酶切和碱性磷酸酶处理后，再用 BamH I 作第二次酶切，可将两个 cos 位点分割在两个不同片段上。一般在高浓度 ATP 存在下（5 mmol/L）能抑制平端连接，但对黏末端没有影响。经 Sau3A I 或 Mob I 部分酶切的真核 DNA 与载体连接后形成的产物可包装进入噬菌体 λ 颗粒，感染 $recA^-$ 大肠杆菌后可得到

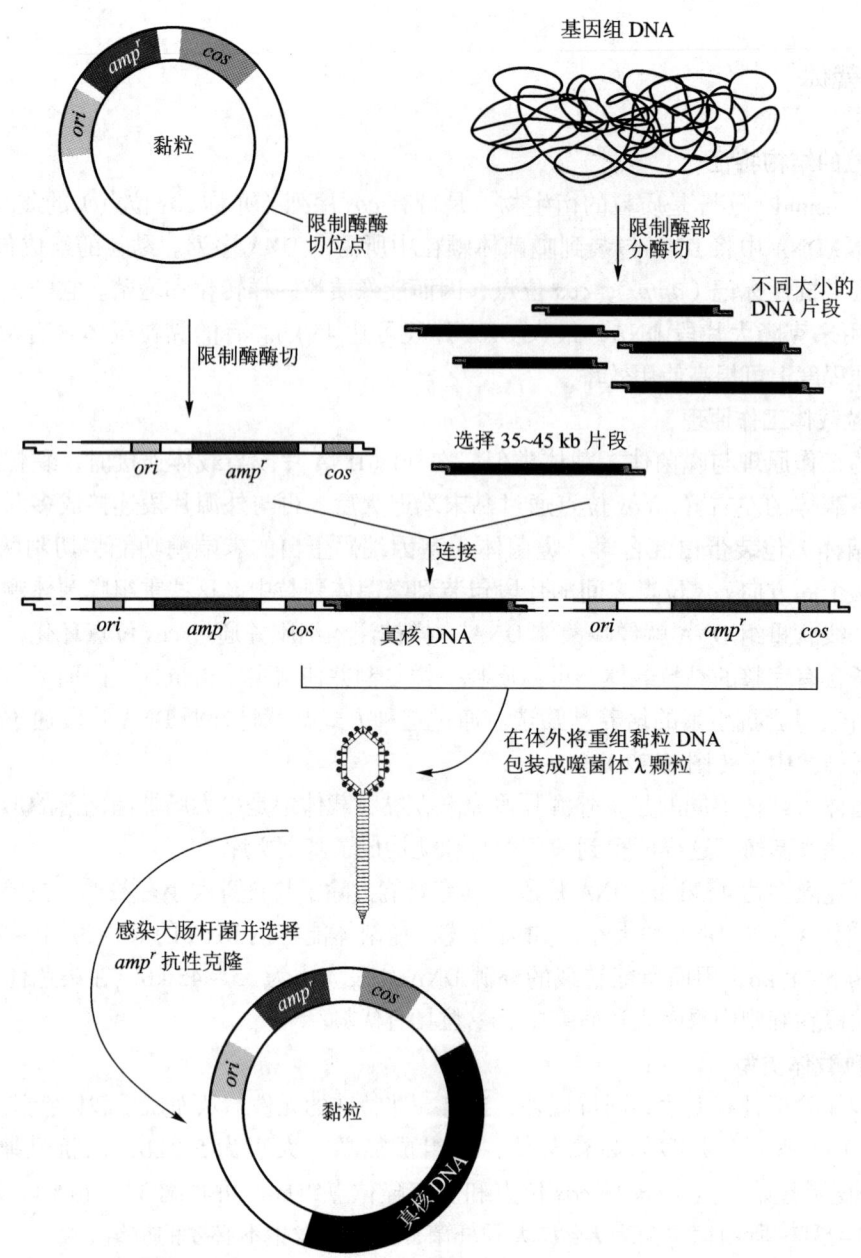

图 3-22 Cosmid 载体克隆 DNA 一般原理和步骤

基因文库。

黏粒文库制作后可扩增和长期保存,可采用的方法有很多,这些方法主要基于方便程度以及避免扩增后导致文库失真。《分子克隆实验指南》对黏粒文库构建、存在问题、扩增和保存有详细描述。

二、细菌人工染色体载体

细菌人工染色体载体是基于大肠杆菌 F 质粒构建的大容量低拷贝质粒载体。F 质粒大小为约 100 kb（99 159 bp），编码 60 多种参与复制、分配和接合过程的蛋白质。虽然 F 质粒通常以双链闭环 DNA（1~2 个拷贝/细胞）形式存在，但它可以在大肠杆菌染色体中的至少 30 个位点进行随机整合。携带 F 质粒的细胞（以游离状态或以整合状态）可表达性菌毛，通过性菌毛 F 质粒可转移给受体细胞。

1. BAC 载体及其结构组成

BAC 载体大小约 7.5 kb，其本质实际上是一个质粒克隆载体。BAC 载体与常规克隆载体的核心区别在于其复制单元的

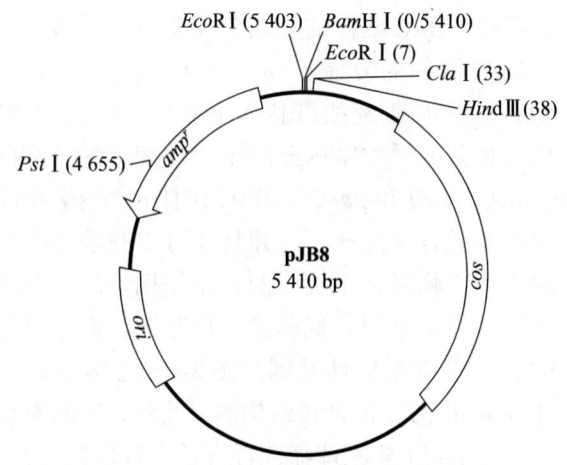

↑ 图 3-23 黏粒载体 pJB8 遗传图谱

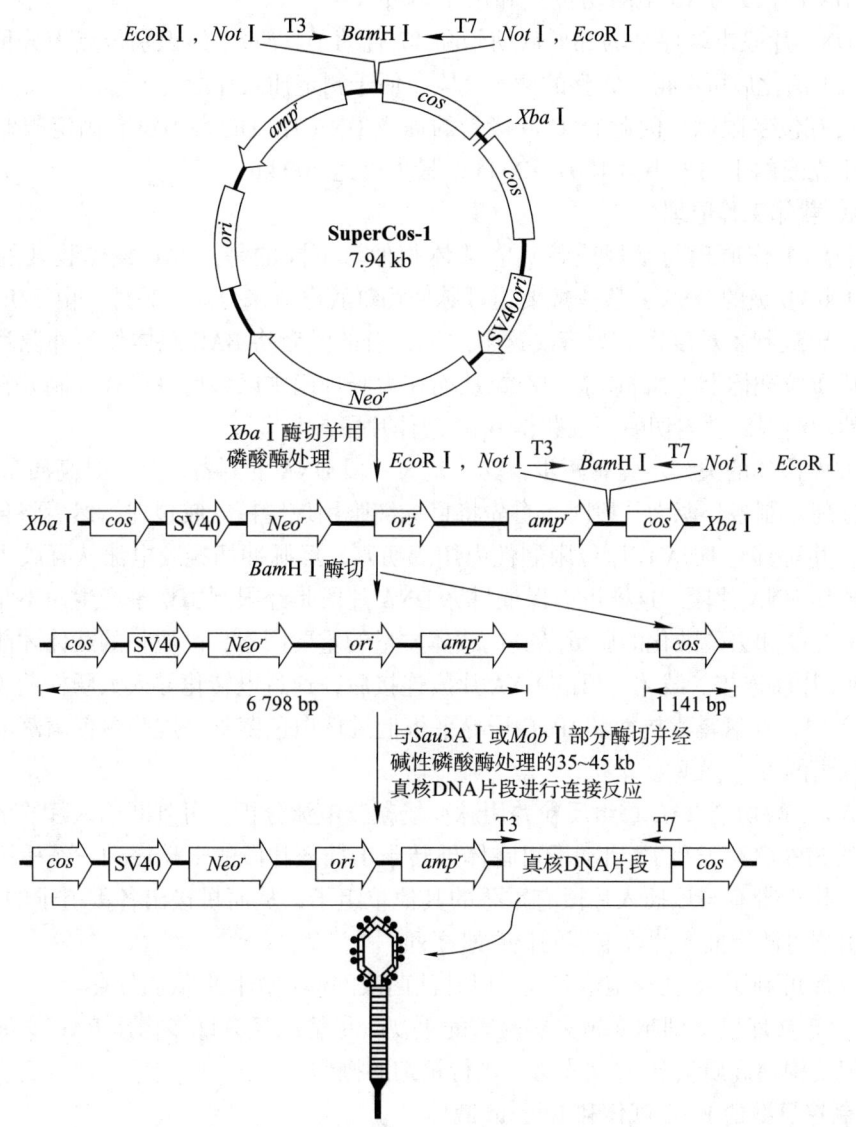

↑ 图 3-24 黏粒 SuperCos-1 克隆原理和步骤

特殊性。BAC 载体的复制单元来自 F 质粒，包括严谨型控制的复制区 oriS、启动 DNA 复制且由 ATP 驱动的解旋酶基因（repE），以及 3 个确保低拷贝并使质粒精确分配至子代细胞的分配基因（parA、parB 和 parC）。BAC 载体的低拷贝性可以避免嵌合体的产生，并且还可以减小外源基因的表达产物对宿主细胞的毒副作用。BAC 载体所使用的标记基因为氯霉素抗性基因，而不是常见的氨苄青霉素抗性基因。图 3-25 是典型 BAC 载体 pBeloBAC11 的遗传结构图。此外，BAC 载体可以通过 α-互补原理筛选含有插入片段的重组子，并在 HindⅢ 和 BamHⅠ 位点外侧分别设计了用于回收插入 DNA 片段的 NotⅠ 酶切位点和用于体外

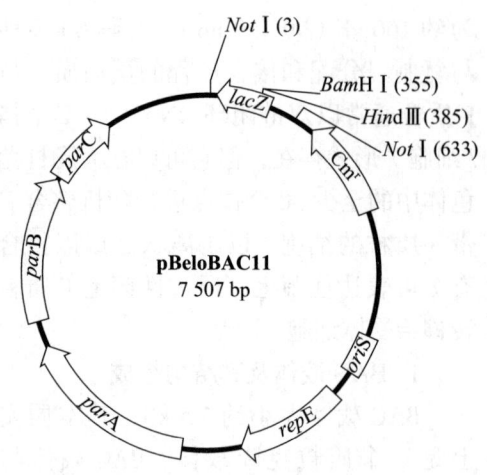

图 3-25　pBeloBAC11 载体遗传结构图

转录插入 DNA 片段末端序列的 SP6 启动子和 T7 启动子。NotⅠ 的识别位点十分稀少，重组 DNA 经 NotⅠ 消化后可以得到完整的插入片段，便于测定插入片段的大小。

由于没有包装限制，因此 BAC 可接受的插入 DNA 片段的大小没有固定限制。大多数 BAC 文库中克隆的平均大小为 100~120 kb，最大可达 300 kb。

2. BAC 载体工作原理

BAC 载体工作原理与常规质粒克隆载体相似。不同的是，BAC 载体装载的是大片段 DNA。对 100 kb 级的 DNA 片段一般要通过脉冲场凝胶电泳来分离。另外，由于 BAC 载体的拷贝数小，导致制备难度大。为解决这个问题，有的学者将 BAC 载体作为外源片段克隆到常规高拷贝质粒载体上（如 pGEM-4Z），从而在大肠杆菌中以多拷贝形式复制并轻松获得重组质粒，然后经限制性内切酶切割获得 BAC 载体片段。

BAC 文库构建的关键步骤有两步，其一是大片段 DNA 的制备，其二是高质量 BAC 载体的制备和处理。制备外源大片段时，首先将目标细胞用琼脂糖凝胶包埋，然后将包埋块作破细胞处理，并对其总 DNA 作原位限制性内切酶切割，经脉冲场凝胶电泳从凝胶中分离出目标大小的酶切 DNA 片段。这样可以保证目标 DNA 片段是经限制酶切割产生而不是因断裂产生。载体的纯度和去磷酸化的质量是决定载体质量的重要因素，高质量的载体才能充分保证与外源 DNA 片段连接。载体与目的 DNA 片段连接后，通过电转化导入大肠杆菌（常使用菌株 DH10B）中，在氯霉素抗性和 IPTG 诱导平板上挑选白色菌落。这些白色菌落就构成了目的生物基因组的 BAC 文库。

通过 NotⅠ 酶切割 BAC 重组质粒并用脉冲场凝胶电泳分析，可判断插入片段的大小；通过载体上的 SP6 启动子和 T7 启动子可在体外转录出插入片段的末端序列，经标记后可做染色体步查，找出带有与该插入片段有重叠的其他重组子，从而拼接出各重组子的重叠关系；通过通用引物可测定插入片段末端的核苷酸序列。

BAC 文库可利用 96 孔细胞培养板，以甘油菌液的形式作长期低温保存。

构建 BAC 文库已受到越来越多实验室的重视，尽管已经有许多构建 BAC 文库的经验可以借鉴，但要构建高质量 BAC 文库必须进行精细的操作。

3. 控制拷贝数的 BAC 载体和 fosmid 载体

BAC 载体由于拷贝数低，在克隆到目的 DNA 大片段以后的操作比较困难，难以制备足

够的质粒 DNA 供后续研究。在载体中添加控制拷贝数的元件可解决这一问题。BAC 载体 pCC1FOS 是在传统 BAC 载体基础上，添加了高拷贝复制元件 *oriV*（图 3-26）。只是该复制元件需要 *trfA* 基因的产物才能发挥作用。大肠杆菌 EPI300 含有 *trfA* 基因，且在严谨控制的诱导启动子控制之下。该载体可按常规 BAC 载体进行文库构建，在对特定目的克隆子进行分析时，可诱导 *trfA* 基因表达，从而获得高拷贝重组 BAC 质粒，便于质粒大量提取。

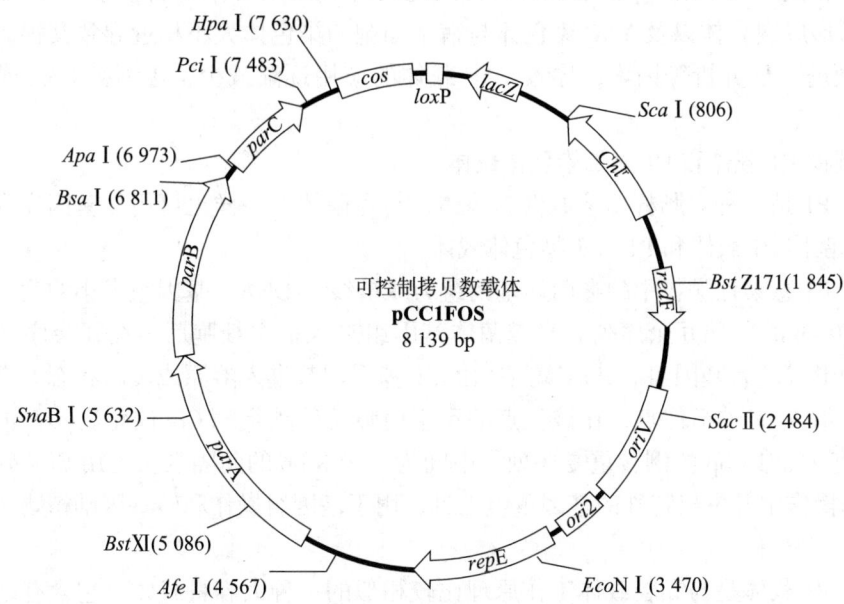

图 3-26 可控制拷贝数的 BAC 载体 pCC1FOS 图谱

由于多数 BAC 载体都含有噬菌体 λ 的 *cos* 位点，因此也可将其视作黏粒载体。BAC 载体与黏粒载体的主要差异在于复制元件不同，前者使用 F 质粒复制元件，而后者使用 pBR322 质粒 ColE1 复制元件。当 BAC 载体按黏粒载体的克隆方式构建文库时，可称作 fosmid 载体。fosmid 载体可像黏粒载体一样，装载约 40 kb 的 DNA 片段，通过噬菌体包装、感染大肠杆菌，从而将重组 DNA 导入大肠杆菌。载体 pCC1FOS 通常用作 fosmid 载体。

三、其他人工染色体载体

1. 酵母人工染色体载体

酵母人工染色体载体是最早的人工人染色体载体，利用酿酒酵母（*Saccharomyces cerevisiae*）染色体的复制元件构建，其工作环境也是在酿酒酵母中，是结构上能够真正模拟酵母染色体的线状 DNA 分子。

YAC 载体的复制元件是其核心组成成分，其在酵母中复制的必需元件包括复制起点序列即自主复制序列（autonomously replicating sequence，ARS）、用于有丝分裂和减数分裂的着丝粒（centromere，CEN）和两个端粒（telomeric repeat，TEL）。这些元件能够满足自主复制、染色体在子代细胞间的分离及维持稳定的需要。YAC 载体的选择标记主要为营养缺陷型基因，如色氨酸、亮氨酸和组氨酸合成基因 *trp*1、*leu*2 和 *his*3，尿嘧啶合成基因 *ura*3，以及赭石突变抑制基因 *sup*4。与 YAC 载体配套工作的宿主酵母菌（如 AB1380）的胸腺嘧啶合成基因带

有一个赭石突变 *ade*2-1。带有这个突变的酵母菌在基本培养基上生长会形成红色菌落，当带有赭石突变抑制基因 *sup*4 的载体存在于细胞中时，可抑制 *ade*2-1 基因的突变效应，形成正常的白色菌落。利用这一菌落颜色转变的现象，可用于筛选在抑制基因 *sup*4 内酶切位点插入外源 DNA 片段的重组子。

YAC 主要用来构建大片段 DNA 文库，一般可装载 200~500 kb 片段，有的甚至达到 1~2 Mb。但由于 YAC 载体中的插入片段常出现缺失（deletion）和基因重排（rearrangement）现象、容易形成嵌合体以及 YAC 染色体与宿主细胞的染色体大小相近导致其很难从细胞中分离出来做进一步分析等因素，导致 YAC 载体的应用逐渐减少，逐渐被 BAC 或黏粒载体替代。

2. 噬菌体 P1 载体和 P1 人工染色体载体

噬菌体 P1 是一种大肠杆菌溶原性噬菌体，与噬菌体 λ 一样也可用作基因克隆载体，其载体包括噬菌体 P1 载体和 P1 人工染色体载体。

噬菌体 P1 感染性颗粒中的噬菌体基因组为双链线状 DNA。基因组大小约为 110 kb，两端各有约 10 kb 的末端冗余序列。当噬菌体基因组进入宿主细胞后，在冗余序列之间发生重组，从而形成环状基因组。其后噬菌体由 *c*I 基因调节进入溶原或裂解状态。在噬菌体的基因组中含有 *loxP* 重组位点，在该位点的重组由噬菌体重组酶 Cre 催化。*loxP* 重组位点为 34 bp，含有 2 个 13 bp 的倒转重复序列，中间为一个 8 bp 的间隔区。利用 Cre-*loxP* 重组系统，在基因操作中开发出特殊的基因重组工具，用于基因组操作和转基因动植物中删除标记基因。

噬菌体 P1 载体是与黏粒载体工作原理比较相似的一种大容量载体，它含有多个噬菌体 P1 的顺式作用元件，能容纳 70~100 kb 大小的基因组 DNA 片段。

P1 人工染色体载体（PAC 载体）结合了 P1 载体和 BAC 载体的最佳特性，相当于噬菌体 P1 载体的改进载体，装载片段大小在 130~150 kb 之间。

对克隆载体的认识和掌握，是保证基因操作顺利实施的底层需要。随着技术的进步，人们已经摆脱对通过克隆载体构建基因文库从而筛选目的基因的依赖。除了常规克隆载体用于 DNA 片段的克隆外，人们更关注载体的应用，如目的基因的转移、基因表达、大片段基因文库用于基因组组装、通过基因文库筛选相互作用的 DNA 或蛋白编码基因等。

思考题

1. 分子克隆载体的核心要素有哪些，如何给一个新的宿主设计可用的载体？
2. 如何从 α-互补的工作原理认识分子克隆载体构建的智慧？
3. 噬菌体载体有哪些特点，与质粒载体相比有何优缺点？
4. 大容量克隆载体与常规载体相比有哪些特点？
5. 在载体构建过程中利用了哪些位点特异性重组系统？

主要参考文献

1. 阎龙飞，张玉麟. 分子生物学. 2 版. 北京：中国农业大学出版社，1997
2. Green MR, Sambrook J. Molecular Cloning: a Laboratory Manual. 4th ed. Cold Spring Harbor: Cold Spring

Harbor Laboratory Press,2012
3. Sambrook J,Fritsch EF,Maniatis T. Molecular Cloning:a Laboratory Manual. 2nd ed. Cold Spring Harbor:Cold Spring Harbor Laboratory Press,1989
4. https://www.neb.cn
5. https://www.thermofisher.cn
6. https://shop.biosearchtech.com/

(孙 明)

第四章

表达载体

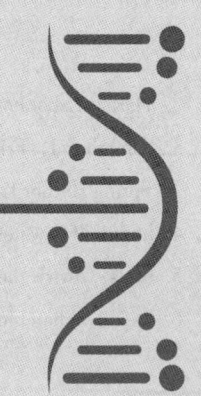

基因表达主要分为两个层次，即转录和翻译，同时也会伴随转录后和翻译后。通过基因的表达，可以检测基因的表型或生物学功能，也可以用于提取表达的产物以便研究产物的生化功能。这些工作需要通过载体来将目的基因导入相应的受体细胞，使目的基因在受体细胞中进行转录和翻译，进而发挥其生物学功能，或产生大量的基因产物。这样的载体，称作表达载体（expression vector）。通过表达载体将目的基因导入宿主细胞，可以模拟或再现其原有的生物学过程，在宿主细胞中发挥目的基因的功能，或增加新的功能或给宿主带来特定的标记；也可以将宿主细胞变成生物反应器，超量表达并积累目的基因的产物，或构建出新的（或调控已有）代谢通路或信号通路进而产生新的产物（或阻断特定产物的合成）。

获取足够多的纯化蛋白成为开展基因功能研究和蛋白质利用的常规工作。在获得基因组信息后对目的蛋白编码基因进行超量表达，能够高效地分离并纯化目的蛋白。这样得到的蛋白产物既可以满足精确的实验要求，也可用于蛋白产品的生产。

第一节 大肠杆菌表达载体

目前大肠杆菌表达系统是使用最广泛、使用效率最高的基因超量表达系统。大肠杆菌的遗传学、生物化学、分子生物学和基因组学已经研究得非常清楚，同时获得了许多遗传材料，而且大肠杆菌易于培养、对许多蛋白质有很强的耐受能力，表达的外源蛋白可占细胞总蛋白的 50% 以上。这些优点使得大肠杆菌表达系统在基因的功能研究和应用过程中扮演了重要角色，随着表达系统的成熟化和系列化的发展，其作用还会更受青睐。

一、大肠杆菌表达载体的结构

大肠杆菌表达载体都是质粒载体。作为表达载体首先必须满足克隆载体的基本要求，即能将外源基因运载到大肠杆菌细胞中。其基本骨架是最简单的质粒克隆载体中的复制区和氨苄青霉素抗性基因，相当于 pUC 类的载体。在基本骨架的基础上增加表达元件，就构成了表达载体。各种表达载体的不同之处在于其表达元件和纯化元件的差异。

1. 表达元件

从分子生物学角度来看，基因表达涉及转录过程的启动子和终止子以及翻译过程中的核糖体结合位点、翻译起始密码子和终止密码子。

（1）启动子　转录是由 RNA 聚合酶在启动子部位启动 RNA 合成的过程。当转录启动以后，RNA 聚合酶对启动子下游要合成的序列是无法识别的，也就是说无法识别要转录的序列是启动子在天然状态下引导的基因，还是人为安装的基因，抑或是一段 DNA 序列。这就为利用强启动子来转录目的基因提供了可能。

在载体中使用广泛的启动子主要有两类，即乳糖操纵子 lac 基因的启动子及其与色氨酸合成 trp 启动子的杂合启动子 tac 或 trc，都受 IPTG 诱导；噬菌体 T7 启动子，为强表达启动子，由噬菌体 T7 RNA 聚合酶专一性识别而启动转录。

（2）终止子　终止子是提供 RNA 合成终止信号的 DNA 序列。转录启动以后的 RNA 合成过程并不是永无止境的，会受到模板 DNA 序列结构的影响，当遇到茎环结构时转录便会终止，或遇到 ρ 因子介导的终止信号转录也会终止。为了提高转录效率，一般在拟表达的目的基因下游装载一个转录终止子。

（3）核糖体结合位点　转录出来的 mRNA 可在宿主细胞的翻译元件作用下翻译出目的蛋白。细胞中的核糖体必须在 mRNA 上找到有效的核糖体结合位点以及其中的 Shine-Dalgarno 序列（SD 序列），从而启动始于临近其下游的翻译起始密码子的蛋白质翻译。核糖体结合位点可由目的基因自己带入，也可利用载体上预先装载的 RBS 位点。如果是后者，要求目的基因装载到载体以后，ATG 与 RBS 位点之间的距离符合翻译起始的要求，一般间隔 3～11 bp。

2. 表达形式

在基因表达时，一方面可直接转录并翻译出目的基因开放阅读框（ORF）对应的氨基酸序列，即表达出完整的目的蛋白。另一方面，目的基因也可以融合蛋白的形式进行表达。融合蛋白实际上就是杂合蛋白，含有两个或多个蛋白质的氨基酸序列。一般融合蛋白是通过将两个或多个基因的开放阅读框按一定顺序连接在一起，通过表达而形成的杂合蛋白。载体 pUC18 是典型的克隆载体，也可用作表达载体。当目的基因插入到多克隆位点后，如果该基因的方向及其阅读框与 lacZ' 的阅读框一致，目的基因就会与 lacZ' 基因形成融合基因，那么在 IPTG 诱导下，目的蛋白与 LacZ' 就会以融合蛋白的形式表达出来。随着载体系统的发展和表达经验的积累，以融合蛋白方式进行表达主要是为了便于目的蛋白的分离纯化及分泌。

3. 表达的控制

表达载体对外源基因的表达都是在可控制的条件下进行的，这种控制是通过诱导来完成，不同的启动子使用的诱导方式不同。通过诱导，可防止基础表达（渗漏表达），特别可防止某些有毒产物对细胞的毒害。

启动子 lac 及其衍生启动子 tac 都是诱导型启动子，在 IPTG 的诱导下启动转录。从 lac 启动子的诱导机制来看，在没有诱导物时，宿主细胞表达的 lac 阻抑物阻断转录的启动。但由于表达载体的拷贝数都很高（30～600），因此需要过量阻抑物才能阻断基础表达。为了解决这个问题，往往在载体上装载一个阻抑物编码基因 $lacI^q$，从而达到严谨调节的目的。

噬菌体 T7 启动子的表达控制相对来说比较复杂，详见以下部分。

4. 表达标签与蛋白纯化

当蛋白质表达以后，有效的分离纯化或分泌以及有助于蛋白溶解和正确折叠是获得目的蛋白的重要因素。通过以融合蛋白的形式表达，并利用载体编码的蛋白或多肽的特殊性质可对目的蛋白进行分离和纯化。这些蛋白编码序列安装在表达载体上用于与待表达的蛋白形成融合蛋白，便于对目的蛋白进行表达、分离、纯化、检测、示踪的蛋白或多肽称为表达标签（Tag）、标签蛋白或标签多肽。大多数大肠杆菌表达载体都带有一种或多种表达标签，常用的有谷胱甘肽转移酶（glutathione S-transferase，GST）、六聚组氨酸肽（6xHis）、SUMO 蛋白、蛋白质 A（protein A）、纤维素结合位点（cellulose binding domain，CBD）、麦芽糖结合蛋白（maltose binding protein，MBP）和 Flag（8 个氨基酸组成的亲水性多肽）等。当获得纯化的融合蛋白后，常常需要将标签多肽去除，因此在目的蛋白和标签蛋白的连接处添加蛋白酶的切割位点，如凝血蛋白酶（Thrombin）、Xa 因子（Factor Xa）和肠激酶（PreScission protease，enterokinase）切割位点。

六聚组氨酸肽是最常用的表达标签，能与二价重金属阳离子结合，如镍离子（Ni^{2+}）。将镍离子通过 NTA 或 IDA 固定在树脂上，便可对带 His 标签的融合蛋白进行亲和吸附，通过咪唑缓冲液洗脱得到纯化的融合蛋白，再用蛋白酶（如 Xa 因子）处理去除标签多肽，从而获得纯化的目的蛋白。His-Tag 主要由 6 个组氨酸组成（有时可达到 10 个），相对分子质量较小（840 Da），其存在一般不会带来附属效应，如对目的蛋白没有影响，不影响后续使用。通过抗 His-tag 的抗体，可用于示踪。

GST 是来源于血吸虫的小分子酶（2.6×10^4），在大肠杆菌易表达，在融合蛋白状态下保持酶学活性，对谷胱甘肽有很强的结合能力。利用这些性质可用来分离纯化目的蛋白与谷胱甘肽转移酶构建成的融合蛋白。

将谷胱甘肽固定在琼脂糖树脂上形成亲和层析柱，当表达融合蛋白的全细胞提取物通过层析柱时，融合蛋白将吸附在树脂内，其他细胞蛋白被洗脱出来。然后再用含游离的还原型谷胱甘肽的缓冲液洗脱，可将融合蛋白释放出来。最后用蛋白酶（如凝血蛋白酶）切割融合蛋白，便可获得纯化的目的蛋白。采用 GST 标签能提高蛋白表达的可溶性，也能提高蛋白的表达量，且易于用蛋白酶去除。SUMO 蛋白为小类泛素蛋白修饰分子（small ubiquitin-like modifier），作为标签可以增强融合蛋白的溶解度，参与体内蛋白的稳定与定位。融合蛋白分离后其中 SUMO 多肽可以被 SUMO 蛋白酶高度特异性识别并在其羧基末端裂解，进而释放出目的蛋白。

许多表达载体上会带有多个表达标签，待表达目的蛋白可在标签的 N 端或 C 端进行融合，也可两端同时融合表达标签，以满足不同的表达量、溶解性、分泌性、高效纯化等需求。

二、大肠杆菌表达载体的类型

1. pET 表达载体系列

利用噬菌体 T7 启动子的 pET 系列载体是使用最广泛的表达载体，其表达能力强且可控性好。

表达载体 pET-28a 是典型的 pET 载体（图 4-1），其组成是在质粒载体的基本结构基础上加入了噬菌体 T7 启动子序列的及在其下游添加若干酶切位点。当外源基因插入到这些酶切位点后，可在特定的宿主细胞中诱导表达。

噬菌体 T7 启动子具有宿主特异性，只能由噬菌体 T7 的 RNA 聚合酶识别并启动转录，而大肠杆菌的 RNA 聚合酶不能作用于噬菌体 T7 启动子。因此要求用于表达的宿主细胞必须能表达噬菌体 T7 的 RNA 聚合酶。大肠杆菌 BL21（DE3）是 pET 表达载体的常用宿主

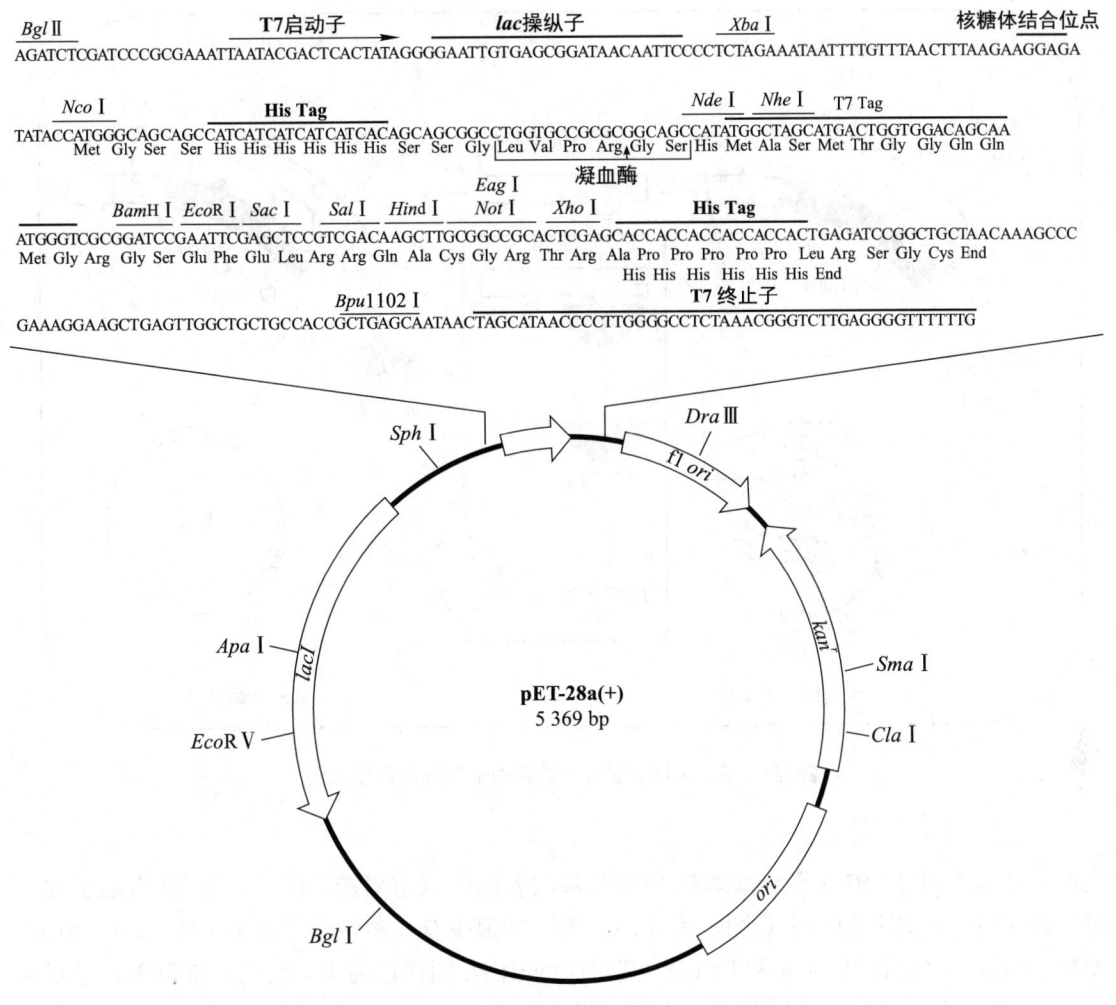

图 4-1 大肠杆菌表达载体 pET-28a 结构图谱

菌，该菌对 T7 RNA 聚合酶和目的基因的转录实行多层次调控。在该菌株染色体的 BL21 区整合有一个噬菌体 λDNA，在 λ 噬菌体的 DE3 区有一个 T7 RNA 聚合酶基因，该基因受乳糖操纵子的启动子 lacUV5 控制。在大肠杆菌 BL21（DE3）细胞中 lacI 基因表达操纵子的阻抑物，抑制 T7 RNA 聚合酶基因的表达。当存在诱导物 IPTG 后，能使阻抑物失去阻抑作用，T7 RNA 聚合酶基因得以表达，产生 T7 RNA 聚合酶，进而启动 T7 启动子控制的外源基因的转录。

在没有诱导物存在的情况下，lac 启动子控制的外源基因仍会有渗漏表达。如果外源基因产物对宿主细胞有毒害作用，可能导致表达系统崩溃。现有两套系统可控制外源基因的严谨表达。一套是通过宿主控制 T7 RNA 聚合酶的量来实现，即在宿主细胞中引入一个带有噬菌体 T7 的溶菌酶编码基因的质粒，如 pLysS 或 pLysE，它们分别低量和高量表达溶菌酶。该溶菌酶可抑制 T7 RNA 聚合酶活性，从而减少在未诱导情况下外源基因的表达。另一套是使启动子的控制效应更严谨。在 pET 载体上装载 lacI 基因，提高阻抑物的浓度。同时也可利用 T7-lac 启动子（在 T7 启动子序列下游装入一个由 25 bp 组成的 lacO 操纵子序列），当阻抑物结合在 lacO 位点时，即使存在 T7 RNA 聚合酶，外源基因也无法表达。只有当诱导物存

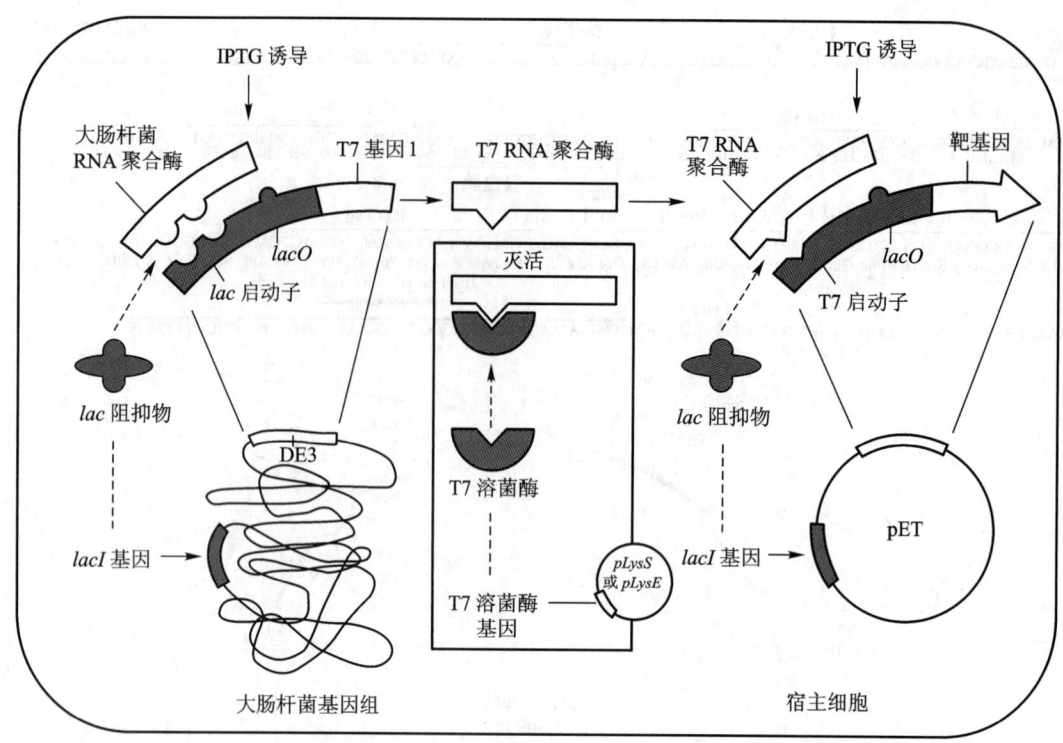

图 4-2 大肠杆菌中 T7 启动子表达调控模式图

在时,才能解开 T7 RNA 聚合酶基因和外源基因表达的双重阻遏。图 4-2 是 T7 启动子在大肠杆菌中的表达调控模式示意图。另外,在大肠杆菌中有一些稀有密码子(如 AGA、AGG、AUA、CUA、CCC 以及 GGA 和 CGG),其对应的 tRNA 同样也稀少。将这些稀有密码子对应的 tRNA 编码基因放在一个质粒上,构建出菌株 BL21 codon plus 菌株和菌株 Rosetta 2(DE3)等,可表达含有这些稀有密码子的外源基因。

多数 pET 表达载体携带组氨酸表达标签,如 pET-16b(图 4-3)。pET-16 含有一个 *lacI* 基因,此外在启动子下游含有一段编码 6 个组氨酸的序列和编码 Xa 因子酶切位点的序列。当外源基因插入到 *Bam*H I 等位点后,在 BL21(DE3)菌株中可表达出带六聚组氨酸(6xHis)表达标签的融合蛋白。多聚组氨酸肽能与二价重金属阳离子结合,如镍离子(Ni^{2+})。将镍离子固定在树脂上,便可对带 His 标签的融合蛋白进行亲和层析分离。纯化的融合蛋白再用 Xa 因子处理可去除标签多肽,从而获得纯化目的蛋白。

pET 表达载体有多种形式,表达标签也多种多样,当前能用到的表达元件几乎都可以在不同的个案中找到。另外,也有一系列不同的用于表达的宿主菌,详细情况可参考 Merker 公司(https://www.merckmillipore.com/)产品介绍。

2. GST 融合表达载体

GST 表达载体是将目的蛋白与谷胱甘肽转移酶构建成融合蛋白进行表达的 pGEX 系列载体(图 4-4),多采用启动子 *tac*,在启动子和多克隆位点之间加入了两个与蛋白分离纯化有关的编码序列,其一是谷胱甘肽转移酶编码基因,其二是凝血蛋白酶(thrombin)切割位点的编码序列。例如在 pGEX-4T-1 中当外源基因插入到多克隆位点后,可表达出由三部分序列组成的融合蛋白。

```
    BglⅡ              T7启动子                    lac操纵子              XbaⅠ                      核糖体结合位点
AGATCTCGATCCCGCGAAATTAATACGACTCACTATAGGGGAATTGTGAGCGGATAACAATTCCCCTCTAGAAATAATTTTGTTTAACTTTAAGAAGGAGA

    NcoⅠ          His Tag                                         NdeⅠ XhoⅠ BamHⅠ
TATACCATGGGCCATCATCATCATCATCATCATCATCATCATCACAGCAGCGGCCATATCGAAGGTCGTCATATGCTCGAGGATCCGGCTGCTAACAAAGCC
     Met Gly His His His His His His His His His His Ser Ser Gly His Ile Glu Gly Arg His Met Leu Glu Asp Pro Ala Ala Asn Lys Ala
                                                                  Xa因子

                        Bpu1 102Ⅰ                          T7终止子
CGAAAGGAAGCTGAGTTGGCTGCTGCCACCGCTGAGCAATAACTAGCATAACCCCTTGGGGCCTCTAAACGGGTCTTGAGGGGTTTTTTG
Arg Lys Glu Ala Glu Leu Ala Ala Ala Thr Ala Glu Gln End
```

图 4-3 组氨酸标签表达载体 pET-16b 基因图谱及其克隆和表达部位的序列

```
                  凝血酶
Leu Val Pro Arg | Gly Ser | Pro Glu Phe Pro Gly Arg Leu Glu Arg Pro His Arg Asp End
CTG GTT CCG CGT  GGA TCC  CCG GAA TTC CCG GGT CGA CTC GAG CGG CCG CAT CGT GAC TGA
                 BamHⅠ     EcoRⅠ   SmaⅠ   SalⅠ  XhoⅠ     NotⅠ
```

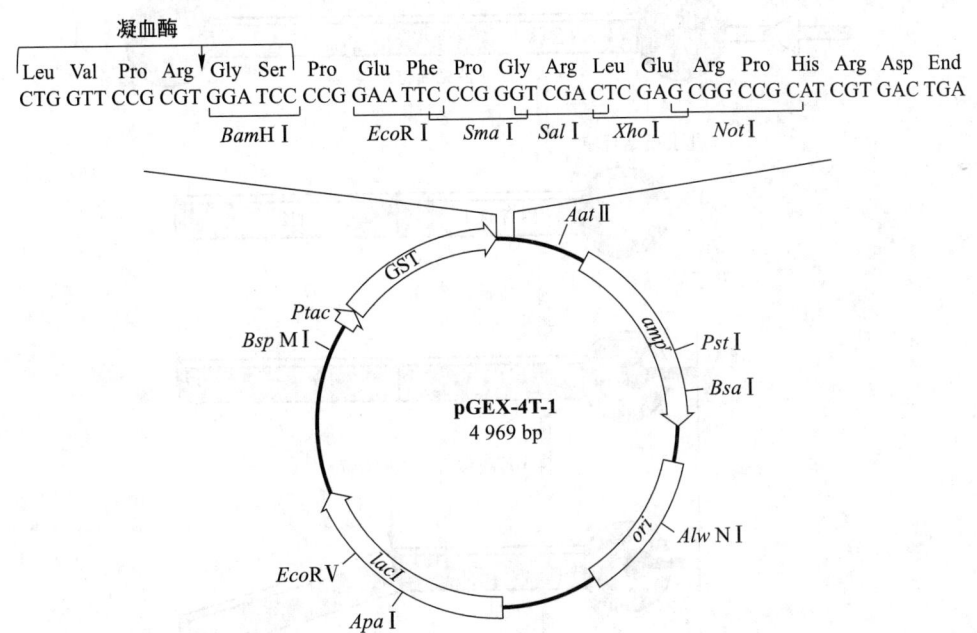

图 4-4 GST 融合表达载体 pGEX-4T-1 基因图谱

pGEX 载体由 13 个载体组成，其基本结构相似，主要差异在蛋白酶切割位点上。除了凝血蛋白酶的切割位点外，其他还有 Xa 因子（Factor Xa）和肠激酶（PreScission Protease，enterokinase）切割位点。

3. 内含肽标签表达载体

将目的蛋白放在两个可自发水解的内含肽（intein）中间，在得到融合蛋白以后不通过蛋白酶水解就可将标签蛋白切除。例如载体 pTWIN1，其基本结构与 pET-16b 相似，只是表达元件不同。利用噬菌体 T7 启动子，其后依次为几丁质结合域（chitin binding domain，CBD）、Intein1、多克隆位点、Intein2 和 CBD。

其中 Intein1 来自一种蓝细菌（*Synechocystis* sp.）*dnaB* 基因产物的微型内含肽（mini-intein），在特定 pH 和温度下，可诱发该内含肽的 C 端发生水解，从而将内含肽与其下游的多肽序列分开。Intein2 是来自蟾蜍分枝杆菌（*Mycobacterium xenopi*）*gyrA* 基因产物（pTWIN1）或热自养甲烷杆菌（*Methanobacterium thermoautotrophicum*）*rir1* 基因产物（pTWIN2）的微型内含肽，可在其 N 端进行巯基诱导的水解（thiol-induced cleavage at their N-terminus），利于目的蛋白形成二硫键。

在 pTWIN1 中，当外源目的基因插入多克隆位点并带有自身的翻译终止密码子时，可表达出在目的蛋白 N 端带有 CBD 和 intein1 的融合蛋白（图 4-5）。表达该融合蛋白的细胞抽提物流过几丁质树脂层析柱（chitin resin）时，融合蛋白被吸附在树脂上，通过洗涤可将其他蛋白去除。然后调节层析柱的 pH 至 7.0 并于室温放置，此后目的蛋白与内含肽之间会自发水解，最后通过洗脱便得到纯净的目的蛋白。

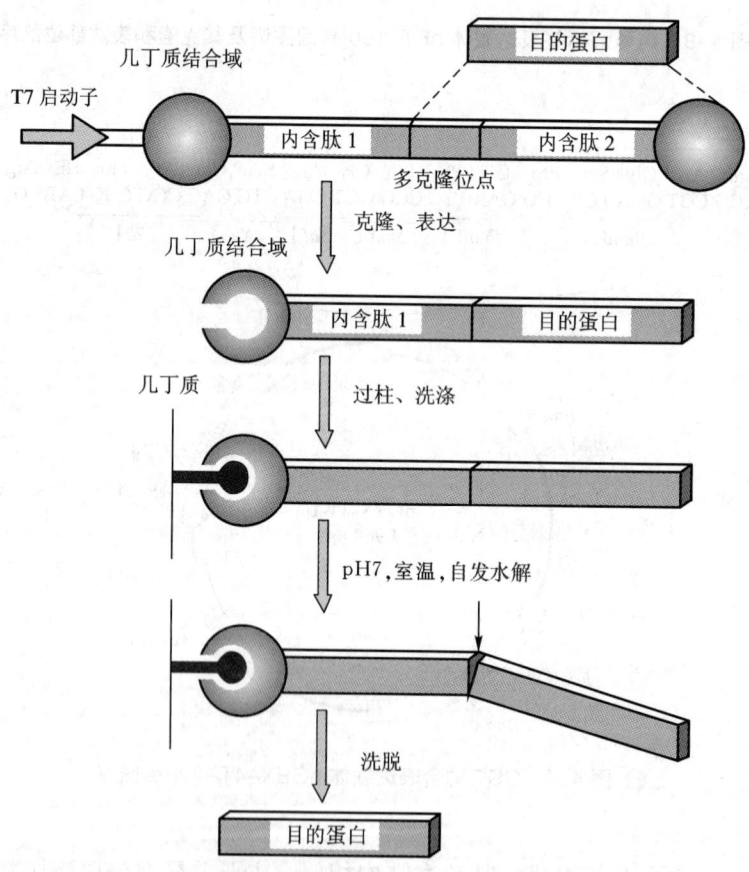

 图 4-5　表达载体 pTWIN1 工作原理及其产物纯化示意图

4. Profinity eXact 融合标签表达载体

在蛋白质的结构研究和治疗或诊断试剂的应用过程中，使用无亲和标签的目的蛋白无疑是最好的，可以避免标签所带来的潜在干扰。一般需要用蛋白酶剪切纯化的融合蛋白，然后再经亲和层析去除蛋白酶和切除的融合标签从而获得无标签的目的蛋白。然而针对某些特定的融合蛋白，剪切过程比较繁琐和困难；内含肽对融合蛋白进行自我剪切过程很缓慢并依赖于内含肽与目的蛋白连接处的氨基酸序列，因此这些方法应用于重组蛋白的纯化有一定局限性。

Profinity eXact 融合标签表达载体是可以在大肠杆菌中高表达并纯化出无标签重组蛋白的一类蛋白表达系统。Profinity eXact pPAL7 表达载体（图 4-6）是该系统中的代表。Profinity eXact 融合标签系统的核心元件是来自解淀粉芽胞杆菌（*Bacillus amyloliquefaciens*）的枯草杆菌蛋白酶（subtilisin），用作表达标签的是该酶的 prodomain 结构域的突变体，其保留了稳定性以及对枯草杆菌蛋白酶增强的结合能力。该标签系统还包括用作纯化的、由突变的枯草杆菌蛋白酶构成的亲和配体，该突变体具有与 prodomain 结构域增强的特异结合能力以及降低的酶学活性，在纯化系统中与树脂（risin）偶联。将目的基因克隆至 pPAL7 表达载体的 Profinity eXact 标签的下游，表达后得到 N 端带有标签的重组蛋白。重组蛋白流过层析柱时，与固定在 risin 上的枯草杆菌蛋白酶特异性结合，通过清洗过程去除宿主细胞的杂质，然后加入低浓度的阴离子（氟化物或叠氮化物）可诱发枯草杆菌蛋白酶在标签与目的蛋白之间进行精确的酶切作用，从而导致标签停留在树脂上，仅目的蛋白从层析柱上被洗脱下来。该融合标签系统将亲和层析纯化和标签的去除整合成一步，同时切割位点精确，获得目的蛋白时不留其他痕迹。与其他标签相比，省去了后续的酶切或其他去除标签的步骤，即可得到天然的重组蛋白，节约了成本和时间。

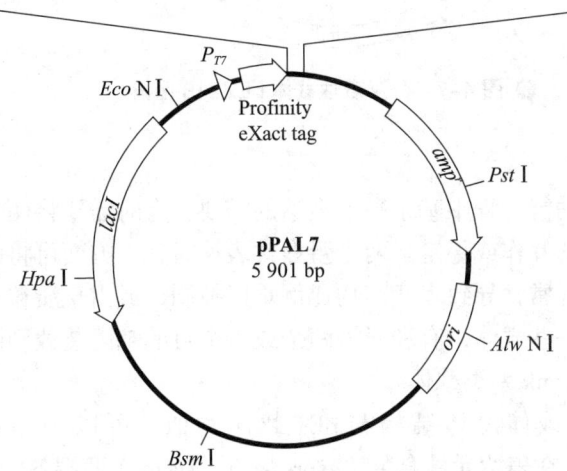

图 4-6　Profinity eXact pPAL7 表达载体图谱

5. 分泌表达载体

除了在细胞内表达外，还可让表达的蛋白分泌到细胞外或细胞周质区（periplasm）中。这种表达方式可避免细胞内蛋白酶的降解，或使表达的蛋白正确折叠，或去除 N 端的甲硫氨酸，从而达到维护目的蛋白活性的目的。利用特定蛋白的信号肽序列作为融合标签可将融合蛋白分泌到细胞外或细胞周质区，可利用的信号肽有碱性磷酸酶的信号肽和蛋白质 A 的信号肽等。随着人们对蛋白质研究的深入，将会出现更多可用于分泌表达的融合标签。

表达载体 pEZZ18 表达载体利用了蛋白质 A 的信号肽（图 4-7），其表达元件有 *lac* 启动子、蛋白质 A 的信号肽序列和两个合成的 Z 功能域（domain）。来自金黄色葡萄球菌（*Staphylococcus aureus*）的蛋白质 A 具有与抗体 IgG 结合的能力，Z 功能域为根据蛋白质 A 中结合 IgG 的 B 功能域而设计。融合蛋白表达后，在信号肽序列的指导下，分泌到培养基中。然后用固定了 IgG 的琼脂糖层析柱，通过与 ZZ 功能域的结合而得到纯化的融合蛋白。这个 14 kDa 的"ZZ"肽链对融合蛋白的正确折叠几乎没有影响。其他信号肽序列也可用于分泌表达。

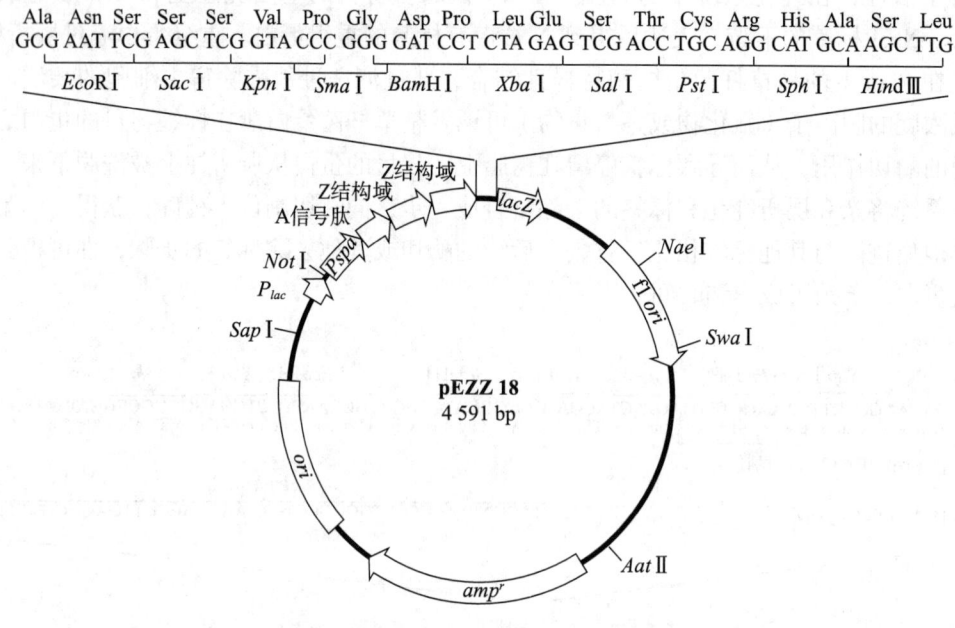

图 4-7　分泌表达载体 pEZZ18 图谱

6. 共表达载体

在研究蛋白质结构与功能过程中基于高效表达的需要，有时需要将两个或多个蛋白共同表达，从而有利于蛋白质的互作或稳定。两个蛋白共表达时，一方面可将两个表达重组载体导入同一个细胞中，但这样常常导致表达产物比例难以控制，或由于质粒不相容性而系统不稳定。由此人们设计出了一些载体，有利于将两个或多个目的基因装载到同一个表达载体上且表达体系也相同，如 pQLink 系类载体。

以 pQLinkH 为例，该载体总体结构与 pET 载体类似，可以用作普通的表达载体（图 4-8）。不同之处在于，在表达元件套装（expression cassette）两端各添加了一段 LINK 序列。其中在启动子上游的 Link1 序列内含有 *Pac* I 酶切位点，终止子下游 Link2 序列内含有 *Swa* I 和 *Pac* I 酶切位点。这两个酶切位点都有 8 个核苷酸，且全部为 AT。这样的设计，有

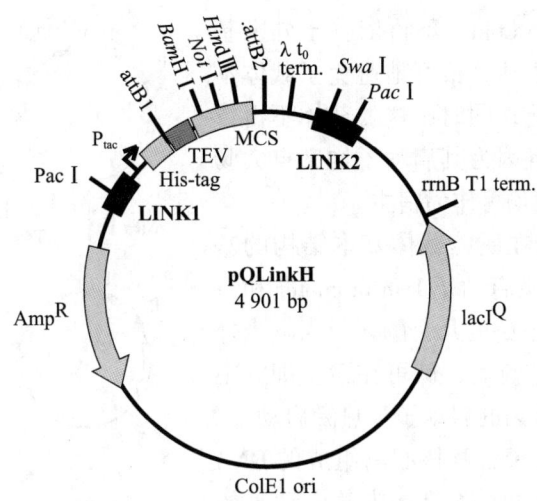

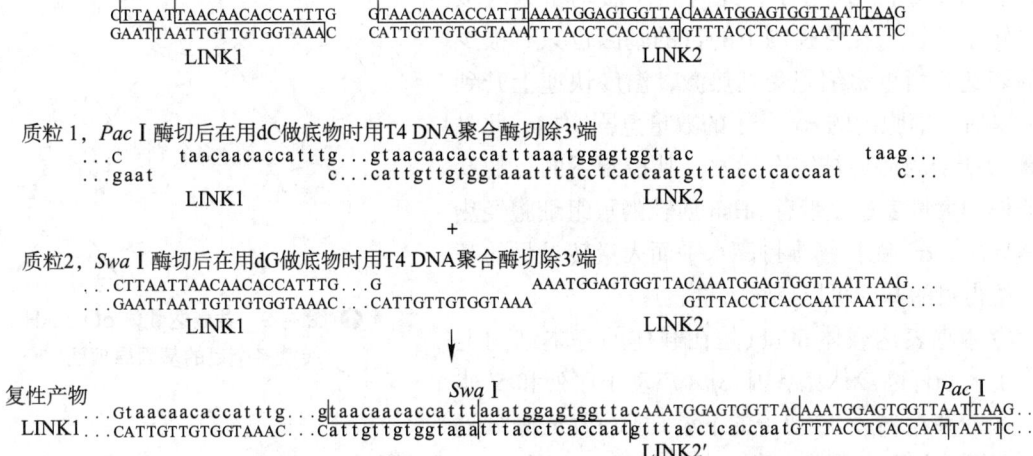

图 4-8 共表达载体 pQLinH 结构及其 LINK 序列示意图

利于将一个质粒的 *Pac* I 片段插入另一个质粒的 *Swa* I 位点，进而构建出在同一个质粒上呈现两套相同的表达元件来表达两个不同的基因（图 4-9）。更重要的是，这样的设计还可持续添加下一个表达元件，以满足在同一个载体上表达多个目的基因的需要。

该载体采用了利用限制性酶切位点的个性和 DNA 聚合酶的定点外切作用且不依赖于连接的克隆方法（LIC），避免了可能引入突变的 PCR 扩增。当载体被 *Pac* I 切割后，产生的带表达套装的片段用 T4 DNA 聚合酶处理，此时只添加一种底物 dC，这样经聚合酶的外切活性切割后该片段两端都形成带 14 个碱基的 5′ 突出端。而当载体被 *Swa* I 切割后，用 T4 DNA 聚合酶加一种底物 dG 处理，也形成带 14 个碱基的 5′ 突出端。这两种方式处理的 DNA 片段的突出端正好相互互补，前者产生的片段和后者产生的载体混合后，可自行通过末端互补而连接在一起，转化大肠杆菌后在宿主修复作用下形成闭合环状质粒。

7. 其他表达载体

尽管 pET 系列表达载体已趋于完善并得到广泛使用，但其仍存在一些问题。如对宿主的限制较为严格，不便对多种宿主广泛使用。利用大肠杆菌固有基因启动子的热激表达载体

pHsh 与冷休克表达载体 pCold，不再依赖于外来基因启动子来控制基因的表达，很好地避免了载体本底表达对细胞生长的影响；同时，这类载体不再依赖于化学诱导剂的诱导且因为其启动子均来自大肠杆菌使得大部分大肠杆菌均可作为宿主。

热激表达载 pHsh 是在质粒载体基本结构的基础上加入了大肠杆菌热激启动子 Hsh promoter 和终止子 Hsh terminator 及其下游的几个酶切位点。当外源基因插入到这些酶切位点后，就可在宿主细胞中诱导表达。热休克蛋白基因的启动子（热激启动子）由 Sigma 因子 σ^{32} 和 RNA 聚合酶核心酶组成的 RNA 聚合酶全酶来识别和启动。当带有热激启动子的 pHsh 重组质粒的大肠杆菌细胞在 30℃ 培养时，细胞内只有很少量的 σ^{32} 分子，此时热激启动子只有极低的转录活性，在它控制下的目的基因也只有极少量的表达。当重组细胞受到热激，温度快速上升到 42℃ 以后，细胞内的 σ^{32} 分子的数量急剧增加，此时热激启动子的活性被完全激发，其控制下的目的基因即得到大量表达。带有 pHsh 质粒的重组细胞经热激诱导后，σ^{32} 能持续维持高水平而大量转录目的基因，使得目的基因可以持续大量表达。

冷休克表达载体 pCold 是在载体的基本结构上加入了大肠杆菌冷休克基因 cspA 启动子序列和 5′ 非编码区，并在 cspA 启动子的下游插入了 lac 操纵子

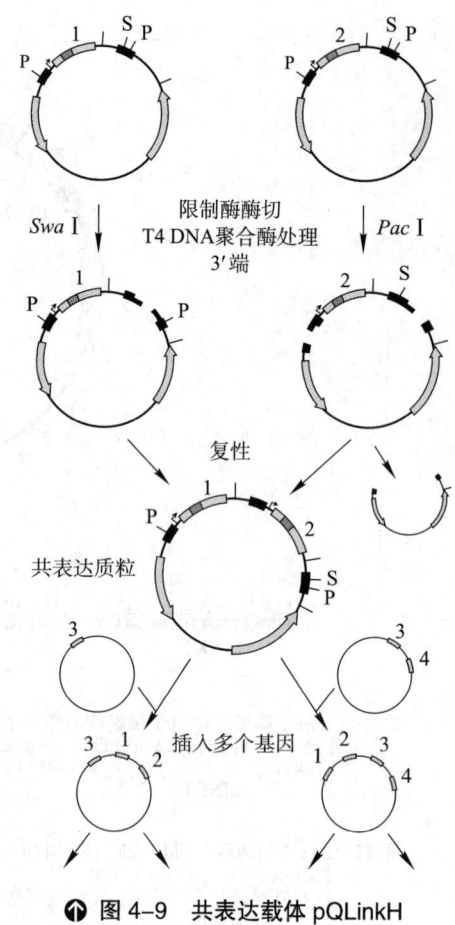

图 4-9　共表达载体 pQLinkH 装载多个目的基因原理图

来严格调控外源基因的表达。其调控目的基因表达的方式简单，即采用低温诱导的方法。低温下表达外源蛋白，一方面抑制了大肠杆菌自身基因表达的干扰，同时可增加目的蛋白的可溶性，尤其是一些热敏感的蛋白非常适合低温表达，使目的基因得到更高效的表达。

三、无细胞体系蛋白质表达系统

有些重要功能的蛋白可能会具有细胞毒性，它们在大肠杆菌体内表达时会造成宿主细胞死亡，从而很难大量表达。对于这类蛋白的表达和功能研究可以采用无细胞（cell free）蛋白表达系统。该系统又称为体外翻译系统，是一种相对胞内表达系统而言的开放表达系统。1961 年建立了无细胞蛋白表达系统，并由此验证了三联体遗传密码。随着生物组学时代的到来，无细胞蛋白质合成系统显示出快速、方便、易于高通量等优点，因而应用范围不断增加。

无细胞蛋白表达系统是一种模拟细胞质中蛋白质合成过程的蛋白质体外合成系统，以外源 mRNA 或 DNA 为模板，通过细胞抽提物的酶系，以及补充的底物和能量来合成蛋白质。翻译系统内的组分和翻译条件可以根据需要进行适当改变，因而体外翻译系统中翻译特定的基因较胞内表达系统具有许多优点，如内源性 mRNA 干扰很小；可以同时加入多种基因模

板，研究多种蛋白质的相互作用对基因产物进行特异性标记，便于在反应混合物中检测。

无细胞蛋白表达系统可分为真核无细胞表达系统和原核无细胞表达系统两大类。前者有兔网织红细胞系统、麦胚提取物系统和酵母细胞抽提物系统；后者有大肠杆菌无细胞系统和嗜热性细菌抽提物系统。许多试剂公司开发出多样化的无细胞表达系统，源自大肠杆菌的无细胞表达系统总体上相似。

1. 利用细胞提取物的无细胞表达系统

这是一种常用的大肠杆菌无细胞蛋白质合成系统，是一种以外源 mRNA 或 DNA 为模板，利用大肠杆菌细胞抽提物的酶系，通过添加氨基酸、T7 RNA 聚合酶和能量物质等来表达蛋白质的体外翻译系统。其蛋白质合成的步骤大致如下，以质粒 DNA 或 PCR 产物为模板，在 RNA 聚合酶的作用下在体外合成 mRNA；利用细胞抽提物中的转录因子、各类合成蛋白质所需的酶和外加补充的氨基酸、能源物质、tRNA 等从 mRNA 翻译成蛋白质；翻译后释放的 mRNA 可再循环利用。S30 体外翻译系统是一种典型的大肠杆菌体外翻译系统，它的 S30 提取物是由 OmpT 内切蛋白酶和 Lon 蛋白酶缺陷的大肠杆菌制备，在该系统中表达基因时可以增加产物的稳定性，尤其适用于在体外表达时易被蛋白酶降解的蛋白质。

2. 体外重构表达系统

无细胞表达系统常常蕴含一定的风险，它们含有非特异性的核酸酶和蛋白酶，不可避免地干扰蛋白质的合成。同时，还会有许多不可预测的活性或干扰后续研究的因子。为此，重构转录和翻译体系可最大程度解决这个问题，如 PURExpress 表达系统。该系统将转录和翻译的必需因子重新组合在一起，重构大肠杆菌的翻译机器，包括从大肠杆菌中高度纯化的核糖体和 tRNA，以及重组表达的各种翻译必需因子，如起始因子（initiation factor）IF1、IF2 和 IF3，延长因子（elongation factor）EF-Tu、EF-Ts 和 EF-G，释放因子（release factor）RF1、RF2 和 RF3，核糖体循环因子（ribosome recycling factor），20 种氨酰-tRNA 合成酶（aminoacyl tRNA synthetase），以及甲硫氨酸 tRNA 甲酰转移酶（methionyl tRNA formyltransferase）。另外，重组 T7 RNA 聚合酶也添加到体系中用来转录出 mRNA。操作时，将目的基因置于噬菌体 T7 启动子控制之下，同时带有核糖体结合位点以及转录终止子，如图 4-10 所示。将此类重组 DNA 装载在质粒载体上或者直接用 PCR 扩增出来，就可用作体外表达的模板。该系统操作简便、能显著降低杂酶活性、产量可达 100 μg/ml、表达出来的蛋白可直接用于后续的研究。由于在表达系统中的转录和翻译必需因子均带有 His 表达标签，因此表达混合物经过超滤膜过滤去除核糖体后，再经亲和树脂吸附带 His 标签的必需因子，剩下的就是表达的目的蛋白。

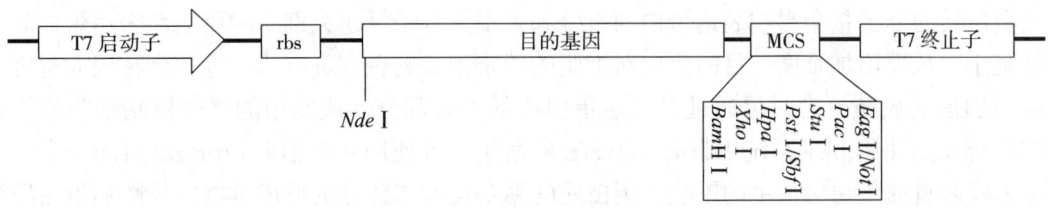

图 4-10 大肠杆菌无细胞蛋白合成系统的基因表达元件的组成

四、表达产物的纯化

1. 包含体蛋白的纯化

大肠杆菌一般都能高效表达克隆化的基因，表达的产物在细胞内可以累积并形成颗粒状的包含体。通过机械法、超声波处理等方法破碎表达外源蛋白的细胞后，再通过离心可以很容易获得包含体。通过洗涤步骤可去除与包含体结合的细胞蛋白，使包含体中目的蛋白的含量超过90%。包含体中的蛋白质必须释放出来，才能满足研究的需要。通常利用盐酸胍、尿素和SDS等溶解包含体，再通过一定的方法使蛋白质重新折叠。

对有些蛋白来说，从包含体中纯化的蛋白，即使经过重新折叠处理，仍不能表现其应有的活性，也就是说表达的蛋白一旦形成包含体后就不再有生物活性了。但用作制备抗体的抗原是可行的。对于一个特定的蛋白来说，经大肠杆菌超量表达后到底有没有活性，要通过实验来确定。

2. 可溶性蛋白的纯化

在超量表达体系中，大部分蛋白会形成包含体，只有少量蛋白会呈现可溶性状态。从细胞破碎液的上清液中纯化的可溶性表达产物，一般可展现应有的蛋白质活性，也正是表达的目的产物。融合蛋白的表达标签可用于分离纯化目的蛋白，分泌表达载体也有助于分离纯化可溶性的表达产物。对于带有不同标签的表达蛋白，有不同的分离纯化方式和流程。但总的来说其方法类似，即通过融合蛋白上的表达标签的作用，使融合蛋白与亲和介质发生特异性结合，从而去除非融合蛋白，再通过洗脱将融合蛋白纯化出来。在洗脱之前，也可通过特异蛋白酶切割融合蛋白中表达标签与目的蛋白之间的连接位点，或通过自发水解，获得去除标签的目的蛋白。用于纯化蛋白的商业化试剂盒会阐明相关的细节。

五、蛋白表达中可能存在的问题

获得大量且高纯度的目的蛋白是开展蛋白质生理生化活性以及结构和功能研究的必要前提，特别是开展X-衍射晶体结构和核磁共振等研究需要更高纯度的蛋白。现有的大肠杆菌载体表达系统以及配套的分离纯化系统能满足常规的蛋白质表达需要，但是对于某个蛋白质来说，是否能大量表达，表达的蛋白是否有活性，是否能很好地纯化，会受到很多因素的影响。

1. 蛋白质自身属性会影响表达或活性

蛋白质的分子量会影响表达蛋白的折叠和聚集，分子量越大细胞中可溶性表达蛋白的比例就越小，从而增加难度。目的蛋白对细胞的正常生长是否有影响或有毒，会在很大程度上影响蛋白质的表达，有时可通过只表达蛋白质的主要部分，或使用能严谨控制细胞渗漏表达的系统（如使用pET系统中带有pLysS/E的宿主，或使用阿拉伯糖 *araBAD* 启动子表达系统）来减轻目的蛋白对宿主的影响。蛋白质的糖基化和二硫键的形成等修饰是影响蛋白质活性的重要因素，而大肠杆菌表达系统往往达不到修饰的目的，在这种情况下可以选择真核表达系统，如酵母表达系统和昆虫细胞表达系统。膜蛋白的表达是一个世界性的难题，现阶段人们已开发了一些办法来获得膜蛋白。

2. 宿主和载体类型的影响

通常情况下表达载体和宿主是配套使用的，与表达有关的系统都设计完好，如宿主中的蛋白酶突变后活性减弱或去除，表达元件安装正确。但不排除有些情况下，更换宿主会有很好的表达效果。不同的表达载体有时也会影响蛋白质的表达，表达标签的类型也会影响表达蛋白可溶性成分的比例。在载体上同时表达一种分子伴侣，或在培养基中添加一些辅助因子，可有助于蛋白质的折叠，同样可以提高可溶性蛋白的比例。有些宿主带有突变的 RNase E（rne131），会有助于 mRNA 的稳定，从而提高蛋白表达量。

3. 基因的构建方式

在构建表达重组体时，要严格并正确设计，保证各表达元件和待表达基因的 orf 处在正确的位置，不要出现可能的点突变或移码，尽量不要留有多余的序列。通过 SOE PCR 方法（见 DNA 诱变一章），可以在任何预期的位点对 DNA 片段进行连接，此外同源重组或无缝克隆技术也应用的越来越多。

4. 诱导表达条件

多数情况下通过 IPTG 做诱导物来诱导目的蛋白的表达，但诱导表达的生长温度、诱导物的浓度和诱导时间都会影响蛋白的表达。通过设定温度、时间和浓度的梯度可找到最佳表达条件。放慢蛋白表达速度有利于蛋白质的正确折叠，从而提高可溶性蛋白的比例。

5. 密码子优化和编码序列

目的基因密码子的种类会影响基因的表达，有些密码子会使表达量降低。通过选用表达大肠杆菌稀有密码子的载体可克服这个问题。同时靠近目的蛋白氨基端的精氨酸密码子 AGA 和 AGG 会严重影响蛋白质的表达，或表达出截断的产物，因为这些密码子序列可能会与核糖体结合位点相似从而干扰翻译的起始。基因转录出的 mRNA 如果有很强的二级结构，特别是这些二级结构会覆盖其 5′ 端和起始密码子 ATG 的时候，会抑制基因的表达。在这种情况下，可通过定点诱变手段改变密码子序列来克服上述问题。

6. 表达产物的稳定

表达的蛋白多肽和 mRNA 可能不稳定，易于降解。通过去除宿主中相关的蛋白酶基因和 RNA 酶基因，或通过在目的基因下游添加稳定 mRNA 和提高蛋白稳定性的序列，如转录终止子和 RNase Ⅲ 的位点，可在一定程度上解决这个问题。此外，氨基酸的种类也会影响蛋白质的稳定。如果该氨基酸为带有长侧链的亮氨酸或异亮氨酸，那么氨基端的甲硫氨酸容易被氨肽酶切除，从而降低蛋白质半衰期。

影响蛋白质表达的因素很多，有时即使考虑到了上述所有问题依然难以表达。随着人们对蛋白属性了解的加深和经验的累积，有望能满足人们对越来越多蛋白表达的需求，同时其他非大肠杆菌表达系统的发展也非常快，这些系统共同构成高效蛋白表达体系。

以上为以大肠杆菌为宿主超量表达目的蛋白的系统和原理，但是对许多蛋白来说，特别是真核生物来源的蛋白质，在大肠杆菌表达系统中表达的产物难以（或不能）正确折叠，或不能进行糖基化或不能形成二硫键等翻译后修饰。真核表达系统可在很大程度上解决这些问题，如酵母表达系统和昆虫细胞表达系统。这些载体工作的宏观原理和总体方案与大肠杆菌的表达系统类似，涉及载体、宿主和基因的转移，以及相关的高量或超量表达元件和纯化系统，对于这部分载体的详细工作原理可参考《分子克隆操作指南》（第四版），以及第二篇相关的章节。

第二节 穿梭载体

将目的基因导入特定的宿主细胞，进而检测该基因的生理表型，是研究基因功能的固有步骤。从基因操作的角度看，无论哪一种表达系统的载体，都需要有一个扩增和保存的体系。大肠杆菌分子克隆系统能很好地满足这一要求，因此几乎所有类型的表达载体都有在大肠杆菌中适用的复制元件和标记基因，如 CoEI 或 pMB1 质粒复制子和氨苄青霉素抗性标记基因。由于非大肠杆菌表达载体几乎都有在相应宿主中工作的复制单元，因此从适应宿主的属性来看这些载体也可称为穿梭载体（shuttle vector）。

简单地说穿梭载体就是能够在两类不同宿主中复制、增殖和选择的载体，如有些载体既能在原核细胞中复制又能在真核细胞中复制，或能在大肠杆菌中复制又能在革兰氏阳性细菌中复制。这类载体主要是质粒载体。由于复制和选择都是有宿主专一性的，因此穿梭载体至少含有两套复制单元和两套选择标记，相当于两个载体的联合。另外，由于在大肠杆菌中对质粒载体进行操作比较方便、拷贝数高且易于保藏，所以在现行的载体中只要涉及大肠杆菌以外的细胞，绝大多数都装有大肠杆菌质粒载体的基本元件，它们都可以看作是穿梭载体。据此，穿梭载体也可看作是载体的一种表现形式，主要突出其在非大肠杆菌中的操作。穿梭载体一般在大肠杆菌中保藏、扩增，然后将其转到目的宿主中。至于到目的宿主中的作用由其所携带的功能元件所决定，表达外源基因是最常见的。

很多细菌都有自己的质粒和噬菌体，从理论上讲它们都可用作构建适合于各自宿主的克隆载体，但这需相当长时间和精力。另外，对于革兰氏阴性（Gram-）细菌来说，存在很多能在广谱宿主范围种内复制的质粒，即广宿主范围质粒，如 RSF1010 [8.9 kb, str^r, sul^r（磺胺）]、RP4、RP1 和 RK2。其中 RSF1010 能在大肠杆菌和假单胞菌（*Pseudomonas* spp.）等革兰氏阴性细菌中复制，但严格来说由这些质粒衍生出来的载体不能算穿梭载体。

一、大肠杆菌/革兰氏阳性细菌穿梭载体

大肠杆菌/革兰氏阳性细菌穿梭载体是典型的穿梭载体，其作用主要是将目的基因转移到芽胞杆菌或球菌。枯草芽胞杆菌（*Bacillus subtilis*）是革兰氏阳性细菌的代表种，但研究早期几乎没有发现其有质粒，因此应用于该细菌的穿梭载体的质粒复制区主要来自球菌或其他芽胞杆菌。pHT304 是应用于苏云金芽胞杆菌（*Bacillus thuringiensis*）的穿梭载体，其构成相当于在克隆载体 pUC18 中插入了苏云金芽胞杆菌质粒的复制区和来自金黄色葡萄球菌（*Staphylococcus aureus*）的红霉素抗性基因（图 4-11）。通过这一载体，已经在许多苏云金芽胞杆菌表达了杀虫晶体蛋白基因。一般的穿梭载体只起转载作用，对于目的基因是否表达则由目的基因自身的表达元件决定。

二、大肠杆菌/酵母菌穿梭载体

酵母菌除了在真核生物的细胞生物学研究方面发挥重要作用外，在作为蛋白质的真核表达系统方面也显示出巨大威力。

大肠杆菌-酿酒酵母穿梭质粒载体，含有分别来自大肠杆菌和酿酒酵母的复制区和选择

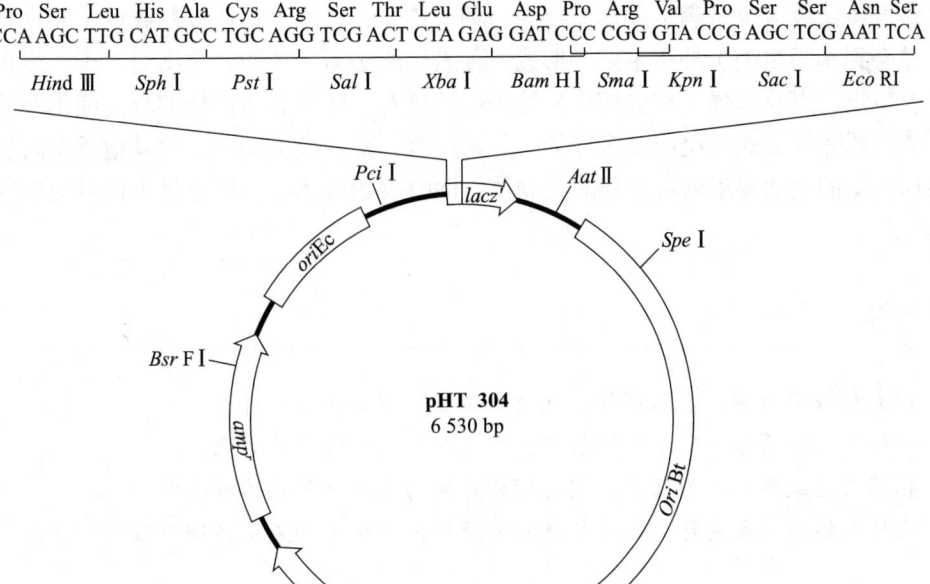

图 4-11　大肠杆菌/革兰氏阳性细菌穿梭载体 pHT304 图谱

标记，另有一个多克隆位点区。此类型的载体既可在大肠杆菌细胞中复制，也可在酿酒酵母细胞中复制，可在两种不同类型细胞之间来回转移基因，并单独或同时在两种宿主细胞中研究目的基因的表达活性及其他调节功能。例如，可将酵母的某种基因亚克隆到穿梭载体上，置于大肠杆菌中进行定点诱变处理后，再把突变基因返回到酵母细胞，以便在天然的宿主中研究此基因突变的功能效应。

由于许多蛋白特别是真核来源的蛋白需要糖基化或磷酸化才能表现应有的生物学活性，因此需要高效的真核表达系统。现在已经有许多商业化的酵母表达载体，这些载体其实多数为穿梭载体。利用酵母表达载体已经成功表达了许多酶类，并实现了产业化。

三、其他穿梭载体

在哺乳动物、植物、昆虫细胞等细胞中使用的表达载体或其他载体，一般都有在大肠杆菌中复制的元件，因此都具备穿梭载体的特征。一方面可以在大肠杆菌中操作、保存和扩增，另一方面可在动植物细胞中进行功能操作。由于携带在大肠杆菌中的复制元件已经成为一种常规化设计，因此对这类载体往往弱化其穿梭属性。对于这些在真核生物中使用的载体，如动物的病毒载体、植物的 Ti 质粒载体以及昆虫的杆状病毒载体，一般要复杂一些，但从其结构组成上看同样要满足载体的一般要求。

整合载体也具备穿梭载体的属性。无论是在生物学研究还是在基因工程应用中，都会涉及将某个基因或某些基因插入到染色体的工作，承担这部分工作的载体，可称为整合载体（integration vector）。根据整合方式的不同可分为定点整合和随机整合，按其作用来分可归为目的基因的插入或敲除（knock-out）以及随机突变体库的构建。

表达载体简单地说是满足表达需要的一种遗传媒介，除了提供复制属性（无论是自主复制还是整合到基因组中）外，主要是形成一种表达所必需的环境，包括启动子、终止子、核糖体结合位点，以及增强子和剪切信号等，此外还有一些与表达产物的分离纯化有关的遗传信号。表达载体的形式和组成是多样的，其属性也不是一成不变的，对其他类型的载体只要能满足所需要的表达要求就可用作表达载体，同时表达载体在一定条件下也可用作其他类型的载体。

思考题

1. 以大肠杆菌为例，表达载体比克隆载体多了哪些功能元件？
2. 简述利用噬菌体T7启动子的pET系列表达载体的工作原理。
3. 根据表达载体一般原理，如何自行构建新的大肠杆菌表达载体？
4. 表达载体的本质是什么？在构建非大肠杆菌细胞中的表达系统应注意哪些问题？

主要参考文献

1. Green M R, Sambrook J. Molecular Cloning: a Laboratory Manual. 4th ed. Cold Spring Harbor: Cold Spring Harbor Laboratory Press, 2012
2. Sambrook J, Russell DW. 分子克隆实验指南. 第三版. 黄培堂, 等译. 北京: 科学出版社, 2002
3. Scheich C, Kummel D, Soumailakakis D, Heinemann U, Bussow K. Vectors for co-expression of an unrestricted number of proteins. Nucleic Acids Res, 2007, 35（6）: e43
4. https://www.sigmaaldrich.cn
5. https://www.neb.cn

（孙　明　彭东海）

第五章
基因操作中大分子分离和检测

基因虽然难以直接观察,但并不是不可捉摸的。通过一定的手段可对基因及其衍生物进行分离、纯化和检测。基因的操作不是空洞的,涉及的主要对象是 DNA 和 RNA 以及相应蛋白质。为了更加细致地掌握基因操作方式和基因工程原理,有必要了解这些大分子的分离和分析原理。有关这些大分子的分离、分析和检测程序在《分子克隆实验指南》中有详细描写,本章将重点从原理方面描述其操作方法。

第一节　DNA 分离、检测和纯化

DNA 是基因的物质载体,是基因操作的重点对象。在实际操作中主要涉及两类 DNA,其一是目标物种或细胞的染色体 DNA,其二是克隆载体和装载在载体中的克隆化基因。载体和基因绝大多数以质粒的形式保存在大肠杆菌中,这就决定了许多基因操作从大肠杆菌开始。

一、大肠杆菌质粒 DNA 的分离和纯化

大肠杆菌质粒的大小和拷贝数差异较大,分离方法也多种多样。在实践中最常见的分离方法是通过碱裂解法提取高拷贝的小质粒以及基于该方法的纯化技术。

一般从对数生长期的大肠杆菌细胞中提取质粒。绝大多数基因操作的质粒载体都带有抗生素抗性基因,为了保证在生长过程中质粒不会丢失,在生长培养基中要加入适量的抗生素。最常见的抗生素是氨苄青霉素,其次是四环素、氯霉素和卡那霉素。

1. 碱裂解法提取质粒 DNA 的原理

碱裂解法提取质粒 DNA 是经典的方法,由 Birnboim 和 Doly 设计并于 1979 年发表。该方法不仅用于大肠杆菌质粒的提取,其工作原理也广泛应用于其他微生物质粒的提取。

碱裂解法提取质粒的整个提取过程主要用到 3 种溶液,即溶液 I、II 和 III。其核心原理是,在溶液 II 碱性条件下线状 DNA 发生变性,质粒 DNA 虽变性但仍维持环状;在溶液 III 高盐溶液作复性处理后,变性的染色体 DNA 形成沉淀,从而将水溶性质粒 DNA 与染色体 DNA 分开。对于高拷贝质粒,如 pUC 和 pGEM 系列质粒,一般每毫升培养液可得到 3~5 μg DNA,可以满足大多数常规 DNA 操作。

在微量提取过程中,一般取 1~2 ml 菌体培养物,离心去掉培养液,用缓冲液洗去残液

和菌体碎片或分泌物。要提取质粒必须首先破碎细胞让质粒从细胞中游离出来。为此，第一部先用溶液 I 将细胞悬浮起来。该溶液中含有 50 mmol/L 葡萄糖，用于在溶菌酶作用时维持渗透压。由于大肠杆菌容易破裂，现在已经不再添加溶菌酶。但尽管如此，人们仍然习惯使用溶液 I 的初始配方。第二步加入 2 倍于溶液 I 体积的溶液 II，该溶液含有 0.2 mol/L NaOH 和 1% SDS。在这种情况下，细胞很快破裂，使混浊的细胞悬液变成完全澄清的黏稠液体。此时，在 pH 12.0～12.5 这样狭小的范围内染色体 DNA 和蛋白质变性，将质粒 DNA 释放到上清液中。细菌蛋白质、破裂的细胞壁和变性的染色体 DNA 会相互缠绕形成大型复合物，后者被 SDS 包被。虽然碱性溶剂使碱基配对完全破坏，但闭环的质粒 DNA 双链不会彼此分离，因为它们在拓扑学上是相互缠绕的。最后，加入 1.5 倍溶液 I 体积的溶液 III，该溶液为高浓度的醋酸钾缓冲液（3 mol/L，pH 4.6）。在中和过程中，当钾离子取代钠离子后，复合物从溶液中沉淀下来。而质粒 DNA 在变性之后经过中和作用仍保持环状，处于可溶解状态。经高速离心，上清液即为质粒 DNA 粗制品。在该粗制品中含有大量盐分，以及小分子 RNA 和蛋白质，一般不能直接使用。用两倍体积的乙醇进行 DNA 沉淀，便可获得质粒 DNA 样品。此时该样品可满足一般的操作要求，如限制性酶切等。在乙醇沉淀之前，可用 RNase A 去除 RNA，用苯酚/氯仿抽提去除蛋白。如果要得到更高纯度要求的样品，可作进一步纯化处理，如纯化试剂盒处理或密度梯度离心等。

2. 试剂盒分离和纯化质粒 DNA

现在许多公司开发出了纯化质粒 DNA 的试剂盒，如 QIAprep Spin Miniprep Kit。其核心技术是使用一种特制的微型离心纯化柱（QIAprep spin column），在柱中有一种特殊的硅胶膜（silica membrane）。在高浓度盐条件下该膜可以结合多至 20 μg 的 DNA，在水或低离子强度缓冲液下可将 DNA 洗脱出来。

分离和纯化过程是通过一个简单的结合－洗涤－洗脱程序来完成的（图 5-1）。首先用碱裂解法获得质粒 DNA 粗制品，之后将样品通过纯化柱的硅胶膜，使之吸附质粒 DNA；然后用 50% 乙醇洗涤滤膜，洗去杂质；最后用少量洗脱缓冲液或水洗脱出纯 DNA。纯化的质粒 DNA 适合大多数酶学反应，包括限制性酶切和 DNA 测序等。除了从大肠杆菌纯化质粒外，从酿酒酵母、枯草芽胞杆菌和根癌农杆菌中纯化质粒 DNA 亦可用试剂盒。

这种方法操作简便，回收率高，洗脱出来后可立即使用，无需沉淀、浓缩或脱盐。因此该产品越来越受到研究工作者的青睐，但同时也有忘却质粒 DNA 分离纯化原理的倾向。

除了上述方法外，还有其他方法用于大肠杆菌质粒的提取，对相对分子质量较大且拷贝数很低的质粒有专门的分离方法。

二、基因组 DNA 分离

遗传信息存在于基因组上，分离和纯化基因组 DNA 以及相关的检测和分析也是基因操作中的重要内容之一。在实践操作中提取基因组 DNA 使用最多的是 CTAB 法（主要应用于植物细胞）和 SDS 法。

1. CTAB 法提取植物细胞染色体 DNA

CTAB（cetyl trimethyl ammonium bromide，十六烷基三甲基溴化铵），是一种阳离子去污剂，可溶解细胞膜，并与核酸形成复合物。该复合物在高盐溶液中（>0.7 mol/L NaCl）是可溶的，通过有机溶剂抽提，去除蛋白、多糖、酚类等杂质后加入乙醇沉淀即可使核酸分

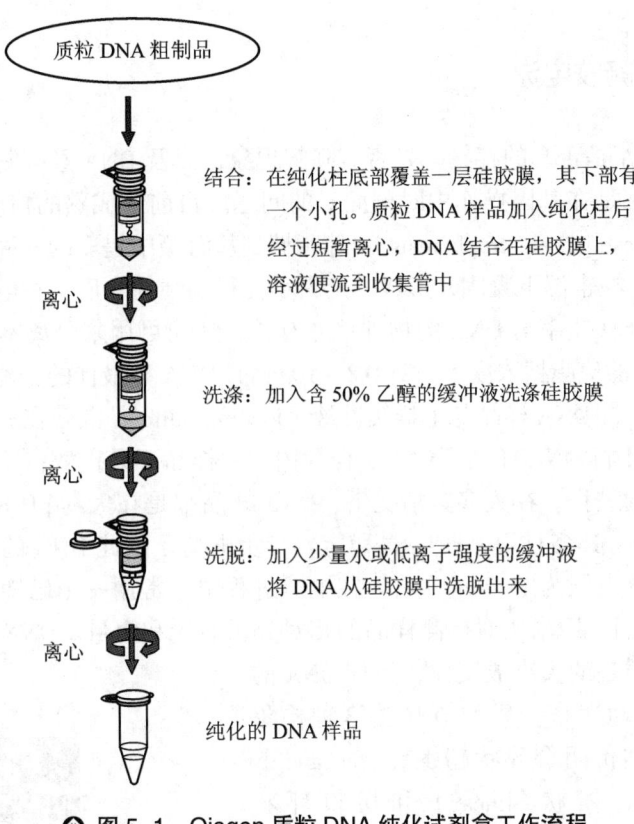

图 5-1　Qiagen 质粒 DNA 纯化试剂盒工作流程

离出来。

这种方法主要针对植物细胞，一般按照液氮研磨－裂解细胞－抽提－沉淀－干燥溶解流程完成基因组 DNA 的抽提。首先在液氮中充分研磨植物样品，使之呈粉末状，后加入裂解液，充分混匀使细胞充分裂解，从而将胞内物质释放出来。加入有机溶剂将溶液中的蛋白、酚类等其他杂质去除，最后用乙醇进行沉淀，得到目的 DNA。

2. SDS 抽提法

用含 EDTA、SDS 及 RNA 酶（去除 DNA 酶）的裂解缓冲液破碎细胞，经蛋白酶 K 处理后，用 pH8.0 的 Tris 饱和酚抽提 DNA，重复抽提至一定纯度，经过透析或沉淀处理，最终获得所需的 DNA 样品。其中，EDTA 为二价金属离子螯合剂，可以抑制 DNA 酶的活性，同时降低细胞膜的稳定性；SDS 为生物阴离子去垢剂，主要引起细胞膜降解并能乳化脂质和蛋白质，通过结合使它们沉淀，其非极性端与膜磷脂结合，极性端使蛋白质变性、解聚，所以 SDS 同时还有降解 DNA 酶的作用；无 DNA 酶的 RNA 酶（DNase-free RNase）可以有效水解 RNA，而避免 DNA 的消化；蛋白酶 K 则有水解蛋白质的作用，可以消化 DNA 酶、DNA 结合蛋白质，也有裂解细胞的作用；酚可以使蛋白质变性沉淀，也抑制 DNA 酶活性；pH 8.0 的 Tris 溶液能保证抽提后 DNA 进入水相，而避免滞留于蛋白质层。多次抽提可提高 DNA 纯度。一般在第三次抽提后，移出含 DNA 的水相，作透析或乙醇沉淀处理，最后得到总 DNA 样品。

针对不同来源，不同大小的 DNA，或者不同使用目的，有很多其他提取方法。此外，一些生物试剂公司还生产出更为简便的试剂盒，直接通过试剂盒提取也是一种不错的选择。

三、DNA 琼脂糖凝胶电泳

分离纯化的 DNA 是否真的存在、是否有降解现象，以及 DNA 经限制性内切酶酶切后其产物的大小如何等都是在基因操作中时刻面对的问题。目前最成熟的检测 DNA 的技术是琼脂糖凝胶电泳（agarose gel electrophoresis）。琼脂糖是从海藻中提取的一种线状高聚物，在高温水溶液下会溶解，在常温下凝固，形成一定大小孔径的惰性介质。在电场的作用下，DNA 可在孔洞中迁移。迁移速率与 DNA 的物理尺寸有关，从而可用来分离不同相对分子质量的 DNA 分子。在 0.7% 的琼脂糖浓度下，对 0.8~10 kb 的 DNA 有最佳的分离效果。

电泳过程中，先将 DNA 样品与上样缓冲液（loading buffer）混合在一起。上样缓冲液含有 40% 的蔗糖，用于将 DNA 样品沉积在点样孔内，使样品不易扩散；还含有溴酚蓝等指示剂，用于观察电泳的进程。在大多数情况下，DNA 样品都是在大约 pH 8.0 的条件下进行保藏或分析的，在这一 pH 条件下，DNA 最稳定，带负电荷。因此 DNA 的泳动方向是从负极向正极。一般使用的电压为 5 V/cm 左右。在电泳进程中，常用一个已知含量和相对分子质量的 DNA 样品做对照，用来比对待测样品的相对分子质量和含量。DNA 样品在电泳时泳动的速率与相对分子质量的大小成反比，另外 DNA 的结构也会影响其泳动速率。质粒 DNA 有 3 种构象（conformation），即共价闭合环状超螺旋（covalently closed circular，ccc）、线状（linear）和切口环状（open circle，或 nick），它们的泳动速率在特定相对分子质量范围内依次递减（图 5-2）。

溴化乙啶（EB）可很好地掺入到双链 DNA 中，在紫外光的激发下会发出橙红色的荧光，可用于对 DNA 进行染色和观察。用于激发的紫外光常采用 3 种波长。一般使用中波紫外光（302 nm）。短波紫外光（254 nm）观察效果好，但对 DNA 的损伤最大。如果所观察的 DNA 还需要回收，应尽量使用长波紫外光（366 nm），否则得到的 DNA 被紫外光照射后将丧失"生命力"。除了 EB 外，其他一些荧光染料也常用于 DNA 的染色观测，如 SYBR Green 及其衍生物，它们对 DNA 具有很强的亲和力，同时具有很高的量子产率（quantum yield）和信噪比。因其毒性小，越来越受人们欢迎。

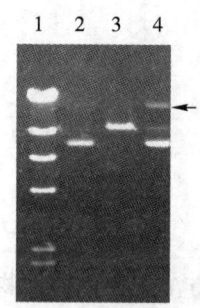

▲ 图 5-2 3 种不同构象质粒 DNA 琼脂糖凝胶电泳图

以大肠杆菌质粒载体（pCUGIBAC1，10 253 bp）为材料，通过透析袋电泳回收超螺旋 DNA（共价闭合环状 DNA），分为 3 份，1 份做对照，2 份分别用 Hpa I 酶切和剧烈振荡处理。1. 相对分子质量标准 λ-Hind III；2. 提取的质粒超螺旋 DNA；3. Hpa I 酶切后的线状 DNA；4. 剧烈振荡后的质粒 DNA，含超螺旋、线状和切口环状 3 种构象。箭头所指为切口环状 DNA

四、聚丙烯酰胺凝胶电泳

在核酸的分析过程中，除了涉及一般的 DNA 外还需要检测相对分子质量小的 DNA 或 RNA 以及寡核苷酸。琼脂糖凝胶对相对分子质量小的核酸分子的分辨率较低，而聚丙烯酰胺凝胶电泳（polyacrylamide gel electrophoresis，PAGE）可很好地分辨 100 bp~1 kb 大小的核酸分子。对单链核酸来说，其分辨率可达 1 bp，这种分辨能力在 DNA 序列测定或相关的分析中发挥了重要作用。

聚丙烯酰胺凝胶是由丙烯酰胺和 N,N′- 亚甲双丙烯酰胺经过聚合而成的高分子聚合物，其聚合度由浓度和二者的比例决定。一般在变性条件下使用，主要用来检测小分子核酸的大小，或在同位素标记的情况下分析单链核酸，如分离寡核苷酸（或纯化引物）、S1 核酸酶产物分析和 DNA 测序等。

五、脉冲场凝胶电泳

DNA 分子在琼脂糖凝胶中的泳动速率与其相对分子质量有关，在一定大小范围内泳动速率与相对分子质量成线性关系；当 DNA 片段的相对分子质量大于一定程度后（如 40 kb），其在常规凝胶电泳中的泳动速率主要与电场强度有关，而与相对分子质量的关系不显著。这样一来，常规电泳无法将大片段 DNA 按相对分子质量的大小进行区分。脉冲场凝胶电泳（pulsed field gel electrophoresis，PFGE）可有效分离相对分子质量大的 DNA 片段。脉冲场凝胶电泳是琼脂糖凝胶电泳的改进方式，是专门针对大片段 DNA 的分析检测方法，如 50 kb 或 100 kb 以上，甚至 Mb 级的大片段 DNA，常应用于染色体分析和作图、大容量克隆文库中的插入片段大小鉴定和基因簇大小鉴定。

脉冲场凝胶电泳实际上是一种交替变化电场方向的电泳，以一定的角度并以一定的时间变换电场方向，使 DNA 分子在微观上按 "Z" 字形向前泳动，从而达到分离大相对分子质量的 DNA 片段的目的。脉冲场凝胶电泳有多种工作方式，箝位匀场电泳（contour-clamped homogeneous electric field，CHEF）使用最广泛。

CHEF 电场共有 6 个电极带，呈六边形排列，每条电极带上有 4 个电极，主电场方向与泳动方向在 +60° 和 -60° 角度互换，如图 5-3。在六条电极带中，其电势呈梯度分布。在图 5-3 中处于 A 电场方向时，左上电极带的电势为零，可看作负极；右下电极带的电势最高，这两条电极带之间的电势差最大。处于 B 电场方向时，其电极的带电状态与 A 电场方向的呈左右对称状态，方向相差 120°。在电泳过程中，电场的方向在 A 和 B 之间互换，从而保证样品朝着向下的方向泳动。在电极中最大的电势梯度是 6 V/cm 或 200 V，最小的电势梯度是 0.6 V/cm 或 20 V。CHEF-DR 脉冲电泳仪还具有很强的场强控制能力，防止样品在电

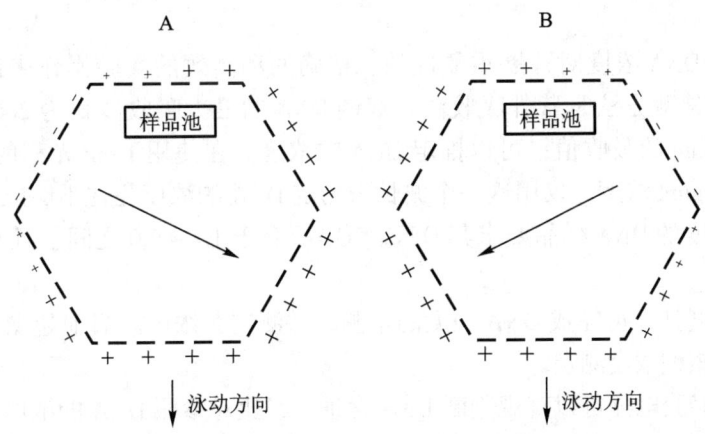

● 图 5-3　CHEF-DR Ⅱ 型脉冲场凝胶电泳的场强大小和方向示意图
A. +60° 电场的电极电势大小分布状况；B. -60° 电场的电极电势大小分布状况

泳过程中偏离主泳动方向。

在脉冲场凝胶电泳中，脉冲时间、电场强度、温度、缓冲液组成、琼脂糖类型和浓度都会影响电泳分辨率，其中脉冲时间是最关键的因素。对于分离较小的 DNA 片段，对其重新定向所需要的时间短，因此相应的脉冲时间短。而对于相对分子质量较大的 DNA 片段，在凝胶中重新定向所需的时间会很长，从而决定其脉冲时间也长。表 5-1 列出了不同相对分子质量的 DNA 片段在脉冲电泳中所需要的条件，在实际操作中这些条件要协同配合才可得到更好的分辨效果。

表 5-1　不同大小 DNA 在 CHEF 脉冲场凝胶电泳中的条件

DNA	DNA 大小（kb）*	琼脂糖浓度	切换时间（s）	电泳时间（h）	电压（V/cm）	角度	缓冲液
酶切片段	0.2~23	1.2%	0.01	4	6	120°	0.5x TBE
5 kb 梯度片段（5 kb Ladder）	5~75	1.0%	1~6	11	6	120°	0.5x TBE
λDNA 的梯度聚合体（Lambda Ladder）	50~1 000	1.0%	50~90	22	6	120°	0.5x TBE
酿酒酵母染色体 DNA	200~2 200	1.0%	60~120	24	6	120°	0.5x TBE
白色念珠菌（*Candida albicans*）染色体 DNA	1 000~4 000	0.8%	120 / 240	24 / 36	3.5	106°	1.0x TAE
粟酒裂殖酵母（*Schizosaccharomyces pombe*）染色体 DNA	3 500~5 700	0.8%	1 800	72	2	106°	1.0x TAE
盘基网柄菌（*Dictostelium discodium*）染色体 DNA	3 600~9 000	0.8%	2 000~7 000 / 7 000~9 600	158 / 82	1.8 / 1.5	120° / 120°	0.25x TAE

* 标注的 DNA 大小与最新基因组测序显示的大小有一定差异。

六、紫外吸收法检测 DNA 浓度和纯度

获悉提取的 DNA 浓度对开展重复性的、精确的和高效的实验操作来说非常重要。最常用的核酸浓度检测方法是紫外吸收法。双链 DNA 的最大吸收波长为 260 nm，通过测定 DNA 样品在 260 nm 的吸收值，可以推定 DNA 的浓度。在使用 1 cm 光程的比色杯测量时，1 OD_{260} 对应 50 μg/ml 浓度。仅用这一个波长来测定 DNA 的浓度往往不够准确，不能排除杂质的干扰。高纯度的 DNA 样品要求其 OD_{260}：OD_{280} 介于 1.7~2.0 之间，且 OD_{230} 和 OD_{320} 值非常小。

常规分光光度计即可完成 DNA 纯度的检测，并测定其浓度。当前超微量核酸分析仪常用于 1 μl 样品的核酸浓度测定。

通过琼脂糖凝胶电泳可以直观判断 DNA 含量，经比对参照 DNA 的浓度或含量，可以肉眼估算待测样品的大致含量，或利用凝胶成像仪携带的分析软件分析样品中 DNA 含量，该方法可以直观地了解目的 DNA 的纯度、大小等特性。通过紫外吸收法分析后再结合电泳分

析可使得 DNA 含量测定结果更可靠。

七、DNA 片段纯化

基因在自然状态下是分布在染色体上的，而获得特定的 DNA 片段是研究基因的重要手段和途径。染色体 DNA 或克隆化 DNA 经限制性内切酶酶切并电泳分析后在凝胶上会呈现 DNA 条带，从中分离特定大小的 DNA 片段是基因操作中的日常工作。其方法很多，以下是经典和常用的方法。

1. 低熔点琼脂糖凝胶电泳法

琼脂糖总体上可分为两类，普通琼脂糖和低熔点琼脂糖。低熔点琼脂糖在水溶液中的熔解温度（melting point）很低，在 65℃ 以下。当琼脂糖水溶液的温度降低到 20~30℃ 时会凝结成固形物。在分离特定的 DNA 片段时，可用低熔点琼脂糖凝胶进行分析，然后切割带有目标 DNA 的琼脂糖凝胶块，加入适量缓冲液，加热到 60℃。这时凝胶溶化，DNA 进入水溶液中。最后通过苯酚/氯仿抽提和乙醇沉淀可获得纯化的 DNA 片段。这是经典的 DNA 片段回收方法，现在一般很少应用。但在回收大片段 DNA 时仍不失为好方法。为提高回收效率，在加热融化以后可用琼脂糖酶处理，从而减少残留的杂质。

2. 透析袋电洗脱法

这也是经典回收 DNA 片段的方法，尽管效果很好，但现在多用来分离大片段 DNA。将含有目标 DNA 片段的琼脂糖凝胶块切割下来，放在透析袋中，置于电泳缓冲液中电泳，DNA 将从凝胶块中"跑"出来，贴在透析袋内壁上。然后取出凝胶块，更换新鲜缓冲液，反方向电泳，使 DNA 游离于缓冲液中。取出含 DNA 的缓冲液，通过苯酚/氯仿抽提和乙醇沉淀获得纯化的 DNA 片段。通过这种操作方式，在紫外光的照射下可观察 DNA 的迁移。

3. Glass Milk（bead）结合法

这是一个具有重大变革的 DNA 纯化方法，超越了先前的简单物理学方法。该方法涉及两个重要关键技术。其一，琼脂糖凝胶在 3 倍体积的 3 mol/L NaI 溶液作用下于 55℃ 会溶化，从而使 DNA 释放到水溶液中；其二，在这样的高盐浓度下有一种硅粒（glass bead，硅或玻璃的细微颗粒，其水溶液呈牛奶状，故亦称玻璃奶，glass milk）可特异性吸附 DNA。当硅粒吸附 DNA 后，通过离心的方法很容易对硅粒进行洗涤，然后用水或低盐缓冲液可从硅粒中将吸附的 DNA 洗脱出来。该方法操作简便，回收效率高，易于推广。但对回收的 DNA 的大小有限制，一般不超过 10 kb，否则效率很低。后续人们将硅粒制成硅胶模，演化成纯化柱。

4. DNA 纯化柱

利用 DNA 纯化柱回收并纯化 DNA 是目前使用最方便的工具，Qiagen 公司率先开发出这样的 DNA 分离柱。其核心技术与 Qiagen 质粒 DNA 的分离纯化试剂盒类似，即使用带硅胶膜的纯化柱。首先用 3 倍体积的特殊高盐溶液于 55℃ 溶化带目标 DNA 片段的琼脂糖凝胶块，将 DNA 释放到水溶液中。然后将其流经纯化柱，经过图 5-1 中描述的结合-洗涤-洗脱步骤，直接得到纯化的 DNA 样品。该方法相当于将 Glass Milk 结合法中的硅粒制成滤膜，从而可利用微型柱来使得 DNA 的吸附更充分，洗涤更彻底，洗脱更简洁。这种利用微型柱的操作方式简便高效，给人一种豪爽的感觉，其使用范围有进一步扩大的趋势。同样其不足也在于只对小于 10 kb 的 DNA 片段有很好分离效果。

根据纯化柱中滤膜吸附和洗脱 DNA 的原理，开发出了一系列分离纯化 DNA 和 RNA 的试剂盒，都显示出不凡的分离效果。

第二节 RNA 分离、检测和纯化

在细胞中除了 DNA 外还有 RNA，即 rRNA、tRNA 和 mRNA。对于基因操作来说，涉及的 RNA 主要是 mRNA，而 mRNA 在细胞中的含量又是最少的。一个典型哺乳动物细胞约含 10^{-5} μg RNA，其中 80%~85% 为 rRNA（28S，18S 和 5S 3 种 rRNA），其余 15%~20% 主要由各种类型的低相对分子质量 RNA 组成（如 tRNA，核内小分子 RNA 等）。mRNA 为总 RNA（total RNA）的 1%~5%。同时由于 mRNA 为单链，容易受到核酸酶的攻击，因此对 RNA 的操作要求比 DNA 操作更严格，操作时必须设置专门的处理方法和程序。

一、控制潜在 RNA 酶的活性

1. 溶液和用具的去 RNA 酶处理

由于 RNA 酶相对来说非常耐高温，即使高温灭菌也不可完全清除其活性，因此 RNA 酶在各种器物上的残留是不可忽视的。对于耐热的物品，如玻璃制品，通过高温干热灭菌效果最好。对于一次性使用的用品，如微量移液吸头（tip）和微量离心管（eppendrof tube），一般通过湿热灭菌就可使用，但更保险的操作是用 0.1% 焦碳酸二乙酯（DEPC）处理过的水浸泡后再灭菌，或购买无 RNA 酶污染的用具。对于电泳用具最好使用专用的，不要用于其他分析；在使用之前用洗涤剂洗涮干净，再用 3% H_2O_2 和 0.1% DEPC 处理的水浸泡，清洗干净。对于可能接触 RNA 的溶液，要求用 DEPC 处理的水配制。有关处理细节可参考《分子克隆实验指南》。

2. RNA 酶抑制剂的使用

为了进一步防止 RNA 降解，一般在 RNA 样品和 RNA 反应中加入 RNA 酶抑制剂。现在应用较多的是蛋白类抑制剂，如人胎盘 RNase 抑制剂。除此之外，还有氧铜核糖核苷复合物（完全抑制剂，且抑制体外翻译）和硅藻土（RNase 吸附剂）。

实验用具和溶液虽然能作一定的抗 RNA 酶处理，但更重要的是细致和谨慎的操作。也就是说，操作的主体是第一位的。虽然可用 RNA 酶抑制剂，但其作用不是绝对的。同时，在实验中任何其他间接用具无时无刻不会影响到实验的成败，因此个人工作习惯和实验环境也有重要影响。

二、RNA 抽提和纯化

大多数试验材料的 RNA 抽提方法可以通过查找文献获得。由于 RNA 易于受到攻击，因此要求整个抽提过程必须保证 RNA 的完整。为此，在抽提的第一阶段应尽可能灭活 RNA 酶，才能在后续抽提和纯化过程中保证 RNA 稳定存在。常用的 RNA 抽提和纯化方法有两种，酚-异硫氢酸胍抽提法和 Qiagen 硅胶膜纯化法。

1. 酚-异硫氢酸胍抽提法

TRIZOL 试剂是使用最广泛的抽提总 RNA 的专用试剂，由 Gibco 公司根据酚-异硫氢酸胍抽提法设计，主要由苯酚和异硫氢酸胍组成，适用于绝大多数生物材料。对任何生物材料的 RNA 提取，首先研磨组织或细胞，或使之裂解；加入该试剂后，可保持 RNA 完整，同时进一步破碎细胞并溶解细胞成分；加入氯仿抽提，离心，水相和有机相分离；收集含 RNA 的水相；通过异丙醇沉淀，可获得 RNA 样品。该 RNA 样品几乎不含蛋白质和 DNA，可直接用于 Northern 杂交、斑点杂交、mRNA 纯化、体外翻译、RNase 保护分析（RNase protection assay）和分子克隆。

2. 硅胶膜纯化法

RNeasy 试剂盒由 Qiagen 公司设计，其设计思路与 DNA 的分离纯化思路相似（见图 5-1），也就是含有目标核酸的细胞破碎液通过硅胶膜时，核酸吸附在硅胶膜上，从而与其他细胞成分分开，然后在低盐浓度下核酸可从硅胶膜上洗脱出来。其技术将异硫氰酸胍裂解的严格性和硅胶膜纯化的速度和纯度相结合，简化了总 RNA 的分离程序。相当于将异硫氰酸胍裂解法制备的 RNA 水相，通过硅胶膜来纯化。该试剂盒分离纯化的 RNA 纯度高，含有极少量的共纯化 DNA。

上述两种方法纯化的 RNA 如果要用于对少量 DNA 也敏感的某些操作，如 PCR 反应，可使用无 RNA 酶的 DNA 酶 I（RNase-free DNase I）处理去除痕量的 DNA。如果需要特别纯净的样品，可通过 $CsCl_2$ 密度梯度离心来纯化。

三、mRNA 纯化

mRNA 的纯化主要是针对真核生物而言的，由于真核生物 mRNA 的 3′ 端有一个 poly(A) 尾，因此可用亲和层析的方法纯化。对于原核生物，其 mRNA 与其他 RNA 没有明显的结构差异，难以从总 RNA 中纯化出来。同时，由于原核生物的基因组较真核生物来说要小得多，在做 mRNA 分析时，可直接使用总 RNA。另外，由于原核生物染色体上的基因与其产物是共线性的，即没有内含子（或不考虑内含子这一因素），因此没有必要制作和使用 cDNA 文库，通过基因组文库就可以找到所需的蛋白质编码基因。

由于真核生物 mRNA 3′ 端的 poly(A) 尾可与 oligo(dT)- 纤维素吸附，因此可利用亲和层析法分离 mRNA。有许多类型的商业化层析柱可用于 mRNA 的纯化。在构建 cDNA 文库时必须得到纯化的 mRNA，而对于 Northern 杂交和 S1 核酸酶作图可使用总 RNA，当然利用纯化的 mRNA 可得到更为满意的结果。

四、RNA 电泳检测

RNA 的浓度和纯度可通过测试其 OD_{260} 来判断，OD_{260} 为 1 时相当于浓度为 40 μg/ml。而要直观地检测 RNA 的存在乃至分析，可通过琼脂糖凝胶电泳或聚丙烯酰胺凝胶电泳来完成。

1. 琼脂糖凝胶电泳

通过琼脂糖凝胶电泳进行 RNA 分析与 DNA 分析的色谱原理是类似的。不同的是，由于 RNA 呈单链状态，易形成链内二级结构。为保证电泳过程中 RNA 的迁移率与其相对分子质量呈线性关系，因此 RNA 分析是在变性条件下进行的。常用变性剂为甲醛，也可使用氢氧化甲基汞或乙二醛 - 二甲基亚砜（DMSO）。

2. 聚丙烯酰胺凝胶电泳

聚丙烯酰胺凝胶电泳主要用来分析小相对分子质量的单链核酸，如小相对分子质量

RNA、寡核苷酸、DNA 序列分析等。其变性条件可采用加热方式，或使用尿素等变性剂。

在纯化真核生物总 RNA 后，RNA 是否没有降解并保持完整，可通过电泳作简单的检测和判断。如果电泳显示 rRNA 的大小保持完整而且 mRNA 的相对分子质量大小分布均匀，则可认可 RNA 的质量。

第三节　分子杂交

分子杂交是指在分子克隆中的一类核酸和蛋白质分析方法，用于检测混合样品中特定核酸分子或蛋白质分子是否存在，以及其相对分子质量的大小。根据其检测对象的不同可分为 Southern 杂交、Northern 杂交和 Western 杂交，以及由此而简化的斑点杂交（dot hybridization）、狭线杂交（slot hybridization）和菌落杂交（colony hybridization）或噬菌斑杂交（plague hybridization）等。在生物化学中分子杂交是指 DNA 在变性以后，复性时由两个不同来源但是同源的核酸分子形成杂合双链的过程。当用一个标记的核酸分子与核酸样品杂交，便可查明该样品中是否存在与该标记核酸分子具有同源性的核酸分子。这个标记的核酸分子称为探针（probe），可以是 DNA 也可以是 RNA，或合成的寡核苷酸。

在 3 种主要的分子杂交过程中，都采用了印迹转移（blotting）这一核心技术，先将 DNA 或 RNA 或蛋白质样品在凝胶上进行分离，使不同相对分子质量的分子在凝胶上展开，然后将凝胶上的样品通过影印的方式转移到固相支持物也就是滤膜上。完成这个印迹过程以后，通过标记的探针与滤膜上的分子进行杂交，从而判断样品中是否有与探针同源的核酸分子或与抗体反应的蛋白质分子，并推测其相对分子质量大小。

最初设计的分子杂交是通过称之为 Southern 印迹转移的方式来检测 DNA 分子，由于在操作方式上的相似性，通常将 Western 杂交中的抗原抗体反应也看作是分子杂交，抗体看作是探针，用于检测混合样品中是否存在特异蛋白质及其相对分子质量。通过印迹方式检测亲和配体的方法都可纳入分子杂交的范畴。

一、Southern 杂交

Southern 杂交是由 Southern 等人于 1977 年发明的一种检测 DNA 分子的方法，通过 Southern 印迹转移将琼脂糖凝胶上的 DNA 分子转移到硝酸纤维素滤膜上，然后进行分子杂交，在滤膜上找到与核酸探针有同源序列的 DNA 分子。

1. Southern 印迹转移

Southern 印迹转移是一种将 DNA 片段从琼脂糖凝胶转移到滤膜上（固相支持物）的方式。当目标 DNA 经过限制性酶切并通过琼脂糖凝胶电泳以后，在 0.4 mol/L NaOH 碱性条件下变性，再在 1.5 mol/L NaCl、1 mol/L Tris（pH 7.4）条件下中和，使 DNA 仍保持单链状态。然后通过毛细管渗吸或电转移或真空转移的方式，将凝胶上的 DNA 原位转移到硝酸纤维素滤膜或尼龙膜上。最后通过 80℃处理或紫外线照射将 DNA 固定在滤膜上。图 5-4 是通过毛细管渗吸

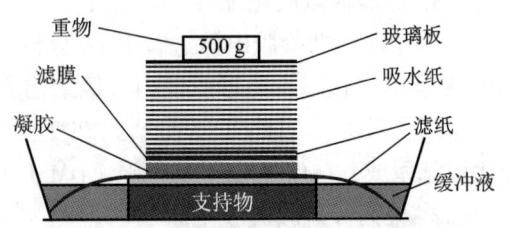

↑ 图 5-4　Southern 印迹转移装置示意图

法进行 Southern 印迹转移的经典装置图。

2. 探针与靶标分子杂交

将标记的探针与吸附了待测分子的滤膜混合，可实现分子杂交的目的。首先，将结合了 DNA 分子的滤膜先与特定的预杂交液进行预杂交，也就是将滤膜的空白处用鱼精 DNA 或牛奶蛋白封闭起来，防止在杂交过程中滤膜本身对探针的吸附。之后，在特定的溶液和温度下，将标记的核酸探针与滤膜混合。如果滤膜上的 DNA 分子存在与探针同源的序列，那么探针将与该分子形成杂合双链，从而吸附在滤膜上。在经过一定的洗涤程序将游离的探针分子除去后，通过放射自显影或生化检测，可判断滤膜上是否存在与探针同源的 DNA 分子及其相对分子质量（图 5-5）。

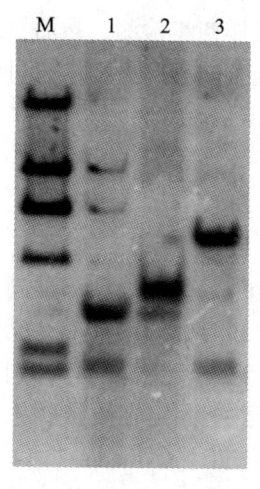

↑ **图 5-5 地高辛标记探针的 Southern 杂交图**

M，地高辛（DIG）标记的相对分子质量标准（λDNA/HindⅢ）；1~3，苏云金芽胞杆菌 YBT-1520 总 DNA 分别经 *Kpn*Ⅰ-*Pst*Ⅰ、*Pst*Ⅰ和 *Kpn*Ⅰ酶切。以 *cry1Aa* 杀虫晶体蛋白基因的 728 bp 片段作探针，通过随机引物标记方式用 DIG 标记探针。显示该菌株至少含有两个杀虫晶体蛋白基因，而且其拷贝数明显不同，预示至少其中一个基因位于多拷贝质粒上

Southern 杂交主要用来判断某一生物样品中是否存在某一基因，以及该基因所在的限制性酶切片段的大小。应用该技术的前提是必须要有探针。

二、Northern 杂交

Northern 杂交的总体过程与 Southern 杂交相似，只不过在印迹转移过程中转移的是 RNA 而不是 DNA。这种将 RNA 样品从凝胶转移到滤膜的方法，其设计者为之起了一个与 Southern 印迹转移对应的名称，即 Northern 印迹转移。其后的分子杂交过程与 Southern 杂交过程中的分子杂交方式是一样的。

Northern 杂交主要用来检测细胞或组织样品中是否存在与探针同源的 mRNA 分子，从而判断在转录水平上某基因是否表达，在有合适对照的情况下，通过杂交信号的强弱可比较基因表达的强弱。

三、Western 杂交

Western 杂交的总体过程也与 Southern 杂交相似，只不过在印迹转移过程中转移的是蛋白质而不是 DNA。这种将蛋白质样品从 SDS-PAGE 凝胶通过电转移方式转移到滤膜的方法，称为 Western 印迹转移。其后的杂交过程不是真实意义的分子杂交，而是通过抗体以免疫反

应形式检测滤膜上是否存在被抗体识别的蛋白质，并判断其相对分子质量。所用的探针不是 DNA 或 RNA，而是针对某一蛋白质制备的特异性抗体。

Western 杂交主要用来检测细胞或组织样品中是否存在能被某抗体识别的蛋白质或抗原决定簇（antigenic determinant），从而判断在翻译水平上某基因是否表达或蛋白质修饰。这种检测方法与其他免疫学方法的不同是，可以避免非特异性的免疫反应，而且更关键的是可以检测出目标蛋白质的相对分子质量，直观地在滤膜上显示出目标蛋白。

四、其他分子杂交

以上分子杂交可获得较精确的结果，但在操作程序上相对繁琐。当样品量很大时，难以满足试验的需要。为此，当检测大量样品时可以采用简化的方式作初步检测，然后再对阳性样品作精确的测试，如菌落杂交、噬菌斑杂交、斑点杂交和狭线杂交等，详细信息可阅读本教材第二版或分子克隆实验指南。

五、DNA 微阵列分析

DNA 微阵列（DNA microarray）技术俗称基因芯片（gene chip）技术，是一种高通量的斑点杂交技术，通过将大量不同的 DNA 分子固定于支持物上，并与标记的样品杂交，然后通过自动化仪器检测杂交信号的强度来判断样品中靶分子的数量。该技术都有共同的操作流程，先将大量的已知序列的核酸样品（通常为合成的寡核苷酸）固定在支持物上，形成阵列排布的斑点，制成基因芯片。固相支持物主要有载玻片、硅芯片（silicon chip）和微珠（microbead）。其次标记待测核酸样品，通常分别采用两种不同的荧光素进行标记。然后将标记的样品与芯片上的核酸杂交。最后检测杂交信号并处理数据，从而反映样品中核酸分子存在哪些核苷酸序列。

固定在支持物上的核酸样品，有 cDNA，合成的寡核苷酸，以及在载玻片上原位合成的寡核苷酸。寡核苷酸的长度一般为 50~70 个核苷酸，可以针对特定的基因和片段设计其序列，也可是基因组交替层叠排列的序列从而形成层叠基因芯片（tiling microarray），覆盖整个基因组，每个寡核苷酸为 50 个碱基，彼此重叠 20 个碱基。

常采用 Cy3 和 Cy5 花菁类染料（cyanine dyes）对样品进行标记，它们的激发光为橙色和红色。为便于识别，在检测和分析过程中常将它们分别标记为绿色和红色，当二者重叠时显示为橙色。

基因芯片可用于检测 mRNA 的表达水平、分析转录组、开展比较基因组杂交试验（comparative genomic hybridization，CGH）来检测 DNA 拷贝数的变化、检测 mRNA 的结构、重测序（resequencing）和分析单核苷酸多态性（single nucleotide polymorphism，SNP）。此外，基因芯片还可用来鉴定 RNA 与蛋白质的相互作用，RNA 的亚细胞定位，蛋白质的定位以及基因组压缩状态的研究等。随着高通量测序技术的快速发展，许多技术不再依赖基因芯片，但基因芯片在临床快速检测或以新的姿态发挥应有的作用。

六、探针标记

在一个核酸样品中查找是否存在某一特定序列的分子可用分子杂交来检测，其实施首先要有一段与目的核酸分子同源的核酸片段。将该片段标记后与样品核酸进行分子杂交，通过检测标记核酸的存在从而判断样品中特定核酸片段的存在。用作检测的核酸片段即为探针。

探针是用来检测某一核酸分子是否存在的工具，可以是 DNA、RNA 或寡核苷酸，可以是单链也可以是双链（双链在使用前要变性成为单链状态）。任何一个具有一定长度的核酸分子都可用作探针，但在使用之前必须进行标记。探针的标记可分为直接标记和间接标记。传统标记物是放射性同位素，如 ^{32}P、^{33}P 和 ^{35}S，非放射性标记物的应用越来越广泛。

1. 标记方式

按照标记部位可分为均匀标记和末端标记。

（1）均匀标记　对待标记的核酸分子进行复制，并在复制过程中掺入标记的核苷酸（如 [α-^{32}P] dATP），从而使整个新分子被均匀地标记。属于间接标记，不标记探针分子本身。其显著特点是探针分子的标记不局限在一个位点上，标记物与探针分子的摩尔比远大于1，在有的标记方式中探针分子还得到了扩增。因此，均匀标记可使探针的标记信号扩大，得到高比活度的探针，如切口平移标记、随机引物标记、PCR 扩增标记、单链探针标记等。

（2）末端标记　直接将探针分子的某个原子替换为放射性同位素原子，或直接在探针分子上加入标记的原子或复合物，这种直接标记一般是在探针分子的末端进行，亦称末端标记，如 DNA 片段末端标记、寡核苷酸末端标记等。

2. 标记物及其检测

用于标记核酸分子的标记物主要是放射性同位素，如 ^{32}P，^{33}P 和 ^{35}S。^{32}P 的半衰期较短，为 14.3 天，其放射性粒子的穿透力较强；而 ^{33}P 的半衰期较长，为 25.4 天，穿透力较弱，产生的信号不如 ^{32}P 的强。在掺入核苷酸的标记过程中，只有三磷酸核苷酸的 α 位磷酸整合到核酸链中，因此使用 α 位磷酸被标记的三磷酸核苷酸，如 [α-^{32}P] dATP。而在标记 5′端磷酸基团的反应中使用 γ 位磷酸被标记的 ATP。放射性的信号通过 X-光片放射自显影或磷屏扫描获取。

地高辛（digoxygenin，DIG）是最常用的非放射性标记物。将 DIG 与 dUTP 交联，在掺入核苷酸的标记反应中用 DIG-11-dUTP（或 DIG-11-UTP）取代 dTTP（或 TTP），使探针 DNA 或 RNA 分子被 DIG 标记。DIG 标记的检测是该技术的核心，即利用抗 DIG 的抗体通过酶联免疫反应来完成。将抗 DIG 的抗体与碱性磷酸酶偶联，通过免疫反应将碱性磷酸酶携带到目的核酸分子处，在加入显色剂 BCIP/NBT（5-溴-4 氯-3-吲哚磷酸盐/盐酸氮蓝四唑）后碱性磷酸酶与显色剂反应形成浓紫色偏棕色沉淀，从而显示出目的分子的有无和位置（图 5-5）。除了地高辛和碱性磷酸酶外，还有其他的标记配基和偶合酶，如生物素（biotin）和辣根过氧化物酶等。另外，这些偶合酶也可催化某些化合物的化学发光反应，通过 X-光片或磷屏扫描获取发光信号。

非放射性标记在使用过程中不仅安全，而且使用方便、标记的探针可保存并可重复使用、便于控制显色反应、显色后的杂交膜可长期保存、杂交信号的灰度明显（特别是在菌落杂交中易于辨别真假阳性）。但其检测灵敏度不够高，而且杂交膜不易二次或多次杂交。

在 Western 杂交中，一般不直接标记针对目的蛋白的特异性抗体，而是采用二级免疫的方式标记二级抗体，即标记抗特异性抗体的抗体。其标记方式与核酸的非放射性标记类似，主要用碱性磷酸酶或辣根过氧化物酶与抗抗体偶联，再与显色剂 BCIP/NBT 或二氨基联苯胺（DAB）反应形成有色沉淀，或催化发光反应。

第四节 重组 DNA 分子导向大肠杆菌

基因片段在体外只是一段核酸分子，是化学物质，无法表现出遗传物质的生命活性。只有当其存在于活细胞后，生命的特征才能充分展示出来。在分子克隆实践中，在体外操作的核酸分子只有进入细胞以后才能达到克隆的目的。大肠杆菌是目前最成熟的克隆受体，其遗传突变材料也是最丰富的，针对其开发的载体也是最完善的。从遗传学角度看，遗传物质的转移有转化（transformation）、转导（transduction）、转染（transfection）和结合（transconjugation）等方式。DNA 分子导入大肠杆菌主要通过转化来完成，噬菌体 λ 和噬菌体 M13 感染宿主细胞时分别涉及转导和转染过程。本章重点介绍转化的原理和基本步骤。

转化是一种遗传转移方式，在自然界普遍存在。1928 年由 Griffith 首次在肺炎双球菌（*Diplococcus pneumoniae*）中发现，即来自一个细菌细胞（供体）的 DNA（片段）被另一个细胞（受体）所吸收，并在受体细胞中生存下来。对 DNA 的吸收，一般发生在受体生长周期中的一个短暂阶段。细胞处于能够吸收 DNA 的状态称感受态（competence），处于感受态的细胞称作感受态细胞（competent cell）。经转化获得外源遗传物质的细胞称转化子（transformant）。感受态的建立与遗传因素有关，可形成自然感受态（natural competence），如肺炎链球菌产生的感受态因子能从感受态传递到同一菌株的非感受态细胞，而枯草芽胞杆菌（*Bacillus subtilis*）的感受态因子不能从感受态传递到非感受态细胞。在大肠杆菌中没有明确的与感受态有关的遗传因子，其感受态的建立需在物理或化学因素的诱导后产生，属于人工感受态（artificial competence）。

一、$CaCl_2$ 转化法

$CaCl_2$ 转化法是最经典的对大肠杆菌的转化方式，即通过 $CaCl_2$ 诱导感受态的形成，其操作核心是将大肠杆菌细胞在 $CaCl_2$ 水溶液中浸泡一段时间，处理后大肠杆菌细胞对 DNA 的吸收能力显著提高，转化效率可达 $10^7 \sim 10^9$ 转化子 /μg DNA。

在制备感受态细胞时，所有操作都必须在冰浴中进行，保持细胞的最低生物活性。一般使用 100 mmol/L 的 $CaCl_2$ 在冰浴上处理细胞 30 min。转化时，将 DNA 分子与感受态细胞混合，吸收 30~90 min，然后在 42℃ 水浴中热激处理 90 s，回到冰浴中恢复 1~2 min。最后用营养丰富的培养基（如 SOC）恢复培养 45~60 min，在选择性平板上转化子就可长成菌落。感受态在 4℃ 可维持 1~2 天，在 10% 甘油溶液下在 -70℃ 可长期保存。

为了提高转化效率，在 $CaCl_2$ 处理时可辅助使用 Mg^{2+}、Co^{2+} 和 Ru^{2+} 等二价阳离子或二甲基亚砜（DMSO）。

二、电转化法

电转化（electroporation），亦称电穿孔，是一种将极性分子穿过细胞膜导入细胞的一种物理方法，在这个过程中一个较大的电脉冲短暂破坏细胞膜的脂质双分子层从而允许DNA等分子进入细胞。

许多生物学研究涉及将外源基因或蛋白质输送到宿主细胞内，但细胞膜的磷脂双分子层有一个疏水层，任何极性分子包括DNA和蛋白质不能自由穿越细胞膜。很多方法可以克服这一障碍，电转化就是其中一种。电转化利用磷脂双分子层弱的相互作用及其在受到破坏以后能够自发重新复原的能力发展而来。一个快速的电压刺激可导致细胞膜的极性短暂破坏，从而允许极性分子通过细胞膜。随后细胞膜快速复原，保持细胞的完整。

用作电转化的宿主细胞也必须处于"感受态"，这种感受态与传统的感受态概念不一样，宿主细胞并不是处于一种特殊的生理状态，而是指清洗处理，即在低温下使细胞处于无离子且有甘油或蔗糖等保护剂的悬液中。其目的是使细胞悬液的电阻最大化，从而保证在电击的过程中细胞不被击穿而死亡。甘油或蔗糖是为了维持细胞的渗透压，保护细胞使之不易裂解。对大肠杆菌，常用10%的甘油。

将细胞悬液与待转化的DNA混合，置于电转化仪中，通过电容器充电和放电，使脉冲电流通过细胞悬液。一般情况下，一次电转化需要$10^4 \sim 10^5$ V/cm的高压，脉冲持续几μs至1 ms。在这样的电脉冲作用下，细胞膜的磷脂双分子层受到破坏，并短暂形成水相的孔洞，同时可产生$0.5 \sim 1.0$ V的跨膜电势，这样导致带电分子（如DNA）像电泳一样通过孔洞穿越细胞膜。随着带电离子和分子流过孔洞，细胞膜所带的电荷随即消失，孔洞迅速闭合，磷脂双分子层重排，细胞恢复原状。通过电转化得到外源DNA分子的细胞可以像常规转化一样筛选转化子。

电转化不仅可用于大肠杆菌，也可用于几乎所有的细胞。电转化的效率非常高，对大肠杆菌而言，大约80%的细胞可获得外源DNA，而且所需的DNA分子的量很少。但是，如果电脉冲的长度和强度不合适，有些孔洞可能变得太大而无法还原。在电脉冲过程中带电荷的物质进出细胞是没有选择的，因此有可能导致细胞内外离子浓度不平衡，进而影响细胞的生理功能或死亡。电转化不仅可以用来转化或转染DNA，还可以使质粒在不同的宿主中进行转移，以及诱导细胞融合、药物传递、电化治疗和基因治疗。

在基因操作中，DNA、RNA和蛋白质等大分子的分离、检测和分析方法非常多，步骤也复杂。本章仅介绍了主要和常用方法的基本原理，以便对基因的操作方式有一个基本的了解，知道有哪些方法或怎样去分析和检测感兴趣的基因，并不在于阐述其实验步骤。

思考题

1. 在基因操作实践中有哪些检测核酸和蛋白质相对分子质量的简便方法？
2. 印迹分子杂交有哪些种类，并说明在什么情况下需要使用这些方法。
3. DNA和RNA分离和纯化的核心要素有哪些，有何实质区别？
4. 对于核酸分子的分离和分析，当前有哪些新方法呈现，你是否能设计出巧妙的方法？

主要参考文献

1. Bio-Rad Laboratories, Inc., Instruction Manual and Applications Guide: CHEF-DR® Ⅱ Pulsed Field Electrophoresis Systems

2. Bio-Rad Laboratories, Inc., Instruction Manual: Bacterial electro-transformation and pulse controller (version 8-90)
3. Roche Applied Science. DIG DNA Labeling and Detection Kits (V20). 2018
4. Qiagen. QIAprep Miniprep Handbook: For purification of molecular biology grade DNA. 2005 and 2020
5. Green MR, Sambrook J. Molecular cloning: a Laboratory Manual. 4th ed. Cold Spring Harbor: Cold Spring Harbor Laboratory Press, 2012

(孙　明　彭东海)

第六章 基因操作中核酸分析技术

基因操作涉及的主要对象是 DNA，以及 RNA 和蛋白质。前面一章已描述通过一定手段和方法可对基因及其衍生物进行分离、纯化和检测。同时，基因及其产物不是静态的，也不是孤立存在的，生物体内各种基因信号传递过程中涉及的生化反应和分子之间的相互作用导致了生物体生长和繁殖等生命现象和行为。因此，了解和分析基因及其衍生物的变化过程以及相互作用，对于揭示生命活动现象具有重要作用。为此，本章描述以基因为主体的相关分析技术，包括经典技术和新技术。

第一节 DNA 和蛋白质相互作用分析

在细胞生命活动中，如 DNA 复制、mRNA 转录与修饰以及基因的表达调控等，都涉及 DNA 与蛋白质之间的相互作用。在重组 DNA 技术的发展过程中，人们已经分离到了许多重要的功能基因。后续需要鉴定和分析参与基因表达调控的 DNA 元件，以及分离并鉴定与这些顺式元件特异性结合的蛋白质因子，进而深度揭示生命活动规律。这些问题的研究都涉及 DNA 与蛋白质之间的相互作用分析。

一、凝胶阻滞实验

凝胶阻滞实验（gel retardation assay）又称 DNA 迁移率变动试验（electrophoresis mobility shift assay，EMSA）或条带阻滞实验（band retardation assay）是一种用于在体外研究 DNA 与蛋白质相互作用的凝胶电泳技术。在凝胶电泳中，DNA 分子向正电极移动距离的大小与其相对分子质量的对数成反比。当 DNA 分子结合一种蛋白质而形成蛋白质-DNA 复合物时，由于相对分子质量加大，它在凝胶中迁移作用便会受到阻滞，迁移速度会比游离 DNA 慢。于是蛋白质-DNA 复合物移动的距离也就相应缩短，因而在凝胶中出现滞后的条带。同时，根据所显示滞后条带的有无和量的多少，可以反映蛋白质与 DNA 结合能力强弱。

在进行凝胶阻滞实验时，首先制备待检测的蛋白质或其混合物，并设置成不同的浓度梯度；然后，与标记的探针 DNA（待检测 DNA）一起进行温育，于是产生 DNA-蛋白质复合物；接下来在能使 DNA-蛋白质保持结合状态的条件下，进行非变性聚丙烯酰胺凝胶电泳或琼脂糖凝胶电泳；最后进行放射自显影，分析电泳结果。如果 DNA 条带停留的位置都集中于凝胶的底部，与没有添加蛋白质的对照待测 DNA 泳动在相同位置上，则表明待测蛋白质没有与待测 DNA 发生相互结合。如果在凝胶顶部或者中部出现新的电泳条带，且其条带信号强度随待测蛋白质浓度的提高而增强，同时在对照待测 DNA 泳动位置处待测 DNA 条带信号强度随待测蛋白质浓度的升高而减弱，这就表明待测蛋白质可与待测 DNA 发生相互作用，如图 6-1。

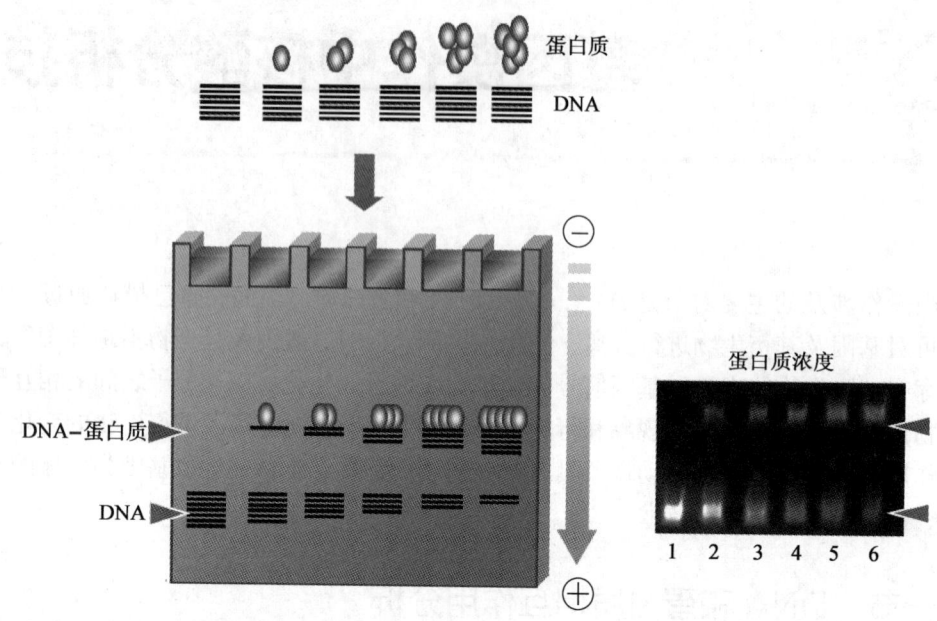

图 6-1　凝胶阻滞实验分析 DNA 与蛋白质相互作用

凝胶阻滞实验应用非常广泛，是生物学研究中的一种非常重要的方法，可以用于鉴定在蛋白质提取物中是否存在能同某 DNA 结合的蛋白质（如转录因子），也可以利用 DNA 同特定转录因子的结合作用通过亲和层析来分离特定的转录因子。通过添加竞争性 DNA 或抗待测蛋白的抗体，可以实施更加细致的分析。

传统的 EMSA 分析通常采用放射性同位素（如 ^{32}P、^3H）标记的寡核苷酸作探针，该方法灵敏度高、特异性强。同时，人们已采用地高辛、生物素或 FAM 标记的寡核苷酸来代替传统的放射性同位素标记的寡核苷酸，并在 EMSA 试验中获得成功，但是灵敏度不如同位素。另外，当待测蛋白质和 DNA 浓度和纯度足够高的时候，不做标记也能很好地观察。此外，在 EMSA 的基础上发展了毛细管凝胶阻滞电泳等技术，分析时需要的样品用量少、分辨率高，可用于一些受限制比较大的 DNA-蛋白质互作分析，如胚胎发育的研究过程。

二、DNase I 足迹实验

DNase I 足迹实验（DNase I footprinting assay），是一种用来检测与蛋白质特异性结合的 DNA 片段的位置及其核苷酸序列的实验方法。该方法常与 EMSA 法结合共同用于体外 DNA-蛋白质相互作用的鉴定。但二者的侧重点不同，EMSA 主要用于检测 DNA 与蛋白质是否结合；而 DNase I 足迹实验检测 DNA 中与蛋白质结合的部位。该方法于 1978 年引入科研领域，即用 DNase I 部分消化已进行单链末端标记的待测双链 DNA（通过控制酶的浓度，使每个标记的 DNA 单链平均被切割一次），形成在变性聚丙烯酰胺凝胶上以相差一个或若干个核苷酸为梯度的 DNA 条带。但当 DNA 片段与某蛋白质结合后，该蛋白就阻碍 DNase I 在 DNA 结合位点及其周围部位的结合，DNase I 将不能在结合蛋白质的部位切割 DNA，形成切割梯中的空白区域，俗称为"足迹"。以该片段的 DNA 测序条带作为分子质量标记，就可知该结合区的核苷酸序列，如图 6-2 所示。

实验中一般将待检测双链 DNA 分子在体外用 ^{32}P 作 5′ 端标记，并用限制性内切酶切除其中一个末端，于是便得到了一条单链末端标记的双链 DNA，然后在体外同蛋白质混合，形成 DNA- 蛋白质复合体。接下来在反应混合物中加入少量 DNase I，并控制用量使之达到平均每条 DNA 链只发生一次磷酸二酯键断裂。这样会出现以下两种情况：①如果待测蛋白质不能与 DNA 结合，那么在 DNase I 消化之后便会产生出距离放射性标记末端 1 个核苷酸，2 个核苷酸，3 个核苷酸……一系列前后长度均相差一个核苷酸的不间断的连续 DNA 片段梯度群体；②如果 DNA 分子同蛋白质结合，那么被结合部位的 DNA 就可以得到保护免受 DNase I 降解。然后除去蛋白，在变性聚丙烯酰胺凝胶上电泳分离，实验分两组——a. 实验组：DNA + 蛋白质混合物；b. 对照组：只有 DNA，未与蛋白质提取物进行孵育。最后进行放射性自显影，分析实验结果。根据实验组凝胶电泳显示的序列，出现空白的区域表明是蛋白质结合位点；与对照组序列比较，便可以得出蛋白质结合部位的 DNA 区段相应的核苷酸序列（图 6-2B）。

随着罗丹明标记的全自动 Sanger 测序技术的广泛应用，DNase I 足迹实验也利用其毛细管电泳（capillary electrophoresis）替代聚丙烯酰胺凝胶电泳，即利用毛细管电泳技术和设施来分辨呈梯度分布的核苷酸片段。采用 6- 羧基荧光素（6-Carboxyfluorescein，6-FAM）替代上述放射性标记物对引物进行末端标记，将 DNase I 处理过的待测 DNA 片段用毛细管电泳

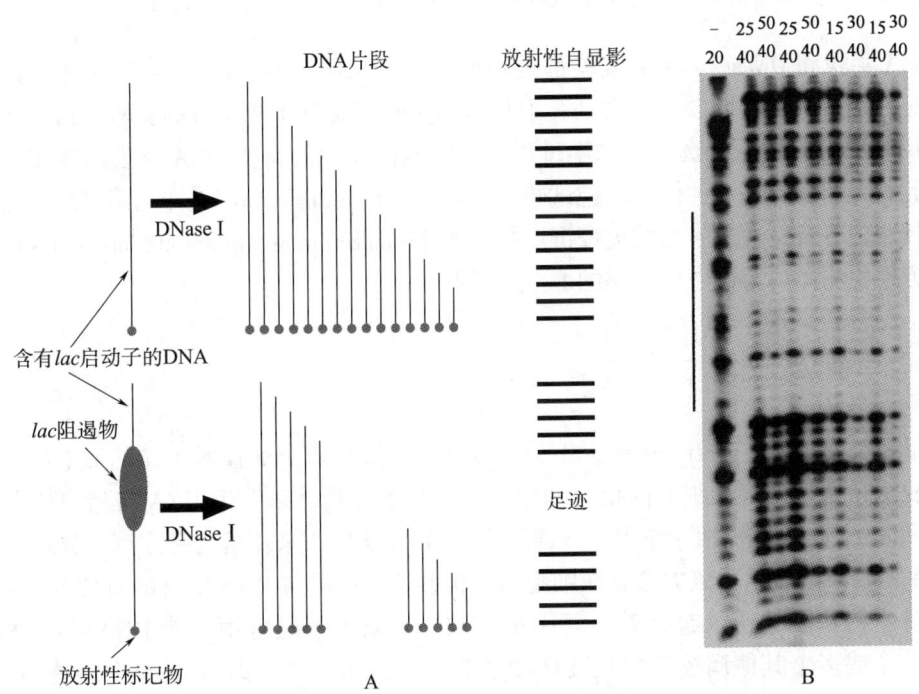

图 6-2　DNase I 足迹实验

A. 实验原理示意图。B. 实验电泳图。顶部上层指蛋白质的用量（μg），顶部下层为 DNase I 的用量（微单位）；左侧竖线表示 DNA 结合的部位

来分离，从峰型图来判断其与蛋白质结合的区域，同时通过 FAM 标记的引物对待测 DNA 片段作 Sanger 测序，将测序峰型图和待测峰型图作比较，进而判断结合区域的序列（图 6-3）。

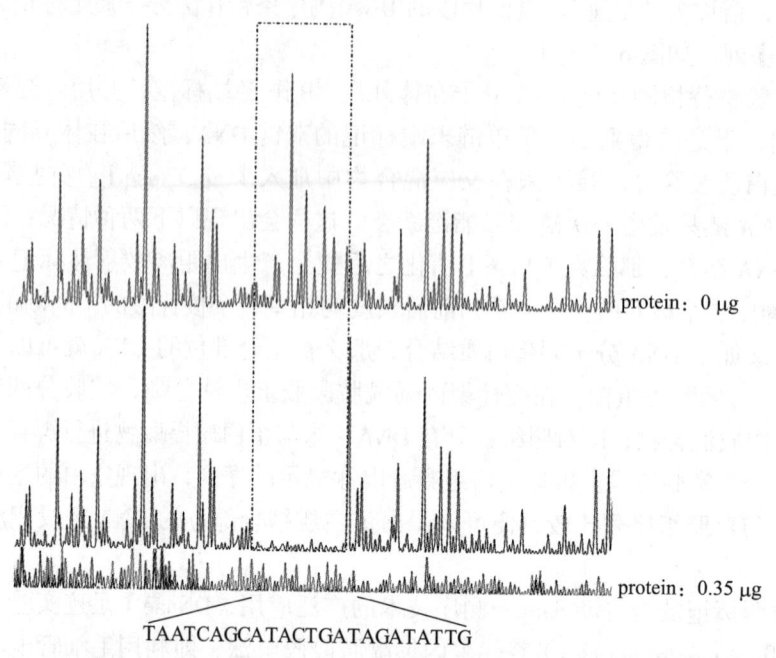

图 6-3　采用 6-FAM 标记的 DNase Ⅰ 足迹实验电泳峰型图

上图和中图分别为不添加和添加 0.35 μg 蛋白经 DNase Ⅰ 处理后 DNA 片段的电泳峰型图；下图为采用 FAM 标记的引物经 Sanger 测序的峰型图，列出了与蛋白质结合区域（虚线框处）的核苷酸序列。引自 Appl Environ Microbiol, 2022, 88（11）：e0017222

EMSA 实验和 DNase Ⅰ 足迹实验都是经典而有效的研究转录因子与 DNA 相互作用的方法，但是它们有一个共同的不足之处：不是体内实验，而是体外进行的实验。这些实验结果不能够反映细胞内发生的真实生物学过程，即细胞内发生的真实 DNA 与蛋白质相互作用情况。为此，人们设计了一种体内足迹试验（*in vivo* footprinting assay），详见第二版。随着第二代测序技术的普及，通过染色质免疫沉淀技术（chromatin immunoprecipitation analysis，ChIP）可以更方便检测体内与蛋白质互作的 DNA 序列。

三、酵母单杂交技术

酵母单杂交技术（yeast one hybrid）是 1993 年由酵母双杂交技术（详见第十章）发展而来，该技术是通过对酵母细胞内报告基因表达状况的分析，来鉴定 DNA 与蛋白质在酵母细胞内（*in vivo*）是否发生相互作用，或通过筛选 DNA 文库，来获得与靶序列特异结合的蛋白质编码基因片段的技术。该方法是在细胞内分析鉴定蛋白质与 DNA 结合的有效方法之一。

真核生物基因的转录起始需转录因子参与，转录因子通常由一个 DNA 特异性结合功能域和一个或多个其他调控蛋白相互作用的激活功能域组成，即 DNA 结合结构域（DNA-binding domain，BD）和转录激活结构域（activation domain，AD）。用于酵母单杂交系统的酵母 GAL4 蛋白是一种典型转录因子，其 DNA 结合结构域靠近羧基端，含有多个锌指结构，可激活酵母半乳糖苷酶基因上游激活位点（UAS），而转录激活结构域可与 RNA 聚合酶或转录因子 TFIID 相互作用，提高 RNA 聚合酶活性。在这一过程中，DNA 结合结构域和转录激活结构域可完全独立发挥作用。因此可将 DNA 结合结构域编码基因置换为某个特定的蛋白编码基因或者文库 cDNA，只要其表达的蛋白能与待测 DNA 相互作用，那么该融合蛋白即可通过转录激活结构域激活 RNA 聚合酶，启动下游报告基因转录。

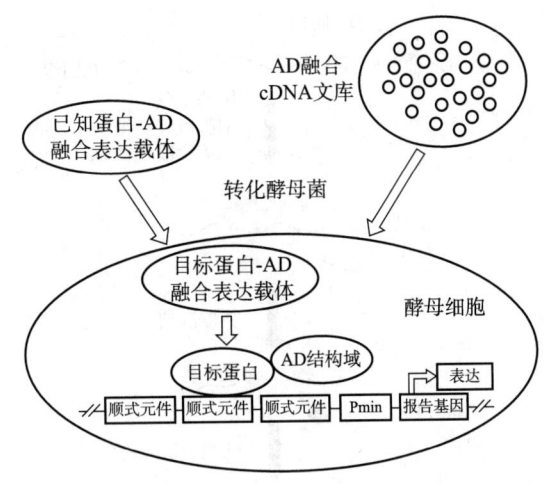

图 6-4　酵母单杂交技术示意图

酵母单杂交技术的操作过程如图 6-4 所示：①将顺式作用元件（目的 DNA 片段）构建到最基本启动子（minimal promoter，Pmin）上游，Pmin 启动子下游连接报告基因，并将其所在质粒载体转入酵母细胞。②将与 GAL4 转录激活域融合表达的 cDNA 文库质粒转化入同一酵母中。③根据报告基因的表达与否，筛选出与已知顺式元件结合的转录因子。酵母单杂交系统可以用于鉴定某个特定蛋白与目的 DNA 片段能否发生相互作用；其中"靶蛋白"编码基因也可以是某个 cDNA 文库中的一个成员，也就是说"靶蛋白"编码基因是一个群体，以 cDNA 文库形式呈现。

酵母单杂交系统已被广泛用于克隆与 DNA 结合的蛋白编码基因，该系统相对直接、快捷、灵敏。筛选到的蛋白是在体内相对天然条件下有结合功能的蛋白质，因此该技术获得的结果可以体现细胞内相互作用的真实性，且无需复杂的蛋白质分离纯化操作。但由于细胞技术的先天局限性和所用报告基因 *his3* 或 *lacZ* 的自渗漏表达等缺陷，在实际操作中常出现漏检和假阳性现象。因此在实际操作过程中，该方法主要用于进行高通量筛选，然后结合其他方法对筛选结果进行进一步验证。

近年来，基于细菌相关功能元件开发了细菌单杂交技术，用于直接研究原核生物细胞内 DNA-蛋白质相互作用。其核心原理与酵母单杂交类似，只是用到的功能元件不一样。

四、染色质免疫沉淀法

染色质免疫沉淀法可以用来检测体内与蛋白质发生相互作用的 DNA 序列，也可在此基础上用于检测染色体的基因组功能。该方法使用甲醛对相互作用的蛋白质和 DNA 进行交联反应（cross-linking），其中甲醛可与 DNA（或蛋白质）上的自由胺基发生作用形成西佛碱基（Schiff base），后者能与蛋白质上的自由胺基共价连接。在活细胞状态下，利用甲醛处理可固定体内发生的蛋白质-DNA 相互作用，经超声波将染色体 DNA 碎片化后，通过特异性抗体将 DNA-蛋白质复合体沉淀下来，后解除偶联、纯化 DNA 片段，通过 PCR 或基因芯片或 DNA 测序等技术，可解析与蛋白质发生作用的 DNA 序列，从而获得蛋白质与 DNA 相互作用的信息（图 6-5）。将第二代测序技术应用于 ChIP 技术，称为 ChIP-seq 技术。ChIP 能捕捉到发生在染色质水平上的基因表达调控的瞬时事件，如实、完整地反映 DNA 与蛋白质的动态结合。但该方法尚存些不足，例如，难以同时得到多个因子对同一序列结合的信息，或目的蛋白不是直接地与染色质结合等。ChIP 还可以研究组蛋白修饰与基因表达的关系以及 RNA 在基因表达调控中的作用。

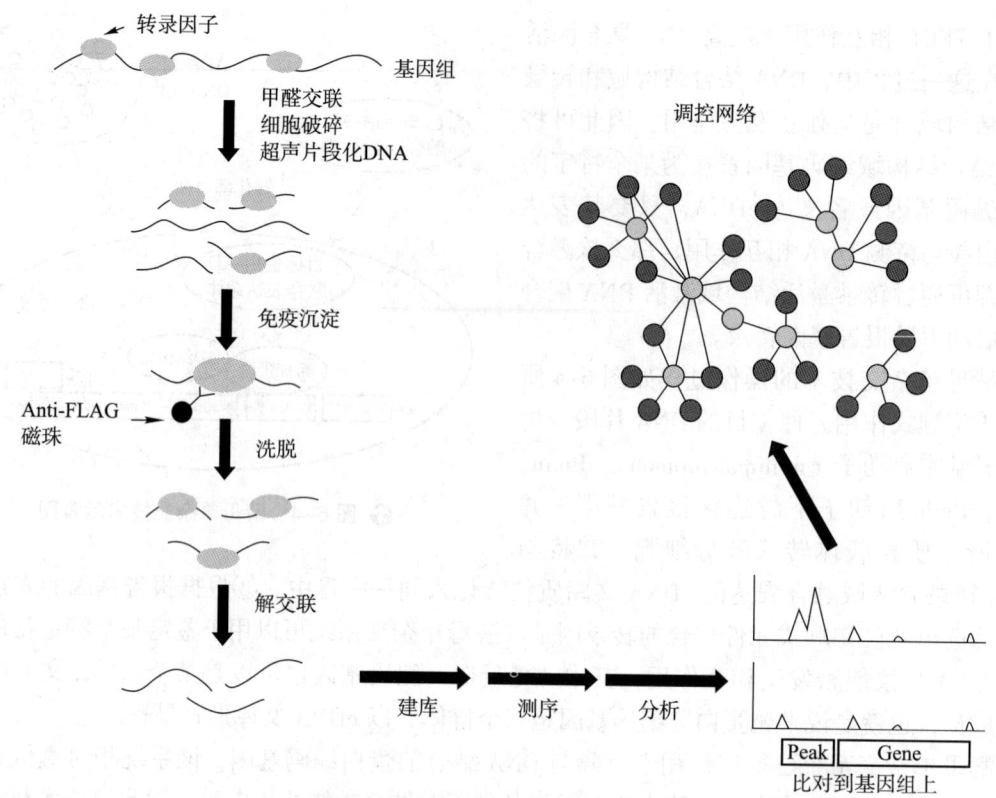

图 6-5 染色质免疫沉淀法示意图

五、SELEX 与核酸适体技术

指数富集配体系统进化（systematic evolution of ligands by exponential enrichment，SELEX）是一种用于 DNA-蛋白质相互作用研究的体外筛选技术，它以 DNA 与蛋白质相互作用为基础建立随机寡核苷酸文库，从中筛选到能与各种配体（靶蛋白）特异性结合的单链寡核苷酸片段，长度一般为 20~40 bp，该寡核苷酸片段称为核酸适体（aptamer）。其筛选过程包括：①体外合成含 10^{13}~10^{15} 个单链寡核苷酸序列的随机文库；②在适宜条件下，孵育单链寡核苷酸库和靶蛋白，并形成 DNA-蛋白质复合物；③去除未与靶蛋白结合的寡核苷酸；④解离与靶蛋白结合的寡核苷酸，以此为模板进行 PCR 扩增，得到特异结合的寡核苷酸库，再进行下一轮筛选；⑤通过反复筛选与扩增，得到亲合力强于抗原抗体之间的高特异核酸适体。

SELEX 技术自问世来就以惊人的速度发展，因其库容量大、特异性高、亲和力强、不受胞内其他 DNA 结合蛋白竞争的影响等优点，在靶物质的筛选上得到了广泛应用，也为全基因组范围内鉴定与靶蛋白互作的 DNA 序列提供了一种高通量无偏差的研究方法。SELEX 技术实现了自动化和同时实施多个独立和重复的试验过程，建立了由 PCR 仪和 LabView 控制的活动瓣膜共同组成的微流 SELEX 样机（microfluidic SELEX prototype），使得 SELEX 自动化流程更为标准、高效和经济。随着 SELEX 技术的迅速发展，导向 SELEX、多靶分子 SELEX、自动化 SELEX、毛细管电泳 SELEX、反向 SELEX、基因组 SELEX 等多种改良的技术相继涌现。其中基因组 SELEX 技术目前仍是全基因组范围内鉴定转录因子结合位点的常用技术，其主要在 SELEX 技术基础上使用基因组 DNA 片段的文库代替合成的寡核苷酸随机文库，其具体方法如下：基因组 DNA 先通过超声处理产生 200~300 bp 的 DNA 片段，随后将其克隆到载体 pBR322 上，最后通过通用引物的 PCR 扩增对 DNA 片段再生。2016 年科学家采用此方法绘制了大肠杆菌中 116 个转录因子的全基因组 DNA 结合谱。基于这些特性，核酸适体技术已在基础研究、临床诊断、药物筛选、生物传感器等领域应用。

但需注意的是，SELEX 技术是体外实验，其筛选到的核酸适体所表现出的一些优良性质，在体内实验中可能会完全失效；核酸适体与靶分子的非特异性结合及适配体的同源性、亲和力等因素，会造成 SELEX 前期筛选工作的复杂性。

六、荧光标记技术

荧光标记技术已广泛用于研究 DNA-蛋白质相互作用，主要是将荧光物质修饰到蛋白质或核酸分子上构成新型荧光标记物质，然后采用物理学方法对 DNA 与蛋白的结合情况进行检测，如微量热泳动仪（microscale thermophoresis，MST）、荧光共振能量转移（fluorescence resonance energy transfer，FRET）等。

MST 是一种基于分子沿温度梯度的定向运动（简称热泳运动）而开发出来的用于量化生物分子间相互作用力的技术。利用红外激光对反应体系局部加热从而导致分子向四周定向移动，相比于单独标记的蛋白，与 DNA 结合后的蛋白的构象大小、电荷及溶液化状态都会发生改变，导致未结合状态和结合状态呈现不同的热泳运动，因此通过荧光分析与不同浓度 DNA 结合后温度梯度场中蛋白分子的分布情况即可量化蛋白和 DNA 的结合能力。MST 对待测样品的浓度要求低，灵敏度高，操作简单，可直接量化蛋白质-DNA 相互作用亲和力，基于这些优点这一技术目前已广泛用于蛋白质-DNA 相互作用检测中。

FRET 技术是指两个荧光基团靠近时（1~10 nm），供体的荧光基团激发的能量会转移到受体荧光基团，即以一种荧光基团的激发波长激发时，仅会观察到另一种荧光基团发射的荧光。当将供体荧光基团和受体荧光基团分别连接到待测 DNA 和蛋白的特殊位点上时，如果待测 DNA 与蛋白存在相互作用，就会导致待测 DNA 与蛋白发生构象变化，进而导致与其相连的两个荧光基团充分靠近而发生荧光共振能量转移。FRET 可检测蛋白诱导的 DNA 构象变化，并确定各种核蛋白复合物的解耦合组装动力学。

DNA 与蛋白质之间复杂的结合动力学常被大量分子的平均行为所掩盖，为了更加清晰从单分子层面探究 DNA 与蛋白的结合动力学，在 FRET 基础上开发出单分子荧光共振能量转移技术（single molecule fluorescence resonance energy transfer，smFRET），其原理与 FRET 类似，仅是使用单个荧光基团标记目的分子，从而可以实时监测细胞内 DNA 与蛋白质结合的动力学变化，例如目前科学界已利用 smFRET 技术实现了对核小体的实时监控，解析了基因组在转录过程中染色质如何适时地局部释放，同时还利用此技术解析了限制性内切酶酶切反应动力学。

七、DNA-蛋白质相互作用研究技术的新进展

随着分子生物学和生物技术的迅猛发展，传统的生物化学和物理化学研究方法已不能满足现有的实验要求，分子生化学家们力求建立和发展更为有效、灵敏、快速和精确的鉴定

DNA-蛋白质相互作用的方法。核酸酶靶向切割和释放技术（cleavage under targets and release using nuclease，CUT&RUN）、靶向切割和标记技术（cleavage under targets and tagmentation，CUT&Tag）和基于双链DNA特异性胞嘧啶脱氨酶毒素DddA的互作DNA捕获技术等应运而生，并促进该研究领域蓬勃发展。

1. 核酸酶靶向切割和释放技术

核酸酶靶向切割和释放技术是2017年开发的在染色体水平鉴定与已知蛋白发生相互作用的DNA序列的新方法，利用来自金黄色葡萄球菌蛋白质A（Protein A）具有特异性结合抗体IgG Fc片段的特性，通过靶标蛋白的抗体经蛋白质A介导将微球菌核酸酶MNase引导到靶蛋白处并切割与靶蛋白结合的DNA进而释放靶蛋白-DNA复合物，在收集复合物后经高通量测序即可获得与靶标蛋白互作的DNA序列信息。图6-6展示了通过核酸酶MNase切割和富集与转录因子结合的DNA片段流程。

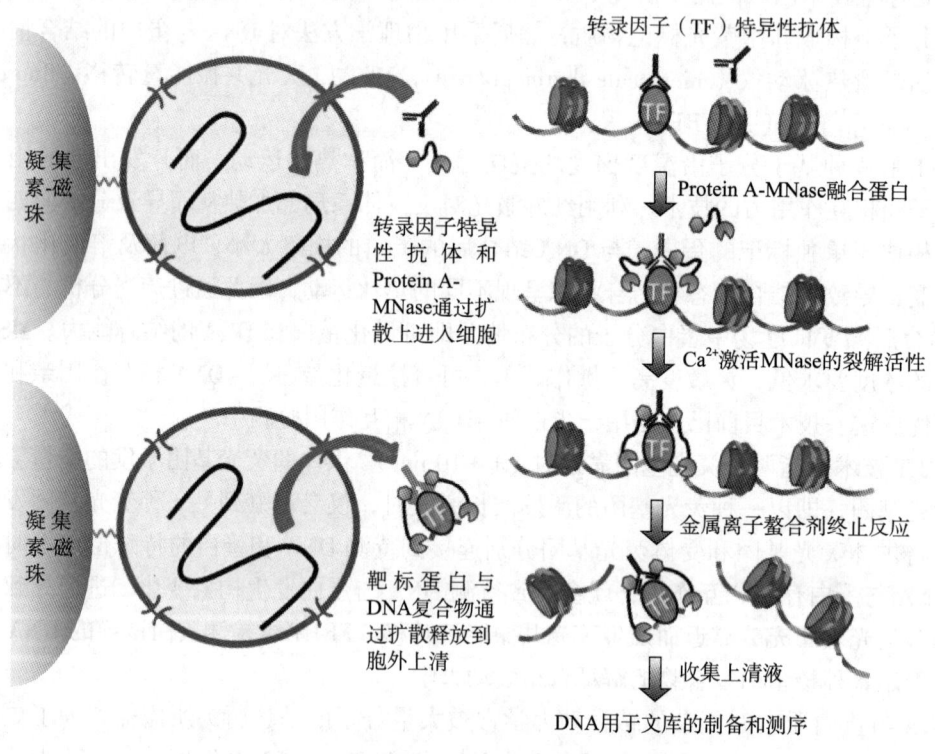

图6-6 核酸酶靶向切割和释放技术示意图

引自 Elife. 2017，6：e21856

DNase I 和 MNase 核酸酶具有相似的功能，也可被开发用来捕获与蛋白互作的DNA。与ChIP技术相比，CUT&RUN技术是在细胞内原位进行的，避免了交联和细胞破碎的影响，同时其还具有操作简便、高信噪比、良好的数据重复性、更低的起始细胞量和更低的测序深度的优点。

2. 靶向切割和标记技术

靶向切割和标记技术是在CUT&RUN技术基础上改进而来，不同之处在于将Tn5转座酶（Tn5 transposase）替换MNase。Tn5转座酶不仅有切割DNA活性，还有在切割产物末端添加小DNA片段作用。

将融合蛋白 Protein A-Tn5 转座酶替换 Protein A-MNase，分成两份，分别与由 Tn5 转座子外侧两个反向重复序列 OE（19 bp）和 P5 或 P7 接头序列组成的小片段 DNA 结合，且形成转座酶二聚体复合物。利用来自蛋白质 A 将 Tn5 转座酶引导到待测蛋白并在其附近切割和标记 DNA。最后通过 PCR 扩增即可获得可用于高通量测序的文库（图 6-7）。该技术所需细胞数更低（起始细胞仅需 60 个），操作更加简便（减少了构建文库中接头连接过程）。

> Tn5 转座酶切割 DNA 并标签化机制。转座子 Tn5 为复制型转座子，在转座酶作用下通过识别转座子最外侧两个倒转重复序列 OE（outside end，19 bp，彼此间 7 bp 不同），将其及其之间序列（亦即完整 Tn5 序列）复制出来并插入到 DNA 靶位点。转座时，两个转座酶分子分别结合一个 OE 序列，形成二聚体转座酶复合体，经 3'-OH 亲核攻击等反应，复合体在靶 DNA 位点交错 9 bp 切割 DNA 并将 Tn5 两个 OE 之间片段插入切割位点，相当于将转座子完整片段插入靶位点（经修复后在外侧形成 9 bp 正向重复）。依据该转座机制，当两个转座酶各自结合一段 OE 片段并共同作用靶 DNA 时，能将这两个 OE 片段插入 DNA 靶位点。此时，由于两个 OE 片段各自独立，并没有连接在一起，因此转座发生后在转座位点形成断点。相当于在转座位点将 DNA 切割开，并在切口处两个端点各自连接一段 OE 片段。
>
> 当采用高活性 Tn5 转座酶时，可产生大量插入位点，相当于将基因 DNA 切割成若干小片段。如果给两个 OE 片段外侧分别添加一段接头序列（如 P5 和 P7 序列），就能对每条 DNA 片段作标签化（tagmentation）标记，为此也就可以对切割出来的小片段 DNA 进行 PCR 扩增。

3. 基于胞嘧啶脱氨酶的互作 DNA 捕获技术

基于胞嘧啶脱氨酶的互作 DNA 捕获技术（double-stranded DNA-specific cytosine deaminase sequencing，3D-seq）是 2022 年设计的一种用于捕获细胞体内与靶标蛋白互作的 DNA 信息并绘制 DNA-蛋白质作用位点的简便方法。采用一种胞嘧啶脱氨酶 DddA，其能催化双链 DNA 中胞苷脱氨，从而将胞嘧啶（C）转化为尿嘧啶（U）。实施时，在待测细胞中构建并表达靶标蛋白-DddA 融合蛋白，在靶蛋白介导下脱氨酶 DddA 于 DNA 上靶蛋白的结合位点附近发生脱氨反应。随着细胞的生长，脱氨反应位点上的胞嘧啶（C）转变为胸腺嘧啶（T），通过全基因测序并经比对分析，即可对 DddA 修饰的位点进行可视化读取，从而确定靶标蛋白的结合位点（图 6-8）。

由于细胞内尿嘧啶 DNA 糖基化酶（uracil-DNA glycosylase，UNG）能催化尿嘧啶（U）从 DNA 中释放，因此需要将细胞内 *ung* 基因敲除或者导入能表达尿嘧啶糖基化酶抑制剂（UGI）的基因来确保 DddA 引入的突变不被修复；此外还需要导入诱导型启动子来控制 DddA 的毒性。

该方法具有很高的准确性，易于实施，并且其还具有单细胞水平的分辨率。

此外，还有些方法过去在鉴定 DNA-蛋白质相互作用方面发挥了作用，但由于技术、成本、仪器等因素的限制现在已很少使用，如扫描探针显微镜技术（scanning probe microscope，SPM）、表面等离子共振（surface plasma resonance，SPR）等。第十章介绍了一些 DNA 文库构建方法，其中有些为针对 DNA 与蛋白质互作而设计的案例。将这两章内容结合起来阅读，能学习到更系统的知识。

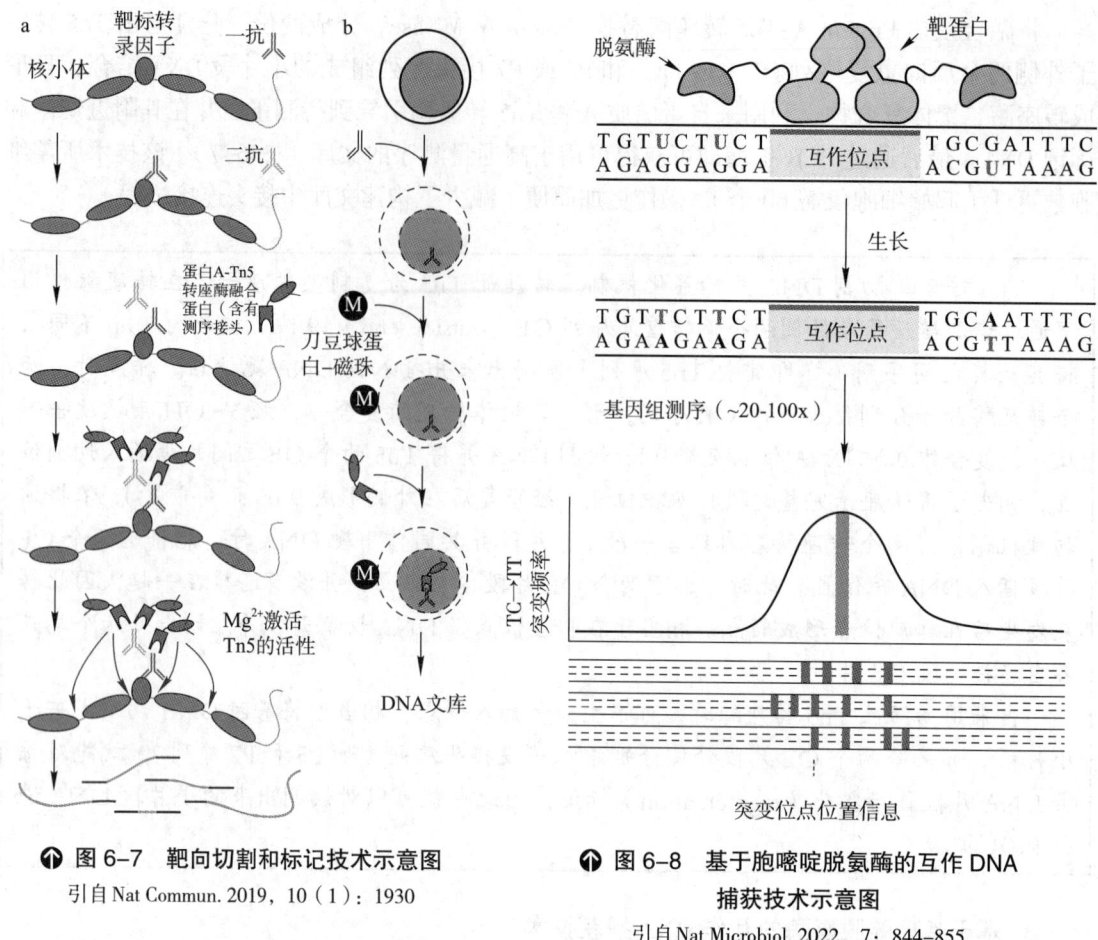

图 6-7　靶向切割和标记技术示意图
引自 Nat Commun. 2019, 10（1）：1930

图 6-8　基于胞嘧啶脱氨酶的互作 DNA 捕获技术示意图
引自 Nat Microbiol. 2022, 7: 844–855

总之，随着分子生物学和生物技术的迅猛发展，更为有效、灵敏、快速和精确的鉴定 DNA- 蛋白质相互作用的方法会不断涌现。由于每种技术都存在一定的局限性，且每种技术对 DNA- 蛋白质相互作用研究的侧重点也不同，所以鉴定 DNA- 蛋白质相互作用应该采用多种不同方法给予交叉验证，才能获得真实可靠的结果。

第二节　RNA 作图和端点分析

真核生物基因组上内含子和外显子交错排列，其交汇点在什么位置，RNA 聚合酶在启动子启动基因转录的第一个碱基是哪一个，这些问题通过 RNA 作图和端点分析可以明确判断。

一、RNA 核酸酶 S1 作图

对 RNA 作图离不开核酸酶，采用最多的为核酸酶 S1。核酸酶 S1 为专一性单链核酸水解酶。核酸酶 S1 作图（mapping of RNA with nuclease S1）是专门用来分析真核生物中原 mRNA 加工剪切为成熟 mRNA 剪切位置的方法。图 6-9 是 RNA 核酸酶 S1 作图的示意图。首先获得并标记待分析 mRNA 的基因组 DNA 片段，通过与 mRNA 杂交形成杂合链，内含

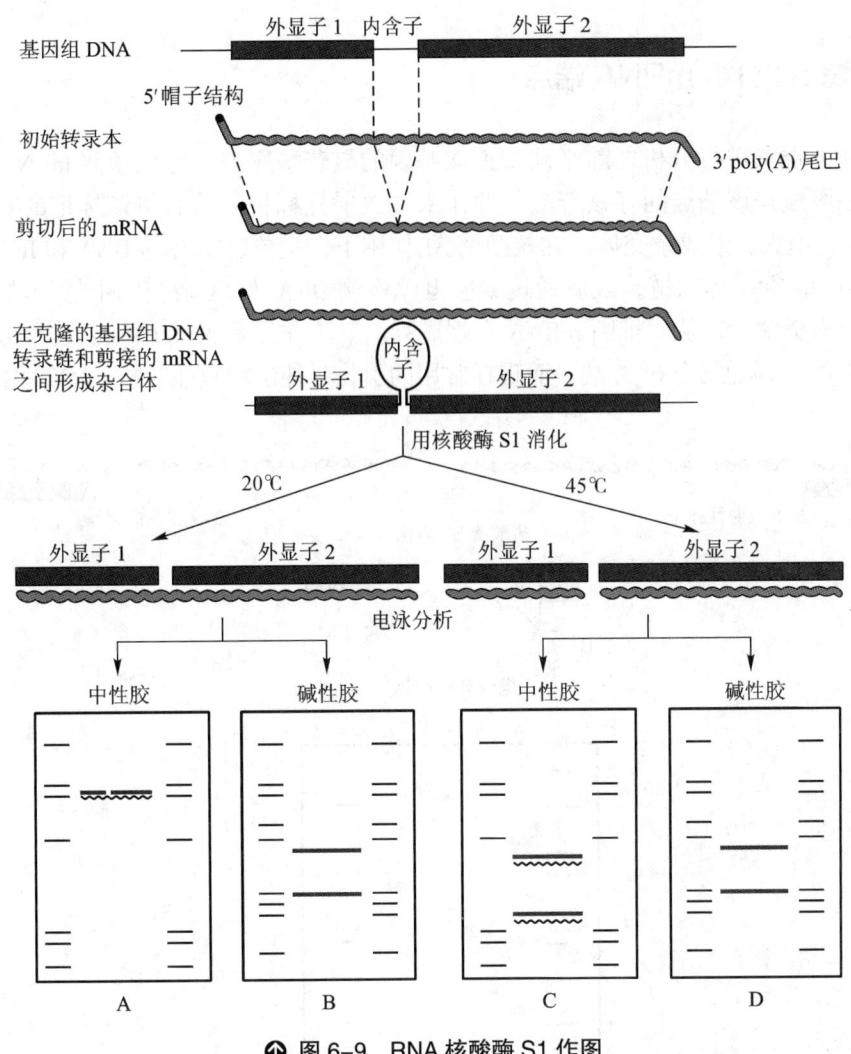

图 6-9　RNA 核酸酶 S1 作图

子的位置便可以从核酸酶 S1 消化后条带的大小来判断。在基因组 DNA 中用作转录模板的链和 mRNA 之间形成的杂合体中，内含子形成单链 DNA 突环。在 20℃时用核酸酶 S1 消化杂合体，单链 DNA 突环被降解，杂合体中的 RNA 半体完好无损但 DNA 半体在内含子位点处出现切口。用非变性凝胶电泳检测时（A 胶），杂合分子像单链一样泳动，但在碱性凝胶中（B 胶），在变性条件下 RNA 与 DNA 彼此分离，每一段单链 DNA 片段因其大小不同而分开并被放射自显影检测出来。当核酸酶 S1 消化反应在 45℃进行时，杂合体中单链部分（DNA 链和 RNA 链）被切开，产生一系列小 DNA-RNA 杂交体，它们在非变性凝胶电泳（C 胶）中分开，而且这些杂合体中 DNA 半体（D 胶）和 B 胶中检测的半体大小一致。通过标记 DNA 分子作相对分子质量标准，可以推算出标记单链 DNA 的大小，从而推断内含子的位置和大小。如果采用 DNA 测序做标准推断的结果将更准确。随着 DNA 测序技术的普及，通过基因组测序和转录组测序，经序列比对可推导出内含子的精确位置。

二、核酸酶 S1 分析 mRNA 端点

对 mRNA 端点进行分析之前必须知道该基因的核苷酸序列。首先预测 mRNA 的端点位置,设计一段覆盖该端点的寡核苷酸,并作末端放射性标记。然后将该标记的寡核苷酸与 mRNA 混合,退火,形成杂交体。在核酸酶 S1 作用下,呈单链状态的 DNA 和 RNA 被降解,保留 DNA-RNA 杂交体双链,最后通过凝胶电泳检测 DNA-RNA 杂交体中标记的 DNA 单链的相对分子质量大小,从而推断 mRNA 末端序列。其工作原理见图 6-10。这种方法既可以分析 mRNA 的 5′ 端也可分析 3′ 端。而现在常用的引物延伸法却只能分析 mRNA 的 5′ 端。

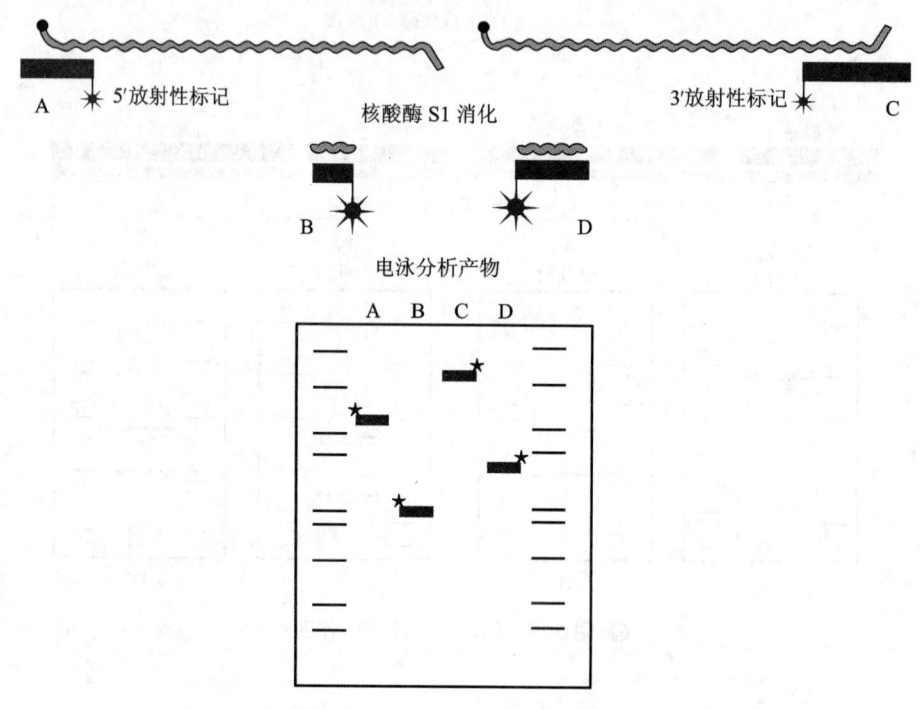

↑ 图 6-10　核酸酶 S1 分析 mRNA 端点

三、引物延伸法分析 mRNA 5′ 端

引物延伸(primer extension)法主要用于 mRNA 的 5′ 端作图。与核酸酶 S1 分析 mRNA 的端点类似,先要知道该基因的核苷酸序列并预先判断 mRNA 的端点位置。首先在 mRNA 的预测的 5′ 端下游约 150 bp 位置处,设计一段互补寡核苷酸引物。以 mRNA 作模板,用反转录酶延伸该引物,产生的 cDNA 与 mRNA 模板互补且其长度与引物 5′ 端至 mRNA 的 5′ 端之间的距离相等。因此测定该 cDNA 的长度就可推算出 mRNA 的 5′ 端位置。在测定该 cDNA 长度时采用以设计的引物对 DNA 进行序列测定的电泳测序图作相对分子质量标准,通过对照测序图读出 cDNA 的相对大小,mRNA 的 5′ 端便可定位于某个特定的碱基(图 6-11)。随着全自动 Sanger 测序技术的广泛应用,引物延伸实验也可利用毛细管电泳替代聚丙烯酰胺凝胶电泳,具体而言使用 FAM 标记的引物,在反转录酶的作用下得到带 FAM 标记的 cDNA,通过 FAM 标记的引物对待测 DNA 片段作 Sanger 测序即可确定 mRNA 的 5′

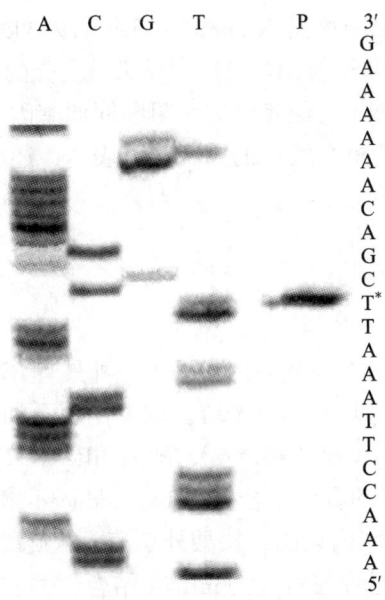

图 6-11 利用引物延伸法测定 S- 层蛋白基因 *ctc* 转录起始位点的放射自显影电泳图
P，引物延伸的产物；T\G\C\A，用引物延伸法采用的引物所做的测序电泳条带；
右侧部分显示核苷酸序列，*指转录起始位点

端碱基。

对于 mRNA 的端点的分析，也可采用 5′RACE 方法（详见第七章）来扩增出 mRNA 5′ 端对应的 cDNA，再通过测序来判读。但引物延伸法更直接和准确，有时还可以将多个不同的 5′ 端点检测出来。

第三节　RNA 干扰技术

RNA 在生物体内扮演非常重要的作用，既可以作为细胞机器的元件，也可以作为调控因子发挥作用。对于 RNA 的分析有许多方法，RNA 干扰技术是一种备受关注的基因操作技术。

RNA 干扰（RNA interference，RNAi）现象又称转录后基因沉默（post-transcriptional gene silencing，PTGS），指在进化过程中高度保守的、由双链 RNA（double-stranded RNA，dsRNA）诱发的、导致同源 mRNA 高效特异性降解的现象。RNA 干扰现象是一种进化上保守的抵御水平基因转移或外来病毒侵犯的防御机制。将与 mRNA 存在同源互补序列的双链 RNA 导入细胞后，能特异性地降解该 mRNA，从而产生相应的功能表型缺失，这一过程属于转录后基因沉默机制范畴。RNAi 广泛存在于生物界，从低等原核生物到真菌、植物、无脊椎动物，甚至近来在哺乳动物中也发现了此种现象，只是机制也更为复杂。

一、RNAi 现象

首次发现 dsRNA 能够导致基因沉默的线索来源于对秀丽隐杆线虫（*Caenorhabditis elegans*）的研究。1995 年发现给秀丽隐杆线虫注射反义 RNA 可以阻断 *par-1* 基因的表达，

同时正义链 RNA 也同样可以阻断该基因的表达。3 年后人们发现，将双链 RNA（正义链和反义链）注入线虫能诱发比单独注射正义链或者反义链更强的基因沉默现象。实际上每个细胞只要很少几个分子的双链 RNA 已经足够完全阻断同源基因的表达。后来实验表明在线虫中注入双链 RNA 不但可以阻断整个线虫的同源基因表达，还会导致其第一代子代的同源基因沉默。这种现象称为 RNA 干扰。

二、RNAi 作用机制

RNAi 的主要过程是双链 RNA 在核酸内切酶（一种具有 RNase Ⅲ 样活性的核酸酶 Dicer，其具有解旋酶（helicase）活性以及 dsRNA 结合域）作用下加工裂解形成 21~25 nt 由正义和反义序列组成的干扰性小 dsRNA（siRNA），随后 siRNAs 中反义链指导形成一种核蛋白体，该核蛋白体称为 RNA 诱导的沉默复合体（RNA induced silencing complex，RISC）。RISC 由多种蛋白成分组成，包括核酸内切酶、核酸外切酶、解旋酶和同源 RNA 链搜索活性相关酶等。激活的 RISC 通过碱基配对与对应的 mRNA 结合，并在距离 siRNA 3′ 端 12 个碱基位置切割 mRNA。同时，siRNA 可作为一种特殊引物，在依赖于 RNA 的 RNA 聚合酶作用下以靶 mRNA 为模板合成 dsRNA，后者可被降解形成新的 siRNA；新生成 siRNA 又可进入上述循环。随着新生 dsRNA 反复合成和降解，不断产生新的 siRNA，从而使靶 mRNA 渐进性减少，呈现基因沉默现象。RNA 聚合酶一般只对所表达的靶 mRNA 发挥作用，这种在 RNAi 过程中对靶 mRNA 的特异性扩增作用有助于增强 RNAi 的特异性基因监视功能。每个细胞只需要少量 dsRNA 即能完全关闭相应基因表达，可见 RNAi 过程具有生物催化反应的基本动力学特征。

三、RNAi 技术关键问题

1. dsRNA 序列选择

dsRNA 主要选自已知 cDNA 开放阅读框架（ORF）中的基因区域。为防止 mRNA 调控蛋白对 RISC 与靶 mRNA 结合的干扰，应避免选择：①起始密码子下游或终止密码子 50~100 核苷酸位置以内的区域；② 5′ 或 3′ 端的非翻译区域；③内含子区域。此外，序列选择时也应避开多聚鸟苷酸序列区（≥3 个），防范形成四聚体结构，抑制 RNAi 作用。另外，尽量使 dsRNA 序列中的 G+C 含量接近 50 mol%（45 mol%~55 mol% 最佳），高 GC 含量能明显降低基因沉默的效应。选择前可以搜索 BLAST（basic local alignment sequence tool）数据库，保证无其他与靶基因同源的基因存在，避免引起对其他相似基因的沉默作用。并不是所有的 mRNA 均对 RNAi 敏感。为确保靶基因表达的有效抑制，最好同时合成两个或以上的针对同一基因的不同靶区域的 dsRNA。而且标记 dsRNA 正义链的 3′ 端对 RNAi 现象并没有影响，现有的实验尚未发现 mRNA 的二级结构对 RNAi 有任何显著的影响。

2. dsRNA 合成方法

目前主要有两种方式产生长链 dsRNA：一种是利用将所需 dsRNA 对应的序列克隆到正义链和反义链都含有启动子的质粒载体上，随后在生物体内多种物质和能量的帮助下合成 dsRNA，如秀丽隐杆线虫 RNAi 常用的 dsRNA 细菌表达载体 pL4440（图 6-12），其在多克隆位点两端分别含有一个 T7 启动子，且这两个 T7 启动子分别位于正义链和反义链上

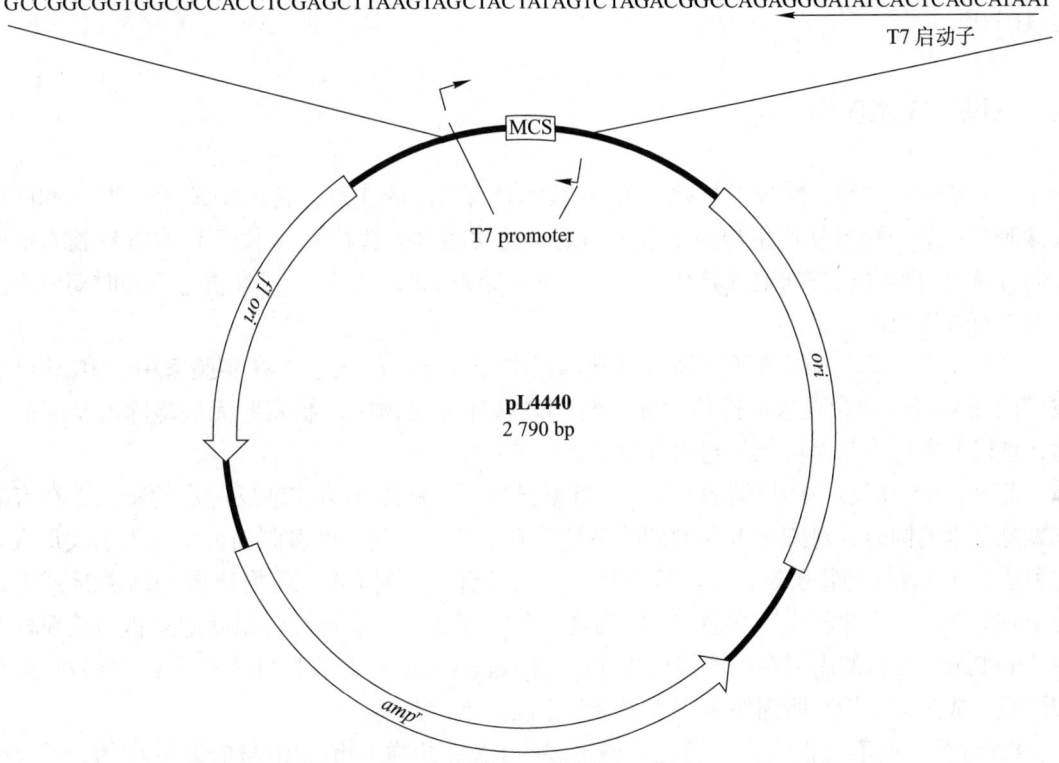

图 6-12　RNA 干扰常用载体 pL4440 图谱

（图 6-12），当将靶标 dsRNA 所对应的 DNA 序列克隆到多克隆位点上，并将其转入 RNase Ⅲ 缺陷型大肠杆菌 HT115（DE3）后，能在 IPTG 诱导下表达 T7 RNA 聚合酶，从而启动线虫靶标 dsRNA 合成。因此将表达针对靶标基因 dsRNA 的大肠杆菌饲养秀丽隐杆线虫后，能产生对目的基因表达和功能的特异性干扰，从而获得 RNAi 型秀丽隐杆线虫。另一种方式是直接在体外利用 T7 RNA 聚合酶合成 dsRNA。首先制备两端含 T7 启动子的 DNA 模板，随后在 T7 RNA 聚合酶作用下以 4 种 NTP 为底物体外转录出两条互补的单链 RNA，最后退火形成 dsRNA。由于 dsRNA 在体内发挥功能时需要在 Dicer 酶的加工下形成 siRNA，因此也可以直接体外合成与靶 mRNA 上序列互补的 21~23 个核苷酸长度的双链 siRNA。

3. dsRNA 导入

针对不同生物体可以选择不同的导入方法。简单生物如单细胞生物等，可选用电穿孔方法；较复杂生物可选用微注射法将 dsRNA 注入生殖细胞或早期胚胎、或脂质纳米颗粒和外泌体递送等。线虫也能采用肠道或假体腔注射法，与微注射法相比，其 RNAi 效率并无显著差别。还有浸泡法、重组菌喂养法、磷酸钙共沉淀法等。若使用化学法人工合成的 siRNA（正义链和反义链），需要经过退火过程，以双链形式导入靶细胞。以质粒或病毒为载体，通过转导或转染途径，在细胞内以 DNA 为模板，利用 RNA 聚合酶Ⅲ，转录为 siRNA（直接形成双链或通过回文序列折叠后形成发夹结构），也能产生较明显 RNAi 效应。

4. 发夹样结构 siRNA

发夹样 siRNA 能延长在细胞内的作用时间。此类结构可由具有回文序列的核苷酸链形成。但通常回文结构不易获得，也可用头碰头的对称序列来代替。转录发夹样 siRNA 模板必须与载体转录启动子紧密相连，而且尽可能有最短的多聚腺苷酸尾，这样才能诱导高效 RNAi 效应。

四、RNAi 技术应用

与其他进行功能剔除技术相比，RNAi 技术具有明显的优点，它比反义 RNA 技术和同源共抑制更有效，更容易产生功能丧失；与造成的功能永久性缺失技术相比，RNAi 技术更受人们青睐。而且通过与细胞特异性启动子及可诱导系统结合使用，可在发育不同时期或不同器官中有选择地进行。

理论上 RNAi 技术能选择性地沉默基因组中任何基因的表达。在实验室中，RNAi 已经被广泛用来研究生命现象的遗传奥秘，特别是在哺乳动物中抑制那些无法敲除的基因的表达，现已发展成为基因功能研究的有力工具。

此外，RNAi 技术在基因治疗方面具有特异性高、作用迅速、副反应小的特点，在有效沉默靶基因的同时，对细胞本身的调控系统没有影响。因此，许多制药公司投入了大量人力物力进行了 RNAi 药物研发，或药物筛选。目前已有一系列 RNAi 药物获得 FDA 批准或者正处于临床阶段，其中已上市多款 RNAi 药物，包括用于治疗遗传性转甲状腺素蛋白淀粉样变性（hATTR）引起的周围多发性神经疾病（polyneuropathy）、急性肝卟啉症、1 型原发性高草酸尿症、成人原发性高胆固醇血症或混合型血脂异常的药物。

RNAi 药物的潜力很大，人们正期待更多的 RNAi 药物上市。RNAi 技术的应用，不仅能大大推动人类后基因组计划（蛋白组学）的发展，还有可能设计出 RNAi 芯片，高通量地筛选药物靶基因，逐条检测人类基因组的表达抑制情况进而明确基因的功能，并且它还将应用于基因治疗、新药开发、生物医学研究等领域，用 RNAi 技术来抑制基因的异常表达，为治疗癌症、遗传病等疾病开辟了新的途径。

从本章的描述来看，对 DNA 和 RNA 等大分子的分析方法很多，有经典的，有现代的，且各自有各自的特点。随着技术的发展和进步，将会不断涌现更精确、更智慧的技术应用于 DNA 和 RNA 分析和检测。

思考题

1. DNA-蛋白质的相互作用有哪些分析和测试方法，各有何特点？
2. 酵母单杂交与酵母双杂交有何异同？
3. 分析 mRNA 的转录起始位点的方法有哪些，能否设计出改进的方式或方法？
4. RNA 干扰技术原理的本质是什么，并说明该技术可以利用在哪些领域？
5. 传统 DNA 或 RNA 分析技术与现代技术相结合产生了哪些效应，你认为还可以改善哪些技术？

主要参考文献

1. Green MR, Sambrook J. Molecular cloning: a Laboratory Manual. 4th ed. Cold Spring Harbor: Cold Spring Harbor Laboratory Press, 2012
2. Castel SE, Martienssen RA. RNA interference in the nucleus: roles for small RNAs in transcription, epigenetics and beyond. Nat Rev Genet, 2013, (2): 100-112
3. Ferraz RAC, Lopes ALG, da Silva JAF, et al. DNA-protein interaction studies: a historical and comparative analysis. Plant Methods, 2021, 17: 82
4. Mueller AM, Breitsprecher D, Duhr S, et al. MicroScale thermophoresis: A rapid and precise method to quantify protein-nucleic acid interactions in solution. Methods Mol Biol, 2017, 1654: 151-164
5. Gallagher LA, Velazquez E, Peterson SB, et al. Genome-wide protein-DNA interaction site mapping in bacteria using a double-stranded DNA-specific cytosine deaminase. Nat Microbiol, 2022, 7: 844-855

（彭东海　孙　明）

第七章

PCR 技术及其应用

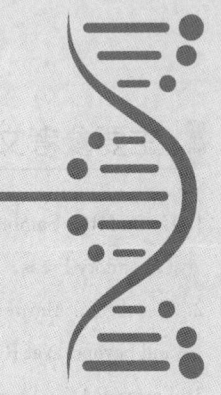

聚合酶链反应，即 PCR（polymerase chain reaction）技术是通过模拟体内 DNA 复制方式，在体外选择性地将 DNA 某个特定区域扩增出来的技术，其过程与普通 DNA 复制一样有 3 个步骤。首先，模板 DNA 变性（denaturation），由双链状态变成单链状态；然后，退火（annealing），引物与模板结合行使复性功能；最后，引物延伸（extension），即合成 DNA，在 DNA 聚合酶和底物存在情况下，合成与模板互补的 DNA。与常规 DNA 复制不同的是，在 PCR 运行过程中同时也以另一个引物并以另一条链作模板，合成出与第一个产物互补的 DNA 链，从而得到这两个引物之间的双链 DNA 片段，而且这样的复制过程可重复进行。PCR 技术广泛应用于生物学研究、分析和诊断及其他与 DNA 扩增相关的领域。

PCR 过程在自然界是不存在的，它是人们对 DNA 复制的深刻理解而带来的产物。现代 PCR 概念是 Kary Mullis 于 20 世纪 80 年代早期发明的。在 1983 年晚春的一个晚上，驾车行驶在蜿蜒曲折的道路，头脑浮想联翩，构思出了链式反应的蓝图。经过与公司合作，最终促使现在广泛使用的 PCR 技术的诞生和商业推广。

PCR 概念的出现与其他许多好的想法出现一样，是许多成熟技术累积的结果，是科学技术发展的必然产物。比如寡核苷酸的合成技术、通过 DNA 聚合酶用寡核苷酸指导 DNA 合成等。其创新点在于使用两个与 DNA 两条不同链互补且方向相对的寡核苷酸作为引物特异性地扩增两个引物之间的 DNA 区域，并且重复进行。在此同时，得到的扩增产物又可作为下一轮扩增的模板，从而使扩增产物按几何级数递增。特别重要的是，从嗜热细菌中分离的耐热 DNA 聚合酶的发现，使 PCR 从概念成为真正适用的技术。

其实在提出 PCR 概念以前，曾出现过 PCR 技术概念雏形，只不过当时使用了修复复制的概念。也许是当时科学技术的发展需求不够，从而没有形成使其进一步发展的动力，被搁置了 15 年。但有一点是不争的事实，正是由于 Mullis 及其同事的出色工作，才使 PCR 成为当今生物学及相关学科使用最广泛的技术，使得常规克隆已不再是分离基因的唯一手段，许多传统生物领域研究技术被更新或淘汰，并产生许多全新的研究技术，他们在 1993 年获得诺贝尔奖是当之无愧的。

第一节 PCR 技术原理和工作方式

一、PCR 基本原理

1. 基本要素和扩增原理

DNA 复制是生命活动中最基本的过程之一，PCR 就是灵活并发展使用 DNA 复制而创造出来的一项伟大技术。因此 PCR 基本原理离不开 DNA 复制的基本规律。其基本要素与 DNA 复制的基本要素一致。DNA 复制是通过拷贝的方式将 DNA 重新制造一份的过程，待拷贝的 DNA 称为模板。在 PCR 过程中模板可以是双链 DNA 也可是单链 DNA，最后扩增得到的产物呈双链状态。引物是 DNA 复制的先锋，就像结晶过程中的晶核，引导 DNA 合成。在 PCR 扩增中一般使用合成的寡核苷酸作引物。DNA 聚合酶是 DNA 复制的动力，在 4 种脱氧核苷三磷酸酸（dNTP）等底物存在时，在引物引导下沿模板 DNA 合成互补 DNA 链。

与单纯 DNA 复制不同的是，PCR 扩增总是在两个引物存在下对 DNA 两条链同时进行复制，复制的结果得到一条双链 DNA。通过仪器的自动控制，使这样的 DNA 复制重复进行，从而得到大量位于两个引物之间序列的 DNA 片段，即目的片段。更重要的是，再一次扩增得到的 DNA 产物又可作为下一轮扩增的模板，导致扩增产物以几何级数递增。

图 7-1 是 PCR 扩增前 4 轮产物的增长过程，每一轮包括 3 个步骤（变性、退火和延伸），从中可以看出 PCR 整个扩增进程。从第二轮开始，出现目的片段，其所占比例为 1/4；在第三轮扩增中，第二轮扩增的产物又可作为模板，此时目的片段所占的比例为 1/2；在后续轮次的扩增中目的产物所占的比例越来越大，依次为 11/16、13/16、57/64、15/16。在指数扩增阶段，目的片段所占比例理论值（P）可用以下公式计算：$P = 1 - (n+1)/2^n$，n 为扩增轮次。当进行到第 10 轮时，目的片段所占比例可达到 98.9%。

2. PCR 扩增步骤

首先将模板 DNA 置于 92~96℃，进行变性处理，使双链 DNA 在高温下解链成为单链 DNA，且热变性不改变其化学性质；然后退火，将温度降至 37~72℃，使引物与模板的互补区结合；最后，在 72℃ 条件下，DNA 聚合酶将 dNTP 连续加到引物的 3′ 羟基（3′-OH）端，合成 DNA，这个步骤称为延伸。这 3 个热反应过程的重复称为一个循环（cycle），经过 20~40 个循环可扩增得到大量位于两条引物对应序列之间的 DNA 片段。

二、PCR 反应体系

PCR 反应需要在一定的条件下才能完成，只有当这些条件协调作用时才能达到预期效果。

1. 缓冲液

任何一个生物化学反应都在缓冲体系中进行，缓冲液除了提供 pH 缓冲能力外，还有一些有助于反应进行的成分。标准的 PCR 缓冲液含 10 mmol/L Tris·HCl，pH 为 8.3~9.0（室温），而在延伸温度（72℃）下 pH 接近 7.2。缓冲液中含有一种二价阳离子，用于激活 DNA 聚合酶的活性中心，一般使用 Mg^{2+}（有时使用 Mn^{2+}），一般以 $MgCl_2$ 形式提供，标准浓度为

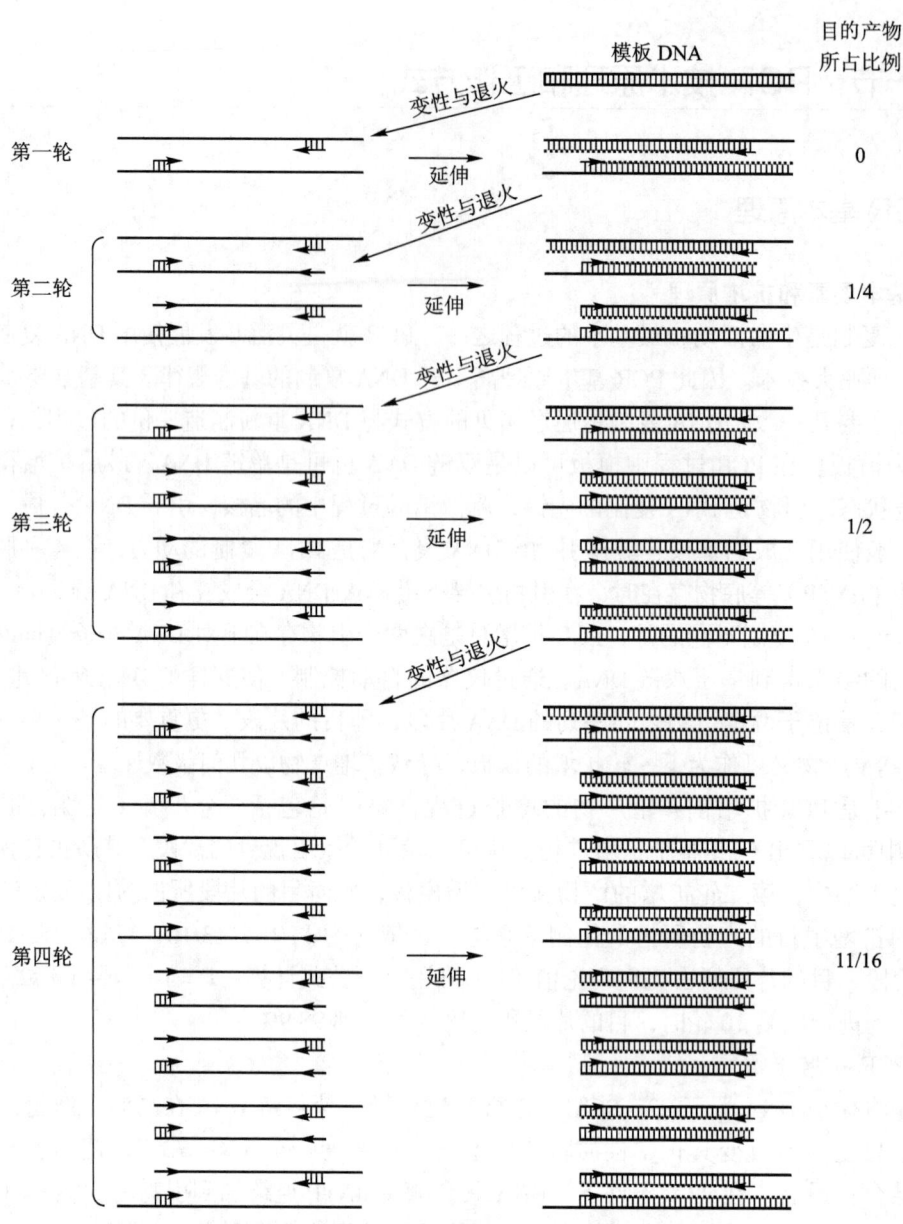

图 7-1 PCR 扩增反应原理图

1.5 mmol/L。Mg^{2+} 浓度的高低会影响扩增的特异性（specificity）和产率，直接影响扩增的成败，因此要求作预备试验寻找最佳浓度。缓冲液中还含有 50 mmol/L 的钾离子，有助于引物复性。有些缓冲液中还加入一些添加剂和共溶剂降低错配率，提高富含 G + C 模板的扩增效率。

2. 脱氧三磷酸核苷（dNTP）

脱氧三磷酸核苷是 DNA 合成的底物，标准的 PCR 反应体系中含有等摩尔浓度的 4 种 dNTP，即 dATP、dTTP、dCTP 和 dGTP，终浓度一般为 200 mM（即饱和浓度）。dNTP 的浓度会影响扩增的产量、特异性和保真度（fidelity）。

有时会采用一些特殊核苷酸，例如脱氧尿苷三磷酸（dUTP）及其衍生物（如氨基化、溴化、荧光素标记或生物标记）替代 dTTP 用于标记 PCR 产物。

3. 引物

一般推荐使用的引物浓度为各 1 mmol/L，即 1 pmol/mL，在 100 mL 反应体系中相当于 6×10^{13} 个分子。如果 5% 用于扩增 1 kb 的 DNA 片段，可得到 3.3 μg 的产物，足以用于常规分析。

引物设计是 PCR 扩增效率的关键所在。合理的设计可在扩增的特异性和有效性（efficiency）之间找到平衡点。特异性是指引物和模板之间错配的频率，有效性反映 PCR 扩增中产物是否正常累积。引物设计一般要考虑以下几个因素。

① 长度，至少 16 个核苷酸，通常为 18~30 个核苷酸，更短的引物一般会降低扩增的特异性，但会提高扩增的有效性，且扩增出的产物种类会增多，而大于 30 个核苷酸有可能导致引物茎环结构的产生。同时，引物对的长度差异最好不超过 3 个核苷酸。

② 解链温度（T_m 值），引物的 T_m 值是一个非常重要的参数，T_m 值的高低决定退火的温度。两个引物之间的 T_m 值差异最好在 2~5℃之间，这样能保证两个引物正确退火。引物的 T_m 值有很多计算方法，对于小于 20 个碱基的引物其 T_m 值可用简易公式计算，即 $T_m = 4(G+C) + 2(A+T)$。对于 14~70 个核苷酸的引物可用以下公式计算。

$$T_m = 81.5 + 16.6(\lg[K^+]) + 0.41(G+C)\text{mol}\% - (675/N)$$

N 表示引物的核苷酸数目，[K^+] 表示单价离子即钾离子的浓度。

如果 N = 20，G + C% = 50 mol%，[K^+] = 50 mmol/L，那么 T_m = 46.7℃。不过，利用这个公式计算 T_m 值只能用作参考，在有些书籍和引物合成公司的描述中将公式中的 675 改成了 600 或 500，所以该公式用于计算两个引物的 T_m 值差异可能更合适。如果要更精确的计算 T_m 值，必须考虑相邻碱基的动力学参数，但一般用不着这么精确。许多 DNA 分析软件和引物合成公司都有计算 T_m 的功能或描述。

③ 避免引物内部或引物之间存在互补序列（3 个碱基），从而减少引物二聚体的形成以及引物内部二级结构的形成。任一个引物的 3′ 端不能与另一引物的任何部位结合，否则容易产生二聚体，从而干扰扩增。

④ G + C 含量尽量控制在 40 mol% 至 60 mol% 之间，4 种碱基的分布应尽可能均匀。尽量避免嘌呤或嘧啶连续排列，以及 T 在 3′ 端重复排列。

⑤ 引物的 3′ 端最好是 G 或 C，但不要 GC 连排，3′ 端最后 5 个核苷酸不要出现 3 个以上 G 或 C。

引物设计在 PCR 扩增中是非常关键的步骤，此处只谈到一些常见要素，在具体操作时还需参考专业资料或利用 DNA 分析软件用于辅助设计。

4. 模板

模板数量会直接影响扩增的效果。对于常规 PCR 扩增，10^4 至 10^7 个模板分子可达到满意效果。用人类或哺乳动物基因组 DNA 进行扩增时，一般使用 1 μg DNA，相当于单拷贝基因有 3×10^5 个拷贝；1 pg 大小为 1 kb 的 DNA 片段，可达 9×10^5 拷贝；以酵母菌、细菌和质粒 DNA 以及大肠杆菌菌落作模板时，要达到 10^5 数量级拷贝数分别需要 10 ng、1 ng、1 pg 和 1 000 个细胞。在考虑模板数量的同时，其质量对扩增也非常重要，在某些扩增过程中还起关键作用。另外，微量甚至痕量的污染 DNA 可能导致出现非特异性产物，给结果判断带来误导，为此对于一些特别敏感的试验应在 PCR 专用实验室完成。

5. DNA 聚合酶

PCR 反应中使用的 DNA 聚合酶是耐高温的，在 90℃以上高温下仍有活性。也正是高温

DNA 聚合酶的应用才使得 PCR 技术得以推广。在高温 DNA 聚合酶发现以前，通过 Klenow DNA 聚合酶来实施 PCR 扩增，只是每一轮反应结束后需重新添加新鲜的酶。目前使用的高温 DNA 聚合酶有很多种，其主要区别在于是否具有 3′-5′ 外切活性。

（1）*Taq* DNA 聚合酶　*Taq* DNA 聚合酶是 PCR 中最常用的 DNA 聚合酶，来自古菌嗜热水生菌（*Thermus aquaticus*）。该菌于 1967 年从温泉中分离，最适生长温度为 70℃，产生耐高温的 DNA 聚合酶。研究人员从中分离出 *Taq* DNA 聚合酶后，使 PCR 技术走向成熟。*Taq* DNA 聚合酶相对分子质量为 9.4×10^4，为单分子酶，在 75℃ 活性最强。具有 5′-3′ 聚合活性和 5′-3′ 外切活性，无 3′-5′ 外切活性。在 95℃ 的半衰期为 40 min。启动 PCR 反应的能力很强，聚合速度快，在 72℃ 的聚合速度为每秒 30~100 个碱基。由于没有 3′-5′ 外切活性，在扩增过程中有 8.9×10^{-5} ~ 1.1×10^{-4} 错配概率。

现在使用的 *Taq* DNA 聚合酶都是基因工程产品，有些还作了遗传改造或修饰，用于提高扩增效率和保真度，如融合一段具有稳定 DNA 结构的 DNA 结合结构域。

（2）*Tth* DNA 聚合酶　*Tth* DNA 聚合酶来自嗜热热细菌（*Thermus thermophilus*）HB8，相对分子质量为 9.4×10^4，具有 5′-3′ 聚合活性，无 3′-5′ 外切活性，在 74℃ 下进行扩增，95℃ 半期为 20 min。在 Mg^{2+} 存在条件下，以 DNA 为模板合成 DNA，而在 $MnCl_2$ 存在下可以 RNA 为模板合成 cDNA。因此可在高温下做反转录 PCR、反转录和引物延伸反应，避免 RNA 反转录过程中形成二级结构。

（3）Vent DNA 聚合酶　Vent DNA 聚合酶是从由火山口分离的一株嗜热球菌（*Thermococcus litoralis*）中分离的第一个具有 3′-5′ 外切活性的高温 DNA 聚合酶，相对分子质量 8.5×10^4，具有更长的半衰期，在 100℃（使用 $MgSO_4$）时半衰期为 1.8 h，而与之相比较的 *Taq* DNA 聚合酶仅为 5 min。由于具有 3′-5′ 外切活性，因此在一定程度上保证其具有很高的保真度，比 *Taq* DNA 聚合酶高 5~15 倍。

（4）Pwo DNA 聚合酶　Pwo DNA 聚合酶来自沃氏热球菌（*Pyrococcus woesei*），相对分子质量 9.0×10^4，在 100℃ 的半衰期大于 2 h，出错率低。

（5）*Pfu* DNA 聚合酶　*Pfu* DNA 聚合酶来自激烈热球菌（*Pyrococcus furiosus*），具有理想的扩增保真度和极高的热稳定性，是目前使用最广泛的具有 3′-5′ 外切活性的 PCR 酶，其开发商认为是错配率最低的高温 DNA 聚合酶。

（6）商用混合酶

为了提高扩增的保真度或扩增较长的 DNA 片段，将 *Taq* DNA 聚合酶的强启动能力和具有 3′-5′ 外切活性的高温 DNA 聚合酶的高持续活性和校正功能结合起来，可以达到很好的效果。

对于高温 DNA 聚合酶的错配率，不同来源资料的表述有一定差异，一般相差一个数量级，不会超过两个数量级。因此具有 3′-5′ 外切活性的高温 DNA 聚合酶在扩增过程中不是不会错配，只不过错配概率相对小而已。所以 PCR 扩增产物的序列不是绝对真实的，需通过测序才能更好地判断其保真性。

以上描述的 PCR 酶，均采用其来源而命名。而许多试剂公司会开发出各自特有 PCR 酶，并采用特有名称，且常常只描述其使用特点但不描述其生化属性。同时许多公司开发出 PCR 扩增反应速配混合液（instant mix），含有 PCR 酶、缓冲液、dNTP，便于常规 PCR 扩增，但其细节往往不公开。为此，用户选用时应慎重选择并仔细阅读所提供的资料信息。

三、PCR 反应程序

PCR 技术的广泛使用不仅要有 PCR 概念和高温 DNA 聚合酶,还必须要有能使之高效实现的 PCR 仪器,即热循环仪(thermal cycler)。现有 PCR 仪器能够提供快速和精确转换的温度环境,从而使 PCR 技术能够实现自动化。

1. 常规程序

将 PCR 反应所需的成分配置完后,在 PCR 仪上于 94~96℃预加热数十秒至若干分钟,使模板 DNA 充分变性,然后进入扩增循环。在每一个循环中,先于 94℃保持 30 s 使模板变性,然后将温度降至复性温度(如 50~60℃之间),一般保持 30 s,使引物与模板充分退火;接着在 72℃保持 1 min(扩增 1 kb 片段),使引物在模板上延伸,合成 DNA,完成一个循环。重复这样的循环 25~35 次,使扩增的 DNA 片段大量累积。最后,在 72℃保持 3~7 min,使产物延伸完整,4℃保存。所有温度的转换和停留时间都可以在仪器上进行设定,编制反应程序,让仪器自动运行。

2. 退火和延伸温度

退火(复性)温度是 PCR 扩增是否顺利实施的关键因素,通常在 50~60℃之间。具体温度主要由引物 T_m 值决定,一般低于 T_m 值 1~2℃,或通过预备试验来判断。随温度增高,引物与模板结合的特异性增强,非特异性扩增概率降低,但扩增效率也随之降低。相反,随温度降低,引物与模板的非特异性结合概率提高,扩增出的产物种类增加。延伸温度绝大多数设定为 72℃。如果复性温度较高,可将延伸温度和复性温度设置成同一温度,变成二步法 PCR。复性温度也可通过设置降落 PCR(touchdown PCR)方式来操作,即在前十几个循环中于每一个循环后复性温度降低 1℃,从 T_m 值以上 5~10℃开始直到 T_m 值以下 2~5℃,在后续循环中温度保持不变。也可通过梯度 PCR 仪器,设置不同的复性温度梯度,从而找到最佳复性温度。

3. 反应时间

PCR 反应时间相对较好把握,在变性步骤中一般使用 30 s,如果模板的 G+C 含量较高,或直接用细胞做模板,变性时间可适当延长。复性时间 30 s 一般是足够的。延伸时间由扩增产物的大小决定,一般采用 1 kb 用 1 min 来保证充足的时间。有时为更好地保证合适的延伸时间,可在 10 个循环后每次延伸增加 10、30 或 60 s。

4. 循环次数

循环次数主要与模板的起始数量有关,在模板拷贝数为 10^4~10^5 数量级时,循环数通常为 25~35 次。循环数的进一步增加并不意味着产物数量一定增加,当扩增 30 轮得不到产物时,即使增加 10 轮扩增次数也不能保证能得到扩增产物。PCR 扩增后期会出现平台效应(plateau effect),就像细菌的一步生长曲线中会出现稳定期一样,产物的积累按减弱的指数速率增长(一般已积累到 0.3~1 pmol 产物)。在这个时期,一些不利因素会产生,如底物和引物的浓度降低、dNTP 和 DNA 聚合酶的稳定性或活性降低、产生的焦磷酸会出现末端产物抑制作用、非特异性产物或引物的二聚体会出现非特异性竞争、扩增产物自身复性、高浓度扩增产物变性不彻底等。

5. PCR 反应液配制

PCR 反应体系的配置方式有时也会影响反应的正常进行。常规方法与其他酶学反应一样，在最后加入 DNA 聚合酶。早期 PCR 仪没有带加热盖，要求在反应液上覆盖一层矿物油，防止水分蒸发。在反应体积较小的情况下，为避免水分反复蒸发与凝结给反应体系带来的波动，可添加矿物油。

（1）高保真 PCR 反应　在使用具 3′-5′ 外切活性的高温 DNA 聚合酶时，也许是外切活性破坏引物的缘故，有时会得不到扩增产物。在遇到这个问题时，如果将反应成分分开配制，如 A 管含模板、引物和 dNTP，以及调整体积的 H_2O，B 管含缓冲液、DNA 聚合酶和水，然后再将两管溶液混合起来，可较好地克服这个问题。看起来似乎与一次性直接配制没有差别，但这样做往往能达到很好的效果。

（2）热起始 PCR 反应　按照常规方式配制反应体系，有时会出现非特异性扩增的问题。在配制好反应体系后，即使没有经历变性过程，引物仍会与模板结合。常温下非特异性结合很容易发生，从而产生非特异性扩增产物。热启动（hot start）PCR 操作方式可较好解决这一问题。如①蜡封热起始。将 dNTP、缓冲液、Mg^{2+} 和引物先配制好，然后加入一粒蜡珠，加热熔化，再冷却，使蜡将溶液封住，最后加入模板和 DNA 聚合酶等剩余成分。只有当 PCR 反应进入高温阶段后，蜡层熔化，所有反应成分才会混合在一起。②抗体抑制热起始（antibody-based hot start）。采用 *Taq* DNA 聚合酶的抗体来阻止室温下聚合酶的活性，当启动高温循环的时候抗体变性进而脱离聚合酶并恢复聚合酶活性。③核酸适体结合热起始（aptamer controlling hot start）。采用一种带有修饰基团的寡核苷酸片段，即修饰的核酸适体，能特异性与 *Taq* DNA 聚合酶结合并抑制其活性，启动高温循环后解除结合进而恢复聚合酶活性。该方式具有副反应小、聚合酶恢复活性速度快等特点。

热启动 PCR 一般情况下不必采用，只在需要抑制非特异性扩增、优化目的扩增产物以及操作多重 PCR 时才适用。

第二节　PCR 产物克隆

在 PCR 扩增中得到的产物是可克隆的，更主要的是可以根据基因或 DNA 片段的核苷酸序列来设计引物将其主动扩增出来并克隆到载体上。基因的克隆已经不再依赖于基于构建基因文库的分子克隆技术。在设计克隆 DNA 片段方案时，主要考虑扩增产物如何与克隆载体高效连接，以下方法是考虑这一因素的具体表现。

一、PCR 产物两端添加限制性内切酶切割位点

为了使 PCR 产物能够方便地装载到克隆载体上，可在扩增的过程中在其两端添加限制性内切酶的切割位点序列。这种添加方式可利用特定设计的引物并通过扩增来实现，而无需在产物的两端连接带酶切位点的接头。在 PCR 扩增中，对于引物来说，只要其 3′ 端序列有足够的长度来启动延伸反应，那么 5′ 端含有不匹配的序列就不会影响正常扩增。在第二轮特别是几轮扩增以后，由于新模板的出现和累积，该 5′ 端不匹配的序列对新模板来说就变成可匹配的序列。

在设计引物时，除了考虑正常的特异性序列外，还可在引物的 5′ 端添加酶切位点的序列以及保护序列。在选择酶切位点的种类时，要保证所选的酶切位点在扩增的 DNA 片段内部不存在，如果对扩增的 DNA 片段的序列不清楚，可优先选用切割频率相对较少或酶切位点

为 8 个碱基序列的酶切位点。由于添加的酶切位点位于 DNA 片段的末端，因此必须考虑末端长度对切割的影响，详见第二章。一般情况下，在酶切位点的外侧添加 3~4 个碱基的保护序列可保证切割顺利进行。如在扩增基因 cry3Aa 的启动子序列时，上游引物主要由两部分组成，一部分是位于 3′ 端用于特异性扩增的 20 个碱基序列，另一部分是 BamH I 酶切位点（GGATCC）和位于 5′ 端 3 个碱基保护序列。

二、TA 克隆法

TA 克隆法是目前使用最广泛的适用于 Taq DNA 聚合酶扩增产物的克隆方法，无须在产物末端添加酶切位点，对任何引物扩增的产物都可克隆。Taq DNA 聚合酶具有末端转移酶活性，可在 DNA 片段 3′ 端添加一个核苷酸，通常为 A。从图 7-2 可以看出，利用相同引物对同一个模板进行扩增时，Taq DNA 聚合酶比 Pwo DNA 聚合酶扩增的产物多一个碱基。因此，Taq DNA 聚合酶扩增的产物可与 TA 载体（亦称 T- 载体）进行黏末端互补连接，达到高效克隆的目的。最常用的 T- 载体有 pGEM-T（图 7-3）和 pMD18-T。这些载体的特点是，将普通的克隆载体切成线状，并使之在 3′ 端含有一个突出碱基 T。pGEM-T 是在 pGEM-5Zf（+）基础上改造而来的，即在其多克隆位点中的 EcoRV 处将载体切成平末端线状 DNA，再在其 3′ 端添加一个碱基 T。

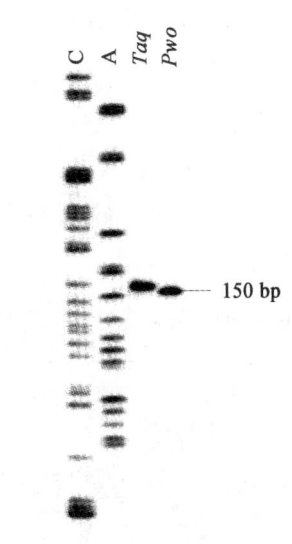

图 7-2 Taq 和 Pwo DNA 聚合酶扩增产物放射自显影电泳图

C 和 A，单链 DNA 相对分子质量标准；Taq 和 Pwo，指用相同模板和相同引物分别用 Taq DNA 聚合酶和 Pwo DNA 聚合酶扩增的产物

在 DNA 3′ 端添加一个碱基 T 的方法很多，如用末端转移酶和底物 ddTMP 可以产生单个 T 突出末端；有些识别不对称序列的限制性内切酶，如 Mbo II、Xcm I 和 Hph I，在切割 DNA 后可直接产生一个 3′ 突出 T；用 Taq DNA 聚合酶和高浓度的 dTTP 也可产生 3′ 突出 T。

TA 克隆法可与其他技术相结合，实现无连接酶的快速连接反应。如将拓扑异构酶 I（TOPO）与 TA 载体相结合而形成的 PCR 产物快速克隆系统 pCR-TOPO，连接时无需 DNA 连接酶。拓扑异构酶 I（如来自牛痘病毒）可以结合在双链 DNA 的特异位点 5′-（C/T）CCTT-3′ 上，并可在一条链上使该位点最后 T 的 3′ 磷酸基团与拓扑异构酶 I 第 274 位酪氨酸（Tyr）残基共价结合并切断 DNA。同样这个共价键又会受到切口处 5′ 羟基的攻击，进行可逆反应，恢复切口处磷酸二酯键，重新将 DNA 连接起来。

pCR-TOPO 载体就是根据拓扑异构酶 I 的这一性质来开发的，本质上也是一种 TA 载体，只是在其 3′ 端突出 T 上共价结合了一个拓扑异构酶 I，当带 3′ 端突出 A 的 PCR 产物与该 TA 载体互补配对时，拓扑异构酶 I 就将该缺口连接起来。

三、平末端 DNA 片段克隆

用具有 3′→5′ 外切活性的 DNA 聚合酶扩增出来的产物，其末端是平末端。为了高效克

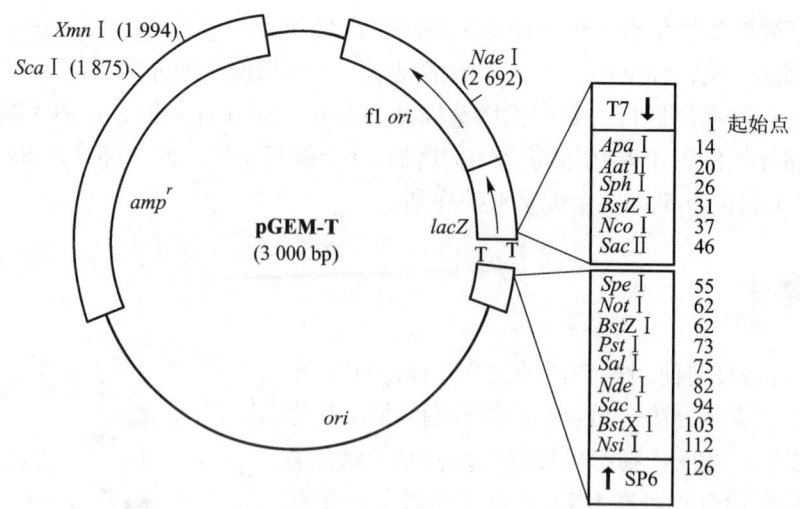

图 7-3 用于 PCR 产物克隆的 TA 载体 pGEM-T 图谱

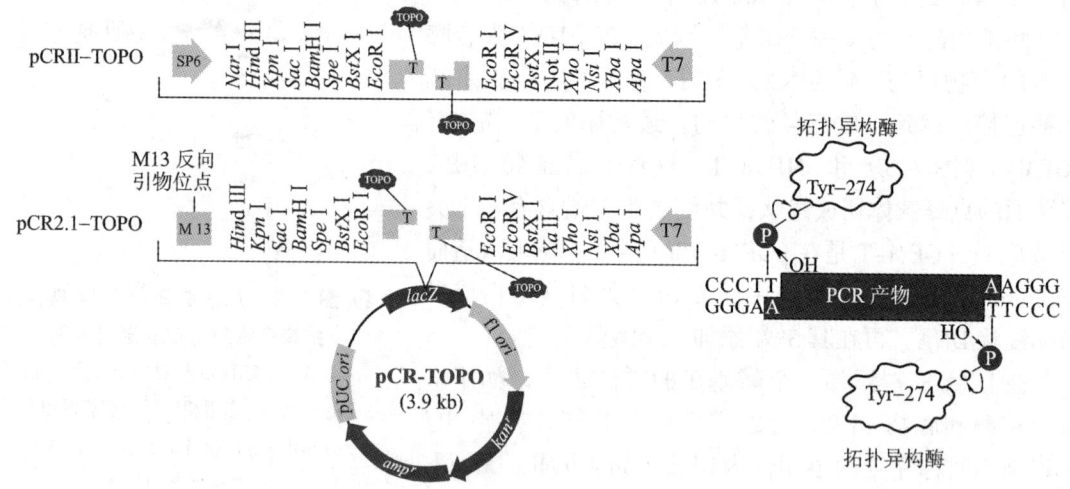

图 7-4 pCR-TOPO 载体及其工作模式图

左图为载体图谱，右图为载体中拓扑异构酶的工作模式图

隆平末端 DNA 片段，商业公司陆续开发了一些专用试剂盒，有些仍在销售。

1. pPCR-Script Amp SK(+) 克隆载体

该载体从 pBluescript Ⅱ SK(+) 噬菌粒改造而来，只是将多克隆位点中的 *Xba* Ⅰ 和 *Spe* Ⅰ 位点改成 *Srf* Ⅰ 位点（5′-GCCC/GGGC-3′）。克隆 DNA 片段时，先将载体用 *Srf* Ⅰ 切成线状，再与目的 DNA 片段混合作连接反应。在连接体系中除了添加 T4 DNA 连接酶外，还加入 *Srf* Ⅰ 酶。在这个反应体系中，当载体发生自连后，*Srf* Ⅰ 酶又会将其切开，载体处于酶切与连接动态平衡中。只有当载体与目的 DNA 片段连接后，酶学反应才能稳定下来，从而将总体反应平衡向载体与目的 DNA 片段连接这个方向倾斜（图 7-5）。这样的连接反应混合物表现出很高的连接效率，在转化大肠杆菌后通过 α- 互补筛选出现 80% 以上白色菌落，其中 90% 以上是阳性克隆子。

2. pCR-Blunt 克隆载体

pCR-Blunt 是另一种用于提高克隆平末端片段效率的载体，该载体最大的特点是在 *lacZ*′

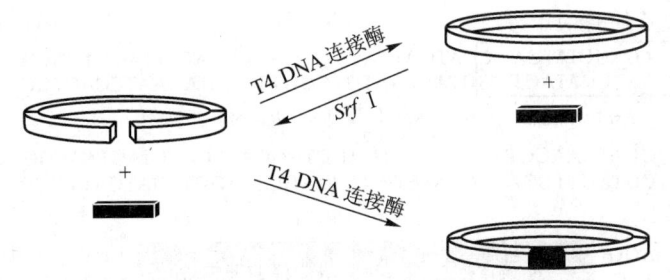

图 7-5　pPCR-Script Amp SK（+）载体克隆平末端 DNA 示意图

基因下游融合了一个 *ccdB* 基因（图 7-6），该基因产物对大肠杆菌是致死的。载体大小为 3.5 kb，含卡那霉素抗性基因和 Zerocin 抗性基因。在克隆外源平末端 DNA 片段时，先将载体切成线状，再与目的 DNA 连接，然后转化大肠杆菌。如果载体发生自连，获得这些载体的大肠杆菌宿主细胞会死亡，只有当外源 DNA 片段与载体连接后，*ccdB* 基因的表达受到阻断，重组质粒才能在大肠杆菌中存在下来。获得阳性重组的效率在 80% 以上。

> 在 F 质粒上有一个控制死亡的 *ccd* 基因，由 *ccdA* 和 *ccdB* 组成，通过杀死分裂后不含 F 质粒的细胞而在遗传上维护 F 质粒的稳定。*ccdA* 和 *ccdB* 组成一种毒素-抗毒素系统（toxin-antitoxin system，TA），CcdB 蛋白对细胞有毒，干扰 DNA 促旋酶（gyrase）的活性，从而导致 DNA 断裂和细胞死亡。而 CcdA 蛋白是 CcdB 蛋白的抑制蛋白。以 *ccdB* 基因做标记时，对应的大肠杆菌不能含有 F 质粒。

以上载体虽然可以高效地克隆平末端 DNA 片段，但在实践操作上并不是必需的。常规方法克隆平末端 DNA 片段的效率虽不如以上方式高，但由于目的 DNA 是单一的、高浓度的，因此只要连接和转化后能出现转化子就够了，更高的转化率只不过是一种奢侈。另外，通过 *Taq* DNA 聚合酶处理平末端片段，进而可转换成 A/T 克隆。但无论如何，通过对以上载体的学习，不仅可以增长分子生物学的知识，还可进一步增强对基因操作技巧的认识。

四、长片段 DNA 的 PCR 扩增

常规 PCR 产物一般在 2 kb 以下，但有时需要扩增更长的 DNA 片段。然而随着扩增片段的延长，扩增效率随之降低，困难也增加。在长片段 PCR 扩增过程中，高温会降低缓冲液的缓冲能力，从而损害模板 DNA 和 PCR 产物；在高温下其他二价离子的存在会促进 DNA 裂解；长片段 DNA 分子的变性比短片段困难；DNA 聚合酶与模板 DNA 的趋近和结合变得困难；错配碱基的掺入导致 DNA 聚合酶的作用不能正常发挥，从而限制产物的长度。为了提高扩增产物的长度，一方面改进缓冲体系，另一方面采用混合 DNA 聚合酶，即主体使用扩增效率高、延伸能力强的 *Taq* DNA 聚合酶，少量使用具有 3′-5′ 外切活性的高温 DNA 聚合酶（如 *Pfu* 或 *Pwo* DNA 聚合酶），及时切除不匹配碱基的掺入。这样可使扩增长片段 DNA 有效实施。如将 *Taq* DNA 聚合酶和 *Pwo* DNA 聚合酶接合起来的长片段 PCR 扩增试剂盒，可扩增长达 40 kb 的 DNA 片段（图 7-7）。

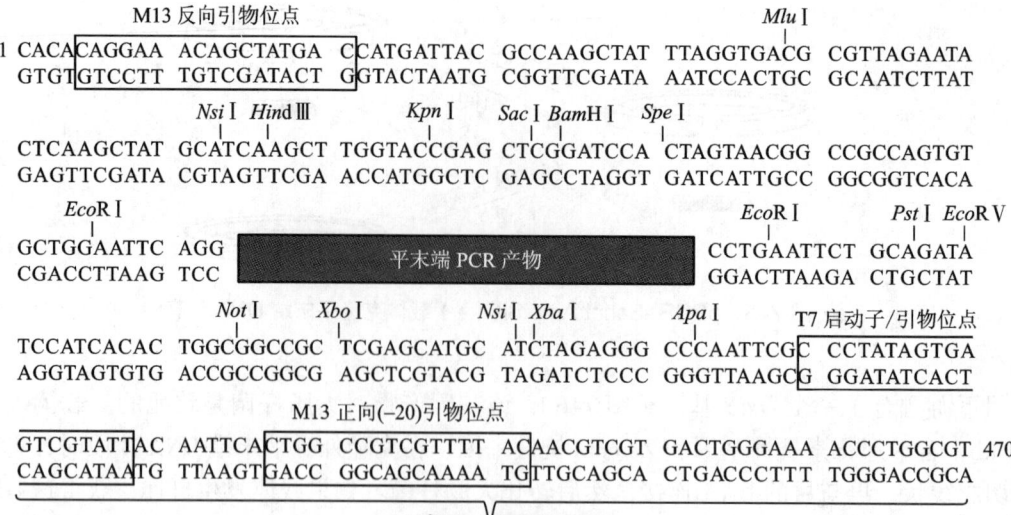

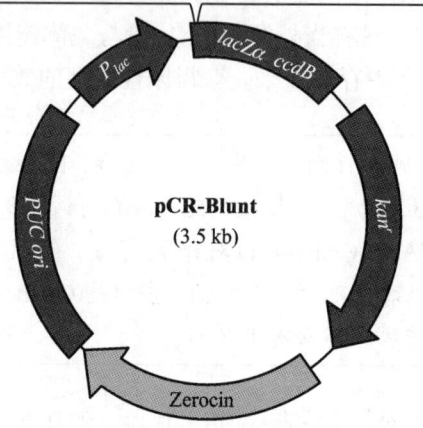

图 7-6　克隆平末端 DNA 的 pCR-Blunt 载体图谱

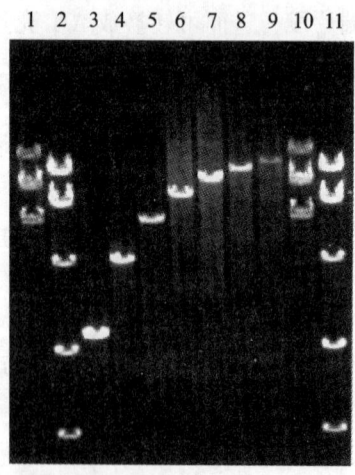

图 7-7　PCR 长片段扩增体系扩增噬菌体 λ DNA 10～40 kb 片段琼脂糖凝胶电泳图

3～9 扩增片段大小分别为 10、15、20、25、30、35 和 40 kb，其余为相对分子质量标准

五、无缝克隆技术

无缝克隆技术（seamless cloning）是指不依赖于限制性内切酶切割（有时也无需连接酶）对 DNA 片段在同源区段进行模仿重组反应而连接的克隆技术的统称，连接片段之间不会出现 Gateway 或生物积块克隆技术中由酶切位点或重组位点留下的"疤痕"，达到无痕连接的效果。此处介绍的 Gibson 组装技术及其衍生的 InFusion 克隆技术为当前常用的商业化无缝克隆技术。

Gibson 组装技术（Gibson assembly）是一种常用的无缝克隆技术，为由 Gibson 等人设计的将多个 DNA 片段在其末端通过 PCR 扩增来添加同源短序列（15~20 bp）后而在体外按类似同源重组方式而连接起来的 DNA 连接方式。这样的连接方式可在一个试管中一步完成。该技术采用噬菌体 T5 核酸外切酶对 DNA 从 5' 端切除核苷酸，产生 3' 突出端，两个具有同源序列的 3' 突出端能够互补配对，再在 Taq DNA 聚合酶作用下将配对后存留的所有单链部分补齐为双链，最后在 Taq DNA 连接酶作用下形成完整双链 DNA（图 7-8 左）。这样的同源重组技术可将多个片段连接起来，并组装到载体上（图 7-8 右）。

该技术也可利用 DNA 聚合酶的 3'-5' 外切活性（如 T4 DNA 聚合酶）来切除 3' 端而产生 5' 突出端；也可以不加连接酶，通过转化大肠杆菌后由宿主的修复系统来形成完整的重组质粒，如 InFusion 技术采用该方式。

通过 Gibson 组装技术可以组装大型 DNA 片段，如首次人工合成了 583 kb 生殖支原体（*Mycoplasma genitalium*）基因组。InFusion 可用于常规大小 DNA 片段连接。

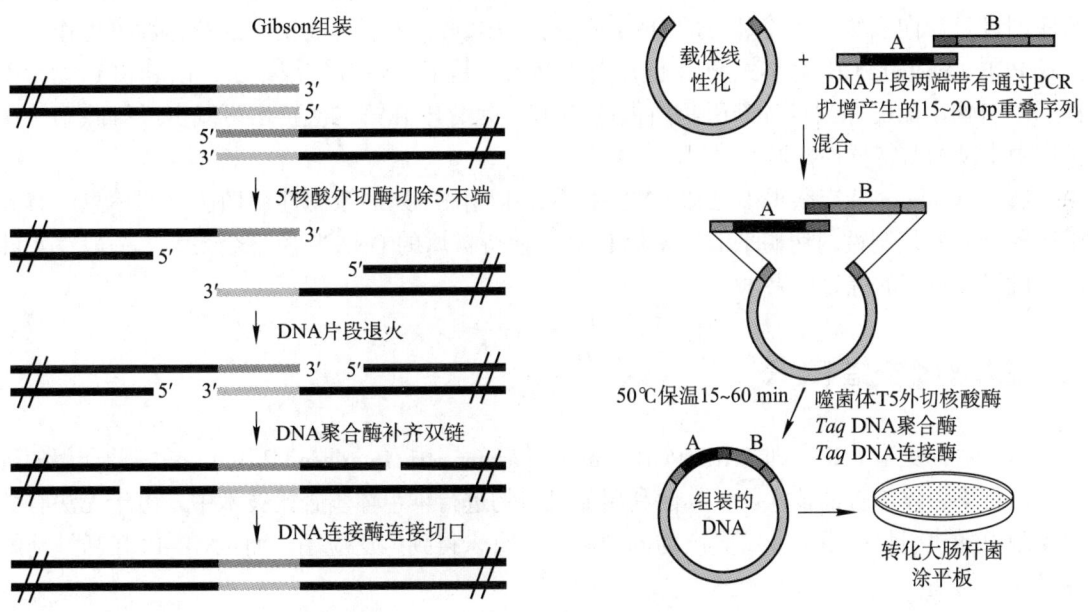

图 7-8　Gibson 组装技术原理和流程图

左：DNA 同源区域在 3 种酶催化下实现重组的过程；右：片段 A 和片段 B 与载体在同源区重组连接的流程

第三节　PCR 扩增未知 DNA 片段

当获得一段 DNA 后，若要得到与其相邻的未知 DNA 片段，可通过染色体步查（chromosome walking）来完成。染色体步查是指从生物基因组或基因组文库中已知片段出发，逐步获得或探知其相邻未知片段或与已知片段呈共线性关系的目的片段或这些片段的核苷酸序列的方法和过程。经典染色体步查主要通过构建基因文库，采用一段分离自某一重组体一端的非重复 DNA 片段作为探针以鉴定含有相邻片段的重组克隆。该方法相对比较烦琐，适合长片段步查，而基于 PCR 的染色体步查技术相对而言则比较简便，适合于小片段步查。标准 PCR 反应需要 2 个分别位于目的片段两端的引物，而在染色体步查时对目的片段只有一端是已知的，因此提供或设计 PCR 需要的另一个引物是利用 PCR 技术进行染色体步查的关键。

通过 PCR 技术进行染色体步查的方法很多，反向 PCR 和利用随机引物的染色体步查技术（如 TAIL-PCR）应用广泛。随着基因组测序技术的常态化应用，基因组任何片段很容易通过常规 PCR 扩增出来，而对于快速鉴定转基因和转座子插入位点所在区域的片段以及从总 RNA 中克隆未知 cDNA 片段这些技术可发挥重要作用。

一、反向 PCR

反向 PCR（inverse PCR）是一种简单的扩增已知片段周边未知片段的方法，其扩增原理见图 7-9。首先用已知片段内部没有的限制性内切酶切割模板 DNA，再将酶切后的 DNA 片段连接成环状分子，其中至少会有一个环状分子含有完整的已知片段。根据已知片段两端的序列设计反向引物，可将邻近的 DNA 片段扩增出来。为了提高反应的特异性可再作一次巢式 PCR（nested PCR）。巢式 PCR 也称嵌套 PCR，是指在 PCR 完成以后，以 PCR 产物为模板，以引物内侧的序列设计新引物所做的 PCR。巢式 PCR 第二次扩增可减少或排除第一次扩增中出现的非特异性扩增。

通过 Southern 杂交获得该已知 DNA 片段及其周围序列的限制性酶切位点的信息，有助于选择合适的限制性内切酶来消化模板 DNA，使待扩增的 DNA 片段不会太大。一般在 4 kb 左右可得到较好的综合效果。

二、热不对称交错 PCR

热不对称交错 PCR，即 TAIL-PCR（thermal asymmetric interlaced PCR），是一种利用随机引物进行染色体步查的技术。在其他利用随机引物进行染色体步查的技术中，由于无法有效地控制由随机引物引发的非特异产物的产生，一直未得到广泛应用。而 TAIL-PCR 巧妙地解决了这个问题。

在利用特异引物和随机引物进行的 PCR 中一般会产生 3 种产物，包括由特异引物和随机引物共同延伸产生的 I 型产物；由特异引物单独延伸生成的 II 型产物；两端由随机引物延伸生成的 III 型产物。其中 I 和 II 型产物中的非特异性产物可以用嵌套特异引物进行嵌套 PCR 除去。但 III 型产物是主要的非特异性产物，很难去除。

TAIL-PCR 用特殊的热循环程序使 PCR 反应有利于 I 型产物的扩增，而抑制 III 型非特

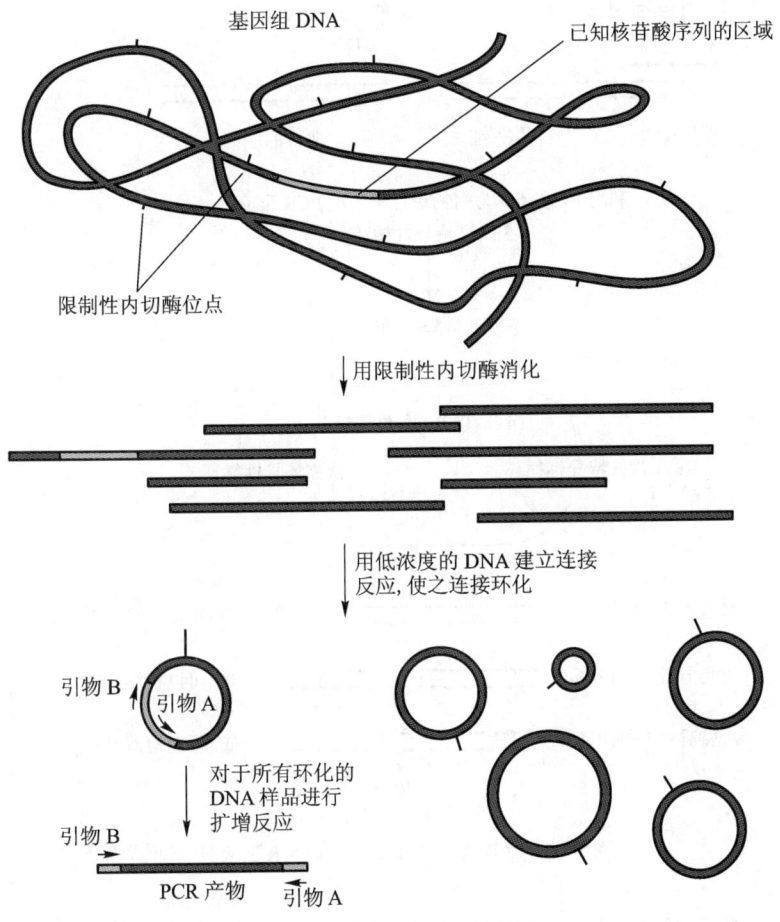

图 7-9 反向 PCR 原理示意图

异性产物。其中使用了较长的高退火温度的嵌套特异引物和较短的低退火温度的随机简并引物，它们的退火温度明显不同。通过控制退火温度可控制何种引物占优势，从而控制产物的扩增。首先，进行 5 轮高严谨度的扩增，此时主要由特异性引物起作用，单向线性扩增目的单链 DNA。然后进行一个低严谨度 PCR 循环，随机简并引物可以起作用，此前线性扩增的目的 DNA 产物可变成双链。在随后的扩增中高严谨度和中严谨度循环交错进行，使目的序列的扩增效率大大超过非特异性产物，从而控制特异产物和非特异产物的生成比例（图 7-10）。然后再使用一个嵌套特异性引物进行第二次 TAIL-PCR，可以得到大量特异性产物。一般来说，进行两次 TAIL-PCR 反应就可以把非特异性扩增降下来。如果在第二次反应后仍然有明显的非特异性产物，就有必要进行第三次 TAIL-PCR 反应。

TAIL-PCR 由于具有简便以及特异性高等优点已在分子生物学研究的多个领域广泛应用。随着应用的普及，人们设计了一些优化的工作方式，用以提高扩增效率。

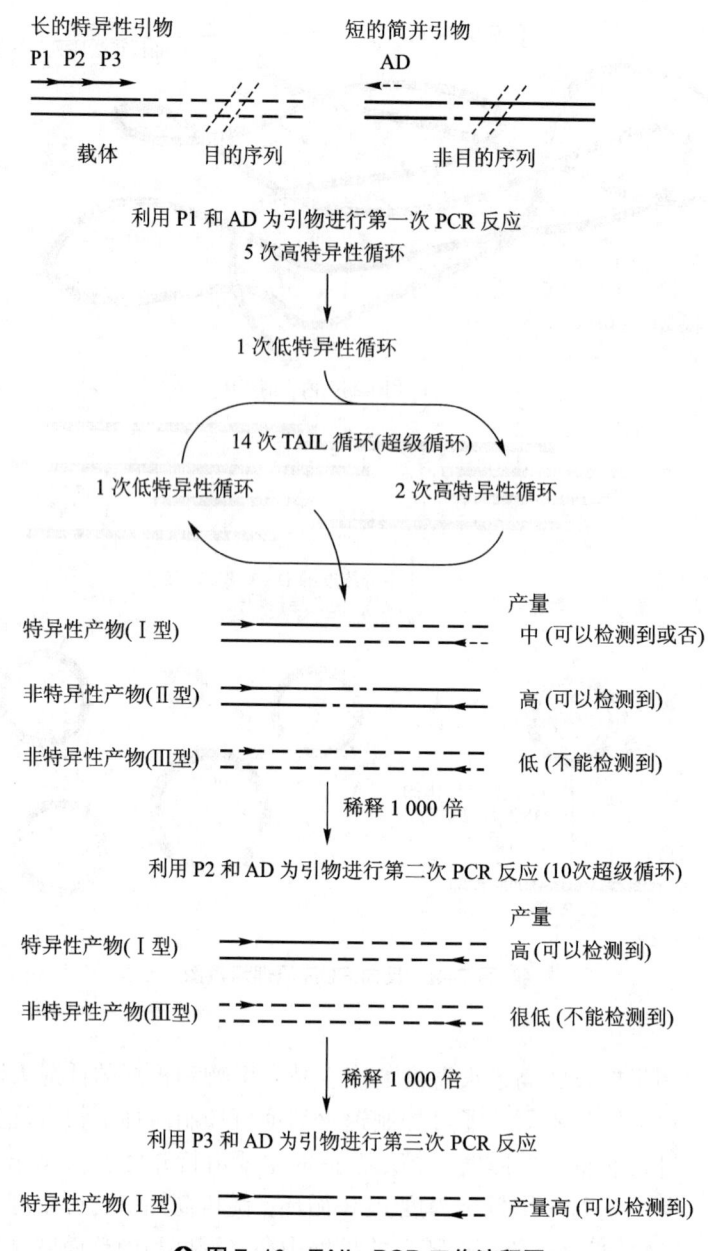

图 7-10　TAIL-PCR 工作流程图

第四节　反转录 PCR

细胞内 mRNA 是遗传信息的中间载体，其呈现的时间、空间和强度，反映并控制细胞乃至生物体的生物学性状及其动态变化。但 mRNA 不便于直接测定和分析，往往需转换成双链 DNA 后才能方便地检测、分析、存储和操作。将 mRNA 遗传信息通过反转录酶的作用转变成与其互补的 DNA 的过程称作反转录，合成的互补 DNA 称为 cDNA（complementary DNA）。SMART 方法是当前合成 cDNA 的主要技术，先采用反转录酶合成 cDNA 第一链，然后通过 PCR 合成第二链并对 cDNA 进行扩增。

反转录 PCR（reverse transcription-PCR，RT-PCR）是以反转录的 cDNA 作模板所进行的 PCR 反应，可用于获取目的基因片段、检测基因是否表达或表达强度、呈现 mRNA 多态性、克隆 mRNA 的 5′ 或 3′ 端片段，以及从少量 mRNA 样品构建大容量 cDNA 文库。

在反转录过程中可根据需要选用不同类型的引物，使用基因特异性引物时 cDNA 第一链就只有一种，便于对目的基因的表达和多态性进行分析；多聚 T，即 poly(T) 引物具有将所有真核 mRNA 反转录成 cDNA 的潜力；随机引物可在 mRNA 绝大多数部位启动转录，产生一群不同起点的 cDNA，用于扩增复杂或较长的模板。反转录 PCR 可以作为一种独立的操作技术加以应用，也可演变成特殊的 PCR 技术。

一、扩增编码基因

对于真核生物来说，在获悉基因组序列和转录组信息后，可通过反转录 PCR 扩增出所需要的蛋白编码基因片段。与常规 PCR 一样，设计扩增引物，以基因 3′ 侧的引物做反转录，合成 cDNA 第一链，以此为模板，经 PCR 扩增获得目的基因片段，经测序验证后备用。PCR 扩增时，可采用具有 3′-5′ 外切活性的 PCR 酶以提高保真度。当待扩增的基因片段偏大时，可分 2 段甚至 3 段分别扩增，以提高扩增效率和保真度，待测序验证后再连接起来（如在特定酶切位点连接或通过 SOE PCR 连接，见后文）。

二、构建 cDNA 文库

合成 cDNA 双链是构建 cDNA 文库最关键的步骤，对真核生物来说最常用的方法是 SMART 技术。其中经 SMART 方法合成 cDNA 第一链后，再通过 PCR 合成出 cDNA 第二链，并对 cDNA 群体进行扩增，进而获得足够量的 cDNA 群体，也就是 cDNA 文库。第十章详细描述了 SMART 合成全长 cDNA 的原理（图 10-1）。

构建的 cDNA 文库可用于构建 cDNA 克隆文库、表达谱测序或转录组测序、相互作用文库构建和筛选、抑制性扣除杂交文库构建等。

三、cDNA 末端快速扩增

在 cDNA 克隆时常出现丢失末端序列的现象，或在某些应用过程中只获得了部分 cDNA 信息，而 cDNA 末端的快速扩增（rapid amplification of cDNA ends，RACE）技术则可用于获得位于已知序列外侧的末端片段进而获得全长 cDNA 片段。

1. cDNA 5′ 端快速扩增

在 cDNA 克隆过程中，由于反转录酶可能没有沿 mRNA 模板合成全长 cDNA 第一条链，导致克隆得到的 cDNA 的 5′ 端不完整。RACE PCR 提供了一种快速扩增 cDNA 5′ 端（5′-RACE）的方法，也可用于测定 mRNA 的转录起始位点。

首先，测定已经得到的 cDNA 的核苷酸序列，根据这个序列设计一个与靠近 5′ 端区域序列对应的特异性引物（如 GSP1），并以这个引物引导反转录合成新的 cDNA 第一链，如图 7-11 所示。然后，用 RNase 降解模板 mRNA，并纯化 cDNA 第一链；通过 Mo-MLV 反转录酶的末端转移酶活性或直接用末端转移酶在 cDNA 第一链 3′ 端加上同聚物尾，如 poly(C)。

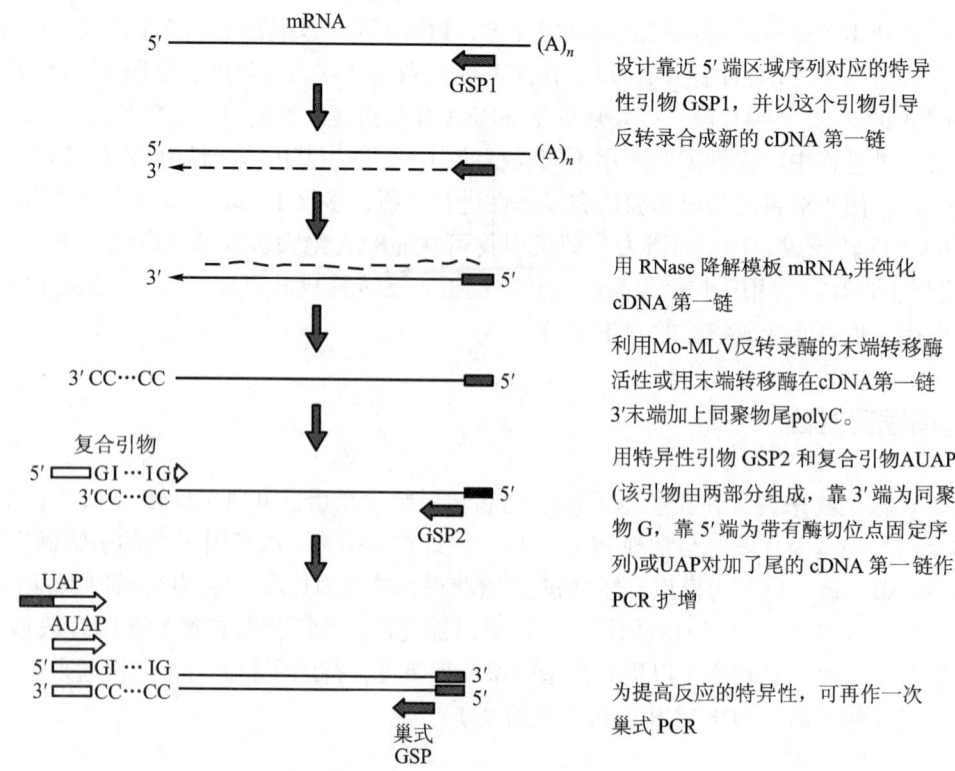

图 7-11 5′-RACE 原理示意图

最后，用特异性引物 GSP2 和复合引物（abridged anchor primer，该引物由两部分组成，靠 3′ 端为同聚物 G，靠 5′ 端为带有酶切位点的固定序列）对加了尾的 cDNA 第一链作 PCR 扩增，从而得到含有 cDNA 5′ 端的 DNA 片段。为了提高反应的特异性可再作一次巢式 PCR。完整 cDNA 5′ 端的合成和扩增，可参照 SMART 技术来实施。

2. cDNA 3′ 端快速扩增

在 cDNA 克隆时偶尔会得到 3′ 端序列缺失的克隆，利用类似 5′-RACE 的方法可以快速扩增 cDNA 的 3′ 端（3′-RACE）。首先，利用接头引物合成 cDNA 第一链。该引物由两部分组成，靠 3′ 端为同聚物 T，靠 5′ 端为带有酶切位点的固定序列。然后，用 RNase 降解模板 mRNA，纯化 cDNA 第一链。最后，用接头引物和根据已知序列合成的特异性引物 GSP 对 cDNA 第一链作 PCR 扩增，从而得到含有 cDNA 3′ 端的 DNA 片段。同样，为了提高反应的特异性可再作一次巢式 PCR。图 7-12 为 3′-RACE 原理示意图。

第五节 PCR 产生 DNA 指纹

通过 PCR 技术可以方便快捷地鉴定生物样品中是否含有特定的 DNA 序列，从而用于物种或品系的鉴定，以及临床样本的诊断、病原物的污染鉴别和法医鉴定等。最简单的莫过于设计一对引物或多对引物，通过 PCR 扩增来检测样品中特定 DNA 是否存在。在分子克隆实验中，常常采用 PCR 扩增方式对克隆子进行鉴定来判断目的基因片段是否插入到载体中。但在许多情况下通过一对引物或多对引物的 PCR 扩增难以对遗传背景相似或相近的样品进行区分或做出快速鉴定。尽管可以通过基因组测序来解决该问题，但基因组测序需要花费一

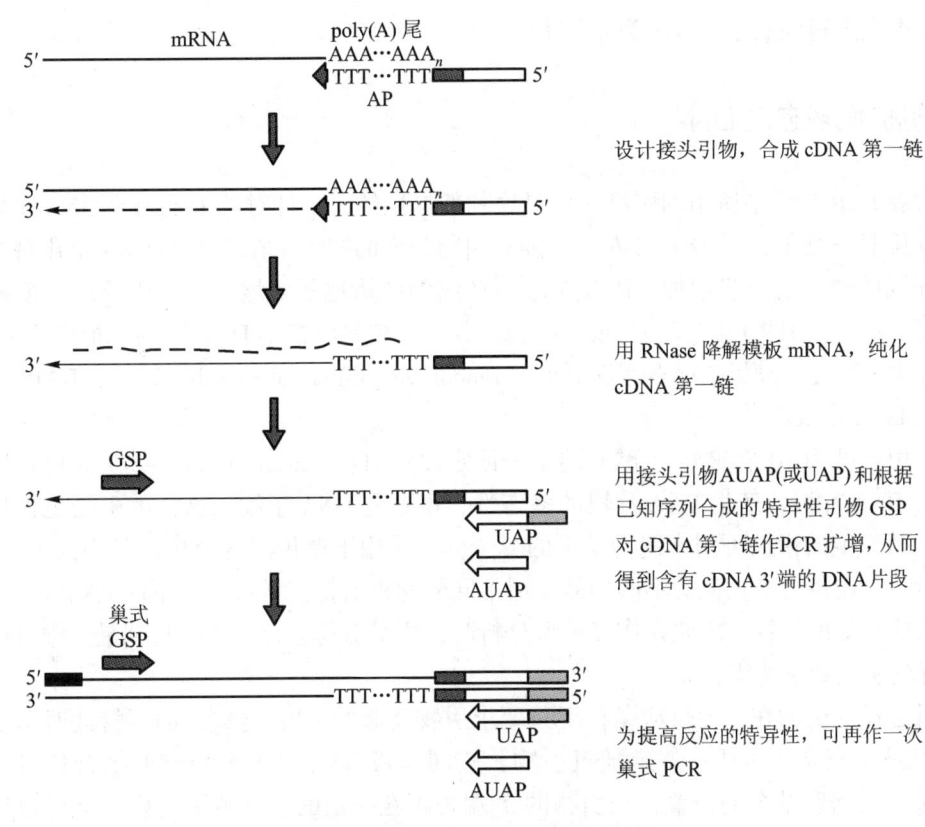

▲ 图 7-12　3′-RACE 原理示意图

定的时间以及对后续分析工具和技巧有一定要求。然而，通过特定的引物设计或扩增方式，来产生样品的 DNA 指纹图谱，在一定程度上可以快速和简便解决这个问题。

一、多重 PCR

在一个反应体系中使用一对以上引物的 PCR 称为多重 PCR（multiplex PCR），其扩增可产生多个 PCR 产物。通过比较扩增产物的大小和预期设计的大小，可以判断样品中含有哪些基因。多重 PCR 可用于等位基因鉴定。若在一个品种中多个相似基因共存，可设计一系列引物对其进行鉴定，如在苏云金芽胞杆菌种群中存在 80 多个类群 800 多个杀虫晶体蛋白基因（insecticidal crystal protein gene），在一个菌株中可能含有多个杀虫基因，通过多重 PCR 可以鉴定所含的基因类型。对每种类型的基因设计特异性 PCR 引物，使扩增产物的大小彼此不同，从而可以通过扩增产物的大小来判断样品中所含杀虫基因的类型。图 7-13 显示某菌株所含的 *cry1A* 杀虫基因的类型，从扩增产物的大小可以判断该菌株含有 *cry1Aa*、*cry1Ab* 和 *cry1Ac* 杀虫

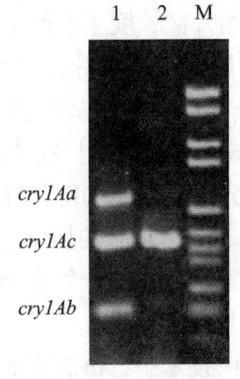

▲ 图 7-13　苏云金芽胞杆菌杀虫晶体蛋白基因 PCR 鉴定

图中 1 为利用 *cry1* 基因特异性的混合引物对该菌株扩增出大小对应于 *cry1Aa*、*cry1Ac* 和 *cry1Ab* 基因的 PCR 产物；2 为从某菌株中克隆到的 *cry218* 基因经 PCR 鉴定属于 *cry1Ac* 基因；M 为相对分子质量标准

基因，从中克隆得到的杀虫基因为 *cry1Ac*。

二、随机扩增多态性 DNA

在常规 PCR 扩增中所用的引物一般是序列特异性的，是针对某个基因或 DNA 序列而设计的，其长度一般在 20 个核苷酸左右。随着引物长度的缩短，在基因组 DNA 上出现与之互补配对序列的概率进一步增加，PCR 扩增后产物的数量也随之增加。当引物的长度缩短到一定程度后，单一引物可在多处与模板结合，并可以扩增出多个 DNA 产物。根据这一现象，人们设计出一种建立随机扩增多态性 DNA（random amplified polymorphic DNA，RAPD）的方法来建立 DNA 指纹图谱。

当采用长度为 10 个或 11 个碱基的单一固定序列引物（arbitrary primers）时可扩增出随机大小的 DNA 片段，产生 DNA 片段的多态性，也就是 DNA 指纹。这样的引物也被称为随机引物，其产生的指纹可用作遗传学上的分子标记，用于遗传图谱分析或基因组 DNA 的多态性分析。对遗传背景相似的不同样品，用不同的随机引物扩增可产生不同的指纹，也可能产生相同或相似的指纹。因此在作多态型分析时，要对引物进行筛选，找到最大限度展示多态性差异的引物或引物组合。

随机选择的引物在一定反应条件下只要求引物能起始 DNA 合成，而不管此时引物和模板的配对是否完全。对任一特定随机引物，它同模板 DNA 有多个特定的结合位点，在模板的两条链上都有结合的位置，当引物的 3' 端相距在一定的长度范围之内，就可以扩增出 DNA 片段，其中最有效的那些反应在扩增过程中互相竞争而产生 PCR 产物，有的只有几个主要 PCR 产物，有的则包括 100 多个。该方法检测精确度不高，一般用于遗传变异较大物种的遗传分析，同时也应用在检测技术成熟和需要快速检测的领域或材料。

三、扩增片段长度多态性

扩增片段长度多态性（amplified fragment length polymorphism，AFLP）分析是针对基因组 DNA 的限制性酶切片段进行选择性 PCR 扩增而建立 DNA 指纹的技术。其检测精确度高于 RAPD，但检测步骤却增多。尽管随着基因组测序技术的广泛应用并取代了该技术，但与对 RAPD 技术的需求一样在快速和成熟领域 AFLP 仍有应用市场。

首先将基因组 DNA 以两种限制性内切酶完全切割，之后再将合成的并与这两个限制酶产生的末端相对应的接头与酶切 DNA 片段的两端连接。然后以含有接头序列和酶切位点序列的引物，对连接产物作 PCR 扩增。最后利用聚丙烯胺凝胶电泳对 PCR 产物进行分离，从而产生 DNA 指纹。

在该技术中，PCR 引物的设计是一项关键因素。如果引物的序列完全由接头的序列和酶切位点的序列组成，那么 PCR 扩增将没有选择性，对所有的模板都可能扩增，这样扩增出来的产物数量将太大，难以对产物用聚丙烯胺凝胶电泳进行分离，达不到建立指纹的目的。为此，在引物的 3' 端增加 2~3 个碱基（其序列可自行设计），从而选择性地扩增，产生 50~100 个产物。这些产物可有效地进行分离检测，进而建立 DNA 指纹。典型的操作是将基因组 DNA 用 *Eco*R I（G/AATTC）和 *Mse* I（T/TAA）作双酶切，然后用合成的接头与酶切产物连接。PCR 引物由三部分组成，其 5' 端核心部分为对应接头的序列，紧接 3' 端为酶切位点的序列，3′ 端为 3 个选择性核苷酸序列，其序列延伸至酶切片段内部（图 7-14）。选用不同的选择性核苷酸序列会产生不同的 DNA 指纹。

AFLP 是针对基因组限制性酶切片段进行 PCR 扩增的技术，亦属于以 PCR 反应为基础的分子标记技术。与 RAPD 相比，其结果的重复性进一步提高，蕴藏的信息更丰富，指纹精度更高。

```
           EcoRⅠ接头                           MseⅠ接头

    5′-CTCGTAGACTGCGTACC              5′-GACGATGAGTCCTGAG
         CATCTGACGCATGGTTAA-5′              TACTCAGGACTCAT-5′


    引物名称      核心              酶切位点    延伸
     EcoRⅠ    5′-GACTGCGTACC    AATTC    NNN-3′
     MseⅠ     5′-GATGAGTCCTGAG  TAA      NNN-3′
```

图 7-14　AFLP 扩增采用的接头序列和引物序列

第六节　定量 PCR

通过 PCR 扩增可以检测模板样品中目的 DNA 或 RNA 分子的含量。由于 PCR 扩增以指数方式进行，因此根据最后累积产物的数量似乎可以推算出起始模板分子的拷贝数。但实际上通过这种测量末端产物方式进行定量分析会带来很大的误差。因为在扩增过程中不可能每一轮反应的扩增效率都是 100%，在任何一个循环中扩增效率的细微差异都可能导致最终扩增产物累积的差异。

一、实时荧光定量 PCR

通过特定设计的 PCR 仪器来实时检测 PCR 扩增过程每一轮循环产物的累积数量，可以很好地推算模板的起始浓度。这种工作方式称为实时荧光定量 PCR（real-time quantitative PCR，qPCR）。同时由于在检测过程中通过检测标记的荧光信号的累积来实时监测整个 PCR 进程，最后通过标准曲线对未知模板进行定量分析，所以该技术亦称实时荧光定量 PCR。该技术于 1996 年设计并推出，实现了 PCR 从定性到定量的飞跃。实时 PCR 提供 PCR 扩增的瞬时信息，可以在动力学范围内测量核酸分子的浓度，且能够识别扩增效率的差异并对其进行补偿。

1. 定量原理

实时荧光定量 PCR 依赖于荧光检测 PCR 仪，该仪器可同时进行 PCR 扩增和荧光产物浓度检测，记录整个扩增过程中产物累积的动态变化，也就是通过记录每一轮 PCR 扩增产物产生的荧光信号强度来显示进入指数扩增所对应的循环次数（Ct 值）而推导起始模板浓度。

（1）Ct 值　在荧光定量 PCR 过程中，通过荧光信号的强度来显示每一轮反应中新增产物的数量。在前期循环中，荧光信号的强度呈现平缓的波动状态，也就是处于基线（baseline）或本底（background）状态，在经过一定数量的扩增循环后荧光信号强度由本底进入指数增长阶段。将荧光信号由本底进入指数增长阶段的拐点所对应的荧光强度设定为阈值（threshold），荧光信号达到阈值所对应的循环次数称为 Ct 值（threshold cycle）。实验操作中，Ct 值是指在基线上方产生可检测到的统计学上显著的荧光强度所对应的 PCR 循环次数。在指数扩增的开始阶段，样品间的细小误差尚未放大，因此该 Ct 值具有极好的重复性。

阈值的设定非常重要，一般 PCR 反应的前 15 个循环的荧光信号作为荧光本底信号，且荧光阈值定义为基线范围内荧光信号强度标准偏差的 10 倍（图 7-15）。基线范围是指从第 3 个循环起到 Ct 值前 3 个循环止，其终点要根据每次实验的具体数据调整，一般取第 3 到第 15 个循环之间。早于 3 个循环时，荧光信号很弱，扣除背景后的校正信号往往波动比较大，不是真正的基线高度；而在 Ct 值前 3 个循环之内，大多数情况下荧光信号已经开始增强，超过了基线高度，不宜当作基线来处理。Ct 值取决于阈值，阈值取决于基线，基线取决于实验的质量，Ct 值是一个完全客观的参数。正常的 Ct 值范围在 18~30 之间，过大和过小都将影响实验数据的精度。从同一样品在多次测量时的荧光信号强度与循环数的关系可以看出，扩增反应终点处产物量差异很大（图 7-16），但 Ct 值稳定。

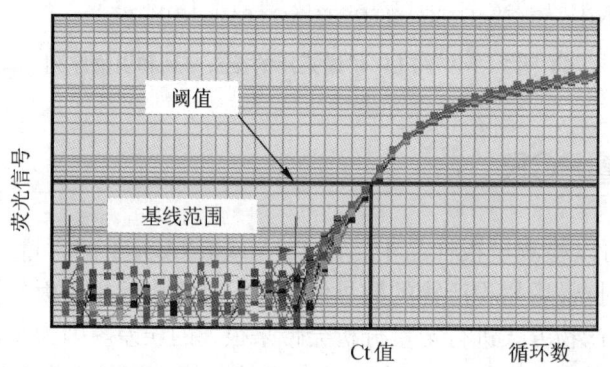

↑ 图 7-15　同一样品在多次实时定量 PCR 测量时的 Ct 值和阈值

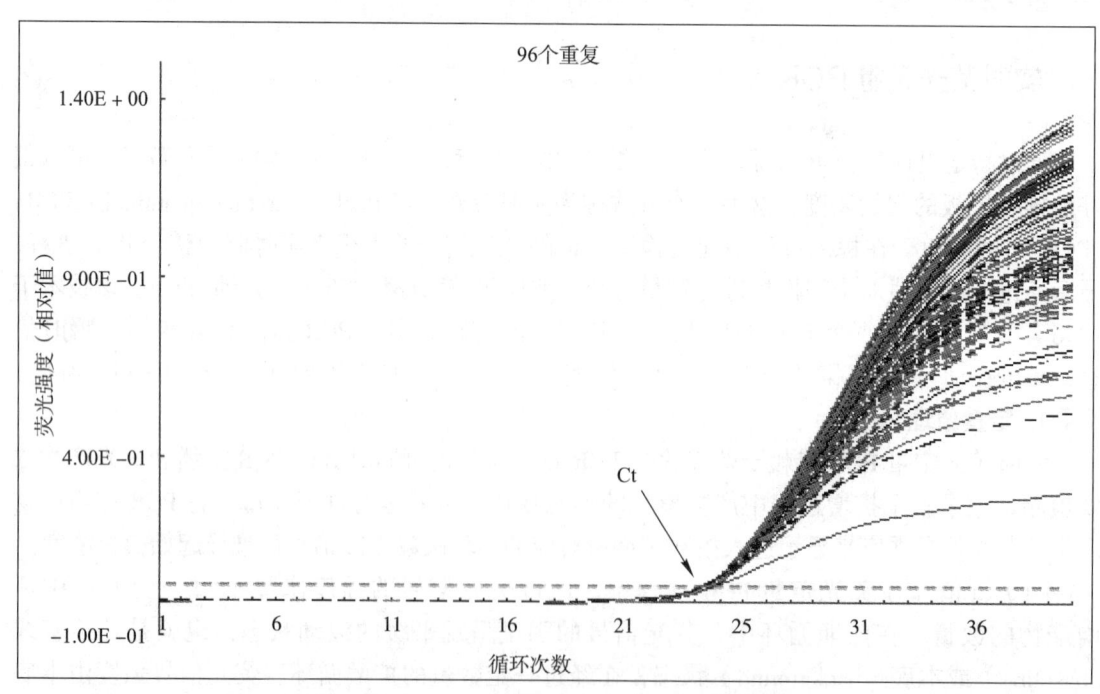

↑ 图 7-16　同一样品重复 96 次扩增的扩增曲线图

(2) 绝对定量和相对定量　Ct 值与起始模板拷贝数的对数成线性关系。起始拷贝数越高，Ct 值越小。利用已知起始拷贝数的标准品可做出标准曲线，因此只要获得未知样品的 Ct 值即可从标准曲线上计算出该样品的起始拷贝数，这种定量方式称为绝对定量（absolute quantification）。相对定量（relative quantification）用来比较某个样品中特定基因的表达强度与另一个样品中该基因表达强度的差异，一般用差异倍数来表示。这种差异是通过各自与某内参基因的表达差异程度来计算，一般以某表达量恒定的看家基因如 β- 肌动蛋白（β-actin）基因做内参。采用公式 $2^{-\Delta\Delta CT}$ 计算相对表达量差异，其中 $-\Delta\Delta CT = -(\Delta Ct_{样品} - \Delta Ct_{内参})$。

2. 标记方式

荧光强度可以反映 PCR 产物的数量或特定 PCR 产物的数量，不同的荧光标记方式可用于不同的检测方式和特异性要求。当前主要有 2 种荧光标记方式。

(1) SYBR 荧光染料标记

SYBR 荧光染料（SYBR Green I）可结合到双链 DNA 的小沟中，与双链 DNA 结合后才能在激发后发荧光，不掺入链中的 SYBR 染料分子不会发射荧光信号。因此，通过荧光强度的变化，可探测产物增长的数量。该荧光染料的最大吸收波长为 497 nm，最大发射波长为 520 nm。SYBR 荧光染料在核酸的实时检测方面有很多优点，如通用性好、灵敏度高、价格相对较低。但由于对 DNA 模板没有选择性，因此特异性不强，不如 *Taq*Man 探针。要想得到比较好的定量结果，对 PCR 引物设计的特异性和 PCR 反应的质量要求比较高。另外，该定量方式不仅可以定量起始模板浓度，还可以制作融解曲线并计算出 T_m 值以及分析基因型等。

(2) 水解探针（*Taq*Man 探针）

*Taq*Man 探针是一种寡核苷酸探针，其序列对应于待扩增的目的 DNA 内部的序列。在其 5′ 端连接一个荧光基团（Reporter，R），而在 3′ 端则连接一个荧光淬灭剂（Quencher，Q）。当完整的探针处于游离或与目的序列配对时，荧光基团与淬灭剂接近，发射的荧光被淬灭剂吸收，荧光强度很低。但在进行 PCR 延伸反应时，*Taq* DNA 聚合酶的 5′ 外切酶活性会将探针水解，使得荧光基团与淬灭剂分离，荧光基团便可激发出荧光。每扩增一条 DNA 链，就有一个游离荧光分子形成，实现荧光信号的累积与 PCR 产物形成完全同步。随着扩增循环数的增加，释放出来的荧光基团不断积累，所发射的荧光强度直接与 PCR 扩增产物的数量呈正比关系。如图 7-17 所示。

*Taq*Man 探针可应用于起始模板浓度定量、基因型分析、产物鉴定和单核苷酸多态性（SNP）分析，但不能进行融解曲线分析。对目的序列特异性很高，特别适合于一个特定目标的检测，为此在医学和环境快速检测中广泛应用。新型冠状病毒的核酸检测主要采用基于 *Taq*Man 探针的实时荧光 RT-PCR 方法。在国家卫生健康委员会于 2020 年 1 月发布的"新型冠状病毒感染的肺炎实验室检测技术指南（第二版）"中描述，新型冠状病毒核酸的常规检测是通过实时荧光 RT-PCR 来鉴定两个靶标基因 [ORF1ab 和核壳蛋白（nucleocapsid protein）编码基因 N] 是否同时存在来判定检测结果是否为阳性。推荐选用的引物和探针如下，其中采用 FAM 荧光素（6- 羧基荧光素，6-Carboxy fluorescein）对荧光探针的 5′ 端进行标记，采用 BHQ1（一种非荧光暗淬灭剂）和 TAMRA（6- 羧基四甲基罗丹明，6-Carboxytetramethylrhodamine）荧光淬灭剂分别对 3′ 端进行标记。

靶标一（ORF1ab）：

正向引物（F）：CCCTGTGGGTTTTACACTTAA

反向引物（R）：ACGATTGTGCATCAGCTGA

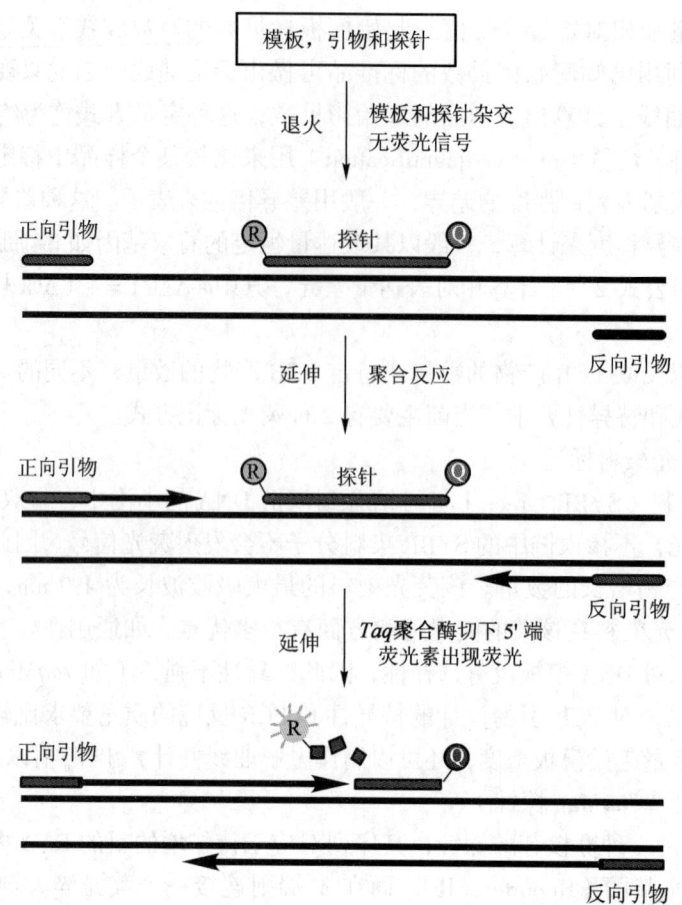

图 7-17　荧光定量 PCR *Taq*Man 探针工作原理示意图

荧光探针（P）：5′-FAM-CCGTCTGCGGTATGTGGAAAGGTTATGG-BHQ1-3′

靶标二（N）：

正向引物（F）：GGGGAACTTCTCCTGCTAGAAT

反向引物（R）：CAGACATTTTGCTCTCAAGCTG

荧光探针（P）：5′-FAM-TTGCTGCTGCTTGACAGATT-TAMRA-3′

无 Ct 值或 Ct 值 > 40 判为阴性；Ct 值 < 37，可报告为阳性；Ct 值在 37~40 之间，为可疑结果，建议重复实验。

除了上述 2 种荧光标记方式外，还有其他标记方式。定量 PCR 在模板 DNA 起始浓度的定量分析、基因表达定量分析、点突变分析和等位基因分析、单核苷酸多态性分析、疾病有关基因甲基化检测以及传染性疾病定量定性分析等方面发挥了重要作用。

二、数字 PCR

数字 PCR（digital PCR）是一种将待测样本分割成数千或数万份只含大约 1 个拷贝待测 DNA 分子的微小样本并通过常规实时定量 PCR 测定每一个微小样品中待测分子的拷贝数进而利用泊松分布（Poisson distribution）公式计算待测样品中待测分子拷贝数的一种 PCR 扩增方式。数字 PCR 使用与传统实时 PCR 具有相同的引物集、荧光标记和酶试剂，其主要区别在于，在数字 PCR 中一个样本被分割成数千或数万个独立的 PCR 反应，每个反应展示的结果显示微小样品含有 1 还是 0 或 2 或更多个待测分子，而不像实时定量 PCR 那样通过测定每一轮扩增产物的变化来推算待测分子的初始拷贝数。当样品分割成 2 万个反应时，如果检测到不含待测分子的比例为 20%，那么根据统计与概率学中泊松分布模型可推导出每个微小样品中的待测分子平均拷贝数为 1.59。数字 PCR 通过极限稀释的方式来测定样本中是否存在待测分子，相当于将稀释的微小样本进行了 0 和 1 数字化标定，进而可对待测分子进行绝对计数，这样给出的定量结果精确高和灵敏高，同时无需参照标准品也无需制作标准曲线。

一般采用微滴发生器或阵列微池式芯片将反应物分成大约 1 纳升液滴，每个液滴独立运行 PCR 反应，经检测标记的荧光来记录液滴是否发生 PCR 扩增，进而获得副反应的比例，通过泊松公式计算出液滴的平均模板拷贝数（图 7-18）。液滴数越多，误差就越小，2 万个液滴能很好满足日常实验对精确度和稳定性的要求。

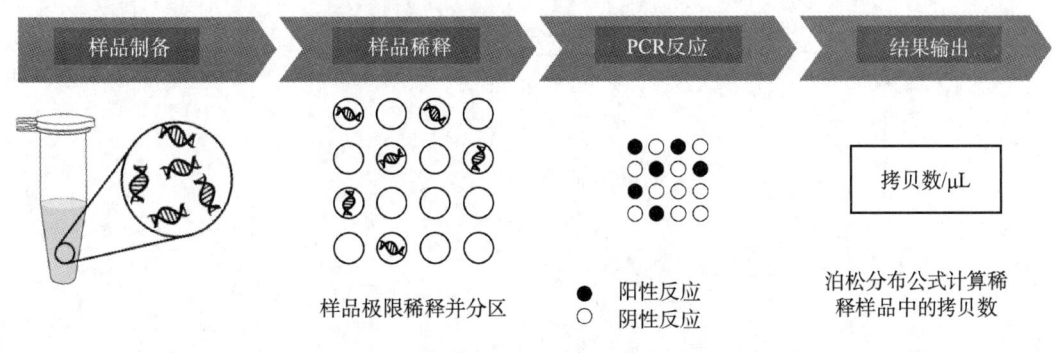

图 7-18　数字 PCR 工作流程图

数字 PCR 可以应用于拷贝数的精确测定，如低至 1.2 倍的差异可以精确检出，在肿瘤组织中可检测小于 1% 的突变基因；第二代测序文库的定量测定，最大限度地减少测序的重复次数，降低测序成本；制备核酸定量标准品，发挥数字 PCR 绝对定量的优势直接对样品进行定量测定。

以上介绍了 PCR 技术的基本原理和应用方式，其实 PCR 技术是分子生物学研究中的一个基本和通用技术。同时，PCR 技术也是一种基础性技术，是一种平台技术，在这个舞台上可以衍生出多种多样的技术，如广泛用来对 DNA 进行诱变，通过设计特定的引物介导定点诱变（第九章）；应用于核苷酸序列测定进而简化常规测序操作程序并带来创造性的通量提升（第八章）；通过细胞或组织作原位 PCR 检测目的 DNA 的定位。实践中人们可以根据操作方式、模板形式、应用对象、引物设计和组合等来设计特定的 PCR 技术，并随需求的多样化而不断开发新技术和新方法。

思考题

1. 如何理解 PCR 扩增原理和过程中的关键因素？
2. 通过 PCR 技术扩增已知序列侧翼的未知序列的关键问题是什么？
3. PCR 产物克隆与一般 DNA 片段克隆有何异同？
4. 为什么在实时定量 PCR 中要引入 Ct 值概念？是否有其他可行的参数？

5. 如何理解在数字PCR测定时采用统计学方式获得的结果更精确？

6. 能否设计出属于自己的PCR技术？

主要参考文献

1. Green MR, Sambrook J. Molecular Cloning: a Laboratory Manual. 4th ed. Cold Spring Harbor: Cold Spring Harbor Laboratory Press, 2012

2. ThermoFisher Scientific. Real-time PCR handbook, www.thermofisher.com/qpcr, 2022

3. https://www.neb.cn/

4. https://www.takarabio.com/

5. Gibson DG, Benders GA, Andrews-Pfannkoch C, et al. Complete chemical synthesis, assembly, and cloning of a *Mycoplasma genitalium* genome. Science, 2008, 319 (5867): 1215-1220

（孙 明）

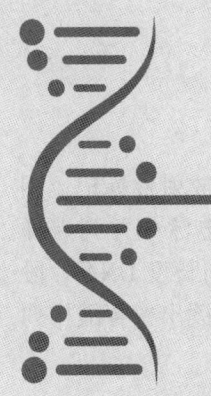

第八章

DNA 序列分析

DNA 是遗传物质，解读 DNA 的核苷酸排列顺序，即 DNA 测序（DNA sequencing），是解析基因功能，揭示复杂、多样的生命奥秘的必备技术之一，也是基因操作最基本的技术之一。

传统的 DNA 测序方式主要有两种，即 Maxam-Gilbert 化学降解法和双脱氧链终止法（dideoxy chain termination，Sanger 测序法），依其开发的测序技术也称第一代测序技术。以高通量为主要特征的第二代测序技术和基于单分子读取技术的第三代测序技术发展迅速，使得 DNA 序列测定通量更高、速度更快、成本更低，也就使得获取 DNA 序列信息变得更容易。因此，在实施分子操作之前或者过程中对序列进行分析已经成为常规手段，可对即将进行和正在进行的实验提供指导和验证。本章将分别对这些测序技术的基本原理，以及序列的常规分析技术原理进行介绍。

第一节 第一代 DNA 测序技术

第一代 DNA 测序技术主要基于 Maxam-Gilbert 化学降解法和双脱氧链终止法（Sanger 测序法）的原理，当今使用最广泛的荧光自动 DNA 测序技术是由后者衍生而来的。前者已不再作为日常测序技术，但作为一种经典测序技术且对其工作原理的掌握有利于提高对 DNA 操作技巧的认识以及有助于对后续测序技术原理的理解，有必要介绍其工作原理。

一、Maxam-Gilbert 化学降解法测序技术

1977 年 A.M. Maxam 和 W. Gilbert 首先建立了 DNA 片段序列测定方法，该方法用特定化学试剂修饰不同碱基，并在该碱基处切断 DNA 片段，进而分析其序列，故称之为 Maxam-Gilbert 化学降解法。

1. 基本原理

将待测 DNA 片段的 5′ 端磷酸基团作放射性标记，再采用不同的化学方法对碱基进行化学修饰并打断此位点的核酸链，从而产生一系列 5′ 端被标记的长度不一且分别以不同碱基结尾的 DNA 片段，将这些片段群通过并列点样（lane-by-lane）的方式用凝胶电泳进行分离和放射自显影，即可读出目的 DNA 的碱基排列顺序。其原理核心在于特定化学试剂可对不同碱基进行特异性修饰并在被修饰的碱基处（5′ 或 3′）打断磷酸二酯键，从而达到识别不同碱

基种类的目的。

2. 化学降解测序法的基本步骤

化学降解测序法的基本步骤包括：对待测 DNA 片段 5′ 端磷酸基团作放射性标记；用化学修饰剂修饰特定碱基，并降解 DNA 链；将不同处理的样品在凝胶电泳中并列点样进而分离末端被标记、以不同碱基结尾的、彼此长度相差 1 个碱基的不同长度 DNA 片段群；放射自显影显示片段群的电泳照片，根据彼此各片段泳动的相对位置读出核苷酸排列顺序。

模板 DNA（待测 DNA）的标记既可在 5′ 端也可在 3′ 端。通过核苷酸激酶用 ^{32}P 可对待测 DNA 链的 5′ 端进行标记。再用此单链为模板建立 4 个化学处理反应体系，分别加入能够修饰并破坏特定碱基的化学试剂，如用硫酸二甲酯（dimethylsulphate，DMS）、哌啶甲酸（piperidine formate，pH 2.0）、肼（hydrazine）、肼 + NaCl（1.5 mol/L）以及热碱等，它们分别对碱基 G、A 或 G、C 或 T、C 以及 A 或 C 进行修饰（表 9-1）。待测 DNA 链在修饰位点被切断，生成 5′ 端被 ^{32}P 标记、3′ 端分别断裂于 G、A 或 G、C 或 T、C 以及 A 或 C 的不同长度 DNA 片段群。这些片段经分辨率高达 1 个碱基的聚丙烯酰胺凝胶电泳按不同大小分离、放射自显影显示出长度不同的片段。由于在同一反应体系中得到的 DNA 片段其起始位点及标记端均相同，只有断裂部位不同，因此，根据片段长度即可知修饰碱基在 DNA 序列中的相对位置，从而得到 DNA 的顺序（图 8-1）。

3. 化学修饰试剂

用于修饰和降解 DNA 链的化学试剂有多种，所需反应条件不同，反应结果和裂解的部位各不相同，详见表 8-1。硫酸二甲酯呈碱性，可以使 DNA 链上腺嘌呤（A）的 N_2 和鸟嘌呤（G）的 N_7 甲基化。但是，硫酸二甲酯甲基化鸟嘌呤（G）N_7 的速度比甲基化腺嘌呤（A）N_2 的速度快 4~10 倍，并且在中性 pH 条件下主要甲基化鸟嘌呤（G）。哌啶甲酸在酸性条件下可以水解 DNA 链上嘌呤的糖苷，导致 DNA 链脱嘌呤；热哌啶溶液（90℃，1 mol/L）可在修饰位点两端使 DNA 的糖-磷酸链发生裂解。肼，

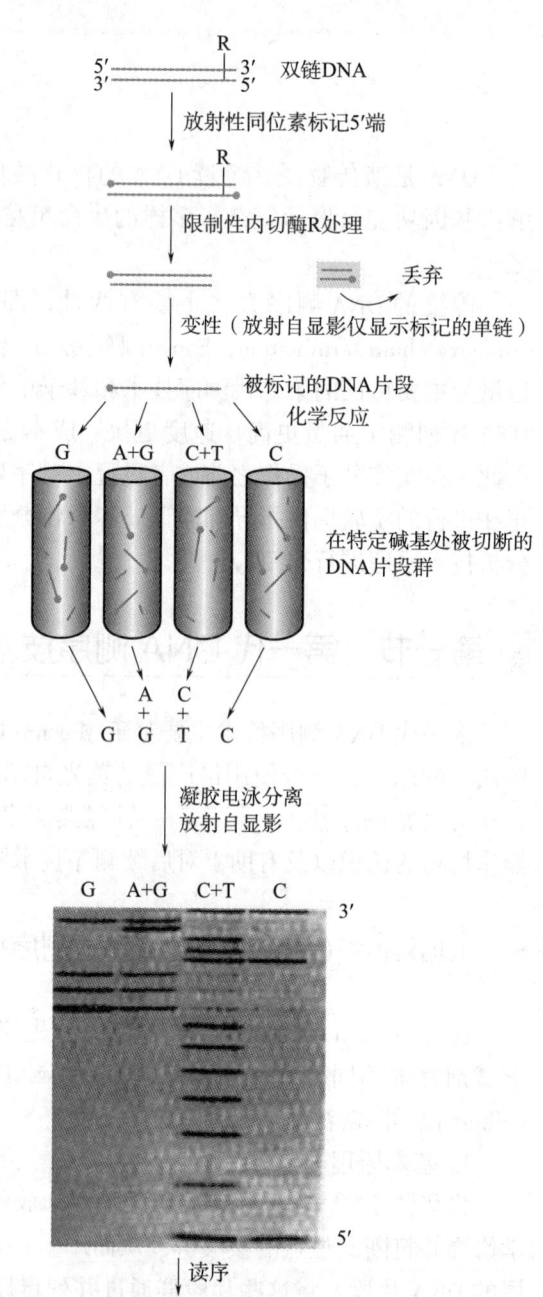

图 8-1 Maxam-Gilbert 化学降解法测序原理

又称联氨 $NH_2·NH_2$，在碱性条件下可以作用于胞嘧啶（C）和胸腺嘧啶（T）的 C_4 和 C_6 位置，打开嘧啶环。在高浓度盐（1.5 mol/L NaCl）条件下，肼则主要作用于胞嘧啶（C）；而在高温强碱条件下（90℃，1.2 mol/L NaOH），则可使腺嘌呤位点发生断裂，对胞嘧啶的反应较微弱。

表 8-1 Maxam–Gilbert 化学降解反应的化学试剂和化学反应

碱基体系	化学修饰试剂	化学反应	断裂部位
G	硫酸二甲酯	甲基化	G
A + G	哌啶甲酸，pH 2.0	脱嘌呤	G 和 A
C + T	肼	打开嘧啶环	C 和 T
C	肼 + NaCl（1.5 mol/L）	打开胞嘧啶环	C
A > C	90℃，NaOH（1.2 mol/L）	断裂反应	A 和 C
哌啶（90 ℃，1 mol/L）在修饰位点两端使 DNA 的糖－磷酸链发生裂解			

Maxam–Gilbert 化学降解测序法一次测定长度大约为 250 个碱基，读长（read）短，更重要的是操作繁琐，化学试剂毒性大，需放射性同位素标记，因此目前几乎不再使用。

二、Sanger 双脱氧链终止法测序技术

1977 年英国科学家 F. Sanger 利用 DNA 复制这一生物学特性，设计了一种通过 DNA 复制以及采用一定比例双脱氧核苷酸做底物来识别 4 种碱基并读取 DNA 核苷酸排列顺序的方法，即双脱氧链终止测序方法，或称 Sanger 测序法。

1. 基本原理

双脱氧链终止测序方法巧妙地使用了双脱氧核苷酸（dideoxynucleoside triphosphate，2′，3′-ddNTPs，N 指 A、T、G 或 C）分子的特征，即缺失脱氧核糖 2′ 和 3′ 两个羟基（–OH）。将它与其他正常 2′- 脱氧核苷酸（deoxynucleoside triphosphate，2′-dNTPs）混合于同一 DNA 合成反应体系中，在 DNA 聚合酶作用下，它也能够像 2′- 脱氧核苷酸一样参与 DNA 合成，以其 5′磷酸基团与上位脱氧核苷酸的 3′羟基结合而形成磷酸二酯键；但是，由于它自身 3′位置的羟基缺失，致使无法与下位核苷酸的 5′磷酸基团之间形成磷酸二酯键，使得该 DNA 链的合成反应终止于此双脱氧核苷酸（图 8-2）。

基于上述特性，Sanger 建立了以双脱氧链终止反应为基础的 DNA 序列测定方法。该方法以待测单链或双链 DNA 为模板，使用能与 DNA 模板结合的一段寡核苷酸为引物，在 DNA 聚合酶的催化作用下合成新 DNA 链。正常情况下 DNA 聚合酶催化反应在其反应体系中包含 4 种脱氧核苷酸（dATP、dCTP、dGTP 和 dTTP），合成与模板 DNA 互补的新链。当向这个反应体系中加入一种双脱氧核苷酸（ddATP、ddCTP、ddGTP 或 ddTTP）后，在 DNA 合成过程中 ddNTP 将与相应的 dNTP 竞争掺入到新合成的 DNA 互补链中。如果 dNTP 掺入其中，DNA 互补链的合成则继续延伸下去；如果 ddNTP 掺入其中，那么 DNA 互补链的合成则到此终止。加入到反应体系中的 ddNTP 的比例通常较低，因此合成终止位点是随机的。按照这一反应方式，可得到 4 种分别以 ddATP、ddCTP、ddGTP 或 ddTTP 结尾的不同长度

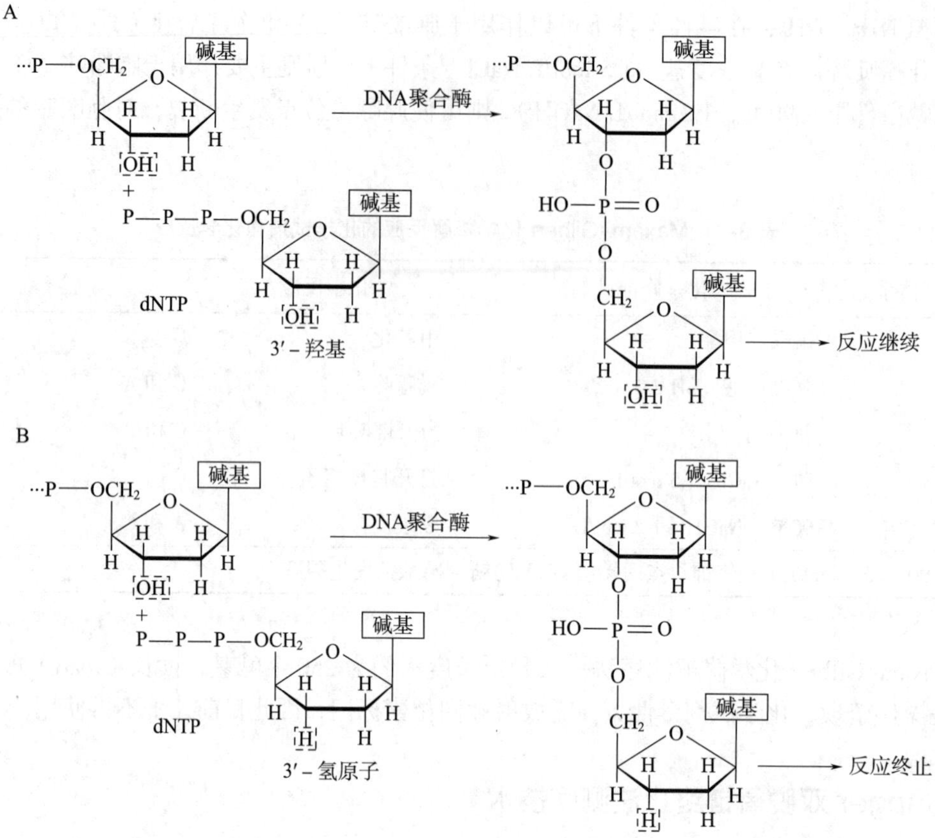

图 8-2　双脱氧核苷酸（ddNTP）分子的结构及 DNA 链合成终止反应
A. 正常的 DNA 合成反应；B. ddNTP 掺入到 DNA 合成反应后导致反应终止

DNA 片段群。

由于反应时新生 DNA 片段的长度取决于模板 DNA 中与该双脱氧核苷酸相对应的互补碱基的位置，即双脱氧核苷酸掺入的位置，而双脱氧核苷酸的掺入是随机的，故 DNA 合成在每个碱基处都可能发生终止，进而形成彼此大小相差 1 个碱基的新生 DNA 片段群。不同长度 DNA 片段在凝胶中的移动速率不同，而聚丙烯酰胺凝胶电泳分辨率极高，能分辨出小至 1 个碱基长度差的 DNA 片段，从而将混合产物中不同长度 DNA 片段分离开，再通过放射自显影曝光，根据片段尾部的双脱氧核苷酸种类读出该 DNA 的碱基排列顺序（图 8-3）。

作为标记用的放射性同位素主要有［α-^{32}P］dNTP、［α-^{33}P］dNTP 或［α-^{35}S］dNTP。催化新 DNA 链合成常使用 T7 DNA 聚合酶或其衍生物测序酶（Sequenase）。

2. 序列测定的基本步骤

（1）模板制备和引物设计

模板就是所希望得知序列的那一段 DNA 片段。双脱氧链终止测序的模板在经典方法中是由噬菌体 M13 载体或噬菌粒载体制备的单链 DNA，后续改进后也可以采用双链 DNA。无论使用何种模板，必须保证足够的纯度和浓度，特别是使用双链 DNA 模板时。

由于在测序中涉及 DNA 合成，因此必须使用引导 DNA 合成的引物。作为测序引物一般都是人工合成的寡核苷酸链，在设计时一般满足以下特征：长度为 18~22 碱基；尽量避免 3 个以上相同碱基的重复，尤其是 G 或 C；T_m 值为 55~60℃（至少要高于 45℃）；尽量减少

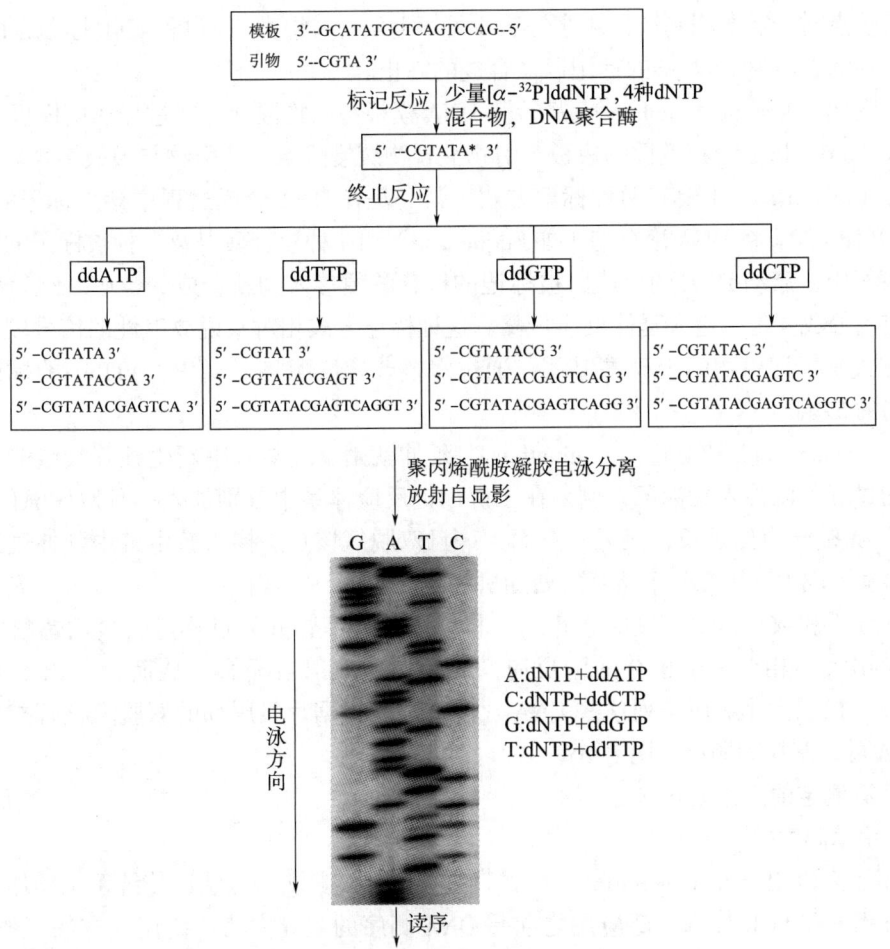

图 8-3 双脱氧链终止测序法原理

在标记反应中标记的[α-^{32}P]dATP会随机整合到延伸的DNA链中（用*表示），在终止反应结束前标记反应会持续进行

发夹结构形成的可能性；引物之间不形成二聚体结构。

为方便使用，在多数情况下可利用通用引物来测序。待测的DNA片段通常都是装载在质粒载体上的，而装载的部位一般位于 lacZ' 基因中的多克隆位点。在这种情况下，相当于在待测DNA片段两端各连接了一段已知序列的片段。因此可以根据该已知序列来设计引物。在常用质粒载体、噬菌粒载体和噬菌体M13载体中都有 lacZ' 基因，例如M13mp系列、pUC系列、pBluescrip、pGEM系列和pTZ系列等克隆载体。相应的引物有 Universal 引物（或 Forward 引物）和 Reverse 引物。在有些载体中多克隆位点两端还有噬菌体的启动子，如T7、T3和SP6噬菌体启动子。根据这些启动子序列也可用于设计通用引物。通过这些通用引物可以测定待测DNA片段的末端序列。

（2）测序反应基本步骤

由于PCR技术和荧光标记在测序工作中的广泛应用，经典的手工测序方法几乎不再使用。但经典测序方法能更好地体现Sanger链终止法的工作原理。同时，在使用Primer extension技术测定mRNA的5'端点的起点和使用DNase I 足迹实验检测DNA中与蛋白质相互作用的位点时，需要用到经典测序方法（见第七章）。测序反应过程实际上就是 DNA 合成的过程，伴随着新生 DNA 链的标记以及合成的终止。

模板变性（denature template） 将待测 DNA 模板与引物混合，通过加热使模板变性。

退火（annealing） 将变性的模板与引物混合物缓慢降温，使引物与模板结合。

标记（labeling） 主要有两种标记方式，其一是在 DNA 合成过程中掺入标记的核苷酸，如 [α-^{32}P] dATP。将 DNA 聚合酶（如 Sequenase）和 4 种核苷酸以及一种被标记的核苷酸加入退火模板中，启动 DNA 的合成，被标记的核苷酸便掺入到新合成的链中。短暂反应后迅速将反应物分成 4 份，进入延伸反应步骤。这种标记方式相对来说放射性的信号较强。另一种标记方式是标记引物的 5′磷酸基团，通过多核苷酸激酶将 [γ-^{32}P] ATP 中的标记磷酸转移到引物的 5′端。

延伸（extension）和终止（termination） 延伸就是反应体系中新生核苷酸链的合成和随机中止的过程。以掺入式标记为例，在 4 份标记反应体系中分别加入一种双脱氧的核苷酸，一方面 DNA 链会自然延长，但另一方面，一旦双脱氧核苷酸掺入新生链中延伸过程便会停止。这样就形成了分别在各个核苷酸处随机终止的 DNA 片段群。

电泳分析和数据读取 反应终止后，将终止反应产物并列点样进行聚丙烯酰胺凝胶电泳，分辨出大小相差一个核苷酸的反应产物，然后放射自显影，从而显示出不同长度的 DNA 片段。按照大小顺序排列这些 DNA 片段，即可根据片段尾部的双脱氧核苷酸类型解读出该 DNA 的碱基排列顺序（图 8-3）。

3. 序列测定的工作模式

（1）手动测序

手动测序（full manual operation）模式就是按以上经典测序方法以传统手工操作方式实施测序的流程，在 PCR 技术广泛应用之前是 DNA 测序的主导方法。使用该方法工作强度大，要求操作人员具备娴熟的操作技能。手动测序的基本原理和过程是其他测序模式的基础，只有准确掌握该测序模式的原理，才能领会其他由此而改进的测序模式。

（2）PCR 测序

随着 PCR 技术的发展，可将 PCR 反应的热循环方式（thermal cycle）应用于 DNA 测序。在手动测序模式中的模板变性、退火、标记、延伸和终止反应实际上相当于 PCR 反应的一个循环。因此可以通过类似 PCR 的热循环反应来完成经典的测序反应过程，而且还可以重复多次这样的反应（20~25 次）。这样可以减少手工操作的步骤，减轻工作强度。与经典方法相比，PCR 测序模式中使用的是无 3′→5′外切活性的耐热 DNA 聚合酶，这样有利于连续进行多次测序反应。由于只使用一个测序引物，因此反应过程并不会出现典型的链式反应，链终止产物的数量不是指数扩增而是线性扩增。

由于待测产物获得了扩增，因此可对非常少量的 DNA 模板进行测序，且单链和双链可以用同样条件进行序列测定。同时，由于每个循环都包含一次 94~98℃ 变性，从而降低了模板二级结构的形成和引物 - 模板二级结构的形成对测序效果的不利影响。

（3）全自动测序

全自动测序是在标记技术发展的基础上形成的。在传统的测序过程中，标记是通过同位素对链终止的产物进行掺入式标记或对引物作 5′端标记，而且不能直接识别 4 种双脱氧核苷酸，这样导致链终止反应和电泳检测要分别对含每一种双脱氧核苷酸的反应体系分开进行。

全自动测序方法仍基于 Sanger 双脱氧链终止法的原理，并采用 PCR 测序模式。其核心技术在于不用同位素作标记，而是用 4 种不同罗丹明荧光染料分别标记 4 种双脱氧核苷酸。由于这 4 种荧光染料可激发出不同颜色的荧光，因此 4 种链终止反应可在同一个试管中进行并在同一条泳道中检测。将反应产物装入全自动测序仪后，这些产物在聚丙烯酰胺凝胶电泳或毛细管电泳中按相差一个核苷酸大小的 DNA 片段长度顺序向下泳动，当它们到达检测器时，激光探测仪发出激光，激发荧光染料标记的 DNA 片段末端碱基发出荧光。由于延伸中的 DNA 互补链分别终止于不同荧光标记的 4 种双脱氧核苷酸之一，故每一种荧光代表一种碱基。这些荧光信号通过检测系统传输至计算机后，计算机便能自动排列出 DNA 片段的碱基序列。图 8-4 是测序过程中检测的荧光信号，每一种颜色的信号峰代表一种双脱氧核苷酸，计算机将荧光信号自动转换成双脱氧核苷酸排列顺序，该排列顺序就是待测 DNA 的核苷酸序列。

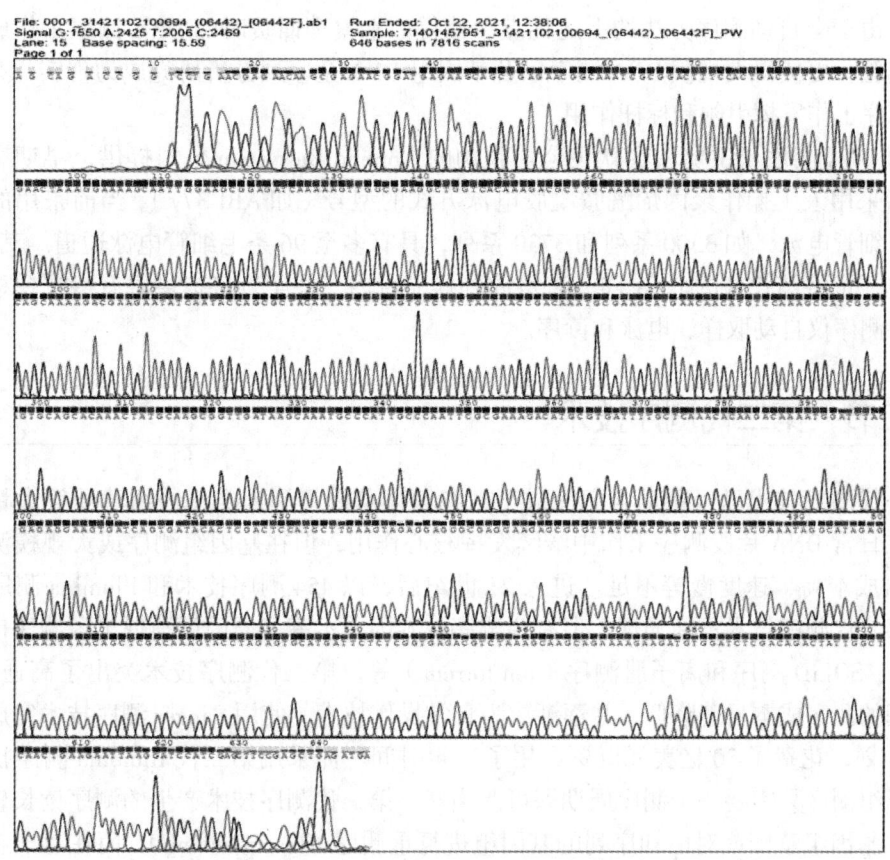

图 8-4　ABI3730XL 全自动测序过程的荧光信号峰形图
每一种颜色的信号峰代表一种脱氧核苷酸，其排列顺序为待测 DNA 的核苷酸序列

上述测序方法在 1987 年由美国 Applied Biosystem 公司首先开发出来，并设立了相关的测序程序和试剂盒以及 ABI 系列 DNA 自动测序仪。其中使用毛细管电泳仪来分离链终止产物可大大增大测序的通量，根据毛细管数量的不同，一台仪器可同时完成 96 个样品或更多样品的分析。全自动测序不仅准确性高，操作相对简单，安全性高，可供大规模测序，而且一次测序反应提供的数据量也增大，读长（read）也增长。一般用同位素标记的测序只能读

出 200~300 个核苷酸序列，而荧光标记测序的读长可达 500~800 个核苷酸，甚至 1 000 个核苷酸。

> 读长：在一次基础测序反应中能够读取的核苷酸数据，称为 read，read 的长度称为读取长度（read length），简称读长，也称读序或读段。有时也将 read 称为读长。
>
> 对读测序（paired-end）：指对 DNA 模板的两端都测定序列的测序方式，通过这种方式可以大致判断所测定的两个末端序列在对应模板上间隔的距离。在 DNA 测序时使用的模板长度是人为设定的。由于读取长度的限制，多数情况下在一次测序过程中不能通读整个模板的序列，往往只能获得两端的序列。对读测序既能作为测序质量的检验手段，更重要的是对于测序后的序列拼接有重要帮助。在对读测序技术中一般采用 2x 单侧读长来表示其读长。

正是由于全自动测序方法的上述优点，使得原本繁琐而费时的 DNA 测序工作成为常规生物学实验，更使得大规模 DNA 测序以及基因组 DNA 全序列分析研究成为现实，并在早期基因组测序工作发挥引领和标杆作用。

常用 DNA 测序仪主要由赛默飞公司收购的 Applied Biosystem 公司提供，早期有多种型号，包括采用人工操作聚丙烯酰胺凝胶电泳方式的型号（如 ABI 377），当前采用的型号主要使用毛细管电泳，如 3500 系列和 3730 系列，具有多至 96 条毛细管电泳通道。其通量高，操作简单，可将纯化好的 DNA 样品直接放到样品台内，甚至直接提供载有待测模板的大肠杆菌，由测序仪自动取样、电泳和读序。

第二节　第二代测序技术

第一代测序技术已经帮助人们完成了从噬菌体基因组到人类基因组草图等大量测序工作，并在日常 DNA 片段测序工作中继续发挥核心作用，但在基因组测序或大规模测序工作中显示出成本高、速度慢等不足。进入 21 世纪后，以 454 测序技术和 Illumina 测序技术为标志的第二代测序技术不断涌现。但有些测序技术因成本高等原因逐渐退出了测序市场，如 454 测序、SOLiD 测序和离子肼测序（Ion torrent）等。第二代测序技术突出了高通量特点，每个碱基的测序成本显著降低，并逐渐成为日常操作技术。使用 Sanger 测序技术完成的人类基因组计划，花费了 30 亿美元巨资，用了三年时间。而采用第二代 Illumina 测序技术完成人类基因组测序只需要一个测序周期即可。当然，第二代测序技术产生的测序读长较短，适合于制作基因组草图或对已知序列的基因组进行重测序（resequencing），而在对全新基因组进行从头测序（de novo）时还需要结合其他测序技术，当前更多同时采用第三代测序技术。

受技术迭代以及测序成本等因素影响，目前市场上大规模商业化的第二代测序主要包括 Illumina 的 Solexa 测序平台和华大基因 DNA 纳米球测序平台。下面将分别对经典 454 测序技术以及这两种测序技术的基本工作原理进行介绍。

一、454 测序技术

1. 454 测序技术基本原理

454 测序技术是第二代测序技术中第一个商业化运营的测序技术，尽管由于其测序成本高而退出测序市场，但其开创的测序新思路新理念值得学习。该技术为基于检测 DNA 合成过程中释放的焦磷酸而鉴别是否有特定核苷酸整合到 DNA 的合成链中而发展的测序技术，因此亦称焦磷酸测序（pyrosequencing）技术。首先将 DNA 待测样品打断成小片段，并在其两端各加上不同的接头，通过其中一个生物素标记的接头提取单链 DNA 从而构建单链 DNA 文库；每条单链 DNA 通过接头序列特异性地连接到一个磁珠（磁珠上带有大量与接头序列互补的引物）上，将磁珠放置在油包水的 PCR 反应体系中，进行乳化 PCR（emulsion），获得测序所需量的模板 DNA；将这些磁珠连同其上大量扩增的单链 DNA 转移到含有很多小孔的一种称作 PicoTiterPlate 平板（PTP）上，每个小孔只能容纳一个磁珠，然后开始测序反应；以磁珠上的单链 DNA 为模板，每次加入一种 dNTP，进行 DNA 合成反应。如果这种 dNTP 能与模板配对并延伸，那么在合成之后会释放出焦磷酸基团，焦磷酸基团会在腺苷酰硫酸（adenosine-5′-phosphosulfate，APS）的存在下由 ATP 硫酸化酶（ATP sulfurylase）催化形成 ATP。生成的 ATP 和荧光素酶（luciferase）共同氧化反应体系中的荧光素（luciferin）分子并发出荧光。产生的荧光信号由照相机记录，再经过计算机分析转换为测序结果。每轮反应后，由三磷酸腺苷双磷酸酶（apyrase）去除剩余的 dNTP，便于进行下一轮测序反应。

2. 454 测序技术基本步骤

454 测序技术的步骤主要包括 DNA 文库构建、乳化 PCR 和测序反应 3 个主要环节。技术流程如图 8-5 所示。

（1）测序 DNA 文库构建

把待测片段用喷雾法打断成 300~800 bp 小片段并在小片段两端加上不同的接头，其中一个接头上连接了生物素，通过生物素与链霉亲和素（streptavidin）的亲和连接获得单链 DNA，从而构建出单链 DNA 文库。

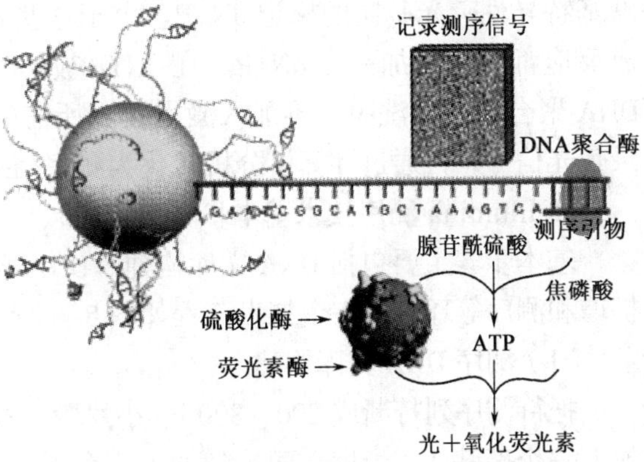

图 8-5 454 测序技术工作原理示意图

（2）乳化 PCR

将这些单链 DNA 与直径大约 28 μm 的磁珠在一起孵育、退火，由于磁珠表面含有大量与接头互补的寡聚核苷酸引物，因此单链 DNA 会特异地连接到磁珠上。然后磁珠与 PCR 反应物混合并加入特定的矿物油和表面活性剂，剧烈振荡使反应体系形成油包水乳浊液。在乳液中含有 PCR 反应试剂和一个磁珠，形成一个独立的 PCR 扩增体系，其中每一个与磁珠结合的单链 DNA 都会在体系内独立扩增，扩增产物仍可以结合到磁珠上。磁珠上每一个小片段都被扩增大约 100 万倍，从而达到下一步测序反应所需的模板量。扩增反应完成后，收集带有单链 DNA 的磁珠用于测序反应。

（3）测序反应

将磁珠放置在一种叫做 PTP 的平板上，其上有很多直径约为 44 μm 的小孔，小孔仅能容纳一个磁珠。测序时以磁珠上大量扩增的单链 DNA 为模板，每次反应加入一种 dNTP 进行 DNA 合成反应。通过记录产生的荧光来判定哪一种核苷酸整合到 DNA 中，从而读取模板 DNA 序列（图 8-5）。

454 测序技术的平均读取长度达到 450 bp，最高可达 700 bp，每个循环能产生总量为 400~600 Mb 的序列，耗时约 10 h。该技术通量高，准确性高，一致性好，且可以进行对读测序（pair-end）方式读取固定大小的模板 DNA 片段两端的序列。但 454 测序技术无法准确测量同聚物（homopolymer）的长度，如当待测序列中模板出现 poly(A) 时，测序反应中会一次加上多个 T，而加入 T 的数目只能从荧光信号的强度来推测，为此可能导致结果不准确。因此 454 技术主要的读序错误不会导致核苷酸的替换，而是产生插入或缺失。相对于其他第二代测序技术，454 技术最大的优势在于较长的读取长度，使得后继序列拼接工作更加高效、准确。

二、Illumina 测序技术

1. Illumina 测序技术基本原理

Illumina 测序技术最初称为 Solexa 测序技术，2006 年由 Solexa 公司开发并投向市场，但 2007 年该公司被 Illumina 公司收购后逐渐被改称为 Illumina 测序技术。该测序系统采用 DNA 簇、桥式 PCR 和可逆阻断等核心技术，通过边合成边测序方式（sequence by synthesis, SBS），按"去阻断—延伸—激发荧光—切割荧光基团—去阻断"循环步骤依次读取模板 DNA 上的碱基排列顺序。测序时向反应体系中同时添加 DNA 聚合酶、接头引物和 4 种带有碱基特异性荧光基团的标记 dNTP。由于这些 dNTP 的 3′羟基被化学方法保护，因而每轮合成反应都只能添加一个 dNTP。在 dNTP 被添加到合成链上后，所有未使用的游离 dNTP 和 DNA 聚合酶会被洗脱。再加入激发荧光所需的缓冲液，用激光激发荧光信号，光学设备记录荧光信号，再通过计算机分析转化为测序结果。

2. Illumina 测序技术基本步骤

基本步骤主要包括 DNA 文库构建、DNA 与流动槽（flow cell）附着、桥式 PCR（bridge）扩增和测序等环节，整个技术流程如图 8-6 所示。

（1）测序 DNA 文库构建

把待测序列打断成 200~800 bp 小片段，补平末端并在 5′加上一个磷酸基团，再在 3′端加上一个碱基 A，最后在两端各加上一个不同接头，通过 PCR 扩增获得用于测序的 DNA 模板（图 8-6A）。

（2）DNA 与流动槽附着

将文库中 DNA 随机地附着在流动槽表面的通道（channel）上。流动槽是一种含有 8 个通道的微纤维板，它的表面固定有两种不同的接头，这些接头能分别与文库中的接头互补，进而能支持文库 DNA 以单链的形式与接头互补。以接头作为引物，引导 DNA 合成，形成双链，通过变性后双链分子分开，洗掉模板链，新合成链以共价键的形式紧紧连接在流动槽表面（图 8-6B）。

（3）桥式 PCR

连接在流动槽表面的单链 DNA 能与周边的另一个接头互补，形成桥式结构。向反应体系中添加未标记的核苷酸和酶，进行 PCR 扩增，进而将桥型单链 DNA 扩增成桥型双链 DNA

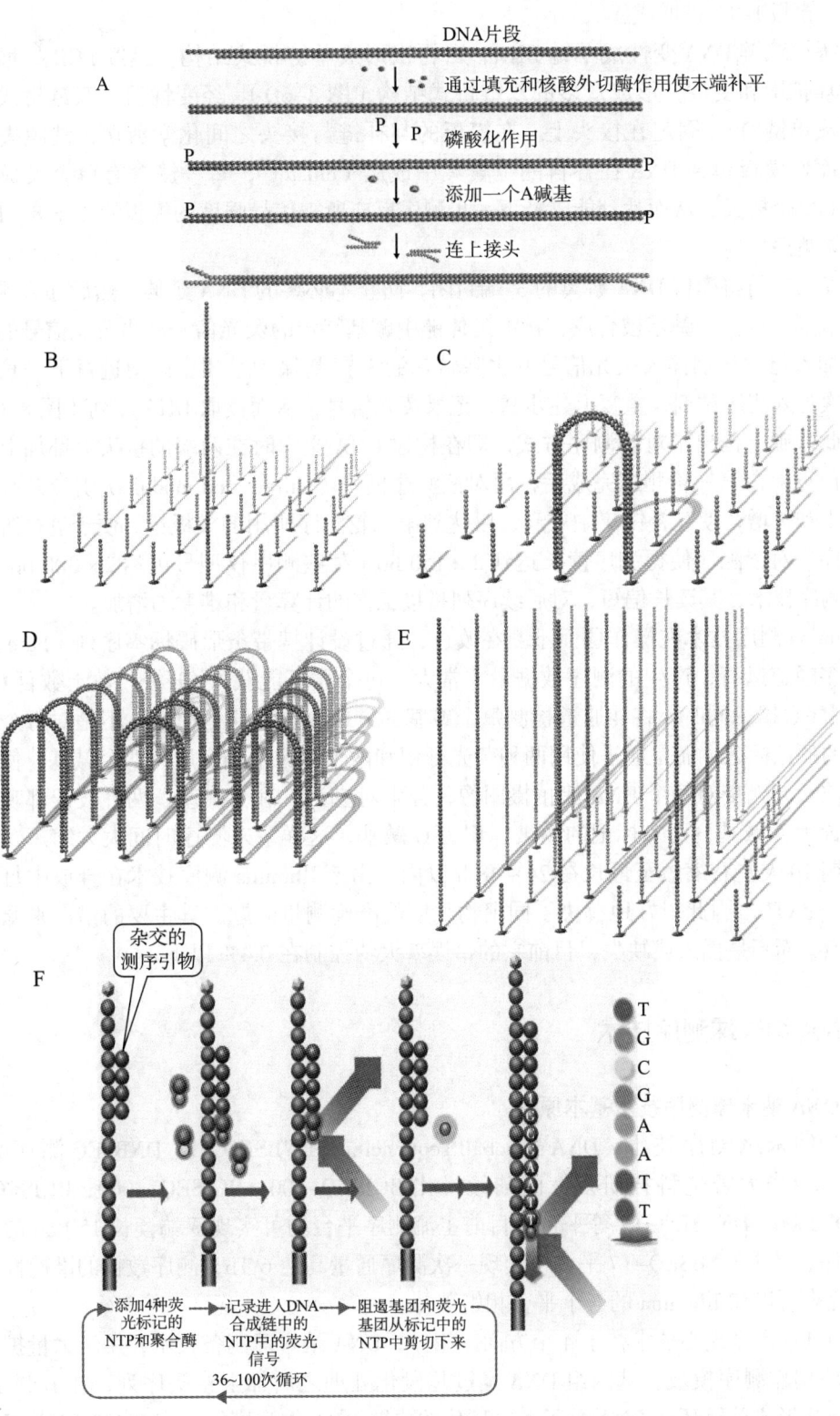

图 8-6　Illumina 测序技术工作原理示意图

（图 8-6C）。

（4）模板 DNA 扩增成簇

将桥型双链 DNA 变性成单链 DNA，可再次形成单链桥式结构，继续 PCR 扩增。经过不断循环扩增和变性，形成众多的双链桥式结构（图 8-6D）。经变性后，双链桥式结构展开，变成单链 DNA 固定在接头上。在模板的互补链与接头之间化学剪切，洗脱去掉互补链，从而使模板单链 DNA 在各自的位置集中成簇（cluster），每一簇含有单个模板分子的 500~1 000 个拷贝，从而达到能支持下一步测序反应所需信号强度的模板量（图 8-6E）。

（5）测序反应

测序反应前将模板 DNA 游离的 3′端封闭，防止不必要的 DNA 延伸。然后加入测序引物和测序试剂，第一个碱基被合成，检测延伸链中碱基特定的荧光信号。当荧光信号的记录完成后，加入化学试剂淬灭荧光信号并去除碱基的 3′羟基保护基团，以便进行下一轮测序反应。再次加入测序试剂，重复上述步骤，记录荧光信号，从而读取 DNA 序列（图 8-6F）。

在此基础上推出了对读测序方式，即在构建 DNA 文库时在两端的接头上都加上测序引物结合位点，在第一轮测序完成后，用对读测序模块（paired-end module）引导互补链在原位置再生和扩增，使互补链集中成簇，以达到第二轮测序所用的模板量，便于进行第二轮互补链测序。对读测序使得测序读长达到 2×150 bp（某些测序仪型号可达 2×300 bp）。但相比 454 测序技术，其读长偏短，对后续序列拼接工作的计算量和难度均增加。

Illumina 测序技术在操作层面不断在改进，通过设计携带条形码标签序列（barcode）的接头和多通道运行，产生的测序数据量非常大，每个循环能获得 Gb 级、数十数百 Gb 甚至 16 Tb 测序数据。同时，将 4 通道检测每个碱基的方式改成双通道模式，不是对每个碱基使用单独的颜色标记，而是通过使用两种荧光标记和两个图像来确定所有四个碱基，使用蓝色和绿色波长滤光带对每个 DNA 簇拍摄图像，分别对应为 C 和 T 碱基，两种波长都观察到的簇被设置为 A 碱基，而未标记的簇被标识为 G 碱基，这样一来测序时间大大缩短，测序时间由早期 10 天左右缩短至最长在 24~48 h 以内。由于 Illumina 测序技术在合成中每次只能添加一个 dNTP，因此很好地解决了同聚物长度的准确测量问题。其主要的错误来源是核苷酸的替换，而不是插入或缺失，目前它的错误率大约控制在 0.4% 以下。

三、DNA 纳米球测序技术

1. DNA 纳米球测序技术基本原理

DNA 纳米球测序技术（DNA nanoball sequencing，DNBSEQ）以 DNBSEQ 测序平台形式展示，由华大智造科技研发，已陆续推出 BGISEQ-100、BGISEQ-1000、BGISEQ-500、MGISEQ-2000、DNBSEQ-T7 等平台。目前主流测序平台均可实现双端读长 150 bp 的基因组 DNA 测序，其中 DNBSEQ-T7 平台可实现一次测序通量高达 6 Tb，测序数据的准确性和数据量已经完全可以和 Illumina 的各个平台相媲美。

DNBSEQ 测序核心技术在于 4 个方面。第一，DNA 纳米球制备技术，用于大量扩增目标 DNA 片段用作测序模板。基因组 DNA 经过片段化处理之后加上接头序列，在 DNA 连接酶作用下环化形成单链环状 DNA 分子。以环化的单链 DNA 作为模板，在 Phi29 DNA 聚合酶的作用下，先后采用正向引物和反向引物，利用 Phi29 DNA 聚合酶的链置换能力实施滚环扩增（rolling circle amplification，RCA）让 DNA 扩增成由大量模板重复序列构成的线性螺旋结构，形成 DNA 纳米球（DNA nanoball，DNB）。DNB 制备技术能够在溶液中完成模板扩增，有效增加待测 DNA 的拷贝数 2~3 个数量级，大大增强后续测序信号强度；扩增过程中始终以原始单链 DNA 作为模板，即使出现的偶然错误也不会像 PCR 那样把信号放大，能够避免扩增过程中错误累积的发生，进而提高测序精确度（precision）。第二，阵列式流动槽（patterned array flow cell）装载测序模板。完成模板扩增后，将 DNB 转载到由纳米硅半导体制成的阵列式流动槽芯片上，形成由纳米球组成的规则阵列（patterned array）。该流动槽直径 220 nm、彼此间隔 715 nm、活化位点经氨基化修饰后带正电荷，与带负电荷的 DNB 结合。DNB 与芯片上活化位点的大小相同，每个位点只固定一个 DNB，保证测序过程中信号点之间不产生相互干扰。与 Illumina 测序技术相比，该技术通过等温扩增形成纳米球的方式扩增模板，并且形成阵列式排布，而不是通过桥式扩增形成模板簇的扩增方式，且模板簇散乱分布，进而提高精确性、降低重复序列率（duplicate rate）和标签跳跃率（index hopping）。第三，联合探针锚定聚合技术（combinatorial probe-anchor synthesis，cPAS）。与 Illumina 测序技术类似，采用边合成边读序方式获取 DNA 排列顺序。DNA 合成时采用无标记的核苷酸，通过碱基特异性的标记抗体识别合成的核苷酸并形成测序信号。所用的核苷酸在 3′ 端带有阻断基团，防止连续合成，但在抗体检测和信号采集后去除该阻断基团并恢复成天然核苷酸。第四，完成第一链测序后，通过多重置换扩增（multiple displacement amplification，MDA）形成第二链并对其测序。也就是对单链 DNA 纳米球在 Phi29 DNA 聚合酶作用下通过等温扩增产生大量第二链模板，然后进行第二链测序，经数据处理将序列信息组装成最终 DNA 序列。

2. DNBSEQ 测序技术的基本步骤

DNBSEQ 平台测序过程主要有 5 个步骤，分别是：DNA 文库制备、DNB 生成、DNB 加载、测序、结果判读。

（1）文库构建

DNA 测序文库的构建主要包括以下 4 个步骤：①利用超声波或酶切法将基因组 DNA 打断成 200~300 bp 的片段，完成 DNA 的片段化；②对片段化 DNA 的黏末端进行修复、并加"A"尾；③分别在片段化 DNA 的两端添加带有标签序列的特定接头序列；④将带有接头序列的双链 DNA 文库通过高温变性成单链 DNA，利用环化引物与 ssDNA 两端互补配对形成环结构并在 DNA 连接酶作用下连接成闭合环状单链 DNA，DNA 酶消化处理掉未环化的单链 DNA。

（2）DNB 的生成

以单链环状 DNA 为模板，在 Phi29 DNA 聚合酶作用下进行滚环扩增，将单链环状 DNA 扩增 100~1 000 倍得 DNA 纳米球。由于 Phi29 DNA 聚合酶具有链置换作用，因此能使 DNA 扩增围绕环状单链模板持续进行。

（3）DNB 的加载

测序阵列式芯片的硅片表面含有多个规则排列的结合位点，每个位点直径 220 nm，与 DNB 直径大小一致，因而一个位点只固定一个 DNB。此外，相邻两个位点间距离 715 nm，以保证不同 DNB 之间的光信号不会互相干扰。在酸性条件下带负电荷的 DNB，在表面活化剂的辅助下，与活化后带正电荷的位点通过正负电荷的相互作用，被加载到测序芯片上。

（4）测序过程

采用联合探针锚定聚合技术进行测序。完成第一链的测序后，在具备链置换功能的 DNA 聚合酶催化下，除去第一链模板同时合成第二链，并通过 DNA 分子锚执行第二链测序。

DNA 纳米球测序技术产生数据的技术参数与 Illumina 测序技术的类似或接近，包括读长、测序数据量、反应运行时间等。而且，具有高准确性、低重复序列率和低标签跳跃率等特点。

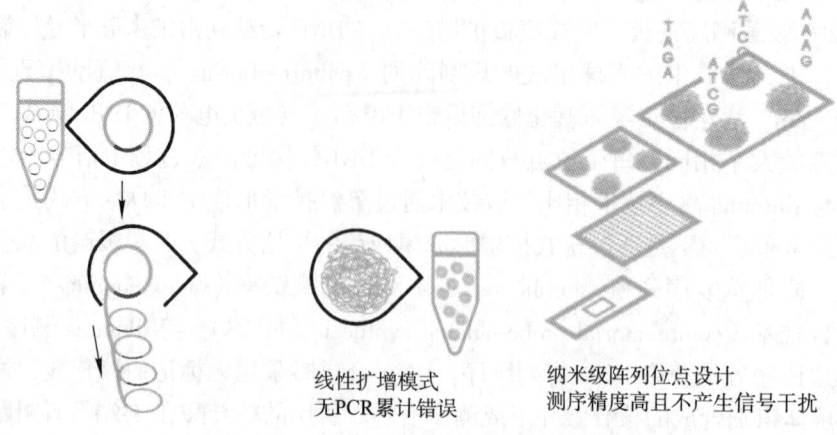

图 8-7　DNA 纳米球测序技术原理示意图

第三节　单分子测序技术

实现对单分子 DNA 片段进行测序的技术视作第三代测序技术。与前两代技术相比，它最大的特点是可以实现单分子测序（single molecule sequencing，SMS）。目前开发的第三代测序技术的具体原理不同，但都具有新一代单分子测序的特点，即样品无需提前扩增，无需荧光标记，读长更长，有利于从头测序方式的基因组组装。有的利用荧光信号进行测序，有的利用不同碱基产生的电信号来读取序列数据。Heliscope 开发的 tSMS 测序技术（ture SMS）是第一个成熟的单分子测序技术，该方法基于边合成边测序的思路，将测序模板固定在平板上，利用全内反射显微镜（total internal reflection microscopy，TIRM）进行单色成像检测延伸反应的荧光信号进而判断所加入 dNTP 的种类。商业化的单分子测序技术具有明显的开发商烙印，以至于人们常常以开发商的名称来指代技术名称。下面分别对商业化运行良好的 PacBio 的 SMRT 单分子测序技术和 Oxford Nanopore 的纳米孔单分子测序技术的工作原理进行介绍。

一、SMRT 单分子测序技术

1. SMRT 测序原理

PacBio 开发的 SMRT 单分子测序技术（single molecular real time，SMRT）基于边合成边测序的思路，以 SMRT 芯片（SMRT Cell）为测序载体进行测序反应。

SMRT 芯片是一种带有很多纳米级的零模波导孔（Zero-Mode Waveguide，ZMW）的厚度为 100 nm 的金属片。每个 ZMW 都能够装载一个 DNA 聚合酶及一条 DNA 样品，测序时将 DNA 聚合酶、待测 DNA 和不同荧光标记的 dNTP 放入 ZMW 孔的底部，进行 DNA 合成反应，并实时检测掺入碱基的荧光信号，以完成测序。

与其他技术不同的是，荧光标记的位置是磷酸基团而不是碱基，当核苷酸掺入到新生的链中，标记基团就会自动脱落，减少了DNA合成的空间位阻，维持DNA链连续合成，延长了测序读长。由于每个ZMW孔直径只有几十纳米，当激光打在ZMW底部时，只能照亮很小的区域，DNA聚合酶就被固定在这个区域。只有在这个区域内，碱基携带的荧光基团被激活从而被检测到，大幅地降低了背景荧光干扰。当一个dNTP被添加到合成链上的同时，它进入ZMW孔的荧光信号检测区后在激光束的激发下发出荧光，根据荧光的种类就可以判定dNTP的种类。此外由于dNTP在荧光信号检测区停留的时间（毫秒级）与它进入和离开的时间（微秒级）相比会很长，所以信号强度会很大。其他未参与合成的dNTP由于没进入荧光信号检测区而不会发出荧光。在下一个dNTP被添加到合成链之前，这个dNTP的磷酸基团会被氟聚合物（fluoropolymer）切割并释放，使荧光分子离开荧光信号检测区。

2. SMRT 测序步骤

SMRT的测序过程与第二代测序类似，都需要经过文库构建、文库装入以及测序等过程。

（1）文库构建　SMRT测序的文库被称为SMRT bell文库，bell即"铃"的意思，也就是在待测DNA两端各连接一个发夹状单链接头（hairpin adapter），相当于把待测DNA的两个末端都变成了茎环结构。构建完成的bell文库是圆环的分子，就像一个哑铃，主要由发夹状接头和双链DNA模板两部分组成。文库构建主要步骤包括：DNA打断浓缩、DNA修复、DNA末端补平并纯化、接头连接、DNA外切酶消化失败的连接产物、纯化DNA以去掉较短的文库和接头二聚体等。

（2）上机测序　文库合格后即可装载到SMRT cell的ZMW孔中进行测序。在ZMW孔中测序引物与发夹状接头的单链区域结合，然后在固定于ZMW底部的DNA聚合酶作用下，即可沿引物5′-3′方向开始DNA的合成，在合成过程中完成DNA序列的读取。当采用具有链置换功能的DNA聚合酶时（如Phi29 DNA聚合酶），其在合成DNA过程中可解开模板双链。

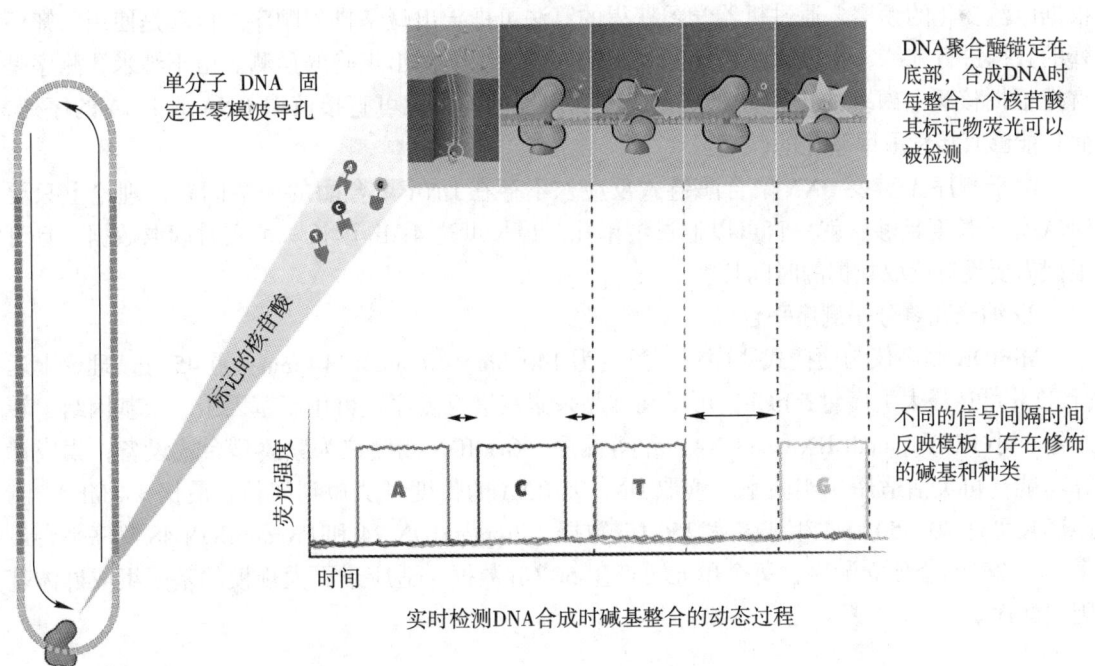

图8-8　SMRT单分子测序技术原理图

这样一来，哑铃型模板 DNA 就相当于单链环状 DNA。

（3）两种测序模式　即超长测序模式（standard sequencing for continuous long reads，CLR），插入片段较长，产生的数据是基于单循环测序的结果；环状循环模式（circular consensus sequence，CCS），因聚合酶读长（平均 90~100 kb）远大于插入片段长度（10~20 kb），测序时聚合酶会绕着 DNA 模板进行环形重复测序，使得插入片段被多次测序，产生多条准读长（subread）。来源于同一条模板链的准读长经过一致性校正，最终得到高准确度的读长（read）。CLR 模式下测序的数据可能存在 10% 左右的错误率，而 CCS 模式下测得的序列准确性可以达到 99.9%。

二、纳米孔单分子测序技术

纳米孔单分子测序技术（Nanopore sequencing）是一种基于电信号的测序技术，由于纳米孔测序不再采用边合成边测序的方式，因此也称为第 3.5 代或四代测序技术。

1. 纳米孔单分子测序原理

该技术以 α- 溶血素（α-hemolysin）为材料制作出纳米孔并置于人造膜结构上，当单链核酸穿过纳米孔时会导致由施加在膜两侧电压差产生的纳米孔电流强度的变化，该变化幅度能反映局部碱基排列顺序。纳米孔由两个蛋白组成，一是具有 DNA 解链的马达蛋白，第二个是成孔蛋白（pore-forming protein）。α- 溶血素是一种内径为 1.4~2.4 nm 的来自金黄色葡萄球菌的膜通道蛋白，可形成七聚体蛋白质孔，是第一个可识别到由 RNA 和 DNA 阻塞引起离子电流变化的纳米孔。

测序时，将双链 DNA 解螺旋而解开成单链，单链 DNA 分子通过成孔蛋白形成的膜孔通道，通道中有个充当转换器的蛋白分子；单分子 DNA 停留在孔道中，引起电流变化，而不同的碱基排列顺序带来的电流变化是不同的；转化器蛋白分子能感受 5 个碱基的电流变化，根据电流变化的频谱，通过机器学习获得的算法可推导出碱基排列顺序。也就是使用已知序列的数据进行训练，指导算法在无需人工输入的情况下做出正确的预测。由于纳米孔测序是直接根据核酸上碱基的排列方式来完成序列识别的，因此可直接读取 DNA 或 RNA 的序列，而且能够直接读取甲基化的碱基。

由于测序无需要 DNA 聚合酶链式反应，不存在 DNA 聚合酶的失活问题，理论上只要 DNA 分子长度足够，就一直可以通过纳米孔，最长可达 4 Mb 读长。可实时读取数据，且可根据需要设置读取数据的时间长度。

2. 纳米孔单分子测序平台

MinION 测序仪为便捷式测序仪，尺度为 140 mm × 30 mm × 114 mm，重 450 g，理论上运行 72 h 可达最大测序量 50 Gb，可以在样品采集点进行测序，可用于基因组、宏基因组、转录组、小 RNA（small RNA，sRNA）组等测序。GridION 测序仪为紧凑型台式设备，集成计算功能，可灵活适用于实验室。读取 DNA 或 RNA 的长度可从短到超长（最长 >4 Mb），测序读长可达 40~50 kb，生成多达 250 Gb 数据。PromethION 24 和 PromethION 48 测序平台最多运行 24/48 个独立测序，每个单元可产生 50 Gb 数据，适应于更大规模的基因组或群体基因组测序。

三、现代测序技术的发展趋势和展望

第三代测序技术各有其特点,见表 8-2。测序成本、读取长度和测序通量是评价测序技术先进与否的重要标准。

表 8-2 三代测序代表技术主要参数比较

	测序平台	测序方法/酶	测序读长	数据量	耗时/h
第一代	Sanger ABI3730 DNA analyzer	Sanger/DNA 聚合酶	1 000 bp	56 kb	
第二代	454 GS FLX Titanium Series	焦磷酸测序法/DNA 聚合酶	450 bp	400~600 Mb	10
	Illumina Benchtop Sequencer	边合成边测序/DNA 聚合酶	2×150 bp	1.2~360 Gb	9.5~48
	Illumina Production-Scale Sequencer			360~16 000 Gb	11~48
	BGI DNBSEQ	纳米球测序	2×300 或 2×150 bp	150 Gb 7 000 Gb	9 30
第三代	PacBio SMRT	边合成边测序/DNA 聚合酶	35 kb	500 Mb~160 Gb	10~20
	纳米孔单分子技术	电信号测序	4Mb	17 Gb~9.6 Tb	10~64

测序成本是一个很重要的因素,它在一定程度上决定了基因组测序应用的普及性。在 1995 年,随着自动测序仪的出现,检测一个碱基的成本大约是 1 美元。随后到 1998 年,使用 ABI Prism 3700 DNA Analyzer 检测一个碱基的成本已经降到了 0.1 美元。而目前广泛使用的第二代测序技术的测序成本更低,1 Gb 测序数据成本降低到 100 元人民币左右。第三代测序技术的成本也呈现下降的势头,逐渐接近日常 DNA 操作的成本水平。

测序的读取长度对测序成本和数据质量有很大的影响。更长的读取长度可以减少测序后的拼接工作量,但也可能会降低测序结果的准确性。第二代测序技术测序的读长都较短,主体为 2×150 bp,适合用于基因组的重测序,第三代测序技术的读长较长,达到 10 kb 级,甚至更长,适用于基因组序列的全新测序(从头测序)。

测序通量也是衡量测序技术的重要指标,反映在样品准备充分的前提下测序仪每 24 h 产生的数据量。更高的测序通量也能够在一定程度上降低测序成本从而提高测序工作效率。第二代测序技术与第一代 Sanger 测序法的原理都是基于边合成边测序的思想,而前者采用了高通量测序设计,使测序通量大大提高,为目前通量最高的测序技术,通量达到 Gb 级少数型号达到了 Tb 级。第三代测序技术的通量提高很快,达到了 Gb 级。

第二代测序技术在测序前要通过 PCR 对待测片段进行扩增,进而增加测序的错误率。但由于测序通量高,因此测序精确度其实非常高,达到 99.5% 以上。随着等温扩增技术的应用,如 DNA 纳米球,以及芯片的改进,测序的精确度还会进一步提高。第三代测序技术解决了错误率的问题,通过增加荧光的信号强度及提高仪器的灵敏度等方法,使测序不再需要 PCR 扩增这个环节,实现了单分子测序并继承了高通量测序的优点。

后续有望在第二代测序技术的精确度提高和测序时间长度的缩短，以及第三代测序技术的成本降低和通量的提高等方面得到进一步提升，使得高通量测序技术真正成为像第一代测序技术那样轻松、简便、快速和准确。随着材料科学技术、芯片技术、传感器技术的发展，新的测序原理和技术将不断涌现，"下一代"测序技术（next generation sequencing，NGS）将不再指称第二代或第三代测序技术。

第四节　DNA 片段序列测定策略

拟定测序的 DNA 样品大致可分为两类，一是克隆化的 DNA 片段，其大小为 kb 级少数为 100 kb 级，其二为基因组碎片或其他形式的 DNA 片段群。后者一般采用第二代测序进行高通量测序，并采用第一代测序做辅助和完善。而对于克隆化的 DNA 片段测序主要采用 Sanger 双脱氧链终止法测序。该方法测定 DNA 序列时需要有一段已知序列的寡核苷酸引物，因此对于一段未知序列的 DNA 片段来说，选择合适测序的引物是测序的前提。同时，由于一次测序给出的范围（读长）一般不超过 1 000 个核苷酸，因此对于一段长长的 DNA 片段必须采取一定的策略才能有效地完成其全部序列测定。以下介绍克隆化 DNA 片段测序的方案，对于基因组或片段群的测序方案将在下一章介绍。

一、通用引物指导未知序列的测定

对于一段克隆化待测的未知序列 DNA 片段，由于总是装载在载体上或可以装载在载体上，因此待测 DNA 片段的两端相当于添加了已知序列的载体片段。这样就可以通过根据载体序列设计的通用引物测定待测 DNA 片段两端的序列。无论待测片段是大片段还是小片段，无论是装载在常规载体（如质粒、噬菌粒、噬菌体 M13 载体、噬菌体 λ 载体）还是大容量克隆载体（如 cosmid、BAC、YAC、P1、PAC）上都可以利用特定的通用引物测定待测片段的末端序列。

二、引物步移

在待测 DNA 片段中如果知道部分核苷酸序列，则可以根据该已知序列设计引物来测定其相邻部位的序列，并可依次类推，实现引物步移（primer walking）测序。在通过通用引物测定了末端序列后，就可通过该方法测定未知部位的序列。但是该方法适合相对较小的 DNA 片段，而对于很大的 DNA 片段，使用该方法将费时费力。

三、随机克隆测序

将待测的 DNA 片段随机打断并构建随机重叠克隆文库，然后通过通用引物测定每个克隆子的两个末端序列。当这些末端序列的数量达到一定程度后，相当于待测 DNA 片段的每一部位的序列都测定出来了。通过分析这些所测序列之间的重叠部分，最终可将整个 DNA 片段的序列拼接出来（图 8-9），这样的测序策略称为随机克隆测序（random cloning）。

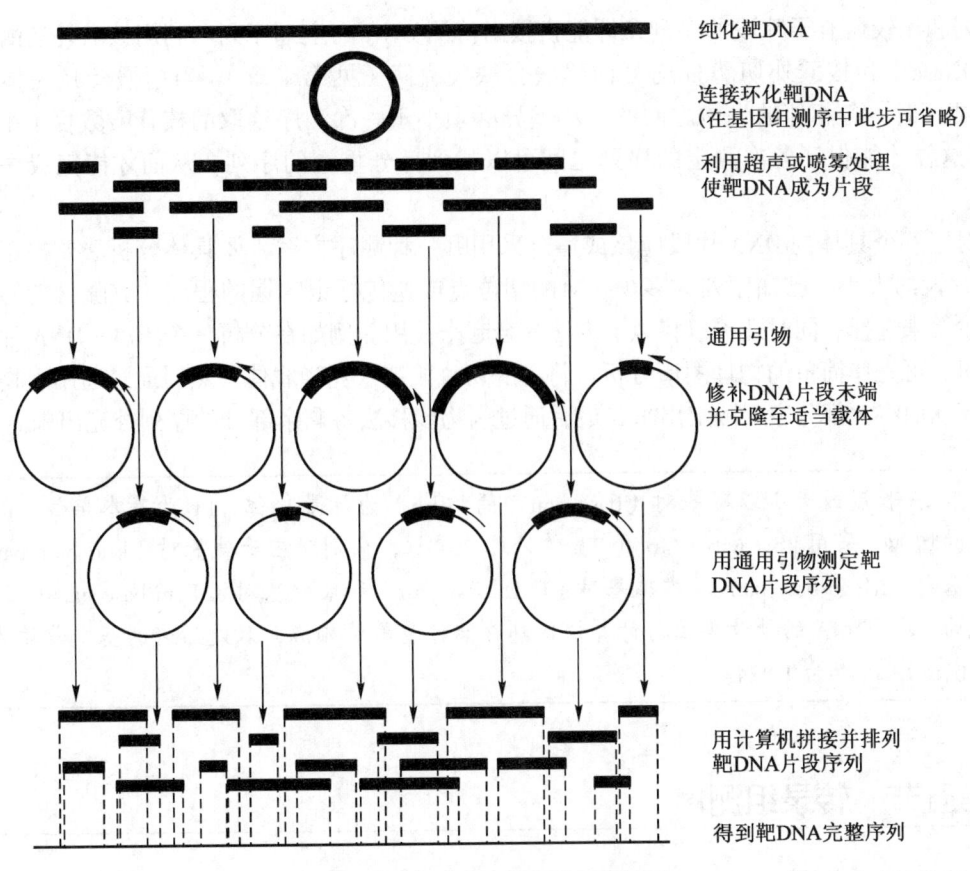

▲ 图 8-9　随机克隆测序示意图

这种测序方法也称鸟枪测序法（shotgun），能快速对大片段 DNA 进行测序，特别测定中小型基因组的序列。通过该方法已完成多种线粒体、病毒、大质粒以及细菌和真核生物的基因组测序。例如在进行细菌的基因组测序时，将基因组 DNA 通过机械方式（如超声波）随机打断，然后通过琼脂糖凝胶电泳回收 2~5 kb 的 DNA 片段，构建基因文库。但是随机克隆测序需要对大量的克隆子进行末端测序，工作量很大。例如对于大小为 5.5 兆碱基对（Mb）的细菌基因组，如果平均每次有效测序为 500 碱基，而且所测的序列要覆盖 99.99% 的基因组序列，那么可以通过计算基因文库克隆子数目的公式计算所需要测序的次数。该公式为 $Sn = 1-(1-\rho/L)^n$，其中 Sn 为覆盖率；L 为待测 DNA 片段的长度；ρ 为平均每次测序的长度；n 为所需的测序次数。经计算可知该基因组的 n 值等于 101 309，相当于完成 9.2 倍基因组测序。

目前使用的高通量测序技术属于随机克隆测序的范畴，只是对于随机打断的片段不作克隆而已。对于基因组量级的测序已不再依赖 Sanger 测序技术，而是采用第二代和/或第三代测序技术辅以 Sanger 测序技术。对于 100 kb 的 BAC 文库克隆子的测序，可根据待测数量、方便程度等因素确定测序方案。

四、缺失克隆测序

通过构建一端或两端嵌套缺失的克隆子，然后通过通用引物测定缺失末端的序列，最后排列和比较所有子片段的序列，即能拼接出待测 DNA 的全部序列。利用核酸外切酶 BAL 31、DNase Ⅰ 和核酸外切酶 Ⅲ 均可构建嵌套缺失克隆（见第十章）。当用嵌套缺失体进行 DNA 测序时，各相邻缺失体之间的大小差异必须小于一次测序读取的核苷酸数目（小于读长），这样才能保证各次测定的序列之间可以找到部分重叠的序列，从而才能完成序列的拼接。

对于一个具体的 DNA 片段应该或适合采用哪一种测序方案，要具体分析。要根据待测 DNA 片段的大小、已知序列的多少、对酶切位点或遗传标记掌握的程度、克隆材料的种类和多少等来选择，同时还可以将以上方法综合起来使用。例如在分析一个 10 kb DNA 片段的序列时，可先作简单的物理图谱分析，将各酶切片段装入克隆载体，然后通过通用引物作末端测序从而将大部分序列测定出来，最后通过引物步移法将剩余部分的序列补充出来。

> DNA 长度或大小以碱基对（base pair，简称 bp）为计量单位，bp 为基本单位。随着量级的增加，采用 kb、Mb、Gb 和 Tb 作为计量单位，分别对应千碱基对（kilo base pair）、兆碱基对（Mega base pair）、吉碱基对（Giga base pair）和太碱基对（Tera base pair），进率单位为 10^3。DNA 的计量单位与计算机信息存储计量单位相似，只是后者的基本单位为字节（byte），进率为 1 024。

第五节　转录组测序

常规测序技术是针对 DNA 模板来进行的，然而在细胞中还有大量反映遗传信息的 RNA，因此对细胞中所有转录产物的测序是人们在研究生物学功能过程中最为关切的事情之一。

一、RNA-seq 技术简介

细胞中所有转录产物的群体构成了该物种和特定组织或细胞的转录组（transcriptome），包括 mRNA、rRNA、tRNA 及非编码 RNA（non-coding RNA），有时转录组特指所有 mRNA 群体。通过获悉转录组信息，可了解所有转录产物的种类和数量，明确基因的转录结构（包括确定转录起始位点和终止位点，以及剪接位点和其他转录后修饰），并可分析和比较各转录本在生长发育过程中或在不同生长条件下（如生理/病理）表达水平的变化。

有关转录组的研究由来已久，通过高通量第二代测序技术测定转录组序列而演变成一种 RNA 测序技术，即 RNA sequencing（RNA-seq）技术。RNA-seq 已成为转录组学研究的主流技术，使用时无需预先知道样本的基因组序列，可对任意物种的整体转录活动进行检测并提供更精确的数字化信号。更高的检测通量以及更广泛的检测范围，是深入研究转录组复杂性的强大工具。

二、mRNA-seq 技术流程

基于第二代 DNA 测序平台的 mRNA-seq 技术实际上是对 mRNA 反转录后产生的 DNA 进行测序。首先获得 mRNA 样本并将其反转录为 cDNA 以及合成双链 cDNA，然后将 DNA

随机剪切为小片段，在两端加上接头，最后利用高通量测序仪测序，从而获得 cDNA 的序列信息。通过比对（有参考基因组）或从头组装（*de novo* assembling）（无参考基因组）构建成全基因组转录谱（图 8-10）。如果利用第三代单分子测序技术，可不经过反转录步骤直接对 RNA 进行测序。

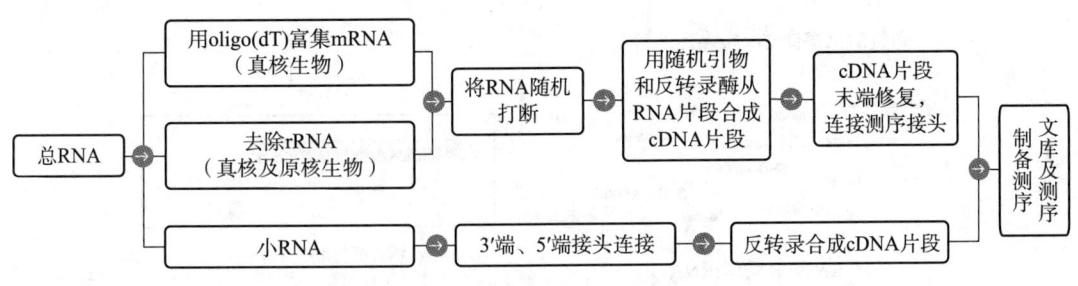

图 8-10　转录组测序实验技术路线

三、mRNA 富集

一般情况下，细胞中 mRNA 含量稀少，95% 以上 RNA 是 rRNA 和 tRNA。因此，mRNA 的富集是 mRNA-Seq 技术的关键。尽管对于第二代高通量测序而言 mRNA 的富集不是必需的步骤，但 mRNA 的富集可以大大提高测序结果的覆盖度，从而更全面地反映全基因组范围的转录情况。对于真核生物而言，其 mRNA 具有 3′-ploy(A) 结构，可以使用 oligo(dT) 做探针进行纯化和富集，因此真核生物的转录组学发展非常迅速。

原核生物 mRNA 没有 3′-poly(A) 结构，不能像真核生物 mRNA 那样进行富集。这样一来 mRNA 富集技术成为原核生物转录组测序的关键点。以下是几种应用于原核细胞 mRNA 富集的技术。

（1）rRNA 的捕获和去除　根据细菌 16S 和 23S rRNA 的保守序列设计一系列探针（如泛原核 rRNA 探针），通过亲和吸附的方式将 rRNA 捕获并去除掉。先将设计的探针用生物素标记，与总 RNA 样品混匀，使探针和 rRNA 充分杂交。然后，将表面固定有链霉亲和素的磁珠与杂交混合物混合，捕获探针结合的 rRNA。最后，将去除了 rRNA 的样品浓缩和纯化，即获得富集的 mRNA 样品。

（2）5′-P-RNA 的降解　大多数细菌和古菌的 mRNA 的 5′ 端为三磷酸（5′-PPP），而加工后的 rRNA 和 tRNA 的 5′ 端为单磷酸（5′-P）。有一种特殊的 5′→3′ 核酸外切酶能特异地降解带有 5′-P 的 RNA 分子，而使 mRNA 保持完整。该方法已成功应用于幽门螺杆菌的 mRNA 富集。

（3）人工加 poly(A) 尾　大肠杆菌的 poly(A) 聚合酶具有选择性在 mRNA 分子 3′ 端加上 poly(A) 尾的功能，加尾后可以利用 oligo(dT) 作为探针来纯化原核生物 mRNA，也可以用 oligo(dT) 作为反转录引物合成 cDNA。

（4）免疫沉淀法　ChIP-seq 技术已广泛应用于分析转录因子特异识别的 DNA 序列，类似的策略也被用于高通量分析蛋白特异结合的 sRNA 及其靶标 mRNA，但该方法无法满足全基因组范围的转录组学研究。

（5）RNase H 去除法　RNase H 具有降解 DNA 与 RNA 杂交体中 RNA 的活性，基于这样的属性可将 rRNA 的互补单链 DNA 与 rRNA 杂交后，通过 RNase H 特异性地降解 rRNA，进

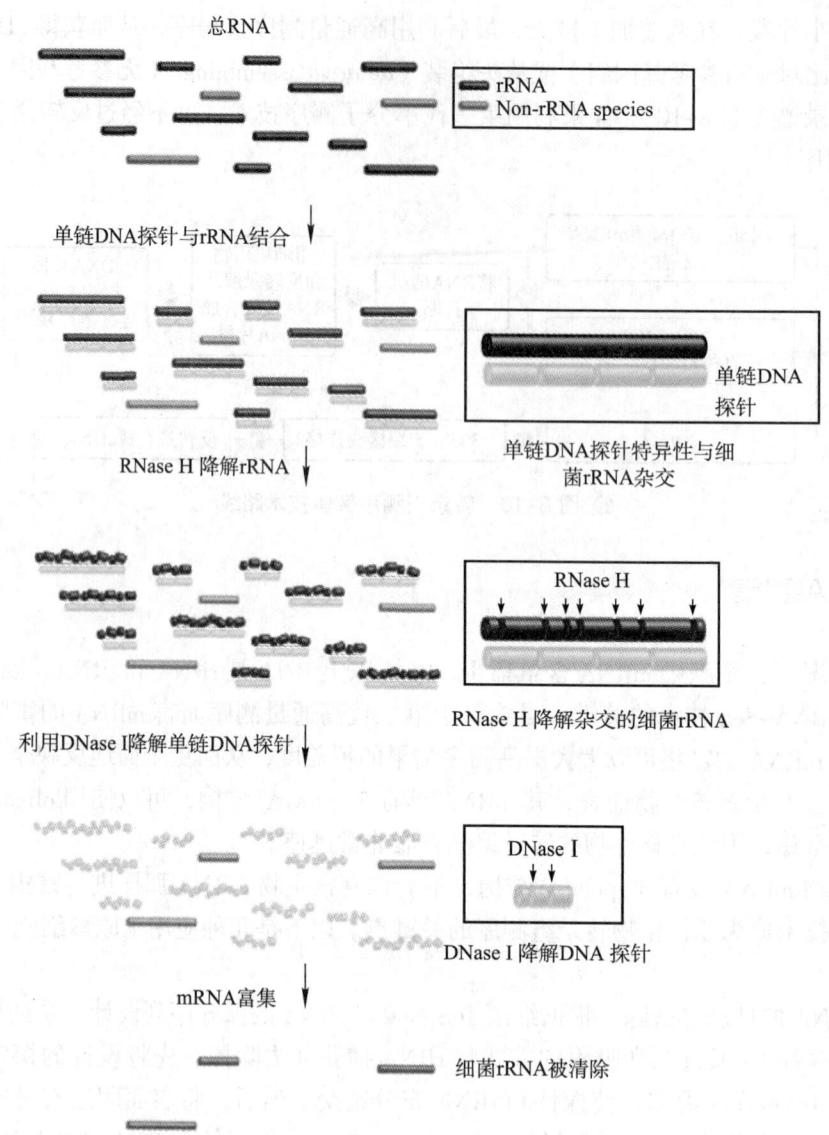

图 8-11 基于 RNase H 的细菌 rRNA 去除工作流程图

而富集 mRNA（图 8-11）。这样获得的 mRNA 样品可用于 RNA 测序、基于随机引物的 cDNA 合成（random-primed cDNA synthesis）以及其他 RNA 分析。

四、mRNA 测序

当前 RNA 测序（包括 mRNA 和小 RNA）主要采用第二代 DNA 测序技术。在整个 mRNA-seq 的实验流程中，最富变化的是 cDNA 文库的构建。根据研究目的的不同，可以采用不同的测序策略。RNA-seq 大多利用 6 碱基随机引物进行反转录合成第一链 cDNA，然后再合成双链 cDNA，之后通过添加接头来扩增 cDNA，进而获得测序模板 DNA。这种建库和测序方式同时且等量地获得了来自 DNA 两条链的序列信号，但无法判断转录的方向性，即无法分辨测序信号是来自编码链还是来自其互补链，从而也无法鉴定反义 RNA，丢失了部分转录组信息。如果直接以第一链 cDNA 为测序模板，或对 RNA 或第一链 cDNA 添加特异性接头（adapter）序列后再合成双链 cDNA，可获得转录方向信息。

五、单细胞转录组测序

为了满足第二代测序平台对文库中核酸片段浓度的要求，传统的转录组测序一般都是通过提取组织或器官的总 RNA 来进行测序。这种测序获得的是组织或器官所有组成细胞的平均表达谱，在需要更为精确地衡量基因表达情况时存在诸多缺点。首先，同一组织内的不同细胞类型在多细胞生物中可能具有不同的作用，它们通常形成具有独特转录谱的不同亚群。传统转录组由于缺乏亚群鉴定，导致不同亚群基因表达的情况无法被揭示。其次，批量测序无法识别表达谱的变化是由表达调控还是由组成变化所引起的。最后，当转录组测序的目标是研究分化细胞的发育进程时，平均表达谱只能按时间而不是按发育阶段对细胞进行排序，因而无法显示特定阶段的基因表达水平的趋势。单细胞转录组（single-cell transcriptomics）则解决了这一问题，在单个细胞水平上进行单细胞 RNA 测序（single-cell RNA sequencing, scRNA-seq），来构建每个细胞的表达谱。它能够揭示单个细胞的基因表达状态，反映细胞间的异质性，发现新的稀有细胞类型，并深入了解细胞生长过程中的表达调控机制。

单细胞 RNA 测序在测序层面的核心技术在于大规模获得单细胞并对其 RNA 进行测序。传统的单细胞分离方法包括有限稀释法、流式分选法、激光切割法、显微操作法等。之后，将获得的单细胞分别进行裂解，反转录并通过 PCR 技术扩增，使获得的核酸的量达到正常的第二代测序的模板量要求之后进行常规 DNA 测序。商业化较为成功的技术如 SMART-seq，就是通过以上原理来进行单细胞转录组测序的。这些方法最大的缺点是通量不够，从而导致捕获成本高，无法满足含多种细胞类型的复杂组织或器官的测序分析。近些年来发展起来的微流控（microfluidics）技术，即通过微流控芯片将单个细胞捕获至油滴，且在油滴内部完成单个细胞裂解并对其所含的 mRNA 赋予一段特异的标签序列，经反转录、构建文库、测序之后，携带相同标签序列的核酸分子被认为来自同一个细胞，如此就可以一次性对成百上千的细胞测序并顺利区分它们。其中最具代表性的商业化技术为 10X Genomics Chromium 转录组测序技术，具体构建文库并测序细节见本书第十章。

特定类型的细胞往往具有某些共同的特性，在单细胞转录组技术里，这个共同的特性主要由相似的基因组层面的基因转录图谱决定。因此，单细胞转录组中，不同细胞类型的聚类分析主要依据单细胞水平的全基因组范围内基因表达量差异来进行。单细胞转录组测序数据经过处理，可获得细胞矩阵，其包括每个细胞转录组中各个基因表达水平的信息。这个细胞矩阵经过严格的数据质量控制，并通过一系列的统计学分析，可将待分析细胞聚类成不同的类群，这些类群有可能代表不同的细胞类型。完成聚类之后，需要进一步对每个细胞类群进行注释，即明确每个类群所对应的真实细胞类型。主要有两种方法来完成这种分析，第一种是通过细胞类型特异性表达的标志基因来进行识别，这些标志基因一般来自前期实验或文献，其细胞类型特异表达特征具有高度的可靠性；另一种是将每个细胞类群的转录谱数据与已知细胞类型的转录谱数据库进行比对，从而推断细胞类型。对于未知的或者新的细胞类型，一般需要进一步的实验加以验证。确定细胞类型之后，即可根据每个细胞类型的转录图谱数据来研究该类型细胞的生物学功能。

单细胞转录组学方法为从细胞层面系统认识疾病、发育等复杂生命活动过程提供了一种可能，改变了复杂生物系统的研究视角。然而，转录组只是许多协调与定义细胞类型和状态并最终发挥作用复杂层级结构中的一层。随着单细胞 RNA-seq 的广泛采用，已经出现了适用于单个细胞的多组学实验与分析的方法，统称为单细胞测序（single cell sequencing），为整合单细胞基因组、单细胞表观基因组、单细胞转录组和单细胞蛋白质组的多位组学数据提供了可能性，从而能够更精确地展示细胞间的异质性、发育轨迹和调控逻辑，进而揭示健康发育和疾病中细胞行为的调节和功能机制。

第六节　序列数据分析

DNA 片段或基因组测序后产生大量以至庞大的序列数据，这些数据的阅读、分析、操纵、存储和分享需要有特定的软件以及计算机或服务器来完成。目前，基因与基因组测序与分析已经成为从事生物学研究人员的常规手段。由于分子生物学原理是序列分析的基础，而中心法则是其核心。因此，序列分析的基本对象包括 DNA、RNA 和蛋白质；序列分析的基本目的是分析这些大分子的基本结构进而预测其功能。本节简要介绍在获得一段 DNA 核苷酸序列后进行基本信息分析的方式或方法。

一、序列基本信息分析

在获得 DNA 的核苷酸序列后，可进行多种初步分析，如展示序列数据、查找和显示限制性酶切位点、分析 G + C mol%、预测潜在的二级结构、寻找开放阅读框等。一方面可以采用 DNA 分析软件如 Clone、SnapGene、DNAstar 等，除了分析数据外还可以图形方式展示出来。另一方面可以使用公共网络平台上的在线工具，如功能齐全和强大的由美国国立卫生研究院开发的国家生物技术信息中心（National Center for Biotechnology Information，NCBI）网站（www.ncbi.nlm.nih.gov），该网站收集和存储美国和全球生物技术信息并建立相关数据库，开发出多种数据分析软件，研究基于计算机的信息处理方法以分析生物重要分子的结构和功能，存储和分析有关分子生物学、生物化学和遗传学的知识和文献。

根据 DNA 核苷酸序列，还可在相应的 RNA 水平上进行分析，如预测 RNA 的二级结构、计算折叠数、5′端碱基数和 3′碱基数以及在基因组 DNA 和 RNA 序列中搜索 tRNA 基因等。

根据测序所得到的核酸信息，翻译成蛋白序列后可以预测其信号肽、跨膜结构、是否为脂蛋白、蛋白质的二级结构及其三级结构、蛋白质功能等。

1. DNA 与 RNA 序列的信息分析

DNA 序列分析的主要任务包括 DNA 的基本特征分析和基因预测。常用的分析内容如下：

（1）DNA 的 G + C 含量分析

由于不同的物种，基因组 G + C 含量差异很大，因此在目的基因的异源表达设计过程中，基因的 G + C 含量是重要的考虑因素。G + C 含量分析的基本原理是统计一段序列或者整个基因组中碱基 G 与 C 占总碱基数的百分比。很多在线分析工具可用于 DNA 片段序列的 G + C 含量分析。

（2）基因的基本结构分析

编码蛋白的完整基因的主要 DNA 元件包括启动子、终止子和编码区。

① 启动子分析　启动子是一段位于结构基因 5′端上游区的 DNA 序列，能活化 RNA 聚

合酶，使之与模板 DNA 准确结合。启动子预测软件的主要分析原理是分析启动子中一些保守的 DNA 序列特征，如原核生物启动子中 –10 区序列、–35 区序列，以及 –10 区和 –35 区之间的距离。比较常用的预测软件如 TSSW 和 TSSP 等。

② 终止子分析　终止子是一段位于结构基因 3' 端下游的 DNA 序列，转录在此区域终止。终止子主要包括依赖于 ρ 因子和不依赖于 ρ 因子两种。不依赖于 ρ 因子的终止子在序列有比较明显的特征，首先，终止位点上游一般存在一段富含 GC 碱基的二重对称区；其次，终止位点上游一般有 4~8 个 A 组成的序列。分分析软件正是基于这两点对终止子进行预测，常见分析工具有 TransTermHP 和 WebGeSTer DB 等。

③ 编码区分析　也称开放阅读框的预测，主要是预测一段 DNA 序列中可能的蛋白编码序列。分析方式有两种，第一种主要根据基因的基本特征，如核糖体结合位点的序列特征、常见的起始密码子序列，以及终止密码子序列等来进行预测。原核生物中比较常用的预测软件有 Prodigal 等；第二种根据六种潜在的翻译方式来进行预测，并将预测到的结果与公共数据库进行比对来判断预测结果的可靠性，常用的软件有 ORF Finder（https：//www.ncbi.nlm.nih.gov/orffinder）。

（3）蛋白编码基因密码子使用频率分析

来自不同物种的基因，在翻译过程中对简并密码子的使用频率存在差异，称为密码子偏好性。在进行基因的异源表达过程中，需要考虑密码子的偏好性，进而根据密码子偏好性改造密码。常用的工具如 SMS2（Sequence Manipulation Suite，version2）中的 Codon Usage 分析工具。

（4）DNA 序列的其他分析与操作

SMS2 软件是一款在线的，可用于分析 DNA 和蛋白质基本序列特征以及格式转换的工具，可完成众多的基本序列分析，如 DNA 的反向互补序列获取、DNA 开放阅读框转换成相应的蛋白质序列等。

（5）RNA 序列分析

发挥调控功能的 RNA 或者其他功能性 RNA 一般均具有特殊的局部二级结构——局部的茎环结构。RNA 序列的分析主要集中于 RNA 二级结构的预测，主要分析分子内部的局部双键，常用的工具包括 RNAfold 等。

2. 蛋白质序列分析

蛋白质序列分析的主要目的是分析其基本特性，为了解其功能提供线索。蛋白质的特性由其氨基酸组成和排列顺序决定，蛋白质特性分析主要基于此。常见的分析内容如下：

（1）蛋白等电点分析

蛋白质中由于部分氨基酸残基拥有离子化的侧链，而整体带净电荷。这些侧链都是可以滴定的，对于每个蛋白都存在一个使它的表面净电荷为零的 pH 即等电点（isoelectric point，pI）。蛋白质在等电点时，其溶解度最小，最容易形成沉淀物。蛋白质等电点主要是通过分析每个氨基酸残基所携带电荷来实现的预测的，常用分析软件有 Compute pI/Mw tool 等。

（2）蛋白质信号肽分析

信号肽是位于蛋白质多肽链末端的一段长度在十几到几十个特殊氨基酸残基的序列，可引导蛋白质的定位。信号肽的主要特点包括：10~15 个疏水氨基酸、靠近该序列 N 端疏水氨基酸区上游带有 1 个或数个带正电荷的氨基酸、C 端靠近蛋白酶切割位点处常常带有数个极性氨基酸、离切割位点最近的那个氨基酸往往带有很短的侧链（Ala 或 Gly）。传统的信号肽预测软件主要基于上述特点来进行分析，近年来深度学习模型也被用于提高预测的准确性。信号肽分析的主要工具包括多个版本的 SignalP。

（3）蛋白质跨膜结构域的分析

膜蛋白往往具有独特的跨膜螺旋结构，其主要的特点是单个或者多个 α 螺旋。蛋白跨膜结构域的分析原理主要是分析这些潜在的跨膜螺旋，常用的分析工具主要是基于隐马尔科夫模型的 TMHMM，以及近期开发的基于深度神经网络的 DeepTMHMM。

（4）蛋白质二级结构分析

蛋白质的二级结构是指其多肽主链构架原子的空间排布，是蛋白质高级结构的基本单元，与蛋白质功能密切相关。其主要形式包括 α 螺旋、β 折叠、β 转角、Ω 环和无规卷曲。蛋白质二级结构的分析原理就是针对上述不同的二级结构类型的各自特点进行分析，常用的分析工具有 Jpred 4 等。

（5）蛋白质三级结构分析

蛋白质的三级结构指的是整条肽链当中，全部氨基酸残基的相对空间位置，直接决定蛋白质的功能。蛋白质三级结构分析的核心思想是根据已知三级结构的蛋白质的特性来推测待分析蛋白的三维结构。其分析方法可分为两大类，其一是根据同源蛋白的已知结构信息预测目标蛋白的三维结构，其二是采用深度学习方法利用已知的蛋白结构构建模型来预测未知蛋白的三维结构。代表性的分析工具包括 SWISS-MODEL、AlphaFold 和 RoseTTAFold 等。

（6）蛋白质保守结构域分析

一般认为序列相似的蛋白质具有相似的功能，具体到蛋白质氨基酸残基水平结构域相似的蛋白功能往往类似，因此可以通过保守结构域预测来推测蛋白质潜在功能。研究者可以通过收集已知功能的蛋白序列，使用一定的方法构建保守结构域模型，进而分析未知功能的蛋白序列。同时，公共数据库中存在大量前人构建好了的各种蛋白保守结构域的模型，可以通过直接使用在线工具分析目标蛋白的结构域。蛋白质保守结构域分析的主要工具包括 NCBI CDD 和 Pfam 等。

二、序列的比较分析

为确定两个或者多个序列之间的相似性，而将它们按照一定的规律排列，即为序列比对。序列比对的主要目的包括查找与目标序列的相似序列，以及比较同源序列间的差异性。

1. 局部比对

局部比对（local alignment）主要用于查找与目标序列相似的序列，主要的分析工具是 NCBI 的 BLAST。序列的局部比对中不对两个完整序列进行比对，而是对给定序列中相似度最高的区域进行比对。BLAST 软件有本地和在线两个版本，前者需要使用者自己构建数据库（或从 NCBI 下载），后者可以直接在线使用 NCBI 已格式化好的数据库。根据查询序列的类型和所选择数据库的类型，BLAST 拥有 5 个不同的程序可供选择，分别是 blastn、blastx、blastp、tblastx 和 tblastn。BLAST 使用过程中，比较重要的两个参数是数据库的选择，以及 E 值的设定。

2. 多序列比对

多序列比对的目标是使得参与比对的序列中有尽可能多的序列具有相同的字符，以便于发现不同的序列之间的相似部分，从而推断它们在结构和功能上的相似关系。主要用于构建分子进化关系，预测蛋白质的二级结构和三级结构、估计蛋白质折叠类型的总数等。多序列比对的主要工具包括 Clustal、MUSCLE、T-Coffee 和 MAFFT 等。

3. 系统发育树的构建

系统发育树（phylogenetic tree）又称分子进化树，是生物信息学中描述不同生物之间的相关关系的方法，用于分析不同序列之间的亲缘关系的远近。从待分析序列出发的系统发育树构建一般包括以下几个步骤：

① 获取相似序列 可通过 BLAST 等手段获取与待分析序列同源的序列。

② 多序列比对 将收集到的多个同源序列置于同一个文本文档中，使用序列比对软件进行比对，并对比对结构进行检查以过滤掉变异度过大的区域。

③ 模型选择 对于比较严谨的系统发育树构建，往往需要对核苷酸或者氨基酸替代模型以及参数进行评估，以获得最适合的模型和参数。

④ 系统发育树的构建 系统发育树构建主要有基于距离的方法以及基于性状的方法，前者包括邻接法（neighbor-joining，NJ）和非加权配对算术平均法（unweighted pair-group method with arithmetic mean，UPGMA）等；后者包括最大简约法（maximum parsimony，MP）、贝叶斯推断法（Bayesian）和最大似然法（maximum likelihood，ML）等。

对于一般的序列分析而言，以上几个步骤均可在 MEGA 软件依次完成，最终的系统发育树可通过在线的可视化软件进行注释和美化，比较常用的工具如 iTOL 等。

三、基因组大片段序列以及全基因组信息分析

基因组大片段序列以及低复杂物种的全基因组信息分析主要参照全基因组的分析流程进行。主要的分析内容包括两个部分：

1. 序列的组装

序列组装一般需要在高性能服务器进行。对于第二代 DNA 测序数据的组装，往往采用 *de Bruijn* 图法进行，主要的软件包括 Spades 和 ABySS 等，其中最核心的参数为 k-mer 值。而第三代 DNA 测序数据的组装主要采用 OLC（Overlap/Layout/Consensus）方法，主要的软件有 HGAP、FALCON、Canu、Flye 等。由于第三代测序数据往往具有较高的错误率，因此组装完成之后的大片段 DNA 序列或者基因组需要进行纠错，可使用第二代数据或/和第三代数据进行回贴纠错。

2. 序列注释

序列注释主要包括结构注释与功能注释两部分，前者主要是对目标序列所含有的基因进行预测，后者主要是对蛋白编码基因的功能进行分析。由于原核生物和真核生物基因的结构有较大差异，其相应的分析也有所不同。

（1）原核生物序列注释

原核生物大片段 DNA 序列或基因组的基因预测主要包括，使用 Glimmer 和 Prodigal 等对开放阅读框进行正确的预测；使用 RNAmmer 等对 rRNA 基因进行预测；使用 Aragorn 等对 tRNA 基因进行预测。功能注释部分主要是将预测到的蛋白序列，通过 BLAST 或 HMMER 等工具，与公开数据库（如 UniProt、NR、RefSeq、Pfam 等）进行比对，根据结果对基因的功能进行分析。目前原核生物基因组注释最为综合的管道软件为 Prokka。

（2）真核生物序列注释

真核生物蛋白编码基因一般为断裂基因，存在内含子和外显子，其基因预测往往需要结合转录组数据以及相近物种的蛋白序列等证据进行综合分析。主要的分析工具有 MAKER、BRAKER 等。蛋白功能注释与原核生物类似，根据与公共数据库比对的结果进行蛋白质功能分析。

四、基因数据库和分析工具

目前在因特网上有许多公开的分析 DNA、RNA 和蛋白质序列的软件和数据库，这些软件和数据库能满足日常的一般分析要求。

目前世界上最大的生物信息数据库为隶属于美国 NCBI 的 GenBank 数据库及其关联的欧洲 EMBL 数据库和日本 DDBJ 数据库，这 3 大基因数据库已经实现数据互联。另外还有一些专业性数据库，如收集流感病毒和冠状病毒的 GISAID 数据库（www.gisaid.org），中国国家基因组科学数据中心 NGDC 数据库等。当研究人员获得了一段具有功能和作用的 DNA 序列后，可在这些数据库之一登记注册，并获得一个登记号。对于一段 DNA 序列，如果要在发表论文中出现的话，一般要求在这些数据库中公开。这些数据库中的数据大多数是公开的，可免费共享。

在 NCBI 网站上提供了许多基因分析工具和其他分析网站的连接点，其中常用的工具有寻找和分析开放阅读框的 ORF Finder，在数据库中查找与待测核酸或蛋白序列局部相似区域序列的 BLAST，显示核苷酸或蛋白质序列及其信息图形的 Sequence Viewer，用于计算蛋白质与基因组核苷酸序列比对的 ProSplign，以及数据上传、检索、分析比较、结构或结构域分析、SNP 分析、cDNA 分析、系统发育树构建、多种形式基因组数据分析等实用工具。BLAST 用于在数据库中寻找与待分析的 DNA 或蛋白质序列相似的序列，是判明待分析基因或蛋白质性质的快捷工具。其他相关的数据库和分析网站主要有欧洲生物信息学研究所（EBI）EMBL 分所（www.ebi.ac.uk），基因组测序 Sanger 中心（www.sanger.ac.uk），瑞士生物信息学研究所蛋白质分析系统 ExPASy（www.expasy.org）等。除系统性的分析网站外，还有许多专业分析网站用于特定要求的分析，如提供多重序列比对的 Clustal W（www.clustal.org）工具，在实践操作中读者可参考专业文献和网站。

思考题

1. 设想一下在什么情况下你希望知道一个基因或一段 DNA 的序列？
2. 对一段未知的 100 kb DNA 片段（如 BAC 克隆子），如何设计测序方案？一群 BAC 克隆子又如何？
3. 高通量测序技术出现以后解决了之前哪些难以解决的技术难题？
4. 展望一下将来测序技术的发展远景。
5. 试用一下 BLAST 工具，有何体会？

主要参考文献

1. Sambrook J, Green MR, Molecular Cloning: a Laboratory Manual. 4th ed. Cold Spring Harbor: Cold Spring Harbor Laboratory Press, 2012
2. https://www.illumina.com
3. https://www.bgi.com
4. https://www.pacb.com/technology
5. https://www.ncbi.nlm.nih.gov
6. https://www.neb.cn

（郑金水　苏　莉　彭东海）

第九章

DNA 诱变

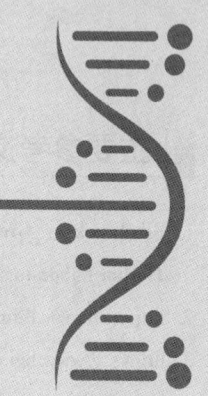

基因诱变（gene mutagenesis）是研究基因结构与功能的最基本手段之一，当前人们已不再依赖自发突变体或用物理、化学诱变剂处理活体来获得突变，而采用体外诱变（in vitro mutagenesis）方式对克隆化的 DNA 进行诱变处理，改变其核苷酸序列，从而获得突变基因。体外诱变通常可以得到经典诱变所能得到的所有种类突变，包括碱基替换突变、片段插入或缺失；突变可以限于 DNA 片段的局部或全部，并可以是随机或定向的；可以通过嵌套缺失、寡核苷酸介导的定点诱变、随机诱变等方式，分别产生缺失突变、定点突变和随机突变。

体外诱变能够在 DNA 的特定位置引入限制性内切酶位点，便于基因的亚克隆等基因工程操作；能够任意改变密码子以便研究蛋白质功能；可得到其性能比相应的天然蛋白"更好"的蛋白质，甚至创造具有新活性的酶；还能对转录调节因子以及非编码 RNA 等遗传元件进行功能研究。与经典诱变相比，体外诱变具有无可比拟的优点，已成为基因工程、蛋白质工程、基因结构与功能、酶作用机理等研究的重要手段。

进行 DNA 诱变的方法很多，使用的名称更多，不同方法的调整或组合可能会以新的名称出现。一些商业化公司开发的试剂盒也常常会以特殊的名称呈现。本章以基础诱变方法的介绍为主。

第一节　随机诱变

体外随机诱变（random mutagenesis）指随机地在克隆化 DNA 中引入碱基置换突变，特点是不需要有序列针对性的合理设计，引入突变的位置及其性质是随机的；这种方式能在目的 DNA 片段中引入大量的序列多样性，得到的突变体可以是单点突变也可能是多点突变。随机诱变主要用于诱变基因的编码区，改变氨基酸序列，从而改造蛋白质的性质或活性，以得到符合需要的蛋白质。

随机诱变成功的关键之一是选择合适的突变频率。在随机诱变得到的突变体中，只有少量发生突变并仍编码具有功能的蛋白质，而绝大多数突变是有害的，所编码的蛋白质失去活性。当突变频率太高时，同一个 DNA 片段上含有多个点突变，其中有害突变会湮没有益突变，因此几乎无法筛选到有益突变；但突变频率也不能太低，否则在诱变群体中未发生任何突变的野生型将占据优势，导致很难从中筛选到理想的突变体。实践经验表明，目的基因内有 1.5～5 个碱基发生突变时，诱变结果是理想的。

对突变体进行定向选择或筛选的方法或效率，是随机诱变成功与否的另一个关键因素。另外，有时一次突变很难获得满意的结果，通常采用反复多次诱变和循环筛选，即将前一次筛选得到的有用突变基因纯化后，用作下一次诱变的模板，连续反复地进行诱变、筛选，使突变得到累积。这种随机诱变 - 人工定向选择循环，其基本原理与自然进化相似，也是重复性的突变、选择循环；同时，随机诱变和选择都是在人为控制的条件下进行的，其目的是获得满足人们需要的性能改良的蛋白质，因此随机诱变也称为定向进化（directed evolution），也称试管进化（*in vitro* evolution）。

蛋白质定向进化属于非理性设计（irrational design），其优点是不需事先了解蛋白质的空间结构和催化机制，能够解决合理设计所不能解决的问题；它不仅能改善酶的已有特性，也能进化出非天然特性。同时，定向进化使在自然界需要几百万年的进化过程缩短至几年或更短时间。定向进化成功的基础在于尽可能增加突变 DNA 的序列多样性，成功的关键在于是否具有一个高效灵敏的筛选手段来选择所需要的突变。

随机诱变的方法很多，如错误掺入诱变、增变菌株诱变、盒式诱变（cassette mutagenesis）和化学诱变，以及一些由体外重组技术演变的方法均可实现体外随机突变，以下介绍几种常见方法。

一、错误掺入诱变

错误掺入诱变指在体外 DNA 扩增过程使用具有错配倾向的 DNA 聚合酶以及反应条件，使碱基更容易错误掺入到新合成的基因片段中。有些 DNA 聚合酶没有 $3' \rightarrow 5'$ 核酸外切酶活性，如经诱变过的 DNA 聚合酶或 *Taq* DNA 聚合酶，导致在 DNA 合成中以一定频率掺入错误的碱基，这样的致突变 PCR，称作易错 PCR（error-prone PCR）。

标准 PCR 使用最合适的反应条件以确保 DNA 扩增的忠实性。由于 *Taq* DNA 聚合酶不具有 $3' \rightarrow 5'$ 核酸外切酶活性而具有错配倾向，每扩增一次，碱基错误掺入率为 10^{-7} 到 10^{-3}，错误率因碱基而不同；经过 20~25 次循环，累积突变率约为 10^{-3}/bp，产生的突变绝大多数为碱基置换（substitution）。然而统计分析表明，碱基置换的类型具有很强的倾向性，并不是随机的。如倾向于 AT 碱基对突变为 GC 碱基对；碱基转换（transition）突变率为碱基颠换（transversion）突变率的 2 倍。

易错 PCR 可通过改变 PCR 反应条件，来调整 PCR 反应中突变的频率，也可通过降低聚合酶固有的突变序列倾向性而提高突变谱的多样性，使得错误碱基随机地以一定的频率掺入到扩增的产物中。得到随机突变的 DNA 群体，可用合适的载体克隆突变基因（图 9-1）。易错 PCR 合适的 DNA 长度通常为 1 kb 左右，更长的片段扩增效率明显降低。

与标准 PCR 反应条件相比，针对 *Taq* DNA 聚合酶固有的突变序列倾向性和突变率，可用如下方法改变碱基的错误掺入率，在一定条件下也可向提高 G + C 含量或 A + T 含量的方向诱变。

① 增加 $MgCl_2$ 浓度到 7 mmol/L，稳定非互补的碱基配对。

② 加入 0.5 mmol/L $MnCl_2$，Mn^{2+} 能降低聚合酶对模板的特异性。

③ 增加聚合酶量到 5 U，促使在错配碱基处继续延伸反应。

④ 限定 4 种碱基中的一种，通常为正常浓度的 1%~10%。在缺乏正确核苷酸时，DNA 聚合酶经短暂停顿后，又插入另外 3 种可用核苷酸的一种。

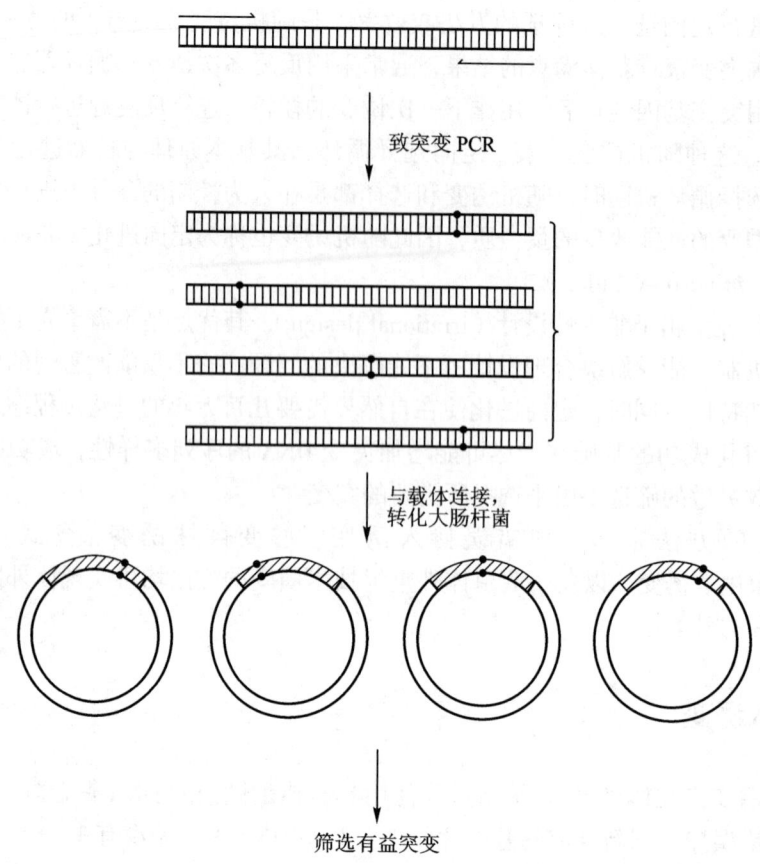

图 9-1 易错 PCR 原理图

⑤ 3 种为正常浓度的正常碱基，第 4 种碱基为次黄嘌呤 dITP。次黄嘌呤在缺少正确配对的碱基位置掺入 DNA 链，在下一轮扩增中，次黄嘌呤能与胞嘧啶、胸腺嘧啶和腺嘌呤配对。

⑥ 增加 dCTP 和 dTTP 的浓度到 1 mmol/L，促进错误掺入。

⑦ 使用易错 DNA 聚合酶突变体，其突变倾向性与 *Taq* DNA 聚合酶相反，倾向于 GC 碱基对突变为 AT 碱基对。

值得注意的是，从诱变角度看以上条件可提高 DNA 扩增的错配率，但从正常 PCR 扩增角度看，应尽量避免这些条件的变化进而减少错配碱基的出现概率。

二、DNA 洗牌法

DNA 洗牌（DNA shuffling）是一种通过将 DNA 随机打碎并结合 PCR 重新组装（reassembly）过程，使一组突变基因进行体外同源重组而形成的提高诱变率的诱变方法。也就是在特殊 PCR 反应条件下，从一组有一定同源性的亲代 DNA 出发，使 DNA 群体通过同源序列介导，在 PCR 扩增过程中重新组装，产生出多种突变的不同组合，从而加速产生基因多样性（图 9-2）。

首先，选择一组分别具有一系列所需性状的基因序列作为重组的亲本，亲本之间有序列同源性（＞60%）。亲本可以是经随机诱变得到的一组有益突变体，或天然存在的基因家族。

其次，用 DNase I 或超声波处理，随机切割亲本序列，得到大小不一的片段群，纯化一定大小的片段（如 50~200 bp）。第三，纯化的片段互为引物延伸进行重新组装（reassembling），也称无引物 PCR。跟标准 PCR 一样，先对双链 DNA 片段进行热变性；退火时单链片段与具有足够长度互补序列的其他单链配对，形成 3′ 或 5′ 突出端；再经聚合酶延伸 3′ 凹端。如此反复循环，随着循环数的增加，片段的平均长度也增加，最后达到 DNA 亲本序列的原始长度。第四，用两侧引物进行标准 PCR 反应，扩增全长重组 DNA 链。最后，克隆 PCR 扩增 DNA 产物，选择或筛选得到性状优化的基因。

三、交错延伸重组

交错延伸处理是将 DNA 洗牌技术进一步改进的 DNA 体外重组技术。在一个反应体系中以 2 个以上有一定序列同源性的 DNA 片段为模板进行 PCR 反应，通过变换模板机制实现 DNA 序列的重新组装（图 9-3）。

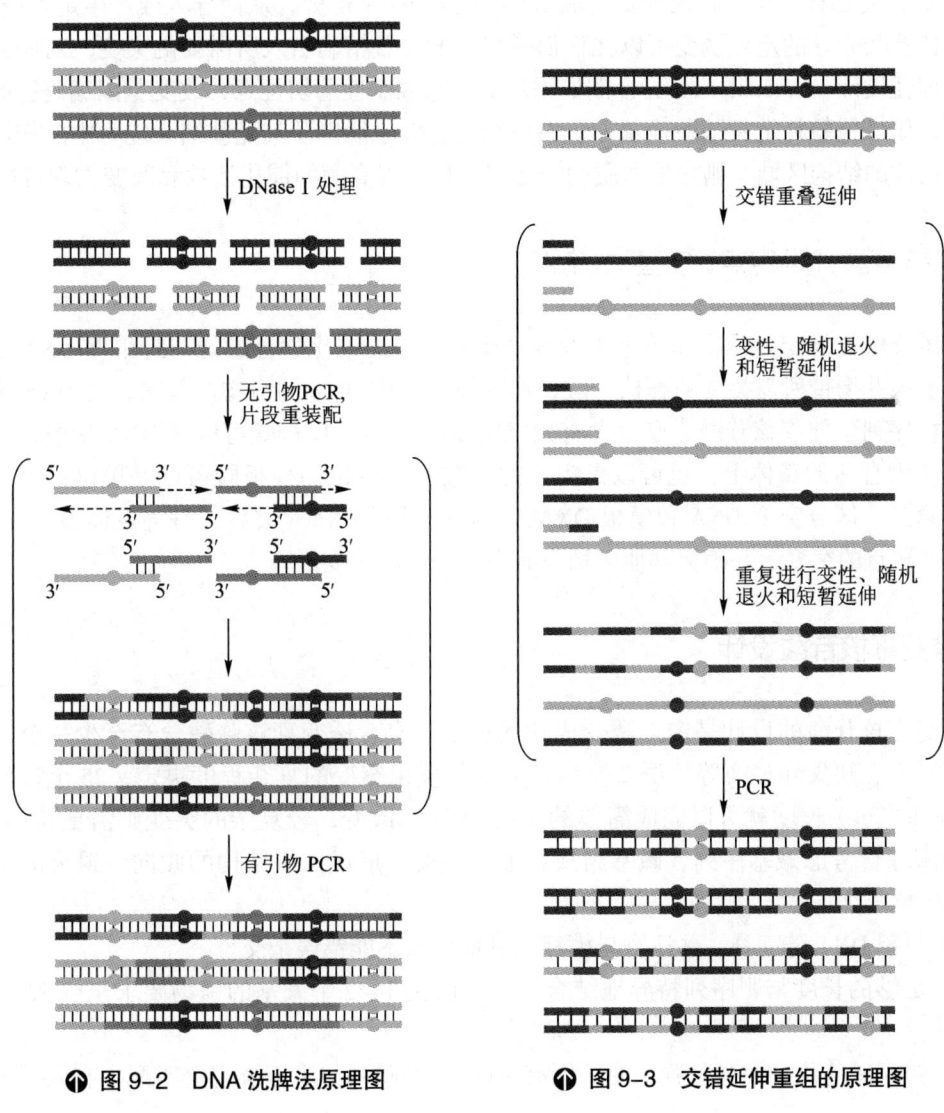

◆ 图 9-2　DNA 洗牌法原理图　　　　◆ 图 9-3　交错延伸重组的原理图

交错延伸处理在单一试管中进行，不需分离亲本 DNA 和新产生的重组 DNA，此方法与初始 DNA 洗牌法相比，省去了用 DNase Ⅰ 将 DNA 切割成片段以及片段纯化步骤，因而简化了程序。具体操作时，首先选择 2 个以上分别具有优良性状的亲本基因作为 PCR 模板。其次通过 PCR 进行交错延伸，循环产生杂交基因。在每轮循环中退火和延伸反应控制在短暂时间（55℃，5 s）内，引物先在一个模板链上延伸，只能合成出非常短的新生链。经变性的新生链再作为引物与体系内同时存在的不同模板退火后继续进行短暂延伸。此过程反复进行，直到产生全长基因片段，得到间隔地含不同模板序列的杂交 DNA 分子。最后用两端引物进行标准 PCR 反应，扩增全长的杂交 DNA 链，克隆 PCR 扩增产物，得到突变 DNA 文库。

第二节　寡核苷酸介导的定点诱变

改变克隆化基因或 DNA 片段中任何一个特定核苷酸位点序列使之发生取代、插入或缺失突变的过程称作基因定点诱变（site-directed mutagenesis）。实施定点诱变的方案几乎都需要一个或多个含有突变碱基的诱变寡核苷酸来改变靶序列，以诱变寡核苷酸为引物进行 DNA 复制，使寡核苷酸引物成为新合成 DNA 子链的一个部分，从而导入或产生定点诱变。

寡核苷酸介导的定点诱变可以在任何感兴趣的位置精确引入所需要的突变，对序列进行合理或理性设计（rational design），例如添加或去除限制性酶切位点，改变基因编码区的氨基酸序列，用以检验特定氨基酸残基在蛋白质结构、催化活性及其配基结合能力中的作用，或确定蛋白质的结构区域、删除蛋白质的非必需活性、提高酶的催化活性和改变物理特性等。

一、寡核苷酸介导定点诱变基本流程

寡核苷酸介导定点诱变总体上涉及 4 个步骤。首先，化学合成能与野生型 DNA 模板的靶区域退火并携带所需突变的寡核苷酸，作为体外合成 DNA 的引物。其次，由 DNA 聚合酶根据模板序列延伸寡核苷酸，产生含有预定突变的 DNA。模板既可以是 DNA 片段，诱变合成后克隆到合适的载体上；也可以是完整的质粒（<9 kb）。模板既可以是单链；也可以是双链。第三，区分突变 DNA 和模板 DNA，或排除模板 DNA。最后，对突变体 DNA 进行测序，验证靶点的突变，并确保其他区域没有发生额外的突变。

二、诱变寡核苷酸设计

诱变寡核苷酸的设计是定点诱变成功的关键因素。诱变寡核苷酸含有至少一个碱基改变，如插入、缺失和替换等。诱变寡核苷酸的长度由突变的复杂程度决定，25 个核酸碱基（nucleotide，nt）长度就可以完成简单的 1~2 个碱基改变，较复杂的突变则需更长的引物。此外还需综合考虑碱基序列、碱基组成、解链温度、形成二级结构的倾向、退火的特异性等。具体要求如下：

① 与靶 DNA 链互补，并注意与模板的其他区域不能错误杂交。

② 足够的长度与靶序列特异地结合。用于改变 1~2 个碱基的引物要求至少 25 个碱基长度。

③ 错配碱基位于中央位置，使每侧有 10~15 个碱基与模板链完全匹配。有效引入多于

3个核苷酸突变时，要求引物在诱变点的每侧有30个核苷酸互补于模板。图9-4为一种商业试剂盒建议的引入诱变碱基位置设计方案（以 *Dpn* I 诱变法），要求在诱变位点与 3′ 端之间至少应有 10 个核苷酸。

④ 含有与模板完全杂交的 5′ 端区，这样从上游引物起始的 DNA 合成不至于取代诱变寡核苷酸引物。DNA 聚合酶的 5′→3′ 核酸外切酶活性是造成上游 DNA 合成取代 5′ 核苷酸的原因。

⑤ 诱变寡核苷酸引物 3′ 区域有 10~15 个碱基与模板链完全匹配，形成足够稳定的杂交分子，以有效地从诱变寡核苷酸引物 3′ 端引发 DNA 合成。

⑥ 无回文、重复或自身互补序列，否则这样的序列会形成二级结构，进而与模板上靶序列的杂交率降低，可能导致得不到突变体。

⑦ 必要时可在诱变寡核苷酸上加入新的酶切位点，或消除靠近诱变位点的已有酶切位点，便于诱变后通过限制性内切酶消化筛选候选突变子。

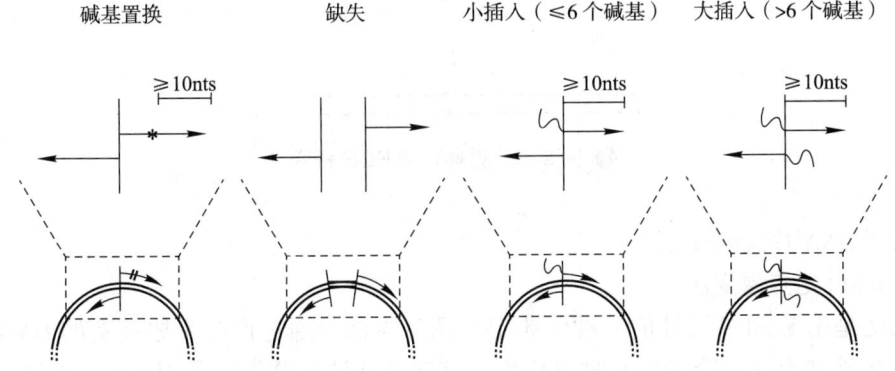

图 9-4　寡核苷酸介导的定点诱变中引物内诱变位点的位置示意图

三、DNA 定点诱变方式

在 PCR 技术得到广泛使用之前，定点诱变程序均采用普通 DNA 聚合酶催化 DNA 复制。通常以单链 DNA 为模板，或对双链模板进行变性后针对单链进行突变操作。

经过多年的完善已使经典定点诱变技术变得极为有效而可靠，改进的措施主要在于设计出了更富智慧的方式来区别突变 DNA 链和模板 DNA 链，或排除模板链或富集突变链。借助 PCR 对模板进行扩增使得诱变技术越来越高效，如突变体的回收率高、能用双链 DNA 为模板、利用高温降低模板 DNA 形成二级结构的概率、在同一只试管中进行反应。

1. 重叠延伸 PCR 诱变

重叠延伸（overlap extension）是指在 3′ 端具有互补配对序列的 DNA 片段或寡核苷酸，在配对后能够互为引物互为模板进行 DNA 合成的过程，可以生成包含这两个模板所有序列的产物。重叠延伸 PCR 诱变需要 1 对内部致突变引物和一对侧翼引物，经过 3 个 PCR 反应获得突变基因，效率非常高。两个内部致突变引物与模板 DNA 的不同链匹配，都含有预设突变。两个独立的 PCR 反应分别扩增出两个重叠的 DNA 片段，突变位点位于重叠区域；混合两个 PCR 反应产物或分别纯化后再混合，经变性、退火后进行第 3 个 PCR 反应，可得到突变基因片段（图 9-5）。如有必要，可在两个侧翼引物的 5′ 端引入合适的限制性酶切位点，

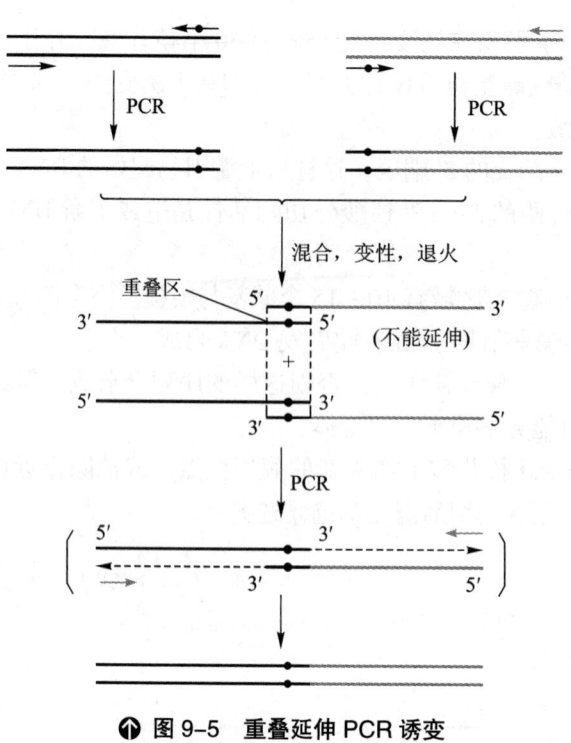

图 9-5 重叠延伸 PCR 诱变

便于对诱变 DNA 片段进行克隆。

2. Kunkel 定点诱变法

该方法是由 Kunkel 设计的一种经典定点诱变方法。通过产生带尿嘧啶的 DNA 作模板来高效率地筛选突变克隆子,有时也称为尿嘧啶诱变法。首先,采用 ung^-dut^- 突变的大肠杆菌菌株(如菌株 CJ236)制备含尿嘧啶的单链 DNA 模板。基因 ung^+ 编码尿嘧啶 N- 糖化酶,该酶可水解尿嘧啶残基和脱氧核糖磷酸骨架之间的 N- 糖苷键,产生脱碱基的位点。含有脱碱基位点的 DNA 链不再具备作为完整复制模板的能力。基因 dut^+ 编码 dUTG 酶,在 dut^- 菌株中细胞内 dUTP 转换成 dUMP 的能力减弱,使细胞内 dUTP 的含量增加 25~39 倍,导致 DNA 合成过程中部分胸腺嘧啶被尿嘧啶取代(例如从菌株 CJ236 中提取的噬菌体 M13 DNA 中有 20~30 个尿嘧啶)。其次,用诱变引物引导合成杂合双链 DNA,并导入正常 ung^+dut^+ 菌株。只有带有突变位点的新合成链为正常 DNA 并可作为模板进一步复制,而野生型 DNA 链由于含尿嘧啶而不能复制。这样一来,能够生长的细胞就带有突变位点(图 9-6)。

3. DpnⅠ诱变法

DpnⅠ诱变法利用限制性内切酶 DpnⅠ只切割甲基化 DNA 的属性,在经过寡核苷酸介导合成出诱变 DNA 链后切割从常用大肠杆菌制备的带甲基化的模板 DNA,从而保留经 PCR 扩增获得的携带诱变位点的 DNA,进而快速简便地富集诱变产物。

限制性内切酶 DpnⅠ可特异性切割双链 DNA 中甲基化位点 $G^{m6}ATC$ 位点,对半甲基化 DNA 切割效率较低,完全不能切割非甲基化 DNA。从大肠杆菌中分离的 DNA 已在体内内源性 Dam 甲基化酶催化下完全甲基化,因而对 DpnⅠ敏感。用 4 种通用 dNTP 在体外合成的 DNA 没有甲基化,可以抵抗 DpnⅠ的切割。因此定点诱变后用 DpnⅠ消化,能富集体外合成的非甲基化 DNA。

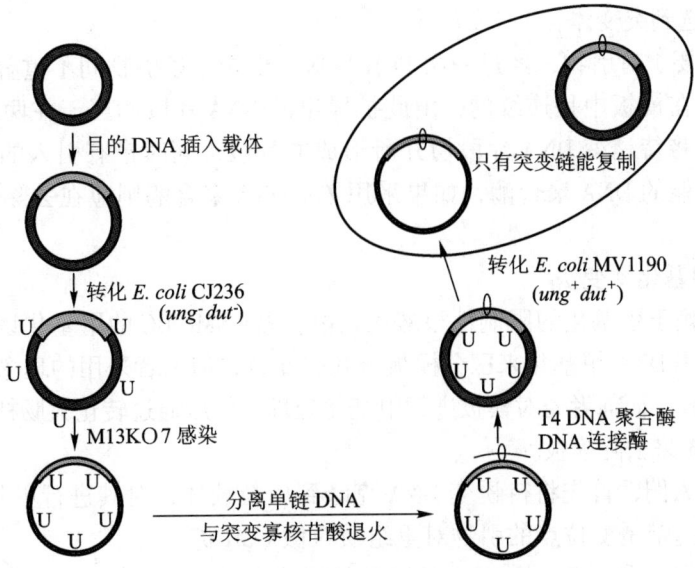

图 9-6 Kunkel 定点诱变原理

将待诱变的 DNA 片段克隆至质粒载体上，采用携带诱变位点的寡核苷酸引物对该重组质粒全长片段进行 PCR 扩增，获得由携带诱变位点的片段和载体组成的线性 DNA 片段，对其 5′ 端进行磷酸化（或采用 5′ 端磷酸化处理后的引物），自我连接，$Dpn\,\mathrm{I}$ 处理混合 DNA 进而切割原始模板 DNA 并保留新合成的突变 DNA，转化大肠杆菌并挑选和验证突变体，实施过程见图 9-7。当然，也可以不使用 $Dpn\,\mathrm{I}$，只要 DNA 聚合酶保真度高则可以在以更小概率产生偶发突变的情况下扩增出产物，因扩增产物量远大于模板的拷贝数，为此在后续筛选

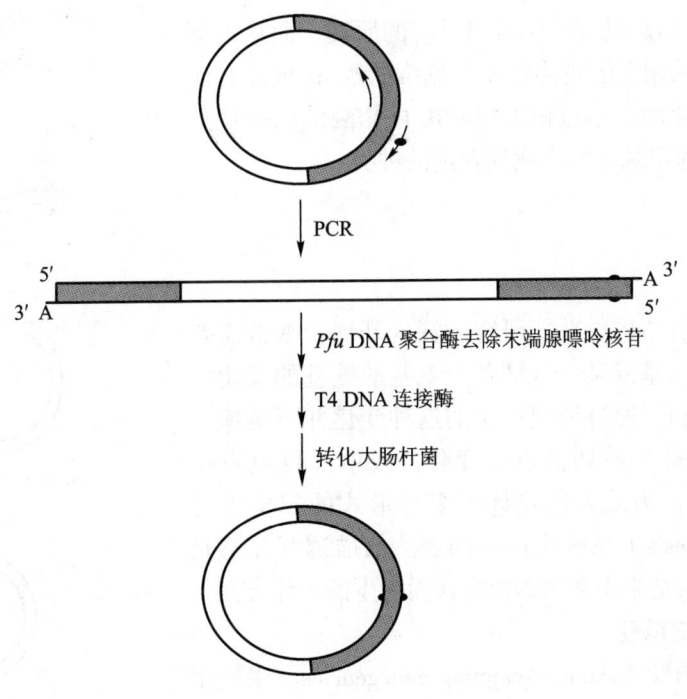

图 9-7 $Dpn\,\mathrm{I}$ 诱变法

过程中很容易挑选到突变体。

该方法只需要 1 对引物，经过一次 PCR 反应。要求 2 条引物间不重叠，而且它们的 5′ 端所对应的序列在模板中是连续的，由此扩增出的 DNA 片段相当于在两个引物的 5′ 端所对应的位置之间将待诱变 DNA 片段切开所形成的片段，同时带有引入的诱变位点。一般采用具有校正功能的 DNA 聚合酶，如果采用 Taq DNA 聚合酶则应在去除 3′ 突出碱基后再连接。

4. McrBC 甲基化诱变法

McrBC 为依赖于甲基化的限制性核酸内切酶，基于 McrBC 的甲基化诱变法与 DpnⅠ 诱变法类似，都采用 DNA 甲基化来区分模板链和突变链，但两者采用的理念不同。后者在体外切除甲基化模板，而前者先对模板进行甲基化处理，然后通过转化大肠杆菌利用宿主细胞内源甲基限制系统来去除模板。

以某试剂盒为例，首先将待诱变 DNA 克隆到质粒载体，对其进行甲基化处理。然后，采用一对互补且携带诱变位点的引物对重组质粒做 PCR 扩增，得到含完整重组质粒序列的 DNA 片段且其两端为引物对应序列的正向重复序列。以上两步反应可同时进行，由于甲基化反应时间短，因此在启动 PCR 扩增前即可完成。第三，体外重组，让扩增的线性 DNA 片段经末端重复序列介导同源重组而获得环状 DNA，但所形成的环状 DNA 并不是闭合环状。最后，转化大肠杆菌，在宿主的修复作用下诱变 DNA 变成闭合环状 DNA，也就是变成携带突变位点的重组质粒，而原始模板 DNA 由于被甲基化修饰则在宿主的 McrBC 限制系统作用下被降解。经过这样的操作，突变效率可达 90% 以上，而且整个操作用时少于 3 h（质粒为 3 kb 时）。但是，该试剂盒没有说明重组反应的原理，而从上下文可猜测，此处采用无缝克隆技术（见第七章）；也没有注明采用什么甲基化酶，不过依据 McrBC 内切酶的识别位点序列可从商业化的甲基化酶中找到合适的种类。

四、扫描诱变

随着对蛋白质结构与功能研究的深入开展，常常需要研究某个氨基酸残基或某一区域各个氨基酸残基的变化对蛋白质功能的影响。通过诱变产生的这种变化并不是单一位点的改变，而是一系列位点的变化，或单一位点发生多种形式的变化，为此人们设计了多种形式的扫描诱变（scanning mutagenesis）来解决这一问题。扫描诱变并不是一种诱变方法，而是采用基础诱变方法而衍生的工作方案。

1. 丙氨酸扫描诱变

丙氨酸扫描诱变（alanine scanning mutagenesis）主要用来分析蛋白质表面的氨基酸残基对功能的影响。蛋白质表

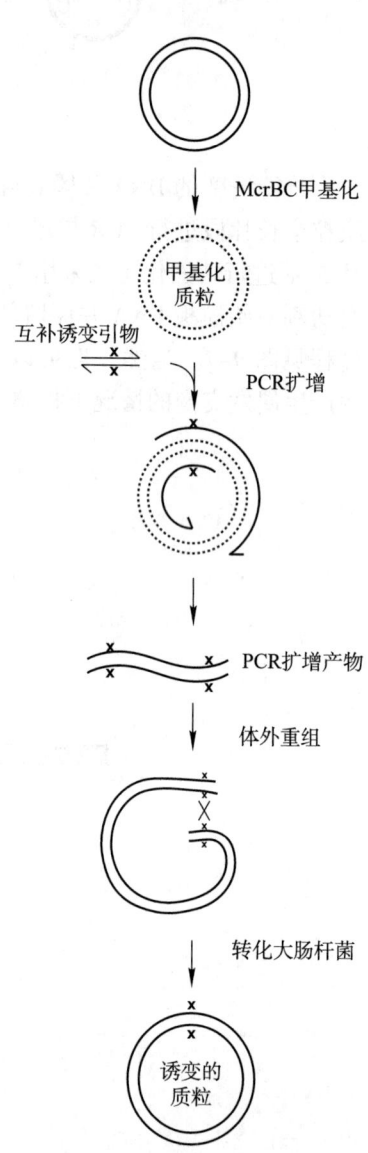

🔼 图 9-8　McrBC 甲基化诱变法

面分布的带正电荷的氨基酸残基一般不会涉及蛋白质结构的稳定，但会涉及配体的结合、寡聚化以及催化等功能。因此系统性地将这些表面氨基酸残基改变成丙氨酸残基，将能消除β-碳上的侧链基团并破坏相应氨基酸残基的活性功能，而不影响蛋白质主链的构象。因此，通过丙氨酸扫描诱变，构建蛋白质表面氨基酸残基的突变体库，是用于研究蛋白质表面特定区域功能的有效方案。另外，半胱氨酸由于具有大小适中、不带电荷和具疏水性等特性，因此也用于扫描诱变。

通过前面所述的定点诱变方法可以进行丙氨酸扫描诱变工作。

2. 随机扫描诱变

在研究蛋白质结构与功能的过程中，常常需要将某个氨基酸残基改变成其他19种氨基酸残基，这种系统性地将某个氨基酸残基改变成其他所有氨基酸残基的诱变方案称为随机扫描诱变（random scanning mutagenesis）。一方面可以通过常规定点诱变方式制备这些突变体，也可以采取系统性的方式来完成。如采用前面所述的Kunkel定点诱变法来做随机扫描诱变。不同的是，需采用19种致突变引物，每一个引物在诱变位点对应一个不同的氨基酸密码子。操作时将19种引物的混合物与单链模板退火，在获得诱变子库后随机挑选突变子进行测序分析从而判断各诱变子发生了哪些突变，最终获得19种发生了氨基酸突变的突变子。

3. 饱和诱变

饱和诱变（saturation mutagenesis）是指在蛋白质的某一位点或某一区域产生一系列各种可能的氨基酸诱变，形成突变体库。以下介绍一种基于密码子盒式插入法（codon cassette insertion）的饱和诱变。该方案使用11个通用密码子突变盒（双链寡核苷酸片段），将待诱变基因片段中特定的某个密码子改变成编码其他19个氨基酸之一的密码子。为了操作的高效性，该方案巧妙地使用了 Sap I 这一限制性内切酶识别位点和切割位点的属性。Sap I 限制酶识别的序列是非对称的（因此其识别位点具有方向性），且切割位点在识别位点的单侧，切割出在 5′ 端带 3 个碱基的突出末端。首先，构建待诱变前提 DNA 片段。将待诱变 DNA 片段中待诱变的密码子通过基础诱变的方法更换成内含两个 Sap I 位点且其识别位点方向相反并切割位点朝外的小片段。其次，将该前提 DNA 片段用 Sap I 酶切开并补平末端，形成去掉了待诱变密码子的两个 DNA 片段。然后，将 11 种通用密码子突变盒分别与上述两个 DNA 片段在断裂处进行平端连接。密码子突变盒的组成方式是本方案的关键。图9-9是其中一个密码子突变盒的组成示意图，其由3部分组成，最外侧为正向重复的希望引入的密码子序列，往内是方向相反的 Sap I 酶切位点，中间是填充序列。最后，将连接的产物用 Sap I 酶切割，产生互补的黏末端，自身连接，从而在原待诱变 DNA 片段的待诱变密码子处产生一个新的密码子序列。如果密码子突变盒是按相反的方向插入的话，将产生另一种密码子（图9-10）。例如，图9-9显示的密码子突变盒，正向连接时将产生 CAG 密码子（编码谷酰胺），而反向连接时将产生 CTG 密码子（编码亮氨酸）。因此，只要11种通用密码子突变盒就可产生所有20种氨基酸的密码子，这些密码子正反链编码的氨基酸残基分别为：ATG（甲硫氨酸/组氨酸）、TGG（色氨酸/脯氨酸）、CAG（谷酰胺/亮氨酸）、GAC（天冬氨酸/缬

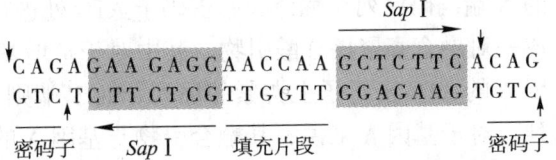

图9-9　一种通用密码子盒的结构示意图

该密码子盒可产生 CAG 密码子（正向）和 CTG 密码子（反向），分别编码谷酰胺残基和亮氨酸残基。垂直箭头表示限制性内切酶 Sap I 切割位点

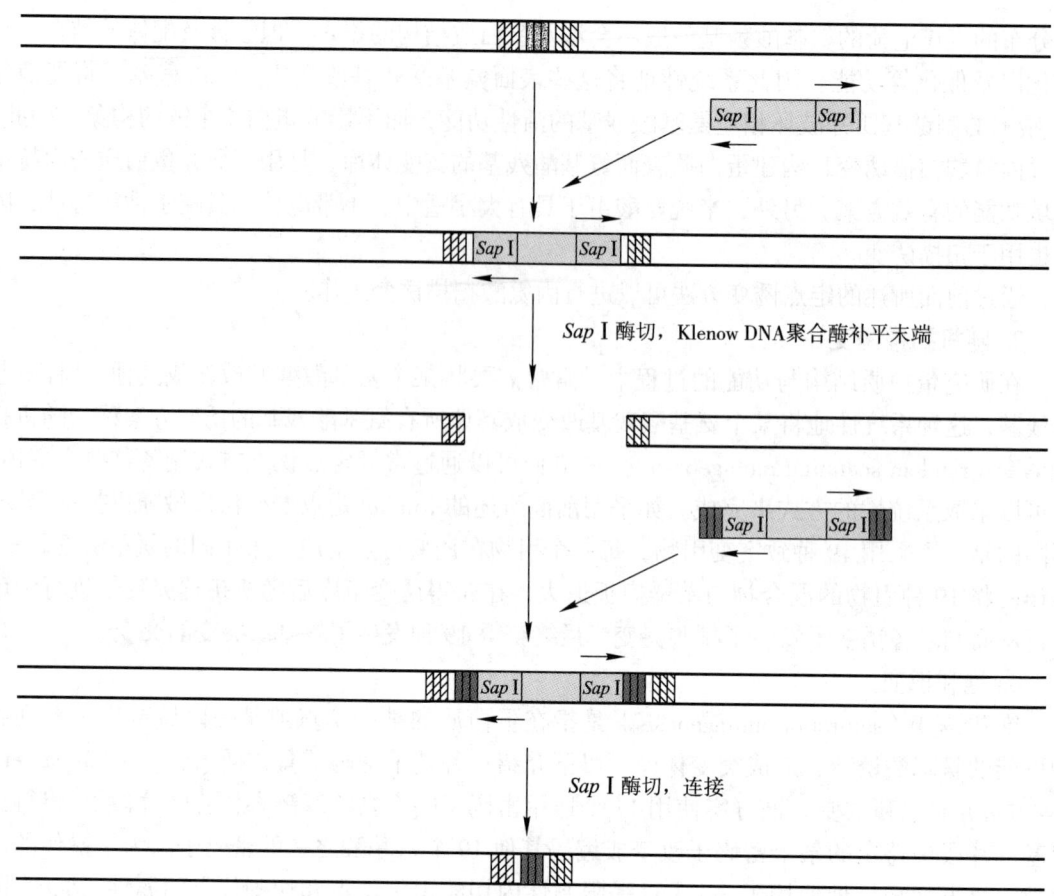

图 9-10 密码子盒式插入法介导的饱和诱变
▦表示待诱变的密码子，▨和▩表示待诱变密码子两侧的密码子，▦表示待引入的密码子。
横向箭头表示 *Sap* I 酶切位点的位置和方向

氨酸）、AAC（天冬酰胺/缬氨酸）、TAT（酪氨酸/异亮氨酸）、GGC（甘氨酸/丙氨酸）、AAA（赖氨酸/苯丙氨酸）、TTC（苯丙氨酸/谷氨酸）、AGA（精氨酸/丝氨酸）和 ACA（苏氨酸/半胱氨酸）。

五、DNA 片段定点组合

通过重叠延伸 PCR 可以将两个 DNA 片段在指定的核苷酸位点连接起来，形成重叠延伸剪接法（Splicing by overlap extension，SOE）。图 9-11 展示了将基因 A 的启动子序列与基因 B 的 N 端编码序列在翻译起始密码子 ATG 处进行定点拼接的过程。该方法的核心要点在于合成一对融合寡聚核苷酸引物，其中对于扩增基因 B 来说，融合引物中靠 5′ 端一半部分为基因 A 的 ATG 密码子上游紧邻序列，而 3′ 端则为基因 B 从 ATG 密码子开始往下游方向的序列。对于基因 A 来说，其融合引物与基因 A 的融合引物完全互补。这两个融合引物各自与其对应侧翼引物经扩增的产物就有完全相同的序列，因此可以进行重叠延伸。这种通过重叠延伸剪接法将两个 DNA 片段在指定位点进行连接的操作方式，同样也可以用来在一段 DNA 中插入另一段 DNA 片段，或者在 DNA 片段中删除其中的一部分片段。对于前者，也就是相当于将待插入的片段分别与待插入位点的两个末端（片段）进行定点连接；后者相当于将待

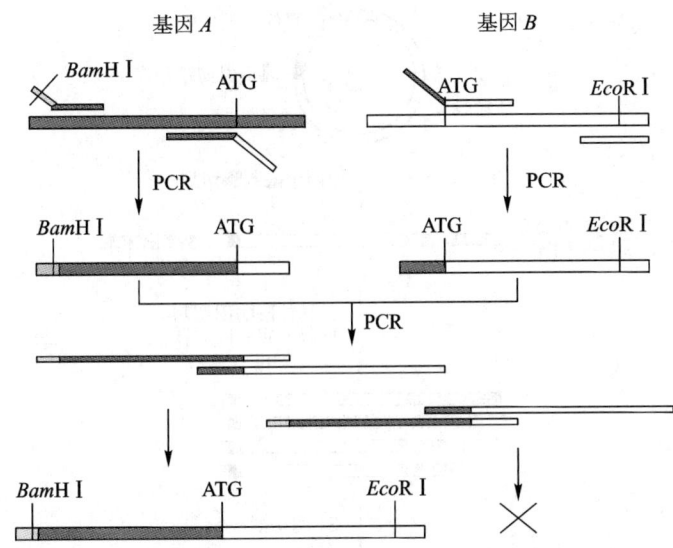

图 9-11　利用重叠延伸剪接法将基因 A 与基因 B 定点连接示意图

删除片段的外侧端点（片段）进行定点连接。

第三节　嵌套缺失

从感兴趣的 DNA 一端或两端经核酸外切酶逐步删除多个寡核苷酸，可得到一套彼此间终末端相差若干碱基的嵌套式缺失突变体，该突变体群体称为嵌套缺失突变体库（nested deletion library），也称渐次截短文库（incremental truncation library，ITL）。嵌套缺失的制备主要依赖于核酸酶，如 BAL31、DNase I 或核酸外切酶 III，这些核酸酶均以特定的作用方式消化 DNA，在控制消化 DNA 速率的情况下，能够同时分离嵌套缺失或多组终末端相差无几的缺失体。核酸外切酶 III 和 BAL31 都能用来制备单向或双向嵌套缺失突变体。

一、嵌套缺失的制备

1. 核酸外切酶 III 外切法

大肠杆菌核酸外切酶 III 具有多种催化活性，其中 $3' \rightarrow 5'$ 核酸外切酶活性从双链 DNA 的 $3'$ 羟基末端逐个除去单核苷酸产生突出 $5'$ 端。在 37℃下，该酶与 DNA 结合一次可除去有限数量的单核苷酸，去除单核苷酸时以均匀和准同步方式进行。此外，核酸外切酶 III 不能切割带有 $3'$ 端突出的 DNA。通过产生 $3'$ 突出末端的限制性内切酶切割 DNA 很容易产生这样的 DNA，从而保护 DNA 片段的一个末端不被切割。图 9-12 所示为利用核酸外切酶 III 制备单向嵌套缺失突变体的原理图。

2. 核酸酶 BAL31 外切法

核酸酶 BAL31 是从埃氏交替单胞菌中分离的钙依赖性核酸酶，具有多种催化活性。其 $3' \rightarrow 5'$ 核酸外切酶活性能从双链 DNA $3'$ 羟基末端除去单核苷酸，而较弱的单链核酸内切酶活性则将单链降解。两种核酸酶活性相结合，从而产生平端或较短 $5'$ 突出端的缩短分子。图 9-13 所示为利用核酸酶 BAL31 制备嵌套缺失突变体的原理图。

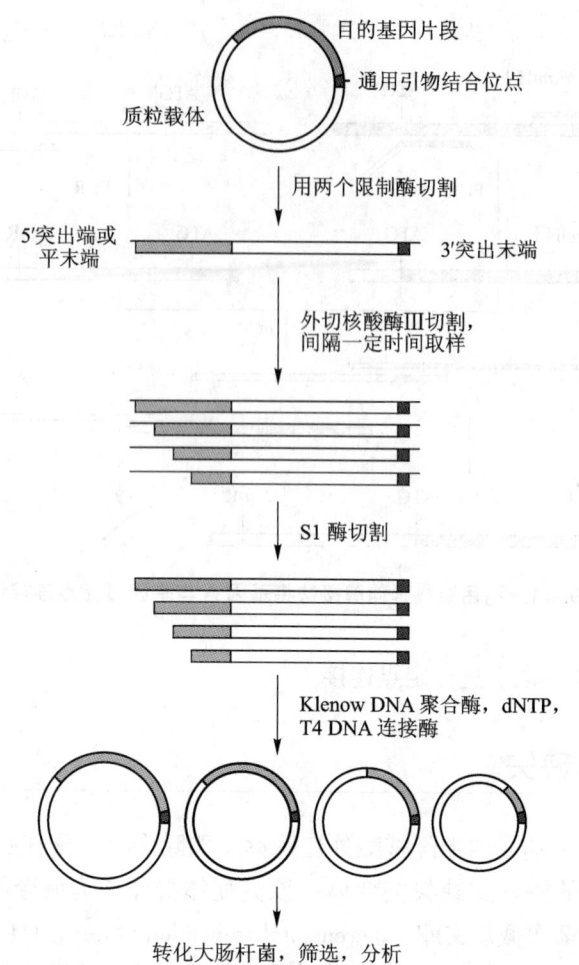

图 9-12 利用核酸外切酶Ⅲ制备单向嵌套缺失突变体

3. DNase I 内切法

DNase I 是一种核酸内切酶，在 Mn^{2+} 存在下，它可在 DNA 两条链的大致同一位置切割，产生平端或 1~2 个核苷酸突出的 DNA 片段。如果控制酶量和作用时间，可获得在每个 DNA 分子上平均切割一个位点的 DNA 片段群。然后选择载体和目的 DNA 片段之间的单一酶切位点进行切割，再使含载体的 DNA 片段自身连接，转化大肠杆菌后便得到嵌套缺失突变体库。详细原理见图 9-14。

二、嵌套缺失的应用

嵌套缺失在基因或蛋白质结构与功能关系、蛋白质折叠机理和酶的催化机理等方面研究有重要作用，比如界定基因的最小功能单位、蛋白质独立折叠单位和酶结构域的功能。大多数哺乳动物基因表达调控顺式作用因子的定位或鉴定，都可通过对有关 DNA 区域进行一系列嵌套缺失突变而完成。嵌套缺失界定顺式调控元件的边界后，可以通过其他诱变方式鉴定调控元件内部功能序列。

通过 PCR 扩增构建嵌套缺失体也是一种行之有效的方式，只是需注意扩增引起的偶发

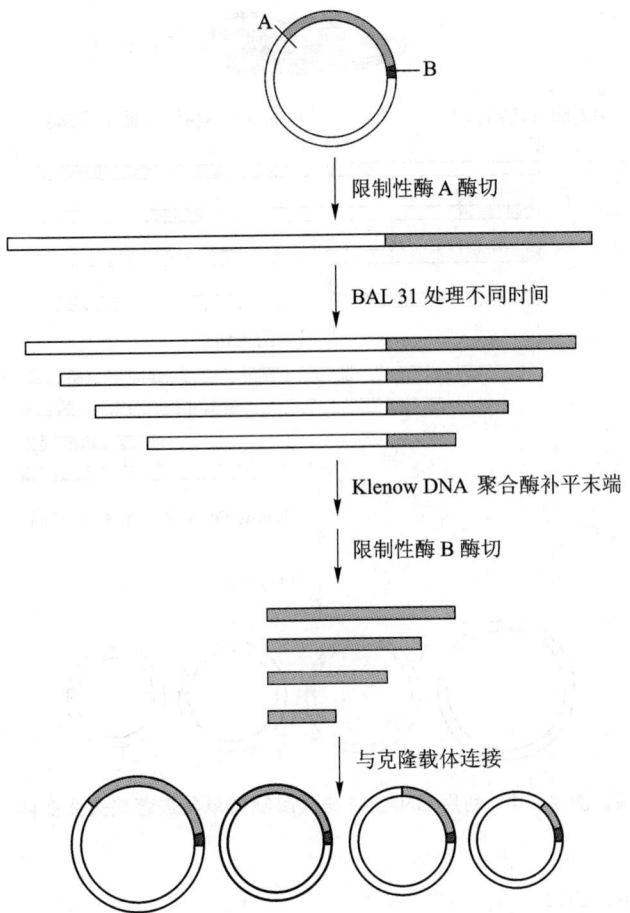

▲ 图 9-13 利用核酸酶 BAL31 制备嵌套缺失突变体

突变带来的影响。

以上介绍的主要是体外精准 DNA 诱变方式，今后会随着科学和技术的进步出现新的更易操作的诱变方式，同时基因编辑技术（见第十一章）将与这些诱变技术相结合，产生更丰富的技术类型。

思考题

1. 从 Kunkel 定点诱变法能给我们哪些启示或参考？
2. PCR 应用在 DNA 诱变过程中有何优势？
3. 当试剂盒提供的信息不明确时，你能否推断其核心工作元件或原理？
4. 你能设计或创造新的 DNA 诱变方式吗？

主要参考文献

1. 瞿礼嘉，顾红雅，胡萍，等. 现代生物技术. 北京：高等教育出版社，2004
2. Green MR, Sambrook J. Molecular Cloning: a Laboratory Manual. 4th ed. Cold Spring Harbor: Cold Spring

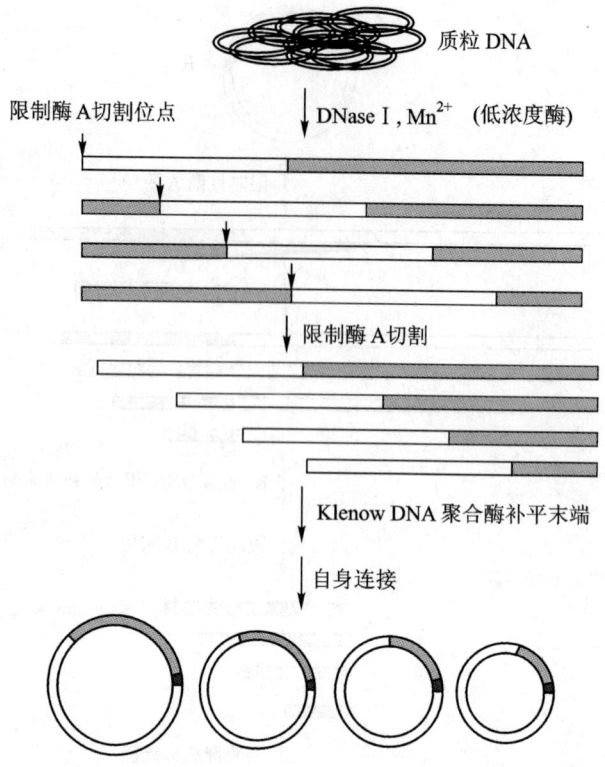

图 9-14 利用 DNase I 核酸酶制备单向嵌套缺失突变体

Harbor Laboratory Press，2012
3. https：//www.takarabio.com/
4. https：//www.neb.cn/
5. https：//www.thermofisher.cn/

（陶美凤　孙　明）

第十章 DNA 文库构建

某个生物的基因组总 DNA 片段或 cDNA 片段或具有某些特殊属性的 DNA 片段等群体即构成 DNA 文库（DNA library），由于 DNA 文库主要用于研究其中的基因，因此常称作基因文库（gene library）。文库的英文名称是 Library，指图书管理系统，基因文库像一个没有目录的"基因图书馆"。DNA 文库可以两种形态呈现，即克隆化 DNA 文库（cloned DNA library）和片段化 DNA 文库（fragmented DNA library）。当 DNA 群体与载体连接并转化宿主细胞后，所有菌落或噬菌体的集合即为该生物的 DNA 文库，这样以菌落或噬菌体克隆子的形式存在的文库即为克隆化 DNA 文库，由外源 DNA 片段、载体和宿主 3 个要素组成。随着基因组时代的到来，片段化 DNA 文库，即以核酸分子形态呈现的来自特定组成部分或具有特定属性的 DNA 群体构成的 DNA 文库，出现了多元化的表现形式，用于通过高通量测序提供丰富或精细的基因组、转录组和互作组的线性或多维遗传信息。当 DNA 被克隆后，可按生物学方式复制和扩增，并可进行生物学操作；而 DNA 在非克隆状态下，只是一种化学物质，不能进行生物学复制和扩增。

第一节 克隆化 DNA 文库构建

克隆化 DNA 文库构建是传统而经典获取 DNA 片段的方式，尽管大多数基因或 DNA 片段可通过基因组测序和 PCR 扩增获得，但在获取未知序列片段、基因簇或 DNA 线性位置关系时仍需要通过构建文库的方式来获得。

基因组庞大，单个基因在基因组中所占比例很小。哺乳动物单倍体基因组大约含有 3×10^9 个碱基对（base pairs，bp），一个 3 000 bp 的 DNA 片段只占基因组总 DNA 的百万分之一。同样，一种稀有 mRNA 可能只占总 mRNA 的十万或百万分之一。因此，要从基因组中分离某个特定的未知序列基因、基因簇或 DNA 片段并进行遗传操作是很难的。通过构建基因文库，并利用一些文库筛选技术获得包含该基因或片段的阳性克隆，即可获得克隆化基因或 DNA 片段。

按照外源 DNA 片段的来源，可将 DNA 文库分为基因组 DNA 文库（genomic DNA library）和 cDNA 文库（complementary DNA library）。基因组 DNA 文库是指将某生物体的全部基因组 DNA 用限制性内切酶或机械力量切割成一定长度范围的 DNA 片段，再与载体体外重组并转化相应的宿主细胞获得的所有阳性菌落或噬菌斑。其实质是采用"化整为零"策略，将庞大的基因组分解成一段段，每段包含一个或几个基因。

通常所说的基因组 DNA 文库主要针对染色体 DNA 而言，但不排除染色体以外的 DNA，如线粒体和叶绿体等细胞器 DNA 以及质粒 DNA。也可分别提取这些染色体外的 DNA 构建亚基因组文库。亚基因组文库并不覆盖全基因组，而是基因组的某一区段，如基因组 DNA 某一特定大小酶切片段的组合、一条染色体或更小的区段如一个 YAC 或 BAC 克隆等。

cDNA 文库中的外源 DNA 片段是互补 DNA（complementary DNA，cDNA）。cDNA 是由生物的某一特定器官或特定发育时期细胞内的 mRNA 经体外反转录后形成的。也就是说，cDNA 文库代表生物的某一特定器官或特定发育时期细胞内转录水平上的基因群体。由于基因表达具有组织和发育时期特异性，因此 cDNA 文库所代表的基因也就具有这样的时空特性，它仅包含所选材料在特定时期表达的基因，并不能包括该生物的全部基因，且这些基因在表达丰度上存在很大差异。

基因组文库与 cDNA 文库最大的区别在于 cDNA 文库具有时空特异性。cDNA 文库反映了特定组织（或器官）在某种特定环境条件下基因的表达谱，因此对研究基因的表达、调控及基因间互作是非常有用的。mRNA 是基因转录加工后的产物，不包含间隔序列及调控区。而基因组文库包含了基因的全部信息，如编码区及非编码区、内含子和外显子、启动子及其所包含的调控序列等。

对于原核生物来说，由于没有内含子和 mRNA 的多聚 A 尾，因此没有必要也不便于构建 cDNA 文库。随着基因组测序越来越容易，通过构建 DNA 文库来克隆单个基因已不是主要目的，更多的是用来获得大片段基因组 DNA、构建覆盖生物体基因组的物理图谱、基因组测序拼接以及研究基因的表达谱等。

一、基因组文库构建

1. 构建流程

DNA 文库构建的基本程序包括：①提取基因组 DNA，制备合适大小的 DNA 片段，或提取组织或器官的 mRNA 并反转录成 cDNA；② DNA 片段或 cDNA 与载体连接形成重组 DNA；③重组 DNA 转化宿主细胞或体外包装后侵染受体菌；④选择阳性重组菌落或噬菌斑，其群体即构成 DNA 文库。

基因组 DNA 文库的构建方法、原理和思路都比较简单，综合起来主要是高质量的载体、完整的基因组 DNA 的提取方法和高效的转化或体外包装体系的结合。然而，对于实际操作而言，成功主要取决于严谨、认真的操作。对于大片段文库而言，如何在操作中最大限度地减少 DNA 片段的外部剪切因素是成功的关键所在。

2. 构建文库的载体类型

用于构建 DNA 文库的载体主要有质粒、噬菌体、黏粒及人工染色体等，有关这些载体的知识参见本书第三章。

质粒是最早用于构建基因组文库的载体，现已发展了数十种适用于克隆、表达和测序等不同目的的质粒载体。质粒载体所容纳的外源 DNA 片段一般在 10 kb 以内。现在，这类基因组 DNA 文库一般应用于"鸟枪法"全基因组测序研究和用于构建亚克隆文库或亚基因组文库。

噬菌体载体是以细菌噬菌体经改造衍生的载体，常用的有噬菌体 λ 载体，由于其有利于利用分子杂交的方法进行筛选，采用噬菌体 λ 构建的基因组 DNA 文库在小基因组物种的基因克隆或 cDNA 克隆中起着重要的作用。

黏粒是含有噬菌体 λ *cos* 序列的一类特殊质粒载体，主要用于构建小基因组物种的基因组 DNA 文库，在克隆基因簇工程中扮演重要角色。同时，其装载的 DNA 片段固定在 40 kb 左右，可用于提供 paired-end 基因组测序组装过程中的尺度标识。

细菌人工染色体（BAC 载体）是常用的人工染色体载体，可装载 100 kb 大片段 DNA，主要用于大片段的获取、物理图谱构建和基因组测序拼接等，在基因组研究中应用越来越广泛。

3. 文库的代表性和随机性

为保证能从基因组文库中筛选到某个特定的感兴趣的基因或 DNA 片段，基因组文库必须具有一定的代表性和随机性。所谓代表性是指文库中所有克隆所携带的 DNA 片段重新组合起来可以覆盖整个基因组，也就是说，可以从该文库中分离任何一段 DNA。代表性是衡量文库质量的一个很重要的指标。在文库构建过程中通常采用以下两个策略来提高代表性和完整性，一是采用部分酶切或随机切割的方法来消化染色体 DNA，以保证克隆的随机性，保证每段 DNA 在文库中出现的频率均等；二是增加文库的总容量，也就是增加文库中所有重组克隆（或克隆子）包含的外源 DNA 片段的总和，通常用覆盖基因组的倍数来衡量。文库总容量由外源片段的平均长度和重组克隆的数量共同决定，外源片段的长度受所选用的载体系统限制。从经济的角度考虑，重组克隆的数量并不是越多越好，因此选用一个合适的重组克隆数量是很有必要的。为预测一个完整基因组文库应包含克隆的数目，Clark 和 Carbon 于 1975 年提出如下的计算公式：

$$N = \ln(1-p) / \ln(1-f)$$

式中：N—代表一个完全基因组文库所应该包含的重组克隆个数；

p—表示所期望的目的基因在文库中出现的概率；

f—表示重组克隆平均插入片段的大小和基因组 DNA 大小的比值。

以大肠杆菌基因组为例，其基因组大小约为 4.6 Mb，若 $p = 99.9\%$，平均插入片段为 20 kb 时，$f = 20$ kb/4 600 kb，则 $N = 1\ 585$，即当期望从一个平均插入片段为 20 kb 的大肠杆菌基因组文库中筛选到任意一个感兴趣的基因的概率达到 99.9%，那么该基因组文库至少应包含 1 585 个重组克隆。人类基因组为 3×10^9 bp，如果以同样要求来构建一个基因组文库，则需要克隆数 $N = 1.036 \times 10^6$。由此可以看出，当基因组较小时，只需要较少数目的克隆即可筛选到目的基因；而当基因组很大时，所需要的克隆数是一个天文数字，在实际操作中是存在很大困难的。因此，对于基因组较大的生物，应该选择装载能力更大的载体系统，这样可以大大减少所需克隆的数目。因此，选择合适的载体系统和挑取一定数量的阳性克隆是构建基因组 DNA 文库时首先要考虑的问题。

二、cDNA 文库构建

1. cDNA 文库特征

将来自真核生物的 mRNA 体外反转录成互补双链 cDNA，并将它们连接到载体且导入大肠杆菌的过程，称为 cDNA 文库的构建。由于真核生物基因组非常大，结构复杂，含有大量的非编码区域、基因间间隔序列和重复序列等，直接利用基因组文库有时很难分离到目的基因片段。即使分离到目的 DNA 片段，也必须同其 cDNA 序列来进行比较，从而确定基因的编码区、非编码区、翻译产物和调控序列。mRNA 是基因转录加工后的产物，不含内含子和其他调控序列，结构相对简单，且只在特定的组织器官、发育时期表达，并非所有基因组 DNA 编码的基因都表达。此外，mRNA 决定了功能蛋白的初始肽链的翻译，可以用来研究蛋白质的功能。因此，运用 cDNA 文库分离基因比直接从基因组文库中分离基因更具优势，cDNA 文库成为分子生物学研究的基本工具。

基因的表达具有时空性和表达量上的差异，时空性决定了 cDNA 文库的取材。构建 cDNA 文库时最好选取目的基因表达最高的发育时期或这一时期的特殊组织。而表达量的差异决定了构建的 cDNA 文库要具有合适的容量。单个细胞中约有 500 000 个 mRNA 分子，可能代表了 1 万~2 万个基因。根据表达丰度可以将 mRNA 分成三类：高丰度、中等丰度和的低丰度。其中，高丰度 mRNA 有几十种，每个细胞中可能含有 5 000 个拷贝；中等丰度 mRNA 分子可能含有 1 000~2 000 种，每个细胞含有 200~300 个拷贝；低等丰度 mRNA 种类最多，但每个细胞仅含有 1~15 个拷贝左右。根据 Clarke-Carbon 的计算公式，如果要让文库中存在每个细胞只含一个拷贝 mRNA 分子的基因（期望值 p=0.999），cDNA 文库容量应达到 5 000 000~10 000 000 个重组子，而对于高丰度或中等丰度的 mRNA 编码基因来说，文库容量为 10^5 个就已足够了。

随着分子生物学研究的发展，构建 cDNA 文库的目的发生了重大转变。对于单个编码基因来说，可以通过基因组序列和信息分析进而通过反转录 PCR 扩增获得。但对于无法通过基因组信息获取目的基因信息的时候，仍需要通过构建 cDNA 文库来筛选目的基因，如与特定蛋白质或核酸发生相互作用的编码基因以及差异表达的基因。

2. cDNA 文库构建步骤

cDNA 文库的构建共分 4 步：细胞总 RNA 的提取和 mRNA 分离，第一链 cDNA 合成，第二链 cDNA 合成，双链 cDNA 克隆进质粒或噬菌体载体并导入宿主中繁殖。

（1）RNA 分离

cDNA 文库构建是以 mRNA 为起始材料的。总 RNA 中绝大多数是 tRNA 和 rRNA，而 mRNA 只占总 RNA 的 1%~5%，mRNA 的含量取决于细胞类型和细胞的生理状态。在单个哺乳动物细胞中，大约有 360 000 个 mRNA 分子，约 12 000 种不同的 mRNA，有些 mRNA 分子占细胞 mRNA 的 3%，而有些 mRNA 分子只占不到 0.01%。这些"稀有"或"低丰度" mRNA 在每个细胞中只有 5~15 个分子，但却形成多达 11 000 种不同的 mRNA 分子，占基因总数的 45%。由于 mRNA 在总 RNA 中所占比例很小，因此从总 RNA 中富集 mRNA 是构建 cDNA 文库和其他应用所必须进行的步骤。通过降低 rRNA 和 tRNA 含量，可大大提高筛选到目的基因的可能性。

真核生物 mRNA 的 3′ 端都含有一段 poly(A) 尾巴，目前各种分离纯化 mRNA 的方法正是利用了 mRNA 这一特征。目前纯化 mRNA 的方法都是在固体支持物表面共价结合固定一段由脱氧胸腺嘧啶核苷组成的寡聚核苷酸 oligo(dT) 链，由它与 mRNA 的 poly(A) 尾巴杂交，从而吸附固定住 mRNA，进而将 mRNA 从其他组分中分离出来的。由于 oligo(dT) 链和 poly(A) 都不长，其杂交后形成的杂合双链在高盐离子浓度下可以保持，在低盐离子浓度下或较高温度下就会分开，利用这一性质从 RNA 组分中分离纯化出 mRNA。

原核生物的 mRNA 由于没有 poly(A) 尾，一般不构建 cDNA 文库，加上原核生物的基因组总体上没有内含子，基因组序列与 mRNA 的序列是共线性的，因此也没有构建 cDNA 文库的必要。但在分析原核生物的表达谱时，也需要构建其 cDNA 文库。只不过，在富集 mRNA

时主要是通过去除总 RNA 中的 rRNA 等方式来实现。

(2) cDNA 第一链合成

由 mRNA 到 cDNA 的过程称为反转录，由反转录酶催化。常用的反转录酶有两种，即 AMV（来自禽成髓细胞瘤病毒）和 M-MuLV（来自 Moloney 鼠白血病病毒），二者都是依赖于 RNA 的 DNA 聚合酶，有 5′→3′DNA 聚合酶活性。目前构建 cDNA 文库中常用的反转录酶多是通过突变去掉了或减弱了 RNA 酶 H 活性的 Mo-MLV。

反转录酶是依赖 RNA 的 DNA 聚合酶，合成 DNA 时需要引物引导。目前常用的引物主要有两种，即 oligo(dT) 和随机引物。oligo(dT) 引物一般包含 10~20 个（甚至更多个）脱氧胸腺嘧啶核苷且有时带有稀有酶切位点序列或标签序列，随机引物一般是包含 6~10 个碱基的寡核苷酸短片段。

oligo(dT) 引导的 cDNA 合成是最常用的方式，可获得全长 cDNA 信息。随机引物在一条 mRNA 链上有多个结合位点而从多个位点同时发生反转录，难以合成完整的 cDNA 片段而不适合构建 cDNA 文库，一般用作转录组测序文库构建。

(3) cDNA 第二链合成

cDNA 第二链的合成就是将上一步形成的 mRNA-cDNA 杂合双链变成互补双链 cDNA 的过程。cDNA 第二链合成的方法有很多，如自身引导合成法，置换合成法，引导合成法和引物-衔接头合成法。但 cDNA 合成过程中存在许多导致 cDNA 不完整的因素，如聚合酶存在核酸外切酶活性、反转录酶持续合成能力不足和 mRNA 易降解等。如果有一种方法能够在合成 cDNA 之后对全长 cDNA 进行选择，那么可以在最大程度上获得全长 cDNA。SAMRT（switching mechanism at the 5′end of the RNA transcript）合成方式应运而生，可对全长 cDNA 进行合成。

SMART 方法利用反转录酶（如 M-MuLV 反转录酶）带有末端转移酶的活性，在 cDNA 第一链合成到达 mRNA 5′端帽子结构时会增强在 cDNA 的 3′端加上多个 d(C) 的能力，添加 3 个 d(C) 的概率相对较高。当 3′端带有 3 个 d(G) 特异性引物存在时，会与 cDNA 第一链互补结合，并以该引物为模板合成互补链，实现模板转换（template switching），从而锚定 mRNA 5′端进而合成全长 cDNA；同时该引物（称作模板转换引物，template-switching oligo, TSO）以第一链 cDNA 为模板引导全长 cDNA 第二链合成，接着采用引物延伸法或长链 PCR 扩增全长双链 cDNA（图 10-1）。SMART 方法与传统 cDNA 合成方法相比获得全长 cDNA 能力大幅提高，且所需 mRNA 量可低至 50 pg。

在模板转换中仅靠 3 个 d(G)/d(C) 来锚定，而为了提高模板转换的效率，可将模板转换引物中 3 个 d(G) 替换成 3 个非脱氧 r(G)，且 3′端 r(G) 为锁核酸（locked nucleic acid, LNA），一种含有桥接双环糖基（bridged, bicyclic sugar moiety）的合成核酸类似物，不影响碱基配对和 DNA 合成，但能使退火温度会大幅提高。同时，为了防止第一链 cDNA 末端再次出现 3 个 d(C)，可在转换引物 5′端添加几个无碱基位点（abasic site）或生物素。另外，对于 oligo(dT) 引物也可添加修饰，即在其 3′端添加两个碱基 VN，如 oligo-d(T)$_{40}$VN，其中 V 为 A、C 和 G 中任一种碱基，N 为任意碱基，这样能使引物锚定到 mRNA 的 poly(A)，从而避免 poly(A) 尾被反转录。为了后续 PCR 扩增或识别，可在这两个引物的 5′端再添加一些用于识别的序列，如用于区分不同样本的标签序列（barcode 或 index）或用于区别同一样本中不同转录本的条形码序列（unique molecular identifiers, UMI）。

采用 SMART 方式合成的 cDNA 不仅可用于 cDNA 文库构建，当前更多用于转录组测序

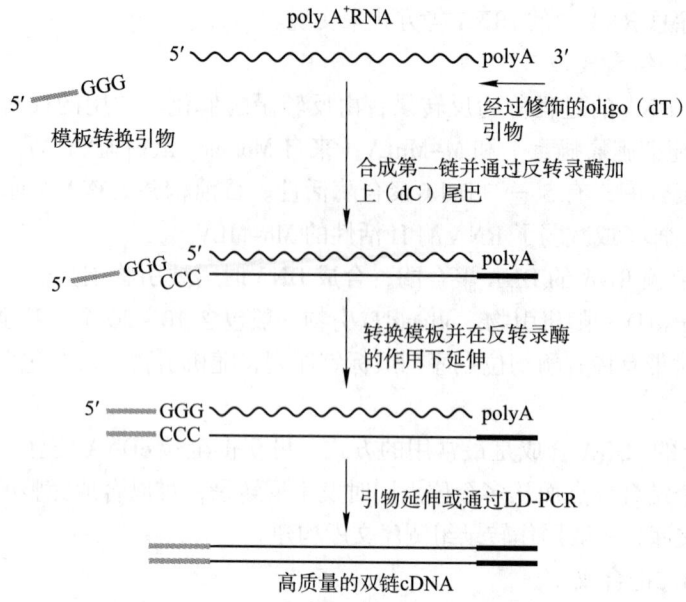

图 10-1　SMART 合成全长 cDNA 过程和原理

以及由此衍生的测序技术。

三、文库筛选

一般来说，从基因文库中筛选目的基因的难易程度主要取决于所采用的基因克隆方案和目的基因的性质与来源。例如，所筛选的基因是来自于原核生物的特殊的功能基因（如抗性基因、杀虫基因或是启动子/复制子等功能元件）时，就很容易通过这些基因的特殊功能来筛选。而对于复杂的真核生物的基因的筛选，就要相对复杂得多。在大规模基因组测序技术出现之前，对基因的获得主要依靠从基因文库中筛选，并采用传统筛选方式，如异性探针的核酸杂交和特异性抗原的免疫学检测等方法（见本书第二版）。当前人们对基因的获得可以经基因组测序再通过 PCR 扩增来实现，对于需要获得大型 DNA 片段（如 40 kb 以上或 100 kb 以上）的克隆也可通过 PCR 方式从文库中筛选。而对那些无法通过基因组信息来判断的基因或 DNA 片段，需要通过表型呈现或互作模型等方式来筛选。

1. 表型筛选法

对于生物的遗传来说，基因型决定表现型，也就是说，生物体的表型特征是由控制其性状的基因编码的。因此，可以通过观察表型的变化来筛选目的基因。表型筛选法就是依据目的基因编码产物的属性或功能，当目的基因在宿主菌（如大肠杆菌）中表达并表现出预定的功能性状时而筛选出目的克隆子的方法。这样就很容易通过导入的基因而带来新的功能或恢复其缺失的功能来确定目的基因是否存在。这种表型特征一般要求该性状能直接或方便检查到并使有表型的克隆子与无表型的克隆子容易区分。如果实在没有可采用的高通量筛选表型也可成群并逐个检测表型来筛选阳性克隆子，早期人们通过这种"笨"方法克隆了许多有价值的基因，如第一个苏云金芽孢杆菌杀虫晶体蛋白基因的获得就是通过逐一检测克隆子的杀虫活性而获得。

由于该法要求所筛选的基因在宿主（一般是原核生物或酵母）中表达，而真核生物编码的基因，尤其是基因组 DNA 编码的基因很难在原核宿主中表达，因此表型筛选法在真核生物基因组 DNA 文库的筛选上应用很少。经过长期的积累，在酵母中已经成功地运用该法来鉴定真核生物未知功能的基因。

另外，表型筛选法还在一些基因功能元件（如启动子、复制起点）的筛选上应用比较广泛，如通过和缺失启动子的报告基因的质粒融合，可以根据文库中报告基因的表达来筛选相应的启动子元件。同理，可以通过将来自部分酶切回收的供体 DNA 连接到缺失质粒复制区的质粒载体上，经质粒在宿主中复制进而表达标记基因来筛选复制区所在的 DNA 片段。

2. 酵母双杂交技术筛选互作蛋白

酵母双杂交技术（yeast two-hybrid），也称相互作用陷阱（interaction trap），是根据真核生物转录调控的特点创建的一种体内鉴定基因的方法。该法所使用的"探针"不是核酸和抗体，是一种筛选策略。其筛选的基因不是"探针"的直接编码物，而是与其能够相互作用的蛋白质编码基因，即筛选与已知基因的产物发生相互作用的蛋白编码基因。

双杂交系统的基本原理来自对酵母转录激活因子（transcriptional activator）GAL4 的认识。GAL4 转录激活因子有两个功能域，一是 DNA 结合结构域（DNA binding domain，BD），结合于 DNA 序列的特定位点，即上游激活序列（upstream activating sequence，UAS）；二是转录激活结构域（activation domain，AD），协助 RNA 聚合酶 II 复合体激活 UAS 下游基因的转录。而且这两个结构域的功能是独立的。正常情况下它们都是同一种蛋白质的组成部分，缺一不可，但如果利用 DNA 重组技术把它们彼此分开并放置在同一宿主中表达，也不能激活相关基因的转录，其原因是它们彼此之间在空间上存在一定距离，不会直接发生相互作用。如果能通过某种策略将它们空间上的距离拉近，就可以形成有功能的转录激活因子，从而启动下游基因的转录。酵母双杂交理论就是建立在此原理上，利用融合蛋白的策略，将蛋白 X 与 BD 融合，蛋白 Y 与 AD 融合，当它们在酵母细胞中共表达，如果 X 与 Y 之间发生相互作用，则会导致 BD 和 AD 在空间上靠近，形成有功能的转录激活因子，进而激活下游报告基因表达。进一步研究表明，BD 和 AD 可以来自同一转录因子，也可以是不同的转录因子。把要筛选的"探针 X"与 BD 构建融合蛋白 BD-X（通常称为诱饵，bait），X 为已知蛋白，并以含有 BD-X 融合蛋白基因和报告基因的细胞为构建文库的受体菌，而将所要筛选的对象 Y 所在材料的 cDNA 与 AD 融合构建出双杂交文库（将目的 DNA 与 AD 基因构建融合基因文库）。其中 AD-Y 为猎物（prey），当某个克隆子中 Y 基因产物能与 X 基因产物发生作用时，就可启动报告基因的表达（图 10-2）。

酵母双杂交系统为研究蛋白质间的互作提供了很好的工具。当然，酵母双杂交系统也存在一些局限性，其中的一个主要问题是"假阳性"，另一个问题是，要求目的蛋白质位于核内而激活报告基因。

3. 酵母单杂交系统

酵母单杂交技术（yeast one-hybrid）可用于检测 DNA 与蛋白质之间的相互作用，其基本原理与酵母双杂交类似，只不过 Gal4 的激活结构域 AD，通过与其融合的蛋白与待测 DNA 结合而激活与其邻近的报告基因启动子的表达。通过该系统建立的文库可用于筛选与待测启动子互作的转录因子编码基因。相关细节见第六章。

4. 扣除杂交 cDNA 文库

许多目的基因的表达具有发育时期、器官或组织、生长环境等时空表达属性，其 mRNA

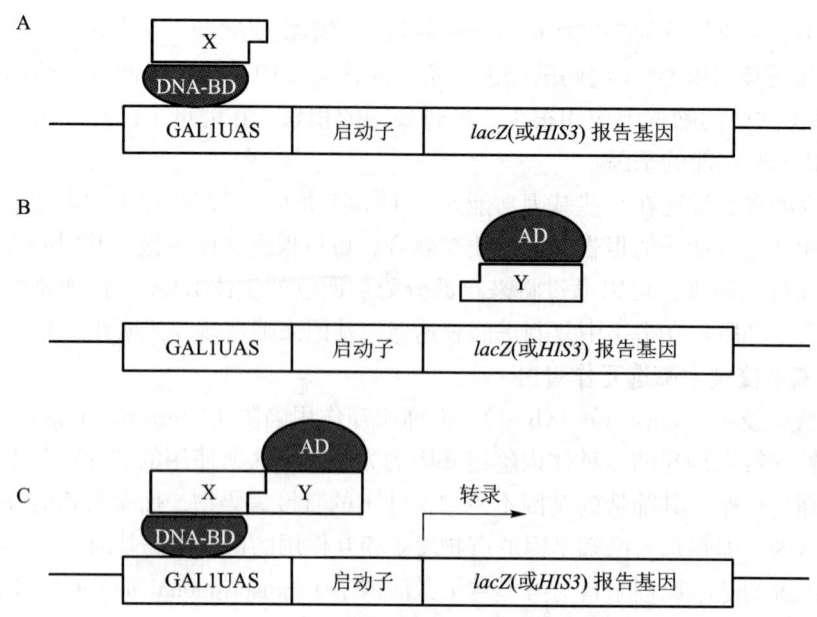

图 10-2 酵母双杂交技术原理示意图

A. GAL4 的 BD 和蛋白质 X 形成的融合蛋白同 GAL1 的 UAS 序列结合，但由于没有 AD 的结合所以不能激活报告基因的转录；B. GAL4 的 AD 与蛋白质 Y 形成的融合蛋白在没有 BD 结合时也不能激活报告基因的转录；C. BD-X 和 AD-Y 的相互作用重建了 GAL4 的功能，使 AD 激活启动子从而引发报告基因的转录

表达量很少，筛选起来很难。扣除杂交（subtractive hybridization）文库是在扣除杂交基础上构建的 cDNA 文库，可用于筛选特异性表达的基因或差异表达的基因。扣除杂交技术是将含目的基因的组织或器官的 mRNA 群体作为待测样本（Tester），将基因表达谱相似或相近但目的基因不表达的组织或器官的 mRMA 群体作为对照样本（Driver），将 Tester 和 Driver 的 cDNA 进行多次杂交，去掉在二者之间都表达的基因，而保留二者之间差异表达的基因。通过多次杂交从而使差异表达的基因得以保留，使低丰度表达的基因在文库中的比例显著提高，使筛选到差异表达基因的可能性进一步增大。

抑制性扣除杂交（suppression subtractive hybridization，SSH）方法已非常成熟，首先，制备目的基因表达的待测样品的 cDNA 文库，即供体 cDNA（tester），以及目的基因不表达对照样品的 cDNA 文库，即驱动 cDNA（driver）。它们由其对应的 mRNA 组分在体外独立合成，同时利用识别四个碱基的限制性核酸内切酶 $RsaⅠ$ 将这些 cDNA 消化成平末端的小片段。然后，将供体 cDNA 一分为二，分别加上两种不同的接头（Adapter1 和 Adapter2R，其序列和组成见图 10-3）。由于接头是去磷酸化的，所以只有长链才可以与 cDNA 的 5′端连接成功。

在第一轮杂交中，用过量的驱动 cDNA 分别与带两种不同接头的供体 cDNA 杂交。在两个独立的杂交体系中，两种 cDNA 会形成等 4 种类型的 cDNA 片段（图 10-3 所示的 a、b、c、d）。其中（a）代表供体 cDNA 中既没有与供体 cDNA 杂交，又没有与驱动 cDNA 杂交的 cDNA 分子，这些 cDNA 一般浓度很低，难以与互补链杂交；（b）代表供体 cDNA 中自身杂交的 cDNA 分子；（c）代表二者共同表达的基因杂交形成的双链 cDNA 分子；（d）代表驱动 cDNA 中自身杂交以及不能与自身或供体 cDNA 杂交的 cDNA 分子，如同供体 cDNA 的（a）和（b）。整个杂交（复性）过程遵循复性动力学原理，由于驱动 cDNA 浓度远大于供体

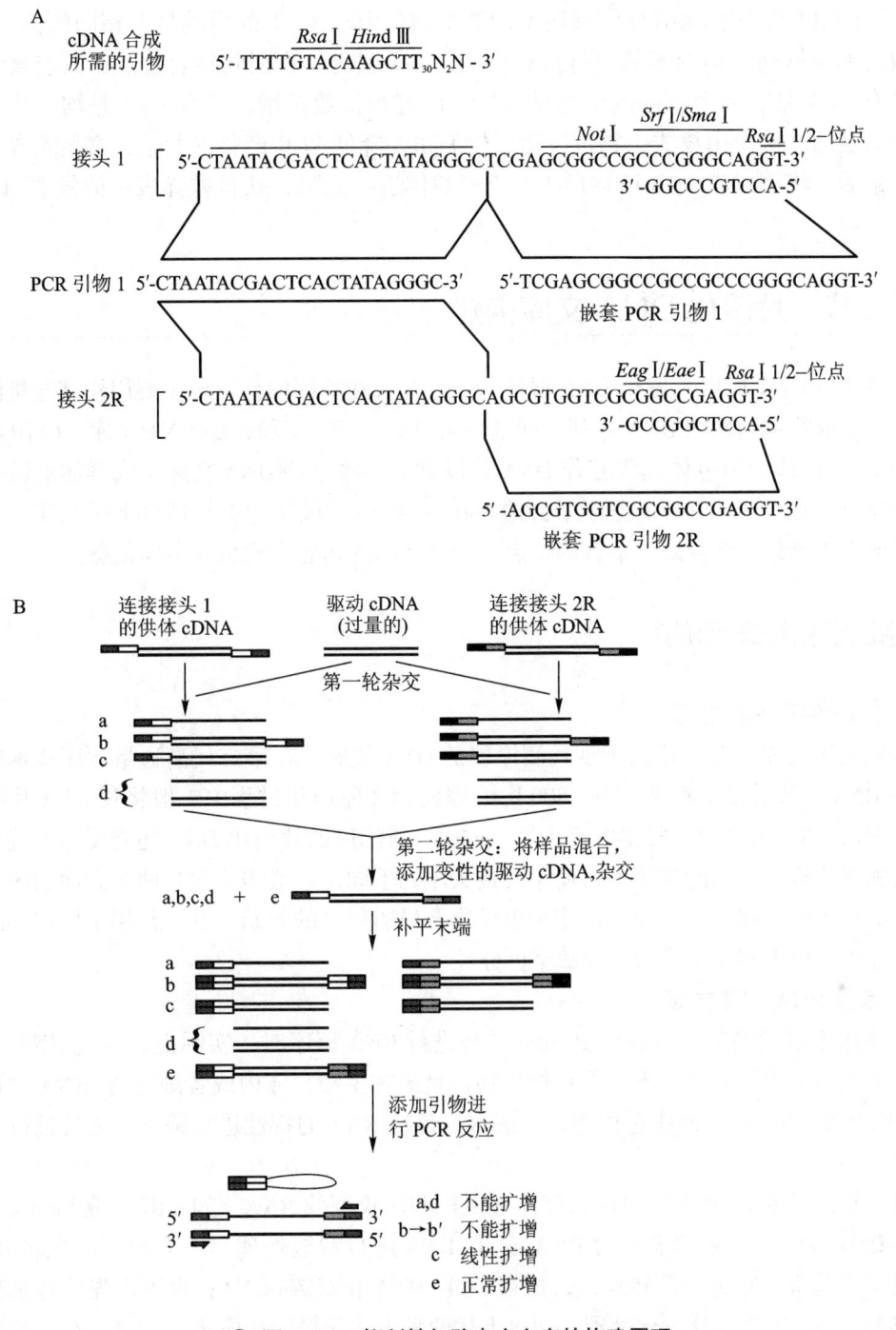

图 10-3 抑制性扣除杂交文库的构建原理
A. 引物以及接头；B. 扣除文库的构建流程图

cDNA 的量，因此供体 cDNA 中与驱动 cDNA 同源的 cDNA 理论上全部形成了类型（c），而（a）中所聚集的主要是差异表达的基因。

然后进行第二轮杂交，即将第一轮杂交的两个体系混合，再加入过量的驱动 cDNA。杂交的结果会进一步形成（a）、（b）、（c）和（d），同时带不同接头的（a）会复性形成新类型（e）。将第二轮杂交的产物进行末端补平，再进行两轮 PCR 扩增。在 PCR 扩增过程中，由于（a）和（d）没有引物结合位点而不能被扩增；由于（b）的两端带有相同的接头序列，大多数会形成锅柄结构而不能进行指数扩增；（c）只有一个引物结合位点，只能被线性扩增。只有（e）带有两个不同的引物接头，可以进行指数扩增。只有（e）是均一化的、差异表达的基因。接着用巢式引物进行第二轮 PCR，降低 PCR 产物的背景，富集差异表达的基因。最后，将第二轮 PCR 产物用 T/A 克隆载体进行克隆，获得差异表达的候选 cDNA 片段群。

第二节　片段化 DNA 文库构建

片段化 DNA 文库以片段化 DNA 群体形式存在，在基因操作领域主要用作高通量测序模板，用于获取特定属性的 DNA 序列，如基因组 DNA 文库、反转录 cDNA 文库、ChIP 沉淀后捕获的 DNA 群体、染色体远程互作 DNA 片段群等。将这些 DNA 文库（或群体）转变成基础测序文库（如用于 Illumina 测序平台的 200～800 bp 片段文库）后即可上机测序。依据研究目的或应用场景并结合测序平台的特点，测序文库的构建方式呈现多样化态势。

一、基因组和转录组测序

1. DNA 测序基础文库

基础测序文库主要指适用于现代测序仪的 DNA 文库。在第二代高通量测序技术中，上机测序 DNA 片段长度一般为 200～800 bp。因此，文库构建过程中一般将长 DNA 片段通过物理手段或 DNA 酶进行片段化处理。另一方面，待测序的片段化 DNA 还需要加上接头以完成后续测序流程。不同的测序平台使用的接头序列不同，一般需要包含两个方面的序列，其一是与测序引物反向互补的序列，用于引导边合成边测序的起始；其二是用于标记不同样本的标签序列，用于测序完成后指导数据拆分。

2. 常规 RNA 测序文库

在使用第二代测序平台或者 PacBio 平台进行 RNA 测序时，实际上是对以 RNA 为模板反转录的 cDNA 进行测序。不管是真核生物还是原核生物，体内或者细胞内 rRNA 含量超过 90%，因此在 RNA 测序操作过程中，一般根据目标 RNA 的特性进行筛选，之后进行反转录以完成测序。

（1）长片段 RNA 测序　对于长度超过上机测序长度的 RNA（如 mRNA 或 lncRNA），在构建基础性测序文库之前需要对 RNA 或者 cDNA 进行截短处理。一方面可以先将 RNA 打断，再采用随机引物进行反转录，合成第一链 cDNA 和双链 cDNA；也可以先反转录获得长片段双链 cDNA 再进行片段化处理。通过上述两种方法获得的片段化 dsDNA，可以直接进行末端修复后加接头完成基础性测序文库构建。

（2）小片段 RNA 测序　对于长度在 500 bp 以下的 RNA 分子（如真核和原核生物的小RNA），一般根据大小筛选到目的 RNA 之后直接反转录成 cDNA，然后加上测序接头以完成基础性测序文库构建。

二、单细胞转录组测序

普通转录组测序获得的是一个大的细胞群体中单个基因的平均表达水平,可以用来比较不同组织间的表达差异。但对于异质性较强的系统是不够精确的,很多低丰度信息会在整体表征中丢失。单细胞测序技术可在单个细胞水平上构建每个细胞的基因表达谱,揭示单个细胞的基因表达状态,反映细胞间的异质性。单细胞转录组测序(single-cell RNA-sequencing,scRNA-seq)是在单个细胞水平对 mRNA 进行高通量测序的技术,其核心原理是将分离的单个细胞中微量 mRNA 通过高效扩增后再进行高通量测序。代表性单细胞转录组测序技术有 SMART-seq 和 10X Genomics。

1. SMART-seq

SMART-seq 是基于合成高质量全长 cDNA 的 SMART 技术而将合成产物用于高通量测序进而获得转录组数据的一种测序方式。SMART 技术可以从低至 50 pg 的起始材料获得全长 cDNA,提高了 cDNA 产量和覆盖度,由此获得的 cDNA 文库在转录组测序特别是单细胞转录组测序领域具有明显优势。

基于 SMART-seq 技术改进衍生出的 SMART-seq2,通过将模板转换引物 TSO 的 3′ 端最后一个核苷酸替换成一种含有桥接双环糖基的 rG 类似物,以及对合成的全长 cDNA 作截短和标签化(tagmentation)处理,即通过 Tn5 转座酶制将 cDNA 切割并在 DNA 两端添加标签序列(相关原理见第六章)。这样获得 DNA 片段,不仅在长度上能满足高通量测序的要求,同时通过添加的标签序列可再次扩增 cDNA 文库,更重要的是在待测 DNA 两端添加了测序接头(图 10-4)。

2. 10X Genomics

10X Genomics 是一种单细胞 mRNA 测序技术,通过构建特殊 cDNA 文库来识别各个细胞中不同转录本的核苷酸序列。将单个细胞与凝胶珠(gel bead)混合形成油包水微滴(gel beads-in-emulsion,GEM),每个微滴形成独立生化反应单元。微滴内细胞释放的 mRNA 与凝胶珠上锚定的特异性引物结合并反转录合成 cDNA 第一链,收集全部 cDNA,采用 SMART 技术合成并扩增全长双链 cDNA。将 cDNA 打断到高通量测序要求的长度大小并在末端修复和加接头后构建成 DNA 测序文库,进入测序流程(图 10-5)。

该技术的核心在于特异性引物设计,其由 4 部分序列组成(图 10-6),如测序反应序列 Read 1、标签序列 10X Barcode(16 nt,一个凝胶珠对应一种标签序列,共有约 350 万种,用于区分细胞)、条形码序列 UMI(unique molecular identifier,12 nt,随机序列,区分同一细胞中不同转录本)、poly(dT) 反转录引物(30 nt)。

10X Genomics 技术平台能够一次性分离 500~10 000 个单细胞,每个凝胶微珠上有 40 万~80 万特定的寡核苷酸引物。通过微流控方式用油包裹凝胶珠和细胞及反转录酶混合物,形成油包水微滴。微滴形成后,细胞裂解,凝胶珠上的引物通过 poly(dT) 序列捕获 mRNA,在模板转换引物 TSO 介导下延伸 cDNA 第一条链。油滴破碎,对 TSO 序列和 Read1 序列设计引物经 PCR 扩增 cDNA 第二条链。来自同一细胞的 cDNA 序列均带有对应凝胶珠所特有的相同 Barcode 标签序列,并且每个 cDNA 分子各自带有特定的 UMI 标签序列。测序完成后,根据这些标签序列对来自不同细胞的数据进行拆分,实现单细胞转录组数据获取。

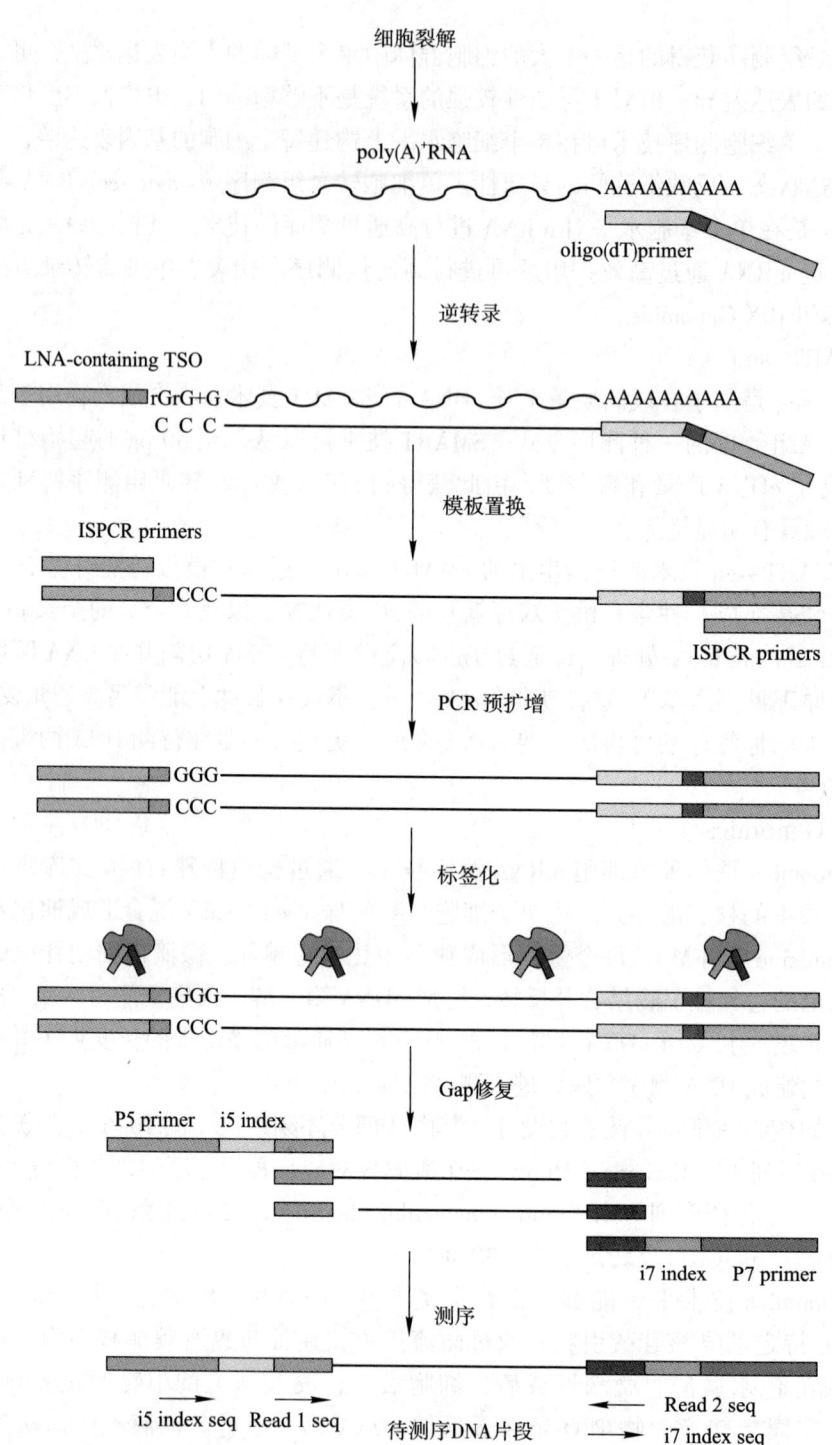

图 10-4 SMART-seq2 测序文库构建流程图

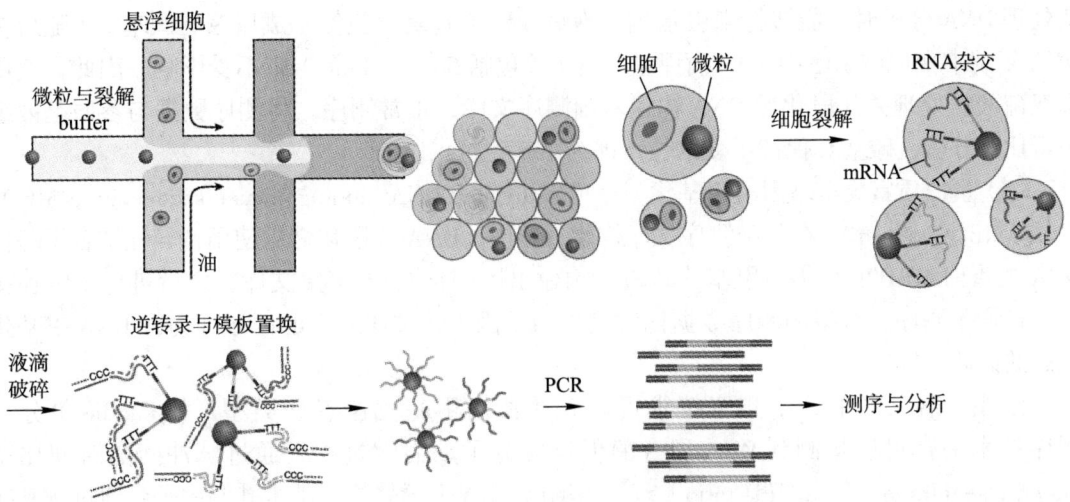

图 10-5　10x Genomics scRNA-seq 基本流程

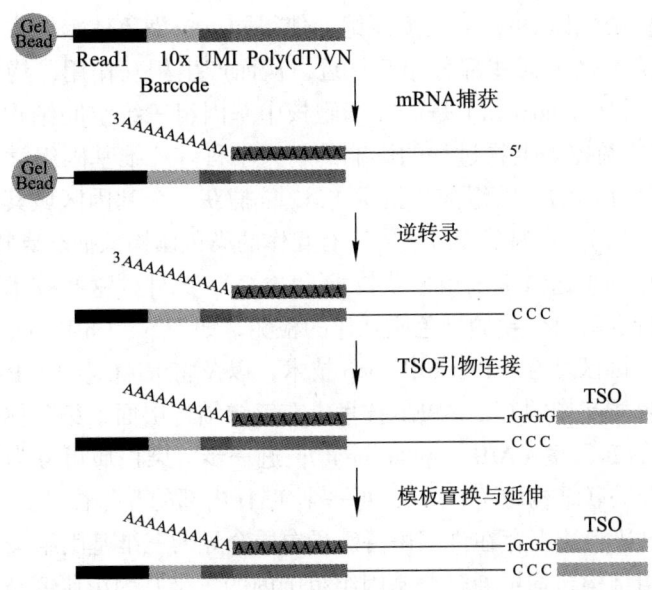

图 10-6　10x Genomics 微滴中结合在凝胶珠上引物的结构及其反转录示意图

三、多维基因组文库

1. DNA 甲基化测序文库

作为表观遗传的主要形式，DNA 甲基化是指 DNA 序列上的碱基在 DNA 甲基转移酶的作用下，把 S- 腺苷甲硫氨酸通过共价键结合的方式变成一个甲基基团的化学修饰过程。DNA 甲基化能关闭某些基因的活性，去甲基化则诱导了基因的重新活化与表达。通过捕获或构建甲基化特异性 DNA 文库，可以使用高通量测序技术从全基因组水平来分析 DNA 甲基化事件，系统性地研究个体、组织或者细胞水平的 DNA 修饰，有关测序方式被称为甲基化测序。以下介绍 3 种代表性甲基化测序技术。

（1）全基因组重亚硫酸盐测序（whole-genome bisulfite sequencing，WGBS） 重亚硫酸盐处理DNA分子时，能够将未甲基化的胞嘧啶碱基C氧化脱氨基成尿嘧啶碱基U（随后在DNA复制中变成胸腺嘧啶T），而甲基化的C（包括5mC，5hmC）则不受影响。因此，使用重亚硫酸盐处理并片段化后DNA构建基础测序文库，正常测序，将测序数据与参照基因组进行比对分析，碱基C保持不变的位点即为甲基化位点。

（2）蛋白质富集全基因组甲基化测序（methylated DNA binding domain sequencing，MBD-Seq或MBDCap-seq） 在基础测序文库构建过程中，DNA片段化之后使用特异性结合甲基化DNA的蛋白MBD2b富集高甲基化片段，构建出甲基化DNA富集文库，之后进行正常加接头、扩增、测序，获得的测序数据比对到参照基因组，被比对上的区域即为含DNA甲基化位点的区域。

另外，第三代单分子测序技术可以直接读出甲基化位点和类型，如PacBio单分子测序技术平台可以检测到DNA聚合酶促反应分子动力学过程，通过脉冲间隔时间比率（interpulse duration ratio，IPD ratio）差异检测出DNA上的修饰。纳米孔测序平台通过碱基在纳米微孔的电信号变化来识别DNA的甲基化。

2. Hi-C 测序技术

真核生物细胞核染色体DNA被高度压缩，使得同一条染色体上原本相距较远的区域相互靠近，或者不同染色体上某些部分相互靠近，从而产生相互作用，构成染色体的三维结构。三维基因组学（3D Genomics）是研究细胞核中基因组三维空间结构及其对DNA复制、DNA重组和基因表达调控等生物过程的影响的新兴学科。三维基因组学的主要研究技术有量化一对基因座之间互作的基因组捕获技术（3C），捕获一个基因区域其他区域间互作的染色体构象捕获芯片（4C），检测某段区域内所有互作的染色体构象捕获碳拷贝（5C），以及捕获全基因组范围互作的高通量基因组捕获技术（Hi-C）。此外，这些技术还可以与免疫沉淀技术相结合，实现特定蛋白介导的染色质互作的检测，如3C与ChIP-seq结合检测目的蛋白质介导的两个目的基因区域互作的ChIP-loop技术，以及将Hi-C与ChIP-Seq结合检测目的蛋白介导的所有染色质互作的ChIA-PET技术。在三维结构层面，染色体基因组分为转录活性的A区室和抑制的B区室（A/B compartment）；进一步，染色质可分为许多自我相互作用的基因组块——拓扑关联结构域（TAD），每一个TAD内部的互作往往大于TAD之间；当分辨率更高时，会发现染色质上存在许多由特殊蛋白质介导的三维基因组染色质环（loop）。这些特殊的三维基因组结构，均可通过全基因组范围内的三维基因组研究技术得以揭示。以下简要介绍目前广泛应用的Hi-C技术中的DNA文库构建的基本原理。

Hi-C测序技术文库构建主要步骤和原理如下：①甲醛交联。通过甲醛交联固定，将细胞内由蛋白质介导的空间上靠近的染色质片段进行共价连接。②基因组DNA酶切。裂解细胞后，可使用限制性内切酶（如 *Hind* Ⅲ）对交联后的染色质DNA进行切割。其中，相较于识别6碱基的限制性内切酶，识别4碱基的限制性内切酶可将基因组切割成更多片段，并且能够获得更高的三维基因组分辨率者。为进一步提高分辨率，也可选择同时使用2种限制性内切酶。③末端修复并用生物素标记。酶切产生的黏末端通过Klenow DNA聚合酶修复变成平末端，在修复底物添加一种被生物素标记的底物，如biotin-14-dCTP。④平末端连接。在稀释度高的条件下进行连接反应，有利于交联的DNA片段之间连接。⑤解交联。使用蛋白酶（如蛋白酶K）将与DNA片段结合的蛋白质消化掉，纯化DNA得到交联片段。⑥DNA片段化。使用超声波或其他方式，再次打断DNA片段（300~500 bp）。⑦富集生物标记的

DNA 片段。用磁珠将带生物素的 DNA 片段捕获，获得的片段化 DNA 即构成 DNA 测序文库。之后按照常规第二代测序文库构建方式完成后续建库。完成片段化 DNA 文库测序之后，将获得的数据比对到参考基因组。那些在基因组上不相邻，而在测序数据中却连接在一起的染色体位点在空间结构上可能相互靠近（图 10-7）。根据这一原理，可通过生物信息学手段分析染色质 DNA 的三维构象。

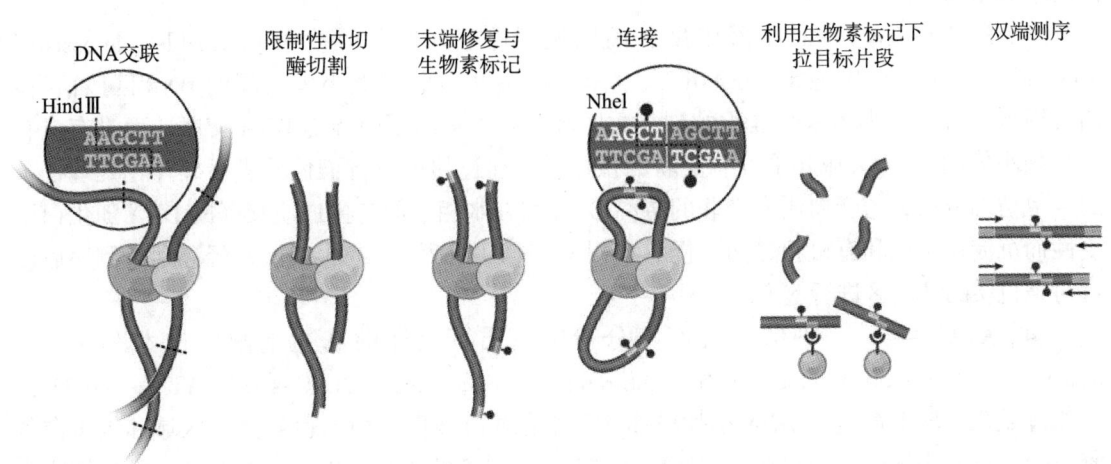

图 10-7　Hi-C 文库构建步骤

3. ChIP-seq

ChIP-seq 技术将染色质免疫沉淀技术与第二代 DNA 测序技术相结合，能够高效地在全基因组范围内检测与组蛋白、转录因子等互作的 DNA 区段。其核心原理是将 ChIP 实验中富集到的被蛋白质保护的 DNA 片段经过系列处理构建基础测序文库，经高通量测序后将测序数据比对到参考基因组，参考基因组中被测序数据覆盖的区域即为目的蛋白结合的位点。由于 ChIP 实验中富集到的 DNA 片段小于第二代 DNA 测序仪所要求的文库插入片段长度，因此不需要重新打断可直接进行末端修复加接头后构建常规测序文库。

4. 染色质可及性测序

真核生物基因组 DNA 不是裸露的，在细胞核中与组蛋白结合形成核小体，核小体经折叠压缩后形成螺旋化染色体结构。高度螺旋化的染色体结构在复制和转录时需要暴露出 DNA 序列，才能使转录因子和调控元件与之结合。这种允许染色质上启动子、增强子、绝缘子、沉默子等顺式调控元件和反式作用因子可以结合的特性，称为染色质可及性（chromatin accessibility），该结合部位称为染色质开放区。通过构建专一性开放区 DNA 组成的文库，经测序后可检测染色质开放或受保护的区域。

（1）DNase-seq　一种通过 DNase I 消化来捕获基因组上与蛋白质互作的 DNA 片段进而经高通量测序而获得互作序列信息的技术。DNase I 是一种核酸内切酶，可以对单链或双链 DNA 进行非特异性消化和切割，将基因组 DNA 切割成长短不一的片段。如果 DNA 上有蛋白质结合，蛋白质覆盖的部位就不能被 DNase I 切割。将经 DNase I 消化后留下的 DNA 片段组建成 DNA 测序文库，就能够获得开放染色质的信息。经 DNase I 消化后富集的 DNA 片段大小一般在第二代 DNA 测序平台要求的插入片段大小范围之内，可直接进行末端修复加接头，完成常规文库构建。获得测序数据比对到参考基因组上，基因组上没有被测序数据覆盖的区域即为开放染色质区。

（2）MNase-seq　一种通过微球菌核酸酶（MNase）消化来捕获核小体上缠绕 DNA 片段进而经高通量测序而获得其序列信息的技术，总体与 DNase-seq 相似。MNase 是一种核酸内切酶，可切割双链和单链状态的 DNA 和 RNA。消化核小体之间裸露 DNA 后可释放核小体，富集受核小体保护的 DNA 片段（约 150 bp），构建测序文库，经测序获得全基因组核小体定位的精确图谱。

（3）FAIRE-seq　一种甲醛辅助分离调控元件序列信息的技术（formaldehyde assisted isolation of regulatory elements，FAIRE）。FAIRE-seq 用于获取核小体之间的 DNA 区段信息。通过甲醛处理，核小体紧密堆积的染色质区域会有丰富的蛋白质与 DNA 交联，而没有或有较少核小体的 DNA 区域几乎没有交联的蛋白质。通过超声波将染色质进行碎片化处理，苯酚-氯仿抽取后，与蛋白质未交联的游离 DNA 留在水相，而与蛋白质交联的 DNA 随蛋白质变性而沉淀在水相和有机相之间。提取水相中 DNA 片段构建 DNA 文库，经高通量测序后即可对染色质的开放区进行鉴定。

（4）ATAC-seq　一种借助转座酶分析染色质可及性的高通量测序技术（assay for transposase-accessible chromatin with highthrouphput sequencing，ATAC-seq）。ATAC-seq 的核心原理是 Tn5 转座酶能将 DNA 小片段插入到染色质开放区，而染色质其他区域和组蛋白紧密结合，以核小体的形式存在，转座酶无法操作。Tn5 转座酶可以进入细胞核，随机切割未结合蛋白质的 DNA（染色质开放区），在切割位点两端添加已知 DNA 序列标签，利用标签序列进行 PCR 扩增，构建出染色质开放区 DNA 文库。测序后，可识别出染色质开放区，进而分析调控序列信息。

以上技术结合 ChIP-seq 可更好解析转录因子结合位点、核小体分布位置、染色质开放区。

5. Ribo-seq

蛋白质翻译是细胞生命过程中的一个重要步骤，也是 RNA 到蛋白质之间的一个重要环节，在许多生理条件下控制着蛋白质的生成，从而影响着细胞的多方面调控。过去一直将基因的表达动态作为理解细胞生理和调控的核心指标，对基因表达的研究通常只是测定 mRNA 的丰度，而不关心蛋白质合成速率。其实，mRNA 丰度和蛋白质水平并不是完全相关的，为此在全局范围内对翻译进行研究对于揭示生命调控具有重要意义。

核糖体印迹测序（ribosome profiling，Ribo-seq）是一种通过对核糖体保护的 mRNA 片段（ribosome-protected mRNA fragments，RPFs）进行富集并高通量测序，从而定量监测细胞内 RNA 翻译动态的技术。其核心原理是 mRNA 被核糖体结合的部分因核糖体的保护而不会被 RNA 酶降解，通过富集这部分 mRNA 进行测序，进而评估核糖体在转录本上的覆盖率及基因的翻译效率等。

构建 Ribo-Seq 测序文库原理性流程如下：①添加放线菌酮对核糖体-RNA 复合物进行固定；② RNase I 降解无核糖体覆盖的 RNA；③超速离心分离核糖体-RNA 复合物；④收集核糖体颗粒并纯化总 RNA；⑤去除 rRNA；⑥反转录合成 dsDNA，由于受保护的 RNA 长度小，加上测序接头即构建出常规 DNA 测序文库。

近年来，测序技术保持飞速发展的态势，其已广泛应用于各种研究领域。当前的测序技术不仅突破了测序长度和测序速度的限制，而且基于测序技术的基因表达调控研究从组织水平已经逐渐深入到了单细胞水平。值得关注的是，近期开发的空间组学技术更是解决了单细胞技术无法获取的空间位置信息的难题，为解析单细胞空间分子图谱奠定了基础。

思考题

1. 基因组 DNA 文库有哪些类型？如何理解当代基因文库的概念及其外延？
2. 构建大片段基因组文库过程中需要注意哪些问题？
3. 全长 cDNA 文库构建原理及其特点是什么，有哪些用途？
4. 基因文库构建与高通量测序的关系如何？

主要参考文献

1. Primrose S, Twyman R, Old B. Principles of Gene Manipulation. 6th ed. Oxford: Blackwell Publishing, 2002
2. Green MR, Sambrook J. Molecular Cloning: a Laboratory Manual. 4th ed. Cold Spring Harbor: Cold Spring Harbor Laboratory Press, 2012
3. Klemm SL, Shipony Z, Greenleaf WJ. Chromatin accessibility and the regulatory epigenome. Nature Rev Genet, 2019, 20 (4): 207-220
4. Macosko EZ, Basu A, Satija R, et al. Highly parallel genome-wide expression profiling of individual cells using nanoliter droplets. Cell, 2015, 161 (5): 1202-1214
5. Lieberman-Aiden E, van Berkum NL, Williams L, et al. Comprehensive mapping of long-range interactions reveals folding principles of the human genome. Science, 2009, 326 (5950): 289-293
6. Ingolia NT, Ghaemmaghami S, Newman JR, et al. Genome-wide analysis *in vivo* of translation with nucleotide resolution using ribosome profiling. Science, 2009, 324 (5924): 218-223

（郑金水　刘克德　储昭辉）

第十一章

基因组研究技术

基因组（genome）是一个生物体全部遗传信息的总和。原核生物基因组相对较小（几万到几十万碱基对），通常由一个染色体组成，许多类群还有质粒。真核细胞除含有非常大的核基因组（几兆到几千兆碱基对）外，还包括大小与原核基因组相近的线粒体基因组和质体基因组（如叶绿体基因组）。随着高通量测序技术迅猛发展，获得一个生物基因组核苷酸序列已变得相对简单，人们早已开始将焦点从获得基因组序列转移到在全基因组范围内研究所有基因组成、结构、功能、互作和进化，以期最终阐明基因组作为一个整体是如何在细胞内协调发挥作用、控制各种细胞活动以及生物个体的表型。

基因组学（genomics）是研究基因组的科学，以测定基因组序列数据为出发点，随后对其进行高通量解读，从整体水平上去研究基因存在、基因结构与功能、基因之间的相互关系，甚至染色体分子水平的结构特征以及不同物种基因组之间的进化关系等，为系统地解码生命运行规律开辟新道路。基因组蕴含了生物体全部遗传信息，基因组研究技术的核心内容就是从不同层次对基因组全部或某一区段遗传信息的有序性排列方式以及它们对应功能的揭示。随着测序技术、基因组重组、基因组编辑和合成生物学等技术的快速发展，人们已能够相对容易地从获得单一生物基因组信息开始，实现从序列、结构、功能和网络等不同维度对基因组进行深入解读。因此，在充分认识生物体基因组信息的基础上，解读、编辑、改造及重构基因组已成为当前基因组研究的重要内容。

第一节　基因组序列图谱构建

在基因组学新兴之初，如何获得一个生物的基因组 DNA 序列是研究关注的焦点。获取基因组序列的主要方法是进行高通量 DNA 测序，然后再将读取的序列组装成完整的基因组图谱。因此基因组测序的基本策略是，先将整个基因组 DNA 随机打断成一组小片段，再将各小片段逐一测序，最后将测序小片段按位置关系进行排列组装。但是，如果基因组中重复 DNA 序列多，或者测得的序列间总有补不齐的缺口（gap），那么精确的序列拼接工作便难以完成。因此，必须借助基因组图谱的精确指导，将位置顺序模糊的测序片段依据图谱中的信息对号入座，从而拼接组装成一个准确、完整的基因组。基因组研究可归纳成为构建 4 张相互关联的基因组图谱：遗传图、物理图、序列图和功能图。

一、基因组遗传图谱和物理图谱的构建

在早期的基因组序列图谱构建和基因组解析过程中，构建基因组遗传图谱和物理图谱起到了重要作用。

1. 基因组遗传图谱构建

遗传作图（genetic mapping）是对某个未知真核生物基因组中的遗传信息（或者是控制某个性状的基因）在染色体上的位置和分布状况进行初步确定的分析技术。它是采用遗传学分析方法将基因或其他 DNA 序列标定在染色体上使之成为一条条有标识的"公路"。这些标记被统称为遗传标记，标识之间的距离以细胞减数分裂时同源染色体的非姊妹染色单体之间发生交换的频率所对应的遗传图距表示。凡是位于染色体上易于检测或识别、在不同个体之间存在变异（即多态性，polymorphism）而且可以稳定遗传的位点（locus）都可以作为遗传作图的标记。遗传作图标记可分为形态标记和分子标记，分子标记主要指 DNA 标记。

由于 DNA 标记类型丰富，数量众多，成为遗传作图的主要标记。在遗传作图中常用的几种 DNA 标记技术包括限制性片段长度多态性（restriction fragment length polymorphisms，RFLP）、简单序列长度多态性（simple sequence length polymorphism，SSLPs）和单核苷酸多态性（single nucleotide polymophism，SNP）等。遗传图绘制主要依据的是经典孟德尔遗传学的连锁和交换定律（详细原理见第二版）。遗传标记在染色体上的排列顺序是比较准确的，同时也提供了基因间的大致距离，为基因组研究提供了极有价值的工作框架。

2. 基因组物理图谱的构建

遗传图谱虽然提供了大量的遗传信息，但由于遗传图分辨率有限而且精确性较低，远不能满足人们对基因组解读的需求。可丰富基因组图谱内容的物理图谱（physical mapping）应运而生。物理作图是采用分子生物学方法直接将 DNA 分子标记、基因或克隆标定在基因组上的实际位置。遗传图与物理图的相互参考是进一步精确认识基因组（如基因组测序和功能分析）的基础。物理图谱的制作有许多方法，如限制性作图、DNA 大片段重叠克隆的基因组作图、荧光标记原位杂交作图、序列标签位点作图等（详细原理见第二版）。

二、基因组序列图谱构建

虽然基因组的遗传和（或）物理图谱在早期对完成大型生物基因组测序和组装起到了重要作用，但随着基因组测序技术的快速发展，获得一种生物的基因组核苷酸序列已变得相对简单，而构建基因组遗传和（或）物理图谱也不再是获得基因组序列图谱的前提条件。基因组测序可以获得相关生物全部 DNA 序列，是功能基因组研究的基础。

1. 大规模基因组测序方法简介

基因组测序的基础是常规 DNA 片段的测序。DNA 测序的原理性方法主要有双脱氧链终止法测序和化学降解法测序两种。由于 PCR 技术的发展和在 DNA 测序中的应用，以及用荧光标记代替同位素标记 ddNTP，使每种 ddNTP 被标记上发射不同荧光的染料，从而使双脱氧链终止法可以快捷、灵敏、自动地进行测序，为大规模基因组测序打下技术基础。以 454 测序技术、Solexa 测序技术和 SOLiD 测序技术为标志的第二代测序技术和以单分子测序技术为基础的第三代测序技术等也随之诞生并得到快速发展。受技术迭代以及测序成本等因素影

响,目前市场上大规模商业化的第二代测序技术主要包括 Illumina 的 Solexa 测序平台和华大基因的 DNA 纳米球测序平台,第三代测序技术主要有 SMRT 单分子测序技术和纳米孔单分子测序技术(具体测序原理见第八章)。

2. 基因组 DNA 序列测定和组装策略

第一代和第二代高通量测序技术测出的单个序列数据的读长(read)都在 1 000 bp 以下,对于基因组测序来说,必须将每一个所测得的数据拼接成一个完整的基因组序列。拼接方法与测序的策略是相关联的,常规基因组测序和组装策略主要有鸟枪法(shotgun)或随机测序法、克隆重叠群法和定向鸟枪法等。基因组光学图谱技术在基因组测序后的组装中也发挥了重要作用。

(1)通过鸟枪法拼接序列

鸟枪法测序的原理,即把染色体 DNA 随机打断成上万甚至几十万的小片段,并直接对这些小片段测序得到大量短序列,通过检测短序列间可能的重叠区逐级拼接并推导出完整序列。这种方法不需要事先了解基因组信息,不依赖于遗传或物理图谱。流感嗜血杆菌(*Haemophilus influenzae*)的基因组序列是第一个用鸟枪法并通过第一代 Sanger 测序法获得的,证明该方法是可靠的。现在大量的基因组测序都是通过这种方式完成的,只不过是采用了第二代高通量测序技术。第二版详细描述了流感嗜血杆菌基因组测序和组装的流程,特别描述了组装过程中如何填补缺口。

利用鸟枪法已经测出了许多微生物基因组的序列,实践证明能相对比较快地测定小基因组序列。现在普遍认为,任何小于 5 Mb 的基因组序列,即使不知道基因组的任何信息,都可以在短时间内测定出它的全部序列。但是对于更大的基因组需要使用其他方法来测定,因为鸟枪法策略的技术难点在于对海量序列数据的处理,尤其是对高重复序列含量的基因组的拼接和组装。因此,开发出具有强大基因组数据分析处理功能的专用软件和超强运算功能的大型计算机,是影响此策略在大型基因组测序中应用前景的决定性因素。

(2)克隆重叠群法测序策略

克隆重叠群(contig)方法是获得真核生物基因组序列的基本方法,也可用于那些已有物理和(或)遗传图谱的基因组序列测定。克隆重叠群法是在鸟枪法基础上发展起来的。先构建重叠克隆群,通过部分酶解把大基因组降解成重叠的、大小位于该范围内的大片段。最好这些重叠片段位于该基因组的遗传和(或)物理图谱上,这样就借助于基因组特定位置的标记序列(如 STS、SSLP、基因)为探针进行有计划的筛选,然后对大片段克隆重叠群做鸟枪法测序,最后通过重叠群将基因组序列组装起来(图 11-1)。在高等生物的基因组测序和组装过程中,常常采用克隆重叠群的方式填补缺口或制作高精度基因组图谱,其中 fosmid 文库或 BAC 基因文库采用较多。

基因组测序的具体方式很多,此处只是介绍了基因组测序的主体策略,目前采用的第一代、第二代以及部分第三代测序技术中都会利用到这些策略,只是在各种方法的具体实施过程中还会涉及许多其他问题,必要时还需将各种策略交错在一起使用。

(3)基因组光学图谱辅助组装

随着科学技术的发展,对于基因组物理图谱的构建也发展出了许多新技术,其中基因组光学图谱技术(optical mapping)就是一个典范。光学图谱是指一个来源于细菌、酵母或者真菌的单个基因组 DNA 分子有序、高信息含量的限制性内切酶酶切位点的图谱。具体做法是从裂解的细胞中获得基因组 DNA,并随机剪切以产生一系列基因组片段群,用于光学绘图。

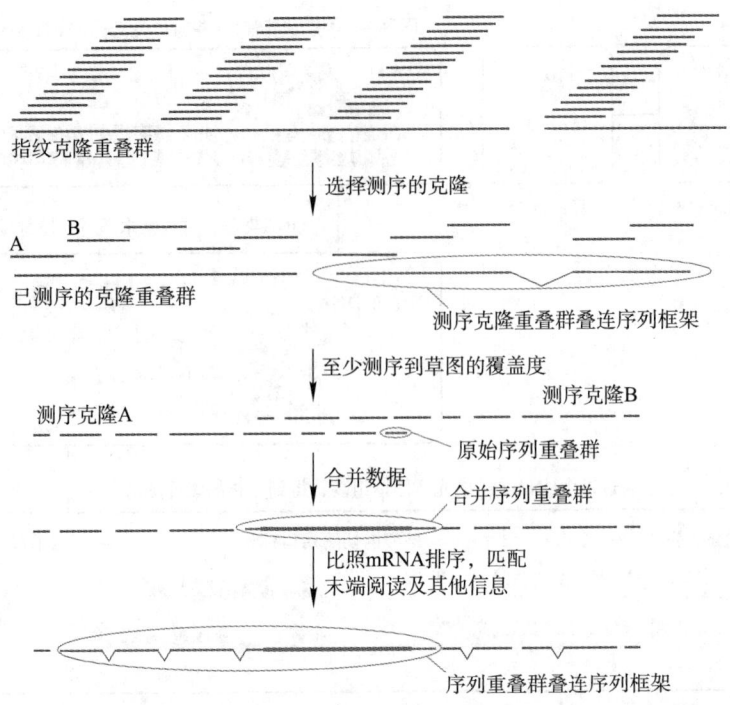

图 11-1 人类基因组 BAC 克隆测序和重叠群搭建工作流程

首先将靶基因组部分酶切产生大分子 DNA 片段，经电泳分离纯化克隆到 BAC 载体中。根据分子标记和指纹图谱构建 BAC 克隆重叠群，挑选单个克隆采取鸟枪法测序。在每个 BAC 克隆内根据测序结果进行顺序拼接，并与 BAC 克隆重叠群物理图谱对比，完成全部主体顺序的组装

随后 DNA 片段按照单个 DNA 分子的方式锚定在光学芯片上。再利用限制性内切酶对这些锚定的 DNA 分子进行原位消化并染色，那么在微阵列芯片上形成的缺口就代表该位置是限制性内切酶的识别位点。之后使用荧光显微镜观察，并将荧光强度转化为数字信号，这样就产生了一个单分子的光学图谱。由于这些 DNA 片段群可以覆盖整个基因组，因此多个单分子的光学图谱经过比对和拼接就可以得到一条完整的染色体的光学图谱。

光学图谱技术最初于 20 世纪 90 年代开发，并应用于酿酒酵母的物理图谱构建。但由于错误率高、长度短、通量低，并未得到广泛使用。2010 年开发了 Argus 平台和配套的分析软件 MapSolver。2012 年，推出了 lrys 平台，使用纳米阵列技术，大大增加了图谱的长度、提高了准确性和连续性，从而取代了 Argus 平台。lrys 技术的核心是使用光刻技术构建微流控芯片，该芯片具有 4 000 个直径约 45 nm 的纳米通道。这种通道允许 DNA 分子以线性并拉长的状态进入。具体原理见图 11-2，首先从样本中提取高分子量的 DNA（大于 100 kb），使用核酸内切酶在双链 DNA 分子上引入单链条切口。然后使用 Vent（exo-）DNA 聚合酶将带有荧光染料的核苷酸（即染料标记的 dUTP）掺入这些切口位点。随后使用另外的染料对双链的 DNA 分子进行染色以方便测量。染色后的 DNA 分子通过微流控系统以线性拉长的形式进入芯片中的纳米通道。这时就可以通过高分辨率的荧光显微镜捕获信号，从而得到 DNA 分子的长度、酶切位点位置等信息。这些信号最终经过计算机软件的处理形成可供人们分析的数据。2017 年，又在 lrys 技术基础上推出 Saphyr 平台，进一步提高了谱图的长度、分辨率以及数据通量，成为了目前光学图谱技术的主要平台。

随着 DNA 测序技术的发展，研究人员可以花费更低的成本得到更多有效的数据。但是，

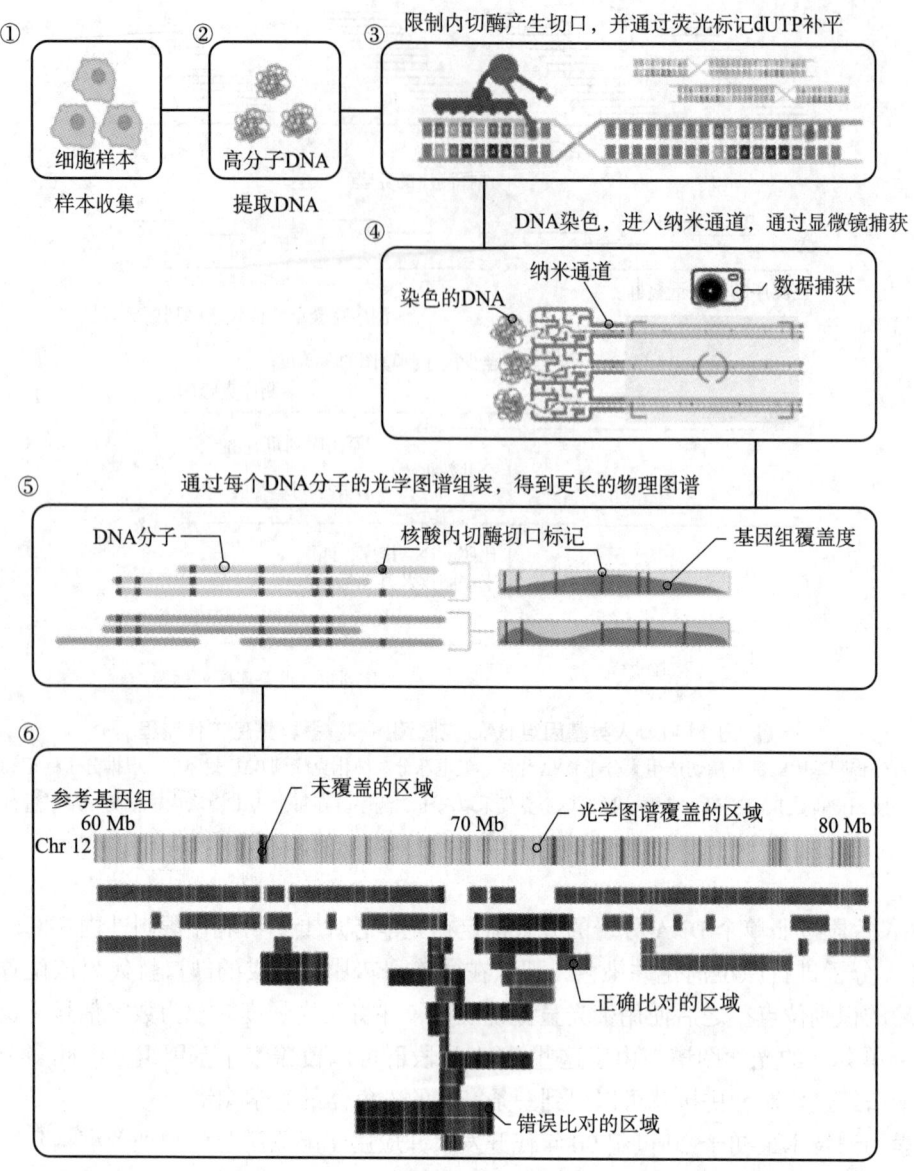

图 11-2 基因组光学图谱绘制过程示意图

测序获得的基因组中仍然有许多无法定位和无法鉴别的基因序列存在。由于光学图谱技术可以制作全染色体的精确限制性内切酶物理图谱，且不依赖序列信息，对于解决基因组中无法定位和高度重复的区域十分有效，因此该技术已经被广泛应用于微生物和动植物等的全基因组序列组装。光学图谱技术的发展与应用对于解决更复杂基因组的组装，以及筛查染色体遗传变异具有重要作用。

三、高复杂度基因组序列图谱构建策略

目前采用第二代或者第二代和第三代测序技术组合，并结合上述策略，可以完成许多生物基因组序列图谱的构建。但对于复杂度较高（如一些大型高等生物）的基因组序列图谱的

构建，还需要结合一些更为复杂的组装策略。对于这些物种的基因组序列图谱的构建，一般需要完成第二代加第三代测序，以及光学图谱和 Hi-C 测序（见本章三维基因组研究技术部分），并进行多策略的组合组装，才能得到质量较高的染色体水平基因组图谱。由于第三代测序的错误率较高，首先需要对第三代测序数据进行自纠错，之后可将测序的 read 组装成序列较长的序列重叠群。然后利用光学图谱数据进行基因组的从头组装，得到组装后的中间文件，用以跟第三代测序组装后得到的 contig 文件进行混合组装，以提高基因组信息的准确性。这样就能得到一个位置信息非常准确的基因组框架。由于第二代测序具有高精确度的特性，得到基因组框架以后，可将第二代测序数据比对到混合组装后的基因组上，以进一步对组装的基因组信息进行纠错，尤其是对组装错误的 SNP 或短的缺失与插入序列等的纠错。经过这个步骤以后，即可得到序列信息非常准确的 contigs。由于染色体内的互作频率远高于染色体间的互作频率，因此可用 Hi-C 数据通过互作频率信息进行重叠群的进一步组装。在完成上述二代测序、第三代测序和光学图谱混合组装及纠错后，可将 Hi-C 数据比对到纠错后的 contig 上，然后基于 Hi-C 数据反映出来的 contig 之间的相互作用信息，确定这些 contig 的分组及排列方向，即可得到更大的基因组重叠群 scaffold。得到的 scaffold 再通过 juiceBox 软件可视化，并根据相互作用热图信息对错位或者倒位等组装错误的 contig 进行手动矫正，最终可得到染色体级别的高质量的参考基因组。

四、人类基因组序列图谱构建

人类基因组计划从 1999 年开始正式实施，终于在 DNA 双螺旋结构发现 50 年后的 2003 年全部完成，至今先后进行了 15 次修补，这其中可充分展现基因组序列图谱构建策略的发展脉络。

人类基因组测序最开始分别采用了两种方法，即图谱测序法和全基因组鸟枪法。国际人类基因组测序协作组（International Human Genome Sequencing Consortium）采用图谱测序法。第一步构建高精度的物理图谱。构建物理图谱时，先构建含 100~200 kb 片段的 BAC 文库。一个人类基因组的 BAC 文库需要大约 2 万个 BAC 克隆。然后对这些 BAC 克隆作指纹图谱，使用特定的限制性内切酶分析克隆子的酶切片段组成，找到互相重叠的克隆，从而确定 BAC 文库的相互排列次序，以及来自哪条染色体，进而将每一个克隆在染色体上的精确位置确定下来。第二步对每一个克隆子作鸟枪法测序，对直接测定的小片段序列数据（read）进行拼接，形成重叠群，然后拼接出整个染色体的序列，最终获得基因组全部序列。同时，美国科学家采用全基因组鸟枪法也完成人类基因组序列测定。在完成工作草图时，获得了 27 271 853 个高质量的序列数据，覆盖基因组 5.11 倍，拼接出 2.91 亿个碱基对。以上两种测序结果和分析于 2001 年分别发表在 *Nature* 和 *Science* 期刊上。高性能的计算机在基因组拼接中起着重要作用，将两种方法得到的数据合在一起，得到了完整连续的人类基因组序列。这两种不同的拼接结果相互比较，也可以用于检测拼接的准确性。

但这个版本的人类基因组序列图谱并非 100% 完整，且存在许多错误。过去二十年间，人类基因组数据不断被修补和完善。目前使用的人类基因组版本是在 2013 年释放，并在 2022 年进行了第 14 次修补（GRCh38.p14）的版本。即便如此，在整个基因组中仍然存在约 8% 的未知序列。这些序列散布在基因组中，包括着丝粒区、亚端粒区等。为了解析这 8% 的未知序列，由世界各地的科学家组成了端到端协作组（Telomere-to-Telomere Consortium），试图解决这一问题。与早期基于 BAC 文库的测序思路不同，本次组装采用了第三代测序技术与优化的组装算法，最终拼接出从端粒到端粒完整的人类基因组，命名为 T2T-CHM13。端粒到端粒完整的人类基因组组装的成功得益于技术的进步，这主要体现在测序读长与精度的改进，比如纳米孔测序的超长序列（大于 100 kb），以及 PacBio 第三代单分子实时测序的高精度测序序列（错误率约 0.1%）。这种高质量高精度基因组的完成使得人们能够窥探基因组中最复杂的区域，并更加全面地揭示人类的遗传变异。

五、特殊样本基因组序列图谱构建

上述策略可满足常规能大量培养或容易获得一定数量基因组 DNA 的生物体基因组序列图谱构建。但无法满足对一些特殊生物体的基因组序列图谱的构建，如不可培养微生物、复杂环境下微生物的组成及基因组信息等。这些特殊场景生物体基因组序列图谱的构建需要采用宏基因组测序策略或单细胞测序策略等。

1. 宏基因组测序策略

宏基因组测序（metagenomics sequencing）是指直接从复杂环境或组织样本中获取全部基因组信息的方法。可用于分析肠道、水体、土壤等样本内微生物的组成及基因组信息。宏基因组测序的技术是首先提取环境样本的总 DNA，这里包含了所测样本内所有生物的 DNA（主要是微生物）。随后对总 DNA 进行打断、构建文库、测序、然后组装起来，从而获得不同环境样本内遗传信息的集合。自然界中 99% 以上的微生物都是不可培养的，因此基于传统先培养再测序的方法所获的微生物遗传信息只是冰山一角。利用宏基因组测序方法不仅能够获取不同状态下环境中所有微生物的遗传信息的集合和微生物组成等信息，也能通过特殊的组装方式获得部分未可培养微生物的单个基因组信息，比如可使用 MEGAHIT 和 MetaSPAdes 等宏基因组数据组装软件，可以完成混合微生物基因组数据中对其中单个微生物基因组的从头组装。这些信息可帮助人们充分挖掘环境样本的基因组信息中蕴含的大量新功能基因及基因簇，如抗生素抗性基因、重要工业酶基因等。此外，微生物的组成能显著影响人类和动植物的健康，这些有价值的研究与发现也离不开宏基因组测序技术的发展。

2. 单细胞测序策略

当针对一些异质性较高的样本时（如肿瘤细胞、神经细胞、生殖细胞，这些细胞间 DNA 信息是不同的），传统方法得到的信息往往是样本的"平均值"，而不能体现细胞间的差异。此外，目前还有许多很难得到大规模纯培养的微生物，无法通过纯培养获得大量基因组 DNA 用于常规方法测序。

单细胞测序技术（single-cell sequencing）则可以解决上述样本的基因组序列图谱构建问题。该技术是指对单个细胞内 DNA 进行测序的技术。传统的测序方法由于受到 DNA 量的限制，通常需要从大量细胞中提取 DNA。单细胞测序的方法是针对分离的单个细胞，通过对微量 DNA（pg 级别）进行扩增（具体方法和原理见第九章），既满足了测序技术对 DNA 量的要求，又保留了单个细胞的遗传信息。这种策略主要适用于异质性较高或者样本量稀少（如早期胚胎细胞，不可培养微生物等）的样本。

随着现代基因组测序技术的迅猛发展，测序通量越来越高，成本也在不断降低，各种测序和组装策略也不断完善，获得一种生物的基因组核苷酸序列已变得相对简单，也使基因组序列图谱构建成为了生物学和遗传学研究的基本手段。到目前为止，大量的生物物种的基因组被公布，或正在测序中。这些海量的基因组信息是最终解析生命奥秘不可或缺的科学材料。

第二节 基因组序列解读

随着生命科学技术的飞速发展，对单个基因的研究已满足不了科学发展的需要，获得更多生物的基因组序列也已不是基因组学研究的最终目的。如今的时代使命是把一个基因组或一类基因组作为对象，来研究众多基因是如何精妙地组织构成基因组、基因组之间的进化关系和演化方向，以及基因组仅靠静态的核苷酸序列是如何在瞬息万变中有条不紊地指挥生命活动的。获得的纷繁复杂的各生物基因组序列只是人类为达到最终解析生命奥秘而不可或缺的重要科学素材。

一、基因组上基因的确定

不论生命的表现形式多么绚丽多彩，回归到本质都是由成千上万的基因彼此协调而体现的。因此，解析出一个基因组中所蕴含的基因是解读整个基因组的基础。获得基因组序列后，可以用一系列方法来鉴定出其中的基因，包括借助计算机进行序列筛查以寻找基因的特殊序列特征，以及对 DNA 序列进行实验分析，或通过高通量方法定向富集筛选某些具有特殊功能的基因等。

1. 基因组注释确定基因

在得到一个生物体的全基因组序列后，解析出基因组中所蕴含的遗传信息是解读整个基因组的基础。基因组序列注释可基于已有信息快速且高效地获得大量基因的相关信息，包括序列和在基因组中的位置等。具体的基因组注释方法和原理详情参考第八章。

2. 通过序列分析查找基因

获得全基因组序列和注释信息后，可通过序列分析查找相关基因来开展功能研究。基因并非是核苷酸的随机排列，而是具有明显特征。这些特征决定了一段序列是否是基因。利用这些特征可以进行基因预测。

（1）利用基因结构寻找基因　编码蛋白质的基因含有启动子、开放阅读框（open reading frame，ORF）和终止子等结构。寻找以起始密码子开始，以终止密码结束的 ORF 序列是寻找基因的一种有效的方法。基因的基本结构分析原理和常用软件等信息具体参考第八章。

由于原核生物基因组中无内含子，非编码序列少，因而寻找基因的 ORF 对细菌基因组通常很有效。但该方法对高等真核生物基因预测的效果较差，因为真核生物基因之间有较大间隔（如人基因组中 70% 是基因间隔序列），且基因是被内含子断开的，在 DNA 序列中没有连续的 ORF。因此要综合考虑真核生物基因组特征，才能使其基因注解更加准确。

（2）借助序列同源性寻找基因　通过同源性检索（homology search）检验一段三联密码子是否是真的外显子还是随机序列，在一定程度上可以弥补高等真核生物基因组中 ORF 预测不足。通过查询 DNA 或蛋白数据库来判断所查序列是否与已知基因的序列相同或相似。如果所查序列与已知基因具有整体上的相似性，那么所查序列就可能与匹配序列同源（homologous），即它们代表进化上相关的基因。详细的 DNA 或蛋白序列比对和同源性分析原理及其常用软件等信息参考第八章。

但即使某个序列通过同源性检索没有找到匹配的序列，也不能断定它不是基因。因为毕竟在数据库中有功能注解的基因数量还很有限。随着数据库中真实基因序列数目的增加，同源性检索确定基因的方法将越来越有价值。但不论同源性的高低，一个预测的基因都必须通过其他实验技术加以确认。

3. 实验技术确定基因及其结构

由于目前我们对功能基因的精确解读还非常有限，人们还未完全清楚决定一个基因的序列特征以及不同基因序列特征的所有属性，导致通过序列分析预测基因还不能达到百分之百的准确。因此，还需通过系列实验技术来确定特定基因及其结构。

（1）检验某一片段是否含有表达序列　任何有功能的基因都可转录为 mRNA，这是通过实验手段确认基因的依据。确定某一片段是否含有表达序列最简单的方法是对其转录出来的 mRNA 进行检测，检测技术有 DNA-mRNA 杂交分析（Northern 杂交）、反转录 PCR、和实时荧光定量 PCR 分析等。理论上讲，反转录 PCR 和实时荧光定量 PCR 分析可以通过引物设计确定一个 DNA 片段上能转录的基因数目，Northern 杂交可以确定一个 DNA 片段上的基因数目和每个编码基因的大致大小。但由于某些基因的差异剪接（differential splicing）产生两个或更多长度不等的转录物，以及基因转录的时空差异等，往往从单个器官组织中提取的 RNA 中可能不含待检测基因的转录物，这给利用上述方法确认基因带来一些麻烦。

（2）转录组测序高通量鉴定基因　上述方法可判断 DNA 片段中有无基因，但却不能给出基因转录产物的具体位置信息。抽提某种生物材料或组织的总 RNA，富集 mRNA，并利用 RNA-seq 技术进行转录组测序，将所得到的转录本测序信息与基因组数据比对，可确定基因组上的所有基因转录本的信息。

（3）基因转录本结构的确定　通过是否转录确定基因组上的基因信息后，还需要对基因转录产物的具体信息进行分析，如基因转录物精确的起点和终点、外显子–内含子的边界，以及同一基因转录本的可变剪切信息等。

对于单一基因而言，可通过 cDNA 末端快速扩增（rapid amplification of cDNA end，RACE）确定基因转录物精确的起点和终点（RACE 方法的详细内容见第七章），可通过引物延伸分析（primer extension，原理详细内容见第六章）确定基因转录物精确的起点，还可通过外显子捕获技术（exon trapping）确定基因内外显子–内含子信息和边界（详情见第二版第十二章）。此外，基于 S1 酶作图的异源双链分析（详情见第六章）也可用来定位转录物的起始点位置，以及定位外显子–内含子的边界等信息。

对于基因组上的所有基因而言，链特异性的转录组测序技术可以高通量确定所有基因转录的起始位置并揭示外显子–内含子边界，以及转录本的可变剪切等信息。相对于传统转录组测序而言，链特异性转录组测序可以确定两条链的转录方向，为基因组上所有基因的进一步注释和功能分析提供更准确的信息，同时还可以挖掘出基因组中可转录但不翻译的非编码 RNA 信息。

二、基因功能预测和验证

一旦某段序列确定为基因，那么接下来就要阐明其功能，解析各个基因的功能是基因组研究的重要目的，也是基因工程获得有价值基因的重要过程。基因功能的确定涉及多学科理论和技术的综合运用，这里仅介绍生物信息学和分子生物学技术在基因功能鉴定中的应用。

1. 利用生物信息学分析预测基因功能

根据基因序列、结构、功能与进化的内在联系，采用生物信息学预测基因功能已成为基因功能前期研究的主流内容。利用生物信息学分析预测基因功能是以基因序列的同源性检索为基础，通过把待鉴定的 DNA 序列或氨基酸序列与数据库中所有的已知序列进行比较所获得的相似性来发现新基因和推测相应的功能。同源基因有共同的进化祖先，基因间序列相似是分子系统进化的基础。同源性检索可以用 DNA 序列来进行，但通常在检索前先将基因序列转换为氨基酸序列。因为蛋白质有 20 种不同氨基酸，而 DNA 只有 4 种核苷酸，所以比较氨基酸序列时，无关基因会表现出更大的差别。因此使用氨基酸序列进行同源性检索得到的假阳性可能会较少。同源性检索相当简单，有多个用于此项分析的软件，常用的是 BLAST（basic local alignment sequence tool），很多公共数据网站上也提供同源性检索服务。

2. 用实验手段确定基因功能

获得基因组序列之前研究基因功能是从表型开始，确定控制表型相关的基因及其序列；而当获得基因组序列之后则需要从未知功能的基因序列开始，确定它对应的功能和相关的表型，即反向遗传学。下面介绍几种主要的反向遗传学分析基因功能的技术。

（1）基因失活探索基因功能　使特定基因失活的最简单的方法是用一段无关 DNA 将其替换，这可以通过将基因的染色体拷贝与一段和靶基因有相同的序列的 DNA 进行同源重组（homologous recombination）来达到基因敲除（knock-out）的目的。然后通过基因失活对表型的影响判断基因的功能，最后还可通过回补缺失基因进一步地进行功能的验证。

但是，基因失活或基因敲除技术目前还不能用于所有生物，特别是对于高等植物。这样往往采用其他一些方法获得功能缺失突变体，如 T-DNA 插入突变体库、RNA 干扰、反义 RNA、Cas9 介导的基因编辑（见基因组研究技术部分）等。

（2）基因超量表达探索基因功能　这种技术是将目的基因的表达量提高或使表达蛋白的活性增强（或获得功能）来观察表型的改变从而推测基因的功能。一方面可通过超量表达（overexpression）检测基因的表达造成的特殊功能；另一方面，由于所研究的基因正常情况下在某些组织中可能是失活的，因此该基因产物表达过多会导致环境异常，从而产生非特异性的表型变化。尽管有这种限制，超量表达还是为探索基因功能提供了一些重要信息。

（3）基因沉默或敲降验证基因功能　这种技术是将目的基因的表达量降低来观察表型的改变从而推测基因的功能。该技术尤其适用于对一些不能被敲除或失活的必需基因的确定和功能验证。具体而言可通过 RNA 干扰、反义 RNA、或 CRISPRi 等技术使待研究的目的基因的转录水平降低，或 mRNA 被降解，或蛋白表达被部分抑制等，实现目的基因产物的表达量降低来观察表型的改变从而推测目的基因的功能，从而为探索基因功能提供信息。RNA 干扰和反义 RNA 的原理见第五章，本节重点介绍 CRISPR 干扰技术（简称 CRISPRi）的相关原理。

CRISPRi 技术是在传统的 CRISPR/Cas 基因编辑系统（原理见本章第三节）的基础上发展而来的，其核心是将 Cas9 蛋白的切割活性失活，得到突变的 dCas9 核酸酶，该酶缺失了 Cas9 的核酸内切酶活性，但保留了 sgRNA 引导下与靶标 DNA 结合的能力。如果设计的 sgRNA 中含有与靶标 DNA 位于某个功能基因的启动子或编码区的内部的序列，则 dCas9 核酸酶可在 sgRNA 引导下结合到靶标基因的该区域，并与之结合阻碍 RNA 聚合酶对模板链的结合导致目标序列不能够正常进行转录起始和 mRNA 的延伸，最终使得目的基因或是顺式元件沉默，起到将目的基因表达量降低的目的。

其具体工作原理如图11-3所示。dCas9的RuvC/like（D10A）和HNH核酸酶（H840A）结构域各有一个点突变，导致dCas9蛋白的切割活性失活。sgRNA是一个具有102 bp长的人工设计的非编码RNA，包括20 nt特异性靶定的互补部位，42 nt的dCas9结合RNA结构的部位，40 nt来自链球菌（Streptococcus）的转录终止子。dCas9蛋白载体能够在目的细胞中表达dCas9蛋白，而构建的sgRNA载体能够在目标细胞中转录形成sgRNA。当细胞中同时存在dCas9蛋白和sgRNA时，sgRNA能够与目的DNA序列中的非模板链发生互补配对，这样dCas9蛋白能够识别目的DNA序列中的PAM位点和sgRNA与非模板链DNA构成复合体。dCas9/sgRNA复合物结合到靶定基因ORF的非模板链可以阻断该基因的转录延伸。当sgRNA靶定在启动子部位，它能阻断DNA顺式作用基序和它同源的反式作用转录因子之间的联系，导致转录起始的抑制。

CRISPRi技术对靶标基因的抑制效率还可以通过调整sgRNA碱基互补区域单个或多个碱基错配以及靶定目的基因不同部位来控制，也可对同一个基因设计多个sgRNA协同作用加强控制一个特定基因的不同水平的沉默。此外，该技术还可通过设计多个sgRNA实现同时调控多个基因的温和沉默。统计发现该技术可以实现对靶标基因的转录抑制达到99.9%。目前CRISPRi技术已经成为功能基因筛选和验证的重要技术之一，已在多种高等生物和微生物中重要功能基因筛选方面得到了广泛应用，如利用该技术在人类细胞中筛选肿瘤抑制因子、细胞分化调控相关基因等。

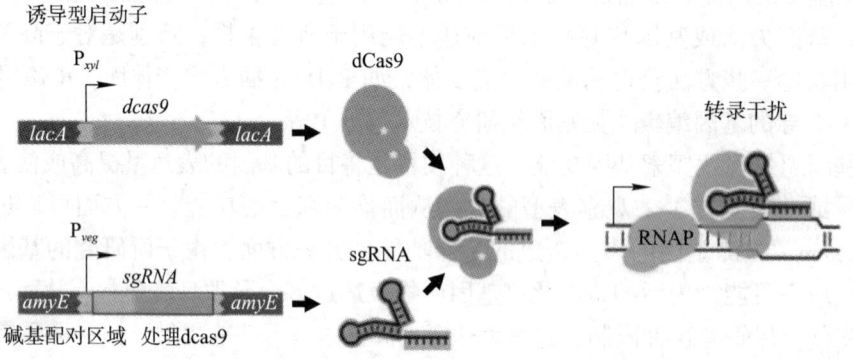

图11-3　CRISPRi系统抑制基因转录起始原理

（4）目的基因异源表达　将目的基因克隆到合适的载体上并转化宿主进行异源表达，通过观察这种外源基因为宿主带来的附加表型，从而确定目的基因行使的功能。

（5）其他手段　基因失活、超量表达和沉默是探索新基因功能所用的基本技术，但失活、超表达和沉默可从遗传学角度确定基因的大致功能，却不能提供基因编码蛋白的详细功能信息，因此需要从蛋白质水平上深入研究已知基因编码的蛋白质功能。如可利用定点诱变探索基因的具体功能，利用报告基因和免疫细胞化学研究基因的时空表达，通过噬菌体表面展示（phage surface display，也称为噬菌体展示）或酵母双杂交系统（yeast two-hybrid system）研究蛋白质间的相互作用等。

3. 全基因组范围内确定基因功能的高通量技术

细胞内行使某一特定功能的基因往往都不是单一的，大都是多个基因通过某种逻辑共同控制或者影响生物的某些重要过程或表型。上述技术可满足获得基因组序列之后对单个未知功能基因的功能研究，但无法满足对于全基因组范围内参与某种功能的多个相关基因的确定。针对一些已完成测序的基因组序列分析表明，人们所了解的基因组内容比真实情况少得多。这一局面促使新的基因解读方法的变革。下面介绍几种近年来发展出来的可在全基因组范围内确定基因功能的高通量技术。

（1）Tn-seq技术高通量筛选功能基因

转座子是基因组中一类可自主复制和移动的DNA元件，在转座酶的作用下通过切割、整合等过程在染色体、质粒、噬菌体上移动。当转座子插入某功能基因时可使其失活，成为突变体。基于此特性，可利用高效随机插入的转座子构建突变体库。转座子测序（transposon sequencing, Tn-Seq）是一种高通量筛选技术，它将转座子插入诱变与高通量测序结合。Tn-Seq的核心是利用Tn5等转座子可高效随机插入基因组DNA的特性，先构建覆盖全基因组的饱和突变体库。理论上只要突变体足够多，那么在全基因组范围内的所有基因都有机会被转座子插入而失活。然后在某些特定筛选压力下培养突变体文库，如果插入位点的基因是负责抵抗该筛选压力的，则这些突变体会被杀死。而存活下来的突变体中相关抗性基因则未被插入，从而反向富集未被转座子插入的含有完整目的功能基因的突变体。最后通过高通量测序来确定转座子侧翼序列，绘制所有转座子插入基因组的位置定量图谱。最后比较筛选压力下（t2组）与对照组（t1组）的转座子插入位点和频率差异，那些在筛选压力下从未被转座子插入过的基因则是目的功能基因。

Tn-Seq的具体原理和流程见图11-4，主要分为三步：①构建突变体库。利用转座子随机插入的特性，在高温或添加抗生素等压力条件下诱导转座发生，形成覆盖全基因组范围的饱和转座子突变体库，理论上突变位点可以覆盖全基因组上的所有基因所在的位置。②在设定的实验条件下筛选突变体。实验条件可为缺乏特定营养元素、不同压力条件等，根据需要验证的功能类型来设置；对照为未处理过的突变体库。当目的功能基因被转座子插入后，该突变体无法在培养条件下存活。通过培养所筛选出的为转座子插入非目的功能基因的突变

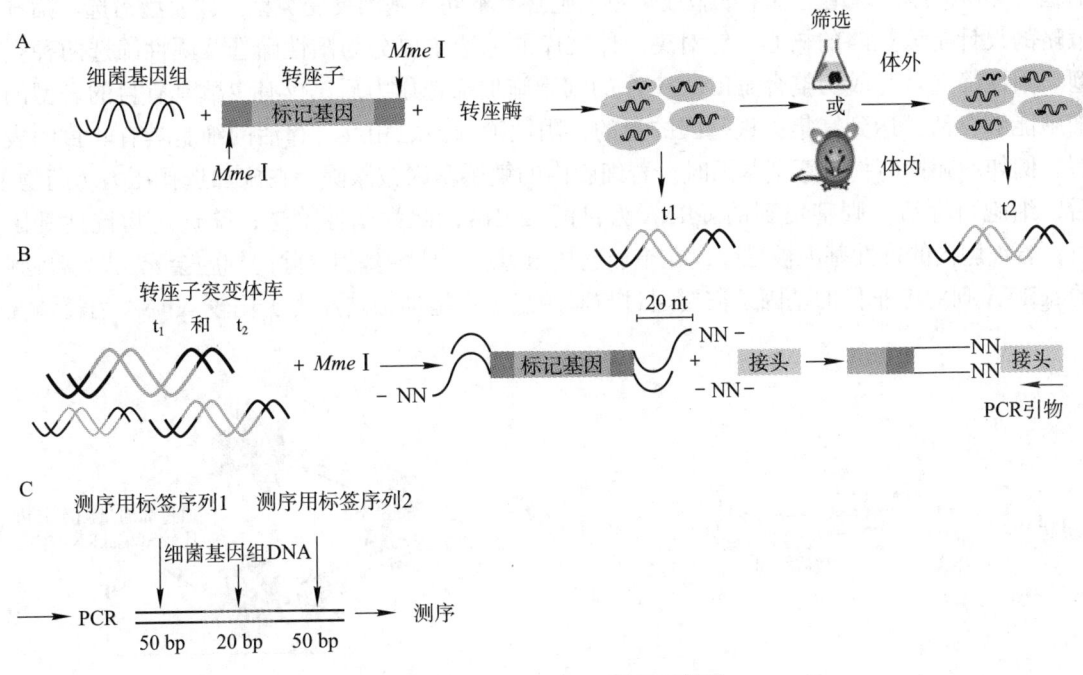

图11-4 Tn-seq原理示意图

体，即反向富集了目标功能基因。③高通量测序鉴定插入位点。抽取并纯化突变体基因组 DNA。为了对转座子侧翼序列进行测序，先使用特异性酶 *Mme* I 切割 DNA，该限制性内切酶可在识别位点下游 20～30 bp 处切割 DNA，获得包含部分基因组片段和转座子末端序列的 DNA，后添加接头连接片段化的 DNA，接着 PCR 扩增，最后进行测序。确定转座子的插入位点和插入基因组同一位置的频率，该频率变化可说明不同培养条件下的转座丰度差异，从而初步筛选出与设定的培养条件生存相关的功能基因。

Tn-Seq 具有不依赖已知的突变体库、动态范围广、高通量等优点，缺点为转座子对插入位点的核苷酸某些序列有时候具有偏好性等。自 2009 年首次报道至今，Tn-Seq 技术已广泛用于发现新基因、验证基因功能、确定基因适应度、探究基因间相互作用等方面，如鉴定必需基因、毒力基因，极端条件下生物正常发育的必需基因等。

（2）CRISPR-Cas9 结合 sgRNA 文库高通量筛选功能基因

CRISPR-Cas9 结合 sgRNA 文库高通量筛选功能基因的核心是依靠 CRISPR-Cas9 系统的精准基因编辑功能来实现的。sgRNA 通过识别目的基因组序列，指导 Cas9 蛋白进行靶向特定基因的切割，产生双链 DNA 断裂进而完成特异性基因的抑制表达。基于此原理，如设计出包含成千上万个 sgRNA 的 CRISPR 文库时，可同时靶向基因组内大量的功能基因，高通量地完成全基因组范围内功能基因突变体文库的构建。通过施加相应的筛选压力即可获得具有特定表型的突变体，达到富集关键基因的目的。随后通过对 sgRNA 进行 PCR 扩增和高通量测序，并比较在特定筛选条件下 sgRNA 的丰度变化，进而完成与特定表型或功能的相关基因集的鉴定。

该技术的具体原理见图 11-5，含有四个核心步骤：① sgRNA 文库构建。针对某个物种的全基因组，每个基因设计 3～6 个 sgRNA 并进行高通量地合成，然后把合成的 sgRNA 克隆到慢病毒载体中，形成可靶向全基因组的 sgRNA 文库。② 突变体库的获得。构建好的 sgRNA 文库被包装成慢病毒，并以低 MOI 感染可表达 Cas9 蛋白的靶细胞中，则可产生突变细胞的异质群体，理论上每个细胞或每组细胞含有不同的基因突变类型。③ 表型筛选。筛选策略的设计是该策略的核心。针对突变体文库的筛选主要分为阳性筛选及阴性筛选两种类型。阳性筛选是对成功整合 sgRNA 文库的细胞施加筛选压力后，仅有少数具有目的表型的细胞能够存活，达到富集关键基因的目的；阴性筛选与之相反，存活的细胞具有非目的表型。例如：筛选药物敏感型基因时，若细胞内的敏感基因被敲除，在施加选择压力（药物）后，细胞可存活，则富集到的 sgRNA 为目的 sgRNA，此为阳性筛选；筛选药物抗性基因时，若细胞内的抗性基因被敲除，在施加选择压力后，抗性基因敲除的细胞会死亡，富集到的 sgRNA 则对应非目的基因，需要通过与对照组（不施加筛选压力）比较 sgRNA 消耗情况

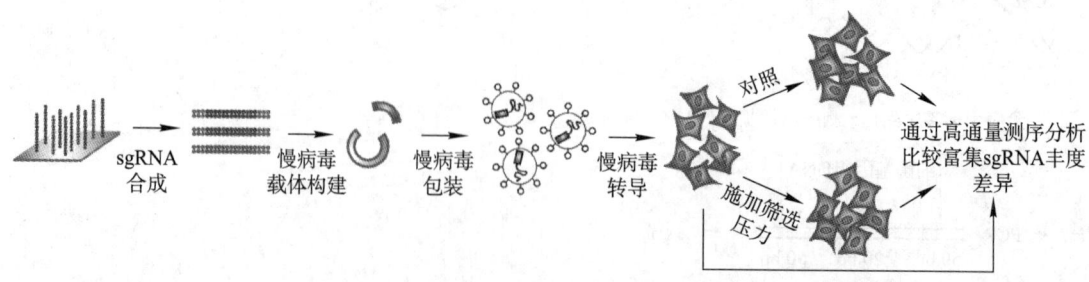

图 11-5　CRISPR-Cas9 结合 sgRNA 文库高通量筛选功能基因流程图

来确定目的基因,此为阴性筛选。④候选基因分析。施加筛选压力后,通过对富集下来的细胞进行基因组抽提及慢病毒载体中 sgRNA 序列的 PCR 扩增。结合高通量测序技术(NGS 测序),获得富集细胞内 sgRNA 的序列信息及富集度。再通过生物信息学分析进行假阳性的筛出,进而获取相应的候选功能基因。

基于 CRISPR-Cas9 系统的功能基因筛选,因摆脱了常规方法如 cDNA 文库容量有限及 RNAi 筛选的广泛脱靶效应等方面的限制,并具有广泛的作用位点和宿主平台适应性等优势,逐渐成为应用于高通量全基因组范围内功能基因筛选的一种热门方法。

三、功能基因组学研究技术

在对一个基因组的序列进行解读和基因功能确定后,便可以利用结构基因组所提供的信息和产物,来揭示基因组作为一个整体是如何在细胞内协调发挥作用、控制各种细胞活动以及生物个体的表型。通过在基因组或系统水平上全面分析基因的功能,以及这些基因之间的内在联系等,使得生物学研究从对单一基因或蛋白质的研究转向对多个基因或蛋白质同时进行系统的研究。这就是功能基因组学(functional genomics),又称为后基因组学(post-genomics)的主体内容。要对众多基因进行彼此间功能关系进行系统研究,就必须在转录组和蛋白质组的水平上开展工作。这种分析的需求促进了对大量 mRNA 和蛋白质分子进行研究技术的发展。如以了解某个物种或者特定细胞类型产生的所有转录本的集合来确定哪些基因开启,哪些基因关闭,即转录组学(transcriptomics);研究相应的蛋白表达谱和蛋白功能,即蛋白质组学(proteomics);以及更深入系统地研究基因和蛋白行使功能的代谢网络即代谢组学(metabomics),和研究 DNA 的核内空间结构与表达调控关系的三维基因组研究技术(3D genome technologies)等技术都在蓬勃发展。

1. 转录组学相关研究技术

在整体水平上研究细胞中基因转录的情况及转录的时空调控规律是功能基因组学研究的重要内容之一。在全局水平(转录组)上研究 mRNA 表达谱能显示许多关于基因在细胞中的作用,也能帮助鉴定它与其他基因在功能上的联系。用于全局分析基因表达情况的技术发展迅速,先后开发了 cDNA-AFLP 技术(cDNA-amplified fragment length polymorphism)、差异显示 PCR 技术(differential display reverse transcription PCR,DDRT-PCR)、抑制性扣除杂交技术(suppression subtractive hybridization,SSH)、基因表达系统分析技术(serial analysis of gene expression,SAGE)、微阵列技术(microarray)和转录组测序技术等。目前转录组测序已经成为转录组学相关研究的主流技术,微阵列技术在一些模式生物研究和特殊功能基因筛选等方面有一定使用。下面重点介绍下转录组测序技术的相关情况。

随着第二代高通量测序技术的诞生和发展,转录组测序技术应运而生。通过对生物体内所有 RNA 的提取,并通过各种手段对 mRNA 进行富集或分离,再通过反转录,即可得到对应的 cDNA 文库。结合现有的第二代高通量测序技术,对这些文库进行测序,即可在单核苷酸水平对任意物种的整体转录活动进行检测。转录组测序技术在分析转录本的序列、结构和表达水平的同时,还能发现未知转录本和稀有转录本,精确地识别可变剪切位点以及 cSNP(编码序列单核苷酸多态性),提供最全面的转录组信息。因此可利用转录组测序技术进行全基因组范围内的基因功能研究和筛选,具体的技术原理见第八章。相对于传统的微阵列技术,转录组测序无需预先针对已知序列设计探针,即可对任意物种的整体转录活动进行检测，提供更精确的数字化信号，更高的检测通量以及更广泛的检测范围。

2. 蛋白质组学相关研究技术

蛋白质是各项生命活动的承担者，它们几乎负责细胞所有的生物化学活性，这是通过彼此相互作用以及和其他生物大分子（如 DNA 等）相互作用完成的。在进行功能基因组研究时，单凭转录物的丰度也不能确定相应蛋白的表达丰度，加之蛋白质的活性通常依赖精密的折叠构象、翻译后修饰及精确的细胞定位等，这些关键信息均无法从相应的转录水平预测。所以蛋白质才是生物系统中最终端、最关键的成分。因此，必须对细胞内的所有蛋白质展开直接研究，才能真正了解细胞内各种生命活动的本质，这就是蛋白质组学研究所承担的任务。

（1）定量蛋白质组学（quantitative proteomics）技术　在蛋白质组学研究中，首先需要对细胞内表达的蛋白质类型和表达量进行分析，这方面先后开发了双向凝胶电泳（two dimensional gel electrophoresis, 2DGE）和定量蛋白质组学（quantitative proteomics）技术等。其中定量蛋白质组学技术已经成为主流技术。该技术可对一个基因组表达的全部蛋白质进行精确的定量和鉴定，可用于筛选和寻找不同样本之间的蛋白差异表达，也可对某些关键蛋白进行定性和定量分析。目前，基于质谱技术的定量蛋白质组学研究方法主要有同位素标记定量方法（iTRAQ 等）和非标记定量方法（label-free）等。下面以 iTRAQ 技术为例介绍定量蛋白质组学的工作原理。

iTRAQ 技术是同位素标记相对和绝对定量（isobaric tags for relative and absolute quantitation）技术的简称，该技术可使用多种（如 8 种）不同的同位素试剂来标记多种不同的蛋白质样品。这些试剂由 3 个不同的化学标签组成，包括分别由质量为 113、114、115、116、117、118、119 和 121 的报告基团（reporter group），质量为 192、191、190、189、188、187、186 和 184 的平衡基团（balance group）和 1 个相同的反应基团（reactive group）组成（图 11-6）。

当待检测的蛋白质样品经胰蛋白酶消化后，iTRAQ 标签中的反应基团将与酶解肽段的 N 端基团和每个赖氨酸侧链发生反应并共价相连，相当于对每一个酶解肽段都进行了标记。然后将不同标记的蛋白质样品混合。由于报告基团和平衡基团的总分子量都为 305，因此在混合样品中，带有不同标记的相同肽段的分子量是相同的。为此，通过质谱分析后，带有不同标记的同一多肽后在第一级质谱检测中的分子量都完全相同。在随后的串联质谱中，每一个标记的肽段发生碰撞诱导的解离，标记肽段自图 11-9 所示虚线部分裂解，产生报告基团、平衡基团和肽段。在一级质谱形成相同分子量的样品中，经过二级质谱后，报告基团表现为不同质荷比（113~121）的峰。因此，根据波峰的高度及面积，可以得到相同肽段或相同蛋白质在不同待测样品中的定量信息。

iTRAQ 技术的大体流程如图 11-7 所示，样品一般先经胰蛋白酶裂解、烷基化、酶解为肽段，所产生的肽段用 iTRAQ 试剂多重标签进行差异标记，再将标记样本相混合，最后用

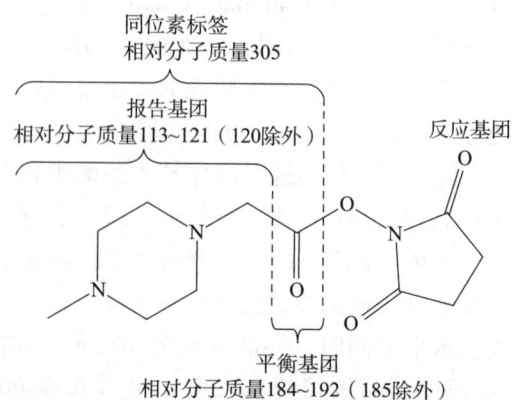

图 11-6　iTRAQ 技术使用的 8 种不同的同位素标记试剂分子结构

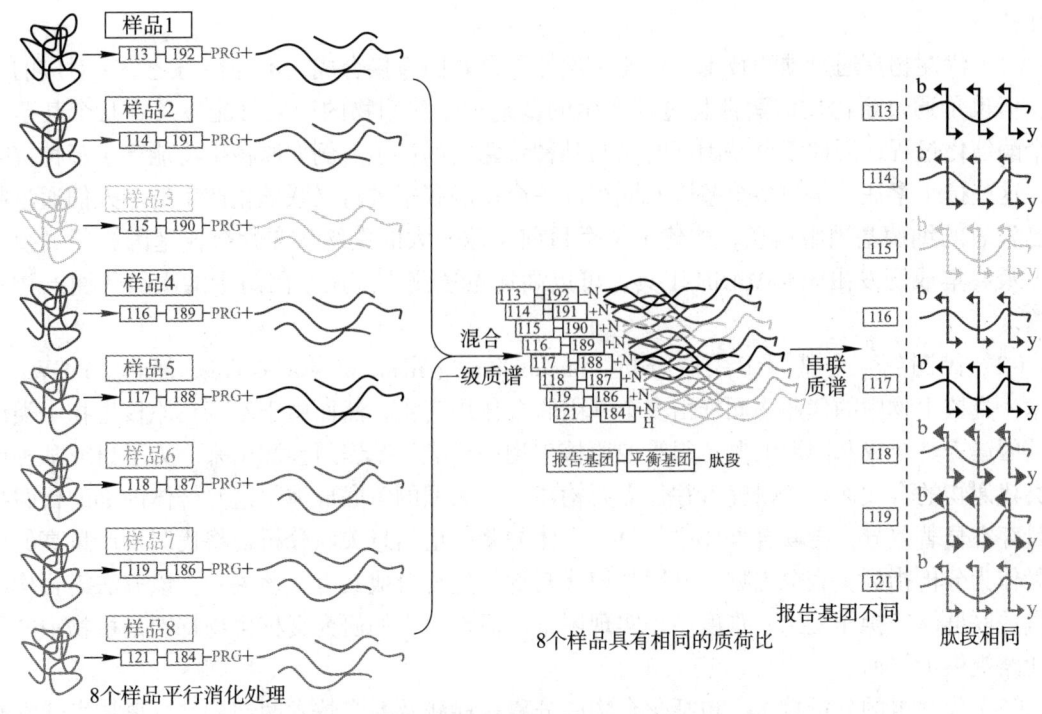

图 11-7　iTRAQ 技术工作流程示意图

LC-MS/MS 进行分析。每一个 iTRAQ 实验都会产生成千上万个光谱。相应数据管理和分析工具可以用来分析这些庞大的数据,并鉴定出光谱数据对应的多肽和蛋白质,从而达到对多个样品中差异蛋白的鉴定和定量分析的目的。

（2）蛋白质相互作用研究技术　蛋白质在生物体内发挥生物学功能往往是通过相互作用来完成的,很少有独立发挥作用的。蛋白质之所以能承担各项复杂的生命活动,关键在于它们彼此间的相互作用。因此在了解细胞内蛋白的类型和表达情况后,还需要了解这些成千上万的蛋白彼此之间的相互作用。某个物种细胞内所有的蛋白质相互作用网络也被称为相互作用组（interactomics）。全面建立起一张生物体内蛋白质互作网络图将促进基因组功能的解析。酵母双杂交技术、细菌双杂交技术,噬菌体表面展示技术等都是高通量研究蛋白质间相互作用的经典并被广泛应用的手段（具体原理见第六章和第十七章）。此外,蛋白质芯片技术（protein chip）也是一种鉴定蛋白互作行之有效的高通量研究方法。

3. 代谢组学相关研究技术

代谢组学是继基因组学、转录组学、蛋白质组学后出现的以定量描述生物体内代谢物变化为目标的"组学"。细胞内的生命活动由众多基因、蛋白质,以及小分子代谢物共同承担,基因和蛋白的功能性变化最终会体现于代谢层面,如细胞信号释放、能量传递和细胞间通信等。基因组学反映了细胞内什么是可以发生的,转录组学反映的是将要发生的,蛋白质组学指出了赖以发生的物质基础,只有代谢组学才真正反映已发生的生物学事件。因此,代谢组处于基因调控网络和蛋白质作用网络的下游,提供的是生物学的真正终端信息。

代谢组学、基因组学、转录组学和蛋白质组学的研究对象不同,分别是代谢产物、DNA（基因）、mRNA 和蛋白质。基因、mRNA 和蛋白质之间具有一种一一相互对应的关系,而它们与代谢产物之间则相互独立,不存在一一相互对应的关系。代谢组学的研究技术主要有以

下几种:

(1) 代谢物高通量预测技术　代谢物虽然不是基因直接合成,不存在与之一一对应的关系,但也是通过蛋白质的酶催化过程产生的,某一个代谢物的产生可能涉及到几个甚至几十个酶催化过程,因此多个基因同时参与某种代谢物的产生。例如原核生物能产生多种抗生素,这些抗生素往往是由多个基因共同组成一个基因簇来进行级联催化产生的。人们通过收集已发表的细菌基因组信息,构建了一个目前全球最大的次级代谢物合成基因簇预测数据库,最终集成开发出 antiSMASH 工具,可以高通量预测出细菌基因组中的次级代谢产物基因簇。

(2) 代谢组-全基因组关联分析(metabolome genome wide association study, mGWAS)技术　真核生物中的代谢物同样由多个基因联合作用产生,然而由于不存在原核生物中类似的基因簇,其合成基因簇的鉴定很难像原核生物一样通过基因组预测出来。为了研究某种或某类代谢物的合成途径,研究者往往需要构建一个大型的关联群体,这些群体内部的代谢物产量存在显著差异,再联合群体中的每个个体的基因组信息关联分析,将代谢物产量高低或有无作为分析指标,表征出哪些基因与该代谢物的生物合成具有显著关系。该方法需要构建大量关联群体,操作复杂,难度高,实现困难,但也为人们研究真核生物特别是植物中的代谢通路提供了帮助。

(3) 代谢组的分析技术　包括化合物的分离、检测及鉴定技术两部分。分离技术通常有气相色谱,液相色谱,毛细管电泳等。检测及鉴定技术通常有质谱、光谱(红外光谱,紫外,荧光)、核磁共振、电化学等。在选择代谢组分析方法时,要综合考虑仪器和技术的检测速度、选择性和灵敏度,以及分离的化合物的特性等。

(4) 代谢组检测技术　常用的代谢组检测技术通常包括非靶代谢组、靶标代谢组以及广靶代谢组。非靶代谢组是一种无偏向的检测方式,同时对样品中的所有小分子化合物进行检测,优点在于可以发现新的代谢产物或者生物标记物,或者鉴定样品间的差异代谢物,而其缺点在于灵敏度及定性定量的准确度均较差。靶标代谢组是一种特定检测样品中某一种或者某一类代谢物的方法,例如植物中的黄酮类、萜类化合物鉴定,动物中短链脂肪酸、神经递质鉴定等。优点在于可以进行低丰度化合物的定性定量检测分析,缺点在于一般只能同时检测几种或几十种化合物,通量小。而广靶代谢组整合了非靶代谢组的目标广泛性优点和靶标代谢组的高灵敏性优点,可以大批量地对低丰度代谢物进行定性和定量检测,但该方法依赖于强大的已知化合物质谱特征库。总体而言,代谢组学研究技术目前已经成为了人们研究基因功能的核心技术手段之一。

4. 三维基因组研究技术

当人们利用现有知识经验对基因组序列进行力所能及的解析后却发现,只能粗略地识别仅占全基因组 1%~2% 的序列所传递的信息,即编码序列,而对剩下基因组 99% 的序列一无所知,这就给人们留出了足够大的想象创造空间。生物学发展至今,人们只破译了"三联体遗传密码"的 DNA 遗传语言,在庞大的占全基因组序列 99% 的非编码区中很可能还存在着不为人所知的新式遗传语言。不过这些所谈及的基因组遗传语言仅涉及 DNA 序列,仍属一维线性层面。

众所周知,DNA 序列在细胞内并非线性排开,例如人类一个细胞核中的 DNA 序列完全伸展开来有将近 2 m 长,但细胞核的直径不足 10 μm,因此,DNA 在核内是一种高度折叠的状态存在的。早期的不同染色体显色研究表明,染色体与染色体之间往往有各自的"地盘",被称为染色质疆域(chromosome territory)。这些疆域中的 DNA 高度折叠,并且在不同尺度下包含了多个层级的折叠状态(图 11-8A)。简单而言,基因组上的 DNA 缠绕在核小体上进行第一级折叠,随后多个核小体之间相互折叠形成 loop 结构。多个 loop 结构在边界蛋白和黏连蛋白作用下可进一步折叠成一个个拓扑相关结构域(topologically associated domain,TAD)。染色质中的多个 TAD 结构之间再相互折叠,可形成更为复杂的 A/B 区室(compartment)结构。最后,多个 compartment 结构进一步共同组成了染色体各自的疆域,形成了各自独特的染色质空间位置。因此,可能遗传距离上相距甚远的 DNA 序列,在空间物理距离上却十分接近,而这种染色质空间位置与表达调控关系的研究被称为三维基因组学(3D genomics)。而研究 DNA 的核内空间结构与表达调控关系的技术被称为三维基因组研究技术(图 11-8A)。

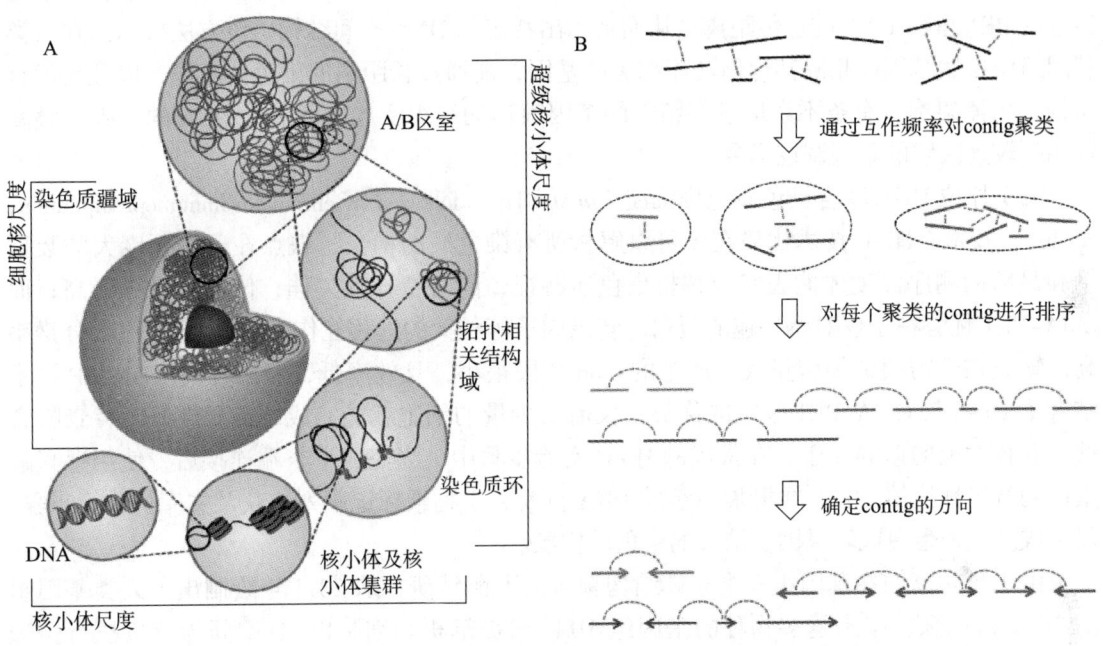

图 11-8 染色质空间结构示意图(A)及 Hi-C 技术原理图(B)

(1)高通量染色质构象捕获技术(High-throughput chromosome conformation capture,Hi-C) 为了原位的研究 DNA 在核内的空间结构,2009 年科学家发明了称之为 Hi-C 的研究染色质三维结构的方法(图 11-8B)。简要的设计与方法为:采取不提取细胞 DNA,直接在细胞核水平上利用甲醛使 DNA 与相邻的蛋白质等交联在一起从而固定染色质在核内的构象状态;通过限制性内切酶酶切,得到蛋白质为核心的交联 DNA 团,这些 DNA 与 DNA 之间在构象上相互接近;接下来通过添加生物素标记的 dATP 补齐限制性内切酶酶切后的黏末端,再通过平末端连接的方式将原本遗传距离远但空间距离近的 DNA 连在一起,并通过生物素亲和磁珠下拉的方式捕获空间位置邻近的 DNA 序列;通过解交联步骤后,纯化出捕获的 DNA 序列,最后构建第二代测序文库并通过高通量测序仪完成序列测序。另一方面,由于染色体内部的相互作用远高于染色体间的相互作用,通过 Hi-C 数据的相互作用信息可以帮助研究者将测序拼接的脚手架(scaffold)按照一定的顺序和方向组装成染色体,使得人们能够在许多物种中获得染色体水平的基因组信息(图 11-8B)。

（2）匹配末端标签测序分析染色质相互作用（chromatin interaction analysis using paired end tag sequencing，ChIA-PET）技术　有了基因组甚至染色体的架构模型后，人们对于这种自然形成的架构模式在基因调控中的作用仍知之甚少。现代分子生物学研究发现，许多染色质远端相互作用都是在蛋白质的介导下完成的，例如在基因表达调控上起到关键作用的转录因子等。而这些转录因子与 DNA 的相互作用不仅能调控 DNA 的转录，还可以改变 DNA 的空间构象，例如先锋转录因子可以与空间结构紧密的染色质相互作用，使之舒展，并使得其他转录因子以及 RNA 聚合酶等接触到 DNA 序列，从而启动转录事件。为了研究蛋白质作用下的染色质相互作用关系，可借助于甲醛交联、特异性蛋白抗体富集 DNA- 蛋白质复合体；再将目的 DNA 的两个末端分别与设计好的具有重组型限制性核酸内切酶 Mme I 位点的连接子相连，加上标签；接着使用限制性内切酶 Mme I 切割，即可得到"标签 - 连接子 - 标签（tag-linker-tag）"的结构，即 PET；最后通过高通量测序技术，联合后续的分析手段，鉴定出这些 PET 里面 DNA 的遗传距离，从而揭示出特定的 DNA 空间结构。该方法揭示出在人类基因组中虽然基因间相隔甚远但功能相关的基因，能通过长距离的染色体互作，以及高度有序的染色体架构，有条不紊地进行精密的基因表达的组织实施，即借助 DNA 的三维折叠实现相隔较远区域的基因调控指令。

（3）原位 Hi-C 联合染色质免疫沉淀（*in situ* Hi-C followed by chromatin immunoprecipitation，HiChIP）技术　Hi-C 技术优势在于可以解析所有染色质的构象，缺点在于需要庞大的数据量和足够的测序深度才能去完全解析染色质特征，同时特异性欠佳，信号背景噪音高；而 ChIA-PET 优势在于仅对感兴趣的蛋白、转录因子等相关的远程互作 DNA 进行测序，分辨率高，缺点在于需要的细胞量大，产生的 read 片段很小，且效率低，假阳性高。HiChIP 技术结合了 Hi-C 与 ChIA-PET 技术的优势，仅需要少量的细胞就能完成，特异性好，背景噪音低。其技术上的差异在于，在常规的 Hi-C 实验步骤中，当完成平末端连接后，使用感兴趣蛋白的特异性抗体下拉，再开展后续的 DNA 打断、生物素标记序列捕获及文库构建等步骤，仅生成感兴趣蛋白或转录因子结合的染色质构象。

由于科学家们在基因组三维立体结构领域的不懈钻研，从 2011 年绘制出了人类基因组的 3D 图谱以来，越来越多物种的基因组 3D 图谱被解析。细胞以 3D 空间为背景执行生理功能，基因组通过一定的折叠方式包装在其中。通过基因组 3D 图像，可以看到每个基因相对于其他基因所处的位置，并了解这种排列对于细胞功能的重要性；通过分析不同细胞间的基因组结构的异同，可以找到 3D 组织的基本规则，能够确定 DNA 链所偏好的姿势，提出 DNA 链最可能呈现的样子。还发现许多真核生物的染色质 TAD 内的基因相互作用远高于 TAD 外的基因，同时也使得一些遗传距离远的增强子与启动子在空间距离上靠近，从而激活该基因的表达。而 TAD 空间结构的改变在不进行遗传物质改变的情况下使得许多基因的相互作用关系变化从而最终导致表达调控的改变，因此在功能基因组研究的过程中染色质三维构象的研究受到越来越多的重视。

总而言之，三维基因组研究领域的成果揭示了基因表达调控更高级的模式，使人们对整个基因组中各组分间的交流的认识更加饱满。相对于经典的一维线性的基因组遗传语言，此类发现则要归属立体化的高级基因组遗传语言，而这是为最终阐明生命现象的本质所不可或缺的重要理论依据。

第三节 基因组工程

一、基因工程与基因组工程

基因工程即重组 DNA 技术，是指根据人们的意愿对不同生物的遗传基因进行切割、拼接和重新组合，再转入生物体内产生出人们所期望的产物，或创造出具有新的遗传特征的生物类型的实践。随着技术的进步和需求的提高，人们已经不再满足对单个基因的重组操作，对大片段的基因或基因簇进行功能分析或去除非必需遗传区域，以及对整个基因组进行可控的重组和改造可在更大范围内实现基因工程的目的，从而诞生了基因组工程（genome engineering）的概念。

基因工程和基因组工程，虽然都是对基因进行工程性的遗传操作，但两者却有着质的不同。基因工程常用的载体是质粒和病毒载体，克隆基因的容量有限，通常只包含一个或少数几个基因。而基因组工程则采用人工染色体，或直接操作染色体。基因工程重组 DNA 导入宿主细胞的手段通常有转化、接合转移、转导、转染和显微注射等。基因组工程在重组 DNA 技术应用基础上，发展人工染色体作为载体，建立了遗传同源重组技术作为 Mb 级 DNA 大片段切割和整合的手段，加之完善的酵母和培养细胞的转化和融合技术，以实现其工程性遗传操作。不难看出基因组工程的原理和技术方法是在基因工程的研究基础上进行的延伸，两者之间既有差别也有重叠。

早在 1993 年，人们就提出可用噬菌体的位点特异性重组系统（site-specific recombination）作为工具，对基因组进行大范围的修饰与改造。随着技术的发展，多种基因组重组技术和基因组编辑技术等都陆续被开发出来，可精准实现对基因组定点或大范围的修饰，以及按照设计进行基因组改造和重排等。这些技术的推广和应用也导致基因组工程已广泛应用于各种动植物和微生物中，逐渐成为了特定基因工程目标实现的主要手段。下面主要介绍被广泛用于基因组工程研究的同源重组系统和基因组编辑系统相关技术。

二、同源重组系统

1. 基于 Cre-*loxP* 重组系统的基因组工程

之前谈到在基因组工程研究中，人们运用遗传同源重组技术操作 Mb 级 DNA 大片段的切割和整合。Cre-*loxP* 重组系统（Cre-*loxP* recombination system）便是最常用的遗传同源重组系统。Cre-*loxP* 重组系统源于侵染大肠杆菌的噬菌体 P1，Cre 重组酶分子量 3.8×10^4，无论在大肠杆菌体内或体外，它都能启动 DNA 分子间或分子内的联合与重组，重组发生在 *loxP* 特异位点（*loxP* site），且不需要其他蛋白质因子。在 Cre 酶存在时，可介导两个 *loxP* 位点之间发生同源重组。在同一个顺式单位中，两个同向 *loxP* 位点之间的重组导致切除其中间的部分，留下一个 *loxP* 位点，反向位点之间的重组导致倒位；在两个反式复制单位之间的重组，导致彼此之间的整合；两个同源位点之间同时发生重组导致 DNA 片段的互换（见图 11-9）。

随着基因组测序的累积以及生物信息学的发展，通过对单个基因的破坏及基因理论上的

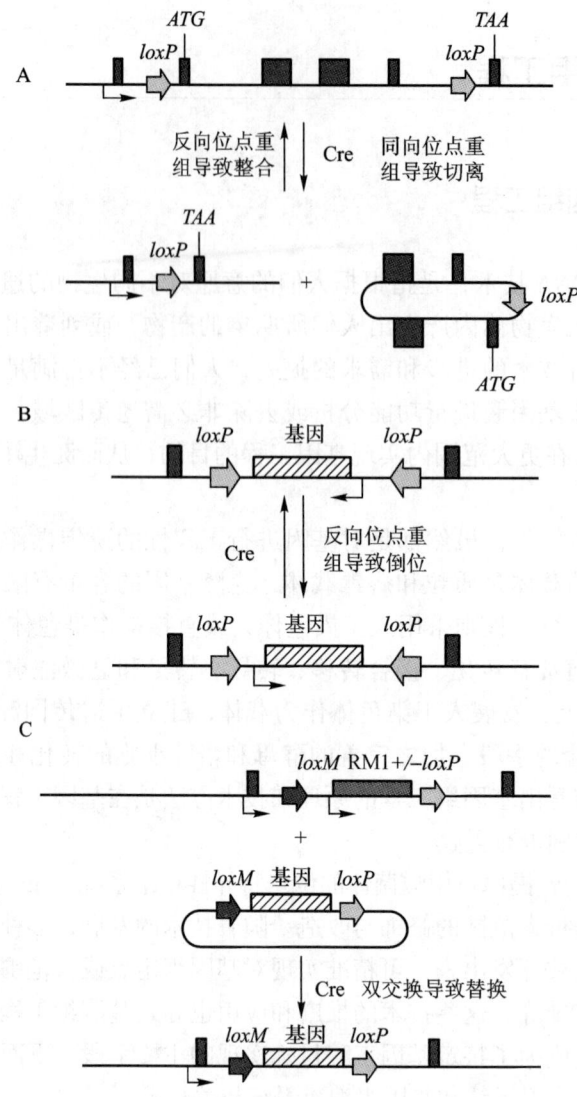

图 11-9　Cre-loxP 重组系统介导的重组类型

考虑，估计细菌基因组包含 250~500 个必需基因，从而出现最小基因组（minimal genome）的概念。估计大肠杆菌基因组必需基因大概有 306 个。基于 Cre-loxP 重组系统等构建了非必需基因的突变株，使染色体一次性缺失 100~200 kb 大片段，这些所有能缺失的区域最大可达到大肠杆菌基因组的 63%。另外 23 个区域是不能缺失的，这表明有些基因是与致死相关的。在枯草芽胞杆菌中也开展了类似工作，发现基因组可减少 7.7% 或 320 kb，缺失 332 个基因。这种基因组的最小化既不影响细胞的生活力，也不影响其生理及其进化过程。

在哺乳动物细胞中 Cre 重组酶也同样能引起 DNA 联合和位点特异性重组。通过胚胎干细胞可以在老鼠基因组中插入基因或基因敲除，从而对基因组作微小的突变（点突变，短缺失，或者是插入等）和染色体的重排，为完善哺乳动物的研究模型打下基础。

2. 基于 Red/ET 重组系统的基因组工程

Red/ET 重组是一种基于噬菌体 λ 重组系统的 DNA 编辑技术，其中 ET 是指噬菌体 Rac 的重组系统 RecE/RecT；Red 是指噬菌体 λ 的 Red 操纵子 Redα/Redβ/Redγ。Red/ET 重组系统的基本原理是通过噬菌体重组酶（Redα/Redβ/Redγ 或 RecE/RecT）介导大肠杆菌体内的同源重组，从而对 DNA 序列进行修饰和编辑。该技术不受酶切位点的限制，不依赖于宿主的重组 RecA 蛋白，在 Redα/Redβ/Redγ 或 RecE/RecT 重组酶系统的相互配合下，两端带有短同源臂（35～50 bp）的供体 DNA 分子就能直接重组到受体 DNA 分子的同源区域上（图 11-10），实现对受体分子的替换、插入、删除和突变等多种修饰。

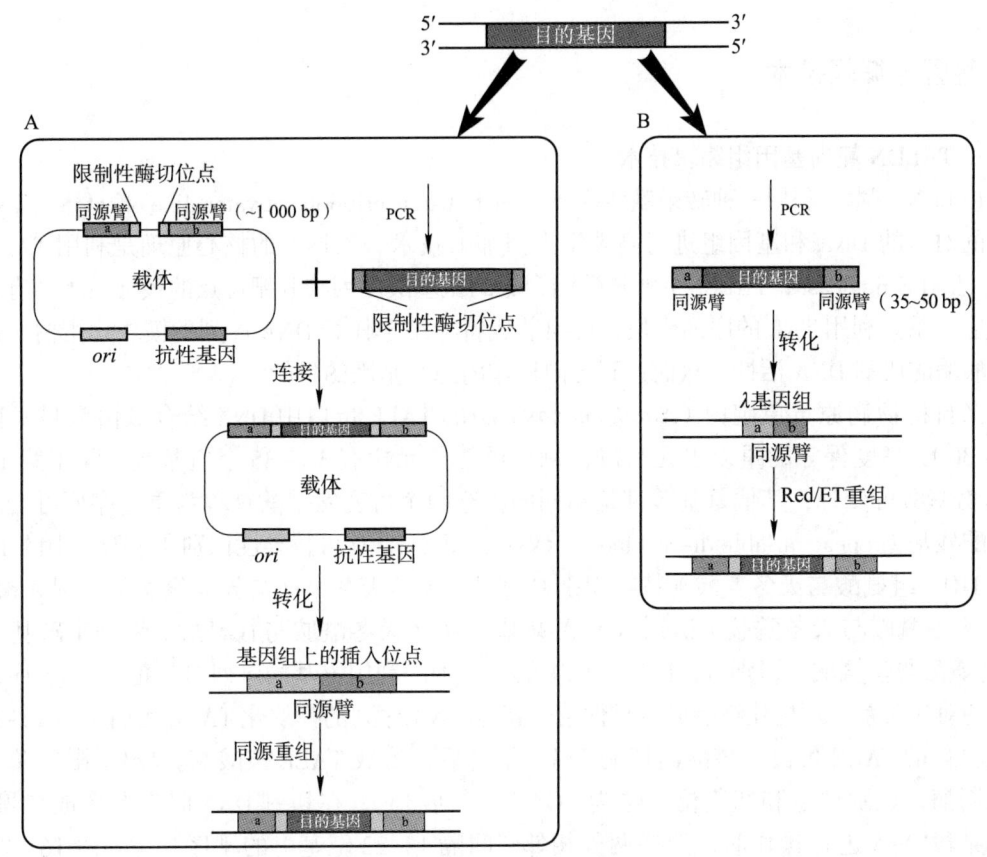

图 11-10　传统基因工程技术（A）和 Red/ET 重组技术（B）改造 E.coli 染色体的实验步骤比较

该系统中 Redα、Redβ 和 Redγ 三个基因在噬菌体 λ 基因组中相邻排列。Redα 在重组过程中结合 dsDNA 发挥 5′-3′ 外切活性，产生 3′ 单链突出端；Redβ 蛋白与 3′ 端 DNA 单链紧密结合，催化单链 DNA 之间的同源配对和退火，并保护 DNA 不受单链核酸酶的攻击。Redγ 蛋白可与具有极强 DNA 降解活性的 RecBCD 全酶中的 RecB 亚单位结合，形成的 RecBCD-Redγ 复合物可以抑制 RecBCD 全酶对 DNA 的降解活性，使得外源线性 DNA 能够更加稳定地存在于宿主细胞中，从而有利于重组的发生。RecE 和 RecT 蛋白在生物功能上与 λ Red 重组途径中的 Redα 和 Redβ 蛋白很相似，但它们彼此之间在分子量和氨基酸序列上却相似性很低。RecE 蛋白是一种非 ATP 依赖的 5′-3′ 方向的核酸外切酶，RecE 降解线性 dsDNA 以暴露出 3′ 单链 DNA；随后 RecT 蛋白结合单链 DNA 并介导不依赖 ATP 的互补单链 DNA 间的退火，再催化异源 dsDNA 分子的延伸和部分链的交换。

Red/ET 系统可以在体内进行同源重组，从而将目标 DNA 片段直接克隆到合适的载体上。其具体操作方式是通过 PCR 使同源臂序列存在于带有复制子和抗性基因的线性载体的两端，在 Red/ET 重组系统的作用下，靶标 DNA 分子就会通过同源重组被克隆到载体上，同时使载体环化，实现其在宿主中的复制并可筛选。其操作方式与第三章描述的 Gateway 克隆技术相似。Red/ET 重组系统能对各种大小的 DNA 分子进行操作，尤其是在 BAC、PAC 等大分子 DNA 修饰方面独具优势。Red/ET 重组对靶标 DNA 快速、精准、高效的修饰，同源臂短，不受内切酶位点和 DNA 片段大小限制，在基因工程特别是基因组工程领域发挥了重要作用。

三、基因组编辑技术

1. TALEN 靶向基因组编辑技术

TALEN 技术是利用一种转录激活样效应因子（transcription activator-like effectors，TALE）开发的对目的 DNA 和基因组进行高效定点修饰的技术。该技术的核心原理是利用 TALE 核酸酶（TALE nuclease，TALEN）的核酸结合域的氨基酸序列与其靶位点的核苷酸序列有恒定的对应关系。利用 TAL 的序列模块，可组装成特异结合任意 DNA 序列的模块化蛋白，并结合核酸酶的切割 DNA 活性，从而达到靶向操作内源性基因的目的。

来自植物病原黄单胞菌（*Xanthomonas*）中的 TALE 蛋白中 DNA 结合域由数目不同的（12~30）、高度保守的重复单元组成，每个重复单元含有 33~35 个氨基酸，除了第 12 和 13 位氨基酸可变外，其他氨基酸都是相同的。这两个可变氨基酸被称为重复序列可变的双氨基酸残基（repeat variable di-residues，RVD），每个 RVD 可特异性识别 4 个碱基中的 1 个，其中 HD（组氨酸与天冬氨酸）特异识别 C 碱基，NI（天冬酰胺与异亮氨酸）识别 A 碱基，NN（天冬酰胺与天冬酰胺）识别 G 或 A 碱基，NG（天冬酰胺与甘氨酸）识别 T 碱基，NS（天冬酰胺与丝氨酸）识别 A、T、G、C 中的任一种。利用氨基酸序列与其靶点 DNA 序列有恒定的对应关系，可构建组装成特异性结合特定 DNA 序列的模块化 TALE 蛋白（图 11-11）。该模块化的 TALE 蛋白与核酸内切酶 *Fok* I 融合后，形成 TALE 核酸酶。*Fok* I 限制酶为 II 型限制酶，识别位点和切割位点位为 GGATG（-9/-13），在切割 DNA 时需要形成二聚体。在对某段 DNA 进行操作时，选择两处相邻（间隔 13-22 碱基）的靶序列（一般 16~20 个碱基）分别进行 TAL 识别模块的设计和构建，也就是构建两个能特异性分别识别这两个靶序列的 TALE 蛋白（但识别靶序列的不同链，使得这两个 TALE 蛋白在结合到靶序列后尾尾相对）。将这两个相邻靶点识别模块（分别）融合克隆到 *Fok* I 的 N 端，形成 TALE 核酸酶。通过不同的载体将这两个 TALE 核酸酶融合基因导入宿主后，两个 TALEN 单体以尾对尾的方式通过 TALE 特异性结合到靶 DNA 上，*Fok* I 酶正好形成二聚体，从而对识别位点间的几个核苷酸进行切割（图 11-12）。TALE 核酸酶产生的双链断裂可诱导宿主的损伤修复反应。一是同源重组修复，如果同时存在一个具有同源臂的 DNA 模板，细胞能够将含有同源

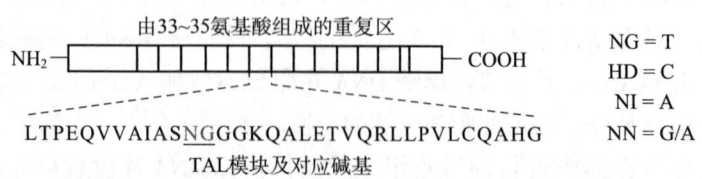

↑ 图 11-11　TALE 靶点识别模块示意图

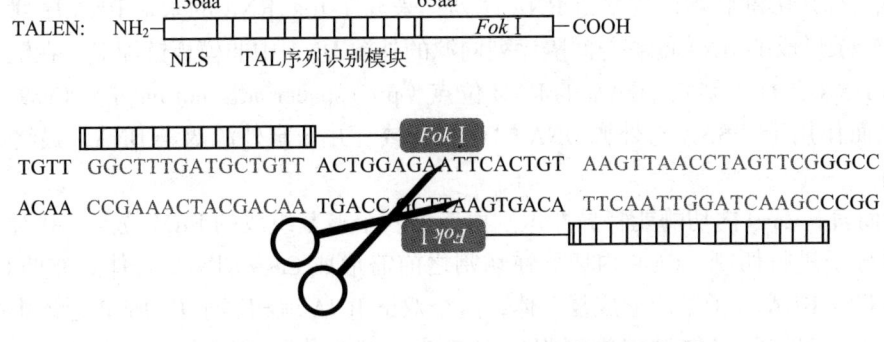

▲ 图 11-12　TALEN 技术介导的模块识别和切割

臂的外源基因整合到靶位点的 DNA 序列上；另一种是非同源末端连接修复，直接修复断裂的 DNA 双链，该修复机制往往导致 DNA 断裂处碱基的突变，多数情况下发生碱基缺失。这种错误修复如果发生在一个基因的外显子上，能够导致该基因阅读框的改变，达到 DNA 定点敲除的目的。

TALEN 技术克服了锌指核酸酶技术（zinc-finger nuclease，ZFN）（见第十三章）不能识别任意目的基因序列等问题，而具有 ZFN 相等或更好的活性。该技术还具有无基因序列、细胞和物种限制等优点，已成功应用到了细胞、植物、酵母、斑马鱼及大、小鼠等各类研究对象。但随着近年来 CRISPR 基因组编辑技术的出现和广泛应用，该技术已逐渐被取代，不过该技术的开发思路为后续基因组编辑技术的开发和完善提供了很好的启示。

2. CRISPR-Cas 基因组编辑技术

有一种细菌编码的核酸酶 Cas9 能够利用向导 RNA（guide RNA）分子对特定的 DNA 片段进行定向切割，人们利用这种特点开发出了一种能够对基因组进行特异性定点改造的工具，即 CRISPR-Cas 基因组编辑技术。

在细菌和古菌中存在很多成簇的、规律间隔的短回文重复序列（clustered regularly interspaced short palindromic repeat sequences），即 CRISPR 序列。CRISPR 序列和与之连锁的 CRISPR 相关基因（CRISPR-associated genes，Cas gene）组成 CRISPR-Cas 系统。CRISPR-Cas 系统是生物体抵御病毒等外来入侵的一套特异性防御机制。当外源 DNA 进入到细胞后，细胞会将这些外源 DNA 整合到自身的基因组中，如果再次遇到同样的外源 DNA 侵入，会引发细胞的免疫反应最终使得外源 DNA 被切除。

虽然大部分的 CRISPR-Cas 系统需要多种 Cas 蛋白的参与，但其中的 II 型系统只需要一种核酸内切酶——Cas9 就可以发挥功能。基因组中的 CRISPR 位点由以下几个部分组成：启动子，重复序列（repeat）和重复序列间的间隔序列（spacer）。在同一个 CRISPR 位点中，重复序列是相同的，但是间隔序列可以是来源不同的外源 DNA。当外源 DNA 进入到细胞后，激活 CRISPR 免疫反应，CRISPR 位点便转录出一条长 RNA。同时，细胞会形成一段与该 RNA 中重复序列配对的 RNA 序列，并且这段 RNA 序列会带有一段约 20 bp 的末端序列，该组合 RNA 序列称为反式作用 CRISPR RNA（trans-acting CRISPR RNA，tracrRNA）。tracrRNA 与 CRISPR 转录的长 RNA 形成局部配对后，Cas9 蛋白能够识别配对的双链 RNA，并与 RNase III 协同作用在这段双链 RNA 内部发生双链切割反应，形成一段段的 CRISPR RNA（crRNA）。形成的 crRNA 又包括以下三个部分：由 CRIPR 位点间隔序列转录形成的 RNA，负责与外源入侵的 DNA 进行配对；由 CRISPR 位点重复序列转录形成的 RNA 与

tracrRNA 配对并切割后剩余的双链 RNA 序列；来源于 tracrRNA 的末端 RNA 序列。其中由间隔序列转录形成的 RNA 能够与间隔序列同源的外源 DNA 中非模板链配对。在配对区的上游，外源 DNA 会有三到六个碱基的 PAM 位点（protospacer adjacent motif），Cas9 通过识别 PAM 位点而作用于 crRNA 与外源 DNA 配对的区域，并切割外源双链 DNA，最终导致外源 DNA 降解。

简单而言，Cas9 内切酶能特异性识别由三到六个碱基组成的 PAM 位点，并对该位点附近的双链分子进行切割。Cas9 内切酶在切割之前需形成 Cas9 切割复合体。亦即 Cas9 与一个特定的双链 RNA 分子结合形成复合体，这个双链 RNA 就相当于 CRISPR 系统中的 crRNA 和 tracrRNA。在实际操作过程中可将这双链 RNA "改装" 成一个向导 RNA（single-guide RNA，sgRNA）。这个 sgRNA 由三个部分组成，一个可变的 20 nt 的区域，其转录产物可以用于与待切割的靶标 DNA 进行配对；一个 42 nt 的发卡结构，其转录产物相当于上面所述的双链 RNA，可以与 Cas9 蛋白特异性结合，形成切割复合体；一个 40 nt 的转录终止子，用于 sgRNA 的转录终止。

Cas9 蛋白载体能够在目的细胞中表达 Cas9 蛋白，而构建的 sgRNA 载体能够在目的细胞中转录形成 sgRNA。sgRNA 能够与目的 DNA 序列中的非模板链发生互补配对，这样 Cas9 蛋白能够识别目的 DNA 序列中的 PAM 位点和 sgRNA 与非模板链 DNA 构成的复合体，并与之结合形成切割复合物，导致目的序列双链被切割。细胞通常会通过同源重组修复机制和非同源末端链接修复等两种方式对发生双链断裂的 DNA 进行修复。由于动植物等高等生物存在非同源末端链接修复途径，含有被切割基因组的细胞在修复的过程中必须对修复位点进行修饰，或者插入新的遗传信息，以逃避再次被切割，这些细胞才能活下来，从而实现了对设计位点基因的编辑而失活。此外，研究表明细胞更倾向于通过同源重组机制进行修复，如果人们对用于修复的模板 DNA 进行体外设计，就可以通过同源重组修复机制将突变的模板序列导入基因组，从而实现对基因组的定向编辑功能（如图 11-13）。由于大部分原核生物不存

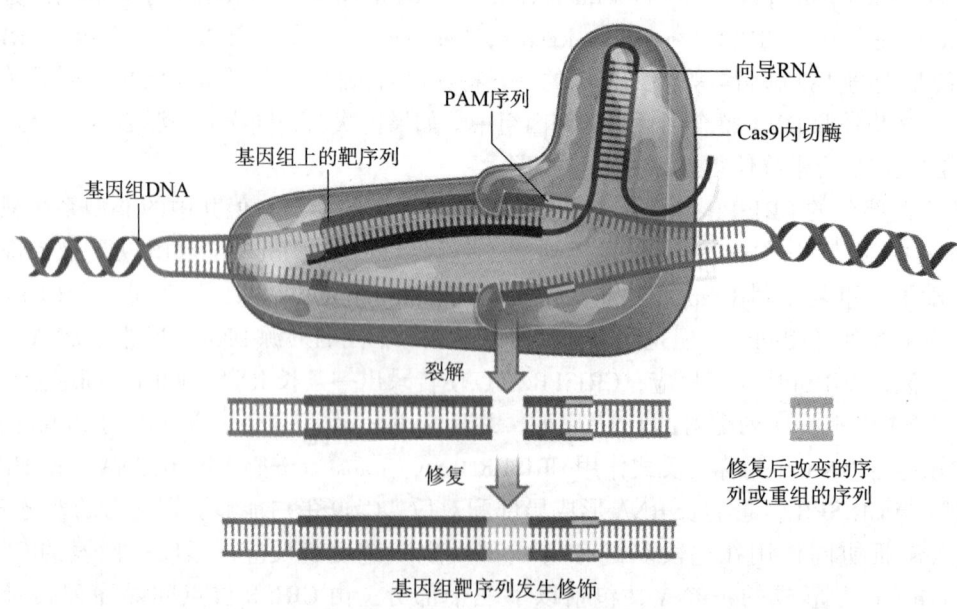

图 11-13　sgRNA 介导的 Cas9 核酸酶切割靶标 DNA 示意图

在非同源末端链接修复途径，只能通过同源重组机制进行修复，并需要提供修复模板。

目前 sgRNA 介导的 Cas9 系统已经成功用于细菌、人类和小鼠细胞，以及大量动植物生物体等的基因改造，已成为功能强大的基因组编辑工具，使得过去许多无法实施的项目成为可能，并于 2020 年获得了诺贝尔化学奖。

3. 基因组单碱基编辑技术

TALEN 和 CRISPR 等基因组编辑技术均通过在基因组指定位点引入 DNA 双链断裂，再利用生物体自身的 DNA 修复系统来实现基因组编辑。尽管上述技术可定向、高效地完成多种生物体的基因组编辑，但 DNA 双链断裂及脱靶效应等导致此类基因组编辑结果存在一定的不可控性。此外，上述基因组编辑技术难以实现单碱基层面的精准改造。为严格控制基因组编辑结果，提升基因组编辑精确度，单碱基编辑技术应运而生。

单碱基编辑技术是通过对现有 CRISPR 系统进行改造和整合而发展出来的，其核心是在不引入 DNA 双链断裂的前提下实现对生物体基因组特定位置 DNA 单一碱基的定向替换，具有高效、精准的基因组编辑能力。2016 年，美国科学家开发出了胞嘧啶单碱基编辑器（cytosine base editor, CBE），该技术可实现 C-T 或 G-A 的单碱基替换。该系统主要由 dCas9（见 CRISPRi 部分的介绍）、sgRNA 和胞嘧啶脱氨酶组成。改造的 dCas9 蛋白可在 sgRNA 引导下与目的 DNA 结合，由于该蛋白失去了切割活性，不会导致目的 DNA 的断裂，却仍能打开 DNA 双链。其中互补链与 sgRNA 结合，而非互补链则处于单链状态。dCas9 蛋白与靶标 DNA 结合后，可引导 sgRNA 与目的 DNA 序列的互补链结合，随后 DNA 的双螺旋被解开。此时，偶联在 dCas9 蛋白上的胞嘧啶脱氨酶可在非互补链的特定靶标 DNA 的结合位置催化胞嘧啶（C）脱氨基，从而将该位置的胞嘧啶（C）转换为尿嘧啶（U）。尿嘧啶在 DNA 复制过程中会被细胞中的 DNA 聚合酶识别为胸腺嘧啶（T），从而在 DNA 合成过程中与腺嘌呤（A）进行互补配对。掺入了尿嘧啶（U）的互补链在后续的 DNA 复制过程中会被细胞的修复系统修复，复制后 U-A 碱基对会重新配对变成 T-A 碱基对，从而实现了基因组中特定位置单碱基 C 到 T 的替换。进一步的研究表明，利用 nCas9（Cas9 nickase，也称 nCas9）对互补链切割，可能会促进细胞修复互补链而不是非互补链（即编辑链），从而提升碱基编辑效率，之后的单碱基编辑技术也都是利用的 nCas9。

随后，腺嘌呤单碱基编辑器（adenine base editor, ABE）也于 2017 年被开发出来。其原理与 CBE 类似，利用腺嘌呤脱氨酶将 A 替换为与 C 配对的次黄嘌呤（I），从而实现 A-G 或 T-C 的单碱基替换。

但 CBE 和 ABE 单碱基编辑器只能完成基因组单碱基的部分替换，无法实现对特定位置单碱基替换成其他的任意碱基的目的。2019 年，科学家结合现有基因编辑技术和逆转录过程开发出了一类全新的基因组编辑技术——先导编辑 PE（prime editing）。该技术的核心原理是在 sgRNA 的 3′ 端加入一段 RNA 序列构建出 pegRNA（prime editing guide RNA），同时将 Cas9 蛋白与逆转录酶融合表达。Cas9-逆转录酶融合蛋白会在 pegRNA 的引导下，精准地切开一条 DNA 链，然后根据修改模板，合成含有正确序列的 DNA。细胞内的 DNA 修复机制会自动把这段新合成的序列整合进基因组，从而可实现所有 12 种单碱基之间的替换。

Prime editing 系统由两部分构成：其一是 nCas9（H840A）与工程化改造的反转录酶融合构成的效应蛋白；其二是 pegRNA，pegRNA 从 5′ 端到 3′ 端包括了 sgRNA、储存有靶向位点编辑信息的反转录模板（RT templet with edit）和引物结合位点（prime binding site, PBS）。基本工作原理见图 11-14：首先是在 pegRNA 的引导下，nCas9（H840A）切口酶切断含 PAM

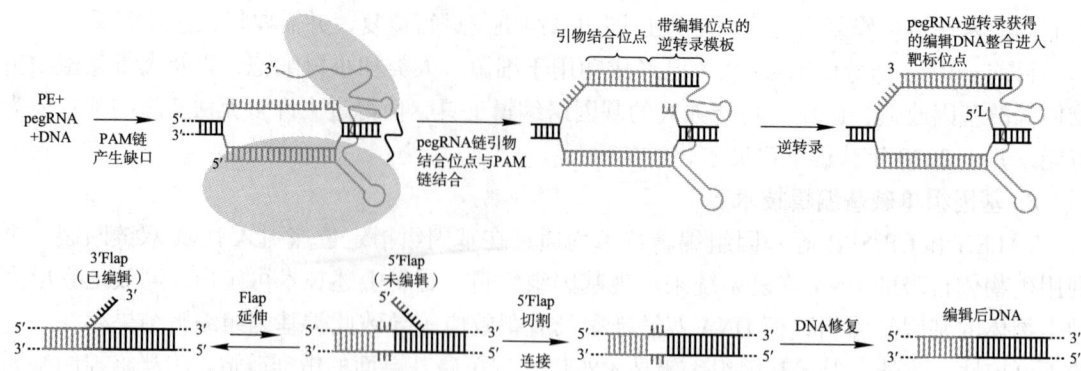

图 11-14　先导编辑（prime editing）单碱基编辑技术原理示意图

的靶点非互补 DNA 链，断裂的靶 DNA 链与 pegRNA 的 3′端 PBS 序列互补并结合，之后逆转录酶发挥功能，以断裂 DNA 链的 3′端、沿 pegRNA 的沿 RT 模板序列模板区开始逆转录反应，合成含有编辑信息的 DNA。反应结束后 DNA 链的切口处会形成处在动态平衡中的 5′- 和 3′-flap 结构，其中 3′-flap 的 DNA 链携带有目标突变，而 5′-flap 结构的 DNA 链则无任何突变。细胞内 5′-flap 结构易被结构特异性内切酶识别并切除，之后经 DNA 连接和修复后靶位点处便实现了精准的单碱基替换的基因编辑。先导编辑还能实现小片段任意序列的删除、插入与置换。

4. 基因组大片段编辑技术

基因组上有许多成簇存在的基因簇或基因组岛等大片段，它们往往一起行使某种特殊的功能。尽管 CRISPR 系统能够实现目标 DNA 的精准插入或敲除，但其对于基因组大片段（尤其是 10 kb 以上片段）的编辑效率非常低。针对基因组大片段的功能研究以及基因组简化等而言，基因组大片段编辑是必不可少的技术手段之一。

2020 年，科学家们开发出了一类紧凑型级联 CRISPR-Cas3 系统。不同于 Cas9 蛋白，Cas3 蛋白与靶标 DNA 双链结合后能够沿着 DNA 双链边移动边切割，最终实现基因组大片段的快速删除。该技术兼具高效性和准确性，可在生物体基因组中实现几百 bp 至几百 kb 的大片段 DNA 删除。2021 年，科学家们又通过改造先导编辑 PE 技术开发出一类精准删除基因组大片段的新系统 PEDAR。该系统利用功能正常的 Cas9 酶替代缺陷型 Cas9 切口酶，同时新增一个靶向基因组其他位置的 pegRNA。该系统可在目标 DNA 片段两侧同时开始切割，再利用逆转录酶将两个 pegRNA 逆转录为互补配对的短序列，利用生物体 DNA 修复系统完成大片段 DNA 的删除。2022 年 8 月，我国科学家对经典 Cas9 介导的基因编辑（CEd）系统进行改造从而开发出了一种新型基因组大片段编辑器 TEd，可更高效精准地完成哺乳动物基因组大片段删除、插入及点突变。该技术是在优化 CEd 系统过程中意外发现使 DNA 修复过程中的同源重组供体 DNA 进行转录可以显著促进 DNA 双链断裂后的同源重组修复，进而提高基因大片段编辑效率。具体而言是在同源修复供体 DNA 前引入启动子以获得转录耦连供体 TC-honoor（transcription-coupled HR-donor），同时将 Cas9 蛋白与噬菌体 MS2 衣壳蛋白（MCP）进行融合表达并在供体转录所得的 RNA3′端添加多个 MCP 结合位点以将供体 RNA 招募到 DNA 双链断裂处。此类改造策略可改变供体 DNA 的染色质结构状态从而促进同源重组的产生，最终提高基因组大片段的敲除或插入效率。与传统 CRISPR-Cas9 技术相比，该技术显著提升了哺乳动物大片段 DNA 人工敲除及插入的效率，也具有适用于其他物种的潜力，具有广阔的应用前景。

此外，科学家在转座子中也鉴定到了许多 CRISPR-Cas 系统，这类系统不参与微生物的宿主防御，却与转座酶共同发挥作用，帮助转座子插入目标位点。如蓝细菌中发现了一种转座酶，它的三个亚基可以与 CRISPR 效应物 Cas12k 关联，形成 CRISPR 相关的转座酶。这类系统被称为 CRISPR 关联转座子（CRISPR-associated transposon，简称 CAST）。该系统发挥作用的原理是 Cas12k 蛋白在向导 RNA 的介导下特异性识别目标序列，随后 Cas12k 蛋白不发挥核酸酶切割 DNA 的活性，而是通过直接相互作用招募转座酶在识别位点的下游插入转座子。如果在转座酶在靶位点之间设计待插入的目标序列，则可实现 DNA 在基因组上的定点插入（图 11-15）。科学家后续改造了这类系统，可以利用 CAST 系统在细菌中实现 > 10 kb DNA 序列的高效插入，插入效率高达 80%，远超基于同源重组的传统 CRISPR 方法。

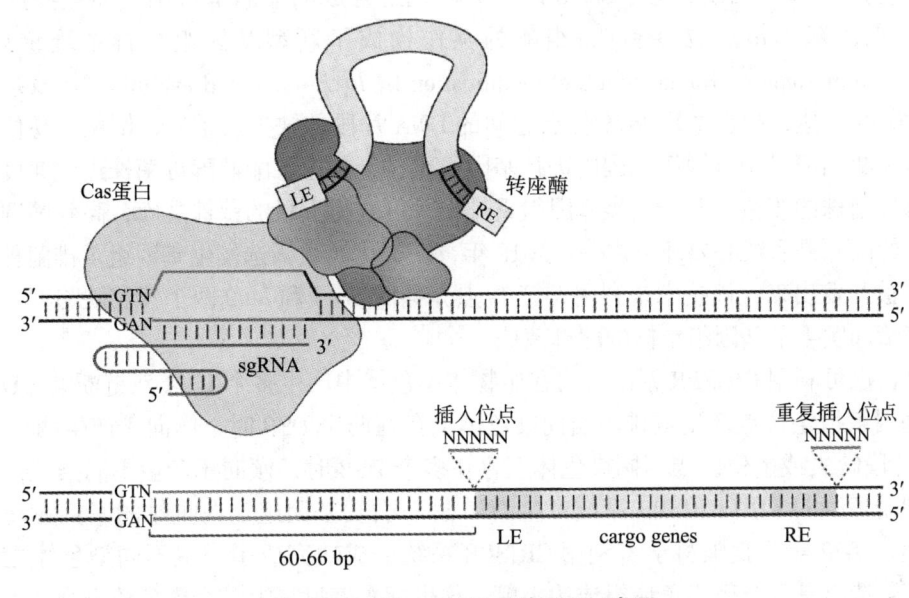

图 11-15　CAST 系统原理示意图

虽然该系统在基因组中插入大片段方面具有很好的应用前景，但其在酵母与高等真核生物中的应用仍需进一步研究。

第四节　基因组设计与重构

自 1953 年 Watson 与 Crick 发现 DNA 双螺旋结构以来，生物体的遗传密码开始受到人们的广泛关注。随着基因组测序技术的迅速发展，获得单一生物的基因组序列已变得相对简单。在此基础上，生物信息学、功能基因组学、三维基因组学等现代基因组研究技术也促使生物体遗传密码从不同维度逐步被破译。人们对于生物体基因组整体结构及功能关系的深入了解使得定向改造乃至从头设计基因组成为可能，这也成为了基因组研究的重点方向之一。2010 年，通过合成蕈状支原体（*Mycoplasma mycoides*）的基因组并导入到去掉基因组的山羊支原体（*M. capricolum*）细胞中，创造了第一个人工合成生命，从而开创了按照需求合成和改造基因组的时代。合成生物学旨在以工程学理念为核心，有目标性地改造现有生物系统或重新构建自然界中不存在的生物系统。其中基因组的从头合成、简化及重构等是其核心内容。基因组学与合成生物学两者相辅相成，前者为后者提供理性设计的知识基础，后者促进前者实现从遗传密码解读至编写的飞跃进展。

一、基因组重排

基因组重排是指断裂的基因组在连接过程中产生缺失、重复、倒位、易位等异常连接现象。2002年，基因组重排作为一种新型育种概念被提出，利用原生质体融合技术使得多亲本基因组之间发生重排，最终获得具有优良性状的目标生物体。此类基因组重排具有随机性，依赖于亲本融合，难以作为基因组编辑手段投入人为应用。随着Cre-*loxP*重组系统和CRISPR等基因组编辑技术的不断发展，人为设计单一生物体基因组重排成为可能。

人工合成酵母基因组计划（Sc2.0计划）在人工合成的酿酒酵母染色体上添加了对称的*loxP*位点，基于*loxP*位点和Cre组酶的互作构成了新型基因组重排系统SCRaMbLE（synthetic chromosome rearrangement and modification by *loxP*-mediated evolution）。该系统通过诱导Cre酶的表达，能够实现*loxP*位点之间的DNA片段的缺失、重复、倒位、易位。通过该系统可在酿酒酵母全基因组范围内进行基因组重排，加速了酿酒酵母菌株进化速度，高效推进了目标菌株的改造。基于此类基因组重排技术可获得大量的菌株文库，高效筛选发生基因组重排的菌株是后续必要环节之一。2018年，一类更高效筛选发生基因组重排菌种的系统ReSCuES被开发出来，该技术是利用*loxP*位点介导的*ura3*和*leu2*两个营养缺陷型标签的开关转换来筛选发生了基因组重排的酵母菌株。

此外，也可利用CRISPR系统人为在生物体染色体中产生多个DNA双链断裂（DSB）从而诱导基因组指定位点产生重排。当同染色体上存在两个DSB时，倾向于产生两个DSB之间DNA片段缺失或倒位；当不同染色体上存在多个DSB时，倾向于产生不同染色体之间的重组。现阶段通过利用CRISPR系统产生DSB进而引发基因组定向重排的案例在动植物中均有报道。2022年，我国科学家利用CRISPR系统，成功完成了小鼠不同染色体之间的定向连接，创造出具有全新染色体组成的小鼠，这也标志着世界上首个染色体融合哺乳动物的产生。

由基因组重组和基因组编辑技术介导的基因组重排尚在起步发展阶段，如何精准控制重排位点、提高基因组重排效率等问题都亟待解决。可以预见的是基因组重排技术与代谢工程、合成生物学、人工智能等新兴学科相融合，将极大推进功能基因组学研究和基因组工程的发展。

二、基因组简化

生物体的基因组具有一定冗余性，通过去除这些冗余的非必需基因进行基因组简化并不会影响生物体正常生长。在对生物体中的目标功能模块进行设计改造时，生物体自身复杂多样的信号通路可能会产生内源噪音影响功能模块的运行，同时也会提高后续生产应用层面的物质及能量消耗。基因组简化可解决上述问题，同时也可为生物体核心基因相关研究提供线索。生物体基因组简化主要可基于两种策略，第一种是通过对天然基因组进行系统性基因敲除来获得能支持生物正常生长的简化基因组及对应改造生物体；第二种是利用生物信息学技术横向比较不同物种的基因组后取交集作为不同物种的共有核心基因组，再利用从头合成方式构建出能维持生命的简化基因组。2016 年成功合成了世界"最小"细菌 JCVI-syn3.0。该最小基因组的构建采用转座子介导基因敲除的方式在蕈状支原体基因组中成功删除了近一半数量的基因，最终获得仅包含 473 个基因但能维持生存的"最小"生物基因组。与原核生物相比，在真核生物进行基因组简化要更为复杂。现阶段真核生物基因组简化多为酿酒酵母作为研究对象，通过系统性基因敲除已鉴定到多个酵母生长必需基因，但由于酵母基因之间存在高强度的相互作用，在对非生长必需基因进行合并敲除时常导致合并致死现象，故难以利用同样策略成功简化酵母基因组。这也说明深入研究基因之间的互作关系也是真核生物基因组研究和简化的关键环节和必要条件。

三、基因组从头合成

当自然界中的生物体无法满足人类各类需求时，从头设计基因组并创造人造生命无疑是最有效的解决方式之一。随着 DNA 合成及组装技术的不断发展，从头合成生物体基因组领域已取得了丰富的成果。2002 年，科学家成功合成了脊髓灰质炎病毒（poliovirus）的全基因组，约 7 400 bp。含此人工基因组的病毒具有低感染性，这也是人类历史上第一个人工合成病毒。2003 年，科学家们利用寡核苷酸合成组装的方式合成了长达 5 386 bp 的噬菌体 φX174 全基因组，该基因组具有生物学活性。五年后又采用五步组装策略在酿酒酵母中完成了生殖支原体（*Mycoplasma genitalium*）基因组的合成，共计 582 970 bp。

此后，基因组合成的标志性成果发生在 2010 年，科学家们成功合成蕈状支原体基因组并将其移植到山羊支原体细胞中成功实现了复制、表达及传代。蕈状支原体基因组在酵母细胞中完成整体组装过程。首先在体外条件下完成寡核苷酸的合成并将其组装成 1 078 个 DNA 片段；将此类片段导入酵母细胞中利用同源重组系统进行组装，得到 109 个 10 080 bp 的 DNA 长片段；随后继续进行组装，获得 11 个约 100 kb 的 DNA 片段；最终将这 11 个 DNA 片段组装成完整的基因组（如图 11-16 所示）。这一成果标志着世界上首个人造生命体 "Synthia" 的诞生，也是合成生物学领域的里程碑事件之一。

继病毒、原核生物的基因组陆续被成功合成后，真核生物基因组从头合成也取得了飞速进展。人工合成酵母基因组计划（Sc2.0 计划）是全球首个真核生物基因组合成计划，旨在从头设计并合成酿酒酵母中所有 16 条染色体，为人工创造真核生物奠定基础。该计划由多国研究单位共同合作进行，并在 *Science* 杂志上发表了 7 篇酵母基因组人工合成相关论文，宣布已完成 6 条酵母染色体的从头设计与合成工作，标志着人工设计并合成高等真核生物的时代已不再遥远。

四、基因组重构

尽管从头合成生物体基因组是最为直接的基因组改造策略，但由于其成本高、可重复性较差，现阶段难以被广泛应用。随着遗传同源重组系统、基因组编辑技术等大片段 DNA 切割与整合技术的发展，定向编辑并重构基因组成为基因组改造的主要方式之一。2005 年，科学家借鉴工程系思想成功重构了噬菌体 T7 基因组。首先利用 12 179 bp 的工程化 DNA 片段替换 T7 噬菌体基因组左侧长达 11 515 bp 的天然 DNA 片段，从而获得含嵌合基因组的重构噬菌体 T7 T7.1。这种基因组重构在保留天然噬菌体功能特征的基础上去除了部分基因重叠

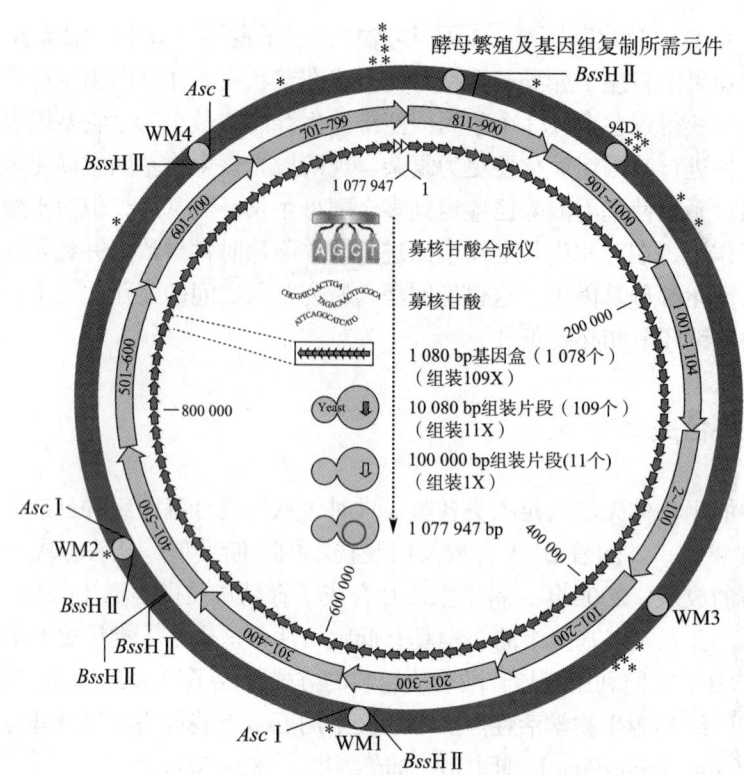

● 图 11-16　蕈状支原体基因组合成及组装示意图

区并新增了多个限制性酶切位点。噬菌体 T7.1 更适合作为理性设计及改造的工程化底盘，同时也可为噬菌体系统性功能研究提供依据。与病毒、原核生物相比，真核生物的基因组由多条染色体组成，结构功能更为复杂，基因组重构难度更大。

2018 年，我国科学家在 Nature 期刊上宣布人工合成出有生命活性的单染色体酿酒酵母菌株，标志着我国创造出世界上首个人造单染色体真核生物。该研究以含 16 条染色体的酿酒酵母为模型，利用 CRISPR-Cas9 技术精确敲除染色体上的 30 个端粒、15 个着丝粒结构及 19 个长重复序列，按随机顺序对染色体进行 15 次末端融合，最终构建出只含单条染色体的人造酵母菌株 SY14（如图 11-17 所示）。

以Ⅶ和Ⅷ号染色体的融合为例（设计原理见图 11-18），两条染色体之间的融合其核心是利用了 CRISPR-Cas9 系统对染色体进行切割，并利用修复模板通过同源重组修复引入营养缺陷型筛选基因和融合位点，在添加压力下筛选在设定位置发生染色体融合的突变体。如在Ⅶ号染色体的右端端粒设计切割位点 S1，在Ⅷ号染色体的左端端粒和着丝粒位置分别设计了切割位点 S2 和 S3。并分别构建两段修复模板，其中一段用于将 S1 和 S2 位点附近的端粒删除后的修复，另外一段用于Ⅷ号染色体着丝粒删除后的修复，并分别在修复模板中加入了尿嘧啶合成酶（乳清苷 5-磷酸脱羧酶）基因 URA3 筛选标记。当细胞中存在 Cas9 蛋白、含有 S1，S2 和 S3 匹配位点的 sgRNA1-3 以及修复模板时，两条染色体会被切割，并在尿嘧啶存在条件下可筛选到发生了融合的染色体。引入的筛选标记和重复序列可以在第二轮的基因编辑中被精确去掉，通过两个 S10 的切割位点，在 Cas9 蛋白和 sgRNA10 存在情况下将融合的染色体中相关区段删除，并通过非同源末端连接修复机制重新连接，最后获得含有Ⅶ和Ⅷ号染色体融合成一条染色体的突变体。

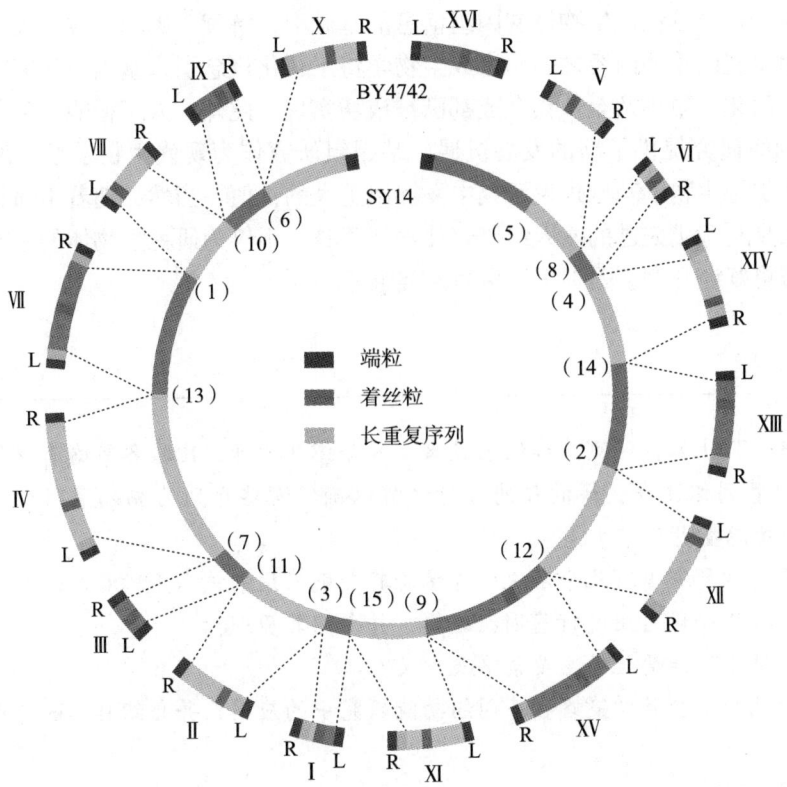

图 11-17 单染色体酵母菌株 SY14 设计示意图

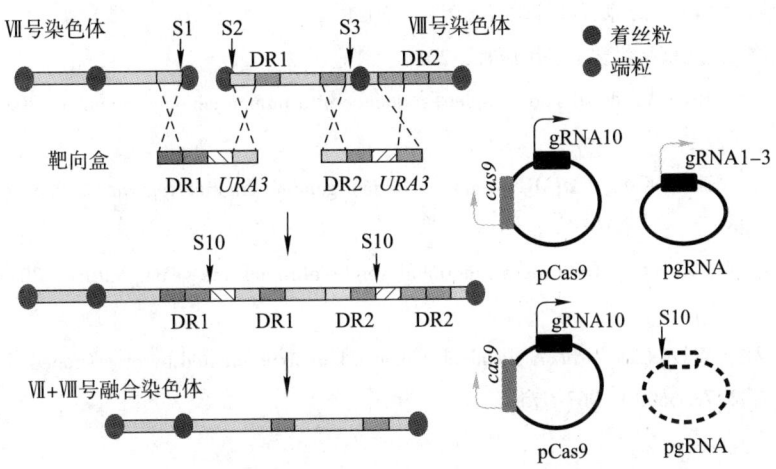

图 11-18 单染色体酵母菌株 SY14 构建中Ⅶ和Ⅷ号染色体的融合原理

与野生型酵母菌株相比,单染色体酵母菌株 SY14 可正常生长,基因表达与生理功能无显著差异。该研究有利于深入研究真核生物染色体结构及功能,也为真核生物基因组重构提供全新设计理念。

细胞的神奇魅力在于能按遗传语法执行指令并同时指挥成千上万个基因有条不紊地工作。除了能帮助解析生命本质的奥秘外,基因组工程的魅力还体现在能够模仿细胞的功能,最终按照人类的意愿去控制它、改造它、指挥它。随着现代基因组研究技术的不断发展,人们已能够相对容易地获得单一生物的基因组信息,并从序列、结构、功能、网络等不同维度进行深入解读。在充分认识生物体基因组信息的基础上，解读、编辑、改造及重构基因组成为当前基因组研究的重要内容之一。合成生物学将工程化概念引入基因组研究之中，对生物体基因组进行简化、重构乃至从头合成都已被成功实现。此外，人工智能、量子计算等新兴技术也为基因组研究提供了新的发展机遇。基因组研究作为现代生物学领域的核心内容之一，将在未来引导生物学基础理论研究中发挥出更大的价值。当然，随着生命科学的进一步发展，还会出现更多更先进的基因组研究技术和工具，不仅为研究生物体的基本规律提供重要手段，也可更好地开发基因工程产品为人类服务。

思考题

1. 简述3种以上基因组测序和组装策略，并介绍其原理，比较各策略有何优缺点？
2. 如何对基因组测序获得的序列进行注解以确定哪些序列为编码序列？对这些预测的基因如何进行功能鉴定？
3. 功能基因组研究有哪几个层次，并试论其分别采用的技术手段和原理？
4. 有哪些技术手段可用进行基因组编辑，并介绍其原理？
5. 简要叙述基因组简化的主要策略及意义？
6. 举例说明合成生物学策略在基因组功能研究中的应用，并介绍具体的原理？

主要参考文献

1. 杨金水. 基因组学. 4版. 北京：高等教育出版社，2021
2. 李春. 合成生物学. 北京：化学工业出版社，2019
3. Nurk S, Koren S, Rhie A, et al. The complete sequence of a human genome. Science, 2022, 376 (6588): 44-53
4. Mali P, Yang L, Esvelt KM, et al. RNA-guided human genome engineering via Cas9. Science, 2013, 339 (6121): 823-826
5. Shao Y, Lu N, Wu Z, et al. Creating a functional single-chromosome yeast. Nature, 2018, 560 (7718): 331-335
6. Wang LB, Li ZK, Wang LY, et al. A sustainable mouse karyotype created by programmed chromosome fusion. Science, 2022, 377 (6609): 967-975

（彭东海　熊立仲）

第二篇
基因工程应用

第十二章 植物基因工程

第一节　植物基因工程的发展现状

　　植物的遗传改良在人类发展史中扮演着重要角色,从远古时代的植物驯化到20世纪初植物育种学的建立,人类无时无刻不在努力进行着植物的遗传改良,以便使其更好地为人类服务。传统的育种方法从遗传学本质上讲,是以基因突变体为种质基础,以有性杂交为基因导入手段,以选择优良基因型重组体为目的的植物性状的改良过程。然而由于远缘杂交的生殖隔离等原因,某种植物可被利用的种质资源往往局限在一个非常有限的范围内,这就使植物的遗传改良在很大程度上受到遗传种质资源狭窄的限制,在农艺性状的改良上难以获得新的突破。始于20世纪80年代的植物基因工程研究为拓宽植物可资利用的基因库提供了新的可能,为实现基因在动物、植物、微生物以及人等四大生物系统间的广泛"交流"奠定了重要的基础,也为植物的遗传改良开辟了一条新途径。

　　植物基因工程是以植物为受体的一种基因操作,即以分子生物学为理论基础,采用基因克隆、遗传转化(根癌农杆菌Ti质粒介导法、基因枪法、原生质体介导法等),以及细胞、组织培养技术将外源基因转移并整合到受体植物的基因组中,并使其在后代植株中得以正确表达和稳定遗传,从而使受体获得新性状的技术体系。通过植物基因工程获得转基因植物具有广阔的应用前景和重要的理论意义:①通过将目的基因导入农作物、园艺作物中,改变它们的遗传特性,使植物免受病虫的危害,或获得抗除草剂的特性,或改变种子中淀粉、蛋白质的含量和组成,或改变花的形状和颜色,或改变植物的育性和不亲和性以及改变植物的抗逆性等。②转基因植物可作为一种生物反应器,生产药用蛋白和植物次生代谢产物,或生产某些有机化合物。③转基因植物为我们研究某一基因功能及其在生长发育中的作用提供了强有力的工具。

　　1983年人们获得了第一株转基因植物(烟草),从而开创了利用基因工程技术改良植物的时代。1985年创立了叶盘转化法,使得农杆菌转化过程大为简化,从此植物基因转化研究得到了迅速发展。1986年首个转基因植物材料获准进入田间试验,1994年第一个延熟保鲜转基因番茄被批准商品化生产。从获得第一株转基因植物以来,随着分子生物学理论的发展,植物基因工程日趋成熟。

　　2020年,国际农业生物技术应用服务组织(ISAAA)发布的《2019年全球生物技术/转基因作物商业化发展态势》报告指出,1994年到2019年共计71个国家地区(29个种植国+41个非种植国+欧盟26国,欧盟算为一个国家)的监管机构批准转基因作物用作粮食和/或饲料以及释放到环境中，涉及 29 个转基因作物（不包括康乃馨、玫瑰和矮牵牛）和 403 个转基因转化体的 4 485 项监管。2018 年，全球范围内共有 43 项关于转基因作物的批准，涉及 40 个品种；其中有 9 个为新批准的转基因作物品种，包括耐除草剂棉花和大豆、低酚棉、抗草甘膦和低木质素苜蓿、含有 omega-3 的高油酸油菜以及抗虫豇豆等。国际上转基因作物除了种植面积和应用率均位于前列的转基因玉米、大豆、棉花和油菜之外，还有更加多样化的品种，上市销售的包括紫花苜蓿、甜菜、木瓜、南瓜、茄子、土豆和苹果。2019 年共有 29 个国家/地区批准种植转基因作物，种植面积达 1.904 公顷。转基因作物种植面积自 1996 年以来增长了约 112 倍，累计达到 27 亿公顷。拉美 10 国种植了 8 390 万公顷的转基因作物，占全球总种植面积的 44%，大多数拉丁美洲国家生物技术作物面积的增加弥补了 2017 年和 2018 年大面积干旱造成的损失。2019 年有 6 个非洲国家开始种植转基因作物。另外，还有 42 个国家/地区批准转基因农作物进口。

中国是一个农业大国，政府十分重视生物技术的研究和应用。自 20 世纪 80 年代中期开始，国家"863"、"973"和国家自然科学基金等渠道对生物技术给予了重点扶植；并专门设立了"国家转基因植物研究与产业化"和"水稻功能基因组研究"专项，重点发展农业生物技术；2008 年 7 月，我国启动了转基因生物新品种培育重大专项。通过这一系列重大项目的执行，我国转基因技术研发取得了重大进展，获得了一大批具有自主知识产权和重大育种价值的功能基因，培育出了 200 多个转基因抗虫棉花新品种，转基因抗虫水稻、转植酸酶基因玉米、转基因抗虫玉米、转基因抗除草剂玉米和转基因抗除草剂大豆均获得安全证书。我国涉及农业生物技术的各类研究机构已超过 200 家，初步形成了从基础研究、应用技术研究到产品开发相互衔接、相互促进的创新体系。总体来看，中国在主要农作物的基因功能和转基因应用研究方面达到世界先进水平，在某些领域达到了国际领先水平；但是，转基因作物的产业化应用严重滞后，造成许多研发产品的搁置。

第二节　植物基因工程方法

植物基因工程试验虽起步较晚，但发展迅速。据 ISAAA 的数据，截至 2019 年全球（71 个国家/地区）共批准了 403 个转化体进行商业化种植，其中玉米获批 146 个，占 36%；其次是棉花、马铃薯、大豆和油菜，分别获批 66、49、38、38 个。转基因作物在 20 世纪 90 年代中期已经实现产业化。而在 2018 年全球转基因作物种植面积已经达到了 1.917 亿公顷。将外源基因导入植物细胞的方法不下 10 种，其中最常用的有 3 种，即：原生质体介导法、基因枪法和根癌农杆菌 Ti 质粒介导法。基因枪法和根癌农杆菌 Ti 质粒介导法避开了原生质体的培养和再生，因而是使用最多、最成功、最成熟的方法。

一、原生质体介导法

原生质体介导法是以原生质体为受体，借助于特定的化学或物理手段将外源 DNA 直接导入植物的方法。初期的方法从促进原生质体融合的方案中衍生而来，随后才建立了有效的技术。在此基础上已发展出以下方法：PEG 介导的基因转化、脂质体（liposome）介导的基因转化、电激法、激光导入法和显微注射法等。

1. PEG 介导的基因转化

PEG（聚乙二醇）法的主要原理是利用化学试剂，如聚乙二醇（PEG）、聚乙烯醇（PVA）、多聚 –L- 鸟氨酸（pLO）、磷酸钙等，诱导原生质体摄取外源 DNA 分子，进入原生质体的外源 DNA 分子可整合到基因组中，完成遗传转化过程。

聚乙二醇、聚乙烯醇和多聚 –L- 鸟氨酸等都是细胞促融剂，它们诱导外源 DNA 跨膜进入原生质体的机制可能是：①作为外源 DNA 与膜结合的分子桥梁，促使外源 DNA 与膜之间的接触和黏连；②通过引起膜表面电荷的紊乱，干扰外源 DNA 与细胞表面同种负电荷的相互排斥，从而促进外源 DNA 进入原生质体。关于磷酸钙促进外源 DNA 进入原生质体的机制，可能是因为外源 DNA 与磷酸钙结合形成 DNA- 磷酸钙复合物，从而被原生质体摄入。此外，由于钙离子是二价阳离子，其可以直接诱导带相同负电荷的外源 DNA 与膜结合。第一例成功的转基因烟草就是用该转化方法获得的。由于其简便性，目前在原生质体转化中多利用该种方法。

2. 脂质体介导的基因转化

脂质体法利用脂类化学物质包裹外源 DNA 成球体，通过植物原生质体的吞噬或融合作用把包含外源 DNA 脂质体转入受体细胞。

一般来说，脂质体介导的基因转化的转化率要高于 PEG 介导的基因转化的转化率，其转化率可达到 10^{-3}。但其不足是操作较为繁琐，相对于 PEG 法来说，技术性更高。

3. 电激法介导的基因转化

电激法（electroporation），也称电转化法，是利用高压电脉冲作用，在原生质体膜上"电激穿孔"，形成可逆的瞬间通道，从而促进外源 DNA 进入原生质体。此法在动物细胞中应用较早并取得很好效果，1985 年首次将其应用于植物细胞的基因转化，现在这一方法已被广泛应用。

随着实验方法的改进并与化学法结合，电激法的转化率有较大改善，转化率可达到 1.2%。

电激法相对于前面两种转基因方法，具有操作简便，转化效率较高的特点，特别适于瞬时表达的研究。缺点是易造成原生质体的损伤，使植板率降低，且仪器也较昂贵。

随着科学技术的快速发展，电激法得到了改进，可直接在带壁的植物组织和细胞上打孔，从而将外源基因直接导入植物细胞，这种技术也称为"电注射法"。使用该技术可不制备原生质体，提高了植物细胞的存活率，且简便易行。

4. 显微注射法介导的基因转化

显微注射（microinjection）是一种比较经典的基因转化技术，其理论和技术方面的研究都比较成熟。特别在动物细胞或卵细胞的基因转化、核移植及细胞器的移植方面应用很多，并已取得重要成果。植物细胞的显微注射过去使用较少，但近年来发展较快，并且无论在理论上，还是在技术上都有所创新，已经成为当今一个重要的植物基因工程的新途径。

其基本原理比较简明，就是利用显微注射仪（图 12-1）将外源 DNA 直接注入受体的细胞质或

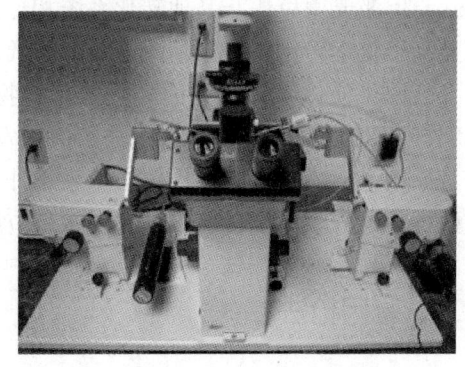

↑ 图 12-1　显微操作仪

细胞核中,从而实现外源基因的转移。显微注射中的一个重要环节是固定受体细胞,固定细胞的技术主要有3种:①琼脂糖包埋法,把低熔点的琼脂糖熔化,冷却到一定温度后将制备的细胞悬浮液混合于琼脂糖中。需要注意的问题是,在包埋时细胞1/3~1/2暴露在琼脂糖表面,即细胞的一半埋在琼脂糖中起固定作用,暴露的一半可以进行微注射。②多聚L-赖氨酸黏连法,先用多聚L-赖氨酸处理载玻片表面,由于多聚赖氨酸对细胞有黏连作用,因此当分离的细胞或原生质体与载玻片接触时被固定在载玻片上。而且一个载玻片上可固定较多数量的细胞或原生质体。③吸管支持法,用固定的毛细管将原生质体或细胞吸着在管口,起到固定作用,然后再用微针进行DNA注射。这种方法的优点是吸管可以旋转或移动位置,使操作者能选择最佳位置进行注射。

显微注射具有许多优点:①方法简单、转化率高;②它是一种纯粹的物理方法,适用于各种植物和各种材料,无局限性;③整个操作过程对受体细胞无药物等毒害,有利于转化细胞的生长发育;④转化细胞的培养过程无需特殊的选择系统。其缺点是需要有精细操作的技术及低密度原生质体培养的基础,注射速度慢、工作效率较低。

这一技术可用于以培养细胞或胚性细胞团为受体的应用中,例如用含 NPT-Ⅱ 基因的DNA注射源于油菜花粉12细胞期的体细胞胚,转基因植株的频率可达27%~51%。DNA直接注射花粉粒、卵细胞、子房等也能获得理想结果。

5. 激光微束介导的基因转化

激光微束照射是近代科学发展的新兴技术,这种激光微束法较常规的显微注射法具有定位准确、操作简单及对细胞损伤小等优点,因而越来越受到生物学、医学界的重视,促使其发展成为一门新的学科——激光生物学。随着生物技术的发展,激光微束技术开始向基因工程、细胞工程等高技术领域渗透,并取得了良好的开端。

激光微束法转化外源DNA的基本原理是将激光引入光学显微镜聚焦成微米级的微束照射培养细胞,在细胞膜上形成能自我愈合的小孔,使加入细胞培养基里的外源DNA流入细胞,实现基因的转移。

激光微束法与显微注射法相比具有以下优点:①操作简便,整个导入过程能在较短的时间内完成;②工作效率提高,每分钟可操作100多个细胞,比人工的显微注射法效率提高20倍以上;③无宿主限制,可适用于各种动植物;④对受体细胞正常的生命活动影响小,而且不需加抗生素来防止污染;⑤受体的类型广泛,可以使用细胞、组织、器官等;⑥可用于细胞器的基因转化。由于激光微束小于细胞器,它可以在显微水平上直接对细胞器击孔,实现外源DNA对细胞器的转移;⑦穿透力强,深度和方向可作调整。

但激光微束法与其他转化系统相比也有缺点,比如需要昂贵的仪器设备,转化效率虽明显高于化学转化法但比基因枪轰击法低,在稳定性和安全性等多方面比基因枪法差。

原生质体介导的基因转化法是植物遗传转化研究中最早建立的一个转化系统。但随着农杆菌Ti质粒介导和基因枪法的快速发展,原生质体介导的基因转化法使用频率逐渐减少,其原因是:①建立原生质体再生系统非常困难。②转化率较低。③从原生质体再生的无性系植株变异较大。故目前该方法主要是应用于瞬时转化。

二、基因枪法

基因枪法(particle gun)又称微弹轰击法(microprojectile bombardment, panicle bombardment

或 biolistics）。

1. 基因枪的基本原理

将外源 DNA 包被在微小的金粒或钨粒表面，然后在高压的作用下将微粒高速射入受体细胞或组织。微粒上的外源 DNA 进入细胞后，整合到植物染色体上并得到表达，从而实现外源基因的转化。

根据基因枪的动力系统，可将它们分为 3 种类型：一类是以火药爆炸力（gun power）为加速动力，也是最先出现的一种基因枪。其显著特征是采用塑料子弹和阻挡板。塑料子弹前端载放着 DNA 包裹的钨（金）粉。当火药爆炸时，塑料子弹带着钨（金）粉向下高速运动，至阻挡板时，塑料子弹被阻遏，而其前端的钨（金）粉粒子则继续以高速向下运动，击中样品室的靶细胞。这种基因枪的代表枪型如 PDS-1000 系统（图 12-2）及 JQ-700。其金属粒子的轰击速度主要是通过火药的数量及速度调节器

↑ 图 12-2　PSD-1000 基因枪

控制，不能做到无级调整，可控度较低。第二类是以高压气体（high pressure gas）作为动力，如氦气、氢气、氮气等。其工作原理是把载有 DNA 的钨（金）粉铺洒在一张微粒载片（microprojectiles carrier sheet）上，在压缩空气的冲击下，驱动载片，当载片受阻于金属筛网时，载有 DNA 的钨（金）粒继续向下冲击射入细胞。第三类是以高压放电为驱动力。其最大优点是可以无级调速，通过变化工作电压，粒子速度就可准确控制，使载有 DNA 的钨（金）粉粒子到达目的细胞层。高压放电及高压气体轰击的转化率均高于火药引爆法。总之，基因枪的种类多样，不同的受体植物，不同的组织、器官、外植体材料应选用不同类型的基因枪。3 种类型基因枪的机械结构装置基本相同，都由动力装置、发射装置、挡板、样品室及真空系统等几部分组成。

2. 基因枪的操作步骤

（1）DNA 微弹的制备　①取 50～100 mg 金粉或钨粉，其微粒直径最好选择为细胞直径的 1/10，溶于 1 mL 无水酒精，用超声波振荡洗涤。②在使用前，离心除净酒精，加入 1 mL 无菌水，振荡离心，移去上清液。如此重复 2 次，将残留的酒精除净，再用 1 ml 无菌水重悬沉淀。③每份样品取 25 μL 微粒重悬液，依次加入 25 μL DNA（0.5～1 μg/μL）、25 μL 2.5 mol/L $CaCl_2$ 溶液、20 μL 40% PEG4000 和 2.5 μL 亚精胺（spermidine 自由碱基），每次加液之后用手指轻轻振荡几次。最后将混合液在室温下静置 10 min，使 DNA 沉淀到微粒上。④低速离心 5 min，移去 50～60 μL 上清液（严格掌握体积，使剩余溶液量可以进行 3 次枪击）。制备好的 DNA 微粒存放在冰上，时间不能超过 4 h，枪击时每枪取 8 μL。

（2）靶外植体材料准备　在无菌条件下取靶外植体（有菌的外植体按常规方法消毒处理），置于直径为 9 cm 的无菌培养皿中，外植体大小按基因枪要求选择；在无菌条件下，把靶外植体放进基因枪的样品室的载物台，按实验要求调整载物台高度，并对准子弹发射轴心。

（3）DNA 微弹轰击　按照不同的基因枪说明书操作。

（4）轰击后外植体的培养　DNA 微弹轰击后立刻转入相应的培养基中培养，以免材料脱水加重细胞受伤害的程度，通过一系列的筛选获得抗性愈伤组织，最终分化出再生植株。

3. 转化率及其影响因素

基因枪法的转化率,在不同的植物、同一植物的不同外植体均有明显差异,例如大豆茎尖基因枪轰击转化率高达到 2%,但一般在 $10^{-3} \sim 10^{-2}$ 频率范围。影响转化率的因素很多:

(1) 金属微粒的影响　两种金属微粒被用来作为 DNA 包裹的主要载体:一种是钨粉,其直径可根据不同植物材料进行选择,一般以 0.6 ~ 4 μm 为宜,其优点是廉价易得,制备容易。但钨粉容易被氧化,在其表面产生一层对植物有害的氧化物。为克服此缺点,在制备时应进行碳化处理。另一种是金粉颗粒,其比钨粒具有更规则的球形表面,相同体积下具有更大的附着面积;化学性质也更加稳定,也不像钨粒那样易形成氧化膜。此外,金粉对 DNA 的吸附力更强,因此许多学者认为金粉比钨粉更理想,但金粉价格昂贵。

(2) DNA 沉淀辅助剂的影响　常用的 DNA 沉淀辅助剂有 $CaCl_2$、亚精胺、聚乙二醇等。这些化合物对 DNA 在微粒上的黏附有重要作用,但对植物受体细胞的也产生一定的伤害。

(3) DNA 的纯度及浓度对转化率的影响　DNA 的纯度越高,转化越容易成功。这是由于高纯度的 DNA 射入受体细胞后整合到植物基因组的概率更高。加入介质 DNA(carrier DNA),如 4 ~ 6 kb 的小牛胸腺 DNA 及鲑鱼精 DNA,可提高转化率。有试验报道,在一定范围内,转化率随着 DNA 的浓度的增加而提高。但注意 DNA 浓度不宜过高,因为若 DNA 浓度过高易使金属微粒凝聚成块,反而降低转化率。

(4) 微弹速度的影响　基因枪的许多轰击参数,如微弹速度、入射浓度、阻挡板至样品室高度、轰击次数等均影响转化率,其中,微弹速度是影响转化率的一个重要因素。它直接决定了微弹对细胞和组织的作用力及产生损伤的程度。

(5) 植物材料的内在因素的影响　在基因转化中起主导作用是植物细胞本身,各种基因转化的系统只是导入外源基因到植物细胞的方法。因此,植物受体细胞本身的因素在转化中起主要作用。这些生物因素包括外植体的种类、细胞的生理状态、细胞潜在的再生能力、轰击前后的培养条件以及细胞内环境对外源 DNA 的接受能力等等。因为只有具有潜在分裂能力的细胞才可能接受外源 DNA,因此,选用具有分生能力的细胞、幼嫩的组织、幼胚、茎尖或采取预培养等方法使细胞处于感受态的技术都有利于转化率的提高。基因枪转化中经常遇到的问题包括嵌合体比率大、转化率低、遗传稳定性差等,这些都尚需进一步研究解决。

4. 基因枪转化技术的应用前景

由于基因枪技术具有许多优点,因此可应用于现代分子生物学的许多领域,如植物基因转化、外源基因导入植物细胞的细胞器、应用于种质转化和植物基因表达调控研究等。随着基因枪技术的进一步完善,它必将对 21 世纪的基因工程发展起到推动作用。

三、根癌农杆菌 Ti 质粒介导法

根癌农杆菌(*Agrobacterium tumefaciens*)广泛侵染双子叶植物和裸子植物。过去一般认为单子叶植物对农杆菌不敏感,但近年一些研究显示农杆菌对某些单子叶植物也有侵染能力。根据根癌农杆菌诱导植物细胞形成的根瘤中的冠瘿碱的不同可将根癌农杆菌分为章鱼碱型(octopine type)、胭脂碱型(nopaline type)和农杆碱型(agropine type)3 种类型。在根癌农杆菌内有一个大的致瘤质粒(tumor inducing),简称 Ti 质粒。当根癌农杆菌感染植物的时候,菌体本身并不进入植物细胞内,而仅是 Ti 质粒中的一部分称之为"T-DNA"的 DNA 片段进入寄主细胞并插入基因组中,T-DNA 中的基因利用植物的酶系统进行转录和翻译,其表达产物可诱发植物产生肿瘤。因此根癌农杆菌感染植物诱发肿瘤的过程实际上就是一个天然的植物转基因过程，改造的 Ti 质粒就是一个优良的植物转基因载体。

根癌农杆菌 Ti 质粒的结构主要分为 T-DNA 区（transferred DNA regions）、Vir 区（virulence region）、Con 区（regions encoding conjugations）和 Ori 区（origin of replication）等 4 个区段（图 12-3）。T-DNA 区又称转移 DNA 区，即根癌农杆菌侵染植物时转移到植物基因组中的一段 DNA 序列，该序列上的基因与肿瘤形成相关。Vir 区与 T-DNA 区相邻，该区基因可激活 T-DNA 的转移，使植物致瘤，故称毒性区。Con 区段上存在与细菌接合转移的有关基因，调控 Ti 质粒在根癌农杆菌之间的转移，因此称之为结合转移编码区。Ori 区主要调控 Ti 质粒的自我复制，为复制起始区。

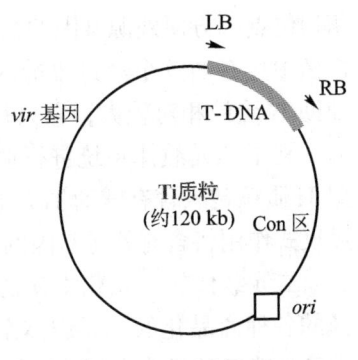

图 12-3　Ti 质粒模式图

1. Ti 质粒的改造策略

Ti 质粒是植物基因工程的一种天然载体，但野生型 Ti 质粒直接作为植物基因工程载体存在许多障碍：①质粒过大（一般 120 kb 左右），操作困难；②大型的 Ti 质粒上有各种限制酶的多个切点，因此难以找到可利用的单一切割位点的内切酶，也就难以通过基因操作方法向野生型 Ti 质粒导入外源基因；③ T-DNA 区的 *onc* 基因产物属植物激素类，会干扰受体植物内源激素的平衡而诱发肿瘤，阻碍转化细胞的分化和再生；④ Ti 质粒存在一些对 T-DNA 转移不起任何作用的序列；⑤ Ti 质粒不能在大肠杆菌中复制，而农杆菌本身的遗传背景又不太清楚。

为了使 Ti 质粒成为操作简便且有效的外源基因转移载体，必须对野生型 Ti 质粒进行改造。基于植物转基因有一元载体系统和双元载体系统，对野生型 Ti 质粒可以采取两种不同的改造策略。

一元载体构建的基本原理是：首先将 Ti 质粒上 T-DNA 中的致瘤基因全部去掉，使其丧失对植物的致瘤性，仅保留其两侧边界与 T-DNA 准确转移所必需的 25 个碱基序列，故这种载体又称卸甲载体。由于根癌农杆菌的 Ti 质粒比较大，难以进行体外遗传操作，所以需另外引入一个较小的中间载体，将欲转化的目的基因构建于中间载体上。同时在卸甲载体 T-DNA 区中删除致瘤基因的位点插入一段与中间载体同源的质粒序列。然后，再采用特定的转移方法如"结合转移法"或"三亲本杂交法"将中间载体转移到含有卸甲载体的根癌农杆菌中，由于卸甲载体的 T-DNA 区与中间载体具有同源序列，故可在根癌农杆菌中发生同源重组，将中间载体整合到卸甲载体的 T-DNA 区，并与卸甲 Ti 质粒载体一起复制。未发生整合的中间载体因其没有在根癌农杆菌中复制的元件，会自行消失。随后只需根据中间载体上所携带的抗性基因进行抗性筛选，即可获得含有发生了遗传重组的根癌农杆菌菌株。使用这种菌株去侵染植物组织细胞，就可获得含有目的基因的转基因植物。

对于一元载体来说，因为其 T-DNA 区与 Vir 区是在同一载体上的，故又称顺式载体。而实际上 T-DNA 区与 Vir 区完全没有必要一定要构建到同一载体上，当它们处于不同载体上时，Vir 区通过反式作用依然可以使 T-DNA 区发生转移，这就是二元载体的基本原理。在二元载体系统中，根癌农杆菌菌株中含有两个 Ti 质粒，一个称为微型 Ti 质粒，一个称为辅助 Ti 质粒。其中微型 Ti 质粒缺失了 Vir 区，其 T-DNA 区也进行了卸甲处理，同时引入多个酶切位点，方便外源基因的插入，此外它具有广谱的复制元件，可同时在大肠杆菌和根癌农杆菌中生存。这个经过改造的微型 Ti 质粒相当小，可以像一般质粒一样进行遗传操作。而辅助 Ti 质粒相对较大，它只是去掉了 T-DNA 区，可激活微型 Ti 质粒上的 T-DNA 区发生转移。利用二元载体系统进行遗传转化时，首先需将外源基因重组于微型 Ti 质粒上，再将微型 Ti 质粒转入含有辅助 Ti 质粒的根癌农杆菌菌株中，随后侵染植物组织，两种 Ti 质粒可通过反式作用将含有外源基因的 T-DNA 区转移到植物组织细胞中。

二元载体较一元载体有更多的优点。首先，二元载体的构建较为简单。同时已有可供选择的各种商品化的二元载体系统，使用时只需将外源目的基因整合到微型 Ti 质粒上，并转入已构建好的根癌农杆菌菌株中即可使用；而一元载体还需在根癌农杆菌中进行共整合，构建效率相对较低。其次，由于一元载体的 T-DNA 区中含有中间载体，它们会随同外源目的基因一道被转入植物细胞内，而二元载体不会带入大量无用的冗余 DNA 序列。因此在外源基因的转化效率上要高于一元载体。所以在植物的基因工程研究中主要使用二元载体系统。

2. 根癌农杆菌 Ti 质粒介导的基因转化的分子机理

农杆菌 Ti 质粒上的 T-DNA 导入植物基因组整个过程大致可分为以下六个步骤（见图 12-4）：①农杆菌对受体的识别；②农杆菌附着到植物受体细胞；③诱导启动毒性区基因表达；④类似接合孔复合体的合成和装配；⑤ T-DNA 的加工和转运；⑥ T-DNA 的整合。

（1）农杆菌对受体的识别　农杆菌对植物受体识别的基础是细菌的趋化性，即菌株对植物细胞所释放的化学物质产生趋向性反应。受伤植物组织产生的一些糖类、氨基酸类、酚类物质具有趋化作用。

（2）农杆菌附着到受体细胞　根癌农杆菌附着于植物细胞是 T-DNA 加工和转移的前提。植物细胞表面的农杆菌附着位点是有限的，每个植物细胞可同时附着多种不同的农杆菌菌株，但仅仅只能被一个或少数几个菌株所转化。实验证明，只有在创伤部位生存了 8~16 h 后的菌株才能诱发肿瘤。这段时间称为细胞调节期。在调节期内，农杆菌会产生细微的纤丝

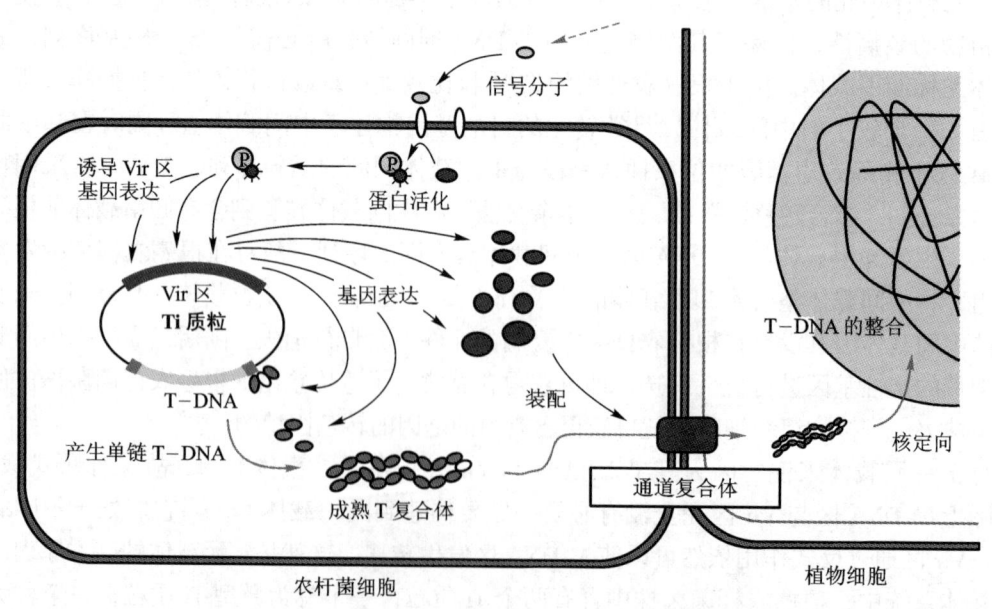

图 12-4　Ti 质粒上的 T-DNA 导入植物基因组的过程

而将自身缚在植物细胞壁表面。

（3）诱导和启动毒性区基因表达　当农杆菌在生长培养基上大量繁殖时，所有的Vir区基因均处于非转录活性状态。将植物受伤细胞提取液加入培养基时，所有的Vir区基因均被诱导和活化。所以，植物细胞分泌物（糖、氨基酸和酚类物质等）既是农杆菌定向附着到植物细胞表面的物质，也能诱导和启动毒性区基因的表达，为T-DNA的转运做准备。

Vir区基因在接受植物细胞产生的创伤信号分子后，*virA*编码产生一种结合在膜上的化学信号受体蛋白。当VirA受体蛋白与化学信号分子（如酚类物质乙酰丁香酮）结合后，构象发生变化，C端活化。活化的C端具有激酶的功能，使蛋白上的组氨酸残基发生磷酸化，从而激活VirA蛋白。激活VirA蛋白可以转移其磷酸基团至VirG蛋白，使Vir族蛋白活化。

*virG*编码DNA结合活化蛋白，该基因有两个启动子：第一个启动子对磷酸饥饿敏感，受磷酸缺乏的诱导；第二个启动子可被强烈的pH变化、DNA损伤及重金属离子等因素所诱导。从总体上讲，*virG*基因属于组成型表达。当VirG蛋白活化后，以二聚体或多聚体形式结合到*vir*启动子的特定区域，从而成为其他*vir*基因转录的激活因子，打开*virB*、*virD*和*virE*等基因簇。

（4）类似接合孔复合体的合成和装配　T-DNA的转运的第一步是穿过细菌细胞膜。因此，农杆菌必须形成一个跨膜通道，而VirB蛋白充当了这个角色。这些蛋白可能一起在膜上形成一种类似于细菌接合转移时所必需的结构，即接合孔或性菌毛（sex pilus），T-DNA通过这种孔由农杆菌进入植物细胞。图12-5为1类接合孔模型。该模型认为VirB6、VirB7、VirB8、VirB9和VirB10是组成接合孔主要成分，VirB11具有ATP酶活性，通过水解ATP提供DNA通过接合孔所需的能量。

（5）T-DNA的加工和转运　*vir*基因操纵子被激活后，VirD1和VirD2蛋白在边界重复序列的特定位点上（一般认为在末端第3和第4碱基处）切下单链T-DNA。同时，单链T-DNA的5′端与VirD2蛋白共价结合，以免5′端受到5′外切酶的攻击；VirE2蛋白与单链T-DNA非共价结合，形成细长的核酸-蛋白质丝，抵抗3′和5′核酸外切酶及核酸内切酶的降解。

加工好的单链T-DNA复合体穿过由VirB蛋白形成的类接合孔进入植物受体细胞，然后由VirD2和VirE2的核导向作用进入植物细胞核。

（6）T-DNA的整合　关于T-DNA整合到植物基因组的机制尚不明确，但根据遗传作图的分析结果提出的T-DNA整合模型（见图12-6）已经得到大多数学者的支持。

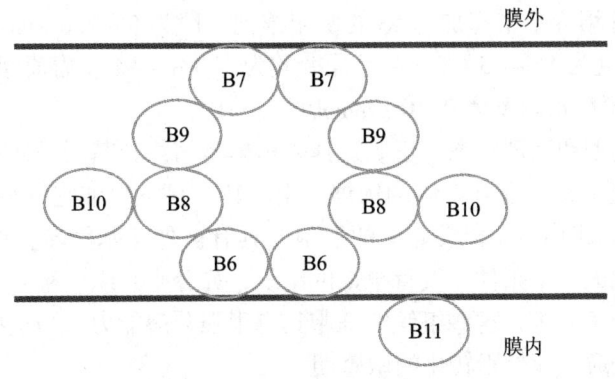

图12-5　根癌农杆菌Ti质粒介导的基因转化的类结合孔复合体模型

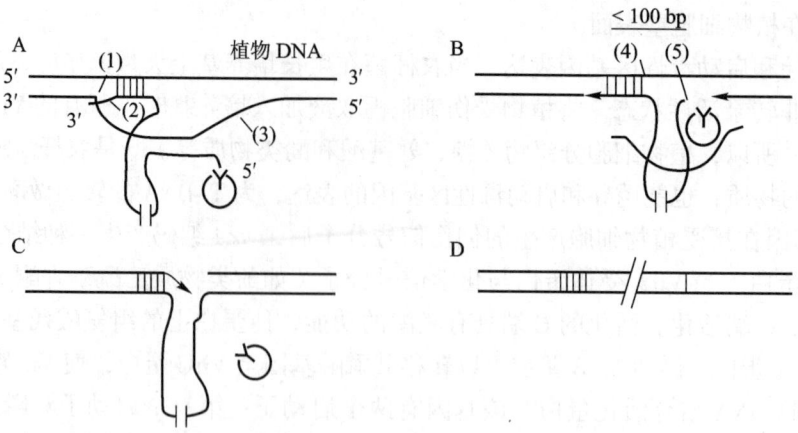

图 12-6　T-DNA 的整合过程

根癌农杆菌 Ti 质粒介导的转基因方法是研究最多、机理最清楚、技术方法最成熟的转基因方法。迄今所获得的转基因植物中，80% 以上是利用根癌农杆菌 Ti 质粒介导的转基因方法产生的。

3. T-DNA 转移的影响因素

（1）农杆菌菌株　由于农杆菌染色体基因的作用直接影响 T-DNA 转移的效率，不同的农杆菌菌株有不同的宿主范围，并有其特异侵染的最适宿主。不同类型的农杆菌菌株的毒力（侵染力）不同。一般而言，3 类农杆菌菌株的侵染力的排列顺序为：农杆碱型（琥珀碱型）菌株（如 A281）>胭脂碱型菌株（C58）>章鱼碱型菌株（Ach5，LBA4404）。选择适宜的转化菌株对于植物转基因工程来说是非常重要的。

（2）农杆菌菌株高侵染活力的生长时期　高侵染活力的菌株一般处在对数生长期，即 0.3~1.8 OD 范围。1.0 OD 约对应 1×10^9 细胞/mL。一般用 0.3~1.0 OD 农杆菌菌液接种植物材料。

（3）基因活化的诱导物　Vir 区基因的活化是农杆菌 Ti 质粒转移的先决条件。前面谈到，酚类化合物、单糖或糖酸、氨基酸、磷酸饥饿和低 pH 都影响 Vir 区基因的活化。在操作过程中，最常用的诱导物是乙酰丁香酮（AS）和羟基乙酰丁香酮（HO-AS），但 AS 效果更佳。关于诱导剂的使用有 3 种方法：①在农杆菌菌液培养时加入诱导剂的时间一般是制备工程菌侵染液 4~6 h 前，也有在农杆菌制成侵染液时加入；②加在共培养基中；③在农杆菌液体培养基和共培养基中都加。AS 的使用浓度一般为 5~200 μmol/L，培养基的 pH 为 5.1~5.7，共培养温度为 15~25℃，D-半乳糖酸为 100 μmol/L，葡萄糖酸为 10 mmol/L，葡萄糖为 10 mmol/L，磷酸根浓度为 0~0.1 mmol/L。

（4）外植体的类型和生理状态　正确选择外植体是植物转基因操作成功的重要条件，明确受体细胞的转化能力是选择外植体的依据。由于转化只发生细胞分裂的一个较短时期内，只有处于细胞分裂 S 期（DNA 合成期）的细胞才具有被外源基因转化的能力；因此，细胞具有分裂能力是转化的基本条件。发育早期的组织，如分生组织、维管束形成层组织、薄壁组织及胚、雌和雄配子体等，这些组织的细胞具有很强分裂能力。当这些组织发生创伤或环境诱导时，则加速分裂，即处于转化的敏感期。

（5）外植体的预培养　外植体的预培养与外植体的转化有明显关系，每种外植体均有其最佳预培养时间，时间太长反而降低外植体的转化率，一般以 2~3 天为宜。一般认为，外植体的预培养有以下作用：①促进细胞分裂，使受体细胞处于更容易整合外源 DNA 状态；②田间取材的外植体通过预培养起到驯化作用，使外植体适应于试管离体培养的条件；③有利于外植体能与培养基平整接触。因为外植体在初始的培养过程中，其会迅速生长从而出现上翘和卷曲，使农杆菌的接种切面离开培养基致使农杆菌生长受到抑制，阻碍对受体的转化。

（6）外植体的接种及共培养　外植体的接种是指把农杆菌工程菌株接种到外植体的侵染转化部位。常用的方法是将外植体浸泡在预先准备好的工程菌株中，浸泡一定时间后，用无菌吸水纸吸干，然后置于共培养培养基进行共培养。共培养即指农杆菌与外植体共同培养的过程。外植体的接种时间和接种农杆菌菌液的浓度因物种和外植体的类型不同而不同。接种时间过长及接种菌液浓度过高，容易引起后续培养中的污染；而接种时间太短和接种菌液浓度过低，又造成转化效率低。一般接种时间为 1~30 min，接种菌液浓度为 0.3~1.5 OD。

四、基因枪法与根癌农杆菌 Ti 质粒介导法的比较

基因枪法和根癌农杆菌 Ti 质粒介导法是应用最为广泛，也是最为成功的植物转基因方法。它们各有其突出优点和不足，具体比较如下：①基因枪法是将大量 DNA 直接射入植物细胞内，故其产生的转基因植物中外源基因多拷贝整合（10 个拷贝以上）的概率较高，而多拷贝的整合易导致外源基因的表达沉默。采用根癌农杆菌介导法相对比较温和，外源基因多为低拷贝整合，且有很大比例为单拷贝整合，转化效率较高。②根癌农杆菌介导法存在宿主范围的局限性。根癌农杆菌的宿主多为双子叶植物，虽然近几年来农杆菌介导的单子叶植物转化有了长足进步，但在一些重要的禾谷类农作物（如小麦、玉米等）中，根癌农杆菌介导法的应用还有相当的难度。而基因枪法属于物理的转化方法，不存在物种的限制，这也是基因枪法的最大优势。③采用基因枪法进行转基因时，有可能使目标植物的细胞器如线粒体、叶绿体获得外源基因，所以基因枪法非常适合于以细胞器为转化目标的转基因研究。

五、植物基因工程新技术

传统转基因技术是外源基因进入植物细胞后随机整合到植物基因组中，进而获得相应的目标性状。但是由于插入位点的随机性，会产生许多不利结果，如植物内源基因的破坏、外源基因沉默等现象。为解决这一问题，一些靶向基因修饰的技术（包括 ZFN 技术、TALEN 技术和 CRISPR 技术）被广泛应用到了植物基因工程研究中，有效地解决了当前在核转基因技术中，外源目的片段插入到染色体上的随机性所带来的位置效应和基因沉默，以及无法对内源目的基因进行精准靶向修饰等缺陷。

ZFN（锌指核糖核酸酶）技术和 TALEN（转录活化因子效应的核酸酶）技术是 21 世纪发展起来的对核基因组 DNA 实现靶向修饰的新兴技术，能够进行定点断裂和基因敲除，显著提高同源重组效率。ZFN 是由一个 DNA 识别域和一个非特异性核酸内切酶 $Fok\,\mathrm{I}$ 构成。其中 $Fok\,\mathrm{I}$ 需形成 2 聚体方能发挥活性，大大减少了随意剪切的概率。通过作用于基因组 DNA 上特异的靶位点产生 DNA 双链切口（double strand break，DSB），然后经过同源重组（homologous recombination，HR）和非同源末端连接（nonhomology end joining，NHEJ）等途

径实现对基因组 DNA 的靶向敲除或者替换，该技术已经被广泛应用于基因靶向修饰的研究。

TALEN 技术与 ZFN 技术类似，都是由 DNA 识别结构域与非特异性核酸内切酶 Fok I 构成。与 ZFN 不同的是，TALEN 技术所使用的 DNA 识别结构域源自黄单胞杆菌属（*Xanthomonas*）中的转录激活子样效应因子（TALE），其是由可以识别单个核苷酸碱基的氨基酸模块串联而成（每个模块含 33~35 个氨基酸），因此可利用 TALE 的 DNA 识别模块组装成特异性结合任意 DNA 序列的模块化蛋白，再利用非特异性核酸内切酶 Fok I 的切割作用就可以在特异的位点打断目的基因，敲除该基因功能，使基因敲除变得简单方便。在实际操作中需在目的基因中选择两处相邻（间隔 17 碱基）的靶序列（一般十几个碱基）分别进行 TAL 识别模块构建。该系统的效率和灵活性均要高于 ZFN 技术，在植物领域获得了很大的突破与应用发展。

CRISPR-Cas9 技术自 2013 年初开始成功应用以来，已迅速应用于多种生物的研究，其在基因编辑中的优越性是显而易见的，相较于传统的转基因技术而言具备高效、精准的优点，相对于 TALENs 和 ZFNs 技术而言，其操作更加简便、敲除效率更高、基因编辑更加精准，大大降低了脱靶概率。CRISPR-Cas9 基因编辑技术能够适用于几乎所有的植物，它的出现为植物基因组的定向编辑带来突破性发展。

在 CRISPR/Cas 系统的基础上，碱基编辑技术（base editing）应运而生，其能够在不产生双链断裂的前提下对单个碱基进行替换。其主要原理是在 gRNA 的引导下，没有双链切割活性的 Cas9 蛋白和碱基修饰酶基因组成的融合蛋白能够精准地识别靶标序列，随后在碱基修饰酶（胞嘧啶脱氨酶或腺苷脱氨酶）的作用下将靶点处的单个碱基进行替换。根据碱基修饰酶的不同可分为胞嘧啶碱基编辑器（cytosine base editor，CBE）和腺嘌呤碱基编辑器（adenine base editor，ABE），这两类碱基编辑系统可分别实现 C/G → T/A 或 A/T → G/C 的碱基精准替换。自 2016 年这一技术被开发以来，因其高效、不依赖 DNA 双链断裂产生、无需供体 DNA 参与等优势，在极短的时间内应用到动植物及其他生物领域，并被 *Science* 杂志评为 2017 年度十大科学突破之一。目前碱基编辑技术在促进植物基因的定向进化和功能筛选方面有较好的应用前景，尽管 ABE 和 CBE 只能够实现嘌呤碱基间和嘧啶碱基间的转换，不能实现嘧啶和嘌呤碱基之间的精确转换以及小片段的精准插入或删除。且对细胞的编辑效率普遍偏低，尤其是在植物中，公开发表数据显示目前的编码效率基本在 20% 以下。2019 年，研发出逆转录酶介导的基于"搜索和替换"模式的引导编辑技术（prime editing）。目前该技术已经在水稻、小麦、玉米、番茄、土豆、拟南芥等植物中得到了迅速应用，但编辑效率偏低，且不同位点的效率差异较大。基因敲入和替换基于同源定向修复（HDR），在玉米、水稻等作物中已有报道，但主要还是应用在筛选抗性性状上，其效率较低。迄今为止，植物基因组编辑中基因表达调控主要是应用在编辑或直接删除靶基因启动子区域中的顺式调节元件，通过对启动子的微调，实现相关性状的定量变异。目前，作物基因编辑技术仍然在不断改进之中，主要的发展趋势是扩展编辑范围，提高编辑效率和精准性，降低脱靶风险。

第三节　转化子细胞的筛选

当采用某种转基因方法处理外植体后，外植体中通常仅仅只有少数细胞获得转化。只有采取有效的筛选方法，才能高效准确地选择到转化细胞。一般情况下，转化载体上除了带有目的基因外，大多还携带选择标记基因，以供转化细胞筛选使用。转化细胞筛选的方法主要有两种：一是根据选择标记基因的特点在筛选培养基中加入能抑制非转化细胞生长的有毒物质（如抗生素、除草剂等），选择标记基因通常为一种解毒基因，可以解除培养基中有害物质对细胞生长的抑制作用，这样只有转化细胞才能生长繁殖；另一种方式是，受体细胞为营养缺陷型细胞，在选择性培养基中不能增殖，而选择标记基因可以补偿这种缺陷，使转化细胞在选择性培养基上正常生长。

一、植物基因工程中的选择标记基因

植物基因工程中的选择标记基因主要是一类编码可使抗生素或除草剂失活的蛋白酶基因。最常用的有新霉素磷酸转移酶（NPT-Ⅱ）基因（neo^r）、庆大霉素抗性基因（$gent^r$）、潮霉素磷酸转移酶（HPT）基因（hpt），以及膦丝菌素乙酰转移酶基因（bar）等。

1. 新霉素磷酸转移酶基因

新霉素磷酸转移酶基因是从大肠杆菌转座子 Tn5 中分离的，其对应失活的选择试剂为卡那霉素、新霉素和 G418。卡那霉素、新霉素可与核糖体小亚基结合抑制蛋白质的合成，G418 可通过抑制 80 S 核糖体的功能而阻断真核细胞中的蛋白质合成。新霉素抗性基因可使选择试剂磷酸化而失效。该选择标记基因广泛应用于双子叶植物，对茄科植物如烟草、马铃薯和番茄等特别有效。在水稻、玉米、小麦及甘蔗等作物中也得到了成功的应用。

2. 庆大霉素抗性基因

庆大霉素抗性基因编码一种乙酰转移酶，属于抗生素标记基因，它通过对庆大霉素的乙酰化而使其失活。该选择基因已在矮牵牛、烟草、番茄等作物中有一定的应用。

3. 潮霉素磷酸转移酶基因

潮霉素是一种很强的细胞生长抑制剂，对许多植物都有很强的毒性。潮霉素磷酸转移酶基因可通过对潮霉素磷酸化而使其失活。该基因已广泛应用于单子叶植物，特别是水稻、小麦和玉米等主要粮食作物的转基因研究，是一种筛选效率很高的选择标记基因。

4. 膦丝菌素乙酰转移酶基因

膦丝菌素乙酰转移酶基因是从吸水链霉菌中克隆的一种基因，其对应的选择试剂为膦丝菌素（basta），膦丝菌素可抑制谷氨酰胺合成酶的活性，从而导致非转化细胞发生氨的致死性累积。bar 基因编码的膦丝菌素乙酰转移酶可通过乙酰化作用使膦丝菌素失活。bar 基因是一种对禾谷类作物特别有效的筛选基因，已成功应用于水稻、玉米、小麦、高粱、大麦、燕麦、黑麦等多种禾本科粮食作物以及大豆、油菜等油料作物的转基因研究。

5. 抗草甘膦 EPSPS 基因

草甘膦（glyphosate）又称为 N-（膦羧甲基）甘氨酸（N-phosphonomethylglycine），草甘膦的作用靶位点是位于莽草酸途径（shikimate pathway）的关键酶 5-烯醇丙酮酰莽草酸-3-磷酸合酶（5-enolpyruvylshikimate 3-phosphate synthase，EPSPS）。莽草酸途径受到抑制会阻碍芳香族氨基酸的合成，最终导致生物蛋白质合成受阻，严重影响植物的生长发育。研究结果表明，以草甘膦为选择剂，利用对草甘膦不敏感的 EPSPS 基因作为遗传转化的选择标记基因，不仅在较短的周期内就可以获得大量的抗性愈伤组织并且获得的转化植株转基因阳性率接近 100%，在转基因作物培育中有广阔的应用前景。

二、报告基因

报告基因是指其编码产物能够被快速测定、常用于判断外源基因是否成功地导入受体细胞(器官或组织)，是否启动表达的一类特殊用途的基因。它与选择标记基因的区别在于，选择标记基因往往要与外界存在的筛选压力如抗生素等相互作用，以筛选出被转化的细胞；而报告基因是提供一种快速测定外源基因是否成功导入的检测手段，它的应用不依赖于外界选择压的存在。它既可作为一种转基因鉴定的方法，也可以作为转基因筛选的一种手段。此外，由于报告基因具有检测方便快捷的特点，其被广泛应用于基因表达调节机理如启动子、反式作用因子等的相关的研究。理想的报告基因具备的基本要求有：①受体细胞中不存在相应的内源等位基因的活性；②它的产物是唯一的，且不会损害受体细胞；③具有快速、廉价、灵敏、定量和可重复性的检测特性。最常用的报告基因有：β-葡萄糖醛酸糖苷酶(*gus*)、萤光素酶(*luc*)和荧光蛋白(GFP、CFP、RFP、YFP 等)的编码基因(*gfp*、*cfp*、*rfp*、*yfp* 等)。

1. β-葡萄糖苷酸酶基因

gus 基因编码 β-葡萄糖苷酸酶(β-glucuronidase，GUS)，存在于某些细菌体内，该酶是一种水解酶，能催化许多 β-葡萄糖苷酸类物质的水解。绝大多数的植物细胞内不存在内源的 GUS 活性，许多细菌及真菌也缺乏内源 GUS 活性，因而 *gus* 基因广泛用做转基因植物、细菌和真菌的报告基因，尤其是在研究外源基因瞬时表达的转化实验中，*gus* 基因应用最多。

用于 *gus* 基因检测的常用底物有 3 种：5-溴-4-氯-3-吲哚-β-D 葡萄糖苷酸酯(X-Gluc)、4-甲基伞形酮酰-β-D-葡萄糖醛酸苷酯(4-MUG)及对硝基苯 β-D-葡萄糖醛酸苷(PNPG)。这三种底物需分别采用不同的检测方法。GUS 可将 X-Gluc 水解生成蓝色物质，通过显色反应可直接观察到组织器官中 *gus* 基因的活性。GUS 催化 4-MUG 水解为 4-甲基伞形酮(4-MU)及 β-D 葡萄糖醛酸，4-MU 分子中的羟基解离后被 365 nm 的光激发，产生 455 nm 的荧光，可用荧光分光光度计定量。GUS 将 PNPG 水解生成对硝基苯酚(p-nitrophenol)，在(pH 7.15)时离子化的发色团吸收 400~420 nm 的光，溶液呈黄色，可采用分光光度法测定。进行转化后，常常只需要简便快速地检测 GUS 活性，不需要严格地定量检测，故通常采用以 X-Gluc 为底物通过组织化学染色的方法进行检测。

2. 荧光蛋白基因

最早出现的绿色荧光蛋白(green fluorescent protein，GFP)是由下村修等人于 1962 年在一种维多利亚多管发光水母(*Aequorea victoria*)中发现，之后又在海洋珊瑚虫中分离得到了第二种 GFP。其中水母 GFP 是由 238 个氨基酸组成的单体蛋白质，相对分子质量约 2.7×10^4，GFP 产生荧光的机理是：有氧条件下，分子内第 67 位的甘氨酸的酰胺对第 65 位丝氨酸的羧基的亲核攻击形成第 5 位碳原子咪唑基，第 66 位酪氨酸的 α-2β 键脱氢反应之后，导致芳香团与咪唑基结合，自发形成对羧基苯甲酸唑环酮生色团后发出荧光。之后陆续发现了红色、黄色和青色荧光蛋白。荧光蛋白已广泛用于细胞标记、蛋白的亚细胞定位和蛋白的表达标记等。

3. 萤光素酶基因

萤光素酶基因(*luc*)有许多种，它可以催化萤光素发出荧光。萤光素是萤光素酶催化的底物总称，不同萤光素的化学结构有一定差异甚至完全不同。常用作报告基因的萤光素酶基因主要是来自萤火虫或细菌的萤光素酶基因。萤光素酶基因的活性检测非常简单，可直接将被检的材料浸入加有萤光素和 ATP 的缓冲液中，置于暗室用肉眼直接观察荧光，或覆盖 X-光胶片曝光，也可通过荧光分光光度计定量检测。

此外，2020 年开发了一种能在可见光下裸眼无损观察的植物遗传转化和基因表达的报告系统 Ruby，其主要是利用甜菜红素可以作为报告分子。甜菜红素是一类可以由酪氨酸为底物经三种酶（CYP76AD1、DODA 和 GT）催化合成的植物天然色素。甜菜、火龙果和其他植物中见到的鲜红色就是甜菜红素积累的结果。Ruby 报告系统是将 CYP76AD1，DODA 和 GT 的编码基因融合成一个开放阅读框（3 个基因间插入编码 2A 肽的序列），并使用单个启动子和终止子来表达，由于 2A 肽能进行自我切割从而释放出用于甜菜红素合成的单个酶。因此，仅需根据颜色即可区分转基因和非转基因愈伤组织。

第四节 转化体的鉴定与证实

外源基因是否整合到染色体上？整合的方式如何？整合到染色体上的外源基因是否表达？基因表达是否产生了完整的蛋白质？以及能否产生目标性状？对于这些问题，在获得大量的转化体后还需要进一步研究与证实，包括外源基因整合的分子生物学鉴定、表型鉴定及外源基因的表达调控研究，通过遗传学分析确定外源基因是否可稳定遗传。无论是在动物、植物还是微生物的基因工程研究中，对外源基因转化验证的内容和技术基本相同，即验证外源基因是否整合可采用 PCR 技术和 Southern 杂交技术，验证外源基因是否表达可采用 RT-PCR 技术、Northern 杂交技术和 Western 杂交技术。

一、PCR 检测外源基因的整合

PCR 技术自 1985 年问世以来，在许多领域都得到了广泛的应用，特别适用于微量 DNA 样品的检测。在转基因个体的检测中，通过设计外源基因两端的特异引物，采用 PCR 技术就可以使外源基因片段得以大量扩增，然后通过琼脂糖凝胶电泳检测特异性扩增带的有无，从而判断外源基因是否整合到受体植物的基因组中。由于 PCR 技术对模板 DNA 量要求很少（对转基因植物一般只需在苗期取一点叶尖提取少量 DNA 即可进行检测），对模板 DNA 质量要求也不高，特别适合转基因体的早期检测。

PCR 技术用于检测外源基因是否整合到受体生物基因组内，结果基本是准确的。但由于 PCR 技术十分灵敏，在引物设计不当以及其他一些外界因素干扰下，有时也会出现假阳性扩增；并且，载体携带外源基因进入受体细胞后仍有可能以游离的方式存在于基因组外，即未能整合到染色体上，因而对外源基因是否整合的鉴定，最可靠的方法还是 Southern 杂交。

二、Southern 杂交检测外源基因的整合

Southern 杂交与 Northern 杂交同属核酸分子杂交，其基本原理是类似的。核酸分子杂交是指来源不同但具有互补序列（或某一区段互补）的两条多核苷酸链通过 Watson-Crick 碱基配对形成稳定的双链分子的过程。其中的一条链被同位素或生物素标记后，即称为探针。探针与其互补的核苷酸序列杂交后，通过放射自显影等技术，杂交位点就可被检测出来。核酸

分子杂交是进行核酸序列分析、重组子鉴定、检测外源基因整合的有效技术手段。它具有灵敏性高（可检出 10~12 g，即 1 pg DNA 样品）、特异性强（可鉴别出 20 个碱基对左右的同源序列）的特点。

Southern 杂交不仅可以判断外源基因是否整合，还可确定外源基因插入的拷贝数。Southern 印迹杂交的一般原理和过程是：先将欲检测的转基因个体的总 DNA 用适当的限制性酶酶切（一般该酶在外源目的基因上没有或仅有一个切点），通过凝胶电泳分离各酶切片段，然后将凝胶中 DNA 片段变性（一般用碱变性）并转移到固相膜上（如尼龙膜）。将外源目的基因或其部分 DNA 片段标记为探针，与转移膜杂交。最后漂洗以除去膜上未被结合的和非特异性结合的探针，根据探针的标记方式选择相应的方法对结果进行可视化（如放射性标记的探针可采用 X 射线的放射自显影、生物素标记的探针可采用辣根过氧化物酶标记的链霉素亲和素（HRP）和地高辛标记的探针可采用化学显色的方法）。通过所显现的带的有无和多少，即可判断外源基因是否插入整合到受体细胞基因组染色体上和插入的拷贝数。但整合的外源基因是否表达以及表达的动态变化还需采用 RT-PCR、Northern 杂交和 Western 杂交技术进行检测。

三、RT-PCR 检测外源基因的表达

RT-PCR 主要用于外源基因在受体细胞内是否转录的初步检测。其原理是以转基因个体总 RNA 或 mRNA 为模板进行反转录得到 cDNA 模板，然后以扩增特异基因的引物进行 PCR 扩增，如果能获得目的扩增条带，则表明外源基因实现了转录。此方法简单、快速，对 mRNA 抽提的数量和质量要求都不高。与 PCR 技术一样，RT-PCR 也存在假阳性的问题，所以外源基因是否转录还需用 Northern 杂交的结果进行验证。

四、Northern 杂交检测外源基因的表达

Northern 杂交与 Southern 杂交的不同之处在于 Northern 杂交固相膜上转移固定的是总 RNA 或 mRNA，探针与膜上 RNA 形成 RNA-DNA 杂交双链，通过显示的杂交带及放射自显影的强度即可判断外源基因的表达水平。Northern 杂交也分为斑点杂交及印迹杂交。由于斑点杂交的假阳性率较高，故一般都采用 Northern 印迹杂交的方法进行检测。

五、实时荧光定量 PCR 检测外源基因的表达

当需要进行 DNA 或 RNA 的绝对定量分析或是差异表达分析时，特别是希望进行高通量的检测时，则可以利用 Real-time PCR 技术。Real-time PCR 即为实时荧光定量 PCR，因其无需电泳，且具有快速性及定量性而越来越被应用。

在实时荧光定量 PCR 反应中，通过引入一种荧光化学物质，对 PCR 扩增反应中每一个循环产物荧光信号的实时检测从而实现对起始模板定量及定性的分析。随着 PCR 反应的进行，PCR 反应产物不断累积，但只有在荧光信号指数扩增阶段，PCR 产物量的对数值与起始模板量之间存在线性关系，所以选择在这个阶段进行定量分析。

实时荧光定量 PCR 的化学原理包括探针类和非探针类两种，这两类的主要代表分别是

TagMan 探针和 SYBR Green I 染料。

实时荧光定量 PCR 技术是 DNA 和 RNA 定量技术的一次飞跃。运用该项技术，可以对样品进行定性和定量分析。定量分析又包括绝对定量分析和相对定量分析。前者可以得到某个样本中基因的拷贝数和浓度，例如检测病原微生物或病毒含量、转基因动植物转基因拷贝数、RNAi 基因失活率等；相对定量即为基因表达差异分析，例如比较经过不同处理样本之间特定基因的表达差异（如药物处理、物理处理、化学处理等），特定基因在不同时期的表达差异以及 cDNA 芯片或差异显示结果的确证。而定性分析多用于基因分型，例如 SNP 检测、甲基化检测等。

六、Western 杂交检测外源基因表达的产物

Western 杂交主要是用于检测外源基因在蛋白质水平上的表达。其基本原理和过程是：首先从转基因材料中提取总蛋白或目的蛋白，经 SDS 聚丙烯酰胺凝胶电泳使蛋白质按分子大小分离，将分离的各蛋白质条带原位转移到固相膜上，膜在高浓度的蛋白质溶液中温育，以封闭非特异性位点。然后加入特异抗体（即可与目的蛋白特异结合的抗体，通常称为一抗），膜上的目的蛋白（抗原）与一抗结合后，再加入带有特殊标记的能与一抗专一结合的抗体（通常称为二抗），最后通过二抗上标记物的性质进行检测。

第五节　植物基因工程研究的应用和展望

基因工程是现代生物技术在农业生物遗传改良中应用最为重要的领域。常规育种目前主要是通过物种杂交来进行品种选育，但这种方法育种周期较长，且远缘物种之间还存在着生殖隔离，给常规育种带来了很大的局限，一些优良基因只能局限于亲缘关系较近的物种中进行交流。而运用基因工程手段可以打破物种间的生殖隔离，实现远缘物种甚至微生物、植物、动物等不同生物大系统物种间的基因"交流"。

目前基因工程已在农业领域取得了相当多的研究成果，并将在生物技术领域发挥愈来愈大的作用。据统计在 1996 年至 2015 年期间，由于转基因作物种植的增产、增产和节约成本，全球 1 800 万农民获得了经济效益（1 678 亿美元）。国际专家一致认为，转基因作物在农艺性能（抗病性、耐旱性等）、产品质量（营养、保质期等）、应对气候变化能力和全球粮食安全方面具有潜在效益。归纳转基因技术在植物遗传改良研究方面的成果，主要包括以下几个方面。

一、抗性基因工程

抗性基因工程也被称为第一代植物基因工程。是研究最早、技术最为成熟，而且应用规模最大的植物转基因技术。主要包括抗虫基因工程、抗除草剂基因工程、抗病基因工程以及抗逆（盐碱、寒、冻、旱）基因工程。

1. 抗虫基因工程

虫害是造成农业减产的重要原因之一，化学农药的使用虽然可以在一定程度上减少产量损失，但长期大量使用农药不但费用较高，而且强大的选择压力易使具抗药性的害虫突变体

成为优势类群（即所谓害虫产生抗药性），同时还会造成农药残留和环境污染。重要农作物几乎难以找到具有较好抗虫性的种质资源，因此基因工程技术在该领域的应用研究最为活跃。将编码具杀虫活性产物的基因导入植物后，其表达产物可以影响取食害虫的消化功能，抑制害虫的生长发育甚至杀死害虫，从而使植物获得对取食害虫的抗性，减少或基本不使用农药。

目前用于植物抗虫基因工程的基因主要包括以下几类：①毒素蛋白基因，如苏云金芽胞杆菌（*Bacillus thuringiensis*，Bt）杀虫晶体蛋白基因等；②蛋白酶抑制剂基因，如豇豆胰蛋白酶抑制剂基因（*CpTI*）等；③淀粉酶抑制剂基因，如菜豆α-淀粉酶抑制剂基因等；④植物外源凝集素类基因，如雪花莲外源凝集素（GNA）基因等。已有大量试验结果表明，Bt杀虫晶体蛋白对人及哺乳动物没有危害，因此其已经在转基因抗虫育种中得到广泛应用。目前苏云金芽胞杆菌杀虫晶体蛋白基因已导入了玉米、棉花、大豆、番茄、烟草、马铃薯、水稻、杨树等植物，而且转Bt基因抗虫玉米、棉花、大豆、番茄、马铃薯和杨树等已经商品化生产；2018年全球转Bt基因作物及转Bt和抗除草剂基因作物的种植面积已超过一亿公顷。其他种类的抗虫基因对人及哺乳动物是否安全还有待进一步的试验证明。

2. 抗除草剂基因工程

为减轻农民的劳动强度，顺应农业机械化的要求，除草剂在农业生产中应用越来越广泛，通过化学方法来控制杂草已成为现代化农业不可缺少的一部分。2020年，除草剂市场规模占作物农药市场规模的44.2%，位居首位，因此利用转基因技术手段选育抗除草剂植物品种，已成为当今的一大重要研究课题。自1996年转基因作物首次大规模商业化种植以来，耐除草剂性状始终是转基因作物的主要性状。在地广人稀、劳动力成本较高的国家和地区，该领域的研究尤为活跃。

抗除草剂基因的研究往往是与广谱高效除草剂相结合的，利用的基因主要包括两类，一是修饰改造的除草剂作用靶蛋白基因，使其表达产物对除草剂不敏感；另一类是除草剂解毒基因。它们主要针对以下几种除草剂发挥作用：①草甘膦（glyphosate），它是目前全球应用最为广泛的广谱非选择性除草剂，其2020年的市场规模占全球除草剂市场规模的23%，可特异性地抑制5-烯醇丙酮酰莽草酸-3-磷酸合成酶（EPSPS）的活性。将从细菌、植物抗性细胞系分离克隆的对草甘膦不敏感的epsps基因导入植物品种中，可以大大提高植物对草甘膦的耐受性。这类基因已成功导入烟草、大豆、番茄、马铃薯、棉花、玉米等植物，许多转基因品种已投入商品化生产。此同时，利用草甘膦-N-乙酰转移酶（glyphosate N-acetyltransferase，GAT）对草甘膦的氨基进行乙酰化修饰可将其转变为无毒的乙酰化草甘膦，草甘膦氧化还原酶（glyphosate oxidoreductase，GOX）和草甘膦甘氨酸氧化酶（glycine oxidoreductase，GO）基因通过氧化还原反应可以降解草甘膦。天然的GAT、GOX和GO的编码基因对草甘膦的亲和性较低，催化活性差，故需要对其利用gene shuffling技术进行定向进化，近年来改造后的基因已经应用于抗草甘膦大豆、油菜、玉米和甜菜的培育中。②草铵膦（glufosinate），如本章第3节中介绍，是一种谷氨酰胺类似物的灭生性除草剂，它可抑制谷氨酰胺合成酶（GS）的作用，使氨积累造成植物中毒。来自土壤的吸水链霉菌（*Streptomyces hygroscopicus*）的双丙胺膦抗性基因和绿棕褐链霉菌（*Streptomyces viridochromogenesd*）的膦丝菌素乙酰转移酶基因（phosphinothricin acetyltransferase gene，*pat*），能够使草丁膦的自由氨基乙酰化从而使其解毒。目前bar基因已成功导入烟草、番茄、马铃薯、拟南芥、水稻、小麦、玉米和油菜等植物，有些转基因品种已经商品化生产。如

2019年中国公司研发的耐草甘膦和草丁膦的转基因大豆获得阿根廷政府的种植许可。2020年6月，该品种进一步获得中国农业转基因生物安全证书（进口）。③磺酰脲类及咪唑啉酮类除草剂，这类广谱性除草剂的作用是抑制乙酰乳酸合成酶（ALS）的活性，从而影响缬氨酸、亮氨酸、异亮氨酸的合成。将从对磺酰脲类除草剂不敏感的拟南芥突变株中分离的 als 基因及从对磺酰脲类除草剂不敏感的烟草突变株中分离的 SURB-Hra 导入番茄、甜菜、油菜、苜蓿、玉米、亚麻等植物后都获得了耐除草剂植株。近年来，编辑除草剂靶向基因 als 也可以获得内源抗性的作物。④溴苯腈，是光系统Ⅱ的强抑制剂，能通过与酶联蛋白结合抑制电子转移。源于土壤微生物肺炎克雷伯氏臭鼻亚种（Klebsiella pneumoniae subsp. ozaenae）的 bxn 基因编码的腈水解酶可以降解溴苯腈，从而对其解毒。该基因导入烟草、棉花、番茄、小麦等植物后也获得了抗性植株。⑤2,4-D，是一种生长素类似物，可选择性地抑制双子叶植物的生长，源于土壤细菌富养罗尔斯通氏菌（Ralstonia eutropha）的 tfdA 基因编码的 2,4-D 单氧化酶可以将其氧化解毒，该基因已在大豆等双子叶植物中显示了作用。

抗除草剂转基因植物是最早进行商业化应用的转基因植物之一，在 2018 年已有玉米、棉花、大豆、油菜、甜菜以及苜蓿等作物的抗除草剂转基因品种进行商业化生产，种植面积近 9 千万公顷。

3. 抗病基因工程

病害也是造成植物减产的重要原因之一，传统植物抗病育种在病害防治中发挥了重要作用，但由于植物病原菌致病小种进化相对较快，传统抗病育种手段往往因育种年限较长，使生产中应用的主要品种在较长时间内必须借助化学杀菌剂来进行病害防治。由于基因工程方法能在短时间内使植物获得抗性基因纯合的转基因植株，从而为植物抗病育种拓展了新的途径。

植物对病原菌的抗性机理至今尚不清楚，因而对相应抗病基因的克隆较为困难。用于植物抗病基因工程研究的基因比较庞杂，抗病机理也很复杂，用于植物抗病研究的主要包括以下几种类型：①抗病基因，如水稻白叶枯病抗性基因 Xa21、水稻稻瘟病抗性基因 Pi2、Pita 等；②解毒酶类基因，如对烟草野火毒素具有解毒作用的 ttr 基因、对草酸毒素起作用的草酸氧化酶基因 germin 等；③抗菌肽及抗菌蛋白类基因，如溶菌酶基因 HL、天蚕素基因 Cecropin、兔防御素基因 NP-1、核糖体失活蛋白基因 RIP 等；④病程相关蛋白类基因，如几丁质酶基因、β-1,3-葡聚糖酶基因等；⑤活性氧类基因，如葡萄糖氧化酶基因 GO 等；⑥植保素类基因，如 stilbene 合成酶基因等。白叶枯病抗性基因 Xa21 可明显提高水稻品系的抗性；ttr 基因导入烟草后，已获得了高抗烟草野火病的株系；将大麦的草酸氧化酶基因导入油菜后也增强了其对草酸的耐受性；转天蚕素基因 Cecropin 的烟草、广藿香均获得了对青枯病的抗性；几丁质酶基因和 β-1,3-葡聚糖酶基因成功地介导了黄瓜对灰霉病、番茄对枯萎病的抗性；源于黑曲霉的葡萄糖氧化酶基因 GO 导入马铃薯后大大提高了其对软腐病的抗性。

病毒是造成植物病害的另一个主要原因，自 1986 年将烟草花叶病毒（TMV）外壳蛋白基因导入烟草获得了第一例抗病毒转基因烟草后，植物抗病毒基因工程的研究日趋活跃，抗病毒基因工程研究的策略主要有以下几种：①病毒复制酶介导的抗性，主要利用源于病毒的复制酶基因干扰病毒的复制，如黄瓜花叶病毒复制酶基因、烟草花叶病毒复制酶基因、番木瓜环斑病毒复制酶基因等；②病毒外壳蛋白介导的抗性，主要是利用无毒性的病毒外壳蛋白抑制病毒的复制或激发宿主的抗性反应，如烟草花叶病毒外壳蛋白基因、黄瓜花叶病毒外壳蛋白基因、大麦黄矮病毒外壳蛋白基因等；③失活的病毒移动蛋白介导的抗性，主要是利用编码失去活性的病毒移动蛋白的基因干扰病毒的扩散和转移，如烟草花叶病毒移动蛋白基因等；④病毒基因相关序列介导的抗性，主要是利用病毒基因反义序列、核酶（一种能够特异性切割RNA的RNA）基因等抑制病毒基因的复制、剪接和表达，如马铃薯卷叶病毒基因的反义序列等；⑤其他来源的基因介导的抗性，如核糖体灭活蛋白类基因、抗体基因等。

抗病毒转基因植物已有许多成功的案例，比如转番木瓜环斑病毒复制酶基因的抗病毒番木瓜、转烟草花叶病毒外壳蛋白基因的抗病毒马铃薯、转马铃薯卷叶病毒移动蛋白突变体基因的抗病毒马铃薯、转多种病毒外壳蛋白基因反义RNA序列的抗病毒烟草等。2021年，首个抗木薯褐条病的转基因木薯在肯尼亚批准种植。这些转基因抗病毒植物的获得大大拓宽了植物抗病毒研究的思路和视野，并创造了大量抗病毒新种质。

4. 抗逆基因工程

盐碱、旱涝、高温、低温、强光、紫外线、农药残毒等环境逆境在一定程度上限制了具经济价值植物的产量和种植范围。为了更充分地利用现有耕地、提高产量，植物抗逆育种一直都受到重视。但由于抗性基因的资源少、抗逆机理不明，其研究进展不够理想。现代生物技术的发展为改变这一局面提供了新的可能，抗性育种也成为第二代转基因植物研究开发的重点之一。

目前用于该领域的基因大体有以下几类：①逆境诱导的植物蛋白激酶基因，如受体激酶基因、促分裂原活化蛋白激酶基因、核糖体蛋白激酶基因、转录调控蛋白激酶基因等；②编码细胞渗透压调节物质的基因，如1-磷酸甘露醇脱氢酶基因 *mtlD*、6-磷酸山梨醇脱氢酶基因 *gutD*、海藻糖合成酶基因 *otsA* 与 *otsB*、甜菜碱合成酶基因 *BADH*、脯氨酸合成酶基因 *P5CR* 等；③超氧化物歧化酶（SOD）基因，SOD可以消除植物在恶劣环境下产生的活性氧基（ROS, reactive oxygen species），如 *Mn-SOD* 基因等；④异黄酮途径相关酶基因，如苯丙氨酸解氨酶基因 *pal*、苯基苯乙烯酮合成酶基因 *CHS* 等，异黄酮提高植物体抗氧化与抗紫外线的能力；⑤防治细胞蛋白质变性的基因，如来源于动物的编码热激蛋白族HSP60、HSP70的基因等；⑥转录因子编码基因，如 *DREB*（dehydration responsive element binding）、myb（包括保守的MYB DNA-binding domain）、*bZIP*（Basic-leucine zipper）、*Hsfs*（heat shock transcription factors）、*OXS*（oxidative stress）等。目前已获得了耐盐碱、耐旱的转基因烟草、玉米、水稻、大豆、小麦等，耐土壤农药残毒的转基因亚麻已在美国进行商业化生产。此外，2020年10月首个HB4耐旱技术的小麦获得阿根廷批准用于种植和销售；2022年HB4耐旱转基因大豆在中国获得进口批准。

二、植物品质改良基因工程

随着人们生活水平的不断提高，植物产品的品质越来越受到重视。但植物的品质相关性状往往是受多基因控制的数量性状，而且往往与产量相关。在缺乏有效选择手段的条件下，利用常规杂交育种方法对多个基因进行操作，实现既高产又优质的育种目标难度较大。外源物种基因资源的利用在很大程度上受到种间生殖隔离的限制，优良的外源基因常常是可望而不可即的。然而，基因工程为有效利用外源基因，改良植物品质提供了全新的技术路线，并取得了一定的成绩。

目前植物品质改良已经成为植物转基因技术的研究，主要包括植物蛋白品质改良、碳水化合物（如淀粉、糖等）品质改良、脂肪、维生素种类和含量改良以及后熟品质改良等方面。

1. 蛋白质、糖类和脂肪品质改良

目前利用植物基因工程技术进行的相关研究主要集中在改良种子贮藏蛋白、淀粉、油脂等的含量和组成，增加维生素含量、植物的氨基酸含量等方面。其改良途径主要有：①将编码广泛氨基酸组成或高含硫氨基酸的种子贮藏蛋白基因导入植物，如将玉米醇溶蛋白基因导入马铃薯等以改善其蛋白质的营养品质等；②将某些蛋白质亚基编码基因导入植物，如将小麦高分子质量谷蛋白亚基基因导入小麦以提高其烘烤品质等；③将与淀粉合成有关的基因导入植物，如将支链淀粉酶基因导入水稻以改善其蒸煮品质和食味品质等；④将与脂类合成有关的基因导入植物，如将脂肪代谢相关基因导入大豆、油菜以改善其油脂品质，如高油玉米、高油酸大豆、改良油脂成分的油菜，已有油脂改良的转基因大豆和油菜品种在美国获得商业化生产许可；⑤利用基因工程途径增大小麦叶酸和花青素的含量；⑥将外源蔗糖-磷酸合酶基因导入马铃薯，以改善从叶（源）到块茎（库）的光合产物供应，从而提高马铃薯块茎的数量和质量；⑦将编码拟南芥紫色酸性磷酸酶（AtPAP2）的基因导入马铃薯可提高块茎的产量和其中的淀粉含量。目前已有油脂改良的转基因大豆和油菜品种在美国获得商业化生产许可。

2. 果品的后熟品质改良

果品的货架存放期将直接影响其商业价值，因此，人们非常希望利用基因工程技术来改变果品的后熟品质。目前已分离到几个控制果品成熟的和果实细胞壁代谢的特异基因，如编码纤维素酶基因和多聚半乳糖醛酶基因，通过改变这些基因的表达，能改变果实的成熟特性。例如，将反义多聚半乳糖醛酶基因导入番茄后可明显降低其成熟时的软化进程，在美国已有相关转基因番茄品种获得商业化许可。干扰乙烯的合成会降低果实收获后成熟进程，可通过干扰乙烯合成途径中的关键酶 ACC 合酶（ACS）或乙烯形成酶（EFE）编码基因来实现。华中农业大学利用 Anti-ACC（ACC 反义基因）基因工程技术培育的耐储藏番茄"华番一号"成为我国第一个被批准进行商品化生产的转基因植物。此外，已有研究发现转录因子 NAC-NOR 和 DNA 去甲基化酶 SlDML2 能通过影响番茄果实风味挥发物的合成，影响番茄的口感。

3. 观赏园艺植物的品质改良

鲜花外形、色泽及存活时间的改良将对年贸易额数 10 亿美元的鲜花产业产生巨大的影响。目前已能利用基因工程技术对类黄酮合成途径的有关酶进行操作来改变花色（如日本三得利公司培育的蓝色玫瑰），目前已有改变花色的牵牛花品种在中国获得商业化生产许可。利用特殊启动子控制下的 Mn-SOD 基因过量表达增加内源氧的收集能力，也有望延长其保鲜期。同时也可利用基因工程技术来调整花期，其主要包括 2 个方面：①促进或延迟开花，如利用 mi R172 介导 AP2-like 转录因子表达对大岩桐花期调控，上调 mi R172 表达可提前大岩桐花期，而下调 mi R172 表达则会延迟大岩桐开花；②延长花期，可以利用花发育相关基因（*FT*、*LFY*、*AP1* 等）延长花期，如安利忻等人的实验研究表明拟南芥 *AP1* 被导入矮牵牛中后，在 R_0 代即可有早花和连续开花的特征出现。拟南芥 *FT* 基因在短日植株大豆中的异位表达可以促进大豆在长日照条件下开花，说明 *FT* 基因在大豆成花过程中发挥关键作用。此外，乙烯在植物体中影响着花的衰老，因此控制植物体内乙烯的生物合成即可延缓花的衰老时期，进而延长植物花期。因此还可以利用基因工程调控乙烯信号转导途径相关基因来延长花期。如利用反义 RNA 技术沉默牡丹乙烯生物合成相关基因 *ACO* 和 *ACS*，进而抑制植物体内乙烯的合成，从而延迟牡丹衰老进程。

三、植物杂种优势的利用

杂种优势的利用在农业生产中发挥着重要的作用，已在多种植物中取得了明显的增产效果。利用杂种优势的关键是选育稳定遗传的雄性不育系及其保持系和恢复系。近年来，作物智能核不育分子设计育种体系在水稻和玉米中得到了应用，其设计思路是在纯合的隐性核雄性不育系（rr）中通过转基因技术导入紧密连锁的育性恢复基因（R）和花粉致死基因（F），以及胚乳特异表达的报告基因（S），筛选获得可育的保持系（F-R-S/r）。该保持系理论上可以产生 F-R-S 型和 r 型两种花粉，但 F-R-S 型花粉由于含花粉致死基因（F）而不能存活，因此该保持系仅产生非转基因的 r 型花粉，防止转基因花粉的传播，保障生物安全。同时，该转基因保持系株系自交后，产生的种子中能够通过检测报告基因（S）快速分选出不育系（无报告基因）和保持系（含报告基因），分别用于杂交制种，以及保持系和不育系的稳定繁殖。

综上，基于植物基因工程技术的作物智能核不育分子设计育种体系具有不育性稳定、不受环境限制、配组自由等优点，保障了杂交种制种安全和育种创新，有望应用于不同作物的杂交育种和杂种优势的利用。

四、植物代谢工程

代谢工程是基因工程的重要分支，近年来代谢工程在植物代谢网络的修饰和改造上显示了巨大的潜力，因此成为了第二代植物基因工程的研究方向，其重点在于改良产品品质、增加营养、提高食品的医疗保健功能，或用作工业原料，增加农副产品的附加值。如富含 β-胡萝卜素的金色稻、能降血脂的大米、高赖氨酸或高油玉米、高油酸大豆、低咖啡因含量的咖啡、彩色棉、改良油脂成分的油菜，以及生产疫苗、药物、工农业用酶制剂、能源、塑料制品等的转基因植物等。如目前已将藻类和酵母中的虾青素生物合成途径的关键酶 PSY、CrtI、BHY 和 BKT 的编码基因引入到水稻中，获得能在胚乳中合成虾青素的转基因水稻。

五、植物生物反应器

利用植物作为生物反应器相对于微生物或动物具有生产过程简单、成本低廉，可大规模生产、安全性好等优点。目前的研究热点集中在生产生物能源（利用植物中的纤维素生产乙醇）、人类药用相关疫苗和蛋白，以及工业酶制剂上，如获得农业部颁布的转基因生物安全证书的转植酸酶玉米的种子表达植酸酶活性能达到 1 000 ~ 120 000 单位，可高效降解饲料中含量丰富的植酸，减少动物排泄物中磷的含量，减轻环境污染；以水稻胚乳为反应器，通过胚乳特异性表达生产的重组乳铁蛋白（Lactoferrin，LF）和人溶菌酶（Human iysozyme，HLys）已实现商业化，重组人血清白蛋白（rHSA）已进入一期临床试验阶段；利用胚乳特异性表达系统也实现了在水稻种子中十个食物源的降血压活性肽的共表达，成功获得了降血压转基因水稻；利用叶绿体转化的高效表达体系，植物可以表达链球菌抗体蛋白，占植物可溶解蛋白成分的70%左右。目前通过植物生物反应器已建立多种重要次生代谢产物和重组蛋白的生产体系，如2018年在烟草中通过引入人参达玛烷二醇合成酶基因 *PgDDS* 和细胞色素基因 *CYP716A47* 能在5 L生物反应器培养过程中将达玛烯二醇Ⅱ和原人参二醇的产量分别提高到166.9 μg/g（干重）和980.9 μg/g（干重）；2021年有研究采用40 L中试规模的生物反应器从转基因水稻细胞悬浮培养物中生产出大量重组丁酰胆碱酯酶（85 μg/g 鲜重）。

六、复合性状

复合性状转基因作物的研发是目前转基因植物研究的主要方向。复合性状转基因作物多是通过杂交，共转化和再转化等手段获得，目前复合性状转基因大豆、玉米、棉花等物种均已商业化种植。2019年，全球抗虫/耐除草剂复合性状的转基因作物种植面积较2018年增长6%，占全球转基因作物种植面积的45%。转基因大豆DP305423不仅具有耐除草剂的特点，同时种子中的油酸含量大幅增加。这主要是通过利用大豆种子特异启动子 Kunitz trypsin inhibitor 3（KTi3）驱动编码大豆去饱和酶的 gm-fad2-1 基因片段，引起内源该基因的沉默，导致大豆种子中油酸向亚油酸的转换受阻，从而提高大豆种子中油酸含量。而导入的 gm-hra 基因可以赋予植物抵抗抗磺酰脲类草甘膦的特性，在转化过程中又可以作为选择标记使用。DP305423自2002年开始田间试验，并于2009年允许商业化种植。2011年选育获得了含有5个抗虫基因和2个除草剂抗性基因的转基因玉米。目前国际上已培育出一大批同时具有抗虫、抗病、耐除草剂等具备复合性状的作物新品种，如2020年华中农业大学培育出同时具备抗虫抗病和抗除草剂复合性状的转基因水稻。

七、筛选标记基因的去除

随着商业化植物转基因品种的不断出现，人类生活水平质量的不断提高，转基因生物可能带来的环境安全和食品安全问题引起了公众越来越多的关注（生物安全评价详见第十八章）。筛选标记基因在选育转基因材料过程中起着关键作用，但是一旦获得了转基因材料该筛选基因就不再需要了，同时选择标记对转化植物发育分化也可能带来不可避免的代谢负担。因此，去除选择标记基因成为转基因研究的另一个研究热点，以期避免标记基因对应的抗生素在与人类和动物相关的上市抗生素品种上的出现，减少消费者的隐忧。

目前主要四大类不同的策略消除标记基因：①位点特异性重组系统，利用重组酶催化两个特定DNA序列的重组而消除标记基因，例如 FLP/FRTS 系统，Cre-*loxP* 系统和 R/RS 系统。②直接重复介导的同源重组系统，通过链置换和单链侵入形成异源双链，借助细胞内的重组修复酶可使两条异源DNA链发生交换。该技术已成功应用于微生物和动物，但在植物中的应用尚处于探索阶段，不过在烟草中已利用该系统实现了标记基因的去除。③共转化分离系统，将选择标记基因和目的基因分别构建在两个不同的DNA分子上或T-DNA片段中，通过转化，这些基因进入植物后，将整合在基因组中2个非紧密连锁位点，在植物杂交或自交分离后代中获得不含有选择标记基因的转基因植物。目前我国获得安全证书的转基因抗虫水稻华恢1号和Bt汕优63就是应用共转化分离方法去除了选择标记基因。④转座子系统，目前Ac/Ds系统是研究得比较清楚的一个转座子系统。通过把目的基因置于整个转座子的外部，将标记基因置于转座子内部，转化后利用转座子的流动性可以使带标记基因的DNA片段和目的基因分离，最后通过自交后代中的重组分离，得到无标记的转基因后代。

相信随着现代生物技术的不断发展，针对消费者对遗传工程生物的环境安全和食品安全的担忧，利用安全标记和建立无选择标记转基因系统势在必行。

思考题

1. 比较植物基因工程与常规植物遗传育种的异同点。
2. 转基因技术在农业领域主要应用于哪些领域，解决了哪些问题？
3. 根据农杆菌介导的基因转化原理，该转化体系是天然的吗？我们如何对其进行人工改造？
4. 在植物基因工程操作中，农杆菌转化和基因枪转化各自的优、缺点是什么？
5. 转基因植株的鉴定方法有哪些，作为一组完整的转基因植株鉴定数据至少应包含哪些参数？
6. 植物基因工程中可使用哪些选择标记基因和报告基因，它们有何特点？
7. 基因编辑技术在植物中已经展示出良好的基因改良潜力；就你对相关知识的认知，详述其与我们通常说的转基因技术的优势和不足。

主要参考文献

1. 王关林，高宏筠. 植物基因工程. 2版. 北京：科学出版社，2002
2. 国际农业生物技术应用服务组织. 2019全球生物技术/转基因作物商业化发展态势. 中国生物工程杂志，2021，41（1）：114-119
3. 景海春，田志喜，种康，等. 分子设计育种的科技问题及其展望概论. 中国科学：生命科学，2021，51：1356-1365
4. Li C, Zhang J, Ren Z, et al. Development of 'multiresistance rice' by an assembly of herbicide, insect and disease resistance genes with a transgene stacking system. Pest Manag Sci, 2021, 77（3）：1536-1547
5. Yang Y, Xu C, Shen Z, et al. Crop quality improvement through genome editing strategy. Front Genome Ed, 2022, 3: 819687
6. Zhu Q, Zeng D, Yu S, et al. From golden rice to aSTARice: bioengineering Astaxanthin biosynthesis in rice endosperm. Mol Plant, 2018, 11（12）：1440-1448

（林拥军　周　菲）

第十三章

动物基因工程

　　动物基因工程（genetic engineering）又称为动物遗传工程或动物基因组修饰，是指利用 DNA 重组技术对动物所进行的工程操作，用于改变细胞的遗传物质的技术。常将通过基因工程技术获得的动物统称为基因组修饰动物。从遗传学角度分为遗传性与非遗传性两种形式。外源基因或内源基因被修饰后能够通过配子进行垂直传递并稳定遗传的称为遗传性动物基因工程；转基因（gene transfer）仅在当代表现，不能够遗传给子代的被称为非遗传性动物基因工程，如外源基因在动物体内的瞬时表达、非生殖细胞整合的嵌合体等。本章只介绍遗传性动物基因工程。

第一节　动物基因工程的发展现状与趋势

　　人类对动物个体进行遗传操作始于 20 世纪 70 年代末和 80 年代初。1977 年 Gorden 将 mRNA 和 DNA 注射到蟾蜍的卵细胞，发现注射的核酸非但不会被降解，反而能发挥正常功能。1981 年利用显微注射方法首次获得了表达疱疹病毒胸苷激酶（thymidine kinase）的转基因小鼠，这种整合到动物基因组中的外源基因被称为转基因，相应的动物称为转基因动物。具有划时代意义的动物转基因事件是 1982 年 Palmiter 用受精卵原核显微注射法获得编码大鼠生长激素（growth hormone）基因的转基因小鼠，其体重是非转基因小鼠的 2~4 倍，被称为硕鼠（gigantic mouse）（图 13-1）。此项研究成果引起了全世界的轰动，并掀起了转基因动物研究、利用和开发的浪潮。近年来，随着 ZFN、TALEN 和 CRISPR/Cas9 等新型基因编辑技术的出现，基因组修饰动物研究取得快速发展。其中，两位发明 CRISPR/Cas9 技术的科学家已共同获得 2020 年诺贝尔化学奖。结合转基因和基因编辑技术，人类先后生产出转基因或基因编辑小鼠、大鼠、家兔、绵羊、山羊、猪、牛、鸡和多种鱼类，部分基因组修饰动物产品已经实现了产业化，造福着人类与社会。

　　动物基因工程已经在人类疾病模型建立、农业生产性状改良，如提高产肉量、改善肉质、提高抗病力、动物生物反应器和异种器官移植等方面取得重要进展。2015 年，美国食品和药物管理局（FDA）批准转基因三文鱼（学名

● 图 13-1　转大鼠生长激素基因小鼠与普通小鼠对比

　　图中左边为转大鼠生长激素基因的小鼠，重 44 g，生长速度比非转基因小鼠快 2~3 倍；右边为同龄的对照小鼠，重 29 g

为大西洋鲑鱼）上市，成为全球第一个进入市场的转基因动物食品。该转基因鲑鱼的生长速度比普通大西洋鲑鱼快 1 倍以上，16~18 个月就能达到上市的体重，而普通大西洋鲑鱼则需要 3 年以上。2020 年美国 FDA 正式批准一种无 α-半乳糖的基因组修饰猪可用于生产食品和医药产品等潜在用途，这是全球首个获得批准的基因组修饰猪产品，标志着全球基因组修饰动物产业化呈加速趋势，将为人类健康带来深远影响。

动物基因工程的实质是改变动物的遗传组成，增加动物的遗传多样性，赋予基因组修饰动物新的表型特征，使其能够更好地服务于人类社会。

一、精细与安全的动物遗传修饰新技术

1. 动物转基因技术及其发展

从转基因的技术手段来看，除原核显微注射法（DNA microinjection）外，人们先后尝试过逆转录病毒载体介导法（retrovirus-mediated gene transfer）、精子介导法（sperm-mediated gene transfer）、胚胎干细胞介导法（embryo stem cell-mediated gene transfer）和体细胞核移植法（nuclear transfer）等多种方法。尽管原核显微注射法较常用，但转基因成功率较低（一般仅为 1%~3%），且需要特殊的设备和一定的操作技巧。胚胎干细胞介导法主要用于制作转基因小鼠和转基因鸡，而新近建立的诱导型多能干细胞（induced pluripotent stem cell，iPS）技术将有效扩大干细胞法制备转基因动物的适用物种。利用转基因体细胞和核移植相结合技术生产转基因动物，可以使转基因的成功率接近 100%。1997 年世界上第一只整合了人凝血因子IX（human factor IX）编码基因的转基因体细胞克隆绵羊波莉（Polly）诞生，堪称转基因动物研究史上的一个新里程碑。早在 2001 年，科学家成功培育出一种环保型转基因猪（Enviropig），在腮腺蛋白启动子的调控下，在转基因猪的唾液中表达重组植酸酶，可减少 50% 以上的粪磷排放量，最高可减少 75%。这是世界上第一种环保型转基因动物。2018 年我国研究人员利用转基因技术，将微生物来源的 2 个葡聚糖酶编码基因、1 个木聚糖酶编码基因和 1 个植酸酶编码基因同时导入猪基因组中，培育出了转有这四个基因的环保节粮型转基因克隆猪。在腮腺蛋白启动子调控下，上述三类重组消化酶特异性在猪的唾液腺中分泌，并随唾液进入猪的消化道，持续降解饲料中非淀粉多糖和植酸磷，从而显著提高猪对饲料中氮磷的利用效率。

2. 从外源基因随机整合到定点整合的转变

外源基因在基因组中的存在方式有两种，即随机整合（random integration）和定点整合。在随机整合中由于插入位点的随机性，插入位点的邻近序列对外源基因产生位置效应而影响转基因的表达，或使某些重要的内源基因发生插入突变，进而影响转基因动物的生长发育。

基因打靶（gene targeting，也称为定点整合）是通过外源基因与靶细胞基因组上同源序列间的同源重组，将外源基因定点整合到靶细胞特定染色体的确定位置上，或使某一个特定位点上的基因发生定点突变。借助动物体细胞的长期传代培养和同源重组克隆筛选，可以获得大量被修饰的转基因细胞系，再通过转基因体细胞核移植技术制备定点修饰转基因动物。采用该策略，2002 年科学家成功获得世界首例 "半乳糖基转移酶基因敲除的克隆猪"。第一头 "基因敲除猪" 的诞生，为异种器官移植带来革命性变化。基因组的定点遗传修饰无论在转基因动物的安全性，还是在应用领域上都具有独特的优势，已经成为动物基因工程中的主要研究方向。

3. 内源或外源基因控制更加精细与安全

从动物基因工程策略来看，有"超表达（overexpression）"、"异位表达（ectopic expression）"、"基因敲降（knock-down）"和"基因敲除（knock-out）"等多种基因组修饰形式。超表达是指在转基因动物体内过量表达其本身含有的功能基因；异位表达是指在转基因动物特定组织中表达该组织不表达的目的基因；基因敲降是指通过RNA干扰技术使靶基因的表达水平大幅度降低；基因敲除是指将目的基因从动物的基因组中删除，使转基因动物概念得到了拓展。在常规的基因组修饰动物中，人们无法对转基因的表达或内源性基因的敲除进行时间和空间上的控制。随着技术的发展，条件性基因打靶技术得到了快速发展，并逐渐成熟。科学家研发了诱导型启动子（Tet-On、Tet-Off等系统）来控制转基因表达开启或表达水平调节；或用组织特异性启动子来控制转基因在特定组织中表达或敲除。

借助转基因和基因编辑技术可将单一的功能基因和基因簇引入高等动物的基因组，或将目的基因从动物基因组中敲除，实现了种系内和种系间的基因转移或修饰，产生新的基因型和表型。动物基因工程在超越生物王国种属界限的同时，简化了生物物种的进化程序，大大加速了生物物种的进化速度。虽然由此引发出一系列争议，但丝毫没有影响转基因动物的研究与应用。

二、基因组修饰动物将成为有限自然资源高效利用的主力军

随着全球人口的急剧增长，人类对自然资源的消耗逐渐加剧。如何从有限的自然资源中获得足够量的动物产品，以满足人类活动的需求，已经成为今后动物资源利用的主要方向。我国培育出的转生长激素转基因猪（二、三代），生产水平提高20%。转基因鲤鱼5个月时体重可达1 000 g以上，而一般的鲤鱼，此时只能长到300~800 g。特别是CRISPR/Cas9技术成功用于哺乳动物基因组定点编辑以来，应用该技术进行动物基因编辑的报道呈现出爆发式的增长。比如通过基因编辑技术，研究人员同时敲除猪的CD163和氨肽酶N（pAPN）的编码基因，制备出了能抵御猪繁殖与呼吸综合征病毒、猪传染性胃肠炎病毒和猪德尔塔冠状病毒感染的三种疫病抗病猪；2021年通过9年来的艰苦探索成功找到了控制鱼刺的关键基因，并通过基因编辑成功将刺多的鳊鱼培育成无刺鱼。这些实验结果充分证明了利用动物基因工程技术可有效改善自然资源的利用水平，减少环境压力，提高动物的生产性能。

目前，在饲料利用率、对抗重大传染性疾病、影响畜禽生产效率等方面，均研制出了相应的基因组修饰动物模型，获得了优异的表型特征。随着对性状形成机制研究的深入，培育更加安全、更加高效的基因组修饰动物将为人类社会提供丰富的食品来源。

第二节　动物基因组修饰技术

因减数分裂的同源染色体配对，或双链DNA断裂与重接（DNA修复）时所产生新等位基因的过程被称为遗传重组（genetic recombination）。在真核与原核细胞中普遍存在着因DNA修复所产生的遗传重组。遗传重组是维持遗传信息稳定、造就新的DNA突变和新表型的主要机制，也是制备基因组修饰动物的主要理论依据。

一、动物基因工程载体

作为动物基因工程载体必须具备以下几个功能。第一，为外源基因提供进入受体细胞的转移能力。从理论上讲，任何 DNA 分子均可利用物理渗透方式进入生物细胞中，但这种频率非常低，以致在常规的实验中难以检测到。某些种类的载体 DNA 分子本身就具有高效转入受体细胞的特殊生物学特性，因此由外源基因与载体所拼接的重组 DNA 分子转入受体细胞的概率比外源 DNA 片段提高几个数量级。第二，为外源基因提供在受体细胞内复制或整合的能力。外源基因在受体细胞内面临两种选择：①直接整合在受体细胞染色体 DNA 的某个区域，作为基因组的一部分进行复制与遗传；②独立于受体细胞染色体 DNA，以附加体形式存在。第三，为外源基因提供在受体细胞内表达的能力。载体中需要具备使外源基因在受体细胞内有效表达的相应表达调控元件。

上述三大功能并非所有的载体分子都必须具备的，应依据实验目的的不同而有所不同，但为外源基因提供复制或整合能力的特性是必不可少的。在制备转基因动物时常用的载体一般都具有整合能力，只有目的基因整合到受体细胞基因组中，才能实现可遗传性。根据载体携带目的基因在受体细胞基因组的整合情况，载体大致分为两类：随机整合载体；定点整合载体。另外从转基因动物目的基因表达水平的角度来看，动物基因工程载体可以分为三类：过表达载体；敲降载体；敲除载体。本节将以后者分类方式分别介绍三类载体的特点和功能。

1. 过表达载体

过表达载体其作用就是使目的基因超量表达，也就是在转基因动物受体细胞中，载体携带目的基因的表达水平高于受体细胞原有该基因的表达水平。表达载体的共同特点是都带有原核复制区和选择性标记基因，保证重组 DNA 分子能够在大肠杆菌中扩增，同时也必须包括能在真核细胞表达的相关元件。一般包括转录外源 DNA 序列的启动子元件、转录产物有效地加上 poly(A) 尾巴所必需的信号序列、真核细胞中的选择性标记（如新霉素抗性基因 neo^r；胸苷激酶基因 tk；绿色荧光蛋白基因 gfp；腺嘌呤磷酸核糖转移酶基因 $aprt$ 等），另外还可增加一些附加元件，如增强子、内含子、剪接供体与受体点，以保证外源基因的高效表达。通常过表达载体包括以下几类：

（1）通用型表达载体

通用型表达载体可使携带的目的基因高效表达，而且一般无物种或细胞类型的特异性，是研究基因功能的有力工具。其应用非常广泛，可以应用于畜禽生产性能和品质改良、细胞示踪等基础研究。启动子是一段能够与 RNA 聚合酶结合且起始 RNA 合成的 DNA 序列，位于基因的上游，其长度因物种不同而不同。所谓通用型表达载体拥有真核细胞表达载体共同结构特征，主要差别在于启动子，这类表达载体的启动子可以驱动目的基因在同物种或不同物种中所有类型细胞（组织）表达。常用的通用启动子一般是病毒来源的启动子，其长度 300~700 bp，能够高效驱动目的基因表达，如巨细胞病毒（cytomegalovirus，CMV）启动子、猿猴空泡病毒 40（Simian virus 40，SV40）启动子。另外细胞持家基因的启动子也可以作为过表达载体的启动子，如肌动蛋白（actin）、组蛋白编码基因的启动子。如图 13-2 为一个典型的过表达载体，CMV 为启动子，保证目的基因高效表达；MCS（multiple cloning site）为多克隆位点，利用这些酶切位点可以把目的基因插入；同时有 SV40 聚腺嘌呤信号序列，这样

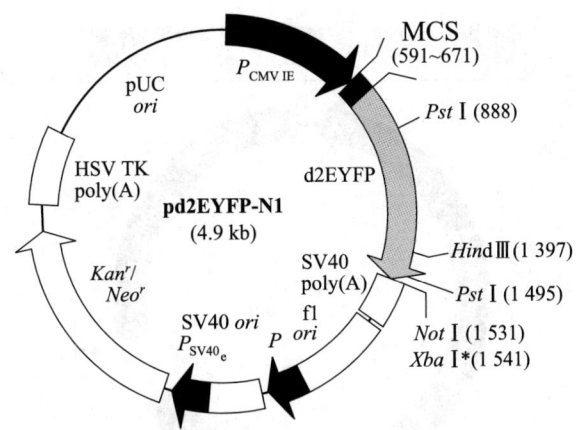

图 13-2　通用型表达载体 pd2EYFP-N1 图谱

就构成了一个完整的目的基因表达结构。载体骨架中的 SV40 ori（SV40 origin）使该载体在任何表达 SV40 T 抗原的真核细胞内进行复制；新霉素抗性盒（neo^r）由 SV40 早期启动子、Tn5 的 neomycin（新霉素）/kanamycin（卡那霉素）抗性基因（neo^r/kan^r）以及 HSV-TK（单纯疱疹病毒胸苷激酶，herpes simplex virus thymidine kinase）基因的聚腺嘌呤信号组成，能应用 G418 筛选稳定转染的真核细胞株。此外，载体中的 pUC ori（pUC origin）能保证该载体在大肠杆菌中复制。

（2）组织特异性表达载体

在高等的真核生物中，有些基因只在特定的组织中表达，也就是说一些特定的调控序列（启动子）可以调控基因在特定的组织中有效表达。因此可以利用这些特定的调控元件构建真核表达载体，驱动目的基因在特定组织中表达，这样的载体称为组织特异性表达载体。常用的组织特异性表达载体有乳腺组织特异性表达载体、肌肉组织特异性表达载体和神经组织特异性表达载体等。

以山羊乳腺特异性表达载体 pBC1 为例（图 13-3），该质粒中含有一个可以保证重组质粒在原核细胞内大量复制的复制原点（来自质粒 pBR322）和选择性标记（氨苄青霉素抗性基因）。所选用的启动子为山羊乳腺特异性表达的 β-酪蛋白（β-casein）基因启动子，外源 DNA 片段插入到外显子 2 和 7 之间的 Xho I 克隆位点上，其后为 β-酪蛋白基因的 3′调控区，保证转录的有效终止。为了防止随机整合外源基因插入位点的位置效应，在启动子上游增加了两个 β-肌球蛋白（β-globin）编码基因的隔离子序列，保证转基因的高效表达。该载体还可以通过在 Sal I 和 Not I 位点插入靶基因的两侧同源臂，制备成同源重组转基因结构，实现基因敲除（knock-out）与敲入（knock-in）。利用该转基因结构所制备的转基因动物乳腺中外源基因的表达水平达到了 60 mg/L。

关于人工改造的质粒载体很多，并有大量的商业化产品，但各具各的特点，应针对不同目的适当选择。

（3）条件控制表达载体

条件控制表达载体的优点是可以人为控制其所携带目的基因的时空表达，在胚胎发育、干细胞等基础研究方面应用较多，在转基因鱼中也有广泛应用。诱导型表达载体是指其启动子只有在一定条件诱导下才能驱动目的基因转录的表达载体。采用这种诱导型表达载体制备的转基因动物便于人为控制，即使转基因动物进入自然环境中，如果不存在合适

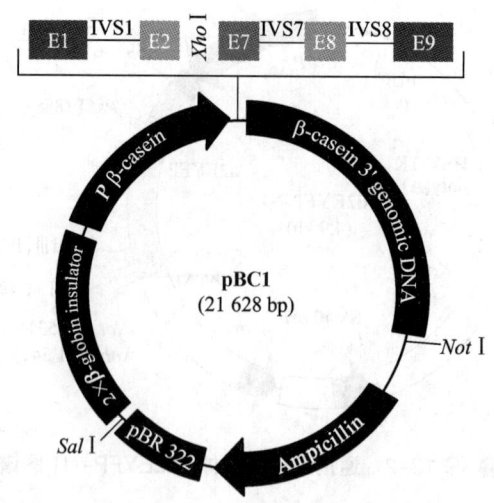

图 13-3　乳腺组织特异性表达载体 pBC1 图谱

β-globin insulator（2X），肌球蛋白基因的隔离子；Pβ-casein，β-酪蛋白基因的启动子；E1、E2、E7、E8、E9，β-酪蛋白外显子1（非编码）；IVS1、IVS7、IVS8，β-酪蛋白基因的内含子；β-casein 3′genomic DNA，β-酪蛋白基因3′调控区；Ampicillin，氨苄青霉素抗性基因；pBR322的复制原点

的诱导条件，目的基因也不能表达，因此不会造成生态系统的破坏和生物安全等问题。常用的诱导型载体有四环素诱导型表达载体。四环素诱导型表达载体也称 Tet-On 系统（如图 13-4），此系统主要由三部分构成，即调节单位、与目的基因相连的反应元件和诱导剂。四环素调控的转录激活子（rtTA）由突变的大肠杆菌 Tn10 的四环素阻遏蛋白（TetR）的 DNA 结合区与 VP16 融合而成。四环素应答元件（TRE）由人巨细胞病毒 IE 启动子的微小启动序列（Pcmv）、大肠杆菌的 tet 操纵子序列和目的基因三部分连接而成。四环素或强力霉素（doxycycline，Dox）存在时，rtTA 与 tetO 结合，激活 Pcmv 继而启动目的基因的转录。而当 Dox 不存在时，rtTA 不与 tetO 结合或结合很弱，因而不能启动目的基因的转录。

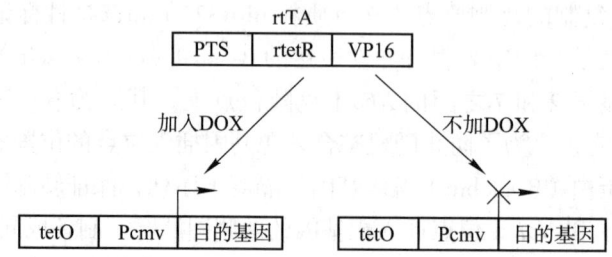

图 13-4　Tet-On 系统原理示意图

2. 敲降载体

敲降载体的作用是使受体细胞特定的靶基因 mRNA 发生降解，从而使靶基因的表达水平大幅降低，其优点是作用特异性强，敲降靶基因效率高，相对基因敲除载体操作简单，筛选细胞周期短。该技术在抗病毒性疾病转基因动物生产中有广泛的应用。原理主要是依据 RNA 干扰（RNAi）技术，其机制是外源或内源的 dsRNA（双链短 RNA）被细胞内能剪切特异 dsRNA 的核糖核酸酶（称为 Dicer 酶）切割成 21~23 个核苷酸（nt）大小、每个 siRNA（短的干扰 RNA）的 3′ 端带有两个突出碱基的干扰双链 RNA，此双链 siRNA 与一个核糖核

酸酶复合物结合，形成 RNA 诱导沉默复合物（RISC，至少含有 siRNA、RNase 和 RNA 解旋酶），RISC 中的 siRNA 引导识别靶向同源 mRNA，由 RNA 解旋酶完成靶向 mRNA 与 siRNA 正义链换位，RNase 在距离 siRNA 3′端 12 个 nt 处切割靶 mRNA，使其降解，从而使转录后基因沉默。

敲降载体结构和前面所述的真核表达载体基本相同（图 13-5），区别在于启动子和转录单元。目前常用的敲降载体一般选择 U6 启动子和 H1 启动子，是一类依赖 RNA 聚合酶Ⅲ的启动子，有明确的起始和终止序列，在离启动子一个固定距离的位置开始转录合成 RNA，遇到 4~5 个连续的 U 即终止，并且转录产物在第二个尿嘧啶处被精确切下来。转录的干扰 RNA 多数为一段 45~50 nt 的发夹结构 RNA（small hairpin RNA，shRNA），shRNA 在细胞内会自动被加工成为 siRNA，从而引发基因沉默或者表达抑制。

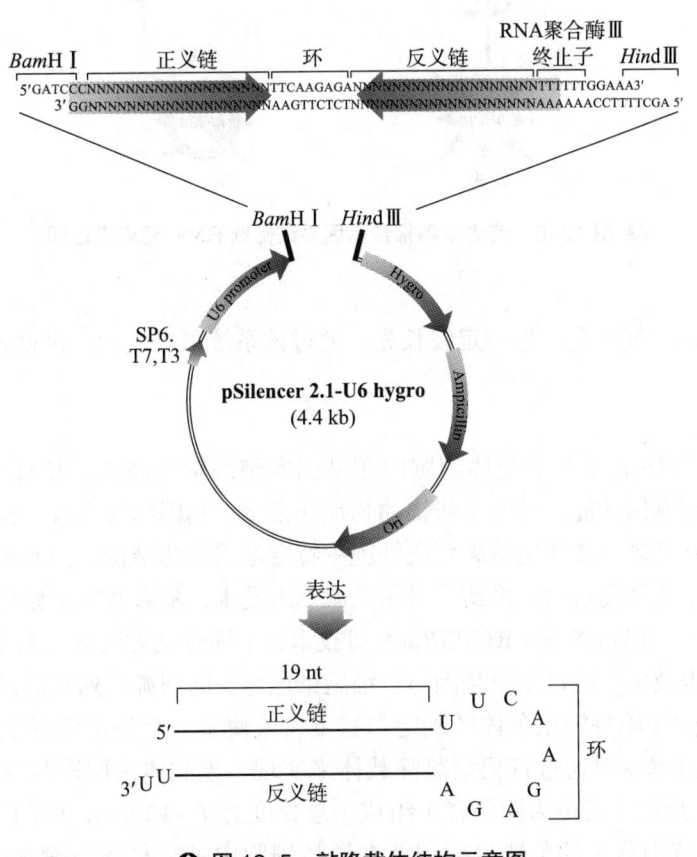

图 13-5 敲降载体结构示意图

siRNA 的设计是决定 RNAi 实验成败的关键。首先是利用软件设计 siRNA 的靶向序列并构建 shRNA 表达载体，进而通过实验从具有不同沉默效率的 siRNA 序列中筛选出高效的序列，其中比较常用的实验方法为重组质粒法。以荧光素酶报告基因系统为例（图 13-6），首先构建一个真核表达载体，在报告基因（荧光素酶或 GFP 等）的翻译终止密码子前插入目的基因片段。将构建的载体和 shRNA 共转染 293T 细胞，在细胞内就会转录出荧光素酶基因和目的基因的融合 mRNA，如果 shRNA 在目的基因上无靶点，不会影响荧光素酶基因的翻译，在添加荧光素酶化学发光底物的情况下，底物就会被分解并产生一定波长光，通过检测器可检测发光情况；反之，若 shRNA 在目的基因上有靶点，融合 mRNA 被降解，荧光

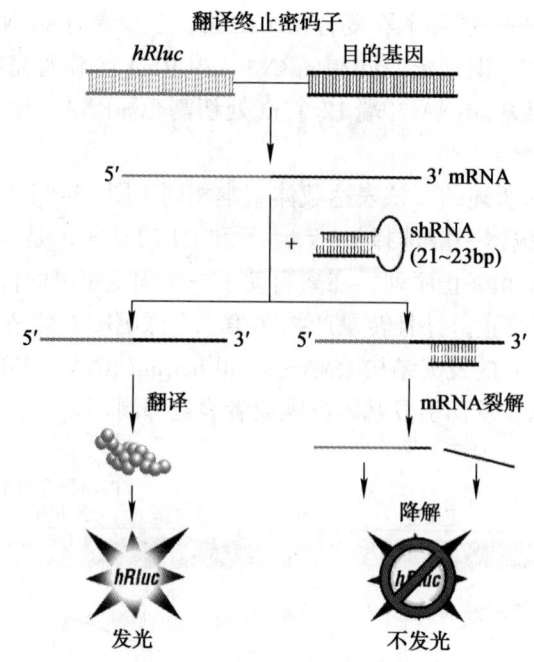

图 13-6　荧光素酶报告基因系统筛选 RNAi 靶点原理图

素酶基因不能翻译,就不会产生一定波长光。通过该系统可以快速、准确地验证 RNAi 干扰靶点。

3. 敲除载体

敲除载体能在 DNA 水平对受体细胞内靶基因实施编辑与修饰,具有作用位点特异性,因而该载体在研究基因功能、基因组修饰动物疾病模型、基因组修饰改良畜禽性能等方面有着广泛应用。敲除载体主要作用是破坏靶细胞中特定基因表达结构,使其不能表达,而且是位点特异性。为了实现此目的,最初常采用同源重组技术,随着基因组修饰技术的发展产生了效率更高的 ZFN、TALEN 和 CRISPR/Cas9 等技术,下面分别对这些技术介绍。

(1) 同源重组技术　通过外源基因与靶细胞染色体上的同源序列间的同源重组,将外源基因定点整合到靶细胞特定染色体的确定位置上,或使某一个特定位点上的基因发生定点突变的技术。该技术主要通过打靶型敲除载体来实现,该载体由两段与基因组内靶基因座序列同源的 DNA 片段(又称为同源臂)组成(总长度为 4~10 kb),中间为正向选择标记,同源臂外侧为真核细胞中的负选择标记及在原核细胞中进行复制与筛选的载体 DNA 序列(图 13-7)。

正筛选标记通常是细菌的新霉素抗性基因(氨基糖苷磷酸转移酶基因,neo^r),该基因的表达可以抵抗 G418 对细胞的致死效应。G418,即 geneticin,是一种氨基糖苷类抗生素,是硫酸新霉素类似物,通过干扰核糖体功能而阻断蛋白质合成,对原核和真核等细胞均产生毒性。当 neo^r 基因被整合进真核细胞 DNA 后,表达氨基糖苷磷酸转移酶,使细胞获得抗性而能在含有 G418 的选择性培养基中生长,因此被称为正筛选标记。负选择标记是胸苷嘧啶激酶编码基因(tk),该基因可以使培养液中所添加 GANC [9-(1,3-二羟二丙氧)-甲基鸟嘌呤]磷酸化,进而参与 DNA 复制并造成 DNA 复制的提前终止,从而引发细胞死亡。因此这种标记又被称为自杀基因。两侧同源臂主要是引发两次交换,造成同源臂间的 DNA 序列取

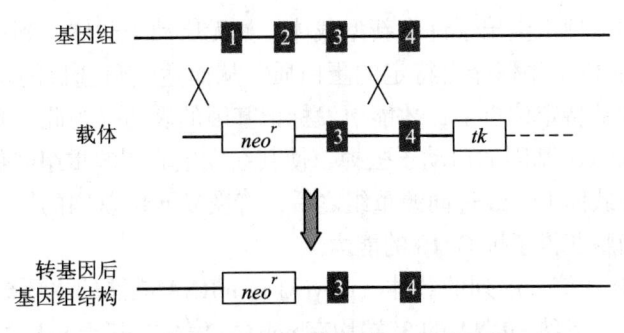

图 13-7 打靶型基因敲除载体结构
黑块为外显子

代靶位点上的相应序列。

转染了同源重组结构的细胞，其外源基因有两种去向，即基因组中没有整合外源基因的细胞和整合了外源基因的细胞。两者可以通过在细胞培养液中添加 G418 杀死没有整合外源基因的细胞，保留整合外源基因的细胞。整合了外源基因的细胞又分为两种情况，即随机整合及定点整合（发生了同源重组）。两者可以通过添加 GANC 而将随机整合的细胞杀死，剩下的正常生长细胞便是基因敲除的细胞系。经过传代后用于嵌合体或核移植，便可生产转基因克隆动物。同源重组细胞系筛选原理见图 13-8。

基于同源重组原理人们又开发出适合于不同需求的穿梭载体（Hit-Run）、双置换型载体和共整合型载体等。

（2）基因敲入　基因敲入是利用同源重组原理将外源基因插入到染色体的特定位点上。基因敲入的转基因结构设计上相似于基因敲除结构，但区别在于基因敲入结构是用外源基因替换并失活靶基因，或在不影响靶基因功能的前提下插入新的基因，或在染色体上特定位点插入新的外源基因，从而实现基因转移，并使外源基因高效表达。在对靶基因的选择上，应依据实验目的和靶基因或靶位点的功能认真选择，以免阻碍外源基因的表达。如对早期发育至关重要的基因进行失活，就会造成胚胎早期死亡，不能得到转基因成活个体。

基因敲入载体结构相当于在图 13-8 中的 neo^r 基因和 3′ 同源臂交界处增加一个外源基因，即在敲除的同时又插入了一个新的基因。其转基因细胞系的筛选原理和过程也是相同的。

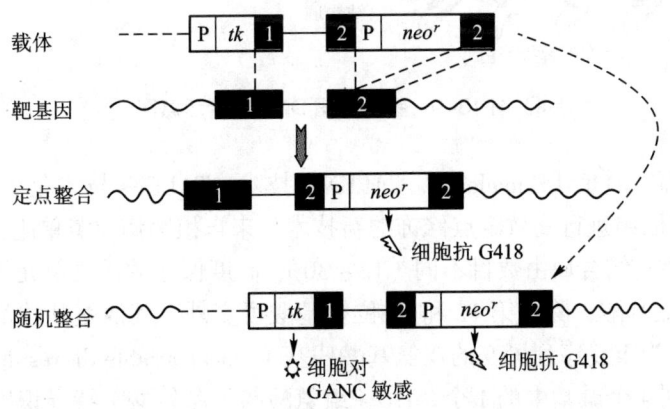

图 13-8 同源重组与随机整合细胞系的筛选示意图

利用同源重组的原理衍生出了许多新型载体，如无启动子载体，利用靶基因上的启动子来转录标记基因的 mRNA 并翻译出特定的蛋白质，从而达到筛选目的。也就是说只有外源基因整合到特定基因的特定位点上，才能引发标记基因的表达。为此，必须在打靶载体上将正选择标记基因，如 neo^r 基因的启动子去掉，使其在发生非同源重组时保持沉默。如果 neo^r 基因正确放置在打靶载体上，经过同源重组之后，将恢复 neo^r 基因的转录与翻译活性，也使定点整合的转基因细胞获得了抗 G418 的能力。

另一种是无 poly(A) 信号序列的载体。poly(A) 是 mRNA 成熟的主要标志，否则 mRNA 不能走出细胞核，因此在成熟 mRNA 的 3′ 端均有 poly(A) 信号。基于 poly(A) 信号的特殊作用和依据又发展出了无 poly(A) 信号转基因结构。如果打靶载体上的标记基因没有 poly(A) 信号，就必须利用靶基因上的 poly(A) 信号才能得到表达，因此此法同无启动子筛选法一样，也能富集同源重组的细胞克隆。

（3）锌指核酸酶（zinc-finger nuclease，ZFN）技术　ZFN 技术是继同源重组后发展的新型技术，锌指蛋白可以识别所有的 GNN 和 ANN 以及部分 CNN 和 TNN 三联体。在基因组水平上至少有 18 bp 的 DNA 序列才能确保靶位点的特异性，所以可通过多个锌指蛋白串联起来形成一个锌指蛋白组，以识别一段特异的碱基序列，具有很强的特异性和可塑性。与锌指蛋白组相连的非特异性核酸内切酶来自 Fok I 的 C 端的 96 个氨基酸残基组成的 DNA 剪切域。Fok I 是一种限制性内切酶，只在二聚体状态时才有酶切活性，每个 Fok I 单体与一个锌指蛋白组相连构成一个 ZFN，识别特定的位点，当两个识别位点相距恰当的距离时（6~8 bp），两个单体 ZFN 相互作用产生酶切功能，从而达到 DNA 定点剪切的目的（图 13-9）。当两个 ZFN 切割靶位点，制造出双链断裂以后，细胞的修复机制被激活，DNA 的同源重组机制会将外源的同源片段复制到断裂缺口上，从而达到引入外源基因片段的目的。ZFN 制造出双链断裂后，DNA 同源重组修复引入外源片段的效率增加了几千倍。

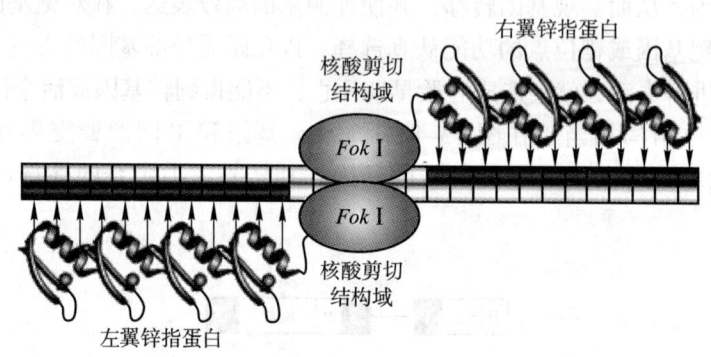

图 13-9　锌指酶靶 DNA 结合示意图

（4）TALE 核酸酶（TALE nuclease，TALEN）技术　TALENs 技术是继 ZFN 技术以来发展的一种能够对基因组进行高效定点修饰的新技术。来自植物病原黄单胞菌（*Xanthomonas*）中的 TALE 蛋白 DNA 结合域由数目不同（12~30）、高度保守的重复单元组成，每个重复单元含有 33~35 个氨基酸，除了第 12 和 13 位氨基酸可变外，其他氨基酸都是相同的，这两个可变氨基酸被称为重复序列可变的双氨基酸残基（repeatvariable di-residues，RVD），每个 RVD 可特异性识别 4 个碱基中的 1 个，HD（组氨酸与天冬氨酸）特异识别 C 碱基，NI（天冬酰胺与异亮氨酸）识别 A 碱基，NN（天冬酰胺与天冬酰胺）识别 G 或 A 碱基，NG（天冬酰胺与甘氨酸）识别 T 碱基，NS（天冬氨酸与丝氨酸）识别 A、T、G、C 中的任一种。利用氨基酸序列与其靶点 DNA 序列有恒定的对应关系，构建与核酸内切酶 *Fok* I 的融合蛋白，在特异性位点打断目的基因组 DNA 序列，从而可在该位点进行 DNA 编辑修饰。两个 TALENs 单体以尾对尾的方式通过 TALE 部分特异性结合到靶 DNA 上，非特异性的 *Fok* I 通过形成二聚体对识别位点间 spacer 的几个核苷酸进行切割并使 DNA 断裂。TALENs 产生的双链断裂（double strand break，DSB）能够通过以下两种途径进行修复：一种是同源重组（homologous recombination，HR）修复，在一个具有同源臂的 DNA 模板存在下，细胞能够将含有同源臂的外源基因整合到靶位点的 DNA 序列上；另一种是非同源末端连接（non-homologous end joining，NHEJ）修复，直接修复断裂的 DNA 双链，该修复机制往往导致 DNA 断裂处碱基的突变，多数情况下发生碱基缺失。这种错误修复如果发生在一个基因的外显子上，能够导致该基因阅读框的改变，达到 DNA 定点敲除的目的（图 13-10）。

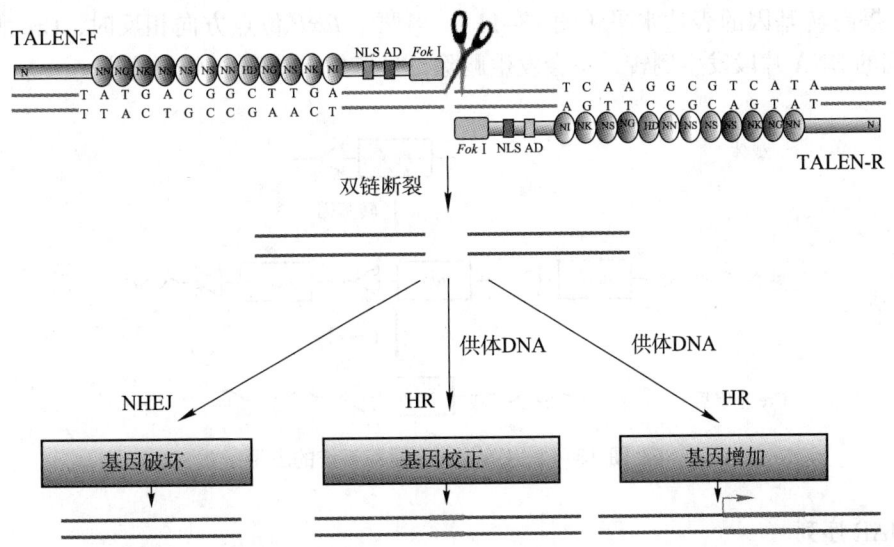

图 13-10　TALENs 作用靶点基因组 DNA 位点产生双链断裂后，不同修复机制应用示意图

（5）规律性成簇间隔的短回文重复序列/CRISPR 相关蛋白（clustered regularly interspaced short palindromic repeats/CRISPR-associated，CRISPR/Cas）系统　CRISPR/Cas9 技术是最新一代能对细胞或生物体基因组进行精准编辑的基因工程技术，与 ZFN 和 TALENs 技术相比，CRISPR/Cas9 技术具有使用成本低、基因编辑适用范围广、打靶效率高和操作简便等诸多优点。该技术已经于 2020 年获得诺贝尔化学奖。近年来，CRISPR/Cas9 技术已经被广泛应用于提高家畜繁殖效率、产肉生产性能、抗病性以及人类疾病模型构建等研究中，并创制了一批基因编辑猪、牛、羊育种新材料。

二、载体相关调控元件

基本骨架载体能够保证目的基因在受体细胞表达，但有时根据研究需要或客观原因及生物安全性考虑，要求靶基因的表达可以人为控制，需要时表达，不需要时不表达，或增加特定元件以删除不需要的冗余序列。下面分别对这些调控元件作介绍。

1. Cre-loxP 系统

在进行转基因操作过程中，由于有些基因在胚胎发育过程中是至关重要的，这些基因的表达或缺失会引发胚胎的死亡，如果对这些基因实施操作就不会得到成活转基因个体，为此人们开发出了条件性重组系统（如 Cre-loxP 重组系统）。Cre 酶是来自于噬菌体 P1 的重组酶，能催化具有相同或相似的特殊序列位点两条 DNA 链间的重组，根据参与反应的 loxP 的方向和相对位置，Cre 酶可以分别催化 DNA 的整合、切除或重组等多种反应。有关 Cre 酶和噬菌体 P1 的关系请见第三章。Cre 酶是一个 38 kD 的蛋白质，调节 loxP 位点间的染色体内（切除、反接）和染色体间（整合）的特异性重组。loxP 位点由 34 对碱基组成，除了中间的 8 个碱基对（此 8 个碱基对决定了 loxP 的方向性）外，其余部分为一个反向重复序列。当两个 loxP 位点方向相同时，Cre 酶催化两个 loxP 位点发生重组，删除两个 loxP 位点间的 DNA 片段和一个 loxP 位点。如果有多个串联重复且方向相同的 loxP 位点时，Cre 酶将删除两端最远的两个 loxP 位点间的 DNA 片段，以保证只有一个 loxP 位点，这样就防止了转基因的串联重复，提高转基因的表达水平（图 13-11）。当两个 loxP 位点方向相反时，Cre 酶仅使两个 loxP 间的 DNA 片段发生倒转，不会发生删除，且依然保持两个 loxP 位点。

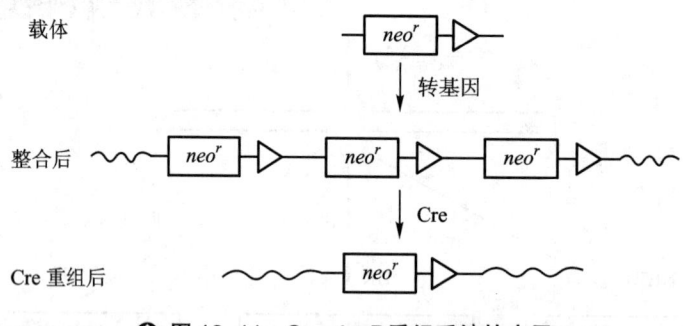

图 13-11 Cre-loxP 重组系统的应用

2. MAR 序列

MAR 序列（matrix attachment region，基质结合区，简称 MAR 序列）是真核生物基因组中可与核基质结合的一段 DNA 序列，其已在果蝇、家蚕、鸡、哺乳动物细胞、酵母和一些植物中发现。通过对 MAR 序列的核苷酸序列分析，发现 MAR 之间没有明显的序列同源性，但却有共同的特征：富含 A、T 碱基（≥70%）；含有若干短的基元序列/模体，如 A-box（AATAAAYAAA）、T-box（TTWTWTTWTT）。MAR 在一定程度上提高了转基因的平均表达水平，同时也可以降低不同转化体之间转基因表达水平的差异。MAR 具有的转录增强作用与转录的起始点和转基因同 MAR 序列之间的距离无关，而与该基因的整合状态及拷贝数有关。MAR 必须整合到宿主基因组中才能起作用，将 MAR 序列连接到报告基因的两翼，那么任何整合进不活跃区的外源 DNA 都有可能形成一个独立的环区，使得外源基因能够进行高水平的转录。MAR 序列可以限制凝聚染色质结构的扩展，使相邻的转录单元彼此独立以免受周围染色质中顺式调控元件的影响，从而达到基因正常表达的目的。

3. 绝缘子

绝缘子（Insulator）既是基因表达的调控元件也是一种边界元件，能够阻止邻近的调控元件对其所界定基因的启动子增强或抑制作用，以将表达域保护起来。边界元件通常有两个功能：一是有抵抗染色体位置效应的能力；二是可以作为增强子的阻碍物阻断增强子对启动子的作用。通过对脊椎和无脊椎动物中的多种具有特异性功能细胞的研究，已经在不同基因中找到若干绝缘子，并且采用标准的转基因方式评估了异源边界元件的功能。为了克服位置效应，通过增加表达域所需的调控元件，增加绝缘子，可提高目的基因的表达水平。

将基本骨架载体与相应的调控元件有机组合，可以实现转基因结构的多样化，以适合不同的转基因动物研究需求，因此对转基因载体结构的精细设计，可以达到事半功倍的效果。

三、基因转移技术

向真核细胞转移外源基因的方法大致可分为三类：物理法、化学法和生物法。物理法中主要是电击法、微注射法、基因枪法（见第十二章）和超声波转染法；化学法中最为常用的是磷酸钙沉淀法、DEAE 葡聚糖转染法（二乙氨基乙基交联葡聚糖）、脂质体法；生物法中主要是病毒感染法。

1. 动物细胞的物理转染法

物理转染法是一种利用机械刺激将外源 DNA 导入细胞内，从而达到基因转移的实验方法。物理法对所转基因的长度没有限制，但转染效率随着 DNA 长度的加大而降低。

（1）电击法（electroporation） 电击法也叫电激法、电场转移基因法或电转化法。其基本原理是在外加短暂高压电脉冲的作用下，细胞膜电位发生改变，细胞质膜瞬间形成纳米级的微孔。外源 DNA 通过这些微孔或者伴随微孔关闭时膜成分的再分布而直接进入细胞内，并进一步整合到宿主 DNA 上，达到转基因目的。具有游离末端的线性 DNA 分子，易于发生重组，因而更容易整合到宿主染色体，形成永久性转化子。影响电转染效率和细胞存活效率的主要因素有电脉冲的最大电压、电容、持续时间，及电转液的温度与组成、DNA 浓度、细胞类型与数量。因此当转染不同细胞时须进行条件优化，以期得到最佳的转染效果。

电击法的主要特点表现为：具有较强的通用性，可用于动物、植物和微生物等各类细胞；除了能够将外源 DNA 导入细胞，还可以将蛋白质等物质转入细胞；具有效率高、无毒性、参数容易控制等优点；操作简便、成本低；对于大片段 DNA 转染效果较好；对细胞损伤大，不易存活。

基于电击转染适合于所有类型的细胞，并具有较强的通用性，经优化电击条件开发了适合于不同细胞类型的专用转染试剂，形成了一种新的高效物理转染方法——核转染。该技术节省了研究者优化转染条件的时间，提高了转染效率，特别适用于转染原代细胞和难以转染的细胞系。

（2）显微注射法（microinjection） 显微注射法是在显微操作系统的辅助下，通过玻璃微管直接将外源 DNA 注入哺乳动物受精卵的原核内，使外源基因整合到基因组上的方法。利用显微注射法已经制备了转基因牛、羊、猪、兔、小鼠等动物，并逐步发展成为转基因动物生产的主要方法。

随着加工工艺的改进，显微注射法不但可以进行受精卵的显微注射，还可以自动化地进行贴壁或悬浮细胞的显微注射（30~40 个细胞/min），注射基因无需载体，长度可达 100 kb，存活下来且注射过的细胞均能瞬时表达，有 1%~30% 的克隆是稳定表达的克隆，外源基因整合率较高。此种转基因方法的缺陷是需要昂贵的设备和操作熟练的技术人员，费时且效率低，基因的拷贝数无法控制。

（3）基因枪法　基因枪法又被称为抛射物撞击法或粒子加速法，其基本原理是将要转染的 DNA 吸附到高黏度的金属（钙或金等）颗粒上，在一种加速装置的作用下，将这些粒子高速打入细胞或组织内，达到转基因目的。该方法应用的细胞范围广，可以进行活体的基因转移，但需要特殊的仪器设备，影响因素也很多，如金属粒子的大小、DNA 浓度和冲击力大小等。

（4）超声波转染法　细胞膜在超声波的作用下通透性会增加并出现可逆的瞬间通道（小孔），这种现象称为声致孔（sonoporation）效应。这些通道可作为药物或基因进入细胞内的通道。而通过添加超声造影剂能降低空化阈值，增强空化效应，促进外源基因进入细胞内，提高基因的转染效果。超声造影剂为内含气体的微气泡，它的蛋白质或脂质体外壳带正电荷，可以同带负电荷的 DNA 相结合，当声能达到一定强度时，就会导致微气泡破裂，产生空化效应，使局部毛细血管和邻近组织的细胞膜通透性增高，外源基因能更容易进入组织或细胞内。

此法操作简便、转染效率高、适合于活体局部转染，已经成为了一种常用于瞬间表达的转基因方法。但不同细胞种类、不同长度目的基因、超声辐照方式、超声能量大小以及微泡声学造影剂的种类和剂量不一，都会使转染效率差别很大。

2. 动物细胞的化学转染法

（1）磷酸钙法　基于二价金属离子能促进细胞吸收外源 DNA 的特性，人们发展了简便、高效的磷酸钙共沉淀的转染方法：将待转染的 DNA 溶解在磷酸缓冲液中，与后加入的 $CaCl_2$ 形成碳酸钙的纳米级微颗粒；将此微颗粒悬浮液加入贴壁培养的细胞中，外源 DNA 被靶细胞所吸收，进而实现转基因。影响转染效率的因素包括 pH、$CaCl_2$ 和 DNA 的浓度、温度、沉淀与转染时间等，且细胞类型对转染效率也有较大影响。

磷酸钙法的转染效率较低，而且对较长（>20 kb）的 DNA 片段效果更差。应用甘油或 DMSO（二甲基亚砜）对靶细胞进行休克，转染效率会得到一定程度提高。该法适用于外源基因的瞬时表达，也可用于建立稳定表达的转基因细胞系。

（2）脂质体包埋法（lipofection）　脂质体是由脂质双分子定向排列而成的直径由几微米到几毫米的人工制备的超微粒子。制备脂质体的主要材料为磷脂和类固醇，因其能够将 DNA 分子有效地转入细胞内，且可生物降解、无毒和无免疫原性，而用于动物细胞的转染。中性脂类在表面活性剂的作用下，可将 DNA 包裹入脂质体内。阳离子脂类通过表面的正电荷与 DNA 或 RNA 分子骨架上带有负电荷的磷酸基团相互吸引，形成 DNA-脂质体复合物，脂质体上的多余正电荷与细胞膜上的负电荷接触，通过内吞与细胞膜融合等作用，将外源 DNA 转入细胞内。

脂质体包埋法的优越性表现在：与生物膜有较大的相似性和相容性，可生物降解，对细胞毒性低；操作简便、易于制备，不需要特殊的仪器设备；对细胞类型有选择性，转染效果随细胞类型不同变化大；转染靶向性不强；对 DNA 的质量要求高；血清对转染有一定的抑制作用。

（3）微细胞介导染色体转移技术　微细胞介导染色体转移技术（microcell-mediated chromosome transfer，MMCT）是利用微细胞将染色体转移至受体细胞内的技术。其原理是利用秋水仙素抑制供体细胞的纺锤体形成，获得由核膜包裹的不同数量染色体的微核，通过超速离心获得含有单个或多个染色体的微细胞，借助细胞融合技术，将微细胞与受体细胞融合，实现染色体的转移。

该方法适用于基因大片段乃至染色体转移，既可用于基因的瞬间表达，也适用于建立稳定表达的哺乳动物转基因细胞系。缺点是操作繁复。

3. 动物细胞的生物感染法

反转录病毒是一种单链 RNA 病毒，当病毒进入受体细胞后，在反转录酶作用下将病毒基因组 RNA 反转录为双链 DNA，并整合到受体细胞的核基因组中，进而实现基因转移，因此反转录病毒是天然的转基因载体。反转录病毒通过其基因组上的 LTR（长末端重复区，long terminal region）高效整合到靶细胞的基因组内，实现外源的基因永久表达。

为了保证反转录病毒作为转基因载体的生物安全性，人们开发出了 3 质粒和 4 质粒的病毒包装系统。将两段带有 LTR、中间带有报告基因和病毒包装所需信号序列以及外源基因插入的多克隆位点的质粒结构为核心质粒；将表达病毒核心蛋白和反转录酶/整合酶等基因的质粒为包装质粒；将表达被膜蛋白的质粒为被膜质粒。将三种质粒共转染包装用真核细胞，将包装出含有核心质粒中两个 LTR 以及其间序列的缺陷型病毒粒子。新病毒粒子的基因组内缺乏反转录酶、包装蛋白、病毒核心蛋白等关键基因，不能复制和致病，使其更加安全（详细结构见图 13-12）。收集由包装细胞分泌出来的重组反转录病毒，感染其他类型动物受体细胞，即可将外源基因整合到受体细胞的基因组内，实现转基因。

反转录病毒感染法操作简便，无需特别的仪器设备；转染效率很高，且可感染各种类型细胞，对于含有上万细胞的鸟类胚盘细胞更为实用，也是转基因鸡制备的首选方法。通常情况下，外源基因是以单拷贝整合到受体基因组中；但制备的转基因胚胎往往出现嵌合体，经过选育后才能培育出稳定遗传的转基因动物。缺点是对外源基因承载量有限，一般仅为 8 kb 以内；尽管是复制缺陷型，但在包装过程中若与整合型辅助病毒基因组发生同源重组，则可能装配成野生型反转录病毒颗粒，引发生物安全问题，导致这种方法受到了严格限制。

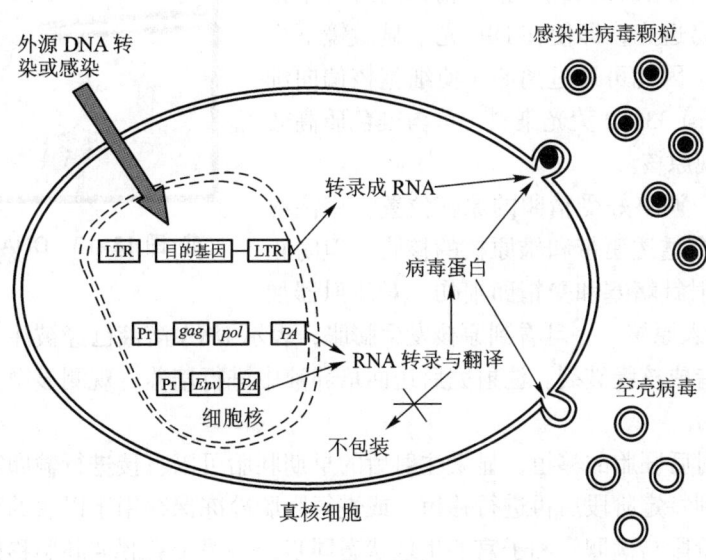

↑ 图 13-12 反转录病毒的包装过程

第三节　基因组修饰动物制备

基因组修饰技术包括转基因、基因敲除和基因编辑等，基因组修饰动物的制备方法主要有精子载体法、单精注射法、原核期胚胎显微注射法、精原细胞病毒感染法、转基因胚胎干细胞的嵌合体制备法、转基因原始生殖细胞（primordial germ cells，PGC）移植法和体细胞核移植法等，不同的基因组修饰动物制备方法有着各自的特点和应用局限性。

1. 利用 DNA 显微注射法制备基因组修饰动物

显微注射法因其操作简便、技术成熟度高和不受 DNA 长度限制等优点，依然是转基因和基因编辑动物制备的首选方法。

（1）外源基因准备　显微注射法转基因的成功率受外源 DNA 纯度影响很大，应用专业性纯化试剂盒进行纯化，杜绝有害物质残留，保证注射后胚胎的存活率。从整合率上看线形 DNA 分子要好于环形，而环形 DNA 在细胞内的半衰期较长，适用于瞬间表达与基因治疗。尽管载体 DNA 序列不影响外源 DNA 的整合效率，但载体序列能抑制转基因的表达，因此应尽量去除转基因结构中的载体部分。对于 CRISPR/Cas9 技术，需要准备 Cas9 蛋白和体外转录的 sgRNA，进而采用递送 Cas9 核糖核蛋白（RNP）的方式对目的基因组进行定点修饰。

（2）原核期胚胎制备　对年轻、健康、性成熟的雌性动物利用促性腺激素诱导超数排卵，本交或子宫内输精，从输卵管的壶腹部收集原核期受精卵，放入培养液中培养至注射。

（3）显微注射　显微注射是在倒置相差显微镜下进行的，如果使用微分干涉（DIC）的镜头，这样雄原核与雌原核能够清晰可见，可将外源基因准确注射到较大的雄原核核内（图13-13）。猪受精卵内含有丰富的卵黄颗粒，不易透光，即使在 DIC 光学显微镜下也不容易看到原核，因此可通过离心（使细胞核偏向细胞一侧）或 Hoechst 33342 荧光染料（可与染色质高效结合）等方法显现原核。

注射过程中，调整好受精卵的原核位置。用注射针轻柔而快速地穿透透明带和雄原核的核膜，但防止碰到核仁造成注射针堵塞和受精卵损伤。对注射器加压使外源 DNA 进入原核，一旦看到原核发生膨胀，表示 DNA 溶液已经被注入，应立即将注射针撤出，防止造成核膜破裂。注射完后送回培养液中进行培养，观测显微注射受精卵的发育情况及判定死活。

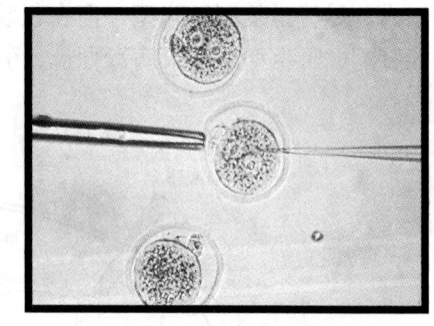

图 13-13　DNA 显微注射示意图

（4）显微注射后胚胎的移植　显微注射后的早期胚胎可以直接进行输卵管移植，或经过体外培养后发育到特定阶段后再进行移植，或进行胚胎冷冻保存用于以后的移植。移植原则是保证胚胎发育阶段与输卵管和子宫的生理状态同步，一般是囊胚期胚胎移植在子宫内，囊胚前胚胎移植到输卵管内。未经注射新鲜胚胎移植的成功率为 50%～70%，注射后胚胎移植后发育成胎儿的成功率有所下降，仅为 10%～30%。

2. 胚胎干细胞法制备转基因动物

胚胎干细胞（embryonic stem cell，ESC）是从早期胚胎内细胞团（inner cell mass，ICM）中分离出的未分化、具有正常二倍体染色体和发育全能性的细胞。诱导型多能干细胞是在体外条件下利用四个转录因子（Oct4、Sox2、Klf4 和 c-Myc）组合处理分化的体细胞，使其重编程而得到的类似胚胎干细胞的一种细胞类型。当将 ESC 或 iPSC 注入宿主囊胚腔内（又称为内细胞团注射）可以同宿主胚胎共同发育，分化成成体动物的各种组织（包括生殖细胞），形成嵌合体（见图 13-14）。ES（或 iPS）细胞的最大优点是可以在体外进行人工培养、长期扩增和冷冻保存，因此可以在体外进行基因工程操作。

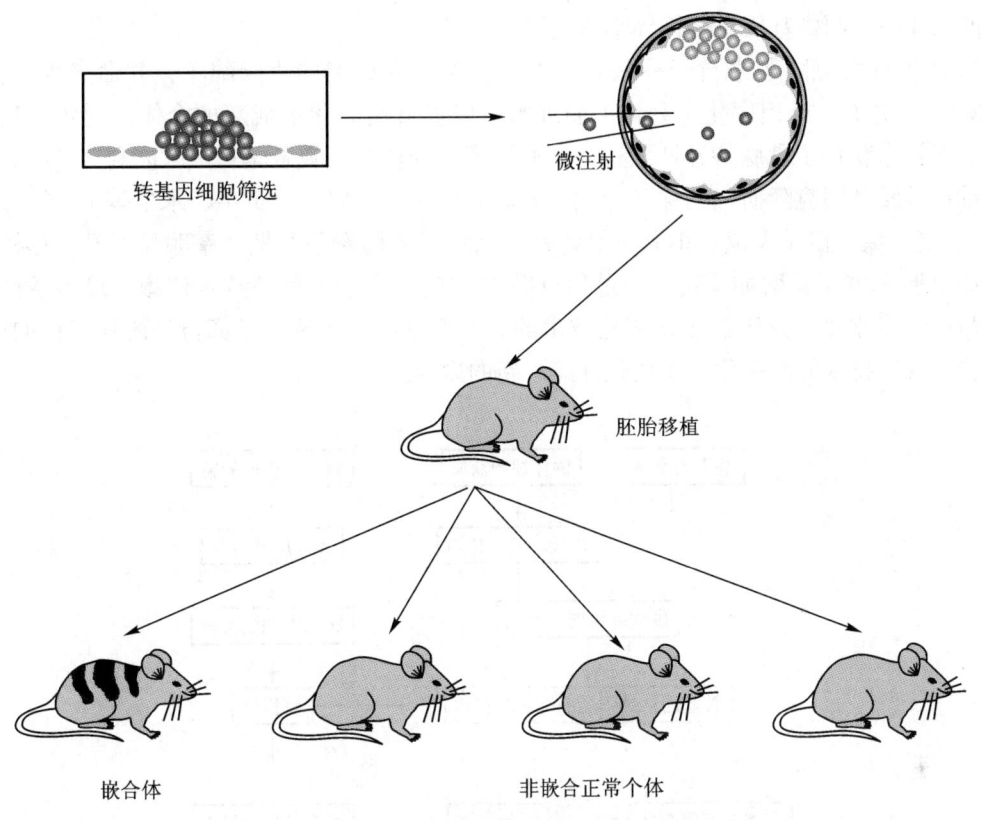

图 13-14　胚胎干细胞法制备转基因动物过程

（1）基因组修饰胚胎干细胞（或 iPS）的获得　利用电击、脂质体包埋等方法对小鼠胚胎干细胞或 iPS 进行转染，通过药物筛选获得基因组修饰胚胎干细胞或 iPS 细胞系。对基因组修饰细胞进行放大培养和分子鉴定。

（2）囊胚的基因组修饰干细胞注射　收集囊胚期的胚胎，在显微操作系统下向囊胚腔内注入基因组修饰的胚胎干细胞或 iPS 细胞，经过短暂培养后，将质量好的囊胚移植到受体的子宫内，进行妊娠观察。

（3）嵌合体的检测和育种　在嵌合体制备时应选择具有同一性状（毛色性状等）两个明显不同的表现型的个体进行嵌合，这样可以通过外观直接判定是否为嵌合体。另外还可以通过特异性表达的基因或基因组扫描方法，在分子水平上予以判定。

基因组修饰嵌合个体的制备主要目的是获得基因组改造后代，因此要判定所发生的嵌合是否为种系嵌合（即生殖腺嵌合）。用基因组修饰嵌合体个体与正常野生型个体交配获得转基因或基因编辑杂合子个体，然后杂合子个体进行横交就会获得基因组修饰纯合子和杂合子个体。如果在后代中没能发现转基因纯合子，应注意是否因为基因组修饰的纯合造成了胚胎的早期死亡，导致无法得到成活个体。

3. 体细胞核移植法生产基因组修饰动物

不经过有性生殖过程，而是通过核移植生产遗传背景相同动物个体的技术叫做动物克隆。使用的核供体细胞如果来自多细胞阶段的胚胎，叫做胚胎克隆；使用的核供体细胞来自于动物个体的体细胞，叫做体细胞克隆。如果将经过核移植发育成的胚胎或动物个体的细胞再次作为核供体进行核移植，叫做连续克隆；利用转基因或基因编辑体细胞作为供体细胞所进行的核移植，叫做基因组修饰体细胞克隆。

1997年首次克隆了来自于一只6岁母羊乳腺上皮细胞的克隆绵羊，并命名为"多莉"（Dolly），证明了已经程序化（分化）的细胞可以进行脱分化形成新的个体。同年，利用转基因克隆技术获得了乳腺特异性表达人凝血因子IX的转基因克隆羊——"波利"（Polly），极大地推动了转基因克隆研究的深入。此后人们克隆了牛（奶牛、黄牛、水牛等）、羊（绵羊、山羊）、猪、兔、鼠（大鼠、小鼠）等物种，克隆用重构囊胚的发育率明显上升，移植的克隆胚胎受胎率也明显增加（其具体过程见图13-15）。由于核移植技术依赖于设备条件和操作人员的技术水平，这限制了核移植技术的大面积推广，无透明带卵母细胞核移植的成功，为动物核移植技术的简单化、实用化开辟了新的途径。

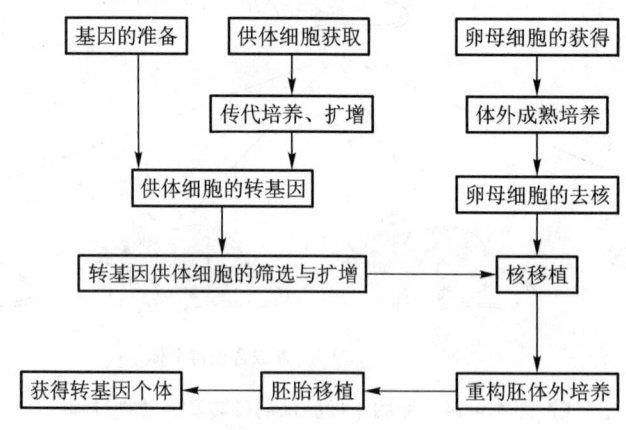

图 13-15　转基因体细胞核移植的技术过程

转基因或基因编辑体细胞的准备是核移植法的关键步骤，其流程有严格的要求，包括以下步骤：①体细胞的选择与传代培养。②体细胞的转染与阳性细胞筛选。③体细胞克隆中的MII期卵母细胞主要作为细胞质供体，为核供体的再程序化提供必要的因子（如MPF等），恢复核供体的全能性潜能。④移核、融合、激活与培养。在体细胞核移植中，供体细胞和受体细胞核质同步化是影响移植效率的关键因素。⑤转基因或基因编辑克隆胚胎的移植。按照常规胚胎移植的方法对核移植胚胎进行移植，并依据核移植胚胎的发育阶段、受体的发情周期状态以及黄体情况调整移植的时间与部位。⑥转基因或基因编辑克隆个体的接产与护理。体重过大所造成的高难产率、分娩时母体同胎儿信号不同步以及核移植个体肺部发育不良等因素，造成了克隆个体的死亡率明显增加，因此接产与产后处理已经成为了提高克隆个体存活率的重要环节。

基于体细胞核移植法生产基因组修饰动物的诸多优势，已经成为了基因工程动物生产的主要方法。1997年利用选择标记基因（neo^r）和人凝血因子IX（用于治疗白血病的药物）的编码基因共同转染绵羊胎儿成纤维细胞系，得到了转基因细胞系，以这些转基因细胞系为核供体，生产了 6 只转基因绵羊。2003 年我国利用转基因体细胞克隆技术，大规模生产了整合有乳铁蛋白（lactoferrin）、岩藻糖转移酶和溶菌酶等蛋白编码基因的转基因克隆牛，解决了克隆个体剖腹产的弊端；2009 年，我国还培育出在乳腺组织表达特异表达乳铁蛋白的基因编辑猪，延长了具有广谱抗菌活性的乳铁蛋白在乳汁中的表达时间，有利于哺乳期仔猪抵抗腹泻，为基因组修饰动物个体的产业化推广奠定了基础。2017 年 11 月，利用胎猴成纤维细胞作为供体细胞，对核移植胚胎进行 TSA 处理和 Kdm4d mRNA 注射，我国成功培育出两只健康存活的克隆猴"中中"和"华华"，这标志着世界上第一例经由体细胞核移植产生的灵长类动物被成功克隆，体细胞核移植法将为灵长类动物基因编辑操作提供更为便利和精准的技术手段。

第四节　基因组修饰动物鉴定与安全评价

转基因或基因编辑动物基因组中由于基因失活、沉默、整合位点（位置效应）、基因拷贝数等不同均会影响目的基因的表达水平，而基因编辑技术效率存在差异，且存在一定潜在的脱靶风险，因此须从基因组、转录组、蛋白组、信号通路、表型和遗传稳定性等多个层面进行系统鉴定。

一、外源基因的基因组水平鉴定

1. PCR 的快速检测

利用外源基因的特定区段设计特异性引物，进行 PCR 扩增，以判定目的基因是否存在于基因组内。对同源重组的转基因结构来讲，利用 PCR 还可以进行转基因细胞系的基因型测定以及整合位点检测。PCR 检测法具有使用材料少，对 DNA 要求不是很高，检测速度快等优点，已经成为了转基因鉴定的重要手段。但因其灵敏性较高，少量污染即会影响其准确性，因此应防止交叉污染，并通过提高重复次数来提高准确性。另外 PCR 检测存在着假阳性现象，因此 PCR 检测出的阳性个体还需应用 Southern 杂交等方法做进一步的确认。

2. Southern 杂交

Southern 杂交是鉴定外源基因是否整合在基因组内的可靠方法，其原理与操作过程见第八章。利用 Southern 杂交法还可以进行目的基因拷贝数的半定量分析。

3. 外源基因整合位点测定

测定转基因动物外源基因的侧翼序列，可以有效评价外源基因的插入是否会影响内源基因的表达，是否造成了内源基因的突变（插入突变等）。通过生物信息学手段，还可初步预测外源基因表达水平以及对内源基因的影响。

基因组步移法（genome walking）又称为染色体步查法（chromosome walking）是指从生物体基因组或基因组文库的已知序列出发，逐步探明其旁侧未知序列或与已知序列呈线性关系的目的序列的方法。包括连接成环 PCR、外源接头介导 PCR、半随机引物 PCR 和热不对称交错 PCR（thermal asymmetric interlaced PCR，TAIL-PCR）。TAIL-PCR 因其操作简单、高效灵敏、特异性强、再现性高等优点，已经成为转基因旁侧序列测定的主要方法。

4. 基因编辑动物的基因组水平检测

对采用 ZFN、TALEN 和 CRISPR/Cas9 等技术制备的基因编辑动物，可采用 PCR 结合 T7EN1 限制性内切酶、TA 克隆或目的区域靶向捕获深度测定等策略，评估基因组编辑目的位点的活性、基因组序列变化。此外，还可以结合软件预测的基因编辑脱靶位点，进行靶标捕获或全基因组深度测序，评估基因编辑动物的脱靶风险。

二、基因组修饰动物中外源或内源基因表达水平检测

动物基因工程的主要目的是在活体水平上调控目的基因的表达（包括过表达、异位表达、敲降或敲除等）。通过对目的基因表达水平的测定，可以准确判断转基因或基因编辑是否有效。

1. 基于报告基因的快速检测

报告基因是编码容易检测的蛋白质的核苷酸序列，用以替换难于测定的蛋白质基因，或制备融合蛋白，或利用核糖体进入位点（internal ribosome entry site，IRES）与目的蛋白形成一条 mRNA 序列，分别翻译出两种蛋白，来研究目的蛋白的功能及其表达特性。

报告基因应具备以下一些特点：①不存在于宿主中或易于区别；②拥有简单、快捷、灵敏及经济的测定方法；③测定结果应具有很强的线性范围，便于分析启动子活性的大小变化；④对受体细胞或生物没有不良影响。常用的报告基因包括氯霉素乙酰转移酶（chloramphenicol acetyltransferase，CAT）基因、增强型绿色荧光蛋白（enhanced green fluorescent protein gene，EGFP）基因等。这些报告基因产物可以通过薄层色谱、放射性自显影、酶联免疫吸附测定（enzyme-linked immune sorbent assay，ELISA）、荧光分光光度计、荧光显微镜等方法进行快速测定。

EGFP 基因是目前应用最多的报告基因，已经制备了表达绿色荧光的斑马鱼、猪和牛等基因组修饰动物，揭示了基因组修饰动物的奇特表型以及广阔的应用潜力。

利用报告基因还可以检测启动子和信号传递系统的效率、目的基因在细胞内的命运、蛋白之间的相互作用、翻译起始效率等内容。随着基因工程技术的发展，新的报告基因将不断涌现，检测过程将得到进一步简化。

2. Northern 杂交

Northern 杂交可以检测转基因或基因编辑动物或转染细胞中目的基因所对应的 mRNA，是确定基因是否表达的重要方法。可以鉴定目的 mRNA 分子的大小与含量、目的基因是否表达、表达强度和在哪些组织中表达，具体杂交过程见第五章第三节。

3. 实时荧光定量 PCR 对目的基因表达进行定量检测

实时荧光定量 PCR 技术是在定性 PCR 技术基础上发展起来的核酸定量检测技术，是确定样品中 DNA（或 cDNA）拷贝数最灵敏、最准确的方法。如果用于 RNA 检测，则被称为反转录实时 PCR。具体工作原理见第七章。

三、基因组修饰动物中目的基因的蛋白水平测定

1. 聚丙烯酰胺凝胶电泳

通过聚丙烯酰胺凝胶电泳分析靶组织或基因组修饰细胞的总蛋白，依据分子量标准判定

是否有目的蛋白条带的出现，进而判定目的基因的表达情况，同时可以初步判定目的蛋白的表达水平。

2. Western 杂交

Western 杂交可用来检测混合蛋白样品中是否存在目的蛋白，此法快捷、灵敏，可检测微量目的蛋白，最小检出量为 1 ng，可对目的条带进行定性分析。同时可以利用 ELISA 对目的蛋白进行表达的定量分析。

3. 目的蛋白的生物活性检测

利用转基因或基因编辑技术生产目的蛋白的最终目的是得到具有相应生物学活性的产品，因此应针对不同蛋白的生物学作用，选择相应的生物学测定方法进行测定。当产品的生物学活性较低时，应当对与蛋白质结合的功能分子基团进行研究（包括糖基化、磷酸化等）。

四、基因组修饰动物传代与检测

判定是否生产了转基因动物的重要标准是检查外源基因是否整合到动物的生殖系统中，即是否能够稳定遗传。如果整合发生在单细胞受精卵发生卵裂之前，则每个细胞中都会有外源基因，可以稳定遗传；如果整合发生在卵裂之后，有的就没有发生整合而形成了嵌合体，而只有外源基因整合到生殖细胞中的嵌合体，才是有意义的实验材料，在它们的后代中才会出现真正的转基因动物。此外，判定是否生产了基因编辑动物，重点是检测目的区域基因组是否发生精准修饰，基因组定点修饰的动物都是可以稳定遗传的。

基因组修饰动物的传代常采用常规繁殖方法进行扩繁，如本交、人工授精或胚胎移植等技术，如有必要，也可采用特殊的方法，如动物克隆技术。在选配方式上，一般用基因组修饰检测阳性动物与已知的野生型动物交配，可以较好地度量被整合外源基因或被修饰内源基因的传递规律。若采用转基因检测阳性的原代动物互配，由于基因整合在同一位点的可能性较小（基因打靶的除外），会造成外源基因传递规律计算的复杂化。在转基因动物传代过程中应尽量增加后代数量，因外源基因整合拷贝数以及整合位点不同，会产生多个品系，如果后代数量不多，极易造成某些位点外源基因在育种过程中丢失。在转基因动物育种进程中应采用定量 PCR 方法对外源基因拷贝数进行测定，并获得整合位点的侧翼序列，开发出相应的多态性标记，用于标记辅助选择和培育转基因纯合子。

生产合格的转基因动物是一件非常困难的事情，即便生产出个别有价值的转基因动物，也可能意外地失去它们，只有繁殖出较多的后代，保险系数才能更大。因此只有将外源基因的监测与常规育种手段相结合，才能培育出具有突出性状的新品系。

五、基因组修饰动物及其产品的安全性评价

转基因或基因编辑动物作为一种新生事物包含着许多人类未知的现象和特殊机制，如同核能与太空开发一样，人类对此也提出了很多争议，但转基因动物的正能量将会对解决粮食危机、高效利用自然资源、改善自然环境条件、满足人类对动物蛋白需求等起到至关重要的作用。基因重组疫苗、基因重组抗癌药物尽管有着一定的副作用，但依然挽救着患者的性命。因此所谓的安全都是相对的，应该有一个相对的范围。随着生命科学研究的深入，基因组修饰动物的安全性质疑会越来越小，对人类的贡献将越来越大。

1. 基因组修饰动物产品对人体健康的直接或间接影响

基因组修饰动物基因组和人类基因组一样具有相同的四种碱基，所以食品中的转基因 DNA 本身并没有安全性的问题。转基因载体中的药物筛选基因（如新霉素抗性基因等）一直是人们关注的焦点，但已经开发出了 marker-Free（无标记基因）的基因编辑方法，使基因组修饰动物基因组内不含有任何标记基因，有效解决了人们对标记基因的担忧。特别是 CRISPR/Cas9 技术，直接将混合的 sgRNA 和 Cas9 蛋白，通过显微注射的方式转入动物细胞内构建基因编辑动物，可以避免外源基因插入的风险。如果蛋白产品是用作药物，则需进行临床试验。对每一种新获得的基因组修饰动物性食品，在其上市前必须经过长时间的、反复的、多方位和多学科的安全实验，以确保对人的健康无直接或间接的损害。

2. 对自然界中生态平衡以及物种多样性的影响

基因漂移是影响转基因生物安全的主要因素，如果出现漂移将严重威胁生物多样性。生物在漫长的进化过程中形成了防止外源 DNA 整合入自身基因组内的完善保护机制。动物每日采食了大量、各种动植物基因组 DNA，而依然保持着自身稳定的遗传物质，没有发生基因污染。人类基因组内含有 8%~9% 的内源病毒序列，这主要是由于在漫长的进化过程中反转录病毒将其基因组整合到人类基因组内的结果。有一些病毒序列会对机体产生了有害影响，造成了动物环境适应能力差而被自然选择所淘汰；而另一些病毒序列却增强了动物的适应能力而被保留下来。而转基因生物也遵循着相同的规律，对人类活动起正向作用的转基因生物被选留，不利的被淘汰，不但加速了生物的进化，还有目的地增加了生物多样性。

基因组修饰动物主要是在人为控制之下进行饲养的，不会参与大自然的生态链。但需谨防一味追求经济效益的不法分子，窃取优良基因组修饰动物作为种用，造成了外源 DNA 的非法扩散。因此需要制定相关的政策法规，防止失控。

3. 动物基因工程技术带来的伦理道德问题

动物基因工程技术打破了物种之间的生殖隔离，实现了物种间的横向基因交流，使得基因组修饰生物向着人类要求的方向快速演变，有效缩短了新品种培育进程，但人们担心外源基因的引入会改变动物的行为模式，从而对动物本身产生伤害，但这样的基因组修饰个体在早期就应该会被淘汰。

第五节 基因组修饰动物的应用与展望

随着动物基因组重测序、转录组、表观组等研究的深入，生命的遗传信息将逐步被注释，新的与疾病和动物生产性能密切相关基因将逐步被发现，而基因编辑修饰技术将成为基因功能研究与基因产品开发的中心环节。

一、基因组修饰动物的应用

1. 大幅度提升畜禽重要经济性状表现力

在转生长激素基因"硕鼠"的启发下，人们试图通过外源基因的导入迅速提高畜禽生长速度、饲料转化率和改良产品品质。科学家先后制备了转生长激素基因猪、羊、兔等动物，转基因猪腰部肌肉生长快一倍，脂肪减少 70%，日增重提高 15%；在不增加饲料的情况下，转生长激素的羊的产乳量提高了 8%~12%。

利用基因编辑技术获得的敲除肌肉生长抑制素（myostatin，MSTN）基因的小鼠、牛、羊、兔、猪及狗，这些基因编辑动物均表现出理想的双肌表型。2020年研发的基因编辑猪"GalSafe 猪"获得美国食品与药物管理局（FDA）的批准，既可食用也可用来生产医疗产品。此外，科学家也利用 TALEN 技术培育出了无角的奶牛。动物基因工程技术将通过针对主效基因或调节主效基因相关基因的过表达、敲降或敲除等工程操作，使特定表型得到最大程度利用，培育出优良的种质资源。

2. 增强畜禽抗病力，推动健康养殖业发展

传染病的流行，动物源性人畜共患病（新型冠状病毒、禽流感、沙门氏菌污染等）的爆发，已对畜牧生产和人类生活产生了巨大影响。利用猪的全基因组 CRISPR/Cas9 敲除文库技术，我国科学家高通量筛选并鉴定到参与日本乙型脑炎病毒和猪传染性胃肠炎病毒等感染相关的关键宿主因子。迄今为止，在自然界没有能发现对猪繁殖与呼吸综合征病毒有完全抗性的猪，利用 CRISPR/Cas9 技术特异敲除猪的 *CD163* 基因，获得了对蓝耳病具有完全抵抗力的猪。牛结核病（BT）是一种由牛型结核分枝杆菌引起的慢性传染病，可经呼吸道及消化道等途径在各类哺乳动物甚至是人类间传播。我国科学家使用基因编辑技术将 *NRAMP1* 基因插入牛的基因组中，成功培育出具有较强牛结核病抵抗能力的转基因奶牛。转基因或基因敲除动物抗病力的增强，可有效减少抗生素使用，抑制超级耐药菌的出现；有效减少病原体的排放，为环境友好型现代养殖业提供优良的种质资源。

3. 基因组修饰动物将成为特种蛋白因子开发的最佳模型

利用基因组修饰动物生产人类药用蛋白等非常规畜产品，是目前世界上转基因动物研究的热点之一。其主要原理是将某些对人类医用价值高的蛋白质编码基因导入动物基因组内，这些转基因动物便成为了生物反应器。根据目的蛋白表达部位的不同可分为乳腺生物反应器、血液生物反应器、输卵管生物反应器、膀胱生物反应器、精囊腺生物反应器、唾液腺生物反应器等。利用山羊乳腺表达的人抗凝血酶Ⅲ（商品名 ATryn，一种预防和治疗血栓药物）于 2006 年在欧洲上市，且于 2009 年在美国上市，标志着转基因动物产品已经产业化并造福着人类。

利用动物生物反应器还可以生产特种蛋白。含有有机磷的化合物具有很强毒性，是农药的主要成分，每年造成了大量的人类中毒事件。利用转基因奶山羊乳腺表达的丁酰胆碱酯酶（产品名：Protexia）是一种高效有机磷化合物的解毒剂，可用于反恐和农药解毒。

动物生物反应器具有诱人的商业前景和潜在的巨额利润。经济学家曾算过一笔账，若用其他生产工艺来生产 1 g 蛋白质，成本需 800~5 000 美元，而利用转基因动物只需 0.02~0.5 美元。利用动物乳腺生物反应器将会发展成为一个新兴的产业。

4. 动物基因工程器官将为挽救垂危病人生命和延长人类寿命做出巨大贡献

器官移植是治疗器官衰竭、挽救和延长生命的有效手段。中国每年有数百万人等待器官移植手术，能够移植的器官数量有限，极大地制约了器官移植技术的发展。面对移植器官严重短缺的现状，很多科学家开始将供体研究的方向转向了动物。猪的消化、呼吸、循环等系统与人体极为相似，因此国内外试图利用猪作为异种器官移植的器官供体。

利用猪作为器官供体的最大障碍是移植后发生超急性免疫排斥反应，主要原因是猪细胞膜表面糖蛋白上的 β- 半乳糖形成的抗原，在移植到人体后与人天然的抗体发生作用，引发超急性免疫排斥。我国科学家在国际上率先制备了同源重组敲除 β- 半乳糖转移酶基因的转基因克隆猪，解决了超急性免疫排斥的障碍，为成功进行异种器官移植奠定了坚实基础。

2022年1月，美国报道首次成功将基因组修饰猪心脏移植到患者体内，一位57岁的男子成为了史上第一个接受经过基因编辑的猪心脏移植手术，其在接受手术2个月后才逝世。尽管现在说心脏移植成功还为时过早，但为心脏异种移植领域开辟了新道路。

转基因或基因编辑动物将成为人类最好的"器官库"，提供从皮肤、角膜，到心、肝、肾等几乎所有的"零件"，让器官移植专家有充分施展才华的用武之地，让体内部分"零部件"出了故障的病人获得重生的希望，进而有效延长人类的寿命。

5. 动物基因工程已成为生命本质正确解析和疾病发生机理探索的研究平台

生命是具有等级层次结构、能够新陈代谢和自我复制的自组织系统。生命活动则是一系列的生物化学反应过程，包括了基因的启动、转录、蛋白表达、代谢产物和生理活动的发生。利用动物基因工程技术可以在活体水平上研究基因过表达或缺失情况下的表型变化，探明基因对表型调节的信号通路，为基础理论研究和新药筛选提供高效平台。亨廷顿病（HD）又称大舞蹈病或亨廷顿舞蹈症（Huntington's chorea），是一种常染色体显性遗传性神经退行性疾病。此类疾病随着时间推移而恶化，导致神经元退行变性、死亡，严重影响中、老年人健康，造成巨大的社会负担，已成为当今社会中严重威胁人类身心健康的常见疾病，然而这一类疾病尚无有效的治疗方法。其主要原因之一是缺乏合适的动物模型进行治疗药物研究。利用CRISPR/Cas9技术，科学家建立了亨廷顿病猪基因敲入（knock-in）模型，能准确地模拟人类神经退行性疾病的各方面表型。基因组修饰动物模型具有药物筛选准确经济、试验次数少、显著缩短试验时间等优点。目前已建立的疾病模型有：糖尿病、癌症、动脉粥样硬化、镰状细胞性贫血、囊状纤维化、红细胞增多症、肝炎、免疫缺陷、自发性高血压等。建立基因组修饰动物疾病模型可用于疾病发病机理的研究，对于人们认识疾病、预防和治疗疾病有着不可替代的作用。

二、基因组修饰动物的应用与展望

从早期ZFN核酸酶技术、TALEN技术，到更具可编辑性的CRISPR/Cas9技术，碱基编辑技术和引导编辑技术等，这些技术在生物育种、生物制药和合成生物学等多个领域获得快速发展，学术界亦将精准基因编辑技术列为2022年值得关注的七大技术。动物基因工程作为动物遗传改良最直接与最快速的方法，将在短期内获得资源高效型、环境友好型、生态安全型的新型动物种质资源，保障人民的菜篮子需求。动物基因工程技术的进步，将有效拓展动物产品的应用领域，如生产工业材料、供体器官、医药和军事产品等，推动动物养殖业的跨越式发展。世界范围内已经掀起了基因组修饰动物研究热潮，生物工程产品不断推陈出新，大型转基因和基因编辑动物公司相继应运而生，加剧了基因组修饰动物研究与开发的激烈竞争，同时也充分显示了基因组修饰动物的无穷魅力。

转基因技术产生以来，为保障转基因动物产品安全，国际食品法典委员会、联合国粮农组织、世界卫生组织等制定了一系列转基因生物安全评价标准，成为全球公认的评价准则。根据我国转基因生物安全评价相关法规，转基因动物新品种实现产业化，需要经过中间试验、环境释放、生产性试验、安全证书申报等多个生物安全评价阶段，重点在于评价该转基因动物产品的食用安全性和环境安全性。2022年为规范农业用基因编辑植物安全评价工作，根据《农业转基因生物安全管理条例》和《农业转基因生物安全评价管理办法》，我国农业农村部制定了《农业用基因编辑植物安全评价指南（试行）》。尽管基因编辑动物研究进展在飞速发展，但目前还未制定出相应的安全评价指南。为了让这些产品顺利上市，亟须出台更精准合理的监管政策。此外，利用基因编辑技术有目的进行基因组改造的广泛应用已触发了对基本伦理和社会问题的广泛辩论，未来将持续影响公众对基因编辑应用的接受度。

思考题

1. 在动物基因工程实践中采用的条件控制表达载体、锌指核酸酶技术、绝缘子有何特点？
2. 简述反转录病毒的包装过程及其与基因工程的关系。
3. 质粒载体与病毒载体有何异同？
4. 试述转基因和基因编辑动物的鉴定方法。
5. 请谈谈你对转基因和基因编辑动物的生物安全性的看法。
6. 细胞转染有哪些方法？
7. 基因组修饰动物的应用领域有哪些？

主要参考文献

1. Geurts AM, Cost G J, Freyvert Y, et al. Knockout rats via embryo microinjection of zinc-finger nucleases. Science, 2009, 325（5939）：433
2. Wood AJ, Lo TW, Zeitler B, et al. Targeted genome editing across species using ZFNs and TALENs. Science, 2011, 333（6040）：307
3. Jinek M, Chylinski K, Fonfara I, et al. A programmable dual-RNA-guided DNA endonuclease in adaptive bacterial immunity. Science, 2012, 337（6096）：816-821
4. Lai L, Kolber-Simonds D, Park K, et al. Production of α-1, 3-Galactosyltransferase knockout pigs by nuclear transfer cloning. Science, 2002, 295（5557）：1089-1092
5. Zhao C, Liu H, Xiao T, et al. CRISPR screening of porcine sgRNA library identifies host factors associated with Japanese encephalitis virus replication. Nat Commun, 2020, 11（1）：5178

（连正兴　谢胜松）

第十四章

基因工程酶制剂

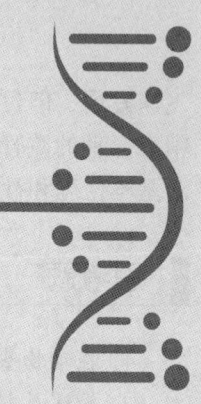

第一节 基因工程酶制剂的发展现状和通用技术

酶制剂产业是知识密集型高新技术产业,是生物工程领域的重要组成部分。目前已报道的酶类有 3 000 多种,但已实现大规模工业化生产的只有 60 多种,因此酶制剂的开发和利用是当代生物工程领域的一个重要课题。

酶制剂可分为传统酶制剂和基因工程酶制剂。传统酶制剂是由天然菌株或经过诱变选育的菌株直接发酵并纯化所得,具有产量低、生产成本高、杂酶污染等缺点,因而发展成为商业化酶制剂的范围非常有限。基因工程酶制剂是指对天然酶基因进行扩增或对天然酶蛋白进行分子改造后,借助基因重组技术构建可高效表达特定酶分子的基因工程菌,再通过高密度发酵和大规模生产从而得到酶产品。基因工程酶制剂有以下优点:①大幅度提高酶制剂的产量,降低酶产品成本;②可通过分子改造策略来优化酶的性质,使其适用于不同应用领域;③发酵得到的主要产物为目的酶,大幅避免了杂酶污染。目前,利用基因工程技术进行生物酶制剂生产已逐步替代了传统酶制剂,遍及工业、农业、医药、环境和能源等各个领域。

一、基因工程酶制剂的开发策略

全基因组序列及蛋白质结构数据的大量积累,使人们在很大程度上摆脱了对天然宿主菌株的依赖。通过克隆快速获得多种天然酶基因并在异源微生物中高效表达,再通过发酵技术进行大规模生产,从而得到目的酶制剂产品,既可大幅度降低酶制剂的生产成本,又使稀有酶的生产变得更容易。

(一)目的酶基因的获取

1. 基于已知酶基因序列的获取策略

(1)目的酶基因的 PCR 扩增　根据目的酶核苷酸序列设计基因特异性引物,利用含有目的酶基因的细胞 DNA 作为模板进行 PCR 反应,可获得大量的目的酶基因片段。然后将大小正确的 PCR 产物连接到适当的载体上,转入大肠杆菌中,经测序验证得到目的基因。

(2)目的酶基因的人工化学合成　若某酶基因的核苷酸序列是由相应的氨基酸序列推导所得或从大数据信息中挖掘出的,其对应的原始宿主未知,则可将根据该序列合成编码目的酶的基因并将其克隆在通用载体上获得目的酶基因片段。相对于 PCR 扩增技术,全基因合成技术可以克隆一些不易获取模板的酶基因和自然界不存在的酶基因。

2. 基于已知酶功能的获取策略

随着基因组测序技术的发展，越来越多物种的基因组被测序并且上传在公共数据库中，但目前已经认知的基因并不能满足应用的需求，需要借助鸟枪法克隆和功能筛选从基因组或宏基因组中发掘更多更具应用潜力的酶基因。尤其是从环境DNA中发现新酶，鸟枪法克隆可以避免基于PCR筛选或基于活性位点筛选导向的功能宏基因组带来的偏差。

鸟枪法克隆首先分离组织、细胞或环境样品的DNA，经过纯化后将DNA降解成含有目的基因的片段，与适当载体连接，转入大肠杆菌，组成含有基因组DNA片段克隆子的集合体，称为基因组DNA文库。然后从众多转化子菌落中通过功能或杂交等手段筛选出含目的酶基因的单菌落，抽提质粒，测序进行分析后可获得目的基因。对于真核生物DNA，首先提取细胞RNA并分离纯化出mRNA，以它为模板，经反转录酶催化合成cDNA，再复制成双链DNA片段，与载体连接后转入大肠杆菌，这样的cDNA克隆子的集合体即构成cDNA文库。得到文库以后再从文库中通过功能筛选遴选出含有目的酶基因的克隆子，进行测序分析获得目的基因。

（二）目的酶基因的表达

高效表达系统是酶制剂开发和应用的关键技术。基因工程酶制剂的表达系统主要分为原核表达系统和真核表达系统。原核表达系统包括大肠杆菌表达系统、芽胞杆菌表达系统、链霉菌表达系统等，多用于蛋白酶、淀粉酶、工具酶和医药酶等的表达。近年来，真核生物表达系统发展迅速，成为表达外源基因的理想宿主，如酵母、丝状真菌和昆虫细胞等被广泛用作基因表达系统的受体细胞。其中酵母、丝状真菌表达系统被广泛用于饲料、食品用酶的表达。

1. 大肠杆菌表达系统

在各种表达系统中，最早被研究并使用的是大肠杆菌表达系统，该系统简单快速可实现分泌表达。大肠杆菌表达系统由宿主菌和表达载体构成。作为表达载体，首先必须满足克隆载体的基本要求，即具备复制能力、具有合适的酶切位点以及筛选标记，在这些基本骨架的基础上增加一些表达元件，能够将外源基因引入至大肠杆菌中。表达外源蛋白的宿主菌有多种，对于宿主菌的选择主要根据其各自的特征及目的蛋白的特性，主要有以下要求：①容易获得较高浓度的细胞；②能利用易得廉价原料；③不致病、不产生内毒素；④发热量低、需氧低、适当的发酵温度和细胞形态；⑤容易进行代谢调控；⑥容易进行DNA重组技术操作；⑦产物的产量、产率高；⑧产物容易提取纯化。常用的宿主菌为DE3菌株，能够表达出T7 RNA聚合酶，在其基础上进行改造的菌株包含：*E.coli* BL21（DE3）、*E.coli* BL21（DE3）pLysS、*E.coli* OverExpress C43（DE3）、*E.coli* Rosetta（DE3）等。不同的宿主菌有不同的特点，适用表达不同的酶。

大肠杆菌外源表达酶制剂有以下优点：①遗传背景清楚、易于培养和控制、转化操作简单、表达水平高、成本低以及周期短等特点，而且其表达外源基因产物的水平远高于其他基因表达系统；②原核蛋白在大肠杆菌体内表达可以得到天然构象。

但大肠杆菌作为原核表达系统也有一些缺点：①缺乏对真核生物蛋白质的修饰加工系统；②不具备真核生物的蛋白质复性系统；③内源性蛋白酶易降解空间构象不正确的异源蛋白；④细胞周质内含有种类繁多的内毒素，出于安全的考虑，不适合大规模生产食品或饲料酶；⑤IPTG作为诱导剂本身具有毒性，并且在商业化使用的时候成本比较高，大规模生产中可以用乳糖替代IPTG；⑥蛋白在大肠杆菌内多数为非分泌型表达，细胞杂蛋白多，发展通用的分泌表达系统是今后发展的趋势。目前用大肠杆菌作为宿主菌生产的酶制剂主要有蛋白酶、基因工程工具酶，如限制性内切酶、甲基化酶、DNA聚合酶等。

其他有关大肠杆菌表达系统的描述，可参考第三章。

2. 芽胞杆菌表达系统

芽胞杆菌是一种好氧或兼性厌氧的、能生成抗逆性胞子的革兰氏阳性菌，广泛存在于环境中。芽胞杆菌中巨大芽胞杆菌（*Bacillus megaterium*）、解淀粉芽胞杆菌（*B. amyloliquefaciens*）、枯草芽胞杆菌（*B. subtilis*）、地衣芽胞杆菌（*B. licheniformis*）、球形芽胞杆菌（*B. sphaericus*）、苏云金芽胞杆菌（*B. thuringiensis*）和嗜碱芽胞杆菌（*B. alcalophilus*）等都可用作表达外源蛋白的宿主菌。芽胞杆菌尤其是枯草芽胞杆菌现已被开发为基因工程酶制剂表达系统，在食品加工、生物农药、生物饲料、生物降污等工业上都有应用，同时欧洲食品安全局（EFSA）和美国食品药品监督管理局（FDA）认为枯草芽胞杆菌是食品安全级的，可应用于食品行业。芽胞杆菌作为表达宿主表达外源酶制剂的优点：①无内毒素产生，无致病性；②芽胞杆菌分泌的真核来源的重组蛋白具有天然构象和生物活性，避免形成包涵体；③表达周期短，蛋白产率高，可以分泌表达等。已经有多种酶蛋白在芽胞杆菌表达，表达最为成功的是蛋白酶和淀粉酶，如国外利用枯草芽胞杆菌生产的碱性蛋白酶作为洗涤剂已广泛被应用，其产量达到了20 g/L；我国采用重组枯草芽胞杆菌经深层发酵生产的中温液体α-淀粉酶最高酶活已达到5 000 U/mL。目前对于芽胞杆菌表达系统，已有研究显示对于不同的酶基因，其对应启动子和信号肽具有特异性，因此一方面需针对不同目的基因筛选基因特异性启动子和信号肽，另一方面可改造芽胞杆菌宿主，避免宿主大量蛋白酶的产生对外源目的酶的降解。

3. 常用酵母表达系统

酵母菌作为单细胞真核生物，既具有细菌生长迅速、操作简单的特点，又具有真核生物对翻译后蛋白的加工及修饰能力，所以是表达真核外源基因的理想宿主。近年来，利用酿酒酵母和巴斯德毕赤酵母已开发出成熟的表达系统，并在科学研究和基因工程酶制剂的生产中扮演了重要角色。

（1）酿酒酵母表达系统　酿酒酵母作为生物模式物种之一，很早就被应用于食品与饮料工业，是发酵工业中的主要生产菌株，是人们最先建立的酵母表达系统。由于其不产毒素，酿酒酵母具有较高的安全性。目前利用酿酒酵母为宿主系统表达了多种外源酶蛋白，如糖化酶、α-淀粉酶和木聚糖酶等酶制剂。但应用酿酒酵母表达系统生产外源酶蛋白时也有不足之处：①对真核蛋白翻译加工的能力有限；②大规模发酵过程中会产生乙醇，分泌效率低，一般不能高效表达；③糖基化程度比较高，可能会影响酶的活性。这些缺点限制了酿酒酵母表达系统在工业用酶制剂领域的应用。

（2）毕赤酵母表达系统　巴斯德毕赤酵母是近20年来迅速发展起来的一种表达宿主，能以甲醇为唯一的能源和碳源，其中菌株GS115的全基因组测序2005年完成，2009年公开，可以免费获得基因序列（http://bioinformatics.psb.ugent.be/webtools/bogas/），另外毕赤酵母菌株DSMZ 70382的基因组序列也于2009年公开（http://www.pichiagenome.org），可以免费获取。甲醇能够迅速诱导巴斯德毕赤酵母合成大量的乙醇氧化酶（Alcohol oxidase，AOX）。在巴斯德毕赤酵母中有两个基因（*AOX1*与*AOX2*）编码AOX，约占全部可溶性蛋白质的

30% 以上，严格地受甲醇的诱导和调控。*AOX2* 基因与 *AOX1* 基因序列相似，有 92% 的同源性，其编码蛋白质有 97% 的同源性，但 *AOX1* 基因的编码产物在氧化过程中起主要作用。甲醇能诱导 AOX 的合成，而甘油和葡萄糖则抑制 AOX 的产生。所以当细胞以葡萄糖、甘油、乙醇为碳源生长时，不能检测到 AOX1 的活性，而在甲醇为唯一碳源培养的细胞中，该酶可大量产生。巴斯德毕赤酵母的表达载体大多是利用 *AOX1* 启动子的强诱导性使它下游的外源基因易于调控，并具有很高的表达率。主要的巴斯德毕赤酵母表达载体有 pPIC9K、pHILD2、pHILS1 和 pPICZα 系列等，适合于胞内表达和分泌表达。

目前毕赤酵母宿主菌常用的菌株类型有四种，分别是 X33、GS115、KM71、SMD1168，具体基因型和特点如表 14-1 所示。毕赤酵母表达系统是 FDA 认证的 GRAS 菌株，其优点如下：①启动子强并受甲醇严格诱导，可用于调控外源蛋白的表达。②作为真核表达系统，能对重组蛋白进行翻译后必要的剪接、折叠和修饰，糖基化也更接近高等真核生物甚至人类。③毕赤酵母在转化、基因替换、基因敲除等基因操作技术上与酿酒酵母相似，简单易行，但是外源蛋白的表达量却比酿酒酵母增加了 10~100 倍。④重组菌的遗传性质稳定，表达量和分泌效率高，适于大规模发酵。⑤能在无机盐培养基中快速生长，易进行工业化生产，高密度培养细胞干重可达 100 g/L 以上。其不足之处：①分子生物学的研究基础差，要对其进行遗传改造困难较大，尤其是现在研究很热的 CAS9 基因编辑系统编辑的效率不高；②尽管也有无甲醇表达系统，但是表达量远低于甲醇诱导表达，而发酵时添加甲醇，要用它来生产药品或食品还没有被广泛接受，也带来了潜在的生产危险；③发酵虽然能达到很高的密度，但是发酵周期一般较长，很多时候要 10 天以上。

表 14-1 毕赤酵母常用的四种宿主菌

菌株	基因型	特点
X33	Wild type	野生型菌株，适用于 Zeocin 抗性表达载体
GS115	*his4*	含 AOX1 和 AOX2 基因，在含甲醇的培养基上以野生型速率生长。
KM71	*arg4*, *aox1∷ARG4*	AOX1 基因被酿酒酵母的 ARG4 所代替，只依赖 AOX2 基因合成 AOX，在甲醇中低速度生长。
SMD1168	*his4*, *pep4*	蛋白酶缺陷型，能够表达一些由于蛋白降解而引起的表达产物分布不均的问题

目前利用毕赤酵母表达系统生产基因工程酶制剂成功的例子有很多，已经有大量的酶在毕赤酵母进行了高效表达和工业化生产，普遍表达水平在 1 g/L 以上，如木聚糖酶、漆酶（laccase）、甘露聚糖酶（mannase）、脂肪酶（lipase）、几丁质酶（chitinase）等等。我国在饲料中大规模应用的植酸酶就是利用这个表达系统进行表达并且商业化生产，表达量可以达到 20 g/L 以上，同时工业上毕赤酵母高密度发酵表达巴西三叶胶腈水解酶的产量也达到了 20 g/L 以上，这充分说明毕赤酵母表达系统是目前最为成功的表达外源酶制剂的表达系统。

（3）其他酵母表达系统　多形汉逊酵母和乳酸克鲁维酵母也被开发为生产酶制剂的外源宿主。多形汉逊酵母体内含有特殊的甲醇代谢途径，是一种耐热酵母，最适生长温度为 37~43℃（其他甲醇利用型酵母为 30℃），最高生长温度达 49℃。多形汉逊酵母表达系统表达的外源蛋白可分泌到细胞外，也可在细胞质内或过氧化物体中积累。截至 2019 年，已发表的胞外表达的最高产量是轮状病毒 VP6 蛋白，为 3.35 g/L。其他的外源蛋白如人血清白蛋白、葡萄糖淀粉酶的产量都在 1.0~1.8 g/L 之间。应用这一系统生产的胞内表达的外源蛋白的产量更高，其中最突出的例子是破伤风毒素 C 片段和植酸酶，分别为 12 g/L 和 13.5 g/L。

乳酸克鲁维酵母是一个安全生产菌株，已经有上百种蛋白在此酵母中成功表达，尤其适合表达食品用酶和药用蛋白，同时它也不需要像毕赤酵母那样的甲醇防爆设备。其转化系统从 1982 年建立，操作简单，可以实现 100 g/L 的高密度发酵，其表达人血清白蛋白 HSA 最高可达 3.3 g/L，有着作为工业化表达系统的巨大潜力。

4. 丝状真菌表达系统

丝状真菌作为异源基因表达和分泌系统可弥补细菌和酵母表达体系的不足，黑曲霉、构巢曲霉、米曲霉、木霉等已被广泛作为基因工程宿主菌。构巢曲霉表达牛凝乳酶原的分泌量可达 1 g/L，是第一个食品工业用酶的基因工程菌。

丝状真菌作为基因工程酶制剂的表达系统优点如下：①成本低，安全性已经得到证实；②蛋白质分泌能力优越，蛋白的分泌量可以达到几十克每升；③除发现有少数自主复制质粒的转化外，丝状真菌一般是整合转化，筛选的重组子稳定，有利于遗传育种；④翻译后蛋白的修饰和折叠更接近高等真核生物，一些在细菌和酵母中不能表达的蛋白可以在丝状真菌中表达。故丝状真菌表达系统有着细菌和酵母没有的独特优势。

然而，丝状真菌作为表达系统也有局限性，丝状真菌对同源蛋白（真菌来源）的表达比较理想，分泌表达量高达几克到几十克每升，对异源酶（主要是哺乳动物和植物来源）的表达不是十分突出，一般只有几十毫克每升。并且丝状真菌遗传学背景尚较贫乏，其转化效率低，经常有多核现象造成遗传不稳定，自身蛋白酶对外源蛋白也有降解作用。

二、酶的基因工程改造

由于工业生产条件常伴随着强酸、强碱、高温、高盐等极端反应体系，常规工业微生物来源的酶制剂在这种极端条件下极易失去活性。为了获得适用于工业生产的酶制剂，一方面通过从极端环境中筛选微生物，另一方面通过酶的固定化、包埋、修饰等工程手段来改善其性质。但是这些方法往往受到各种条件的制约，并且改进程度离工业要求仍有一定的距离。在此背景下，利用分子生物学手段对现有酶进行分子改造或分子设计，从而得到性能大幅提高的突变体已成为当下分子酶学的研究热点。目前，分子改造策略主要包括：非理性设计、理性设计、半理性设计以及从头设计。随着生物信息学以及结构生物学的不断发展以及计算机的计算速度大幅度提升和海量数据库的出现，分子改造的手段在酶制剂研究中扮演重要角色。

（一）酶分子非理性设计

非理性设计又称为定向进化，是在试管中模拟达尔文自然进化的过程，通过随机突变和重组等机制提高基因突变率并设计相应的筛选和选择策略，快速获得具有特定优良性状的酶分子。1993 年，诺贝尔化学奖获得者之一的美国科学家 Frances H. Arnold 首先提出酶分子的定向进化概念，并提出易错 PCR（error-prone PCR）方法用于天然酶的改造或构建新的非天然酶。随着理论和技术的革新，酶分子非理性设计技术得到了前所未有的发展和进步，总的来说分为"突变"和"筛选"两个核心步骤。

1. 进化酶突变体文库的获取策略

（1）易错PCR　易错PCR是用于构建突变体库最经典的方法之一，即借助PCR技术使靶基因发生随机突变，如图14-1所示。其基本原理是通过调整PCR反应条件，例如：使用低保真性且不具有$3'→5'$外切酶校正活性的DNA聚合酶（如 *Taq* 酶或Mutazyme聚合酶）；提高镁离子浓度；加入锰离子；改变4种dNTP的浓度；掺入核苷酸类似物；延长PCR反应的周期等。后续研究者又通过滚环扩增的方式获得突变质粒文库，以此来简化易错PCR中的酶切和连接等常规克隆操作，但是其缺点在于无法控制除目的基因以外的其他质粒区域的突变。

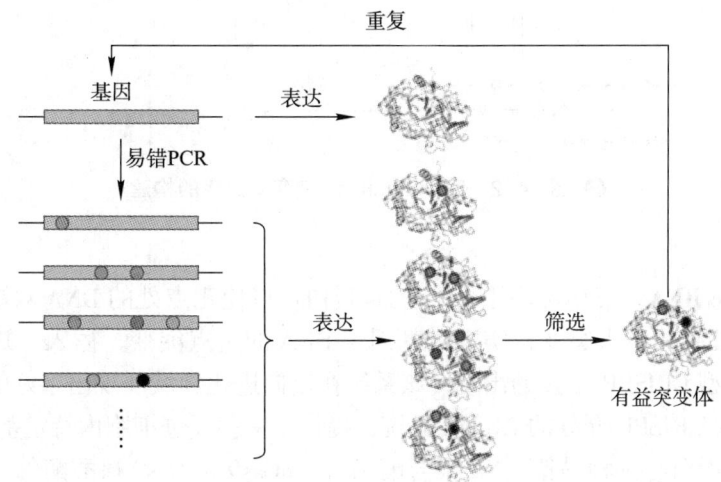

● 图14-1　易错PCR突变体文库的构建和筛选流程图

（2）点饱和突变　点饱和突变（site saturation mutagenesis，SSM）是较受欢迎的突变技术，可在短时间内获得靶位点氨基酸分别被其他19种天然氨基酸替代的突变体，实现对蛋白质的改造，广泛用于蛋白质功能位点研究等领域。实现点饱和突变的方法包括：盒式诱变；PCR扩增；全质粒复制等。①盒式诱变是利用含有突变的双链寡核苷酸片段替代野生型基因中的相应序列，又分为简单盒式取代诱变和混合寡核苷酸诱变两种（详细介绍可参考"DNA诱变"一章）。②PCR扩增即利用设计引物的方式引入突变碱基。当待突变靶点位于序列两端时，直接在目的基因两端设计引物进行PCR反应即可，当待突变位点位于序列内部时，则可借助重叠延伸PCR技术。③全质粒复制是一种较为简单无需任何亚克隆操作的方法。在靶点处设计一对反向兼并引物扩增质粒全长序列，随后用 *Dpn* I 酶消化含甲基化位点的亲本链，由于PCR新合成的链没有甲基化位点而被保护。随后将其转化至大肠杆菌中可进行自我修复连接，抽取重组质粒进行测序验证。

（3）DNA shuffling　DNA shuffling又名DNA"洗牌"、DNA改组，其本质是DNA分子的体外重组。将不同来源的基因或来自同一基因具有不同突变部位的一组突变基因使用DNase I 或超声波等方法随机打断，在特殊的PCR反应条件下重新组装，获得各种突变的不同组合，从而加速产生基因多样性。该技术要求亲本DNA序列之间要有一定程度的序列同源性，可同时引入大量随机突变，加速有益突变的快速组合。后续的交错延伸技术、随机引发重组技术、截断模板重组延伸技术、临时模板随机嵌合技术等均在此思想基础上发展而来。

（4）基于CRISPR的定向进化　近年来CRISPR/Cas基因编辑系统飞速发展，在小向导

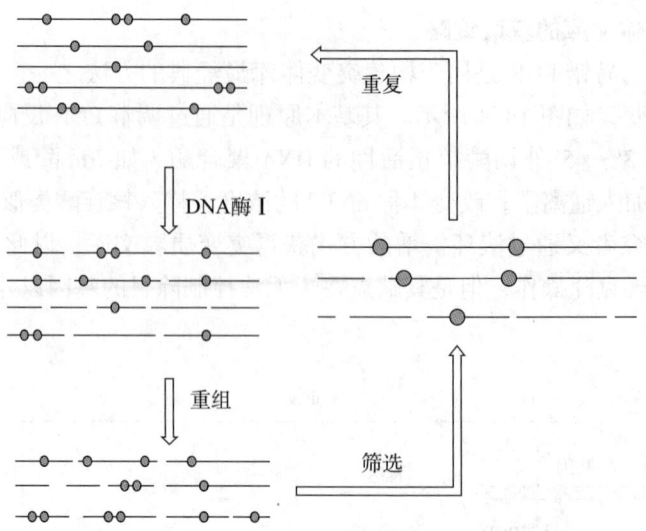

图 14-2　DNA shuffling 突变体文库的构建

RNA（small guide RNA，sgRNA）引导下，Cas 蛋白可以使靶点处的 DNA 双链断裂，诱发细胞内 DNA 修复机制并引入突变，实现对基因组 DNA 的定点突变、插入、缺失和替换等变化。伴随多种新型 CRISPR 工具的出现，该系统在定向进化领域展现出很好的应用前景。例如 2018 年开发的 CRISPR 介导的 EvolvR 系统，提供了一种促进细胞内特定基因进化的平台。该系统将 nCas9 蛋白与一种易错 DNA 聚合酶结合，nCas9 是 Cas9 核酸酶的一种变体，能够使目的序列单链而非双链 DNA 产生缺口，融合的 DNA 聚合酶将"错误的"移除此链并用新的 DNA 替代，从而引入随机突变。与野生型相比突变率提高了 10^7 倍。由于双链 DNA 断裂对细胞具有毒害，而 EvolvR 系统仅需单链断裂且不涉及复杂的 DNA 修复途径，因此应当可在多个物种中使用。

2. 酶突变体文库的筛选方法

如上所述定向进化的另一大挑战是建立高通量的方法对构建的突变体文库进行选择和筛选。研发高通量筛选技术的原则一般可分为两种：一是通过将目的酶蛋白的功能与宿主细胞的生长或生存联系起来，二是运用生物化学等方法对预期的酶活性或酶性状进行评估。往往一次进化难以得到预期性质的突变体，因此上一轮筛选得到的有益基因需作为下一轮的出发基因，经过多轮突变和筛选使有益突变积累叠加，实现蛋白质性能的提高。下面以 4 种较为经典的筛选技术为例进行介绍。

（1）琼脂平板筛选技术　琼脂平板筛选法常分为基于活性表型筛选和基于生长表型筛选。基于活性是指通过菌落的透明圈、水解圈或荧光产物等来判别酶的活性。基于生长是指利用细胞的抗生素抗性或营养缺陷性，制备特殊的选择性培养基进行目的产物筛选。琼脂平板筛选技术是一种简单易行的适用于初筛的技术。

（2）表面展示技术　作为最早的一种展示技术，噬菌体展示多年来得到了广泛研究。该技术通过将外源基因插入到噬菌体衣壳蛋白编码区，使该基因与衣壳蛋白融合表达并展示在噬菌体表面，构建得到蛋白质或多肽噬菌体展示文库，再用特定的靶分子进行多轮淘洗，最终筛选出能够特异性结合于靶分子的目的噬菌体。通过对病毒基因组进行测序分析，便可获得对应突变体蛋白的编码基因。噬菌体展示技术将蛋白质或多肽与编码序列、基因型与表型之间很好地联系起来。目前该技术已经成功地用于底物特异性改变、蛋白结合亲和力增强、工程酶的稳定性及活性改善等领域。但该技术仍有不足，例如对于某些源于真核生物的酶类，其表达往往需要正确的折叠以及翻译后修饰等过程，这些功能是噬菌体无法做到的。因此后续又研发了核糖体展示技术、mRNA 展示技术、真核细胞表面展示技术等。

（3）流式细胞荧光分选技术（FACS） 经过特异性染料染色的细胞置入流式细胞仪的样品管后，在气体的压力下进入充满鞘液的流动室，此时利用鞘液对细胞的包围和约束将细胞排成单列高速由流动式喷嘴喷出，形成细胞液柱。经过检测区时，在激发光的照射下产生前向散色光（FSC）和侧向散色光（SSC），他们分别反映细胞大小和颗粒度，根据这些特性可以将细胞进行分类。经过一种或几种特殊荧光标记的样本，在激发光的激发下产生特定的荧光，可被光学系统检测并输送到计算机进行分析，得到细胞相应的各种特征。基于这个原理，通过构建生物传感系统，只有突变体细胞能产生荧光，或者有益突变体荧光更强，可以通过荧光有无或强弱对突变体细胞进行分选，从而筛选出有益的突变体。

（4）液滴微流控筛选技术（DMFS） 液滴微流控技术是微流控芯片技术领域的一个重要发展方向，其原理是通过特殊的微通道设计，对微米级尺度的微液滴进行大量制备、混匀、融合、分割、孵育、检测、分选等操作。由于微液滴良好的生物相容性，可以作为体外蛋白质表达、酶反应等操作的微反应器。利用液滴微流控进行突变体文库筛选时，可使用荧光信号对代谢产物进行定量分析，这主要是由于荧光检测具有很高的灵敏度，非常适合作为皮升级微反应器的检测信号。

3. 体内连续定向进化

近年来多种新兴定向进化技术被报道，它们无需人为干预，可自动完成基因多样化、蛋白表达和筛选的迭代循环，与传统分子演化实验相比时间大大缩短，进化效率提高。其中以 2011 年研发的噬菌体辅助持续定向进化系统（PACE）最具代表性。其原理为：丝状噬菌体 M13 的 pⅢ 蛋白对其侵染大肠杆菌后的释放至关重要。该技术利用这一特点，将 pⅢ 蛋白编码基因从 M13 中剔除，替换为待进化基因，只留下可完成侵染的一小部分，组成缺陷型噬菌体 SP。另构建一个辅助质粒 AP：AP 上面包含了与待进化基因活性相偶联的 pⅢ 蛋白基因，将辅助质粒（AP）与高致突变质粒（MP）共同导入大肠杆菌中。只有 SP 上目的基因进化出活性突变体，才可启动 pⅢ 表达，使得噬菌体释放继续侵染新的宿主。研究者利用该系统在 22 天完成了 500 多轮进化，使得 Bt 毒素 Cry1Ac 对粉纹夜蛾的活性提高 300 多倍。但是该技术在实际应用中仍存在缺陷，例如该系统只能进化那些与 pⅢ 蛋白表达相偶联的酶分子；不同的目的蛋白需要重新设计特定的遗传原件；很难同时进行多个酶分子的定向改造。

4. 定向进化的应用案例

利用易错 PCR 进行随机诱变的方法 1985 年首次提出，之后逐渐进行完善。通过使用随机突变及单点饱和突变策略模拟了人工选择的进化过程，从现有的蛋白质 P450 氧化酶出发，引入突变，并进行多轮筛选，取得了一系列令人瞩目的成果，例如碳－硅成键、碳－硼成键、烯烃反马氏氧化、卡宾及氮宾的碳－氢键插入等。利用随机突变的方法获得一株辣根过氧化物酶突变体，该突变体能耐受较高浓度的 H_2O_2、十二烷基硫酸钠和盐类。尽管有很多利用随机突变得到有益突变体的报道，但是大多数需要改造的酶缺乏高通量的筛选方法，需要耗费大量的时间和劳动力，仍然具有一定的局限性。

利用 DNA 改组筛选优势突变体，可使两个或多个性状有益的突变体进一步整合，筛选得到的突变体从理论上来说都要优于易错 PCR。相对于前者，DNA 改组技术可以节约大量的时间和劳动力，加快筛选有益突变体的效率。例如开发 DNA 改组技术的团队利用 DNA 改组成功实现了 β- 内酰胺酶的定向进化，提高了其对头孢类抗生素的水解能力。随后不同科学家利用 DNA shuffling 的方法构建突变体库，筛选到的有机磷水解酶突变体对氯螨硫磷和对氧磷的水解活性比野生酶活性分别提高 725 和 39 倍。尽管 DNA shuffling 技术在酶制剂的改造中得到了部分应用，但是其仍然存在两个主要的缺陷：非改组的背景克隆子恢复成亲本克隆子，以及亲本基因序列的同源性往往要求达到 90% 以上。目前已经衍生出了多种 DNA 重组定向进化技术，如交错延伸技术（Staggered extension process，StEP），随机插入 – 删除链交换突变（Random insertional-deletional strand exchange mutagenesis，RA ISE），单链 DNA 家族改组，随机引物体外重组（Random priming in vitro recombination，RP IR），以及非同源随机重组（Nonhomologous random recombination，NRR），在实际操作中，通常组合多种定向进化技术对酶分子进行改造，才能更好地达到预期效果。

（二）酶分子的理性设计

酶分子的非理性设计方法虽然具有巨大应用前景，但仍然需投入大量时间和精力成本。此外，在现实中对于很多理想的化学反应，缺少已知天然酶作为进化的起始模板。这些问题在很大程度上限制了酶的应用潜力，而在蛋白质中创建全新的催化中心，利用自下而上或从头设计的酶设计理念，即酶分子的理性设计策略，可以大大提高酶分子的设计范围和速度，同时引领合成生物学走向一个可预测、可设计的未来。

1. 酶的理性设计策略

理性设计是指在阐明相关蛋白质结构的基础上，明晰蛋白结构与其功能之间的关系，进而找到热点残基，结合氨基酸突变技术实现蛋白质的改造。立足于结构研究的改造，优点是有目的、有意识改造蛋白稳定性、活性以及其他生化特性。另外，随着计算机运算能力持续提升，计算机辅助蛋白质设计策略也得到发展，蛋白质序列特征、三维结构、催化机制之间的关系不断被挖掘和解析，这些技术已逐渐应用到酶分子的理性设计中。对于酶分子的结构特征，在设计层面上可以进行更进一步的分类：①酶分子设计中所需的支架，可以来源于存在的蛋白质支架或者是从头设计；②天然及非天然氨基酸侧链，以及金属离子在内的辅助因子。理论上这些元件均可作为酶分子设计活性位点的关键功能成分，在酶分子的理性设计中具有重要作用。

目前酶的理性设计应用最多的还是提高酶的热稳定性和活性，尤其是提高酶的热稳定性。常用的酶分析、设计改造相关的软件很多，首先得学会使用软件 PyMOL 进行蛋白质和小分子三维结构图像的分析，然后可以利用 Autodock、ZDOCK 和 GLIDE 等进行蛋白质与分子之间的对接，分析对接之后的相互作用。而 Amber、GROMACS 和 NAMD 等软件可进行分子动力学模拟。FireProt、PROSS、Rosetta、FoldX 和 PopMuSiC 等软件则主要是一种基于能量变化，计算并设计点突变，它们在酶的稳定性改造方面已经有很多成功案例，表 14-2 列举了这些常用软件的基本原理和网站。Discovery Studio 和 YASARA 都是商业化软件，可以进行蛋白质的可视化、分子对接和动力学模拟，其中前者功能更为全面，还能用于药物小分子设计以及 3D 视图的加工和修饰。只有在明确各个软件的原理、使用方法以及侧重点后，才能深刻理解酶学的各种理论，减少不必要的实验，提高实验设计的成功率。

针对酶分子提高活性的理性设计，主要是稳定过渡态的计算设计。"过渡态学说"认为，酶分子之所以能够降低化学反应的活化能，是因为其稳定了底物的过渡态。酶催化降低化学反应活化能的本质是蛋白质活性中心的某些特殊氨基酸（催化残基）稳定了催化过程中的关键过渡态。具体来说，活性中心发生的生化反应有非常多的可能途径，常用的计算设计流程首先通过量子化学方法构建底物与活性中心 4 Å 范围内的关键氨基酸构成的残基复合体 Theozyme，再基于所获得的几何结构对整体蛋白进行设计。一般来讲，先固定蛋白整体骨架，再重点优化局部侧链，迭代产生具有更好空间互补性质、静电几何配对、极性疏水作用的一轮设计结果。这种酶分子的理性设计方法不局限于明显的过渡态类似物，也不仅限于催化抗体的设计；同时，计算方法可以与定向进化实验方法循环进行，相互促进，互为补充，从而实现相应催化元件的定向设计、重点改造和优化突破。

另外，人工金属酶和非天然氨基酸的导入也在逐步用于酶的理性设计。①人工金属酶的开发。金属酶（metalloenzymes），是指在蛋白质支架上锚定非生物辅因子（金属离子）而产生的一类酶。这种酶分子可以催化氧化还原、水解等多种反应，参与了生命过程中许多重要物质的转化。目前通用的人工金属酶的开发方法，是通过"共价、金属取代、超分子、配位"等相互作用，将预组装的过渡金属锚定在蛋白质支架中；此外，亦可通过对天然蛋白金属进行工程改造，在其基础上安装与天然辅因子协同工作的新功能组件来达到实现特定酶功能的目的。②非天然氨基酸的利用。非天然氨基酸，是指不由现有的 64 种遗传密码子编码的氨基酸。通过对非天然氨基酸的设计和利用，可以有效提高酶分子的设计范围。依赖不同的氨酰 tRNA 合成酶 –tRNA 的"正交对"组合，使用正交氨酰 tRNA 合成酶 –tRNA 对进行指导，将具有结构多样性的非天然氨基酸选择性地加入蛋白质的设计思路中，可以克服传统天然氨基酸官能团范围狭窄的问题，也可以有效提高酶分子的活性和稳定性。

最后要说明的是，如果目标酶蛋白的三维结构未被解析，也可以通过基于计算机模拟的结构来进行理性设计，2021 年谷歌公司开发的人工智能软件 AlphaFold2 能更准确地预测蛋白质结构。在结构的基础上进行虚拟氨基酸突变，结合突变前后整体蛋白的自由能变化，预测有益突变体。与定向进化相比，计算机辅助设计可提供明确的改造方案，大幅降低筛选突变体文库所需的工作量。但是，如果预测的结构不够准确，计算的结果和实验的结果匹配度不高。随着测序通量和结构数据的迅速增加，如何对生物学数据进行挖掘和分析，为酶的合理设计提供新的思路和平台技术是需要解决的关键问题。

2. 酶的理性设计应用案例

为了满足工业应用的需求，运用理性设计的方法可以快速，高效地达到预期目的，已经有很多成功的研究报道。如使用同源建模和分子对接技术，利用 Discovery Studio 4.0 中的 LibDock 和 CDOCKER 进行对接，发现毛白杨的肉桂基辅酶还原酶（CCR）的 192、155 和 208 位氨基酸形成了底物结合区，然后，通过定点诱变获得的突变体 F155Y 的催化效率比野生型高 4.7 倍。通过 GROMACS 4.0 模拟了嗜热木聚糖酶 AoXyn11A 及其同源嗜热 EvXyn11TS 的三维结构，然后比较了 N 端的 31 个氨基酸，结果表明 B 因子值存在很大差异，于是进行 N 端替换，改造的 AoXyn11A 的总能量从 –611.2 降低到 –663.2 kJ mmol^{-1}，得到更稳定的突变体。利用 PopMuSiC 设计，角蛋白酶的 N122Y 突变显著提高了 5.6 倍催化活性，且同时突变 4 个位点 N122Y，N217S，A193P，N160C 后，60 ℃条件下的半衰期提高 8.6 倍。一种 GRAPE 策略（greedy accumulated strategy for protein engineering），将塑料降解酶的 T_m 值提高了 31 ℃，对 30% 结晶度 PET 薄膜的降解效率相较于野生型提升了 300 倍。

表 14-2　常用的提高蛋白热稳定性的理性设计软件

软件	描述	网址
FireProt	基于能量和祖先序列重构的点突变设计	https://loschmidt.chemi.muni.cz/fireprot/
FoldX	基于折叠自由能设计点突变	https://foldxsuite.crg.eu/
I-Mutant	基于神经网络设计点突变引起的稳定性变化	https://folding.biofold.org/i-mutant/i-mutant2.0.html
PoPMuSiC	基于突变位点的溶剂可及性预测蛋白质稳定性	https://soft.dezyme.com/
PROSS	基于结构和序列优化蛋白质稳定性和异源高表达	http://pross.weizmann.ac.il
Rosetta	基于蒙特卡洛模拟退火的优化方法设计突变位点	https://www.rosettacommons.org/software

（三）酶分子的半理性设计

利用随机突变的方式构建随机突变库筛选有益突变体的方法在酶制剂改造上取得了显著的成果，但是，通常情况下，由于随机突变体文库的规模非常大，不利于筛选，往往并不能有效地得到预期突变体。理性设计可通过预测蛋白质活性位点，考察某位点突变对催化性能的影响，从而对蛋白质进化进行设计指导和虚拟筛选，这一过程需要进行大量虚拟计算以及经验分析，通常情况下很难得到性质大幅度提高的突变体，往往需要对多个单一的优势突变体进行叠加，才能得到具有目的功能的突变体。半理性设计借助蛋白质结构分析以及保守位点分析，选取若干个氨基酸位点（Hot spot residues）作为改造靶点，并结合简并密码子的理性选用，从而构建"小而精"的突变体文库进行筛选，这不仅是克服随机突变的低效率筛选的有效方式，而且能快速获得酶特性改变的突变体。

1. 酶目的基因半理性设计的基本流程

将蛋白质结构、功能、序列同源性和预测性计算算法的信息组合在一起预选位点，如图 14-3 所示，即通过计算机辅助设计、生物信息学分析，以及分子动力学模拟等方法获得热点残基后，构建多点饱和突变体文库，该方法在不影响突变效果的前提下，大幅提高了蛋白质工程的效率。

2. 酶目的基因基于半理性设计的应用案例

在利用结构信息时，可以将与底物直接接触的残基或在活性位点附近的特定残基作为目标，这些残基可以是单独存在的或者是组合的形式。研究人员开发了组合活性中心饱和突变策略（CAST），其特别适用于优化酶催化剂的立体选择性或扩大底物谱，CAST 的基本思想是通过分析目的酶的三维结构或同源建模结构来确定酶催化的活性中心。然后，选择确定范围内的一些氨基酸残基来构建突变文库。该方法首先应用于黑曲霉的环氧水解酶的对映选择性修饰，其中选择了活性口袋周围的 15 个氨基酸残基，并通过 CAST 方法构建了 6 个突变文库以获得更好的突变体。CAST 需要对酶的三维结构和功能有一定的了解和分析，以识别构成底物结合口袋的氨基酸。同时，还需要更高效的高通量筛选方法来筛选突变文库。

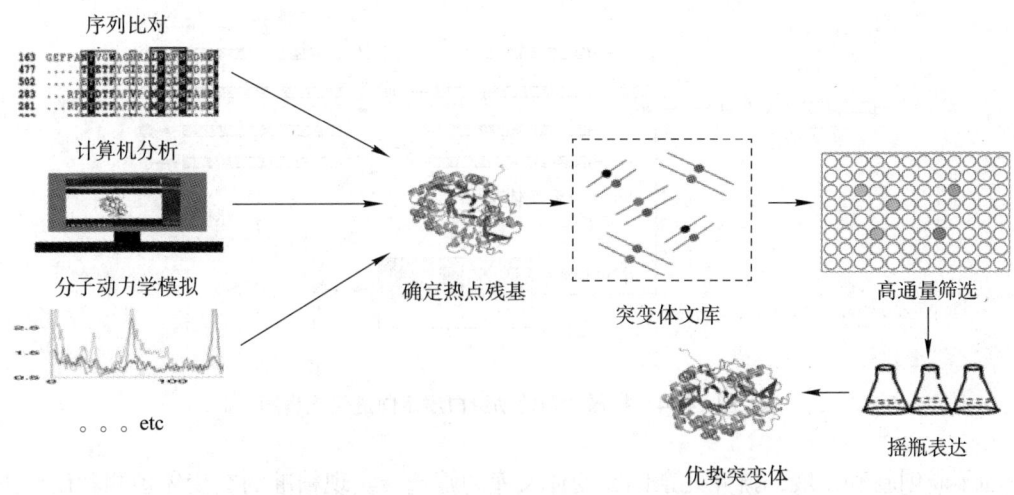

图 14-3 半理性设计构建突变体文库和筛选的基本流程

近年来，研究人员开发了一系列基于氨基酸序列或三维结构的新方法，例如单密码子饱和突变（SCSM）或三密码子饱和突变（TCSM）。用这些新方法构建的突变文库较小，从而提高了筛选效率。三密码子饱和突变是通过分析蛋白质的序列和结构信息，选择三种氨基酸作为饱和突变的靶氨基酸。TCSM 方法（理论库容量 8 000）已成功应用于改造细胞色素 P450 单加氧酶，柠檬烯环氧水解酶和醇脱氢酶的对映选择性，催化活性和稳定性。

（四）其他酶蛋白的进化方法

虽然蛋白质定向进化、半理性设计以及理性设计策略在基因工程酶制剂的改造中取得了显著成果，但都需要进行大量的计算或实验筛选工作。近年来，随着计算机存储容量和处理能力的不断进步，人工智能作为一门新兴学科而出现，其目标是创建可以在复杂多变的环境中学习、做出反应以及提供决策的计算机系统。20 世纪末，随着海量数据集的出现，人工智能的发展如火如荼，在复杂酶结构预测、稳定性、指导酶设计等问题中表现出独特的优势，为酶分子设计提供了新的可能。

1. 机器学习

（1）机器学习的基本流程

计算机算法中一种用于筛选蛋白质功能的新兴替代方法是机器学习，它包括一组基于数据做出决策的算法。通过直接对数据构建模型并进行模型的训练，确定突变的最佳组合，以提高酶的活性和蛋白质的稳定性。如图 14-4 所示，通过机器学习指导的定向进化进行蛋白质工程，可以优化蛋白质功能。机器学习方法可以预测序列如何映射，从而以数据驱动的方式起作用，而无需详细的基础物理或生物学途径模型。通过从特征化变体的特性中学习并使用该信息选择可能表现出改进特性的序列，此类方法可加速蛋白质的功能改进。

（2）机器学习的应用

通过直接从数据中建立模型，机器学习已经被证明是一种功能强大、高效和多用途的工具。在 1992 年，就有学者利用机器学习来预测蛋白质的二级结构，利用人工神经网络 ANN_S 对 DNA 和 RNA 结合蛋白的结合偏好和序列特异性进行改造，利用线性模型和卷积神经网络 CNN 对谷胱甘肽转移酶的催化活性和环氧水解酶的对映选择性进行改进和预测。随着计算机

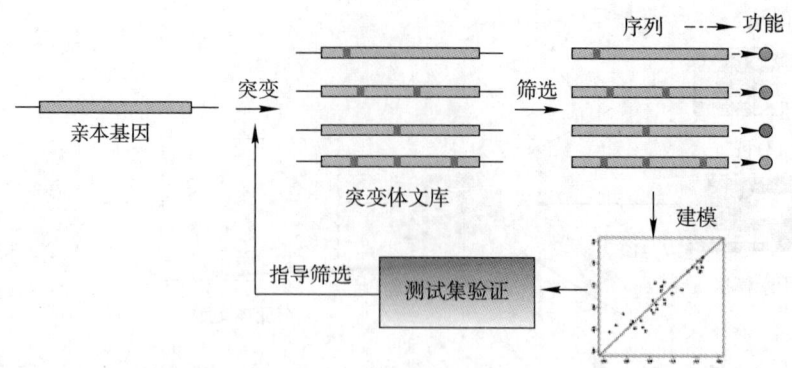

图 14-4　机器学习协助蛋白质定向进化流程图

技术的不断创新和发展，摒弃冗杂的突变体文库的筛选，实现精准的突变体预测和设计正逐渐成为可能。但是，机器学习在生物催化剂中的应用潜力尚未被充分挖掘，仍然面临诸多挑战，如缺乏用于训练模型和测试模型的高质量统一的训练集和测试集、经典数据的不平衡和偏差、现有方法针对性较差等问题。但是，随着科学技术的不断发展以及更多的科研爱好者的不断投入和创新，这些问题将会迎刃而解。利用机器学习不仅为蛋白质进化提供了最佳的起点，还将为解析潜在的蛋白质分子机理创造更多的研究手段，加速对酶的结构－功能关系的深入认识。

2. 蛋白质从头设计

蛋白质结构预测、进化信息、蛋白质折叠和计算模型的最新进展极大地促进了从头蛋白质设计的发展。从头设计是一种新开发的方法，用于创建催化新反应的酶。与上述设计策略不同，从头设计旨在创建在进化过程中尚未发现的新蛋白质。

（1）蛋白质从头设计基本流程

改造和设计新型蛋白质（酶），特别是自然界不存在的全新酶种，需要突破传统理论的诸多束缚，更要强化多学科理论和技术的有效融合，如图 14-5 所示，这一方法主要包括 4

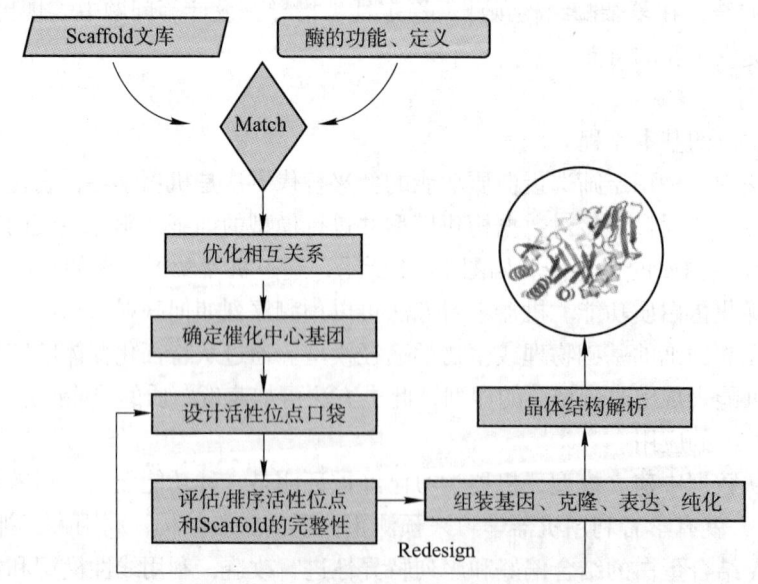

图 14-5　蛋白质从头设计基本流程示意图

个部分：确定酶的关键催化基团与底物形成的过渡态构象；鉴定一组可以实现该最小活性位点的支架蛋白，筛选能维持过渡态构象的蛋白质骨架结构；优化确定的周围残基用以稳定主要的催化残基和过渡态之间的相互作用；评估和对设计序列的结果进行排序；性质表征。蛋白质从头设计一般以能量与相互作用规律为理论基础，原子物理、量子物理、量子化学揭示的微观粒子运动为理论基础，以统计能量函数为算法依据，预测并评估大量的结构在自由能、底物结合能等方面的变化。

（2）蛋白质从头设计应用评价

计算机辅助酶设计代表了一种可能范围更广的设计新酶的方法。强大的计算机程序，如Rosetta软件套装是集蛋白质从头设计、酶活性中心设计、配体对接、生物大分子结构预测等功能为一体的生物大分子计算建模与分析软件组合，这些工具的开发都为蛋白质从头设计做出了巨大的贡献。

利用Rosetta软件从头设计或改造自然界的酶，使其具有新的催化功能已经取得了丰硕的成果，如Kemp elimination酶、Diels-Alder Reaction酶、Retro-Aldol（醛缩）酶的成功设计，尽管从头设计蛋白质序列取得了一系列成果，但是，由于计算模型的精确度不够，导致设计的成功率很低，建立了蛋白质序列设计的统计能量模型ABACUS（A backbone based amino acid usage survey），主要用于对不同折叠类型的天然蛋白质骨架进行从头序列设计，这类方法的发展将大幅提高蛋白质从头设计的成功率。

三、高效表达工程菌的构建

通过基因工程改造天然酶分子获得性质优良的突变体后，还需要能廉价且大量生产出来。利用基因工程手段将外源基因插入到特定的表达载体中，使得重组载体在宿主细胞中表达，实现了工业生产的需求。然而，采用克隆技术实现外源基因异源性表达的过程中，往往出现目的蛋白表达量低的现象，因此需要利用特定的策略提高蛋白质产量。在工程菌的构建中，启动子的强弱、不同类型的信号肽、基因的拷贝数和宿主细胞的种类都能明显地影响外源基因的表达量。为了实现工业化应用，通常会利用密码优化、基因剂量、分子伴侣共表达以及高密度发酵等一系列手段构建高产菌株，常用优化策略如图14-6所示。

1. 密码优化

目前的研究显示，所有物种中密码子是表达能力的主要决定因素。高度表达的基因倾向于使用与最丰富的tRNA种类相对应的狭窄密码子集。这样可以最大程度地减少翻译过程中tRNA耗尽的风险。这种策略对于外源基因的表达极其重要，尤其是当表达的基因具有许多在宿主中很少使用的密码子时。在这种情况下，密码子（或tRNA可用性）可能是产量的限制因素。为了克服该问题，可以将导入的基因中的非最佳密码子代替为对应于更丰富的tRNA种类的密码子，从而可以显著提高其表达量。已经证明密码子优化策略有用的物种包括原核生物（例如大肠杆菌和芽胞杆菌）以及单细胞和多细胞真核生物的细胞（例如酵母细胞），因此，密码子优化在外源基因的表达上起着非常重要的作用。

2. 基因剂量效应

基因的拷贝数在一定程度内的增加，对外源基因的表达具有显著影响。例如，构建了4株含有1、2、3和4个拷贝的ZHD（玉米赤霉烯酮降解酶基因）表达盒载体的毕赤酵母菌株，诱导表达结果显示含有3拷贝表达盒的菌株蛋白表达量最高。为提高脂肪酶TLL的

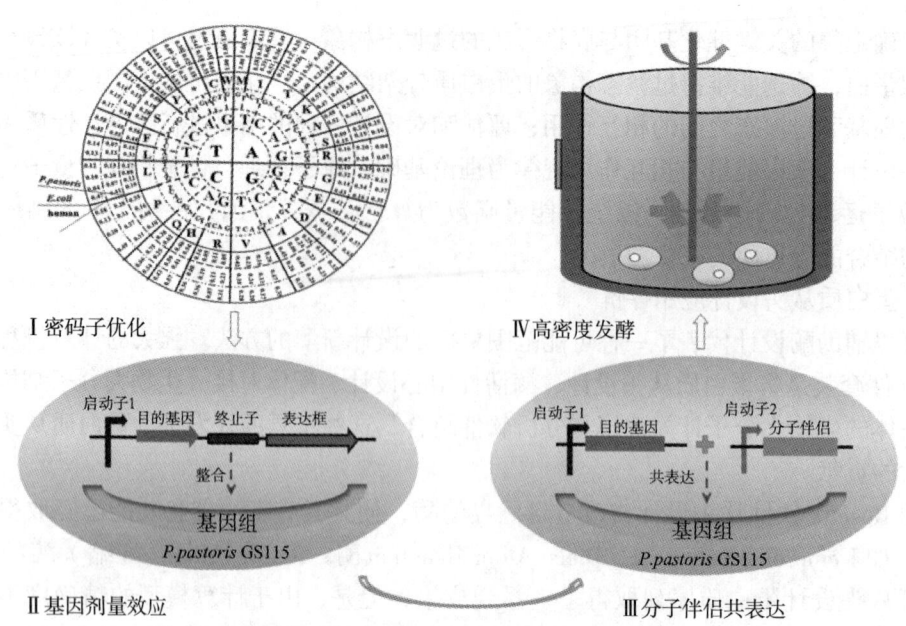

图 14-6 高产菌株的构建流程示意图
Ⅰ 密码子优化、Ⅱ 基因剂量效应、Ⅲ 分子伴侣共表达、Ⅳ 高密度发酵

表达量，构建了含有 3 个 TLL 表达盒的转基因毕赤酵母 GS115/9k-TLL#3，诱导表达结果显示 3 拷贝 TLL 的酵母菌株的表达量为 4 350 U/mL，在分批发酵 130 h 后，TLL 表达量可达 27 000 U/mL。尽管通过增加目的基因的拷贝数在一定程度上能够增加外源蛋白的表达量，然而很多的报道显示目的基因拷贝数和对应蛋白表达量不一定成正比，很多高拷贝菌株并没有表现出更高的蛋白表达量，原因可能是多拷贝会加重整合多拷贝宿主细胞的负担，影响宿主正常代谢，因此不能达到预期的效果。

3. 分子伴侣共表达

在构建高产菌株的过程中，过量重组蛋白的表达可能导致蛋白的不正确折叠或者加重细胞负担从而不能达到高产的目的。比如毕赤酵母过多的基因剂量将导致表达峰值化，甚至可能有害，这是因为异源蛋白的高水平过度表达会使分泌途径饱和或超载，甚至触发未折叠蛋白应答，这个过程中会涉及很多外源蛋白表达相关的辅助因子，例如转录因子 HAC1、氧化蛋白折叠所需的硫醇氧化酶 ERO1 和蛋白质二硫键异构酶 PDI1、转录激活因子 MXR1、囊泡转运相关蛋白 COG5 等。在毕赤酵母的分泌途径中，蛋白质在内质网中的折叠通常是限速步骤。另外，免疫球蛋白重链结合蛋白 BiP 是热休克蛋白 Hsp70 伴侣家族中一个位于内质网的成员，它水解 ATP 提供能量能帮助蛋白质折叠，以防止错误折叠蛋白质的聚集。

通过共表达分子伴侣能够显著增加外源蛋白的表达，例如，将不同分子伴侣 HAC1、ERV29、SEC16、COG5、TRM1 与 4 拷贝几丁质酶基因 *ChiA* 共表达，摇瓶结果显示单独共表达 HAC1 和 ERV29 使发酵上清的活性分别增加了 1.3 倍和 1.2 倍。在重组 opt-hLYZ-6C-EP 菌株中同时共表达分子伴侣 PDI1 和 ERO1 大幅提高了人源溶菌酶 hLYZ 分泌产量。尽管目前报道的能提高外源蛋白分泌表达的分子伴侣种类很多，不同的分子伴侣在不同的宿主中对不同蛋白表达的影响也不尽相同。因此，如何设计多种分子伴侣的组合以改善毕赤酵母中靶蛋白的高效表达仍在探索中。

4. 高密度发酵

高密度细胞培养技术（high cell density cultivation，HCDC），也就是高密度发酵技术，是指在一定培养体系下，通过改进培养方式和培养条件，显著提高菌体发酵密度，最终提高产物比生产率（单位体积单位时间内产物的产量）的培养技术。大肠杆菌和毕赤酵母高密度发酵工艺对工程菌的生产带来了非常好的效果。

第二节　基因工程酶制剂类别

按照来源、生产批量、纯度、应用领域、剂型等方面的不同，基因工程酶制剂可以分为不同的类别。

一、生产批量

（一）试剂级别基因工程酶

试剂级别基因工程酶一般生产批量小，用量小，纯度高，主要应用于科学研究、医疗诊断等领域。

1. 工具酶

基因工程工具酶主要包括限制酶、聚合酶、连接酶、修饰酶和核酸酶这五大类。商品化的工具酶大多数是利用大肠杆菌表达系统在胞内进行表达和纯化。通过菌体培养、粗酶提取、精制纯化、质量检测和保存这 5 个制备环节，能够大量获取多种工具酶，并以此开发出多种商品化试剂盒。目前的工具酶产业中，西方发达国家起步较早，生产厂家较多。而我国工具酶研究起步比较晚，但是随着各种工具酶专利的过期，国内工具酶研究相关公司逐渐开始发展。

2. 诊断酶

使用酶作为分析工具来检测体内某些与疾病有关代谢物质的变化从而诊断疾病的方法称为酶法检测，这类酶也称为诊断用酶，诊断酶在临床诊断方面有着广泛的应用。商品化的诊断用酶种类逐年递增，例如用于血液中葡萄糖检测的葡萄糖氧化酶（GOD）和己糖激酶（HK）、用于尿酸检测的尿酸氧化酶（UO）、用于检测甘油三酯含量的脂肪酶（LPS）和甘油激酶（GK）等。

（二）工厂级别的基因工程酶

工厂级别的基因工程酶一般生产批量大，用量大，主要应用在工业加工、饲料、食品、医药等领域。纺织等工业酶制剂一般用量较大，纯度不高，有时以培养液的粗制品形式应用；食品（药品）领域对酶制剂的纯度要求高，需要开展安全性评价。

1. 食品酶

酶制剂在食品行业中的应用主要有：①改善食品色、香、味、形态、质地；②保持或改良食品的营养价值；③增加食品的种类和方便性；④有利于食品的保藏；⑤有利于食品加工操作，更适应生产的机械化和自动化；⑥去除食品中不利成分，保护食品中有效成分，稳定食品的体系；⑦增加食品附加价值。食品中应用酶制剂更重要的是可以替代对人体有害的物质或者工艺流程，从而降低食品加工过程中的不安全因素。比如在面粉中添加淀粉酶、蛋白酶等可提高面粉的筋力和风味；果蔬生产中添加果胶酶可降低黏度，提高出汁率；β-半乳糖苷酶能将乳糖分解生成半乳糖，解决人群中存在的乳糖不耐受的问题。

为了适应酶制剂产业快速发展、进出口日益活跃以及产业国际化发展的需求，2007年卫生部和国家标准化管理委员会发布了《食品添加剂使用卫生标准》（GB 2760-2007），食品用酶制剂被列入其中，规定了45种酶制剂的名称和来源。2010年卫生部和国家标准化管理委员会发布了《食品加工用酶制剂通用卫生标准》（GB 25594-2010），规定了酶制剂生产使用原辅料的卫生标准等。2014年，又发布了GB2760-2014，其中有多种基因工程酶位列其中，包括以黑曲霉、枯草芽胞杆菌、酿酒酵母和巴斯德毕赤酵母等为宿主生产的酶。

(1) α-淀粉酶

α-淀粉酶作为最早进行商品化生产、应用最广泛的酶制剂之一，在淀粉制糖及发酵工业中十分重要。淀粉首先经淀粉酶液化成糊精，再用糖化酶催化生成葡萄糖。目前在制糖工业上广泛使用的商品化耐酸性高温α-淀粉酶的最适pH一般为5.0~6.0，随后在糖化过程中使用的糖化酶最适作用pH为4.5，然而对这两个步骤的pH调节会增加成本，并且目前使用的α-淀粉酶在淀粉深加工的高温液化过程中容易失活。因此开发在低pH（4.5）下可高效液化淀粉的新型耐酸性高温α-淀粉酶具有十分重要的工业应用价值。目前规定的淀粉酶的基因工程宿主有枯草芽胞杆菌、地衣芽胞杆菌、解淀粉芽胞杆菌和黑曲霉等。国际有多家大型酶制剂公司拥有真菌α-淀粉酶的先进生产技术与产品，并且其生产一直处于国际领先水平，它们的发酵水平一般在2 000 U/g以上。国内报道的真菌α-淀粉酶的发酵单位为200~600 U/g，耐高温α-淀粉酶酶活力可达40 000 U/mL，可耐60~100℃的高温。另外淀粉酶也用于焙烤行业，其主要应用是在面包的制作过程中，改善或控制面粉的处理品质和产品质量（如面包的体积、颜色、货架寿命），调节麦芽糖生成量，使二氧化碳产生和面团气体保持力相平衡，添加淀粉酶可改善糕点馅心风味，还可防止糕点老化。

(2) 葡糖淀粉酶

葡糖淀粉酶即糖化酶，能够从非还原性末端开始分解α-1,4葡萄糖苷键，还能缓慢水解α-1,6葡萄糖苷键，水解后的淀粉转化为葡萄糖，葡萄糖再经酵母作用转化为酒精。糖化酶最适pH一般为4.0~4.5，即使在pH 2.5的环境中，仍然可保持一定活性，因此十分适合应用于酸度不断增加、pH不断下降的传统白酒酿造等反应中。目前GB 2760-2014中的葡糖淀粉酶基因来源于埃默森篮状菌和黑曲霉，表达宿主可以是黑曲霉，米根霉，雪白根霉和戴尔根霉。

(3) β-葡聚糖酶

β-葡聚糖酶是指能水解β-1,3和β-1,4葡萄糖苷键并产生低聚糖和葡萄糖的酶。《β-葡聚糖酶制剂》（QB/T 4481-2013）规定了其食品及工业使用标准，一般要求活力不得低于20 000 U/mL。在制糖工业中，葡聚糖的存在使糖汁黏度增大，阻碍蔗糖结晶生长，从而影响过滤、蒸发等过程。工业用葡聚糖酶制剂最适温度均高于50℃，其中Novo Nordisk生产的α-葡聚糖酶Dextranase Plus L可耐85℃以上的高温，适合添加于蔗汁及糖浆中以去除α-葡聚糖。目前食品级葡聚糖酶制剂生产主要以芽胞杆菌和真菌为宿主，基因工程级葡聚糖酶制剂以解淀粉芽胞杆菌来源的为主。

2. 纺织酶

目前纺织生物酶主要应用于水洗和印染市场。已成功开发用于印染前处理加工的生物酶有退浆酶（淀粉酶）、精炼酶（主要成分为果胶酶）、除氧酶（过氧化氢酶）、水洗和抛光酶（纤维素酶）、蛋白酶（用于丝毛处理上），用于水洗行业的主要是淀粉酶和纤维素酶。随着国际纺织工业向东南亚的转移和集中，目前中国、印度等国家已成为纺织酶制剂公司最大的市场。纺织酶制剂市场主要由国外公司主导，占全球市场的70%以上，占中国市场的50%以上。

（1）淀粉酶

淀粉酶是最早用于纺织行业的酶制剂，主要用于梭织面料的退浆。通过酶对淀粉的分解作用，迅速降低淀粉的分子量，使溶液黏度降低，浆料迅速洗脱。碱性淀粉酶在pH为9~11的碱性环境下具有高效催化活性和稳定性。碱性淀粉酶在强碱性条件下仍具有水解淀粉的性质，使其可以应用于淀粉加工、纺织退浆以及用于自动洗衣机的洗涤剂添加等工业领域。添加碱性淀粉酶可有效提高纺织品印染质量，有着良好的实际应用效果和广阔的市场需求。

（2）碱性果胶酶

碱性果胶酶可用于苎麻脱胶和棉织物前处理的精练工艺，与传统的高温碱煮相比，该酶具有保护纤维、降低能耗和化学污染的优点。因此获得高表达碱性果胶酶的基因工程菌，可低成本生产碱性果胶酶，对于纺织工业节能减排具有重要意义。将枯草芽胞杆菌168的碱性果胶酶基因在毕赤酵母中进行异源表达，发酵酶活可达到2 200 U/mL以上，已经在我国生产并用于纺织工业。

（3）过氧化氢酶

过氧化氢应用于织物的精炼过程中去除棉纤维的天然色素，以利于后续的加工。但是过氧化氢的残留会影响后继的染色，因此需要利用大量的热水进行漂洗去掉，从而导致能耗和水耗的增加。而在漂白后的第一道淋洗时加入过氧化氢酶彻底去除过氧化氢，可减少淋洗步骤，大幅减少水耗、能耗和时间，因此过氧化氢酶被广泛应用于造纸和纺织行业。微生物来源的过氧化氢酶热稳定性好，酶活高，我国生产的过氧化氢酶活性高达200 000 U/mL。

（4）纤维素酶

纤维素酶在纺织中主要用于牛仔布料的仿旧处理和生物抛光，应用于棉麻织物的前处理，其能将染料结合的纤维素部分水解，并在机械力的作用下与布料分离，使织物获得均匀染色效果。纤维素酶可分为酸性纤维素酶和中性纤维素酶。酸性纤维素酶的特点是作用快、剥色能力强，其不足是再沾色现象比较严重、对织物强力损伤大。中性纤维素酶一般结合缓冲体系和防沾色助剂共同使用，可以生产出沾色少、对比度高、霜白效果明显的高端牛仔面料，这一方法是目前牛仔布料仿旧处理的主要手段。比如酸性纤维素酶HT616S就是利用非病原的微生物诱变筛选高产菌株，经液态深层发酵制备而成。其应用温度可从40℃到65℃，适用pH为4.5~5.5，对缓冲剂和非离子表面活性剂均具有较好的相容性，非常适合服装水洗。

（5）漆酶

漆酶可用于提高棉织物传统漂白工艺的白度，靛蓝牛仔面料的色光整理，能即时转化染料前体、提高染色效率等。另外有研究表明，"漆酶-中间体"系统能够提高羊毛的防缩性。漆酶商业化应用最成功的是用于靛蓝牛仔面料的色光整理。2009年推出的PrimaGreen EcoFade LT100漆酶产品可以在低温条件下使用，并能和纤维素酶同浴，这也为靛蓝牛仔漂白提供了新的环保解决方案。漆酶产品可由米曲霉菌种深层液体发酵，经提取工艺、超滤浓缩、干燥精制而成，得到的漆酶酶活力≥10 000 U/mL，最适温度范围为45~55℃，最适pH范围：4.0~5.0。

3. 洗涤剂用酶

为了提高去污效果，减少水体污染，在洗涤剂中添加酶制剂可以降低表面活性剂和三聚磷酸钠的用量，使洗涤剂朝低磷或无磷的方向发展，减少对环境的污染。洗涤剂用酶制剂的研制开发也因此成为酶制剂工业的一个主攻方向。酶可有效地分解蛋白质、淀粉、脂肪类污垢，具有洗涤能力强、耗能少、高浓度（所占体积小）等优点。目前洗涤剂中常见的酶制剂有碱性蛋白酶、淀粉酶、碱性纤维素酶、脂肪酶以及它们的复合物等。

（1）蛋白酶

由于蛋白质具有较强的黏性，含蛋白质的污垢如汗渍、奶渍、血渍以及许多食物的汁液等一般难以完全去除。其他的污垢也常与蛋白质混在一起，黏附在织物上，使洗涤变得困难。而蛋白酶能切断蛋白质中的肽键，使长链蛋白分解为较小的多肽和小肽，更易溶于水从而被轻松清除。目前洗涤剂中使用的是在嗜碱性芽胞杆菌异源表达所得到的丝氨酸蛋白酶，其主要对蛋白质内部的肽链起作用，最适 pH 在 12 左右。

（2）纤维素酶

洗涤剂中添加少量纤维酶，可以使棉织物的纤维素结构变得蓬松，导致纤维分子与水形成的凝胶结构发生有效的变化，使被封闭在其中的污垢很容易从纤维缝隙间溶出，从而提高去污力。不仅如此，洗后的织物也会变得色泽鲜艳、柔软。同时纤维素酶还有抛光作用，可以有效去除棉织物表面的绒毛，使织物表面变得光洁顺滑。如碱性纤维素酶具有良好的 pH、温度适用范围，适宜于在 pH 6.0～10、25～60℃ 的条件下使用，超出以上范围酶的活力下降。使用前应先与洗涤剂适量配比，推荐的加量为洗涤剂的 0.15%～0.5%（依据洗涤用途作适当调整）。该酶能修复受损纤维，使织物表面更加光泽；能作用织物结晶区域纤维，提升顽固污渍；适用性好，有较宽泛的工作温度和 pH；低添加量能达到极佳去浮色效果。

（3）脂肪酶

脂肪酶是酰基水解酶，其作用是水解衣物上的植物油、身体油脂和化妆品等污渍，生成易溶于水的甘油、脂肪酸和甘油单脂或二酯。由于脂肪酶和底物分别是疏水和亲水的性质，反应发生在水油界面上，因此反应慢、作用滞后，需要洗涤多次才能看到效果，其功效与碱性洗涤剂相比并不明显。现在洗涤剂使用的脂肪酶最适宜在 40℃ 左右、pH 10 以上使用。用疏水性氨基酸代替酶活性基团附近的亲水性氨基酸，得到的脂肪酶提高了对油污的吸附性，使得脂肪酶在初次洗涤即可得到明显效果。通过霉菌深层发酵、提取及精制而成的一种碱性脂肪酶外观呈深棕色清亮液体。

4. 造纸用酶

造纸工序之一是纸浆漂白，传统的化学漂白法是采用氯和氯化物对纸浆漂白，含氯漂白的废液含有很多有毒的氯化有机物（如三氯甲烷、各种氯代酚、二恶英等）。在使用化学漂白剂前用木聚糖酶来处理，可以减少氯和氯化物及其他化学漂白剂的用量，并提高纸浆的白度。木聚糖酶的作用是通过水解半纤维素以增加木素的溶出，要从根本上除去纸浆中残留的木素、减少有毒含氯漂白废液污染，必须利用能够直接进攻木素的三种主要氧化酶：木素过氧化物酶、锰过氧化物酶和漆酶，其中漆酶被认为是最具有应用前景的酶。利用木聚糖酶和漆酶的共同作用，有望完全降解掉纸浆中残留的木素，实现真正意义上的生物漂白。

5. 饲料酶

饲料用酶制剂是一种新型的饲料添加剂，可促进必要的维生素和矿物质的吸收，提高饲料的营养价值从而降低饲料成本，并且提高动物产品的产量，同时减少动物粪便中有害物质的排放减轻环境污染及开发新型的饲料资源。饲料酶可以缓解饲料资源短缺，减轻环境污染排放量，提供更为安全的动物产品具有控制、预防动物疾病，提高养殖业综合经济效益。饲料用酶需同时具备以下优良性质：①热稳定性好，而同时在常温下又具有高活性；②最适pH在酸性，并且同时在整个酸性和中性的pH范围内又能维持较高活性；③对动物胃、胰蛋白酶和别的蛋白酶具有较好的抗性等综合性质。

饲料工业中应用的酶主要是植酸酶、纤维素酶、木聚糖酶、β-葡聚糖酶、甘露聚糖酶、果胶酶、酸性蛋白酶、中性蛋白酶、中温淀粉酶、糖化酶以及α-半乳糖苷酶等。目前我国绝大多数饲料酶制剂来源于基因工程菌株，且具有以下特征：①酶的稳定性好，能耐饲料造粒过程的高温；②安全性好，不是病原菌，同时在系统发育上与病原菌无关，不产生毒素及其他生理活性物质；③酶的生产菌株遗传稳定，不易感染噬菌体；④大多是胞外酶，产量高且易纯化；⑤发酵周期短能进行高密度发酵。

（1）植酸酶

目前市场上应用最好的基因工程饲料酶是植酸酶。磷是动物健康生长和繁殖所必需的，但是家禽和猪不能消化许多饲料原料中天然含有的约70%的磷化合物（如谷物、大豆及其副产品），而植酸酶用作饲料添加剂时，可使饲料中天然的磷化合物植酸有更高的利用率，并提高糖类的消化率，改善家畜和家禽的饲料转化率和促进其体重增加，同时降低了磷酸盐污染。目前植酸酶主要是利用毕赤酵母基因工程菌工业化生产，占据了国内饲料酶制剂市场的30%左右，并有60%以上的产品出口。

（2）非淀粉多糖水解酶

此类酶包括木聚糖酶、纤维素酶、果胶酶、甘露聚糖酶等。它们可以有效降解饲料中的抗营养因子，降低肠道内容物的黏度，促进营养物质的高效吸收；而且降解产生的木寡糖、甘露寡糖等功能性寡糖能有效减少病原菌在肠道的定植，显著促进动物肠道内有益菌的增殖，调节动物的免疫反应，提高动物的健康水平和生产性能；目前国内多家酶制剂企业工业化生产该类酶，主要是利用毕赤酵母或者黑曲霉生产，发酵水平可以达到 4 mg/mL 以上。

（3）蛋白酶

我国蛋白原料资源缺乏，绝大部分鱼粉和大豆完全依赖进口，深受国际市场制约，而杂粕等非常规蛋白原料，由于利用率低无法在畜牧业上广泛应用。蛋白酶可以提高蛋白饲料的利用率，减少氮的排放，因此被国内许多大型饲料企业认可，带来了巨大经济效益。在国内使用单一蛋白酶的动物涵盖了猪、鸡、鸭、鱼、虾等动物种类，能够提高蛋白饲料的消化吸收率5%~8%，同时改善单胃动物消化生理功能。目前饲料用蛋白酶主要是利用曲霉和芽胞杆菌工程菌发酵生产。

不同单酶水解常规饲料原料中对应底物最佳添加量的研究是目前的热点。通过测定常规饲料原料中各种抗营养因子的含量，通过添加不同水平的相对应的酶制剂进行水解，得出最佳添加量，指导不同饲料配方复合酶的生产，使饲料转化率达到最高水平，是未来饲料酶应用发展的趋势。因此也有研究同时表达多个基因在同一个细胞中，构建同时表达多种酶的工程菌。

二、剂型

通过优化发酵工艺得到大量的基因工程酶往往需要根据酶的性质及其用途制备成各种

剂型，酶制剂的生产大致包括以下步骤：分离收集菌体→破碎（胞内酶所需，胞外酶则不需）→固液分离→浓缩→添加稳定剂制成酶制剂，根据不同的剂型，在生产工艺上又各有不同。常用酶制剂的剂型大体有液体酶、粉状酶、颗粒酶和固定化酶四种。

1. 液体酶

很多基因工程菌分泌产生的自身背景蛋白很少，主要是目的蛋白，这样像工业、饲料等对酶的纯度要求没那么高的行业，发酵的上清液就可以作为液体酶销售。另外就是像工具酶、诊断酶这种需求量不大的酶常用液体剂型。液体酶制剂的加工流程主要有三步：澄清、浓缩和储存。细菌发酵得到的酶液较为黏稠，一般先进行絮凝操作，再通过板框过滤以获得澄清酶液，并利用活性炭或树脂脱除色素。经过澄清的发酵液浓度较低，应浓缩达到要求后进行后续操作。目前工业上常用的浓缩方法有：蒸发浓缩、冷冻浓缩、超滤浓缩等。为了提高酶制剂的稳定性，储存时要加入缓冲剂、防腐剂（苯甲酸钠、山梨酸钾、对羟基苯甲酸甲酯、丙酯、食盐等）和稳定剂（甘油、山梨醇、氯化钙、亚硫酸盐、食盐等）。如商品化的限制性内切酶一般使用甘油作为酶的储存液以保证酶蛋白的稳定性。

2. 粉状酶

相比于液体酶，粉状酶的保存期更长。大致工艺流程为：发酵滤液经过适当浓缩后加入硫酸铵、硫酸钠进行盐析或在低温加入甲醇、丙酮、异丙醇使酶沉淀析出，将酶滤出，经低温干燥后磨成粉状，拌入稳定剂或填料而成。也可将酶液超滤浓缩后，加入淀粉或其他惰性材料，干燥后磨粉。例如在饲料酶制剂中，用作饲料添加剂的助剂必须是无害的，使用较多的稳定剂载体的实例为低分子量有机化合物如葡萄糖、果糖、蔗糖，以及天然或合成的较高分子量有机化合物如改性淀粉、微晶纤维素、果胶和糖原等。

喷雾干燥是一种简单，快速和极具商业价值的从溶液或者悬浮液制备粉末的酶干燥方法。但喷雾干燥会对蛋白及其空间构象造成一定的影响，进而导致酶活的损失，这种空间构象的改变，可以通过添加保护剂得以减弱。

3. 颗粒酶

颗粒酶的制作工艺也称作酶制粒技术。大致工艺流程为：把浓缩酶液与淀粉、水溶性无机盐和有机物按一定配比混合，在其加工设备中均匀揉合成面团状，经挤压、切割、圆整后制成小颗粒，再经低温气流干燥、筛分获得直径适中的酶颗粒（直径 0.2~1.6 mm）。最后选用适宜的水不溶物，按一定比例喷涂在颗粒表面形成外表保护层，经低温干燥后制成包被型含酶颗粒。该技术有效保护了酶制剂的活性，增加了酶制剂的稳定性，避免酶制剂直接添加使用的一些缺陷，如高温灭活、易致敏等。酶制粒技术在固体酶制剂中，特别在饲料和食用酶制剂中应用较为广泛。

4. 固定化酶

酶的固定化是指利用固体载体将酶束缚或限制于一定区域内，仍能保持酶特有的催化活性，并使其可回收及重复使用的一类技术，固定化酶与游离酶相比的优点包括：提高酶的稳定性（热稳定性，pH 稳定性，有机溶剂耐受性等）；分离回收容易，可重复使用，操作简便可控且工艺简单；提高酶的催化活性等优点。由于固定化酶的化学和物理性质很大程度上受到固定载体和固定方法的影响，开发对酶活影响最小（甚至增强酶活）的技术一直是固定化酶的研究目标。

（1）固定化酶的方法

酶制剂的固定化是通过物理或化学方法将游离酶固定在特定的载体材料上，根据固定的方式不同，主要分为吸附法、共价结合法、包埋法、交联法等。吸附法分为表面吸附和孔道吸附，利用氢键、范德华力、亲/疏水作用和静电作用等将酶固定在载体上。共价结合法主要是利用酶表面的氨基酸残基，如氨基、羧基或巯基等与载体材料上特定官能团发生化学反应，以强的共价键实现两者的结合。包埋法则是将酶分子包埋在载体中。交联法是利用酶自身的官能团结构或者加入一些交联剂（如戊二醛、甲苯二异氰酸酯等）联结起来而不需要载体的一种固定化方法。

除了这些传统的固定化方法之外，近年来开发了一类新的固定化方法，利用基因工程技术，在目的酶氨基酸序列后加上一系列短肽序列，最终实现酶分子在不同纳米材料表面的固定，这类短肽被称为无机物基因工程肽（SBPs，solid-binding peptides）。SBPs 是一类短氨基酸序列（7~12 个氨基酸），通过非共价相互作用（氢键、范德华力、亲疏水作用和静电作用等）结合到固体表面，共同导致酶分子在纳米至亚微米范围内与载体的强结合常数。这类短肽通常特异性较高，不同载体具有特异的结合肽序列。短肽不影响酶的性质，并且赋予酶较好的重复性使用和回收能力。

（2）基因工程肽固定化载体的类型

载体材料的选择会影响固定化酶的效果，通常从酶的反应类型、反应介质、反应条件和应用领域出发，固定化酶材料的选择应具有很好的稳定性、高负载性、生物相容性、环境友好性等。按照材料的种类，可以分为金属（金、银、铂、钯、钛），金属氧化物（氧化铁、镧系氧化物、氧化锌等），硅基材料（二氧化硅、石英、沸石等），矿物（磷酸钙、羟磷灰石），碳材料（石墨烯、单壁碳纳米管）和半导体（硫化镉、砷化镓、硫化锌）等。

（3）基因工程肽固定化酶的应用

在生物催化领域，固定化酶相对于游离酶拓宽了耐酸碱度范围、提高了热稳定性及对有机溶剂的耐受性。例如将 β- 葡萄糖苷酶、β- 甘露聚糖酶和 β- 木聚糖酶的末端连接上一种硅结合肽（VKTQATSREEPPRLPSKHRPG）以后，可以将 3 种酶固定在人造沸石表面，与交联法联用以后，固定化后的 β- 葡萄糖苷酶在重复使用 12 次后还保持 60% 以上的相对活性。当前的生物应用，如微芯片、生物燃料电池和生物传感器，需要在固体表面上有效和牢固地固定酶，科学家将金结合肽（MHGKTQATSGTIQS）与有机磷水解酶连接，并固定在金纳米粒子涂覆的化学修饰石墨烯表面，制备了流动注射生物传感器，用于检测环境中的农药含量，与传统传感器相比，具有更高的灵敏度、更低的检测限度和更好的操作稳定性。

第三节　基因工程酶制剂面临的问题和发展趋势

一、面临的问题

1. 高效表达问题

虽然很多酶基因实现了在异源宿主的高效表达，但是仍然很多异源基因在通用表达宿主不表达或者表达量很低，目前还没有通用的手段，还在试错的过程；酶的改造是一个长期过程，针对不同应用领域，筛选到优良的突变体，需要不断的升级换代，换代以后的突变体又需要从头构建高产菌株，还需要发展多靶点的基因编辑技术；目前的表达系统尚不能满足所有异源基因的高效表达，还需要优化现有表达系统和发展新的表达系统。

2. 稳定性问题

酶制剂自身稳定性直接关系到酶制剂的产品质量。影响酶稳定性的因素很多，主要包括水分活度、温度湿度、压力的影响以及酶制剂的使用环境。如饲料酶在生产环节、储运过程、动物体内等不同场景面临不同的环境，都要求酶制剂具有较好的稳定性，避免酶制剂失活失效。国内酶制剂稳定化工艺主要采取载体吸附结合包埋工艺，其技术关键是选取不溶性载体，好的载体可使酶制剂耐受85℃的高温，而其剩余活力率仍保持在70%以上。因此，通过酶的分子改造获得活性高、稳定性好的酶突变体是未来提高酶制剂稳定性的发展趋势。此外，通过分子生物学以及基因工程的方法生产高产、耐高温的酶制剂也将逐步应用到生产实际中。

3. 酶制剂活力检测技术问题

现阶段有两种测定酶活的方法，一种是检测在一定条件下酶作用底物的消失程度，另一种是检测在给定条件下产物的生成量，在实际应用中多采用后者。单纯检测酶的活性并不复杂，但当酶加入饲料等物质形成制剂后再评定酶活性，技术上就变困难了许多。因为酶制剂测定活性需要将酶先提取出来，对于酶制剂中占比很低的酶来说，需要有灵敏的检测设备和较长的检测时间；并且可能会存在某些影响酶活测定的物质。

4. 卫生和安全性问题

酶存在于所有新鲜食材和发酵食品中。新鲜水果和蔬菜富含各类酶，腌菜泡菜含有来源于微生物的酶，工业发酵食品也使用基因工程酶制剂。总的来看，人们使用生物酶已经有几百年的历史了，大规模生产生物酶也有一百多年的历史了，生物酶的安全性、高效性、专一性、反应条件温和、环保等性能特点得到市场的普遍认可。但是，基因工程酶制剂的卫生和安全性问题仍然需要高度重视。如，抗生素筛选标记基因，可能导致抗生素基因在环境中的扩散；酶制剂作为一个外源蛋白，随食物进入人体后有可能引起过敏反应；酶制剂在催化过程中，可能产生有毒物质，也可能使食品中营养组分损失。

二、发展趋势

1. 发展无抗筛选技术

在分子生物技术中，大部分的遗传转化技术都得借助抗生素抗性基因筛选转化子，这些抗生素筛选标记基因与插入的目的基因片段可以共转化到宿主细胞中，使得抗生素抗性基因残存在宿主细胞内。但是，抗细菌和抗真菌的药物在人畜疾病治疗和植物病害防治中具有至关重要的作用，现有遗传转化技术的进一步应用可能导致抗生素基因在环境中的扩散。因此，避免使用抗生素抗性基因类筛选标记已成为阻碍遗传转化技术推广应用的一大难题。

针对抗生素筛选标记基因的安全性问题，当前发展的一个策略是利用无选择标记基因的遗传转化系统直接获取无筛选标记基因受体或者是在转化时使用抗生素筛选标记基因，之后再剔除该选择标记基因。虽然无选择标记基因技术可以避免使用抗生素抗性基因，但是它在微生物菌株改造中的应用有几方面的局限性：①基因操作程序繁琐，克隆选择效率很低；②目的基因的拷贝数很低，表达水平差；③没有选择压力，丢失目的基因的个体很快成为优势群体。

此外，葡萄糖胺合成酶基因是各种微生物生长的必需基因，也是最新建立的一种生物安全筛选标记。其编码基因的破坏会使细胞失去在自然条件下生长的能力，只有在添加外源葡萄糖胺的培养基上才能生长,这种新型筛选标记既适用于真菌又适用于细菌,不仅可以取代细菌质粒和穿梭载体中的抗性基因,而且能够弥补营养缺陷互补型和功能附加型筛选标记的不足,具有重要的应用前景。

2. 基因编辑技术改善基因重组问题

基因重组技术是将基因片段转入到特定生物中,此片段的来源可以从生物体基因组中提取或人工合成指定序列的 DNA 片段。转入到生物体中的 DNA 片段与其本身的基因组进行重组,再从重组体中进行数代的人工选育,从而获得具有稳定表现特定的遗传性状的个体。基因重组技术的产生,可以使重组生物增加人们所期望的新性状,培育出新品种。

基因编辑技术是指在基因组水平上对目的基因序列甚至是单个核苷酸进行替换、切除、增加或插入外源 DNA 序列的基因工程技术,尤以 CRISPR-Cas9 系统的诞生使基因定位、精准修改成为现实。基因定位和精准修改意味着该技术可以人为控制基因表达,可以实现无选择筛选标记转入目的基因或者敲除一些基因,被广泛地应用于基因治疗、药物制备、农业生产、环境保护、濒危动物救助等。通过基因重组技术转入基因带有盲目性,整合位点带有随机性,而基因编辑技术能精准编辑目的基因,可以更加快速地对生物体基因组进行改造。因此,基因编辑技术必将成为今后基因工程酶制剂中常用的技术手段之一。

思考题

1. 以纤维素酶为研究范例,简述从样品采集到酶制剂开发的过程。
2. 如何看待酶分子改造中的非理性、理性及半理性设计,你在酶分子改造中会采取什么策略?
3. 如何构建酶蛋白的分泌表达高产菌株?分泌表达酶蛋白的优势有哪些?
4. 如何利用基因工程实现酶的固定化?

主要参考文献

1. 曲戈,朱彤,蒋迎迎,等. 蛋白质工程:从定向进化到计算设计. 生物工程学报,25,2019,35(10):1843-1856
2. Knott GJ, Doudna JA. CRISPR-Cas guides the future of genetic engineering. Science, 2018, 361(6405): 866-869
3. Dinmukhamed T, Huang Z, Liu Y, et al. Current advances in design and engineering strategies of industrial enzymes. Syst Microbiol Biomanuf, 2021, 1: 15-23
4. Wu Z, Kan SBJ, Lewis RD, et al. Machine learning-assisted directed protein evolution with combinatorial libraries. Proc Natl Acad Sci USA, 2019, 116: 8852-8858
5. Jumper J, Evans R, Pritzel A, et al. Highly accurate protein structure prediction with AlphaFold. Nature, 2021, 596(7873): 583-589

(张桂敏)

第十五章 细菌基因工程

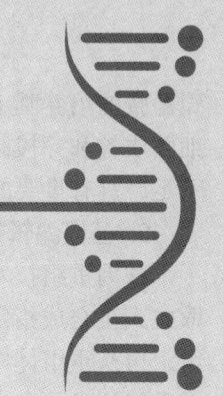

第一节 细菌基因工程的发展现状和发展趋势

一、细菌基因工程的发展简史

细菌与基因工程密不可分。细菌是单细胞、结构简单的原核微生物，目前对其生理代谢途径以及基因表达的调控机制研究较为透彻；细菌的物种和代谢类型多样，对环境因子敏感，易于获得各类突变株；且细菌最显著的特征是生长速度快，便于大规模培养，容易进行遗传操作等，因此基因重组技术首先在细菌中获得成功并得到广泛应用。

1973 年，波依尔（Boyer）和科恩（Cohen）首次完成外源基因在大肠杆菌中的表达，在实验室里实现了基因转移，为基因工程开启了通向现实应用的大门，使人们有可能按照自己的意愿利用重组 DNA 技术改造和设计新的生命体。几年后，第一个基因工程产品——利用构建的基因工程菌生产人胰岛素获得成功，从此人类进入了生物技术的产业时代。

细菌不仅在现代生物技术的核心—基因重组技术的诞生和技术进步中起到举足轻重的作用，而且细菌的遗传改造也是基因工程中历史最早、研究最广泛、取得实际应用成果最多的领域。

在细菌基因工程诞生之前，人们主要通过诱变来提高产量或者通过控制代谢途径而在有限程度上改变产品的性质。CRISPR-Cas9 技术的发现与应用大大降低了基因编辑的难度和成本，改变了实现细菌基因工程的手段，也使合成生物学开始兴起。不仅开发和设计出了大量新的基因编辑元件、工具和基因线路，还成功地应用于微生物细胞工厂的构建。现在可以将源于微生物、动物或植物甚至源于人类的基因，转移到大肠杆菌、枯草芽孢杆菌、乳酸菌、根瘤菌等细菌中，获得具有特殊性状的基因工程菌，它们在发酵工业、农业生产、食品加工、医药卫生和环境保护中的应用十分广泛，发展势头强劲。

二、细菌基因工程的发展现状

1. 细菌工程菌与人类药物生产

1982 年美国首先将重组胰岛素投放市场，用于治疗糖尿病，标志着世界第一个基因工程药物的诞生。此后近 40 年，60% 的基因工程技术成果集中应用于医药工业，为生物医药的发展带来一场崭新的革命。细菌是生产蛋白药物最好的生物反应器,利用细菌基因重组技术,可以实现:①对化学方法难以合成的中间体进行合成,从而生产活力更强的衍生物,例如更高效的抗肿瘤药物羟基喜树碱和前列腺素;②使微生物产生新的合成途径,从而获得新的代谢产物,例如去甲基四环素等;③利用微生物产生的酶,对药物进行化学修饰,例如多种半合成青霉素的生产;④生产天然稀有的医用活性多肽或蛋白质,例如用于抗病毒、抗肿瘤的干扰素、白细胞介素和重组促红细胞生成素;用于治疗心血管系统疾病的尿激酶原和组织型溶纤蛋白酶原激活因子;用于防治传染病的多种疫苗(如新冠疫苗、乙型肝炎疫苗和腹泻疫苗);用于体内起调节作用的胰岛素和其他生长激素等;⑤实现对人类疾病的靶向预防和治疗,例如向工程菌中导入具有治疗作用的功能片段,递送肠道后靶向特定疾病,例如代谢紊乱等。细菌基因工程药物突破了传统医药治疗疾病的缺陷,具有非常高的选择性、较长的产业链以及高投资、高风险、高回报的特点,已成为制药行业的一支奇兵,基因工程制药已成为21世纪制药业的支柱。

2. 细菌工程菌与环境保护

为了促进自然资源的可持续利用,通过环境微生物基因工程技术治理环境污染并遏制生态恶化趋势,是一条最安全和最彻底消除污染的行之有效途径。它主要采用现代分子生物学和分子生态学的原理和方法,通过代谢工程与合成生物学的结合,基于合成生物学设计和构建新型生物功能和系统的优势,充分利用环境微生物中具有生物净化、生物转化和生物催化等特性的功能基因,经过基因编辑、代谢改造,构建高效表达的具有各类功能的基因工程菌进行污染治理、清洁生产和可再生资源利用,多层面和全方位地解决工业和生活废弃物污染、石油和煤炭脱硫、农药残留、能源和材料短缺等问题。与化学、物理等其他技术相比,环境微生物基因工程技术具有效率高、成本低、反应条件温和以及无二次污染等显著优点,同时还可以增强自然环境的自我净化能力。

目前环保细菌基因工程菌的应用已有不少成功的例子。美国科学家把降解芳烃、萜烃、多环芳烃的质粒转移到能降解脂肪烃的假单胞菌体内,培育出了一种能同时降解4种烃类的"超级工程菌"(superbug),它降解石油烃类的能力比野生菌高几十倍乃至几百倍,是第一个获得美国专利的生物工程菌株。将假单胞菌内能够降解辛烷、乙烷、癸烷功能的OCT质粒和抗汞质粒MER同时转移到对20 mg/L汞敏感的恶臭假单胞菌体内,结果使对汞敏感的恶臭假单胞菌转变成了能抗50~70 mg/L汞、能同时分解烷烃的遗传工程菌。

此外,一些分解其他有机物甚至包括致癌物、有机汞以及能有效固定环境中重金属离子的工程菌也展现在世人面前。除草剂2,4-二氯苯氧乙酸(2,4-D)是致癌物,目前科学家已将降解2,4-D的基因片段连接到细菌质粒上,然后转入快速生长的受体菌内构建成高效降解2,4-D的功能菌,大大减少了土壤中2,4-D的累积和食品中2,4-D的残留量,很大程度上降低了2,4-D带来的致癌隐患。

甲苯汞早年是用于稻田的一种有效的农药,后来发现其具有毒性而成为公害。一种假单胞菌可以将这种有机汞分解成苯和金属汞,金属汞大部分挥发到空气中,少量沉淀到试验容器底部。将这种基因导入其他微生物体内,广泛喷施到有毒的田地水域,基因工程菌能发挥高效解除汞毒的性能,从而降低了汞毒的危害。

总之,在工业和生活废水治理、重金属污染土壤的生物修复(bioremediation)、农药残留的微生物降解、生物制浆和生物漂白等清洁生产技术的建立、石油污染的消除以及友好可再生材料的合成等诸多方面,环境微生物基因工程菌取得了很大的技术突破,推动了传统产业的技术工艺革新和产业结构调整,保护并维持了地球生态环境的平衡。

3. 细菌工程菌与食品、饲料及其他工业

在发酵工业上,利用生物技术构建的品质优良的食用乳酸杆菌提高了生产菌在食品发酵过程中的稳定性,改善了发酵食品的质量并且降低了成本,大大缩短生产周期,具有巨大的经济价值和社会效益。食品生产加工过程中要应用的许多食品添加剂或加工助剂,例如酶制剂、氨基酸、维生素、增稠剂、有机酸、乳化剂、表面活性剂、食用色素、食用香精及调味料等,都可以采用发酵生产而得到。理论上所有发酵食品与食品配料生产菌,都可以利用基因工程技术进行菌种改良,但是由于氨基酸、有机酸、维生素、色素、香料等均属于微生物代谢产物,其生产菌的遗传改造所涉及的基因较多且调控复杂,因此增加了利用基因工程技术进行菌种改良的难度,目前这方面的工作大多还处于研究阶段。但已有少数氨基酸、有机酸及维生素等重要发酵产品是以基因工程菌代替现有的菌种进行工业化生产,并获得了巨大成功。相对而言,酶制剂的合成所涉及的基因较为单纯,适合利用基因工程技术进行改良。

4. 细菌工程菌与农业生产

各类农业微生物的应用是实现农业可持续发展和保护生态环境的有力保证。在自然菌株选育的基础上开发微生物农药、肥料等已有悠久的历史,对农业生产发挥了重要作用。但是,由于自然菌株和传统技术本身的一些缺陷与不足,诸如研究周期长、成本高、活性低等,实现农业微生物的产业化受到很大限制。现代生物科学技术的发展给农业微生物研究注入了新的活力,特别是近年来基因工程、合成生物学与代谢工程的研究为微生物遗传改良提供了有效手段,给传统农业注入新的活力,使其朝向优质高产、无污染、少病虫害和高效益的绿色生态农业以及可持续农业的方向发展。

在农业上,据不完全统计,世界各国获准进入田间释放的重组微生物占已登记在案的遗传工程菌环境释放总数的 1.15%,其中受体微生物为细菌的占 1.04%、病毒占 0.32%、真菌占 0.19%。美国环境保护局(EPA)和美国农业部(USDA)批准环境释放的微生物遗传工程菌涉及十几种微生物约 50 例,基因组中整合了外源 *dctABD* 基因 /*nifA* 基因、能提高苜蓿共生固氮能力和大田产量的转基因重组苜蓿根瘤菌(*Sinorhizobium meliloti*)是世界上首例通过了遗传工程菌安全性评价并进入有限商品化生产的工程根瘤菌。在东南亚如菲律宾等国,生物肥料已广泛应用于水稻等粮食作物的生产。国际水稻研究所计划在 10 年的时间内构建一种超级固氮细菌,以减少水稻 50% 的氮肥用量。目前至少有 70 多个国家在研究、生产和使用微生物肥料,主要以根瘤菌剂和植物促生细菌(plant growth-promoting rhizobacteria,PGPR)制剂为主。20 世纪 90 年代以来,以苏云金芽胞杆菌(*Bacillus thuringiensis*,简称 Bt)为龙头的微生物工程杀虫剂迅速发展。已采用基因工程技术构建出多个高毒力、广谱的新型重组菌杀虫剂并进入商业化生产。在美国,转 Bt 遗传工程菌用以防治蔬菜害虫和玉米害虫的面积分别占总面积的 80% 和 50%。

目前,中国是世界上农业重组微生物环境释放面积大、种类多和研究范围广的国家,在我国境内申报并通过农业生物基因工程安全委员会批准的农业重组微生物在 40 例以上,目前还有 10 余株转基因细菌处于安全性评价和田间试验阶段。由我国研制的转 *ntrC-nifA* 基因的水稻根际联合固氮耐铵的斯氏假单胞菌 AC1541 在中国被批准有限商品化生产,是我国首例进入田间应用的基因工程固氮菌。还有多个苏云金芽胞杆菌高产广谱工程菌,均已通过农业部农业生物基因工程安全委员会审批获得转基因安全证书;重组大豆根瘤菌 HN01(pHN307)通过农业部农业生物基因工程安全评价审批,该菌是世界上第二例获准进行环境

释放的重组根瘤菌。这标志着我国一批拥有自主知识产权的重组微生物农药、肥料和饲料用酶产品已初具产业规模。

三、细菌基因工程的发展趋势及前景展望

随着基础生物科学和分子遗传学研究的突飞猛进，特别是对包括细菌在内的各种生物的基因组研究的深入，为揭示各类生物基因结构与功能提供了大规模、高通量和自动化的研究手段和全新思路，细菌基因工程的研究范围也进一步拓宽。微生物的生活环境高度多样化，种类繁多，这就决定了微生物所表现的性状丰富多彩，蕴藏着为人类服务的巨大潜力。细菌基因工程的研究重点将会放在细菌资源的发掘和利用上，即从现存丰富的细菌资源中鉴定分离具有杀菌、杀虫、防病、除草、固氮、促生、抗逆、降解污染物、促进养分转化等各种功能的新基因，以及难培养和极端环境微生物资源的开发利用，为构建多方位满足人类需要的基因工程菌打下牢固基础。同时要注意革新细菌基因工程菌的生产工艺，发展适用的加工剂型，尽快提高"下游"技术的水平。

在人类对生命本质认识不断加深的情况下、各个学科之间的联系日益紧密，研究者们尝试在基因工程中融入系统科学和工程化思想，合成生物学的发展因此如火如荼。细菌基因工程着重于将发掘的功能基因转移到细菌中进行高效表达，而合成生物学是在完全理解自然界已存在的生物元件的基础上，改造已有的生物体或从头设计合成自然界中不存在的人工系统，该过程中涉及了多组基因，需要更多地利用网络分析、计算机模拟等工程化手段。总而言之，合成生物学有着可定量、可预测及高度工程化的优势，是有着巨大潜力的下一代生物技术。但这并不意味着细菌基因工程将被完全取代，实际上，两者各有千秋。由于目前对自然界生物体的各种机制仍在解析，计算机依然难以完全模拟复杂的生物反应，各种因素制约着合成生物学的发展。而基因工程立足于丰富的自然基因资源，涉及的基因操作成熟，应用前景广阔。但可以预见的是，细菌基因工程将会融入合成生物学的思想，为这个传统学科注入新的活力。

此外，在积极促进细菌重组技术发展的同时也要高度重视和预防转基因细菌对动植物健康和自然环境可能存在的风险。为此，要严格按照转基因生物安全管理条例的要求，认真开展重组细菌的生物安全性评价研究。尤要注意建立准确、灵敏的检测方法，加强转基因细菌在环境中存活、定植、传播能力以及与非靶标生物种群相互关系的监测；为了尽可能保证安全，应设法去除抗性标记基因和非目的基因的序列。

第二节　细菌基因工程的表达系统

一、细菌基因工程的表达系统

细菌基因工程的表达系统由3部分组成：外源基因、表达载体和受体细菌。外源基因的表达水平不仅与基因的来源、基因的性质以及载体有关，还取决于受体细胞。要使克隆的外源基因在受体细胞中高效表达，首先需要构建专门的表达载体（expression vector），用来控制转录、翻译、蛋白质稳定性以及克隆基因产物的分泌等遗传元件。基因工程的受体细胞多

种多样，但目前大多数重组 DNA 技术生产的蛋白产品都是在大肠杆菌中合成的。大肠杆菌是目前研究最深入、使用最广泛的基因工程菌。在细菌基因工程领域，大肠杆菌主要作为外源蛋白超量表达的平台，其主要目的是对不同的蛋白质进行体外超量表达，从而可以将目标蛋白用于不同的下游领域，如制备基因工程疫苗、蛋白质组学研究等。其他一些受体体系如枯草芽胞杆菌、酵母及动物、植物、昆虫细胞以至动植物个体等，也可以用来表达某些克隆基因。

关于大肠杆菌表达系统，在本书的前面章节已有详细介绍，在此不作赘述。本节主要介绍细菌基因工程中构建表达载体的一般原则及其他常见的一些表达系统。

二、表达载体构建原则

表达载体实际上是在克隆载体的基础上装载了用于表达的一些元件（cassette），当外源基因插入到合适的位点后，在受体菌中就可启动表达。目前在大肠杆菌和酵母中使用的表达载体种类繁多，形成了最成熟的表达系统。但在其他细菌中，一般没有或很少有固定的表达系统，通常是将目的基因与表达元件（主要是相关的启动子）连接，再装载在特定的克隆载体上，然后导入受体菌中表达。因此，表达载体的构建主要体现在表达元件的选择和利用。对于克隆载体，只要满足在受体菌中复制和选择要求的载体，都可用作克隆载体。大肠杆菌以外的细菌中应用的克隆载体一般都是穿梭载体，都含有大肠杆菌克隆载体的序列，便于在大肠杆菌中扩增和制备。例如，用于苏云金芽胞杆菌的克隆载体 pHT304 的基础骨架为大肠杆菌克隆载体 pUC18，另装有能在 Bt 中复制的质粒复制区序列 *ori1030* 和用于选择的红霉素抗性基因。克隆载体可以是质粒载体，也可以是将外源基因整合到染色体上的整合载体。

1. 启动子的选择

通过基因工程手段表达外源基因的目的大致有 2 种，其一是超量表达，以达到最大限度地获得蛋白质产物。如在大肠杆菌中常用 *lac*、*tac* 和 T7 等可调控强启动子，在适当的条件下都可以使外源基因高水平表达。其二是使某个关键基因表达，使受体菌表现出一种特殊的性状，或启动其他产物的大量合成。在这种情况下，不一定要高量表达，正常表达就可，往往可采用基因自身的启动子或受体菌的相关性状基因的启动子。在细菌的代谢工程中，常见这种情况。例如，2-酮-L 古龙糖酸（2-KLG）是商业合成维生素 C 的中间物，但草生欧文氏菌（*Erwinia herbricola*）只能将 D-葡萄糖转化成 2,5-二酮-L 古龙糖酸（2,5-DKG），缺乏进一步转化 2,5-DKG 的还原酶基因。将棒杆菌（*Corynebacterium sp.*）的 2,5-DKG 还原酶基因转入欧文氏菌，能成功地将 D-葡萄糖转化成 2-KLG。详细内容见后文。

2. 转录的有效性

为保证外源基因转录的有效性，在表达载体上应设法除去衰减序列或插入抗转录终止序列以避免转录的提前终止，保证 mRNA 有效地延伸和终止。也可在终止密码子后增加终止子序列，使转录有效终止，并延长 mRNA 的半衰期。

3. 翻译起始的有效性

翻译起始是多种成分包括 mRNA、16SrRNA、fMet-tRNA，核糖体 S1 蛋白、蛋白合成起始因子之间的协同作用的过程。要使翻译起始效率最高，要满足以下条件：①选用最佳起始密码子 AUG（偶尔为 GUG 和 UUG）；②SD 序列（Shine-Dalgarno sequence）接近或与以下序列完全相同：5′…AGGAGG…3′；③除 SD 序列外，处于起始密码前的两个核苷酸应该是 A

和U；④在不改变蛋白质功能的前提下，如果在起始密码AUG后的序列是GCAU或AAAA序列，能使翻译效率提高；⑤在翻译起始区不能形成明显的二级结构。

4. 翻译的有效终止

在基因工程中，一般采用UAA或一连串的终止密码来有效终止原核细胞的翻译。

三、常见细菌表达系统

大肠杆菌并不一定是所有外源蛋白表达的理想微生物。除了大肠杆菌以外，还有许多其他细菌的表达系统，但是目前对其他微生物在遗传和分子生物学方面的研究程度不及大肠杆菌，幸运的是，适用于大肠杆菌的方法和策略也同样可以应用于其他一些微生物。因此，其他细菌没有可专门利用的通用型表达载体，通常研究者只有在使用它们时才构建特异性或专一性的表达载体。在下面的章节里，主要介绍几种比较常见的其他细菌基因工程表达系统的结构和特点。

1. 革兰氏阴性细菌通用的表达载体

革兰氏阴性细菌通用的表达载体如pAV10等都是在低拷贝数、广宿主质粒pRK290的多克隆位点中插入来源于转座子Tn5末端反向重复序列的一段70 bp DNA而构建的。来源于Tn5的DNA克隆片段包含两个独立而重叠的启动子，每一个启动子分别负责一个Tn5基因的转录。Tn5能有效地作用于许多细菌宿主，它的启动子也能促进这些生物的转录。在其他革兰氏阴性细菌中所用的表达载体与此类似，但使用得并不多。

2. 芽胞杆菌表达系统

枯草芽胞杆菌（*Bacillus subtilis*）是一种革兰氏阳性、无荚膜、能运动的杆状细菌，无致病性，对人畜无毒，是革兰氏阳性细菌的主要代表。它最显著的特点是在极端生长条件或生命后期在细胞内形成中生芽胞，芽胞具有极强的抗逆境能力。它们不仅是重要的工业菌种，也是基因表达研究的有价值材料，具有良好的分泌能力，遗传背景清楚，生长迅速，培养条件简便。

下面介绍两个应用于枯草芽胞杆菌的表达载体。

（1）穿梭载体　作为穿梭型表达载体（shuttle vector），应同时具有大肠杆菌载体和枯草芽胞杆菌载体的复制起点，pDG148-Stu就是一个穿梭型表达载体（图15-1），它利用大肠杆菌pBR322和枯草芽胞杆菌载体pVB110的复制起点，能够超量表达插入其*Stu* I酶切位点的外源蛋白。

pDG148-Stu克隆表达载体的结构特点：①具有乳糖操纵子调节基因*lac* I及其调控序列，使外源蛋白的表达受IPTG的调控。②具有一个杂合启动子，它来源于乳糖操纵子的表达调控区域和枯草芽胞杆菌SPO-1菌株的启动子区域，有利于外源蛋白的高效合成。③3个抗性基因作为筛选标记，kan^r（卡那霉素抗性基因）和ble^r（博莱霉素抗性基因）可同时用于大肠杆菌和枯草芽胞杆菌的抗性筛选，amp^r（氨苄霉素抗性基因）只能用于大肠杆菌的抗性标记。

（2）整合载体　能将目的基因整合到宿主的基因组中的载体称为整合载体（integration vector），一般通过同源重组或转座因子的转座特性实现外源基因的整合。pDG1730是典型的枯草芽胞杆菌整合载体，可将外源基因整合到α-淀粉酶基因内部。该载体的基本骨架是大肠杆菌的克隆载体和用于革兰氏阳性细菌的红霉素抗性选择标记基因（*erm*）；用作整合的

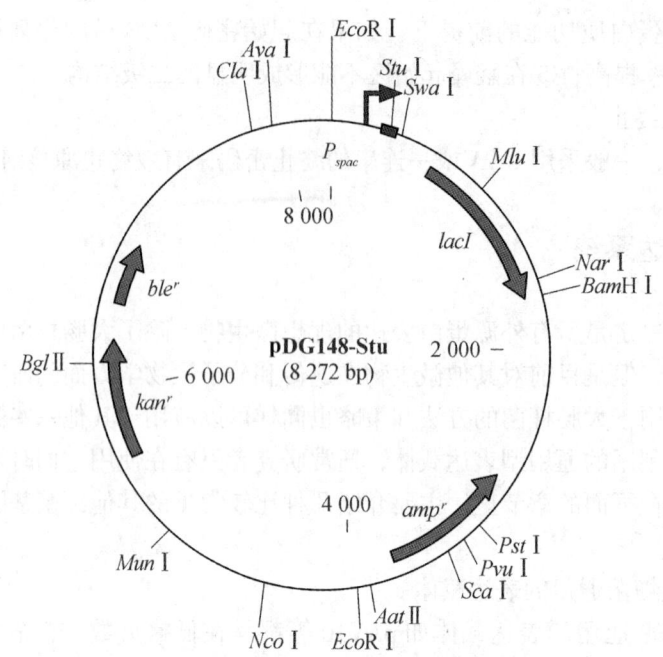

图 15-1　pDG148-Stu 表达载体结构

ble：博莱霉素抗性基因；*amp*：氨苄霉素抗性基因；*kan*：卡那霉素抗性基因；
Pspac：杂合启动子；*lacI*：乳糖操纵子阻遏蛋白基因

元件是中间插入了壮观霉素抗性基因（*spc*）的 α- 淀粉酶基因，并且其中含有多克隆位点（图 4–11）。

将目的基因插入到 pDG1730 多克隆位点（*Bam*H Ⅰ，*Hind* Ⅲ 或 *Eco*R Ⅰ）后，用 *Sca* Ⅰ 将重组质粒切成线状，再转化入枯草芽胞杆菌，通过壮观霉素进行筛选。只有当载体上的 α- 淀粉酶基因与宿主染色体上 α- 淀粉酶基因发生同源重组，通过双交叉置换，目的基因和抗性基因（*spe*'）替换染色体上同源序列之间的区域，整合到染色体后，壮观霉素的抗性才能表现出来。

整合载体 pDG1730 的整合是有针对性的，其工作原理也可用于整合其他基因的整合载体的构建，以及其他细菌整合载体的构建。

3. 微生物细胞表面表达系统

微生物细胞表面展示系统的构成包括载体蛋白、目的蛋白和宿主菌株 3 部分。位于细胞表面的蛋白都可用于细胞表面展示，常见的载体蛋白包括大肠杆菌的外膜蛋白（如 OmpA 和 OmpC）和与肽聚糖相关的脂蛋白（peptidoglycan-associated lipoprotein，PAL），假单胞菌（*Pseudomonas* spp.）的外膜蛋白 F（OprF）和冰核蛋白 INP（ice nucleation protein），蜡状芽胞杆菌群（*Bacillus cereus* group）的 S- 层表面蛋白（surface layer protein，S-layer protein），葡萄球菌的表面蛋白 A（SpA），胞外附属结构（如鞭毛）的蛋白等。为了将目的蛋白展示于微生物细胞表面，还需要构建目的蛋白和外表面蛋白的融合蛋白。在大多数细菌表面融合蛋白中，目的蛋白位于融合蛋白的 N 端或 C 端，有时目的蛋白的短片段也可以在融合蛋白的中间表达（图 15–2）。

微生物细胞表面展示技术有着广泛的用途，可开发一些独特的生物产品如活疫苗、细胞催化剂、细胞吸附剂、生物传感器等，还能开发用于医学诊断、工业、环境保护等的细

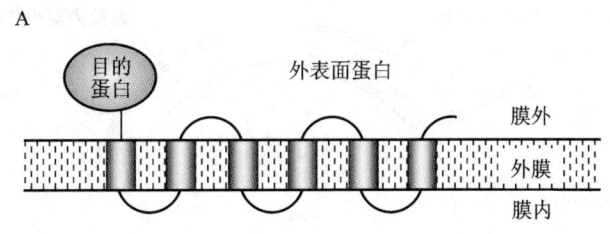
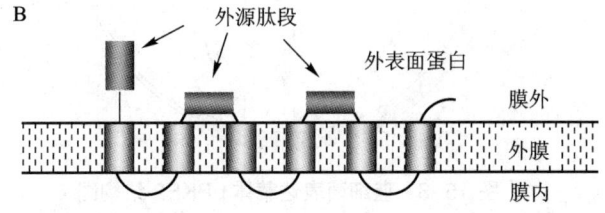

图 15-2　与细菌外膜蛋白在 N 端或 C 端连接的目的蛋白
A. 外源蛋白插入到细菌外膜蛋白暴露于表面的环中；B. 形成融合蛋白；
两种情况中，外源蛋白或肽段都是位于细菌细胞的外表面

胞受体等。

尽管现在已经成功开发了一些细胞表面展示系统，但是在这一领域里仍有许多问题需要解决。比如利用细胞表面技术开发细胞催化剂的时候，细胞表面酶的活性与游离酶相比往往降低；在构建细胞表面蛋白库的时候，有些蛋白的表达量太少以至于难以鉴定；还有空间阻碍、多亚基蛋白的表达、多种外源蛋白的同时表达等问题。因此对细胞表面技术的研究和应用目前只是停留在实验室阶段，还没有实现工业化。但是随着细胞表面展示技术、分子生物学技术以及相关生物技术的发展，微生物细胞表面展示技术的工业化应用为时不远。

4. 蓝细菌表达系统

蓝细菌能进行产氧光合作用，它们与植物是地球上最重要的初级生产者。蓝细菌通常不积累用于存储能量的油脂，但可以大量生产糖类和次级代谢产物，某些种类还可固定大气中的氮气并生产氢气，由于其培养成本低，非常适宜作为生物反应器来生产各种有机物质，特别是利用蓝细菌将太阳能高效转化为可再生的生物质能源。以内源质粒为出发质粒，科学家构建了蓝细菌穿梭质粒表达载体 pPKE2（如图 15-3），质粒上含有组成型 CaMV35S 启动子、多克隆位点 MCS，rbcS 终止子的表达盒，以及卡那霉素抗性基因 kan^r，可用于高效表达外源基因，其缺点是质粒载体进入受体细胞后容易丢失，导致目的基因表达的不稳定性。因此使用整合载体表达外源基因是克服质粒载体不稳定的有效方法，例如整合载体 pUTK，其选用 *cpc2* 启动子和 groESL 启动子，分别受红光和热的诱导，处于这种启动子控制下的外源基因必须在合适的诱导条件下才能表达。科学家利用上述表达载体和整合载体，将人源胸腺素 α1 基因转入蓝细菌如 *Calothrix* sp. PCC7601 和 *Synechococcus* sp. PCC7942，获得了能表达人源胸腺素 α1 的转基因藻株，表达量达可溶性蛋白质的 8% 以上。

5. 乳酸菌表达系统

乳酸菌是人及动物肠道中重要的益生菌，被公认为安全级（generally recognized as safe，GRAS）微生物，包括乳酸球菌、乳酸杆菌、双歧杆菌等十几个属，均为兼性厌氧的革兰氏阳性菌，是乳品工业发酵的重要菌类，是在食品、医药工程领域具有重要应用前景的食品级

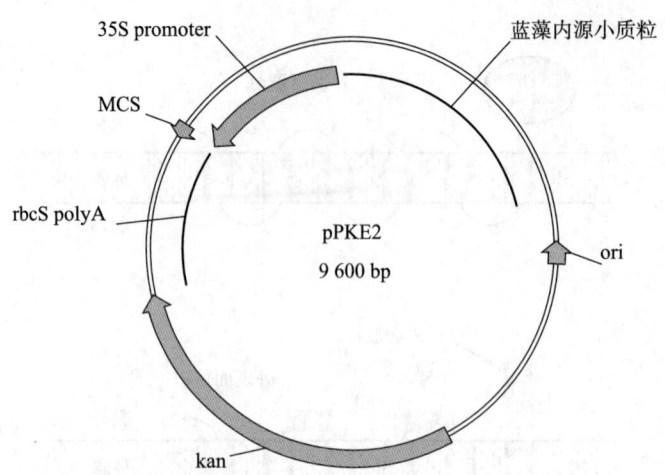

图 15-3 蓝细菌表达载体 pPKE2 结构图

卡那霉素抗性基因 kan^r，花椰菜花叶病毒（CaMV）35S 启动子，多克隆位点 MCS，
终止子基因 rbcS，蓝藻内源小质粒片段，复制起点 ori

微生物。乳链菌肽（nisin）诱导表达系统是该微生物中应用最广泛的诱导系统（图 15-4）。nisin 是由 34 个氨基酸组成的一种天然生物活性抗菌肽，对包括食品腐败菌和致病菌在内的许多革兰氏阳性菌具有强烈的抑制作用，食用后在消化道中会被蛋白水解酶消化成氨基酸。nisin 不会改变肠道内的正常菌群，不会引起抗药性问题。目前使用的表达菌株大都是基于乳酸球菌 MG1363 改造的，其基因组中含有能特异性感知 nisin 的 NisRK 双组分调节系统。只要将目的基因置于 PnisA 启动子之后，就可以在乳链菌肽的诱导下，激活细胞表达目的基因。乳酸菌不产生内毒素，经过遗传改造的乳酸菌几乎不分泌本源蛋白，因此它与其他表达系统相比存在一些天然优势。

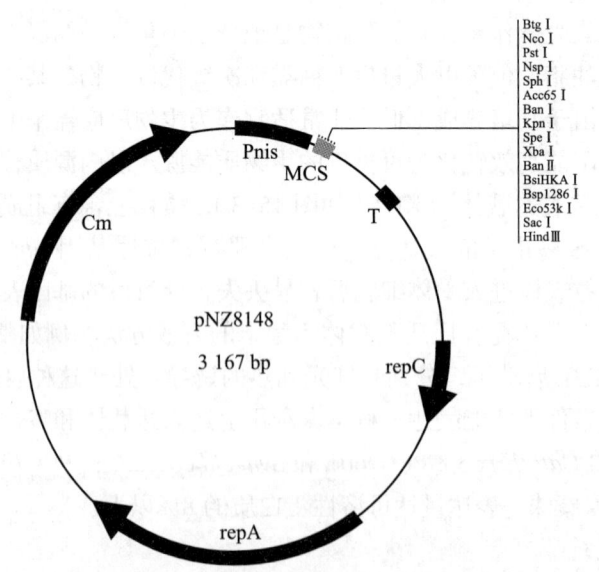

图 15-4 pNZ8148 载体图谱

含有复制蛋白基因（repA，repC）、氯霉素抗性基因（Cm^r）、nisin 诱导启动子（PnisA）、
自多克隆位点（MCS）和转录终止子（T）

6. 恶臭假单胞菌表达系统

恶臭假单胞菌 KT2440 是一种安全型的土壤腐生菌株，其具有广谱的代谢多样性，被用来表达一些外源蛋白。近年来已发展出多种用于在恶臭假单胞菌 KT2440 中表达外源蛋白的载体。一些诱导型启动子，如来自 *xyl* 操纵子的 *Ptac* 和 *Pm* 启动子，都可以在恶臭假单胞菌中使用。例如载体 pBBR403（图 15-5），以假单胞菌质粒 pBBR1MCS5 为原始质粒，加入了 *Ptac* 启动子和乳糖操纵子阻遏蛋白基因 *lac*Ⅰ，因此能通过加入 IPTG 诱导目的基因表达。此外，在多克隆位点上游构建有 6×His 密码子，表达的外源蛋白可以用 Ni 离子亲和柱进行纯化。

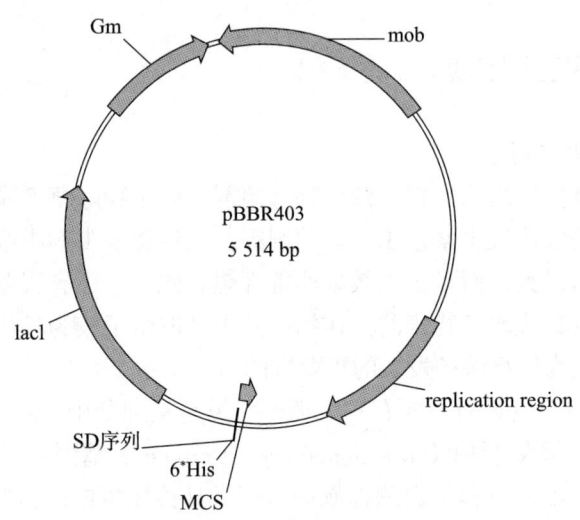

▲ 图 15-5　载体 pBBR403 结构

庆大霉素抗性基因 *Gm*^{r}，乳糖操纵子阻遏蛋白基因 lacⅠ，多克隆位点 MCS，复制子区域 replication region，移动基因 *mob*

7. 硫化叶菌表达系统

嗜热古菌是指最适宜生长温度在 45℃ 以上的微生物，其不仅耐受高温，而且能在高温下生长繁殖。嗜热古菌在酶制剂生产、废物处理和甲烷生产、堆肥、细菌冶金和煤脱硫等工业应用中有许多优点。构建成熟稳定的古菌表达系统是嗜热古菌工业应用的重要步骤。科学家在硫化叶菌-大肠杆菌穿梭载体的基础上，构建了一系列硫化叶菌超表达载体，用于在硫化叶菌体内表达目的蛋白，如拥有阿拉伯糖启动子和核糖体结合位点的载体 pSeSD。

第三节　细菌基因工程的应用

基因工程的实践主要有 3 种表现形式，其一是改造细菌使其性状得到遗传改良，获得更好的应用效果，如杀虫、固氮等，在这种情况下，基因工程的产品仍然是细菌本身。其二是制作生物反应器，利用细菌来生产某种物质。最典型的是大肠杆菌反应器，用来生产多种酶类和多肽（如基因操作中的酶制剂几乎都是基因工程产品）。其基因工程的产品是产物而不是基因工程菌体本身。还有一类中间状态的类型，即基因工程改造的是细菌本身，但需要的是产物或改造的产物，通常为了得到某些高表达量的细胞内代谢产物，会对某些细菌进行必要的遗传学改造，将某些与目标代谢产物合成有关的基因转入到合适的细菌，这就相当于在受体菌中重新载入了或加强了某条生理代谢途径，从而在宿主细菌中得到理想的细胞次级代谢产物，如通过基因工程改造后提高某种代谢产物的产量或去除了杂质产物，或产生一种新的代谢产物（如链霉菌中的新抗生素的合成）等。

现在人们可以将源于微生物、动物、植物、人类的基因甚至人工合成的新基因，转移到诸如大肠杆菌、枯草芽胞杆菌等细菌中，获得了种种具有特殊能力的基因工程细菌。这些基因工程细菌在过去的十几年内开始大量应用于卫生、农业、工业、环境保护等诸多行业和领域，产生了巨大的经济效益和社会效益。

在接下来的内容里，将简单介绍一些重要的基因工程细菌。

一、农业领域的基因工程细菌

1. 微生物基因工程农药

微生物农药主要有微生物杀虫剂、微生物杀菌剂、微生物除草剂及利用微生物代谢分泌的有效活性物质制成的农用抗生素杀虫、杀菌剂等。微生物杀虫剂中细菌类杀虫剂以苏云金芽胞杆菌推广应用面积最大，而且杀虫效果非常理想。此外，还有真菌杀虫剂、病毒杀虫剂等。利用有益微生物及其代谢产物来防治作物病虫害已取得了较为理想的效果，对人畜和生态环境十分安全，已成为植物保护发展的重要方向。

目前农业上应用的杀虫基因主要有三大类，一类是从细菌中分离出来的细菌杀虫基因，如苏云金芽胞杆菌杀虫晶体蛋白（insecticidal crystal protein）基因；另一类是从植物中分离出来的植物抗虫基因，如豇豆胰蛋白酶抑制剂基因、马铃薯蛋白酶抑制剂-Ⅱ基因、淀粉酶抑制剂基因、外源凝集素基因等。此外还有其他来源的蝎毒基因 $aaIT$、杆状病毒 egt 基因、白叶枯病菌致病基因 hrp、抗马铃薯晚疫病的 $osmotin$ 基因、病毒增效因子序列、杆状病毒抗凋亡基因、几丁质酶基因等。

近几年来，微生物基因工程农药的研究十分活跃，并先于抗病虫转基因植物进入了实用阶段，显示出生物技术用于生物防治微生物遗传改良的巨大潜力，并为新一代微生物农药的研究开发奠定了基础。

（1）重组微生物杀虫剂——苏云金芽胞杆菌基因工程及应用

苏云金芽胞杆菌是目前国内外产量最大、应用范围最广的微生物杀虫剂。Bt 在其生长过程中产生不同类型的杀虫晶体蛋白（ICPs），主要作用于鳞翅目、鞘翅目、双翅目、膜翅目等昆虫幼虫以及原生动物门、螨类、扁形动物门等类群。Bt 杀虫蛋白对农业上许多重要作物害虫具有专一毒杀性，而对人、哺乳动物以及昆虫的天敌非常安全。

从 Bt 中发现并正式命名的杀虫晶体蛋白基因已有 80 多大类，总数超过 800 种，其中 $cry1Aa$、$cry1Ab$ 和 $cry1Ac$ 3 个基因是杀虫毒力最高的基因种类，主要存在于库斯塔克血清变种（serovar. kurstaki）中，其作用对象也是农业经济中最重要的一类害虫，如危害蔬菜、棉花、玉米、水稻、烟草以及森林等的鳞翅目昆虫。$cry3Aa$ 杀虫晶体蛋白基因主要来自 Bt 拟步行甲血清变种（serovar. tenebrionis），它对鞘翅目昆虫如马铃薯甲虫有特异性毒力，目前开发的防治鞘翅目昆虫的苏云金芽胞杆菌杀虫剂主要由该血清变种制备。

通过基因工程技术改造 Bt 主要是为了增强杀虫毒力、拓宽杀虫范围、延长持效期、克服可能出现的昆虫抗性等。

① 增强杀虫毒力 提高某个高毒力杀虫基因的表达量在一定程度上可增强杀虫活性。例如将 *cry1Ac* 杀虫基因导入高毒力生产菌株（一般都是库斯塔克血清变种），可增加其杀虫活性。为了提高目的基因的表达量，可利用帮助蛋白基因使表达的晶体蛋白更易形成伴胞晶体而提高表达量，或通过更换 *cry3Aa* 杀虫晶体蛋白基因的启动子来克服 s 因子的竞争而提高表达量。我国通过这种方法构建的高毒力 Bt 菌株已通过农业基因工程安全审批完成了商品化生产试验。通过导入活力提高的杀虫基因或杂合基因（如 *cry1Ab* 与 *cry1C* 基因的嵌合基因）也可提高杀虫活性。

② 拓宽杀虫范围 Bt 的杀虫基因的活性范围各不相同，不同的菌株所含的杀虫基因的种类和数量也不同，因此不同菌株的杀虫活性和杀虫范围各不相同。高毒力生产菌株一般对甜菜夜蛾和鞘翅目昆虫低毒或无毒，将 *cry1C* 基因或 *cry3Aa* 基因导入库斯塔克血清变种中可扩大其杀虫谱。相关的基因工程菌株已有部分进入"环境释放"试验。

③ 延长持效期 为了延长持效期，有人将芽胞形成较后阶段的基因突变，使杀虫基因正常表达，但芽胞不能完全成熟，细胞外壳相当于一层生物囊可保护伴胞晶体不受紫外线（UV）等自然条件的不利影响。

④ 克服可能出现的昆虫抗性 来自以色列血清变种的 *cyt1A* 基因具有克服昆虫抗性的能力，人们已经将该基因导入库斯塔克血清变种中以期延长可能出现的昆虫抗性问题。

苏云金芽胞杆菌表达系统的构建涉及以下方面：首先确定载体的类型，主要是质粒载体，同时为了复制的稳定，一般用 Bt 自身质粒的复制区作为载体的复制单元，如前面所述的穿梭载体 pHT304。为了最大限度地保证基因工程菌环境释放的安全性，要求将载体中非 Bt 来源的 DNA 片段去掉，如抗生素抗性基因以及来自大肠杆菌的 DNA 片段。为此，采用了 Bt 转座子中的位点特异性重组系统，在携带重组酶基因的辅助质粒的帮助下，质粒载体内部发生重组，形成两个质粒，其中携带抗生素抗性基因和大肠杆菌基因片段的质粒由于不能复制而丢失，保留来自 Bt 的 DNA 片段。这种载体称为解离载体，其工作过程见图 15-6。

（2）农用抗生素产生菌的遗传操作

农用抗生素是由抗生菌发酵所产生的具有农药功能的次生代谢物质，它是有明确分子结构的化学物质，如阿维菌素（avermectin）、链霉素（streptomycin）和日光霉素（nikkomycin）等，具有杀虫、杀螨、杀线虫或杀真菌活性。阿维菌素是目前世界上有关生物合成基因簇研究得最为深入的抗生素之一，产生阿维菌素的阿维链霉菌（*Streptomyces avermitilis*）的全基因组测序已经完成，在利用基因工程进行抗生素的人工改造方面已有了许多成功的范例。我国通过缺失其生物合成途径中的 C_5-O- 甲基转移酶而阻断支路代谢，获得了仅产 B 组分的工程菌，这种微生物农药更加高效和低毒，还大大简化了工艺流程并降低了生产成本。随着现代分子生物学和生物信息学技术的迅速发展，在有关链霉菌的基因簇克隆技术和遗传操作平台已经建立并日趋完善的情况下，特别是聚酮生物合成调控的分子机理的阐明，人们已经能够有的放矢地利用抗生素基因簇资源，提高农用抗生素产量与品种。

（3）杀虫抗病重组微生物

许多细菌具有杀死或抑制植物病原菌的作用，或具有促进植物生长的作用，它们在植物的叶面或根部具有优势定殖能力，将杀虫基因导入这些细菌，可以获得改良的杀虫细菌。例如荧光假单胞菌（*Pseudomonas fluorescens*）对作物病原菌具有抑菌活性（如对小麦全蚀病菌）以及较强的根部定植能力，以这类假单胞菌为受体构建的工程菌，能表现出良好的防虫抗病活性。有些枯草芽胞杆菌能稳定地在土壤和植物表面定殖，产生抗生素，分泌刺激植物

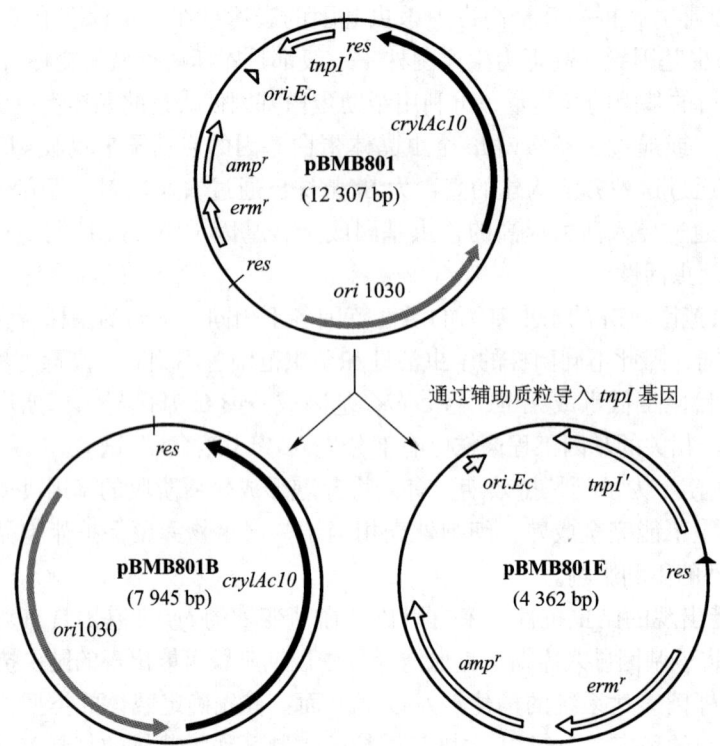

图 15-6　苏云金芽胞杆菌解离载体的工作原理

当重组质粒 pBMB801 进入 Bt 菌后，再通过温度敏感复制的辅助质粒将解离酶基因 tnpⅠ 导入重组菌，由此导致两个 res 位点之间发生重组，从而形成两个质粒。其中 pBMB801B 只含有来自 Bt 的 DNA 片段且含有质粒复制区，能够在 Bt 中稳定复制，就像 Bt 的内源质粒一样；pBMB801E 不含在 Bt 中的复制单元，随着菌体的复制而逐渐消失。erm^r：红霉素抗性基因；amp^r：氨苄霉素抗性基因；ori.Ec：大肠杆菌克隆载体复制起点；res：Bt 转座子 Tn4430 的重组位点（解离位点）；cry1Ac10：杀虫晶体蛋白基因；ori1030：来自 Bt 内源质粒的复制区

生长的激素，并能诱导寄主产生抗病性，是一种理想的微生物杀菌剂，有广阔的应用前景。将 Bt 杀蚊晶体蛋白基因或 cry1A 杀虫晶体蛋白基因转入枯草芽胞杆菌，成功获得杀蚊和杀虫并能抗水稻纹枯病的重组菌。

（4）其他重组杀虫抗病微生物

微生物种类繁多，生物性状丰富，构建出的杀虫抗病重组菌也非常多。以下简要举例。

① 生物囊杀虫剂　将 Bt 毒素蛋白基因转入荧光假单胞菌中，使其高效表达并形成伴胞晶体，发酵后通过物理和化学方法将菌体杀死但不破坏伴胞晶体而且菌体外形保持完整，从而形成一种生物囊制剂（图 15-7），这种制剂在田间应用时其有效期平均增加了 200 多倍，对小菜蛾的杀虫效果与化学农药相当，无污染环境的副作用，成为一种新型的微生物杀虫剂，用于蔬菜害虫防治。

② 基因工程抗病菌　放射农杆菌（*Agrobacterium*

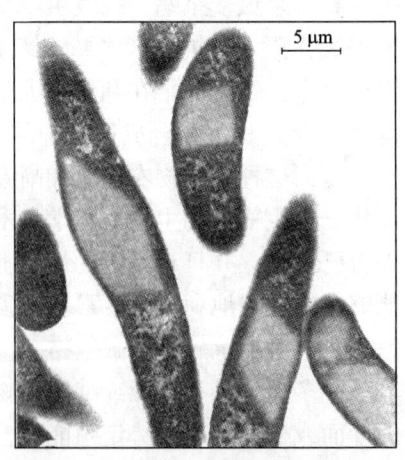

图 15-7　荧光假单胞菌合成苏云金芽胞杆菌的伴胞晶体，用于开发生物囊杀虫剂

radiobacter）K-84 可产生农杆菌素（agrocin） 84，其组分为腺嘌呤脱氧阿拉伯糖苷氨基磷酸盐，可有效地防治根癌农杆菌（*A. tumefaciens*）引起的桃、樱桃、葡萄、玫瑰等植物的根癌病。但在该菌的质粒 pAgK84 上含有抗该核苷酸杆菌素的抗性基因，在应用过程中该质粒会通过接合转移转到病原菌中，从而使病原菌获得抗性，防病效果大大降低。将该质粒上接合转移必需的 *tra* 基因删掉后构建的重组菌可克服这一问题，并开发成第一个商品化的重组微生物杀菌剂 Nogall，该制剂已在澳大利亚、美国、加拿大等 9 个国家推广应用。

③ 杀虫抗病工程菌　将具有抑制欧文氏菌病原基因表达的 *aii* 基因（AHL- 内酯酶）通过 S- 层蛋白为载体在 Bt 细胞表面表达，构建出杀虫抗病工程菌，在魔芋田间试验中表现出对软腐病菌的良好抗病效果。

转基因杀虫抗病作物的推广，无疑对微生物农药的发展形成挑战，但微生物农药具有使用的安全性、防治的有效性、防治对象的多样性及生产方式的灵活性，难以被取代。可以期待微生物防治在低残毒、难以产生抗药性的优点的基础上，借助基因工程的方法能合成或创造出更多新的产物以提高生物农药的稳定性及作用效率，微生物农药依然有着良好的发展前景。

2. 微生物肥料

利用细菌的生命活动及代谢产物，为农作物提供营养元素，改善作物养分供应；调控农作物的生长并增强其抗逆性；提高土壤肥力及作物产量、改善产品质量的一类生物制品就是微生物肥料。这类制品都有一个共同的特点，即含有一定量的具有特定功能的微生物。微生物肥料的使用可减少化肥用量、减少能源资源消耗。

微生物肥料主要有以下种类：①固氮菌，主要利用自身的固氮能力，将大气中的氮气转变为植物可以吸收利用的铵盐等氮源。固氮菌可分为自生固氮菌、共生固氮菌和联合固氮菌三类，其中与豆科植物共生的根瘤菌固氮效果最佳，因而使用也最为广泛。根瘤菌肥料是世界各国应用最多的微生物肥料。②解磷菌，主要利用巨大芽胞杆菌（*Bacillus megaterium*），将土壤中不溶性磷转变为植物可吸收利用的可溶性磷酸盐。③解钾菌，主要是胶质芽胞杆菌（*Bacillus mucilaginosus*，又名硅酸盐细菌），可把钾元素从不溶性含钾矿石中释放出来，供植物吸收利用。④植物根际促生菌或植物根圈促生细菌（PGPR），又叫"增产菌"或"多效菌剂"，这是一类能在植物根部大量定殖的有益菌群，它们可抑制植物病原菌生长。⑤ VA 菌根真菌，它是一类与植物根系共生的真菌，帮助植物吸收多种矿质营养成分，特别是磷素营养。⑥腐熟剂，主要是加速高分子有机物分解为小分子养分物的腐生菌。⑦光合细菌，如红螺菌等，它们能够为作物提供部分碳源和一些有益的代谢物。⑧复合菌肥，即将以上菌肥的两种或多种混合施用，产生比单独施用更好的效果。

目前，应用最广、影响最大的微生物肥料为基因工程固氮菌。由于天然固氮体系存在宿主范围窄和固氮活性受环境影响大的缺点，固氮生产菌株存在竞争力弱和田间应用效果不稳定等问题，因此创制新一代固氮微生物产品，是当前国际固氮领域的研究前沿。21 世纪兴起的合成生物技术为生物固氮这一世界性农业科技难题提供了革命性的解决方案。为解决制约生物固氮在农业中广泛应用的关键瓶颈问题，加快人工高效生物固氮技术的农业应用，针对固氮酶铵抑制、氧失活及固氮产物难以分泌至胞外的现象，可以采用合成生物学模块化概念和系统设计理论，人工设计固氮元件、模块和线路，改造固氮模式菌底盘；同时针对固氮体系的天然缺陷，开展根表耐铵泌铵与氮高效利用模块偶联、人工高效固氮及其相关抗逆基因线路集成研究，创建人工高效生物固氮体系并实现节肥增产增效的田间示范应用，为现代农业生产提供节能低碳、生态友好的生物供氮途径。

固氮是一个非常复杂的过程,需要许多不同蛋白质的协调作用。*nifA* 基因是绝大多数固氮细菌固氮酶基因的正调节基因。NifA 蛋白不但能够与固氮酶基因 nifHDK 启动子结合,提高其转录效率,而且调控根瘤菌的结瘤能力。*nifA* 基因的突变体不仅造成固氮酶活性的丧失,而且引起结瘤能力严重降低。相反,当引入了多拷贝的 nifA 基因后,根瘤菌的固氮酶活性和结瘤能力都有显著的提高。当环境中存在铵盐时,根瘤菌的固氮能力就明显降低,通过研究发现,这种现象是由于铵离子抑制了 nifA 基因的表达造成的,由此构建了不受铵阻遏的组成型表达的 *nifA* 质粒,将其导入根瘤菌中,得到了固氮作用不受铵阻遏的基因工程菌,可提高其固氮效率,特别是提高其在"老区"农田的固氮效率。

在美国,基因组中整合了外源 *dctABD* 基因的重组苜蓿根瘤菌能提高大田苜蓿产量,是世界上首例通过了遗传工程菌安全性评价并进入有限商品化生产的工程根瘤菌。

二、食品和工业基因工程菌

食品微生物目前还没有用于开发基因工程食用微生物,但用于产生食品添加剂、酶制剂等产物有很多。

1. 乳酸菌基因工程菌

乳酸菌是一类以乳酸发酵为基本特征的革兰氏阳性菌群,包括乳酸杆菌(*Lactobacillus*)、乳球菌(*Lactococcus*)、链球菌(*Streptococcus*)、片球菌(*Pediococcus*)和明串球菌(*Leuconostoc*)5 个菌属。乳酸菌具有下列共同特性:都能在较低的 pH 及厌氧条件下良好生长,其生长需要糖类、氨基酸和维生素等多种营养成分;并能利用糖类生产大量的乳酸,产乳酸量通常占发酵最终产物的 50% 以上;几乎所有的乳酸菌都是非致病性的。

乳酸菌基因工程的改良主要包括 3 个方面:①提高生产菌在食品发酵过程中的稳定性。要求工程菌对噬菌体具有抗性,乳糖代谢和蛋白酶合成基因能全程稳定表达,从而提高乳糖的利用率,这在奶酪生产中极为重要;②改善发酵食品的品质。控制蛋白酶编码基因的表达程度可以优化发酵乳制品的组成,提高其营养价值;在生产菌中导入某些天然香料的生物合成基因以及甜味蛋白或多肽基因,可以改善产品的风味和口感;③缩短生产时期。在详尽了解乳酸杆菌代谢机制的前提下,重新设计乳糖发酵与其他细菌生长所必需的代谢途径之间的物流控制,最大限度地提高生产菌的生长速度,同时阻止乳酸合成途径或强化表达杀菌素合成途径,以增加乳制品的保鲜期。

通过基因工程改造的乳酸菌具有广泛的应用前景,目前已经在食品、微生态制剂、药品、活菌疫苗、饲料添加剂等多个领域应用。将纤维素酶基因导入乳酸菌中,经诱导表达得到了对纤维素具有分解活性的重组乳酸菌,在饲料领域有着很好的发展前景,用它饲喂仔猪能明显降低因消化不良和肠道菌群功能紊乱引起的仔猪死亡率,弥补了仔猪肠道淀粉酶分泌不足问题。

乳酸菌可以在黏膜系统黏附以及人和动物肠道中定殖,因此基因工程乳酸菌在疫苗中的应用主要是作为疫苗的传递载体,此外还能用来构建疫苗载体,如将一些引起动物产生疾病的病毒的抗原基因在乳酸菌中表达,重组菌种作为活体疫苗饲喂动物,可以取得很好的防治效果。

2. 生产食品添加剂的基因工程菌

（1）氨基酸工程菌

氨基酸在食品工业具有广泛的用途，可以用作增鲜剂（味精）、抗氧化剂和营养补充剂，在其他行业用途也很广泛。目前，全世界每年的氨基酸产量超过百万吨，销售额达几十亿美元，其中谷氨酸的产量占氨基酸总产量的一半以上。氨基酸的大规模工业化生产，主要有蛋白质降解和微生物发酵两种方法。用于大规模发酵生产氨基酸的高产菌株以前是利用传统诱变技术改良棒杆菌（*Corynebacterium* spp.）的野生株，现在主要是利用DNA重组技术构建高产工程菌，相对传统诱变技术而言，其优点是：①能特异性地高效表达氨基酸生物合成途径中的限速步骤控制基因；②能将氨基酸的生物合成控制在细菌的最佳生长阶段；③能将棒杆菌有效的氨基酸生物合成和分泌系统移植到易于控制培养且生长迅速的其他细菌（如大肠杆菌）中。

目前，氨基酸工程菌的构建主要集中在3方面：①将氨基酸生物合成途径中的限速酶基因导入生产菌中，增加其表达量。②强化表达氨基酸输出系统的关键基因，或者降低某些基因产物的表达速率，最大限度地解除氨基酸及其生物合成中间产物对其生物合成途径可能造成的反馈抑制。③将一种完整的氨基酸生物合成操纵子导入另一种氨基酸的生产菌中，建构能同时合成2种甚至多种氨基酸的工程菌。

与其他多种革兰氏阳性菌不同，谷氨酸棒杆菌（*C. glutamicum*）能够识别包括革兰氏阴性菌在内的许多原核细菌的外源基因表达调控组件，大量的外源基因在这种细菌中可获得高效表达，这为高产氨基酸的基因工程菌构建创造了有利条件。世界上第一个产氨基酸的基因工程菌是产苏氨酸的重组大肠杆菌，其构建于1980年完成，随后又对该工程菌进一步改造，使其苏氨酸产量高达86.4 g/L。与此同时，高产苏氨酸的棒杆菌基因工程菌的构建也获得成功，产率达到33 g/L以上。

① 色氨酸工程菌的构建 邻氨基苯甲酸合成酶（anthranilate synthetase）是色氨酸合成途径中的限速酶（图15-8），在野生型谷氨酸棒杆菌中引入编码该酶的基因，色氨酸的产量大约提高130%。如果将3个关键的酶，3-脱氧-D-阿拉伯糖-庚酮糖酸-7-磷酸合成酶、邻氨基苯甲酸合成酶和邻氨基苯甲酸磷酸核糖转移酶编码基因转入谷氨酸棒杆菌，色氨酸的产量将会更高。同时还可以对编码这些酶的基因进行突变，使它们不易受到终产物反馈抑制。

由于大肠杆菌的代谢途径以及遗传操纵系统已较清晰，其操作的简易使之成为代谢工程的一种理想宿主，因此也可利用大肠杆菌来代替棒杆菌以及短杆菌进行氨基酸的合成。

② L-半胱氨酸高产菌的构建 L-半胱氨酸是药物、食品和化妆品工业中最重要的氨基酸之一，传统生产方法是通过酸水解人和动物的毛发后提取，这一过程会导致严重的环境污染。许多微生物都可以合成L-半胱氨酸，但由于L-半胱氨酸会反馈抑制参与催化L-半胱氨酸生物合成的丝氨酸乙酰转移酶，因而不能从葡萄糖大量合成L-半胱氨酸。将大肠杆菌丝氨酸乙酰转移酶氨基酸序列上256位的蛋氨酸残基逐一突变为其他19种氨基酸，并将该突变 *cysE* 基因转化入不降解L-半胱氨酸的大肠杆菌，获得L-半胱氨酸产量高的转化子。为提高成功率，在丝氨酸乙酰转移酶缺陷和L-半胱氨酸非利用型的大肠杆菌中表达来自植物拟南芥的不受反馈抑制影响的丝氨酸乙酰转移酶基因，能产生更高水平的L-半胱氨酸。

通过筛选适用于半胱氨酸合成的大肠杆菌底盘细胞，用了两种组成型启动子优化了半胱氨酸合成途径中磷酸甘油酸脱氢酶（phosphoglycerate dehydrogenase，SerA）、磷酸丝氨酸转氨

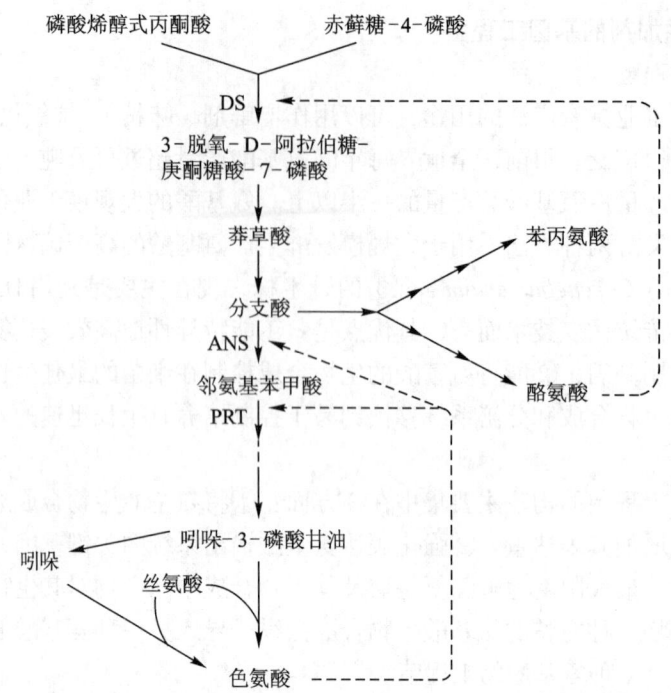

图 15-8 谷氨酸棒杆菌合成色氨酸的简化途径和调节

DS、ANS 和 PRT 分别表示 3-脱氧 D-阿拉伯糖-庚酮糖酸-7-磷酸合成酶、邻氨基苯甲酸合成酶和邻氨基苯甲酸磷酸核糖转移酶。实心线代表合成途径，虚线表示反馈抑制。吲哚在副反应中产生，并在色氨酸合成酶作用下转化为色氨酸

酶（phosphoserine aminotran sferase，SerC）、磷酸丝氨酸磷酸酶（phosphoserine phosphatase，SerB）、半胱氨酸合成酶 B（cysteine synthase B，CysM）、戊二醛样蛋白（glutaredoxin-like protein，NrdH）的组合表达，敲除了半胱氨酸降解途径相关基因，调控硫转运、半胱氨酸外排机制，提升了大肠杆菌发酵积累半胱氨酸的能力，最终实现了 8.34 g/L 的半胱氨酸产量。同时，利用响应 L-半胱氨酸的转录调控因子，开发了 L-半胱氨酸生物传感器，建立了 L-半胱氨酸高通量筛选平台，从大规模突变体文库中筛选具有较高生产能力的突变体菌株，分别应用于 L-半胱氨酸合成途径关键酶的定向进化和 L-半胱氨酸高产菌株的筛选。最终将关键酶丝氨酸乙酰转移酶活性提升了七倍多。

（2）合成 L-抗坏血酸的重组菌

L-抗坏血酸的合成从 D-葡萄糖开始，包括一步微生物发酵和一系列的化学反应，最后由 2-酮-L-古龙糖酸（2-KLG）在酸催化作用下转变成 L-抗坏血酸。许多微生物可以通过不同途径合成 2-KLG。如草生欧文菌需要通过几个步骤的酶催化作用，将 D-葡萄糖转化成 2,5-DKG；而棒杆菌具有 2,5-DKG 还原酶活性，只需要一步酶催化作用就能将 2,5-DKG 转化成 2-KLG。

目前抗坏血酸合成是通过适宜的微生物共发酵，从而利用葡萄糖生成 2-KLG。由于共发酵的两种微生物的适宜温度、生长条件与 pH 可能不同，易出现不相容性。利用基因工程技术从棒杆菌中分离 2,5-DKG 还原酶基因并在草生欧文菌中表达后，可以使代谢途径完全不同的两种微生物合为一体，大大简化 L-抗坏血酸的生产。重组草生欧文菌可以直接将 D-葡萄糖转化成 2,5-DKG，而克隆的 2,5-DKG 还原酶又能将其转变成 L-抗坏血酸的前体

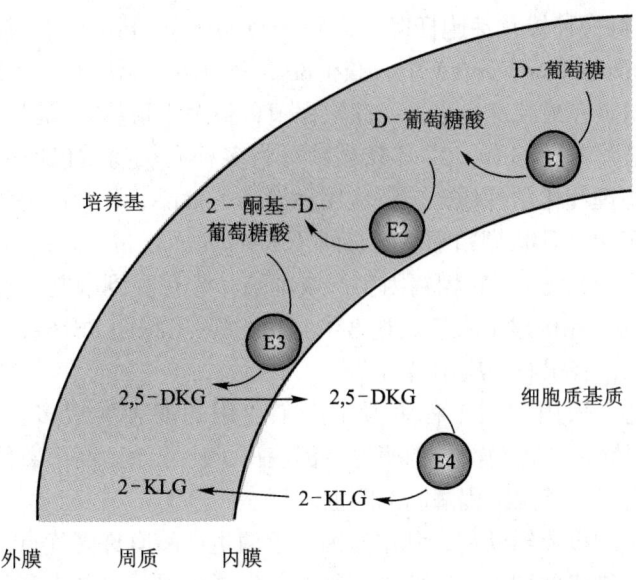

图 15-9 重组草生欧文菌将 D-葡萄糖转化成 2-KLG

2-KLG（图 15-9）。

（3）生产酶制剂的工程菌

酶在食品工业的应用范围十分广泛。目前酶制剂生产发展的主要方向是将生物技术应用于酶工程领域，采用工程菌株高效表达外源基因的方式生产酶蛋白，是降低酶制剂生产成本、增加酶制剂种类的有效途径。生物酶工程主要包括 3 方面的内容：①利用基因工程技术大量生产酶；②对酶编码基因进行遗传修饰；③设计出新的酶编码基因。早在 1995 年就能用基因工程菌生产工业用酶（包括食品与洗洁剂）。目前已有 100 多种酶编码基因导入了工程菌中，包括尿激酶编码基因和凝乳酶编码基因等。除了转基因作物外，食品和饲料工业上利用基因工程菌生产酶制剂已成为另一个高度应用基因工程技术的领域。利用从黑曲霉克隆的植酸酶基因，经改造后整合到酵母染色体上，酵母产植酸酶活力可达 105 U/mL，比原菌株高 3 000 倍以上，也比国外所报道的植酸酶基因工程菌株产酶活力高 50 倍以上，这是基因工程在饲料应用中的一个新的突破。

① 凝乳酶　凝乳酶（chymosin）是第一个应用于食品工业的基因工程酶。美国已有高达 70% 的干酪是以转基因微生物所生产的凝乳酶加工制造的。凝乳酶是生产奶酪的必需用酶，最早是从小牛第四胃的胃膜中萃取出来的一种凝乳物质。由于受到动物供应的限制，凝乳酶的产量难以满足市场的需求。凝乳酶的另一生产途径是直接从微生物中萃取，但它在使用中常常会造成奶酪出现苦味，使其在实际应用中受到限制。转基因凝乳酶成分单一，纯度高（小牛胃萃取液仅含 70% ~ 90% 凝乳酶），作用时间容易把握，生产的奶酪在风味上也与用从小牛胃中萃取的凝乳酶生产的奶酪相同。1990 年美国 FDA 已批准转基因凝乳酶在干酪生产中使用。由于生产凝乳酶的宿主基因工程菌不会残留在最终产物上，符合 GRAS（generally recognized as safe）标准，被认定是安全的，在产品上无须标示。

② 耐热 α-淀粉酶和 β-淀粉酶　1979 年，日本科学家将高产 α-淀粉酶基因转到枯草芽胞杆菌中，得到的转化株酶活力比野生型原始菌株高 500 倍。将耐热的嗜热脂肪芽胞杆菌（*B. stearothermophilus*）的 α-淀粉酶编码基因转到枯草芽胞杆菌中，获得了高产、耐热

α-淀粉酶工程菌。将一种梭状芽胞杆菌（*C. thermosufurogenes*）的 β-淀粉酶编码基因转到短短芽胞杆菌（*Brevibacillus brevis*）中，获得的工程菌培养温度是 37 ℃，产酶能力在 6 天内持续增长，然后稳定在最高产酶水平，此工程菌可望用于耐热 β-淀粉酶的工业生产。

③ β-环状糊精葡基转移酶　β-环状糊精可将多种有机物质包埋在分子内部，从而赋予这些物质以新的物理和化学性质，广泛应用在医药、食品、化妆品等领域，具有良好的市场发展前景。但由于 β-环状糊精葡基转移酶（β-cyclodextrin glucosyltransferase，β-CGT）生产菌产酶活力低，导致 β-环状糊精因生产成本高，应用受到限制。我国科学家应用染色体整合扩增技术，成功地构建了大量表达 β-CGT 的基因工程菌 BS16-7，振荡试验表明酶活力最高达 8 900 U/mL，有很好的应用潜力。

④ 其他酶制剂　采用基因工程手段生产工业用的酶种类很多，如超氧化物歧化酶（SOD），生产高果糖糖浆的葡萄糖异构酶等，都获得了比原始菌高出数倍酶产率的基因工程菌株。今后还会有更多的基因工程酶制剂问世。

酶是食品加工中的重要辅助剂，利用基因工程菌生产酶有许多优点，例如：产量高、质量均一、稳定性佳、价格低廉等，因此具有很好的发展前景。目前，利用基因工程技术开发食品用酶的主要目的在于生产具有优于现有酶加工特性，且对产品的感官属性影响不大的酶，但是随着蛋白质工程技术的日新月异，开发出稳定性、特异性与催化效率更佳的酶，将是今后研究的焦点。

3. 合成靛蓝的工程菌

靛蓝可用于印染棉布和羊毛制品，特别是用来印染蓝色牛仔服装。它最初分离自植物，现在通过化学合成生产。假单胞菌是能够利用萘、甲苯、二甲苯、酚等复杂有机物作为唯一碳源、在环境保护领域有重要应用价值的微生物类群，它们通常具有 50~200 kb 的降解质粒。科学家偶然发现转化假单胞菌降解质粒 NAH7DNA 片段后的大肠杆菌能合成靛蓝，因大肠杆菌能合成色氨酸酶，将培养基中的色氨酸转变成吲哚；NAH7 质粒编码的萘双加氧酶又能将吲哚氧化成对吲哚-2,3-二氢二醇（cis-indole-2,3-dihydrodiol），后者自动脱水、空气氧化后形成靛蓝（图 15-10）。可见通过遗传操作能将不同的代谢途径和微生物组合在一起意外地合成靛蓝。而且，利用质粒 TOL 编码的二甲苯氧化酶能将色氨酸转变成吲哚酚，吲哚酚又会自动氧化成靛蓝。因此可以利用重组大肠杆菌，将其细胞通过物理或化学方法固定在固体基质上，成为合成靛蓝的生物反应器（bioreactor），大量生产靛蓝，高效、安全又经济，避免了化学方法合成时不得不接触的一些危险化合物如苯胺、甲醛、氰化物等。如，将假单胞菌的苯乙烯单加氧酶基因 *styAB* 在大肠杆菌中进行异源超量表达，工程菌能以吲哚为底物合成靛蓝，最高产量为 68.9 mg/L。

4. 限制性内切酶的生产

限制性内切酶的商品化生产是将限制性内切酶基因克隆到大肠杆菌内，在人为条件下使其超量表达。为了避免异源限制性内切酶对宿主 DNA 的降解作用，可以同时克隆限制性内切酶基因及其对应的修饰酶，但要求这 2 个基因在染色体上距离很近（最好在同一个操纵子中）。例如限制性内切酶 *Pst* I 基因分离自革兰氏阴性细菌斯氏普威登斯菌（*Providencia stuartii*）。克隆分离时，先用质粒载体构建该菌总 DNA 的基因文库，然后将克隆文库转入大肠杆菌 HB101 细胞，所有克隆子混合液体培养，再用 λ 噬菌体感染，对 λ 噬菌体感染有抗性的克隆子就是表达了 *Pst* I 限制性内切酶的阳性克隆。最后发现在得到的 4 kb 克隆片段中含有完整的 *Pst* I 限制性内切酶和甲基化酶编码基因的操纵子。大肠杆菌中 *Pst* I 限制性内切

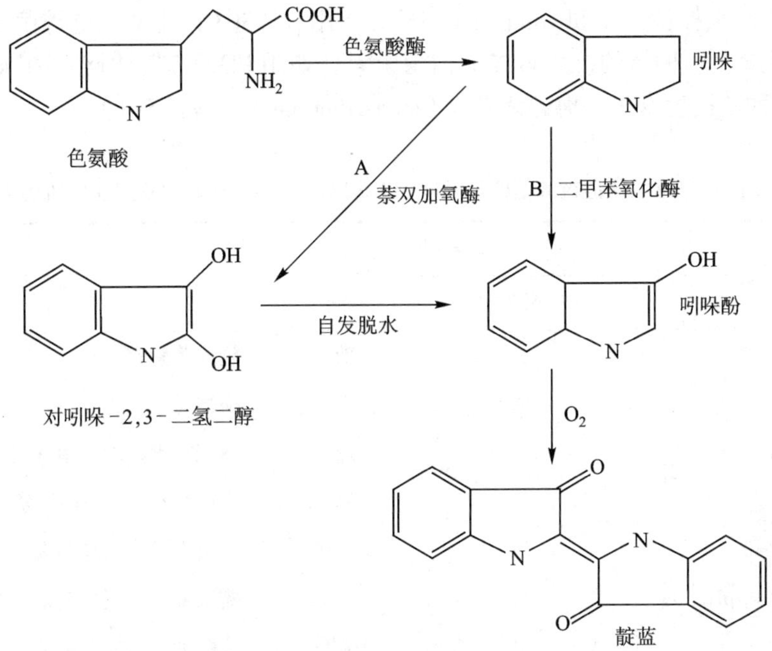

图 15-10　利用重组大肠杆菌从色氨酸合成靛蓝

大肠杆菌合成色氨酸酶。途径 A 中的萘双加氧酶由 NAH7 质粒编码；途径 B 中的二甲苯氧化酶由质粒 TOL 编码。
合成靛蓝的大肠杆菌转化子只含有两种途径之一

酶的表达量大约是斯氏普威登斯菌中的 10 倍，并且 *Pst* I 分布在周质而甲基化酶分布在细胞质，因此利用大肠杆菌能更简单而有效地生产 *Pst* I。对于其他限制性内切酶以及其他分子克隆工具酶也可以用类似的方法超量表达从而实现大规模生产。

三、重组 DNA 技术生产医用抗生素

自 20 世纪 20 年代发现青霉素至今，从不同的微生物中分离出的抗生素已超过 12 000 种。抗生素在细菌疾病治疗中的广泛使用不仅使人类的健康水平有了巨大的提高，也挽救了无数的生命。

虽然真菌和细菌也能产生抗生素，但重要的医用抗生素绝大多数都是从革兰氏阳性链霉菌（*Streptomyces*）中分离得到。重组 DNA 技术的应用，使人们可以用来产生结构上独一无二、活性增强而副作用减小的新抗生素；其次，通过遗传操作也能够迅速提高产量从而降低生产成本。

1. 合成新抗生素

对现有抗生素的生物合成进行遗传操作可以合成具有独特性质的新抗生素。已知某链霉菌能合成梅德霉素（medermycin），天蓝色链霉菌（*S. coelicolor*）能合成放线菌紫素（actinorhodin）。链霉菌质粒（pIJ2303）上带有天蓝色链霉菌染色体 DNA 一个 32.5 kb 的片段，它包含了从乙酸开始进行放线菌紫素生物合成的所有相关酶的基因。将完整的质粒和携带 32.5 kb DNA 片段的亚克隆（pIJ2315）转入链霉菌 AM-7161 时，能合成相应抗生素梅德霉素；当它转入紫红链霉菌（*S. violaceoruber*）Bll40 或 Tu22 时，能合成相应的榴菌素

(granaticin)和二氢榴菌素(dihydrogranaticin)。但用 pIJ2303 转化紫红链霉菌 Tu22,将同时合成放线菌紫素和一种新的抗生素二氢榴菌紫素。如用 PIJ2315 转化链霉菌株系 AM-7161,也得到了另一种新抗生素——梅德紫素 A(mederrhodine A)(表 15-1)。

表 15-1　不同的链霉菌菌株及质粒 pIJ2303 和 pIJ2315 转化株产生的抗生素

菌株/质粒	培养基颜色		抗生素
	酸性	碱性	
天蓝色链霉菌	红	蓝	放线菌紫素
链霉菌	黄	棕	梅德霉素
链霉菌/pIJ2303	红	蓝	梅德霉素,放线菌紫素
链霉菌/pIJ2315	红	紫	梅德紫素 A,梅德霉素
紫红链霉菌 B1140	红	蓝-紫	榴菌素,二氢榴菌素
紫红链霉菌 B1140/pIJ2303	红	蓝-紫	榴菌素,二氢榴菌素,放线菌紫素
紫红链霉菌 Tu22	红	蓝-紫	榴菌素,二氢榴菌素
紫红链霉菌 Tu22/pIJ2303	红	蓝-紫	二氢榴菌紫素,放线菌紫素

随着链霉菌基因组测序和合成基因簇发掘的不断开展,人们对抗生素的生物合成途径的了解也不断深入,已能利用基因工程技术产生新的"杂合"抗生素,尤其是与聚酮抗生素有关的抗生素。对于非核糖体肽抗生素,人们利用 CRISPR-Cas9 基因编辑技术改造非核糖体肽合成酶(NRPS),引入复杂的靶向变化,使备选的氨基酸前体掺入到肽结构中,以此产生具有改良特性的新抗生素结构,对抗新出现的耐药病原体。

2. 改进抗生素生产

基因工程不仅可用于开发新抗生素,也可用于提高现有抗生素的产量和生产效率。

(1)开发能有效利用氧气的链霉菌　利用链霉菌进行大规模抗生素生产时常常遇到缺氧的问题。由于氧气在液体介质中溶解度低,加之丝状链霉菌培养基浓度较高,常常使细胞处于氧气耗尽状态,导致生长微弱,抗生素产量下降。科学家借鉴好氧微生物抵御缺氧环境的策略,如好氧菌透明颤菌属(*Vitreoscilla*)能合成同源二聚体血红素蛋白,将该基因克隆入链霉菌质粒载体,在天蓝色链霉菌中利用透明颤菌属血红蛋白编码基因的启动子表达。在溶解氧较少的情况下(即约 5% 氧饱和溶液)带有透明颤菌属血红蛋白的转化细胞每克多生产 10 倍放线菌紫素,且细胞密度也比未转化细胞高。可见在缺氧微生物细胞中表达透明颤菌属血红蛋白可以使细胞获得足够的氧气进行增殖。

(2)转基因产黄头孢工程菌大量生产 7ACA(7-氨基头孢酸)　化合物 7ACA 由头孢菌素 C 合成(图 16-10),是许多头孢烯类抗生素(头孢菌素)合成的起始物质,但几乎没有已知微生物可以合成 7ACA。通过基因重组,将来自真菌茄病镰刀菌(*Fusarium solani*)的 D-氨基酸氧化酶编码基因和来自缺陷短波假单胞菌(*Pseudomonas diminuta*)的头孢菌素酰化酶编码基因转化能产生头孢菌素 C 的产黄头孢(*Acremonium chrysogenum*),得到的基因工程菌就能大量合成 7ACA(图 15-11),展现出用于工业生产的潜力。

抗生素生产菌的遗传改良还包括其他方面:①通过解除抗生素生物合成中的限速步骤来

提高抗生素的产量；②通过引入抗性基因和调节基因来提高抗生素的产量；③通过敲除或破坏次要组分的生物合成基因来消除或减少次要组分以提高抗生素的产量；④通过激活沉默基因产生新抗生素。

四、重组 DNA 技术生产胰岛素和药物前体

1. 转基因技术生产胰岛素

1923 年丹麦的诺和诺德公司首先开始利用动物（牛和猪）的胰脏进行胰岛素的商业化生产。但是，每 100 kg 胰腺只能提取出 4~5 g 胰岛素，产品供不应求，且价格昂贵，作用时间短，需要一天注射多次。而且动物胰岛素与人

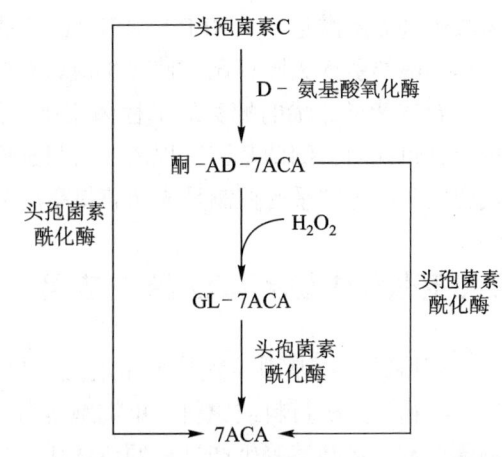

图 15-11　由头孢菌素 C 合成 7ACA（7-氨基头孢酸）的基因工程途径

体胰岛素在结构上有不同程度的差别，作为一种异体蛋白，可能使人体形成抗胰岛素的抗体，不利于疾病的治疗。

现代细菌基因工程的发展为胰岛素的生产提供了新途径，20 世纪 80 年代初，通过基因重组技术实现了人胰岛素的工业化生产，即利用大肠杆菌生产胰岛素。不但产量大幅增加，还显著降低了价格。2 000 L 大肠杆菌培养液就可以提取 100 g 胰岛素，相当于从 2 t 猪胰腺中的提取量。目前利用大肠杆菌生产的人胰岛素已成为国际胰岛素市场上的主流产品，拯救了大批的糖尿病患者。

2. 利用基因工程菌生产药物前体

青蒿素（Artemisinin）是中国学者 20 世纪 70 年代从传统中药青蒿中分离提取的治疗疟疾的药物其化学结构是倍半萜内酯。以青蒿素为母体，通过化学修饰加工的青蒿素琥珀酸酯等是世界卫生组织（WHO）推荐的首选抗疟疾药物。目前该类药物需求量大，但采用植物提取生产青蒿素产量过低，而化学合成尚不成熟。随着细菌基因工程的发展，基于合成生物学，通过对青蒿素的细胞内合成途径及代谢机制的系统研究，人们利用微生物细胞来生产青蒿素及其中间体，从而彻底解决了青蒿素药物的市场供需矛盾。

青蒿素的合成从细胞三羧酸循环中间产物乙酰辅酶 A 开始，通过酶学催化反应逐步生成法尼基焦磷酸、双青蒿酸以及青蒿素。2003 年，研究人员将青蒿的 *ADS* 基因经过密码子优化后，导入大肠杆菌，同时利用酵母的萜类合成途径替代大肠杆菌的萜类合成途径（图 17-1），第一次在细菌体内合成了青蒿素的第一个关键性前体——紫穗槐-4,11-二烯，实验室小规模生产的产量达到了 450 mg/L。后来研究人员在青蒿里发现了一种与青蒿酸合成有关的新酶，将编码该酶的基因导入酿酒酵母后，酵母制造出了青蒿酸，然后利用催化剂使青蒿酸转换为青蒿素。这项新成果有望大幅降低青蒿素生产成本，增加青蒿素产量。目前利用基因工程菌生产青蒿素前体物质的产量和速度已接近工业发酵的规模，其进一步的产业化将有助于青蒿素衍生药物的生产和研究。

除了青蒿素类药物，另外一种具有抗肿瘤活性的中草药紫杉醇的重要前体紫杉二烯的基因工程菌生产也在近期获得突破。2010 年，美国科学家根据紫杉醇的合成途径，构建了从大肠杆菌的异戊烯焦磷酸（IPP）逐步合成紫杉二烯的基因工程菌。首先通过优化大肠杆菌

磷酸甲基赤藓醇途径（MEP）中 IPP 的合成步骤，增加其产量；然后将植物中催化合成紫杉二烯的酶类引入大肠杆菌，使之生成紫杉二烯。与未优化 IPP 合成途径、仅仅在细菌中添加下游合成紫杉二烯的酶类的工程菌相比，他们得到的工程菌的紫杉二烯的产量提高了 1 500 倍。这也说明，细菌基因工程需要对目标产物的生物代谢途径进行整体重构和设计，对不同代谢中间产物的平衡控制是成功获得高产菌株的关键。

五、环境微生物基因工程菌的应用

环境微生物基因工程技术是实现有机废物资源化的首选，它能将有机污染物转化为沼气、酒精、有机材料或原料、单细胞蛋白等。它还能改造传统生产工艺，实现生物制浆、生物漂白和生物制革等生产过程的清洁化、生态化或无废化，能大大降低环境友好生物材料和生物能源的生产成本，使其部分或完全取代化学材料和化石能源。近年来，随着基因组学和生物芯片技术等现代生物技术的发展与渗透，环境微生物基因工程技术在解决复杂的环境污染问题上显示出独特的能力，目前环境微生物技术及其相关产业已成为全球经济发展中一个新的经济增长点。

1. 修复重金属离子污染土壤的基因工程菌

人类活动会向土壤中添加各种有害物质，造成土壤污染。引起土壤污染的物质种类繁多，其主要来源是各种废弃物（如工业废渣废水、生活污水、汽车尾气等），以及不合理施用农药、化肥及污水灌溉等。如今我国土壤环境的重金属污染日趋严重。如何降低和消除这些重金属离子对环境造成的危害至今仍是一个挑战。利用微生物和植物对这些重金属离子进行富集的方法引起了人们高度关注。相比之下，微生物富集不仅成本低，而且效率更高。

微生物对重金属的生物富集作用包括表面吸附、固定和吸收等。此前已有研究者利用细菌表达金属硫蛋白 MT（metallothionein）提高其固定污染土壤中游离重金属离子的能力。金属硫蛋白是真核生物中一类富含半胱氨酸的小肽（约 60 个氨基酸），它能够结合金属离子（如 Zn^{2+}、Cd^{2+}、Hg^{2+}）。小鼠 MT 基因已被克隆，而且在分子水平上其固定重金属的机理已经清楚，它的两个结构域能够结合 7 个二价金属离子。富养罗尔斯通氏菌（Ralstonia eutropha，曾被称作真养产碱杆菌 Alcaligenes eutrophus）CH34 是一种对多种重金属离子产生抗性的菌株，能在高度污染的土壤中生存。以淋病奈瑟球菌（Neisseria gonorroheae）中 IgA 蛋白 β-domain 编码区与小鼠 MT 基因编码区融合，构建的重组蛋白通过转座子载体 Tn*MTβ-1* 导入富养罗尔斯通氏菌 CH34 中，得到的基因工程菌 MTβ 能够有效固定镉离子，显著降低了镉离子对烟草生长的毒性。

2. 含酚工业废水中典型污染物的生物降解技术

含酚工业废水是含芳烃及其氯代衍生物类污染物的石油化工、印染等几类工业废水的统称，对生态环境和人类健康危害极大。自然界存在很多能降解芳烃及其氯代衍生物的土著微生物，从受污染环境中已分离到高效降解细菌，如苯酚降解菌、苯胺降解菌、萘降解菌以及对偶氮染料、蒽醌染料和三苯基甲烷染料均具有脱色能力的广谱脱色菌。许多微生物虽然在实验室条件下能高效降解污染物，但在自然条件下却不能很好地发挥作用。因为这类微生物菌株通常是通过单一底物富集分离的，在自然条件下不具备降解混合污染物的能力。通过基因工程的手段增强菌株的污染物降解能力并添加所降解污染物的种类，能使其在工业、城市废物或多种污染物混合环境中高效发挥生物解毒或降解功效。

许多重要的芳烃及其氯代衍生物降解基因位于分子量超过 40 kb 的降解质粒上，如儿茶酚降解质粒、3-氯代苯甲酸（3CBA）、2,4-二氯苯氧乙酸（2,4-D）降解质粒等。芳烃及其衍生物降解基因通常连锁成簇组成操纵子，如儿茶酚降解基因 *catABCD*、氯代联苯降解基因 *bphABCD*、2,4-D 降解基因 *tfdCDEF*、氯代苯甲酸降解基因 *xylABC* 和 *xylDFEFG* 等。我国已克隆了 3-苯基儿茶酚双加氧酶编码基因 *bphC*、水杨酸羟化酶编码基因 *nahG*、2,4-二氯苯氧乙酸单加氧酶编码基因 *tfdA*、甲苯 1,2-双加氧酶编码基因 *xylD* 和二羟基环乙二烯羧酸脱氢酶编码基因 *xylL* 等，目前正在利用这些基因构建能高效去除石油化工等含酚工业废水中多种污染物的"超级生物降解细菌"。

3. 造纸工业中木聚糖酶高效表达工程菌的应用

造纸工业是世界上六大污染工业之一，造纸废水来源包括化学制浆和化学漂白两部分。在制浆过程中，纸浆中残留的木质素与木聚糖形成复合体紧密地附着在纤维上，影响纸张的白度和强度。用传统化学漂白法去除纸浆中残留的木质素通常会产生大量有毒的、强烈致癌致畸的含氯废水。生物漂白技术就是利用微生物酶类如木聚糖酶（xylanase）与漆酶（laccase）的共同作用，降解造成纸浆褐色的木质素-木聚糖复合体，在不使用含氯漂白剂的条件下，使纸浆的白度、强度等各种参数达到指标，从根本上防止有毒漂白废液的产生。采用生物漂白技术替代化学漂白法是今后造纸工业实现清洁生产的最重要发展方向之一。

国内外通过基因工程已经表达了多种来源的木聚糖酶，除了在造纸工业中应用外，在食品工业、饲料工业、制药工业、生产燃料等众多行业中有着十分诱人的应用前景。

4. 煤炭与石油产品的微生物脱硫技术

作为化石燃料，煤炭和石油都含有大量硫元素，主要有无机硫和有机硫两大类，有少部分硫也以单质形式存在。石油中的硫是继碳、氢之后含量最多的元素。而煤由于沉积环境不同，它的含硫成分和含量变化很大。化石燃料燃烧过程中，会产生大量的二氧化硫，污染大气环境。应用生物工程技术，能去除煤炭和石油中的硫元素，减少有害气体的排放。

汽油和柴油等石油产品的加工过程会使产品中硫含量提高，它们燃烧产生的一氧化碳、氮氧化物（NOx）、二氧化硫、碳氢化合物及可吸入颗粒物等严重污染了空气。石油产品中的含硫化合物能严重毒化石油精炼时的催化剂，导致产率降低。其次，含硫化合物的存在加重了石油精炼设备如贮存罐、运输管线等的腐蚀，增加了精炼成本。为了降低汽柴油中硫含量，生产环境友好的清洁燃料，解决汽车尾气污染问题。必须开发基于微生物的深度脱硫汽柴油生产新技术，应用微生物脱硫技术及高活性脱硫菌种，能够减少硫的释放，避免造成污染，提升环境保护效果。我国早在 2006 年利用红球菌就能将柴油中的含硫化合物去除 94.5%，该菌对原油的含硫化合物去除率最高可以达到 62.3%。

脱硫功能微生物多为有机化能异养型，大部分从油田、煤矿等样品中富集筛选获得，主要是细菌和古菌，也有部分真菌。脱硫基因的发现使利用基因重组技术构建高效脱硫工程菌的研究取得较大进展。目前已确定有 13 种脱硫基因分属于 12 个不同的属，脱硫菌的 3 个脱硫基因（*dszA*、*dszB* 和 *dszC*）对应的 3 种脱硫酶（DszA、DszB 和 DszC）在噻吩类有机硫化合物的代谢途径中发挥着关键作用。已有学者利用基因工程技术构建了新型的工程菌株，共表达脱硫基因，使脱硫功能细菌具有更高的脱硫效率。

微生物在脱硫的同时，不降低柴油的热值和汽油的辛烷值，因此可用于石油污染的生物整治。此前已从红平红球菌（*Rhodococcus erythropolis*）中已分离得到脱硫相关基因并成功地在大肠杆菌中表达，有望在石油污染的治理中大显身手。

5. 农药残留的微生物降解技术

针对农业生产过程中杀虫剂、杀菌剂、除草剂等化学农药的大量施用造成农产品以及农业生态环境中农药残留严重超标、农产品市场竞争力下降等严重情况，为了克服物理、化学处理修复难度大、成本高，并且还会有二次污染的缺点，微生物降解技术利用细菌种类繁多、代谢类型极为丰富的特点，通过筛选高效农药残留降解菌株，克隆降解基因并重组多种降解基因于某些受体菌中，在可控条件下高效表达有降解活性的酶类应用于农药残留的原位生物修复，达到彻底清除土壤、水体、农产品中有机污染物的目的。

我国克隆了一系列农药解毒或降解酶编码基因如黄杆菌的有机磷水解酶编码基因 opd、邻单胞菌大质粒 pL1 上的氯代邻苯二酚 1,2-双加氧酶编码基因、邻单胞菌 M6 的甲基对硫磷水解酶编码基因 mpd 以及昆虫高抗性酯酶编码基因等，通过导入甲基对硫磷水解酶编码基因 mpd 构建了完全矿化甲基对硫磷的工程菌；将氯代邻苯二酚 1,2-双加氧酶编码基因导入甲胺磷降解菌株中，构建了降解甲胺磷和苯环类化合物的工程菌 TP2，将昆虫高抗性酯酶编码基因（解毒酶编码基因）转入大肠杆菌中，得到高效表达；构建了能降解有机氯及有机磷和同时降解 3 种以上有机磷农药的降解菌；构建了能同时高效降解甲基对硫磷和呋喃丹农药的工程菌，在实验室条件下降解性能显著，酶活提高 6 倍。此外，还实现了甲基对硫磷水解酶编码基因在芽胞杆菌中的高效表达，表达量提高了 20 多倍，获得既有农药降解能力又有生物防治功能的工程菌株。此外，将甲氰菊酯等拟除虫菊酯类杀虫剂水解酶基因 $pytH$、甲基对硫磷水解酶基因 mpd、百菌清水解酶基因 chd 以及氯代酰胺类农药水解酶基因 $ampA$ 通过同源重组整合到恶臭假单胞菌染色体上，得到无抗性基因残留、能同时降解拟除虫菊酯、有机磷、百菌清、氯代酰胺四种农药的多功能工程菌，能有效处理多种农药的混合污染。我国还构建成功了具有自杀控制功能、可降解农药的环境安全型基因工程菌。农药残留微生物降解菌剂获得国家级新产品证书并制定了农药残留微生物降解菌剂的产品质量标准。基因工程技术在农药残留的微生物降解中正发挥着重要作用。

6. 合成友好可再生材料的微生物工程菌

（1）合成生物可降解塑料的基因工程菌　在自然界中许多种类的微生物如球菌、杆菌、能进行光合作用的细菌、好氧类群及有机营养细菌等，尤其是真养产碱菌在不平衡生长（如氮或磷不足）条件下，以颗粒状态在细胞内储存的各种生物高分子聚合物统称为聚羟基脂肪酸酯（polyhydroxyalkanoates，简称 PHA）。聚 3-羟基丁酸酯（poly-3-hydroxyl-butyrate，简称 PHB）则是聚羟基链烷酯的典型代表，也是研究得最透彻的聚羟基脂肪酸酯，其物理性质与化学合成塑料聚丙烯（PP）相似，同时还具有生物可降解性、生物相容性等化学合成塑料所不具备的许多优良性能，能用于合成生物可降解塑料，但 PHB 因缺乏足够的韧性，其应用受到局限。

生物可降解塑料可用于药物控制释放、外科手术缝合线、骨科康复材料、细胞和组织工程材料、食品包装材料、一次性餐具等。它在一定时期内，能够在自然环境里被微生物（细菌、真菌、藻类等）分解为二氧化碳和水。因此，生产和使用生物降解塑料除了可以解决"白色污染"的环保问题外，还开辟了可再生、可持续发展的原料来源。生物降解塑料已成为当今世界瞩目的研发热点之一。

目前在大肠杆菌中已经能够超量表达 PHA，同时人们正在研究不同碳链长度和不同侧链基团 PHA 的合成与调控，以期控制 PHA 的物理性状，从而获得更好的生物塑料。美国、英国、德国、日本等国已相继推出了生物可降解塑料。我国也成功开发了一种新的生产生物塑料聚羟基丁酸酯（PHB）的专利技术，使生产成本降低了1倍，达到国际领先水平。此外，我国还研发成功了新一代生物塑料——羟基丁酸和羟基己酸共聚物（PHBHHx），具有更好的机械性能和加工性能，并实现了工业化生产。

此外，聚乳酸（polylactic acid，PLA）亦是目前最理想的代替传统塑料的候选生物可降解塑料。我国使用合成生物学技术开发了新一代可降解塑料PLA的"负碳"生产技术，即在光驱动蓝细菌平台上使用代谢工程和高密度培养的组合策略，首次以二氧化碳为原料一步实现了PLA的生物合成。不仅使二氧化碳进入细胞后最终流向PLA，而且将蓝细菌的细胞密度提升了10倍，其产生的PLA浓度高达108.0 mg/L。既解决了塑料污染问题，并且在合成PLA过程中直接捕获二氧化碳，助力"碳中和""碳达峰"，具备经济、社会和环境等多重效益。

（2）合成纳米磁性颗粒的基因工程菌　某些细菌由于体内含有铁、镍等磁性颗粒物质磁小体，在磁场作用下表现出强烈的趋磁行为，被称为趋磁细菌（magnetotactic bacterium）。大部分趋磁细菌形成膜包裹的磁铁矿（Fe_3O_4）或硫铁矿（Fe_3S_4）磁小体，磁小体外包的生物膜与细胞质膜同源，由脂质双分子层和多种蛋白质组成。趋磁细菌合成的磁性颗粒大小在25~100 nm之间，作为纳米材料可研制酶固定化载体、新型生物传感器、用于高灵敏度免疫检测的抗体载体以及化疗药物、DNA疫苗等的载体。趋磁细菌一般分布在氧浓度极低的环境中。一些能生成FeS、Fe_3S_4和FeS_2的趋磁细菌存在于含硫丰富的海洋淤泥中。目前已得到纯培养的趋磁球菌、趋磁弧菌和趋磁螺菌等。通过对易培养的磁螺菌（*Magnetospirillum magnetotacticum*）进行基因工程改造，能获得高产且纯度、大小、晶型可控的磁小体产品。将功能性分子直接表达在磁小体表面，发酵扩大培养趋磁细菌，可以直接获得功能化的磁性纳米颗粒。此外，还可以通过将磁小体合成基因簇转入其他细菌如大肠杆菌、深红红螺菌（*Rhodospirillum rubrum*）等易培养的常见模式微生物中，实现了磁小体的异源生物合成。例如已经构建了表达细菌纳米磁性颗粒的基因工程大肠杆菌，在20 L和80 L自动发酵罐里细胞密度（OD_{600}）已超过2.0，磁颗粒产率可稳定在15~20 mg/L。

在肿瘤组织内部由于癌细胞的快速增殖致使其形成低氧区，低氧区会对多种肿瘤治疗方案产生耐受。趋磁细菌在动物体内毒性较低且生物相容性良好，在磁场的作用下，趋磁细菌可凭借鞭毛运动至厌氧区，其磁小体作为载体偶联药物进入肿瘤内部，能感受低氧信号定位于肿瘤低氧区，作为嗜铁微生物还能与肿瘤细胞竞争铁源，因此趋磁细菌和磁小体的优良特性在肿瘤靶向治疗中应用潜力巨大。

7. 新型秸秆发酵乙醇代谢基因工程菌

自从20世纪70年代发生能源危机以后，人们一直努力寻找新的可再生燃料来代替石油，而木质纤维素是地球上数量最大的可再生资源。在秸秆中，纤维素、半纤维素和木质素通过共价键或非共价键紧密结合而成的木质纤维，占秸秆总重量的70%~90%左右，利用其作为廉价的糖源生产燃料乙醇是解决世界能源危机的最有效的途径之一。

秸秆生产燃料乙醇时，首先要利用微生物或其产生的纤维素酶、半纤维素酶等多糖水解酶将纤维素、半纤维素等降解为戊糖、己糖等单糖，为乙醇发酵菌提供碳源，使之能把糖转化为乙醇。为了使乙醇发酵菌获得分解秸秆的能力，人们把一系列编码纤维素酶和半纤维素酶的基因克隆进能利用单糖发酵产乙醇的代谢工程菌，并使其表达，可直接将秸秆分解成单糖进而转化成乙醇。近年来在具有分解纤维素和半纤维素的整套酶类、能发酵戊糖产生有机酸的某些极端嗜热细菌中，设法引入乙醇发酵途径的基因，同时敲除有机酸发酵途径，构建利用秸秆发酵乙醇的代谢工程菌,其应用具有广阔的前景。

8. 直接利用藻类或蓝细菌进行生物质能源的生产

藻类或蓝细菌能进行产氧光合作用,因其光合效率高、生长速度快、生长周期短、不与农业生产竞争耕地与肥料、成本相对较低、油脂及生物质产率高,并且其生长过程中可吸收大量氮、磷等营养物质,固定二氧化碳,环境效益显著,因此利用藻类或蓝细菌进行生物质能源的生产已成为新型生物质能源研究的热点和前沿。以蓝细菌为光合平台,利用二氧化碳和太阳能直接进行乙醇合成可以同时起到降低二氧化碳排放和提供可再生能源的效果,具有重要的研究与应用价值。

很多模式蓝细菌具有成熟的遗传操作体系,基因组序列清楚,因此目前通过外源基因引入和天然代谢网络的修饰,已经成功在蓝细菌中实现了氢、醇、酮、酸、醛、烃、糖等数十种天然和非天然代谢产物的光合合成。乙醇是最早报道的也是最具代表性的蓝细菌光合生物燃料产品。将来高效乙醇合成途径中丙酮酸脱羧酶 – Ⅱ型乙醇脱氢酶(pyruvate decarboxylase–alcohol dehydrogenase Ⅱ,Pdc–Adh Ⅱ)途径导入蓝细菌底盘细胞,实现了蓝细菌胞内代谢流重构,将其光合作用中固定的二氧化碳导向乙醇合成,建成了蓝细菌乙醇光合细胞工厂。

通过向集胞藻 PCC7002 中引入 1 个 *pdcZM* 和 2 个不同来源的 *adh* 基因,同时敲除自身的硫辛酸合成途径以限制工程藻株生物量积累而最大化乙醇合成强度,经过 329 h 培养即可生产 5.62 g/L 的乙醇,为 PCC7002 底盘细胞的最高乙醇产量,同时也实现了已知的最高乙醇光合生产强度。

基因工程和代谢工程技术的发展也提供了增加藻类或蓝细菌脂质生产率的潜力,并提高了藻类或蓝细菌生产柴油的经济性。

通过对蓝细菌碳代谢网络的深入研究,人们已尝试直接利用蓝细菌生产生物柴油甚至其他碳基化合物。在集胞蓝细菌中导入一个能够释放脂肪酸的硫脂酶,使得脂肪酸能够直接"分泌"到细胞外,从而实现生物质能源(脂肪酸)与细胞有效分离,避免细菌体内大量积累脂肪酸所带来的生长压力,同时能够直接收获生物质能源而不需要裂解细胞,极大地简化了生产路径,省去了提取和纯化等步骤,显著降低了生产成本。在此基础上,进一步优化了蓝细菌脂肪酸合成途径,增加其合成速率。目前,经过优化的蓝细菌基因工程菌在实验室以每天 197 ± 14 mg/L 细菌培养物的水平持续生产 $C_{10} \sim C_{18}$ 的脂肪酸(生物柴油),为高效、可持续性地生产生物质能源提供了一个全新的思路。

9. 研发全细胞活体微生物电传感器用于环境污染监测

对于环境污染物的实时监测尤其是水资源污染的实时监测,一直是人类面临的全球性环境挑战。污染物质的释放往往是动态和瞬时性的,而水体中存在各类物质,也时刻会发生环境条件。结合生物传感技术与合成生物学,目前已经开发出了可在现场实时检测的生物传感器,让监测目标污染物的时间被缩至 3 min,并能直接输出电传感信号。

这种全细胞活体微生物电传感器是在大肠杆菌中设计了一种来自四种生物、跨越两个生物域的氧化还原酶组成人造电子传递通路,保证了目标物的识别、信息传递以及监测过程的能量供应。使用蛋白质开关对电子传递过程进行控制,响应时间短,非常适合对环境中瞬时污染物排放进行持续监测。利用水凝胶材料和导电纳米颗粒,对基因改造后的工程菌进行封装,防止其逃逸到环境中,同时还提升了传感信号的信噪比。因此,这款活体生物电传感器在水环境监测、智慧农业、工业废弃物处理和远洋深海资源探测上都能发挥作用。

六、基因工程改造肠道细菌，用来治疗人类疾病

人体肠道内存在大量微生物，这些肠道微生物群，影响着人类肥胖、肠炎、自身免疫疾病、药物反应，甚至影响人类寿命等。因此，科学家们一直在尝试通过移植基因工程改造的细菌来治疗人类疾病。2022年有报道通过直接改造来自人类和小鼠肠道微生物组的大肠杆菌，使其表达两种不同的蛋白——胆盐水解酶（bile salt hydrolase，BSH）和白细胞介素10（IL-10）。这种基因工程改造的大肠杆菌移植到小鼠肠道中，能够在小鼠体内长期定植从而递送特定基因，具有治疗糖尿病等疾病的潜力。通过基因工程还可以构建新型有智慧的"益生菌"，监测人体肠道内的化学物质生产，保持神经递质平衡。大肠埃希菌Nissle1917，简称EcN，是唯一一种不致病的大肠杆菌，能在人体肠道定殖，并阻止病原菌对肠道黏膜的侵袭。通过对EcN菌株进行基因编辑，使其表达干扰素、白介素、肿瘤坏死因子等，能够精确靶向破坏实体瘤组织。这项工作为开发利用有益菌原位生产治疗性蛋白基质奠定了基础。

总之，当代微生物学的研究已进入后基因组时代，细菌基因工程已经发生翻天覆地的变化并显示出了激动人心的前景。利用组学技术如基因组学、转录组学、代谢组学和蛋白质组学，可以在整个细胞内进行深度分析，为细菌基因工程的发展带来革命性的发展。微生物学家结合分子生物学、基因组学、系统生物学、生物信息学等相关的技术手段特别是合成生物学强大的计算预测、智能设计和合成组装能力，开始在前所未有的时空范围内，探索微生物的多样性以及微生物在生命起源、进化，生物圈的演化、发展，全球元素循环等过程中的作用，认识和发掘大量的基因资源，并且可以根据需要，设计改造所需基因、基因簇和基因组，在很短的时间内就能"制造"出符合要求的基因工程菌或所需要的产物。

思考题

1. 构建苏云金芽胞杆菌基因工程菌的策略有哪些？
2. 在细菌中表达外源基因所用的表达载体一般应该具备哪些条件？
3. 如何利用微生物彻底清除农药残留？
4. 如何利用微生物从秸秆中生产燃料乙醇？
5. 如何改造大肠杆菌用来过量生产半胱氨酸？
6. 如何利用蓝细菌生产生物质能源？
7. 举例说明细菌基因工程菌在环境保护领域的应用。
8. 如何利用肠道细菌治疗人类慢性疾病和遗传病？

主要参考文献

1. Liu X, Sheng J, Curtiss R 3rd. Fatty acid production in genetically modified cyanobacteria. Proc Natl Acad Sci USA, 2011, 108: 6899-6904
2. Nan P, Deng L, Mei Y, et al. A Synthetic arabinose-inducible promoter confers high levels of recombinant protein expression in hyperthermophilic archaeon *Sulfolobus islandicus*. Appl Environ Microbiol, 2012, 78: 5630-5637

3. Thong WL, Zhang Y, Zhuo Y, *et al*. Gene editing enables rapid engineering of complex antibiotic assembly lines. Nat Commun, 2021, 12(1): 6872
4. Russell BJ, Brown SD, Siguenza N, *et al*. Intestinal transgene delivery with native *E. coli* chassis allows persistent physiological changes. Cell, 2022, 185(17): 3263-3277.e15
5. Praveschotinunt P, Duraj-Thatte AM, Gelfat I, *et al*. Engineered *E. coli* Nissle 1917 for the delivery of matrix-tethered therapeutic domains to the gut. Nat Commun, 2019, 10(1): 5580

（陈雯莉）

第十六章

病毒基因工程

病毒（virus）是一种非常简单的生命形式，仅由蛋白质外壳包裹一种核酸（DNA 或 RNA）构成，没有细胞结构。病毒粒子的体积极其微小，直径在 10~300 nm 之间。电子显微镜下的病毒粒子呈近球形、卵圆形、杆状、丝状或蝌蚪状等形态，其中以近球形和杆状为多（图 16-1）。病毒是一种严格的细胞内寄生生物，必须依赖宿主细胞才能完成自身的复制增殖，病毒离开宿主细胞就失去了自我增殖能力，但保留了对宿主细胞的感染能力。

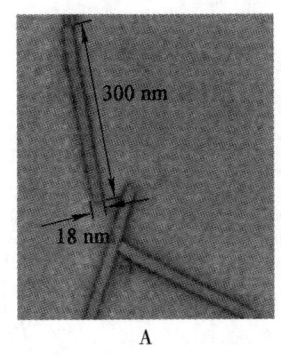
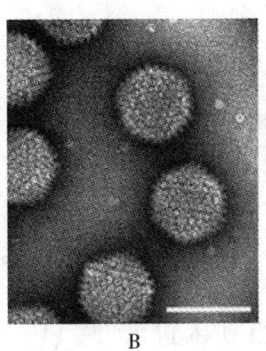

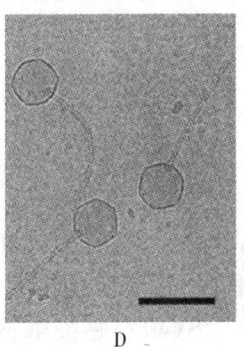

A   B   C   D

图 16-1 4 种不同形态的病毒粒子的电子显微镜照片

A. 杆状的烟草花叶病毒；B. 正 20 面体的腺病毒（线段代表 100 nm）；C. 外壳上有明显突触的流感病毒（线段代表 100 nm）；D. 蝌蚪形状的噬菌体（线段代表 50 nm）

病毒在生物系统中是一个独立的界（kingdom），可感染几乎所有生物，其中细菌病毒一般被称为噬菌体（bacteriophage 或 phage）。有些病毒的宿主范围宽，可感染多种生物，如禽流感病毒可同时感染鸡、鸭、鸟、猪等；有些病毒的宿主范围窄，只感染一种特定的生物，如杆状病毒仅感染某一特定种的昆虫。至今还没有发现病毒的宿主范围跨越了原核生物和真核生物的界限，即没有一种病毒可同时感染原核生物和真核生物。

病毒具有结构简单、易于操作和大量获得等特点，是分子生物学与基因工程研究的良好模型。1952 年运用噬菌体感染细菌的 blender 实验为证明 DNA（而不是蛋白质）为遗传物质提供了有力的证据，开启了分子生物学研究的时代。自 20 世纪 70 年代基因工程兴起后，病毒即成为基因工程的首要研究对象，对病毒进行了基因组序列测定、基因功能鉴定、抗病毒药物研发等工作。与此同时，病毒作为基因工程的优良载体，在基因转移与表达、作物改良、疾病的基因治疗中均具有重要作用。病毒基因工程已成为基因工程大家族中一个不容忽视的重要组成部分，渗透到了基因工程的方方面面，深刻影响着基因工程的发展。

第一节 病毒载体

由于经常需要在真核细胞尤其是哺乳动物细胞中表达各种外源基因，人们设计了3种类型的真核表达载体：一种是瞬时质粒表达载体，另外一种是整合表达载体，还有一种就是病毒载体。

病毒载体的主要特点有：病毒的衣壳蛋白能够识别细胞受体（receptor），可通过感染细胞的方式将外源基因高效地导入细胞；多数病毒在其感染周期中都能够持续地复制，使其基因组拷贝数达到相当高的水平；病毒具有能够被宿主细胞识别的有效启动子；有些病毒在它们的复制过程中能高效稳定地整合到宿主基因组中。

各种病毒载体已经被广泛地用于蛋白表达、疫苗制备、基因转移与基因治疗。值得注意的是，无论何种病毒载体，在构建和使用过程中都需要非常重视防止病毒本身的致病性以保证病毒载体的安全。

一、动物病毒载体

1. SV40 载体

SV40 猴空泡病毒（Simian vacuolating virus 40，SV40）是迄今为止研究最为详尽的乳多空病毒之一，也是第一个完成基因组 DNA 全序列分析的动物病毒。SV40 病毒的基因组是环状双链 DNA，大小仅为 5 243 bp，与质粒大小相似，适于基因操作（图 16-2）。

SV40 在感染敏感宿主细胞后，其基因组 DNA 进入细胞核，首先启动早期基因转录，在细胞质中表达出早期蛋白 t 抗原和 T 抗原，当这两种蛋白质积累到一定程度时，DNA 开始复制，同时开始驱动病毒晚期基因转录，翻译产生 VP1、VP2 和 VP3 等病毒衣壳蛋白，并进行病毒粒子的装配。当病毒粒子数量积累到一定量时，细胞裂解，释放出子代病毒粒子。

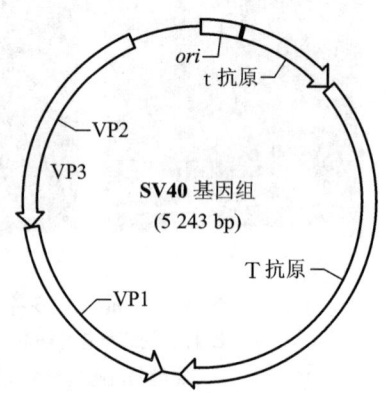

图 16-2 SV40 病毒基因组物理图谱及转录示意图

由于 SV40 病毒包装十分严格，不能包装比 SV40 基因组大的 DNA 分子，因此外源基因只能通过取代病毒本身的 DNA 片段进行克隆，其克隆外源片段最长约 2.5 kb。

以 SV40 病毒为基础的载体主要有两种类型。其一为置换型的病毒载体，根据所置换位置的不同又分为两种，一种是早期置换型病毒载体，另一种是晚期置换型载体。在早期置换型病毒载体中，早期基因 T 被外源基因替换，此重组病毒载体不再能表达维持病毒复制所必需的 T 抗原，因此不能在正常的细胞中进行复制，但可以在一种持续表达 T 抗原的猴肾细胞即 COS 细胞中复制和繁殖。在晚期取代型载体中，晚期转录区被外源基因取代。由于缺少晚期基因，病毒 DNA 不能被包装，因此必须通过辅助病毒提供包装必需的蛋白质，而辅助病毒本身因为不能表达 T 抗原而不能复制，从而保证了载体使用的安全性。

另有一类病毒-质粒穿梭载体，该载体融合了一个细菌来源的质粒，而病毒基因组只保留了在哺乳动物细胞中进行复制所必需的序列，因此该载体能够在大肠杆菌细胞中进行复制和增殖，从而避免了从培养细胞中抽提 SV40-DNA 的繁琐步骤。当然这种穿梭载体只能使外源基因在细胞内瞬时表达，因为载体上只保留了复制序列，没有衣壳蛋白等基因，因此不能产生病毒粒子。但是且由于载体 DNA 可以在细胞中进行复制而产生很多拷贝，因此可以高水平地表达外源基因。

2. 痘苗病毒载体

痘苗病毒（vaccinia virus）为双链线性 DNA 病毒，基因组大小在 180 kb 左右，其中有 30 kb 左右为非必需区，可以被外源 DNA 片段取代而不影响病毒的增殖。痘苗病毒容易培养、相当稳定并能在大多数哺乳动物细胞中复制增殖，因此是一种理想的病毒载体。由于其基因组很大，不易直接插入外源基因，因此只能先将目的基因克隆到转移载体上，然后将重组转移载体与野生型痘苗病毒 DNA 共转染哺乳动物细胞，通过二者在细胞内发生同源重组而获得重组痘苗病毒。痘苗病毒本身是一种高效的活疫苗，因此将一种或者几种外源基因引入该病毒中就能够构建出多价疫苗株，同时预防几种疾病，这是目前痘苗病毒载体最吸引人的特点。

3. 逆转录病毒载体

逆转录病毒（retrovirus）为单链 RNA 病毒，可高效地感染许多类型的细胞。病毒进入细胞后，其基因组 RNA 被反转录为双链 DNA，后者进入宿主细胞核并整合到染色体中，随后以此为模板转录新的病毒基因组 RNA 及翻译病毒蛋白，最后装配成子代病毒颗粒。

逆转录病毒基因组大约 10 kb，编码 3 个最重要的病毒蛋白，即 Gag（核心蛋白）、Pol（反转录酶）和 Env（外膜蛋白），它们由 5′ 向 3′ 方向依次排列，在基因组两端存在长末端重复区（LTR），用于介导病毒的整合（图 16-3）。

在应用上，用外源基因取代逆转录病毒自身的蛋白基因 gag、pol 和 env 等，但保留两端的 LTR，可将逆转录病毒改造为基因工程载体（图 16-3）。目前使用的逆转录病毒载体主要源于莫洛尼鼠白血病病毒 Mo-MLV。将逆转录病毒载体转染含有逆转录病毒包装蛋白的特定细胞如 ProPak（最常用）或 PA317 等，携带外源基因的逆转录病毒载体在这些细胞内被包装成具有感染能力但复制能力缺陷的"假病毒粒子"，该"假病毒粒子"可以感染细胞并整合到宿主染色体，使外源目的基因在宿主细胞中得到稳定、持久的表达（图 16-3）。

Mo-MLV 对啮齿类细胞感染能力强，但不能感染其他哺乳动物细胞。水疱性口腔炎病毒 G 蛋白（VSV-G）的细胞受体是细胞膜的磷脂类组分，含 VSV-G 的病毒因此能感染包括鸟类在内的多种动物细胞。为了扩展重组病毒感染细胞的范围，VSV-G 替代 Mo-MLV-Env 外壳蛋白用于多种假型病毒的包装。

"假病毒粒子"仅具备一次性的感染力，这种复制缺陷型的重组病毒在一般宿主细胞中不能被包装为病毒粒子，从而避免了其在正常细胞间的感染和扩散，降低了病毒本身的致癌性与致病性风险。该载体最大的缺点是存在载体与人内源性逆转录病毒序列之间发生重组而复活的潜在危险，也存在因病毒 DNA 随机整合到靶细胞染色体而激活染色体上癌基因或破坏抑癌基因的可能性。

4. 慢病毒载体

慢病毒（lentivirus）是逆转录病毒的一种，因其在细胞内增殖较慢，潜伏期长，故称慢

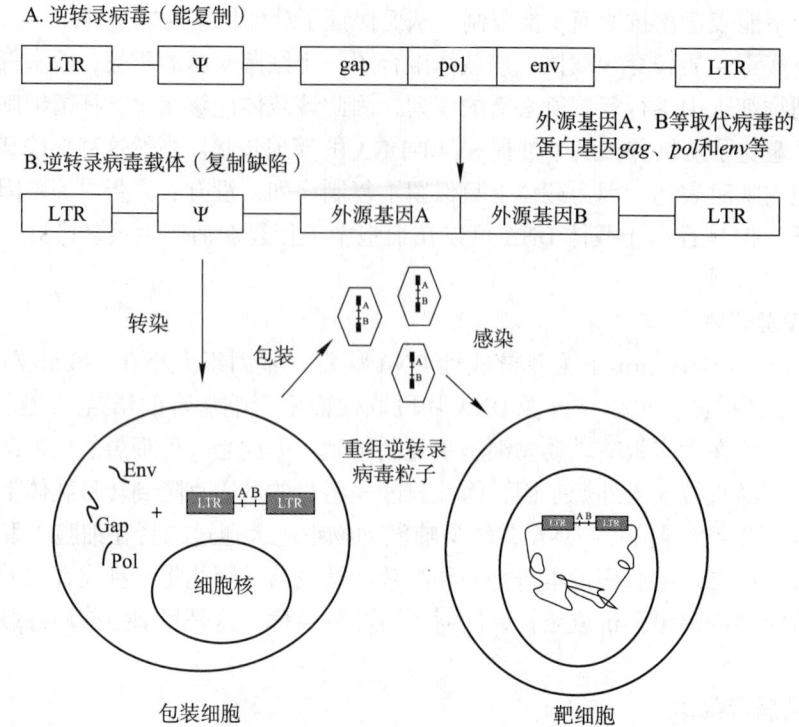

图 16-3 逆转录病毒载体构建及复制缺陷型假病毒粒子的产生和感染过程

克隆了外源基因的逆转录病毒载体转染包装细胞后，由包装细胞反式提供结构蛋白 Gag、Pol 和 Env，将病毒 RNA 包装成具有一次感染性的重组逆转录病毒粒子，然后感染靶细胞，病毒基因组 DNA 整合进靶细胞染色体，表达外源蛋白 A 和 B。Ψ 表示包装信号

病毒。慢病毒载体均由人免疫缺陷病毒（HIV）基因组改造而来，由辅助质粒和表达载体两部分组成。辅助质粒提供生产病毒颗粒所必需的蛋白质组件；表达载体则包含了需要在宿主细胞内表达的外源基因。将辅助质粒与表达载体共转染哺乳动物细胞，可从细胞上清液中收获具有感染能力但无复制能力、携带外源目的基因的假病毒颗粒（图 16-4）。

下面介绍两种广泛使用的慢病毒载体系统：慢病毒 3 质粒系统和 4 质粒系统。

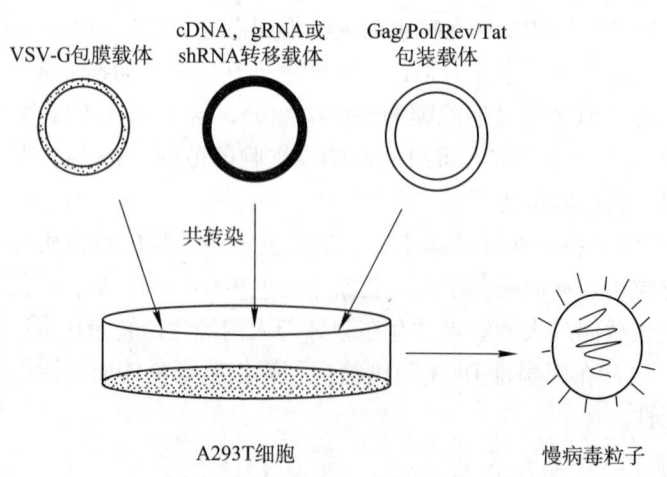

图 16-4 慢病毒载体的产生过程

含有 3 个质粒的慢病毒系统为第二代慢病毒载体（图 16-5）：该系统第一个质粒是包膜质粒（envelope plasmid），编码包膜蛋白 Env；第二个质粒是包装质粒（packaging plasmid），它编码蛋白 Gag，Pol，Rev 与 Tat；第三个质粒是转移质粒（transfer plasmid），含有病毒的 LTRs 和 Ψ 包装信号（图中未标识），在没有内部启动子的情况下这个转移质粒的目的基因是由 5'LTR 驱动的，它是一个弱启动子，需要 Tat 元件的激活。因此第二代慢病毒包装系统具有 Tat 依赖性。

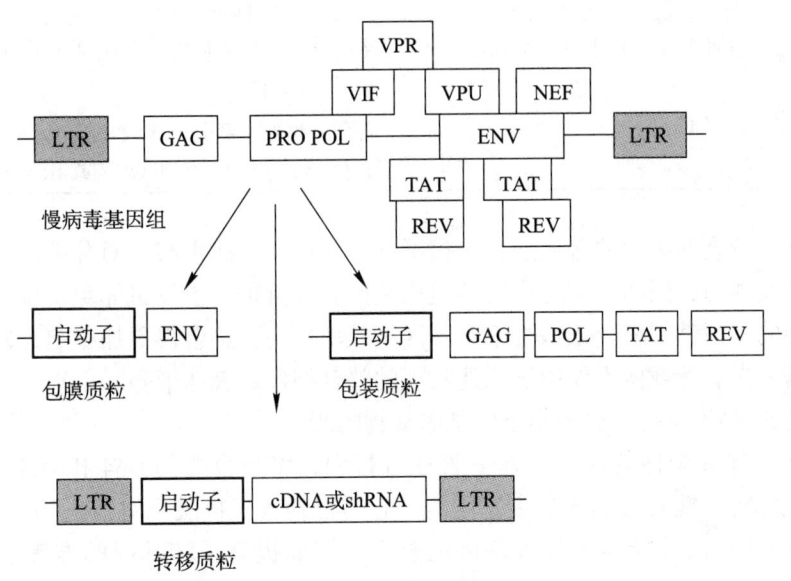

图 16-5　慢病毒 3 质粒系统

第三代慢病毒即慢病毒 4 质粒系统如图 16-6 所示，设计第三代病毒的目的主要还是为了提高安全性。在第三代慢病毒系统中，将第二代慢病毒系统的包装质粒进一步分成了两个质粒，一个编码 Rev，另外一个编码 Gag 和 Pol。虽然第三代慢病毒的安全性显著提高，但其效率存在降低。除此之外，第三代病毒删除了 Tat 元件，并且在转移质粒中引入了一个嵌合了 5'LTR 的异源启动子。这种转移质粒的包装并不依赖于 Tat 元件。第二，三代慢病毒载体的比较如表 16-1。

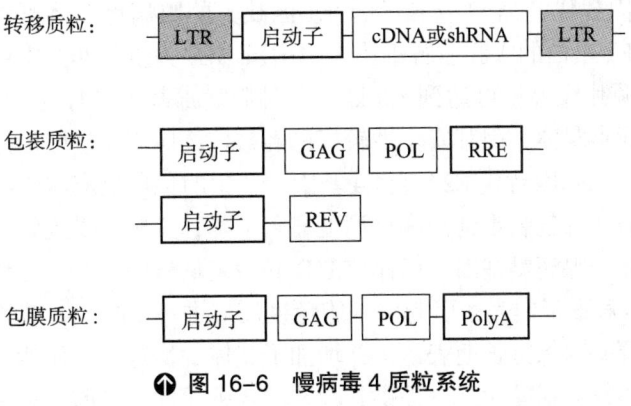

图 16-6　慢病毒 4 质粒系统

表 16-1　第二、三代慢病毒载体系统的比较

特点	第二代慢病毒	第三代慢病毒
转移质粒	只能被含有 TAT 的 2 代质粒包装	可以被第二代和第三代病毒包装系统包装
包装质粒	1 个质粒 psPAX2，其上含有 Gag、PoI、Rev、Tat	2 个质粒：① pMDLg/pRRE 编码 Gag 和 PoI，② pRSV-Rev 质粒编码 Rev
包膜质粒	可替换，通常用编码 VSV-G 的 pMD2G 替换	
安全性	安全。复制能力不完全，由编码各种 HIV 基因的 3 个质粒组成	更安全，复制能力不完全，有自身失活性（SIN）。使用 4 个质粒来替换第二代慢病毒的 3 个质粒，删除了 Tat 元件
LTR 病毒启动子	广泛型	杂合：删除了部分的 5′LTR，与另外一个异源增强子/启动子融合，例如 CMV 或 RSV

与只能感染分裂期细胞的普通逆转录病毒载体相比，慢病毒载体对分裂期和非分裂期的细胞均具有感染能力，因而具有更广泛的适用范围，并且很少引发机体免疫反应。其次，慢病毒载体介导的外源基因整合入宿主细胞基因组效率更高，整合得更加稳定，外源基因的表达水平也更高。慢病毒载体不仅用于构建常规的整合型稳定表达细胞系以进行外源基因的表达或内源基因的 RNA 干扰，也常用于转基因动物的研究。

对慢病毒载体安全性的改进工作一直在进行中，将整合酶的 D64 和 D116 位点同时突变，慢病毒载体将不能直接插入宿主基因组，它需借助人工核酸酶对宿主基因组进行切割，产生 DNA 双链切口后才能实现外源基因的整合，因而提高了转基因的准确性、安全性和效率。

5. 腺病毒载体

腺病毒（adenovirus，Ad）基因组为线状双链 DNA，在自然界分布广泛，能感染各种分化或者未分化的哺乳动物细胞。其基因组长约 36 kb，两端各有一个反向末端重复序列（inverted terminal repeat，ITR），ITR 内侧为病毒包装信号 Ψ。基因组上分布着 4 个承担调节功能的早期基因（$E1$、$E2$、$E3$ 和 $E4$）和一个编码结构蛋白的晚期基因（L）。早期基因 $E2$ 产物是晚期基因表达和病毒复制的必需因子，早期基因 E1A、E1B 产物为其他早期基因表达所必需。

腺病毒载体大多以 2 型（Ad2）、5 型（Ad5）为基础。腺病毒载体分为 3 代，第一代腺病毒载体用外源基因替代 E1 和/或 E3 区。E1 区缺失的腺病毒载体可在 293 包装细胞（本质上为能持续表达 E1 蛋白的人胚胎肾细胞）中增殖。E3 为复制非必需区，其缺失扩大了载体的插入容量，外源片段容量可达到 8.5 kb。这种腺病毒载体被称为非复制型腺病毒载体，也叫复制缺陷型腺病毒载体，因其安全性较好已经被广泛应用于基因治疗的临床试验中。第二代腺病毒载体用外源基因替代 E2A 或 E4 基因，产生的免疫反应减弱，载体容量和安全性方面也有所改进，但病毒包装难度提高且滴度显著下降，其应用受到较大局限。第三代载体缺失了全部的或大部分腺病毒基因，仅保留 ITR 和包装信号序列。第三代腺病毒载体最大可插入 35 kb 的基因，病毒蛋白表达引起的细胞免疫反应进一步减少，载体中引入的核基质附着区基因可使得外源基因保持长期表达，并增加了载体的稳定性。显然，第三代载体系统需要一个腺病毒突变体作为辅助病毒以提供其包装的各种元件。目前，第一代腺病毒载体仍是科研和临床应用最为广泛的腺病毒载体，常用 Ad5 型腺病毒。

腺病毒载体转基因效率高；可转导不同类型的人组织细胞，不受靶细胞是否为分裂细胞所限；容易生产出高滴度病毒载体，在细胞培养物中重组病毒滴度可达 10^{11} pfu/ml；进入细胞内并不整合到宿主细胞基因组，仅瞬间表达，安全性高。因此，腺病毒载体在基因治疗临床试验方面有了越来越多的应用，成为继逆转录病毒载体之后最具应用前景的病毒载体。

复制缺陷型腺病毒载体主要有 Adeasy 系统和 AdMax 系统。Adeasy 系统中包括两个载体，一个为 33.4 kb 的大质粒 pAdEasy，含有缺失 E1 和 E3 区的 Ad5 基因组，另一个为供外源基因克隆的转移载体 pShuttle，该质粒载体中有腺病毒基因的一段序列作为与腺病毒基因组进行同源重组的同源臂。首先将目的基因克隆到转移载体 pShuttle 中的巨细胞病毒（Cytomegalovirus，CMV）启动子下游，然后将重组转移载体线性化后转化到含有 pAdEasy 的特殊菌株中，该菌株能提供在细菌内发生高效同源重组的所有因子，从而将重组转移载体中的外源基因表达盒重组到 pAdEasy 中。提取重组的 pAdEasy 质粒 DNA，经合适的酶切后成为线型病毒 DNA，然后转染能提供 E1 基因产物的 293 细胞即能获得重组病毒。该系统能够避免繁琐复杂的病毒空斑纯化过程，即使是不熟悉病毒操作技术的研究者也很容易构建出重组病毒（图 16-7）。

AdMax 系统是引入了位点特异性重组系统 Cre/loxP 的腺病毒载体（图 16-8），进一步增加了操作的便捷性。将克隆了外源基因的腺病毒穿梭质粒与携带了腺病毒大部分基因组的包装质粒共转染 293 细胞，利用 Cre/loxP 系统的作用实现重组，产生重组腺病毒。

腺病毒由于不整合到宿主细胞的基因组中，因此难以像逆转录病毒载体那样较长时间地表达外源基因，外源基因表达的持续时间 2~6 周。腺病毒载体主要的缺点在于能诱导机体产生免疫反应，同时也存在安全性问题，即腺病毒载体在包装细胞中增殖时，E1 序列间有可能发生同源重组而产生有复制能力的野生型腺病毒，也有可能在已感染野生型腺病毒的宿主体内因为重组而复活。为克服以上缺点，目前已从几方面对腺病毒载体进行改造：①在载体 E3 区插入 *gp19k* 基因，Gp19k 的表达可以抑制 MHCI 的表达，从而降低免疫反应，延长外源基因的表达时间。②在载体 E2A 区引入点突变，从而减少病毒早、晚期基因表达，降低免疫反应，同时也降低了因同源重组而复活病毒的可能性。③在载体中再缺失 E4 区。由于 E4 为复制必需区，必须建立能同时互补 E1 和 E4 功能的包装细胞才能得到病毒粒子。目前腺病毒载体已被广泛应用于蛋白质表达、RNA 干扰、基因治疗载体、肿瘤治疗和疫苗的研制等。

6. 单纯疱疹病毒载体

疱疹病毒（Herpes virus，HSV）是一种中等大小的双链 DNA 病毒，有包膜，整个疱疹病毒家族包括 100 多种成员，可导致人和动物的多种疾病。HSV 作为载体的显著特点是宿主范围较宽，可感染非分裂细胞；具有嗜神经性，能在神经细胞中建立长期稳定的隐性感染（逃避免疫监视），有望作为载体用于神经性疾病的治疗。

HSV 基因组 DNA 长达 152 kb，且半数基因被取代后仍能在某些细胞中复制，因而 HSV 载体的外源基因插入容量可达 40~50 kb 以上。HSV 作为载体具有以下优点：①基因组庞大，可插入 30 kb 以上的外源 DNA；②可感染脊椎动物多种类型的细胞，具有嗜神经性，为目前唯一合适于神经细胞的病毒载体；③在神经元内能进入潜伏状态，此时病毒 DNA 以附加体的形式存在，部分基因可保持转录活性而不影响神经元的正常功能。HSV 作为基因治疗载体的主要障碍是其潜在的致病风险，改造 HSV 以尽量减少其对细胞的毒性具有重要意义。

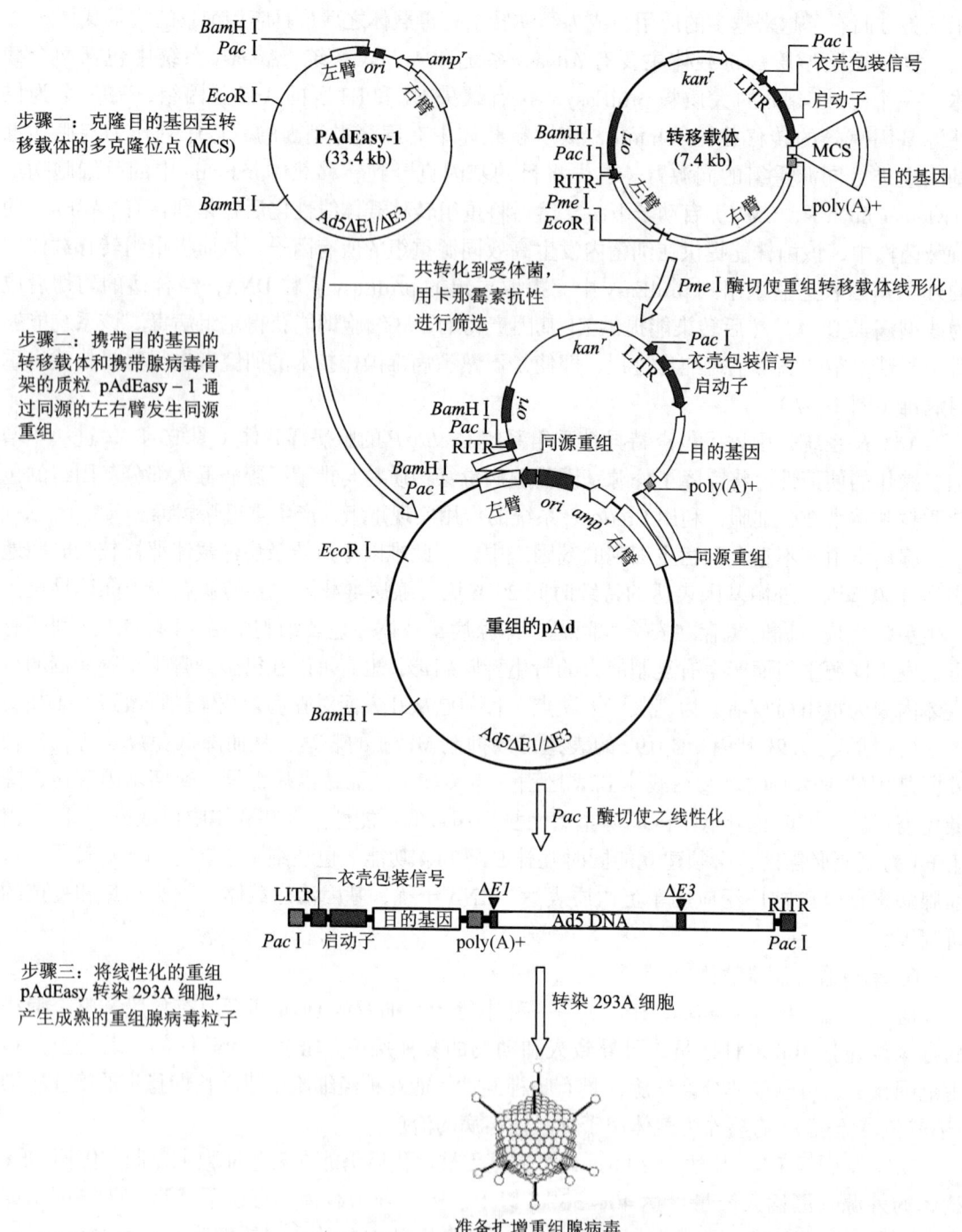

图 16-7 利用 Ad-Easy 系统构建重组腺病毒

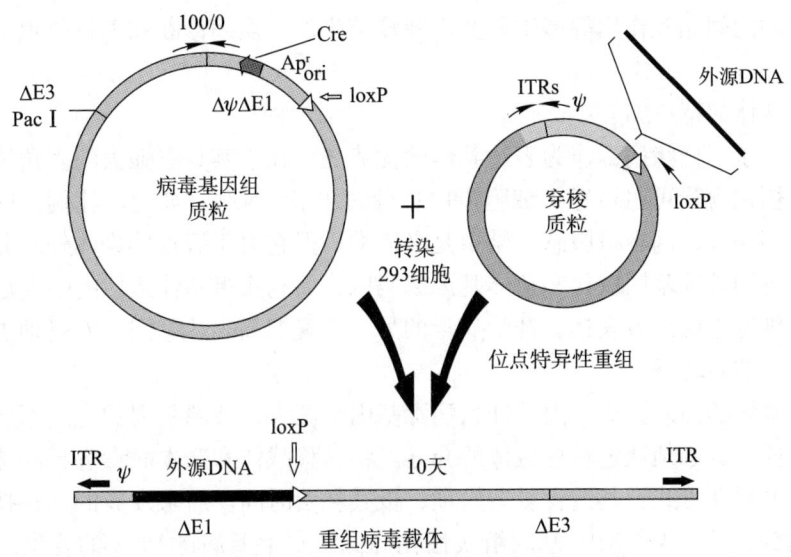

图 16-8 AdMax 系统腺病毒包装示意图

目前应用的 HSV 载体分为重组质粒型载体和重组病毒型载体两大类。重组质粒型载体又称为扩增子（amplicon），其主要构成元件包括：适于在细菌中增殖的必需元件，如大肠杆菌的 DNA 复制起点，氨苄青霉素抗性选择标记等；适于在哺乳动物细胞内增殖和包装的元件，如 HSV 复制起点（oriS）和包装信号（HSV-1-a-），转录单位如 HSV 启动子，多克隆位点和串联的选择性标记等。目前构建的重组质粒型载体的典型代表是 pHSVlac（图 16-9）。将上述重组质粒和 HSV 辅助病毒导入培养细胞，重组质粒 DNA 即可作为连接体被包装进毒粒内。这一类载体的主要优点是构建过程相对简单，缺点是重组质粒携带外源基因的容量有限，且包装效率不如病毒 DNA。

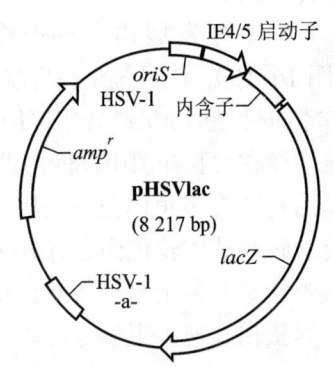

图 16-9 重组质粒型单纯疱疹病毒载体 pHSVlac 的结构图

重组病毒型载体则是直接利用病毒基因组作为载体，操作时通常需采用两步操作：首先将疱疹病毒基因组适当区段克隆到一种中间转移载体，对转移载体进行体外改造后，将重组质粒与感染性病毒 DNA 共转染培养细胞，使其在细胞内发生同源重组，最终筛选出重组病毒。重组病毒型载体的优点是它们在神经元内能真正进入潜伏状态，能携带多个外源基因，无需辅助病毒，传递效率非常高。目前 HSV 载体是唯一可将外源基因和启动子成功导入神经系统的载体。重组病毒型载体的缺点是病毒基因组内的毒性元件和转录因子可能影响细胞代谢乃至杀死细胞，外源基因表达水平低。

7. 杆状病毒载体

杆状病毒（baculovirus）基因组为长度 90~180 kb 的双链闭合环状 DNA，在自然界中仅感染节肢动物，主要感染鳞翅目昆虫。杆状病毒的病毒粒子被包裹在由多角体蛋白质形成的包涵体中，由于包涵体的保护作用，使得病毒在环境中十分稳定。杆状病毒具有高度的宿主特异性，对人与哺乳动物十分安全，因此常用作生物杀虫剂。利用杆状病毒载体系统表达的外源基因来源于病毒、细菌、真菌、动物和植物等各种生物，其应用范围涉及蛋白质的结构和功能、蛋白质之间相互作用等基础研究以及疫苗生产、疾病诊断和病毒杀虫剂的改良等应用研究。

杆状病毒载体的特点如下：

（1）强启动子　杆状病毒作为表达载体的优势之一在于其具有强大的多角体蛋白基因启动子，多角体蛋白含量可占被感染细胞蛋白总量的20%～50%，如此高比例蛋白在真核细胞中较为罕见。多角体对病毒口服感染昆虫是必需的，但它对于病毒感染体外培养细胞则是非必需的，因此可用外源基因取代多角体基因编码区，而利用多角体蛋白的强大启动子驱动外源基因在昆虫细胞中的高效表达。杆状病毒的另一个晚期高表达基因 *p10* 启动子也被用作杆状病毒表达载体的启动子。

（2）外源基因的插入方式　由于杆状病毒基因组庞大，外源基因的克隆不能通过酶切连接的方式直接插入，必须通过转移载体的介导。将转移载体和亲本病毒进行同源重组为构建重组杆状病毒的最初方式，其过程复杂繁琐，极其耗费时间。后来发展的几种技术进一步简化和加快了构建过程：AcMNPV 基因组线性化降低了野生型病毒 DNA 的背景，重组效率可达到 10%～25%；而缺失 AcMNPV 基因组的必需基因 ORF1629，通过转移载体可将重组效率提高到 85%～90%。

1993 年发展出一种至今仍然被广泛应用的杆状病毒表达系统即 Bac-to-Bac 系统（图 16-10），该系统是在杆状病毒基因组中插入可在大肠杆菌中复制的 F 因子复制区、卡那霉素抗性基因、Tn7 转座接触位点以及 *lacZ'* 盒式结构以构建 Bacmid，这种 Bacmid 可以像质粒一样在大肠杆菌中以低拷贝形式复制，并对昆虫细胞具有感染性。在转移载体中则将外源基因克隆在多角体蛋白基因启动子的下游，两端分别为 Tn7 转座子的左、右转座序列。将重组转移载体转化到含有 Bacmid 的大肠杆菌中，在辅助质粒提供的转座因子的介导下，将重组转移载体上含外源基因的表达盒式结构转座到 Bacmid 的 *lacZ'* 盒式结构中，破坏 *lacZ'* 编码蛋白，使重组病毒可以通过简单的蓝白斑方法筛选，最后从白色菌落中提取重组病毒 DNA 转染昆虫细胞即可形成具有感染力的重组杆状病毒（图 16-10）。这种专一位点转座方法只需要一步分离纯化和转染扩增重组病毒 DNA，病毒滴度就可达到 10^7 pfu/ml，全过程 7～10 天，十分简单、迅速。

在 Bac-to-Bac 系统的基础上，通过对转移载体和 Bacmid 的进一步改造，建立了新的杆状病毒多基因表达系统即 MultiBac 系统。该系统由两个转移载体 pFBDM、pUCDM 和改造过的 Bacmid 组成，Bacmid 除保留了原有的 Tn7 转座受体位点外，又引入了一个 loxP 位，可同时实现 8 个基因的表达。

（3）杆状病毒载体的优点

第一，安全性高，对人畜安全；第二，具有克隆大片段外源基因的能力；第三，表达效率高。理论上讲，外源基因的表达量应当和多角体蛋白或 P10 蛋白的表达量相当，但实际上很难达到。但该系统中外源基因的表达量仍达到细胞蛋白总量的 1%～10% 或更高；第四，表达产物具有翻译后加工。昆虫细胞对蛋白质表达后修饰加工与哺乳动物接近，能识别并正确地进行信号肽切除、多肽切割、高级结构形成、蛋白质定位、磷酸化和糖基化等等，表达产物通常具有很高的生物活性；第五，病毒具有自主感染性。杆状病毒载体的重组区域是基因组的非必需区域，即使缺失也不会影响病毒的复制和表达，使其具有完整的感染性，不需要辅助病毒；第六，能形成虫体生物反应器。重组病毒直接感染昆虫幼虫并在虫体内大量增殖，在幼虫淋巴液内表达的外源蛋白性质稳定，易于分离，其积累浓度比细胞培养液高

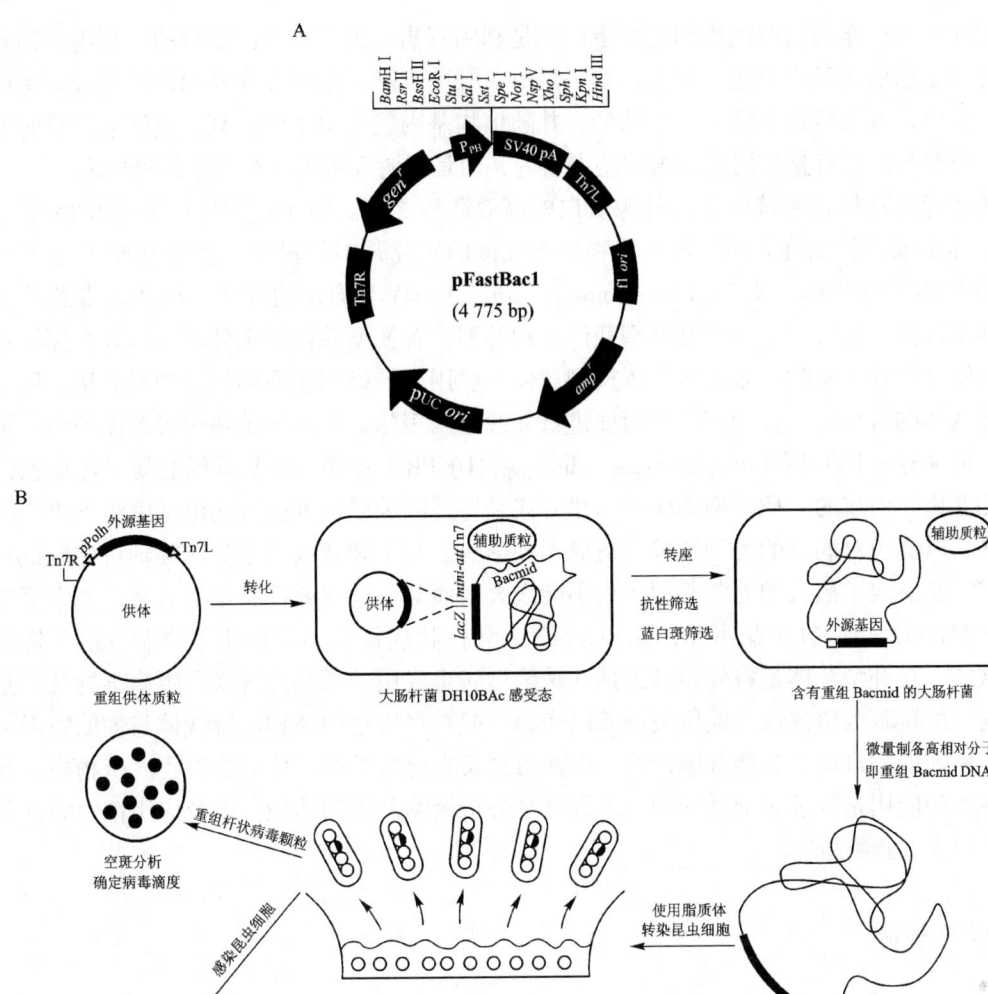

图 16-10 用 Bac-to-Bac 系统构建表达型重组病毒示意图

A：转移质粒 pFastBac1 图谱；在 Tn7 转座子左右长臂之间有一个庆大霉素抗性基因和多角体蛋白启动子驱动的表达盒式结构。B：通过 Bac-to-Bac 系统构建重组杆状病毒的具体流程

出 10～100 倍。研究结果表明，一条幼虫所生产的外源蛋白如用于临床诊断分析，可提供约 100 万人次使用，一头幼虫相当一个发酵罐。最后，杆状病毒表达载体还可将外源基因运送至各种哺乳动物细胞，虽然其自身基因组并不复制，但可通过哺乳动物启动子驱动外源蛋白的表达。

二、植物病毒载体

进入 21 世纪后，植物基因工程取得了巨大的成就。植物生物反应器就是以植物细胞、组织器官或整株植物为工厂来生产具有商业价值的生物产品和药物，包括抗体、疫苗和药用蛋白等。转基因植物药物始于 20 世纪 90 年代，白细胞介素、干扰素、单克隆抗体、促红细胞生成素和一些可作为疫苗使用的抗原蛋白均是利用植物基因工程手段获得的。利用植物系统表达外源蛋白的途径主要包括两类,其一是由农杆菌或基因枪法介导外源基因整合到受体植物染色体内,成为植物基因组的一部分,并随植物基因遗传给子代;其二是转基因瞬时表达体系,外源基因没有整合到受体植物基因组内,而是以游离的形式存在于植物体内。

植物病毒是在植物系统中表达外源蛋白的高效载体之一。由于植物病毒多为 RNA 病毒且细胞培养不如动物细胞方便,使得植物病毒载体的研究开展得较晚,直到 1984 年才产生第一例由花椰菜花叶病毒(Cauliflower mosaic virus,CaMV)构建的载体。植物病毒载体主要有置换型载体、插入型载体和互补型载体 3 种类型。置换型载体即用外源基因置换掉植物病毒基因组复制和繁殖的非必需区。置换型载体一般用于转染原生质体进行瞬时表达,用于验证构建载体的可行性,较少接种于植株进行外源基因表达。第一例植物病毒载体是用大肠杆菌二氢叶酸还原酶基因(dihydrofolate reductase,DHFR)置换 CaMV 编码的蚜虫传播蛋白因子基因 II 构建而成的。插入型载体的构建方式是将外源编码序列插入病毒基因组不重要的非编码区,以避免对病毒的复制或移动造成不利影响。对于球状或二十面体等轴对称病毒来说,包装限制决定了插入的外源基因序列不能太大。而对于丝状或杆状植物病毒,如烟草花叶病毒(TMV)、马铃薯 Y 病毒(Potato virus Y)和杆状病毒等不存在包装限制,适于构建插入型载体。互补型载体是将外源基因插入缺陷型病毒或用外源基因置换野生病毒的某个基因,同时,由转基因植株反式提供失活基因产物,或是将构建的植物病毒载体与辅助病毒一起接种,由辅助病毒提供失活基因产物,以便得到具有感染性的子代病毒粒子。植物病毒载体目前主要的应用是通过病毒诱导的基因沉默来分析植物基因的功能,以及应用植物病毒载体在植物中表达药物蛋白。

三、噬菌体载体

噬菌体(phage)是一类专门感染细菌的病毒,又称为细菌病毒。噬菌体与分子生物学、分子遗传学的创立和发展过程密切相关,是生物学研究的良好模型之一。依据噬菌体的复制和生活周期等特点,已经构建出许多噬菌体载体,广泛用于基因克隆、表达、基因组文库的构建等。例如 M13 噬菌体载体、限制性内切酶和 T4 DNA 连接酶的组合应用提供了高质量的基因组测序方法;λ 噬菌体被开发为高效广泛的克隆载体;P1 噬菌体衍生的人工染色体可用于克隆大 DNA 片段等(详见第三章)。

20 世纪末发展起来的噬菌体表面展示技术(phage surface display technology)也是噬菌体载体的重要应用途径之一。该技术通过将外源基因克隆到噬菌体衣壳蛋白 pVIII,使该基因与衣壳蛋白融合表达并展示在噬菌体表面,构建成抗体或随机多肽的噬菌体展示文库,然后用特定的抗原去淘洗上述噬菌体展示文库,经过多轮淘洗,将与抗原紧密结合的抗体或多肽片段从文库中筛选出来(图 16-11)。

利用噬菌体表面展示技术已经筛选到了多种抗体和多肽药物,如 2002 年在美国上市的 Adalimumab 是人源重组 IgG1-κ 单克隆抗体,该药是首个获批的抗肿瘤坏死因子 TNFα 的药物,用于治疗类风湿性关节炎;2011 年上市的 Belimumab 是人源 IgG1-λ 单克隆抗体,是 50 多年来首个用于治疗系统性狼疮的靶向药物,还有更多的药物正处于临床应用或试验中。噬菌体展示技术提高了抗体与蛋白质药物研发的成功率,节省了药物筛选的时间与费用。2018 年诺贝尔化学奖授予 Frances Arnold、George Smith 和 Gregory Winter 三人,奖励他们在噬菌

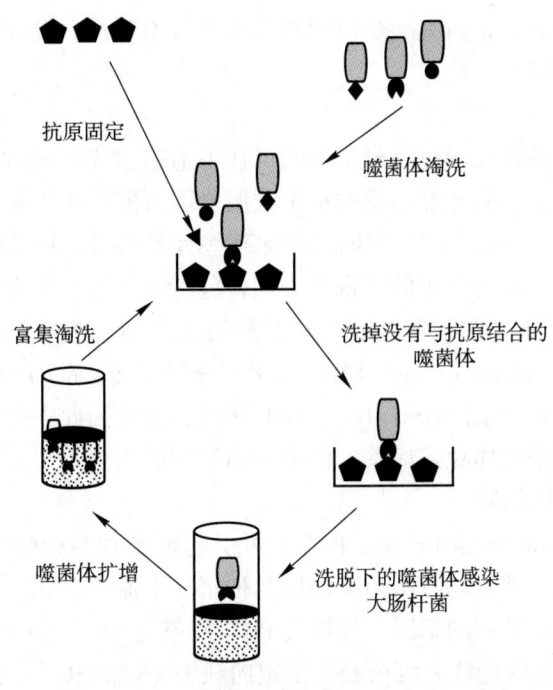

图 16-11 噬菌体文库的淘洗过程示意图

体展示技术上的成就。

第二节 病毒与基因工程

病毒能引起人类多种严重疾病，如艾滋病，肝癌，流感，非典型肺炎等，但是得益于科技的发展，人们不但可以有效地预治病毒疾病，还可以通过对病毒进行改造，卸除其毒性，利用病毒与宿主细胞的特殊关系将外源基因运送到细胞中进行表达，使得病毒成为高效的基因载体。此外，病毒的某些特殊元件如强启动子、终止子和加尾信号等也已经被广泛应用于各种非病毒载体的构建。下面就病毒在基因工程疫苗、基因治疗以及生物防治方面的应用作具体介绍。

一、基因工程病毒疫苗

人们对病毒性疾病的治疗远不如控制细菌感染那样驾轻就熟，用于治疗细菌的各种抗生素类药物对控制病毒感染都不起作用。接种疫苗是预防和控制病毒性疾病的最好甚至唯一的出路。传统的疫苗主要是灭活或减毒的病原物，这种疫苗具有病原物所有的抗原成分，因而能激发很强的免疫保护力。灭活疫苗有脊髓灰质炎、麻疹、风疹、腮腺炎、甲肝、乙脑等病毒疫苗，减毒疫苗有牛痘、动物（牛、猪、羊和猴）轮状病毒疫苗等。

尽管传统疫苗在疾病的预防中功不可没，但其局限性在于：①不管是灭活的还是减毒的病毒疫苗，它们都必须经过培养动物或细胞来生产，产量低，成本高，生产人员需要防护；②生产出的死疫苗存在灭活不彻底的危险，而减毒疫苗具有回复突变的风险；③有些疾病如艾滋病，用传统的疫苗预防收效甚微。从 20 世纪 80 年代中期开始，DNA 重组技术为制造新

一代重组疫苗提供了新方法,研究人员可用基因工程技术改造、设计和生产理想的疫苗。基因工程病毒疫苗主要有以下3种:

1. 弱毒疫苗

传统的弱毒疫苗制备往往通过将野生型病毒在不适宿主或不适培养条件下进行连续培养和筛选而获得,这些野生型病毒在不适的宿主或温度下可能产生了某些突变,改变了原来的毒性。现在多采用基因工程的方法,定向地敲除某些有毒基因,制成减毒疫苗。

口蹄疫是当今世界上最为严重的家畜传染病,危害牛、猪、羊等偶蹄类动物,以传播速度快,感染率高著称,国际兽疫局(OIE)将其列为 A 类传染病之首。通常用甲醛灭活口蹄疫病毒(foot-and-mouth disease virus,FMDV)作为疫苗。研究者用 SGSNPGSL 氨基酸序列取代 FMDV 衣壳蛋白 VP1 上的 SGSGVRGDFGSL 序列,病毒因此失去了感染力。动物实验表明,这种缺陷病毒在刺激机体免疫应答、保护动物等方面的功效与灭活疫苗一致,甚至优于灭活疫苗,却不具有感染风险。

伪狂犬病病毒(Pseudorabies virus,PRV)可引起家畜和多种野生动物的伪狂犬病,临床上以仔猪的神经症状、严重的呼吸道疾病以及种猪发生流产、死产和产仔数下降等症状为特征。世界上第一个获批使用的基因工程缺失 PRV 疫苗是 TK 与 gE 基因双缺失的减毒疫苗。我国研究者发明的 HB2000 伪狂犬疫苗经人工定向缺失 TK/gE/gI 三基因而获得,该疫苗已于 2016 年投产,为我国控制猪伪狂犬病提供了强有力的手段。

单纯疱疹病毒主要感染皮肤、黏膜和神经组织,引起多种疾病,并易形成长期潜伏感染,威胁人类健康。目前正在开展删除毒力基因、制备减毒疫苗的尝试。动物实验表明,缺失神经毒性基因 r34.5 的病毒具有免疫原性,可保护动物抵抗病毒的攻击。另外,缺失 *gH* 基因的 HSV 可在细胞内复制增殖,但失去了进一步感染细胞的能力,它能很好地刺激机体免疫,有效地阻止原发和复发性感染,安全可靠。

2. 活体重组疫苗

直接将某种病毒的抗原基因重组到另一种更安全的病毒载体上,将重组后的病毒用作疫苗,即活体重组疫苗(live recombinant vaccine)。活体重组疫苗所表达的抗原构象与来源病毒中的完全一致或非常相似,因此具有更高的免疫原性,能激发很强的免疫应答,起到很好的免疫防护作用。

活体重组疫苗中所用的病毒载体是已被实践证明安全的常见病毒,如痘病毒、腺病毒、水痘-带状疱疹病毒、腺相关病毒等。活载体疫苗兼具减毒疫苗的强免疫原性及亚单位疫苗的安全性,还可以达到"一针治两病"的目的。艾滋病毒(HIV)疫苗的挑战在于病毒在自然感染中难以产生有效的免疫保护反应,在经历 30 多年疫苗探索的失败后,现采用活体重组疫苗来增强疫苗的免疫原性和持久性,并取得了一定的效果。2017 年强森公司研制的腺病毒 Ad26/gp140 疫苗在受试者体内都产生了针对 HIV 的抗体,让受试者单次暴露于 HIV 下感染风险减少了 94%。中国疾控中心利用天坛痘苗病毒为载体表达 HIV 表面糖蛋白抗原的疫苗,临床 I 期试验显示了该疫苗安全性,临床 II 期试验也已完成。这些活体重组疫苗的研制有望对防治艾滋病发挥作用。

3. 病毒样颗粒疫苗

病毒颗粒具有自我组装的特性,在病毒增殖或者传代培养过程中会自然组装出一类没有包裹病毒基因组的空病毒蛋白颗粒,这类颗粒被称为"空壳病毒"、"假病毒"或者"病毒样颗粒(Virus like particles,VLPs)"。VLPs 这种缺乏核酸物质的病毒蛋白聚合体是一种安全且高效的新型疫苗，它具有与传统减毒或灭活病毒疫苗相当的免疫原性，但不存在二者具有的病毒未完全灭活、病毒复活等潜在风险，使用剂量与传统疫苗接近，还可通过口服激发黏膜免疫反应。因此 VLPs 疫苗被认为是具有完全免疫原性的最安全的基因工程疫苗。VLPs 的另外一个优势是可以构建多价疫苗，不仅可以将同一种病毒不同亚型的结构蛋白组装成多价 VLPs（如三价杂合流感 VLP 疫苗），也可以将一种病毒的关键性抗原表位展示在另外一种病毒的 VLPs 表面而构建出新型多价疫苗，还可以将一些免疫增强因子展示在 VLPs 表面用以提高其免疫效果。

VLPs 是运用基因工程手段在合适的表达系统中表达一至多个结构蛋白而产生的，杆状病毒－昆虫细胞表达系统是获得 VLPs 的最主要方法。目前已经获得 110 多种病毒的 VLPs，包括常见的人乳头瘤病毒（HPV），乙型肝炎病毒（HBV），丙型肝炎病毒（HCV），人免疫缺陷病毒（HIV），流感病毒（IFV），轮状病毒（RV）等，而 HPV 和 HBV 的 VPLs 疫苗最先被美国 FDA 所认证。除此之外，目前还有数十种 VLPs 正进入Ⅲ期临床即将上市，其中包括季节性流感病毒，肠道病毒诺如病毒（Norovirus）及轮状病毒，细小病毒（parvovirus）等。

二、病毒与基因治疗

医学史上有一些改变疾病治疗模式的关键技术，比如外科手术的发明和抗生素的发现，而基因治疗无疑是改变疾病治疗方式的又一个重大事件。基因治疗是一种基于核酸的治疗，利用正常基因更换人体内有缺陷或变异的基因、导入其他功能的基因或利用基因编辑技术修正变异的基因，以实现对疾病的治疗。基因治疗的过程仅改变患者的体细胞基因，不会遗传给后代。

目前用于基因治疗的载体分为病毒载体和非病毒载体两种。病毒载体相对于非病毒载体而言具有转染效率高、基因持续表达时间长等优点，但病毒载体通常免疫原性较强，有一定的危险性。非病毒载体包括裸 DNA 和脂质体包埋 DNA 等方法。用于基因治疗临床试验的载体大约 70% 来源于病毒载体（表 16-2），其中以慢病毒和腺相关病毒（AAV）最有临床前景，下面我们将讨论这些载体的应用实例。

表 16-2 用于基因治疗的病毒载体

病毒载体	生物学特性	适用范围
慢病毒载体 HIV（两条相同正股 RNA 链）	可感染非分裂细胞，目的基因整合至靶细胞，有致癌的危险	$In\ vivo$ 基因治疗 肿瘤基因治疗
逆转录病毒载体（单链 RNA 病毒）	感染分裂细胞，整合到染色体中，有致癌的危险	$Ex\ vivo$ 基因治疗 肿瘤基因治疗
腺病毒载体（双链 DNA 病毒）	可感染分裂和非分裂细胞，不整合到染色体中，免疫原性强	$In\ vivo$ 基因治疗 肿瘤基因治疗 疫苗
腺相关病毒载体（单链 DNA 病毒）	可感染分裂和非分裂细胞，不整合到染色体中，无致病性，免疫原性弱	$In\ vivo$ 基因治疗 $Ex\ vivo$ 基因治疗
HSV 病毒载体（双链 DNA 病毒）	具有嗜神经性，可逆轴突传递，可潜伏感染，可感染分裂和非分裂细胞	神经系统疾病的基因治疗 肿瘤的基因治疗

1. 慢病毒载体与基因治疗

20世纪80—90年代，第一代基因治疗使用逆转录病毒载体，将一个特定基因转移到免疫缺陷病或癌症患者的造血干细胞或T细胞基因组。现在更多的基因治疗采用慢病毒（lentivirus）载体将基因导入处于不分裂的静止细胞，携带更大的基因盒，优先整合到基因的编码区而不是5'-非翻译区，降低插入突变致癌的潜在风险，相对安全。进一步使用"自我失活"的设计，去除慢病毒载体的内源性强增强子元件，是降低风险的另一种方法，目前大多数临床试验采用这种设计。

嵌合抗原受体T细胞（Chimeric Antigen Receptor T-Cell，CAR-T）技术治疗癌症是一种改造患者免疫T细胞的基因疗法，通过lentivirus载体在人体T细胞上加入一个嵌合抗原受体，使T细胞能够特异性地识别并杀死癌细胞。2017年美国FDA首次批准了两款CAR-T治疗方案，揭开了肿瘤免疫疗法的序幕，被看做基因治疗元年。全球第一款CAR-T治疗产品CTL019（商品名：Kymriah），用于25岁以下难治或者复发的B-细胞急性淋巴细胞白血病，结果整体缓解率81%，完全缓解的患者达到了60%。同年获批的第二款CAR-T疗法Yescarta是第一款针对非霍奇金淋巴瘤的CAR-T疗法。

2018年报道的自我失活lentivirus载体CL20-i4-EF1α-hγc-OPT，它通过真核延伸因子启动子EF1α驱动正常γc蛋白即IL2RG表达，对IL2RG基因突变所导致的致命的X-连锁严重联合免疫缺陷（SCID-X1）患儿进行慢病毒基因治疗。随访的16个月中，患者免疫功能恢复良好，功能性T、B细胞得以重建而且NK细胞计数正常。

2. 腺相关病毒载体与基因治疗

腺相关病毒（AAV）载体来自于一种非致病性、无包膜的细小病毒，它天然具有复制缺陷。野生型AAV需要另一种病毒（如腺病毒或疱疹病毒）辅助其完成复制。AAV载体的所有编码序列都可以被外源基因所替代。AAV载体是非整合型的，转移的DNA作为游离基因是稳定的，但这限制了AAV载体在有丝分裂后细胞内的长期表达，另外，AAV载体不能容纳超过5 kb的DNA。

2017年获批上市的Luxturn是通过AAV病毒携带正常的RPE65基因治疗遗传性视网膜病变（Inherited Retinal Diseases，IRDs）患者，只需要一次性治疗；基因治疗产品BMN270采用AAV病毒携带凝血因子基因治疗血友病，目前已经进入临床Ⅲ期；AVXS-101是一款在研的用于治疗脊髓型肌肉萎缩症（Spinal Muscular Atrophy，SMA）的基因治疗产品；AAV9载体被用于携带正常的人类SMN基因并通过静脉给药，病毒进入细胞内生成正常的SMN蛋白。临床Ⅰ期试验中，该基因治疗方案展示了良好的安全性和耐受性；科学家们还发现AAV9病毒可以穿过血脑屏障（Blood-Brain Barrier，BBB），遂成为多个神经系统疾病基因治疗的首选载体。

在我国基因治疗领域，CAR-T是目前最受关注的，已有多家制药公司申报临床试验。同时也开始涉足罕见病的基因治疗，例如针对SMA和黏多糖贮积症ⅢA型疾病进行治疗研究。基因治疗可能是迄今为止人类开发的最复杂的"药物"，有望解决一些至今让医学界束手无策的疾病。相比于历史上的其他治疗方式，基因治疗还涉及伦理问题，特别是基因编辑，引发了学界的担忧。因此基因治疗技术在进步的同时，也需要政策的跟进，以保证这种革命性的技术不被滥用。

三、溶瘤病毒与癌症治疗

溶瘤病毒（oncolytic virus，OV）是一种自然发生或基因工程的病毒，可以选择性地只在癌细胞中复制并杀死癌细胞，而不损害正常组织，同时刺激机体产生抗肿瘤的免疫反应。溶瘤病毒治疗（Oncolytic virus therapy）是近年来公认的一种有前途的癌症治疗新方法，目前已有 4 款溶瘤病毒产品获准应用于临床肿瘤治疗，超过 50 种溶瘤病毒产品进入临床试验阶段（https://ClinicalTrials.gov）。

用于构建溶瘤病毒的有 DNA 病毒也有 RNA 病毒。由于 DNA 病毒的可操作性更强，因此主要使用腺病毒（Ad），单纯疱疹病毒（HSV）以及痘病毒（vaccinia virus）进行溶瘤病毒的构建，其中 HSV 因其嗜神经性而用于脑瘤治疗。OV 基本构建思路是通过删除病毒基因组的某个片段，使得该病毒无法在正常细胞内复制与包装，但是却能利用癌细胞特异性表达的因子或者癌症特异性启动子而在癌细胞内复制与繁殖，杀死这些癌细胞。

世界上第一个 OV 产品为 2004 年拉脱维亚批准的一款用于黑色素瘤临床治疗的非致病性人肠道细胞病变孤儿病毒（enteric cytopathic human orphan virus）。2006 年我国上市的重组人腺病毒 5 型（商品名为安柯瑞），主要用于治疗晚期鼻咽癌，也可用于治疗其他肿瘤如肝癌、胰腺癌和肺癌等。当腺病毒感染正常细胞后，在细胞内表达早期蛋白 E1A，E1A 进一步刺激细胞蛋白 P53 的表达。P53 高表达诱发的细胞凋亡（apoptosis）等变化不利于病毒的复制。然而病毒另一个早期蛋白 E1B-55KD 却可以降解 P53 蛋白，促进病毒的复制。但是肿瘤细胞内的 P53 是有缺陷的，所以 E1-B55KD 缺失的腺病毒也可以在肿瘤细胞内复制。溶瘤腺病毒即为缺失了 E1-B55KD 基因的人 5 型腺病毒，因此只要涉及 P53 通路缺陷的肿瘤细胞都有利于该溶瘤病毒的选择性复制。也可以选取肿瘤特异性的启动子驱动 E1A 蛋白表达，让腺病毒只能在肿瘤细胞中复制，进入临床试验的 hTert-Ad 就是由端粒酶启动子特异驱动 E1A 表达的溶瘤腺病毒。

HSV-1 中一种缺失 $\gamma 34.5$ 基因的溶瘤病毒被研究得最多。当细胞被 $\gamma 34.5$ 缺陷的 HSV-1 病毒感染时，细胞会激发由 PKR 介导的保护通路，抑制被感染细胞内的蛋白质合成，从而抑制溶瘤病毒的增殖。但癌细胞内高水平表达的 MAPK 激酶能有效促进 $\gamma 34.5$ 缺陷型 HSV-1 溶瘤病毒复制，从而特异性裂解癌细胞。2015 年 FDA 批准的 T-Vec 是一个 $\gamma 34.5$ 和 $\alpha 47$ 基因双突变的 HSV-1，并在原来的 $\gamma 34.5$ 位点插入了 GM-CSF 基因。$\gamma 34.5$ 基因的缺失主要负责病毒在癌细胞内选择性复制，$\alpha 47$ 基因的缺失排除了对 MHCI 表达的下调，从而增强抗肿瘤免疫反应，GM-CSF 亦可增强抗肿瘤免疫反应。III 期临床试验表明局部病灶内注射溶瘤病毒能抑制肿瘤生长，延长患者生存期。

G47Δ 是由 Todo 等人开发的具有 3 重突变的第三代溶瘤 HSV-1。G47Δ 的两个突变与 T-Vec 相同，G47Δ 还进一步通过插入大肠杆菌 lacZ 使 ICP6 基因失活，使它只能在表达足够高核苷还原酶的癌细胞中复制。由于基因组中有 3 个人为突变，G47Δ 毒性大大减弱，使治疗窗口更宽，并展示了更强大的复制能力和抗瘤疗效，包括神经胶质瘤、乳腺癌、前列腺癌、神经鞘瘤、鼻咽癌、肝癌、大肠癌、周围神经鞘恶性肿瘤和甲状腺癌等。G47Δ 还被证明能杀死从人胶质母细胞瘤中提取的癌症干细胞，这对根除和控制癌细胞的复发具有重要意义。

还可对溶瘤病毒作进一步改造以增强其治疗效果，如表达一些免疫因子包括各类白介素和 GM-CSF 等，以促进机体免疫反应。一种被命名为 M002 的 HSV-1 溶瘤病毒，在缺失 γ34.5 基因的基础上同时插入两拷贝的 IL-12 表达盒。IL-12 既是一个前炎症因子，也具有抗血管生成作用，能够诱导抗肿瘤免疫反应。高表达 IL-12 显著增加了抗肿瘤效果，对治疗乳腺癌脑转移具有明显效果。这种整合溶瘤效果与免疫增强效果的癌症治疗方法将是未来发展方向之一。

溶瘤病毒粒子作为一个大的抗原分子极易被免疫系统识别而产生相应的抗体及免疫细胞而被清除，导致治疗效果下降，尤其在多次注射治疗后情况更为严重。因此如何逃避免疫系统清除是提高病毒溶瘤效果所必须解决的问题之一。最近研发的一种溶瘤疫苗病毒 OVV（oncolytic vaccinia virus）不仅可以靶向肿瘤组织还能降低病毒的免疫原性。在病毒粒子组装过程中首先用叠氮化物对 OVV 的包膜进行修饰，叠氮化物使病毒表面与二苄基环辛基（dibenzocyclooctynes，DBCO）衍生的 T7 肽（DBCO-T7 肽）和 DBCO 衍生的自身肽（DBCO-自身肽）结合，肽结合后的病毒仍具有感染性。但 DBCO-自身肽保护了 OVV 免遭免疫清除，而 DBCO-T7 肽提高了 OVV 对肿瘤细胞的选择性。因此该 OVV 可有效抑制肿瘤的生长，仅有轻微的副作用。

另外，将溶瘤病毒与传统的放疗、化疗及新兴的免疫监测点抑制剂联合使用，也是提高肿瘤治疗效果的有效途径。2018 年，一种名叫 OVV-ING4 的溶瘤病毒能表达生长家族成员 4（ING4）的抑制剂，OVV-ING4 与阿糖胞苷联合使用在治疗急性髓细胞白血病（acute myeloid leukemia，AML）中具有协同作用。

四、噬菌体治疗

噬菌体治疗（bacteriophage therapy）是利用噬菌体裂解细菌的特点来治疗人和动物的细菌感染。抗生素耐药问题，特别是多重耐药菌感染时可能会出现无药可用的状况。噬菌体特异性裂解细菌的作用机制完全不同于抗生素，在应对抗生素耐药问题中表现出了独特的优势。2019 年，格拉汉姆·哈特福尔（Graham Hatfull）教授从 15 000 种噬菌体中筛选到了 3 种可以感染耐药结核分枝杆菌（Mycobacterium）的噬菌体，拯救了一位被耐药细菌感染的肺移植患者。这是人类首次运用噬菌体进行疾病治疗的成功案例，激励人们继续开拓噬菌体治疗的应用前景。目前欧盟开启了噬菌体疗法临床试验项目"Phago-burn"，致力于从污水或河水中分离噬菌体以治疗大肠埃希菌和铜绿假单胞菌感染的烧伤患者。此外，利用噬菌体特异性针对某些肠道菌，不仅可以杀死目标细菌，还可诱发肠道微生物群级联效应，具有调节代谢、抗击癌症和防治感染的作用。噬菌体在现代养殖业中的应用也正在被发掘，它不仅防疫而且十分环保，具有在环境中持续存在并发挥作用的特点。

五、病毒与生物防治

生物防治是指利用有益生物及其代谢产物和/或基因产品等控制有害生物的方法。它具有不污染环境、对人和其他生物安全、防治作用比较持久、易于同其他植物保护措施协调配合并节约能源等优点，已成为植物病虫害防治的一项重要措施。除害虫天敌外，许多昆虫病原微生物已经被广泛应用于害虫的生物防治，包括特异性感染昆虫的病原真菌、细菌及病毒。目前在世界范围内应用最广泛的微生物杀虫剂是一种名为苏云金芽胞杆菌的昆虫病原性细菌。与此同时，人们也一直在开发昆虫病毒进行害虫的生物防治，其中昆虫杆状病毒是一类很有发展前途的生物农药。

1. 杆状病毒杀虫剂

杆状病毒（baculovirus）在自然界中主要感染鳞翅目昆虫，尤其是核型多角体病毒（nucleopolyhedrovirus，NPV）对宿主昆虫的感染一般持续 7 天左右，被感染的幼虫在初期病症不明显，但到后期会虫体肿胀，行动迟缓，停止取食，最后体内组织液化流脓，被称为"脓病"。有些幼虫发病后常向植物顶部爬行，倒悬其上而死，因此也被称为"树顶病"。

杆状病毒作为生物杀虫剂，除了不污染环境、对人和其他生物安全外，最显著的优点是流行性和持久性，在某地区一年施用可多年受益且不破坏生态平衡，但它也有潜伏期长、杀虫谱窄的缺点。目前在全球 600 多种昆虫杆状病毒中仅发现 3 种广谱病毒，分别为甘蓝夜蛾 NPV、苜蓿银纹夜蛾 NPV 和芹菜夜蛾 NPV。其中甘蓝夜蛾 NPV 最有应用价值，可防控 32 种害虫，包括小菜蛾、八字地老虎、小地老虎、黄地老虎、白缘黏虫、东方黏虫、那那黏虫、甜菜夜蛾、棉铃虫、烟青虫、稻纵卷叶螟、粉纹夜蛾、斑条夜蛾、秀夜蛾、甘蓝夜蛾等重要害虫。

世界上已经有数十种野生型杆状病毒杀虫剂注册或者商品化生产。比较成功的实例有巴西利用梨豆夜蛾核型多角体病毒（*Anticarsia gemmatalis* NPV）防治大豆害虫大豆螟，在南太平洋地区利用棕榈独角仙病毒防治害虫棕榈独角仙（*Oryctes rhinoceros*）。我国自 1993 年第一个棉铃虫 HaSNPV 可湿性粉剂登记以来，已先后有 10 多种病毒杀虫剂登记入市，用于防治棉花、蔬菜和大豆等作物上的害虫。中国科学院武汉病毒研究所研制出的甘蓝夜蛾 NPV 已成为目前国内外产量最高和年应用面积最大的昆虫病毒生物杀虫剂。

2. 基因工程改造杆状病毒

与化学农药接触性致死不同，只有当昆虫进食足够量的病毒粒子后，杆状病毒杀虫剂通过病毒的复制增殖来破坏昆虫组织和器官，一般施用后 4~14 天展现杀虫活性。这是一个相对缓慢的过程，因此需要发掘或利用基因工程手段改造野生型病毒，使病毒杀虫剂更具有实用价值。目前杆状病毒基因改造主要从 3 个方面进行：

（1）杆状病毒杀虫谱的改造　由于杆状病毒在非靶组织中不能复制，许多 NPV 仅能感染单一种类的昆虫。将苜蓿银纹夜蛾核多角体病毒（AcMNPV）基因组中 DNA 复制所必需的 *p143* 基因用家蚕 NPV（BmNPV）中的同源片段取代之后，重组病毒就能在家蚕细胞中复制。随着对杆状病毒宿主谱分子基础研究的深入，有可能开发出杀虫谱扩大到多种害虫的基因工程病毒。

（2）在杆状病毒基因组中插入毒力基因以提高杀虫速度　杆状病毒 *p10* 基因和多角体蛋白编码基因 *ph* 这些晚期基因的启动子是强启动子，可驱动外源基因高水平表达且持续时间长。将特定的外源毒力基因导入杆状病毒基因组中获得重组病毒，用强启动子驱动毒蛋白表达，可用来提高杀虫速度，缩短害虫致死时间，减少作物的危害。这是目前构建重组病毒杀虫剂的主要研究方向。已有 3 种毒力相关基因被用于增强重组病毒的杀虫活性：①表达苏云金芽胞杆菌杀虫晶体蛋白的重组病毒。早期构建的基因工程病毒使苏云金芽胞杆菌杀虫晶体蛋白在强大的 *ph* 启动子驱动下高效表达，但重组病毒的杀虫效率并无明显提高。可能由于 Bt 杀虫晶体蛋白主要作用于昆虫中肠细胞，而杆状病毒在侵入宿主中肠后很快传播到血腔中进行增殖，因而杀虫晶体蛋白在中肠细胞中的表达极其有限。②表达昆虫特异性神经毒素的重组病毒。AaIT 是来自北非蝎子（*Androctonus australis*）的神经毒素，可迅速麻痹昆虫，使之停止取食和危害作物。在 *aaIT* 基因 5′ 端连接一种叫 GP64 蛋白的信号肽序列，在 *p10* 基因启动子控制下可表达分泌型毒素蛋白。该重组病毒对昆虫的半致死时间（LT_{50}）减少 25%~40%，昆虫对白菜叶面的损害减少 50%，这是一种有希望用作杀虫剂的重组病毒。③表达昆虫病毒增效蛋白基因。昆虫病毒增效蛋白（enhancin）是杆状病毒编码的一类磷脂蛋白，能增强多种昆虫病毒的感染力，缩短杀虫时间，如能将它融合进病毒多角体蛋白之中，将是一种具有应用前景的重组病毒。

（3）去除病毒非必需基因以增加杀虫效果　蜕皮激素 UDP-葡萄糖基转移酶基因（ecdysteroid UDP-glucosyltransferase，*egt*）是杆状病毒在虫体水平调控宿主生长发育的唯一已知基因。AcMNPV 中 *egt* 基因编码的酶通过把葡萄糖和半乳糖连接到蜕皮甾类激素的 c-22 位羟基上而抑制其活性。在幼虫发育的一定时期，蜕皮甾类激素大量合成，促使昆虫蜕皮和化蛹。缺失 *egt* 基因的重组病毒可引起幼虫发育代谢的失调，加速感染虫体的死亡。我国学者用蝎神经毒素 *aaIT* 基因替代 HaNPV 的 *egt* 基因，该重组病毒对二龄棉铃虫幼虫的半致死时间缩短了 32%，是一种很有借鉴意义的基因工程病毒的构建模式。

3. 基因工程病毒杀虫剂的生物安全性

自杆状病毒应用于害虫的生物防治以来，大量的实验室数据和田间试验均证明野生型杆状病毒无论是对生态环境还是对人和哺乳动物都十分安全。首先，尽管许多研究表明重组杆状病毒能在某些哺乳动物细胞如肝癌细胞中表达外源基因，但其病毒基因组并不能在哺乳动物细胞中进行复制，因此它所表达的外源产物将会逐渐被降解，无法对受试细胞产生病理效应，也不能产生子代病毒，所以基因工程杆状病毒对哺乳动物是安全的。

基因工程杆状病毒安全性的另一个问题是插入的外源基因如神经毒素基因是否会转移到其他生物体中表达，这令许多人担忧。在自然界中，生物体间遗传交换的一个重要屏障是供体和受体需要具有共同的复制部位。对杆状病毒而言，与之交换的潜在对象的遗传物质必须存在于昆虫细胞核中才可能发生。同时，供体和受体的同源程度高低也直接影响遗传交换的可能性大小。然而，即便遗传交换发生，交换的结果也可能是消极的，在自然竞争中处于劣势而难以生存下来。由于杆状病毒的宿主专一性强，所以基因工程杆状病毒外源基因与其他生物间的异源重组风险是相对较小的。

目前，我国和国际上一样，对基因工程病毒杀虫剂产品大规模生产、大面积环境释放应用都持谨慎态度。随着有关基因工程病毒安全性问题基础研究的深入，最大限度地降低重组病毒的潜在危险，基因工程病毒杀虫剂将获得广阔的发展空间和应用前景。

思考题

1. 病毒作为基因工程载体及其操作方式有哪些特点？
2. 简述杆状病毒 Bac-to-Bac 系统构建重组病毒的原理与过程。
3. 简述 AdEasy 腺病毒载体系统构建重组病毒的原理与过程。
4. 论述慢病毒表达载体的生物安全性。
5. 举例说明病毒在基因治疗中所发挥的作用。
6. 举例说明溶瘤病毒治疗癌症的原理。
7. 利用基因工程技术可从哪些方面来改善杆状病毒的杀虫效率？

主要参考文献

1. Knipe DM, Howley PM. Fields Virology. 6th ed. Philadelphia: Lippincott Williams & Wilkins, 2013
2. Shim HJ, Choi JY, Wang Y, et al. NeuroBactrus, a novel, highly effective, and environmentally friendly recombinant baculovirus insecticide. Appl Environ Microbiol, 2013, 79(1): 141-149
3. Dunbar CE, High KA, Joung JK, et al. Gene therapy comes of age. Science, 2018, 359, 175
4. Schirrmacher V. From chemotherapy to biological therapy: a review of novel concepts to reduce the side effects of systemic cancer treatment. Int J Oncol, 2019, 54(2): 407-419
5. Huang LL, Li X, Liu K, et al. Engineering oncolytic vaccinia virus with functional peptides through mild and universal strategy. Anal Bioanal Chem, 2019, 411(4): 925-933
6. Dedrick RM, Guerrero-Bustamante, CA, Garlena RA, et al. Engineered bacteriophages for treatment of a patient with a disseminated drug-resistant *Mycobacterium abscessus*. Nature Med, 2019, 25(5): 730

（吕颂雅　姚伦广）

第十七章 医药基因工程

生物药物是指利用生物体、生物组织或器官等成分，综合运用生物学、生物化学、微生物学、免疫学、物理化学和药学的原理与方法制得的药物的总称。广义的生物药物包括所有从动物、植物和微生物等生物体中制取的各种天然生物活性物质以及人工合成或半合成的天然物质类似物，可以分为生化药物，基因工程药物和生物制品。基因工程药物就是利用基因工程技术生产的药物。自1972年DNA重组技术诞生以来，基因工程技术得到飞速的发展，并作为现代生物技术的核心服务于人类。基因工程技术不仅在工农业发展中起到了越来越重要的作用，而且在攸关国计民生的医疗领域中也展露出独特的优越性。

基因工程制药是将药物蛋白或多肽的编码基因通过特定载体导入特定的受体细胞中，通过受体生物或者细胞来表达出药物蛋白或多肽，最后将其纯化并制成药剂的过程。目的基因可以来源于任何物种，可以在任何合适的生物或细胞中表达。除了蛋白类药物以外，随着技术的发展，基因重组的生物体或重组核酸也可直接用作药物，如疫苗和核酸药物。当目的基因直接在人体组织靶细胞内表达，就演变成基因治疗（gene therapy）。

从基因工程药物生产的基本过程可以看出，它与其他基因工程产品的基本理论是相通的，其制备的基本过程都包括了载体构建、工程菌或细胞培养、目标产物的分离纯化与鉴定等。由于基因工程药物应用于人体，所以对其有特殊的管理程序。在我国，生产基因工程药物首先需要经过体内外药效分析、临床前研究、临床研究，然后经国家药品监督管理局批准，获得新药证书和批文以后才能生产。

自从1982年最早的基因工程药物——重组人胰岛素上市到2004年底，已经有100多种基因工程药物通过审查并上市，用来治疗或者帮助抑制一些疾病，如糖尿病、心脏病、中风、多样硬化症、白血病、肝炎、风湿性关节炎、乳腺癌、充血性心力衰竭、淋巴瘤、肾癌和囊性纤维化（cystic fibrosis）等疾病。另外还有几百种基因工程药物正在进行人体临床试验或者等待复审，涉及治疗150多种疾病。

我国于1993年批准了第一个基因工程药物重组人干扰素α-1b（赛若金，英文名SINOGEN）的生产，这标志着我国生产基因工程药物实现了零的突破，这是世界上第一个采用中国人基因克隆和表达的基因工程药物。目前，单克隆抗体已由实验研发进入临床使用，B型血友病基因治疗已初步获得临床疗效，遗传病、不育不孕症的基因诊断技术达到国际先进水平；正在进行开发研究的基因工程疫苗和药品还有几十种。我国药品市场上基因工程药品主要有基因工程乙肝疫苗、重组干扰素、重组人红细胞生成素（EPO）等。

第一节 基因工程药物的开发现状与发展趋势

一、基因工程药物的种类

典型的基因工程药物是蛋白或多肽类药物，但现在已发展或开发出多种类型的基因工程药物。按照不同的分类原则，现有的或具有药用潜力的基因工程药物可以划分为不同的类别。

按照结构组成的不同，基因工程药物可以分为蛋白多肽类药物、基因工程疫苗、核酸类药物和基因工程化学药四类。其中蛋白多肽类药物包括蛋白多肽（主要是重组细胞因子和重组激素）和基因工程抗体；基因工程疫苗包括病原菌结构蛋白、脱毒毒素蛋白亚单位疫苗、基因工程无毒或减毒活疫苗，以及已经在临床上使用的安全的活疫苗作为载体表达目的基因的活疫苗；核酸类药物包括基因治疗药物、反义核酸药物、核酶（ribozyme）、RNA干扰（RNAi）剂和核酸疫苗。

按照作用方式可以将基因工程药物分为基因水平作用药物，转录水平作用药物，蛋白质水平作用药物。其中基因水平作用药物包括DNA疫苗和基因治疗药物，是需要载体携带外源基因并让其在人体内部表达来达到治疗目的的药物；转录水平作用药物包括反义核酸，核酶和RNAi，是通过在转录水平抑制或调节某些mRNA的表达来治疗疾病的药物；蛋白质水平作用药物包括蛋白质和多肽，基因工程抗体和基因工程疫苗，也是以蛋白质形式来发挥作用。

按照基因工程药物的作用机理也可以分为三类。其一，基因重组蛋白及多肽药物，是将具有药物活性的多肽及蛋白的编码基因与载体DNA重组后转入受体细胞表达并分离纯化生产的药物。通过蛋白质自身的生理生化特性而抵抗疾病；其二，基因工程疫苗、基因工程抗体和DNA疫苗，是基于抗原抗体反应的原理而抵抗疾病；其三，反义核酸、核酶和RNAi剂，是基于中断基因表达而抵抗疾病。

蛋白和多肽类基因工程药物包括胰岛素、人生长素、干扰素、白细胞介素、集落刺激因子、促红细胞生成素、人组织纤维蛋白溶酶原激活剂、各类生长因子（表皮细胞生长因子、血管内皮生长因子、成纤维细胞生长因子、神经细胞生长因子、转化生长因子、胰岛素样生长因子等）、基因工程抗体等。核酸类药物是由A、T、G、C或者A、U、G、C组成的基因工程药物，包括基因治疗，反义核酸药物，核酶以及RNAi剂药物。其中基因治疗是指在细胞内通过替换或失活能够引起疾病的基因，或者扩大一般的基因的功能来克服疾病的治疗方法；而反义核酸药物、核酶和RNAi是指在分子水平通过失活能够引起疾病的基因来克服疾病的治疗方法。基因工程化学药物包括抗感染药、抗肿瘤药和免疫抑制剂等。比如目前临床使用的抗感染药物中约半数是以微生物产物为原料加工制成的，基因工程技术的发展使人类有可能通过基因操作对微生物基因组进行改造，使其能够产生人类需要的疗效更好、毒性更低的"非天然"的天然化学药物。

基因工程药物在本章指以蛋白质为物质基础的药物，包括蛋白质形态的药物，以及抑制蛋白质合成的核酸药物。而对于通过基因工程手段获得的其他药物不在本章叙述的范围，如通过组合生物合成方式获得抗生素类产品。本章将按照第一种分类方法来介绍基因工程药物，基因工程蛋白多肽、基因工程抗体和基因工程疫苗以及基因工程核酸类药物是介绍的重点，详见各节分述。

二、基因工程药物的产业化状况

DNA 重组技术出现后，迅速应用在基因工程药物的开发领域。从 1973 年基因工程诞生至 1982 年第一个基因工程药物—基因工程人胰岛素的问世，期间经历了不到 10 年时间。自 1976 年第一个以基因工程制药为对象的美国 Genentech 公司成立以来，有药物进入临床试验的生物技术公司已经有超过 1 000 个。基因工程制药是一个高技术、高投入、长周期、高风险、高效益的行业，一方面会吸引更多的企业进入，另一方面也会导致企业的重组甚至退出，使其成为最活跃、发展最快的行业之一。世界药物销售额前三十名中有三分之一是生物类药物，受新冠病毒影响，生物医药市场受到极大关注。

生物医药产业是近年来中国成长性最好、发展最为活跃的经济领域之一。2020 年，我国生物医药产业完成总产值 3.57 万亿元，占全国 GDP 比重超过到 3%。随着我国经济飞速发展、人民群众对健康服务的需求日益增加，健康中国作为国家发展的重要战略，将深入推动我国生物医药产业蓬勃发展。2021 年，国家发布了《中华人民共和国国民经济和社会发展第十四个五年（2021—2025 年）规划和 2035 年远景目标纲要》，提出要加强原创性引领性科技攻关，包括基因与生物技术等七大领域，着重发展基因组学研究应用，遗传细胞和遗传育种、合成生物、生物药等技术创新，创新疫苗、体外诊断、抗体药物等研发，农作物、畜禽水产、农业微生物等重大新品种创制，生物安全关键技术研究。推动生物技术和信息技术融合创新，加快发展生物医药、生物育种、生物材料、生物能源等产业，做大做强生物经济。预计到 2035 年，我国将成为世界生物医药产业创新高地。

三、基因工程药物的发展趋势

1. 反应器的变迁

对于蛋白质药物来说，其基因工程产品主要是将其编码基因导入表达系统而产生的蛋白产物，也就是将表达系统当成生物反应器来生产蛋白质产品。根据反应器的不同可将蛋白多肽类基因工程药物的发展分为 3 个阶段。

早期大多数蛋白多肽类基因工程药物都是通过细菌和酵母等微生物来表达的，并且现在还在使用。表达的目的蛋白质经提纯及做成制剂后可应用到临床。这类基因工程药物包括重组胰岛素、人生长激素、凝血因子和促红细胞生成素等。应用原核生物表达系统来生产蛋白多肽类药物有其致命的缺点，那就是在原核生物表达系统中表达的蛋白多肽的三维构象与天然蛋白质在大多数情况下有很大不同，从而影响到药物的生物活力；另外，糖基化修饰与人体内的天然蛋白多肽的糖基化修饰也会不同。例如在大肠杆菌中表达的蛋白质是不发生糖基化的，而啤酒酵母中表达的蛋白质会形成以高甘露糖链为主的过度糖基化修饰，具有抗原性。因此当作为药物的蛋白多肽含有糖基时，原核生物表达系统是不足以胜任的。也就是说当把构建好的哺乳动物乃至人类的基因导入细菌时，有可能不表达，或者表达了但是产品没有生物活性，必须经过糖基化、羧基化等一系列修饰加工后才能成为有效的药物。

后来发展了真核生物细胞表达系统，利用离体培养的昆虫细胞和脊椎动物（如哺乳动物和鸟类)细胞表达蛋白多肽类药物。昆虫细胞表达系统的蛋白糖链与哺乳动物细胞表达的蛋白糖链接近,但仍有哺乳动物细胞中不具有的结构;脊椎动物细胞表达的蛋白多肽的糖基化特性与人体中自然产生的蛋白多肽的糖基化特性最相近。用这样的方法生产出的有生物活性的产品代表是人凝血因子Ⅸ。然而细胞表达系统也有不足之处,即人或哺乳动物细胞培养的条件相当苛刻,成本太高。

近些年发展的动植物生物反应器为基因工程药物的开发带来美好的未来。不论是原核生物表达系统,还是真核生物细胞表达系统,表达的产物都需要提取,并加以纯化才能作为商品。其提纯工序复杂,成本高。利用转基因的植物或动物产品直接作为商品,将带来更大的效益,例如植物农产品和动物的乳制品。动物的乳腺是目的基因在哺乳动物体内最理想的表达场所,又称动物乳腺生物反应器,是当前极具发展前景的一类药物生产反应器。一些国家的生物技术企业利用转基因动物作为生物反应器研究开发了多种转基因动物药品,如抗凝血酶、纤维蛋白原、人血清白蛋白单克隆抗体等。利用转基因植物也可生产抗体和亚单位疫苗。

2009年,美国食品药品监督管理局(FDA)认证通过了第一例通过转基因动物生产的基因工程药物抗血栓药物ATryn。ATryn是一种重组抗凝血酶,通过转基因羊的羊奶提取生产。2012年,FDA又认证通过了第一例通过转基因植物生产的基因工程药物Elelyso (taliglucerase α)。Elelyso由转基因胡萝卜细胞系生产,对于确诊为1型(非神经型)戈谢病(高雪病)的患者,该药可以替代其所缺少的酶。应用转基因植物生产活性蛋白多肽和细胞因子药物比转基因动物生产有许多优点,主要为:①培养条件使植物易于成活,有利于遗传;②转化植物株系的种子易于贮存,有利于重组蛋白的生产和运输;③用动物细胞生产重组蛋白可能传染动物病毒,对人类有潜在危险,而植物病毒不感染人类,比较安全。但这方面的生物产品所面临的主要问题是如何让其有效成分被人体吸收。

2. 从基因工程到蛋白质工程

随着技术的进步人们已经不再满足于自然中已存在的蛋白药物产品,通过蛋白质工程可以获得修改了氨基酸序列的蛋白质或多肽,用于创造人们所需的非天然的蛋白质。通过定点诱变、功能域的交换、分子进化等手段,已经开发出了一些活性提高、适用性改善和专一性增强的蛋白药物。如基因工程抗体,一方面可以通过基因重组,更换人抗体的Fc片段,构建人源化抗体;另一方面,可以构建嵌合抗体,将鼠单克隆抗体的识别和结合抗原位点的三个互补决定区(CDR)替换人抗体的CDR,从而产生更接近人抗体的鼠抗体。此外,蛋白质工程在机器学习的引导下可以实现定向进化,进而实现蛋白质功能的优化。利用机器学习方法来预测序列如何以数据驱动的方式映射到功能,而不需要物理或生物路径的详细模型。这种方法通过学习特征变量的特性,并利用这些信息来选择表现出改进特性的序列,从而加速定向进化。

3. 从蛋白质药物到核酸药物

在蛋白质类基因工程药物的基础上发展出了核酸类基因工程药物,作为一类新的药物其作用机理与传统的药物具有很大的差异。传统药物是通过增加某些人体内源性的有益蛋白多肽或者失活致病蛋白本身来治疗疾病;而核酸类基因工程药物则是提供产生蛋白质的基因,通过失活或者扩大基因的功能来克服疾病。与传统的药物相比,核酸类基因工程药物具有更强的选择性和更高的效率。目前核酸类基因工程药物正处于发展阶段,进入市场的还很少。2020年,全球有431个核酸药物在研项目。在这些候选药物中,63%处于临床前(pre-

IND）阶段，32%处于早期临床试验（Ⅰ期或Ⅱ期），3%处于Ⅲ期临床，5种药物处于新药申请（new drug application，NDA）。

基因工程药物的开发关键在于探知什么蛋白、多肽或核酸可以成为药物，以及通过什么样的方式制备药物或通过什么样的方式使用药物。随着基因组和功能基因组等组学的发展，从基因序列到蛋白质功能再到药物筛选这种反向生物学的工作思路已经应用在基因组药物（genomic drug）的开发上，其在开发新的药物和给药方式方面展示出了美好的未来。

4. 合成生物学的兴起

合成生物学（synthetic biology）是生物科学在21世纪刚刚出现的一门涉及生物、化学、物理、工程、计算机与信息化技术等多领域的综合交叉学科，其概念最初是B. Hobom于1980年提出来表述基因重组技术，2000年提出定义为基于系统生物学的遗传工程。合成生物学从最基本的要素"基因"的寻找与改造开始，将不同来源的功能基因组装成簇，一步步重构目标化合物生物合成途径；通过改造底盘生物代谢网络或建立人工生物系统（artificial biosystem），创制细胞工厂；将重构途径植入细胞工厂，通过系统计算和调试，优化物质与能量供应，操纵细胞工厂高效合成目标化合物。合成生物学广泛应用于制造材料、生产能源、提供食物、保持和增强人类健康以及改善环境等。

合成生物学在生物能源和生物药物领域应用较早、取得成果较为显著。我们以通过微生物细胞生产青蒿素（Artemisinin）的前体青蒿酸为例，介绍合成生物学的基本工作过程。青蒿素是黄花蒿（*Artemisia annua* L.）产生的抗疟疾类药物，2011年度拉斯克奖临床医学奖和2015年度诺贝尔生理学或医学奖授予中国中医研究院的屠呦呦，"因为发现青蒿素——一种用于治疗疟疾的药物，挽救了全球特别是发展中国家的数百万人的生命"。但是从植物中提取青蒿素，产量有限，成本高昂。面对此困难，科学家从对应的植物中克隆鉴定了以异戊烯基焦磷酸为底物合成青蒿酸所需要的3个基因，法尼基焦磷酸合成酶（催化异戊烯基焦磷酸合成法尼基焦磷酸）基因ERG20、青蒿二烯合成酶（催化法尼基焦磷酸合成青蒿二烯）基因ADS和细胞色素P450单加氧酶（催化青蒿二烯氧化形成青蒿酸）基因CYP71AV1。经过DNA的合成、适应宿主表达的密码子优化和启动子改造，将这些基因组装起来，构建了可在酵母中工作的青蒿酸生物合成途径。然后通过系统生物学和代谢组学分析与改造，增强酵母细胞3-羟基-3-甲基戊二酰辅酶A还原酶（催化以乙酰辅酶A为底物合成异戊烯基焦磷酸的关键酶之一）基因tHMGR的表达，提高异戊烯基焦磷酸的合成效率；减弱角鲨烯合成酶（以法尼基焦磷酸为底物合成固醇的第一个酶）基因ERG9的表达，减少法尼基焦磷酸向其他合成途径的流量，实现了通过酵母细胞高效生产青蒿酸的目标（图17-1）。

合成生物学研究为医学领域的发展带来了强大的动力，包括促进干细胞与再生医学的发展，通过分子传感器、分子纳米器件与分子机器的开发等提升疾病诊断能力；开发人工合成减毒或无毒活疫苗以增强疾病预防能力；合成人工噬菌体使其成为替代抗生素的新型杀菌物质；将CRISPR-Cas9介导的基因打靶技术等用于基因治疗；运用合成生物学技术设计细胞行为和表型以精确调控特异的免疫细胞和干细胞等临床治疗性细胞产品体系；人工设计合成工程细菌作为靶向治疗用的药物载体等。通过合成生物学的方式，将会开发更多的高效生产药物的系统，同时也会开发出更多的新型和新功能药物。

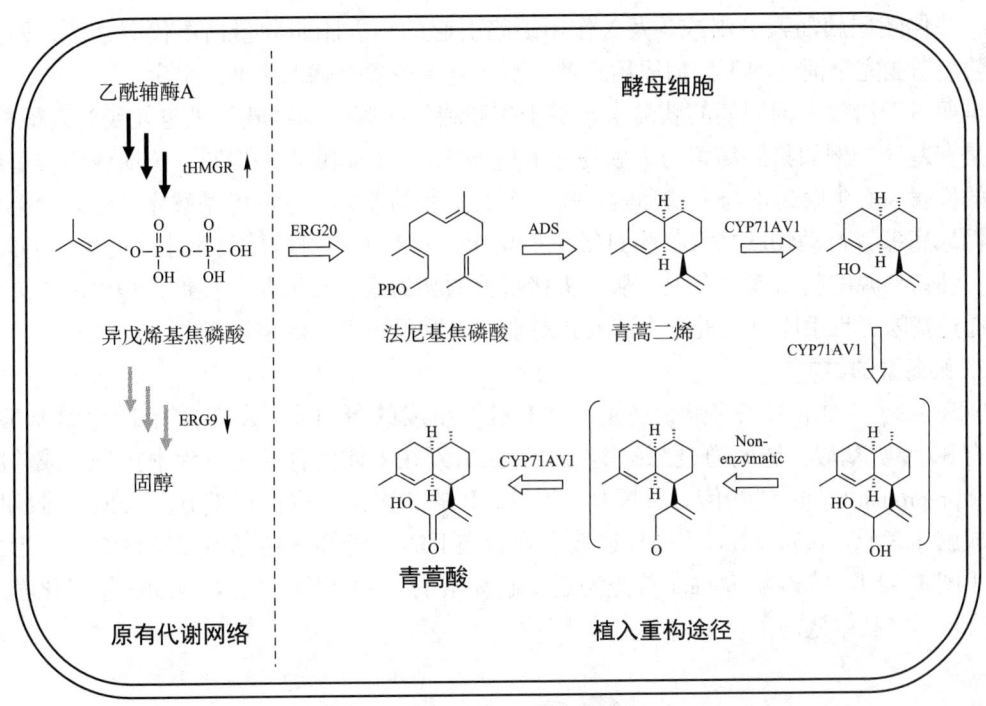

图 17-1 通过合成生物学手段利用酵母细胞生产青蒿酸的示意图

第二节 基因工程蛋白和多肽药物

基因工程蛋白多肽主要是指重组激素和重组细胞因子，也包括基因重组血清白蛋白和基因重组人血红蛋白。基因重组激素包括胰岛素、生长激素、降钙素、心钠素等。基因重组细胞因子的种类很多，包括：①具有抗病毒活性的细胞因子，如干扰素（interferon，IFN）；②具有免疫调节活性的细胞因子，包括白细胞介素（interleukin，IL）类的 IL2、IL4、IL5、IL7、IL9、IL10 和 IL12，以及 β 型转化生长因子（transforming growth factor β，TGF β）；③具有炎症介导活性的细胞因子，包括以肿瘤坏死因子（tumor necrosis factor，TNF）及 IL1、IL6 和 IL8 为代表的结构相似的小分子趋化因子；④具有造血生长活性的细胞因子，包括 IL3、IL11、集落刺激因子（colony-stimulating factor，CSF）、促红细胞生成素（erythropoietin，EPO）、干细胞因子（stem cell factor，SCF）和白血病抑制因子（leukemia inhibitory factor，LIF）等。

现已进入临床应用的基因工程药物多属于重组蛋白或多肽类药物，是基因工程药物的主要类型。下面将以重组胰岛素、干扰素和促红细胞生成素为例，介绍蛋白和多肽类基因工程药物制作的基本原理。

一、基因工程胰岛素

1. 胰岛素和糖尿病

胰岛素（insulin）是一种激素，能够调节糖代谢，促进葡萄糖转变为糖原并贮存于肌肉和肝脏内。当人体胰腺的 β- 细胞不能产生足量的胰岛素时，就会导致人体内的葡萄糖浓度增高，并伴随因胰岛素分泌或（及）作用缺陷引起的糖、脂肪和蛋白质代谢紊乱，即糖尿病。胰岛功能完全消失的Ⅰ型糖尿病患者，不注射胰岛素时就无法维持生命。

早期用于治疗人糖尿病的胰岛素来源于牛和猪的胰腺。动物胰岛素与人胰岛素很相似，但还是有差异。例如猪胰岛素与人胰岛素B链第30个氨基酸残基不同，长期服用会引起肾和眼的疾病；而牛胰岛素与人胰岛素也有三个氨基酸的差异。这些氨基酸序列的差异会导致有些糖尿病患者对动物胰岛素产生过敏免疫反应，只有人本身的胰岛素才能避免这些问题。况且，动物来源的胰岛素量有限，从一头猪获得的胰岛素仅能满足一位糖尿病患者3天的需求。通过基因工程手段可以批量生产人胰岛素，为糖尿病患者带来福音。

2. 胰岛素的结构

胰岛素是一种由两条多肽链（A链和B链）组成的蛋白质。A链含有21个氨基酸，B链含有30个氨基酸，链间通过二硫键结合。胰岛素在人体内合成的过程中首先合成前胰岛素原（preproinsulin），包括信号肽序列、A链、B链和连接序列四个部分。去掉信号肽序列后形成胰岛素原（proinsulin），去掉连接序列后剩下的A链和B链通过二硫键结合，形成胰岛素（图17-2）。1960年Sanger首先测定了胰岛素的一级结构，我国于1965年用化学方法人工合成了结晶牛胰岛素。

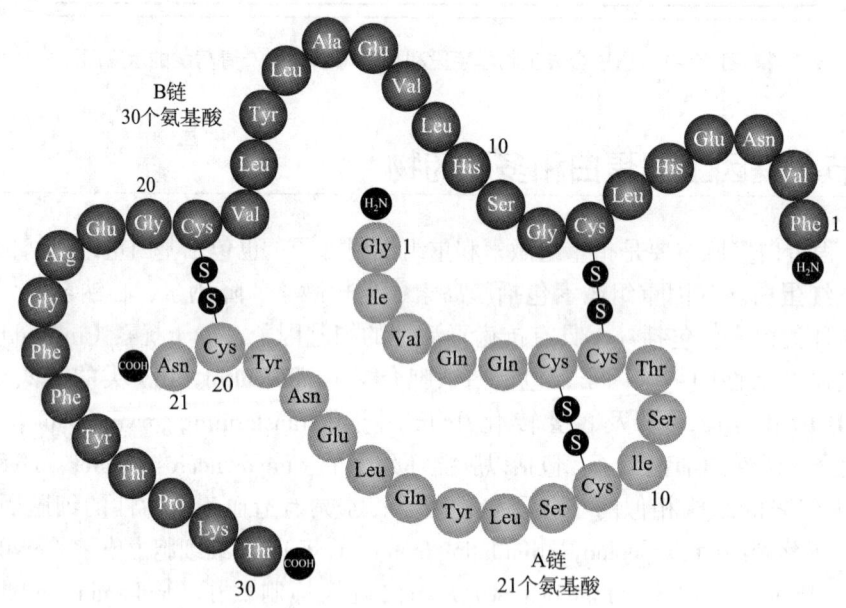

图17-2　人胰岛素的一级结构图

3. 基因工程胰岛素生产方式

基因工程人胰岛素主要有两种生产方式。其一，利用大肠杆菌为受体，分别表达胰岛素A链和B链的编码基因，再分别提取和纯化产生的A链和B链，最后利用化学方法使两条链之间形成二硫键，从而得到胰岛素。美国Genentech公司就是以这种方式开发基因工程人胰岛素的，并由美国Eli Lilly公司进行商业化生产，1986年注册为Humulin商标。其二，以酵母为受体分泌表达人胰岛素。在胰岛素编码基因前端增加一个信号肽编码序列，这个信号肽引导合成的胰岛素从细胞内分泌到周围的培养基中，从而简化了胰岛素的纯化过程，最后通过酶学反应使之变成人胰岛素。

基因工程不仅能生产胰岛素，而且还能改造胰岛素。通过改造胰岛素的合成基因，人们已开发了一些基因工程胰岛素类似物。这些类似物是在人胰岛素的基础上改变其中一个或几个氨基酸的组成，从而改变其药物代谢动力学特征，如防止单体分子形成二聚体，从而加快注射后的吸收速度；或提高活性，减少用量；或延长在血浆中半衰期。尽管胰岛素类似物与牛或猪胰岛素一样会引发免疫反应，但仍有应用价值。目前地特胰岛素（insulin detemir）和德谷胰岛素（insulin degludec）等胰岛素类似物是美国食品药物监督管理局（FDA）批准的长效胰岛素，被数以百万计的糖尿病患者使用。

2012年11月获得美国FDA批准上市的德谷胰岛素，它保留了人胰岛素的氨基酸序列，只是将胰岛素B链30位上的氨基酸去掉，然后通过一个谷氨酸分子介导，在B29位赖氨酸上连接了一个16碳的脂肪二酸侧链。这一独特的分子结构使之在皮下形成可溶性多六聚体链，从而带来超长与无峰的药代动力学特点。德谷胰岛素在制剂中以双六聚体的形式存在，在注射部位因为苯酚的迅速弥散，德谷胰岛素构象改变，双六聚体末端开放，可以结合另外一个六聚体；自我快速聚合成多六聚体链；存在锌离子时，侧链结构（谷氨酸和脂肪酸）相互作用形成多六聚体长链。德谷胰岛素注射到皮下后，仅以多六聚体的形式存在，这是其主要的延迟作用机制。随着时间的延长，胰岛素单体从多六聚体中缓慢解聚、释放、弥散，进入毛细血管后，德谷胰岛素分子通过其脂肪酸侧链与血液中的白蛋白可逆性结合，进一步延长了作用时间，这是其次要的延迟作用机制。

除了基因工程人胰岛素外，半合成及合成人胰岛素也获得了成功。猪胰岛素和人胰岛素只相差一个氨基酸，即B链最后一个氨基酸在猪胰岛素中为丙氨酸而在人胰岛素中为苏氨酸。通过胰蛋白酶酶解去掉猪胰岛素B链C端八个氨基酸，然后连接人工合成的人胰岛素相应八个氨基酸，获得半合成人胰岛素，因此半合成人胰岛素是用猪胰岛素作为原料进行修饰合成的。合成人胰岛素为中性或可溶性单组分胰岛素，利用重组DNA技术生产制成。

目前在市场上销售的胰岛素药物除了猪胰岛素和牛胰岛素外，还有半合成及合成人胰岛素、基因工程人胰岛素以及胰岛素类似物，并以短效、中效和长效作用制剂等形式服务于患者。

二、基因工程人红细胞生成素

1. 人促红细胞生成素的组成和生物活性

成熟的人促红细胞生成素（erythropoietin，EPO）又称红细胞生成刺激因子，是一类造血生长因子，刺激和调节哺乳动物红细胞的生成，维持外周血红细胞水平正常。EPO在临床上可用于治疗多种病因导致的贫血，如肾功能衰竭、放射和化疗、骨髓增生异常综合征、类风湿关节炎和红斑狼疮等导致的贫血。

肾脏是产生EPO的主要器官，目前只有应用基因工程技术生产EPO才能满足患者的需求。1989年6月Amgen的第一个产品重组人促红细胞生成素药物（rhEPO）获得美国FDA批准上市，用于治疗慢性肾功能衰竭引起的贫血和HIV感染治疗的贫血。rhEPO的销售额在短短3个月之内就突破了1 600万美元。随后的20年里，Amgen在重组人源EPO市场里始终处于统治地位，仅2010年rhEPO就给Amgen带来了高达25亿美元的收入，是最成功的基因工程药物之一。

2. 重组促红细胞生成素的生产

人类 EPO 基因位于第 7 号染色体长 22 区，1985 年克隆到其 cDNA。EPO 是一种由 165 个氨基酸组成的糖蛋白，多肽结构中由 4 个半胱氨酸形成 2 条二硫键，相对分子质量约 34 kDa。EPO 是高糖基化的蛋白，去糖基化不影响其体外生物学活性，但缩短了在体内的半衰期，体内活性完全丧失。因此基因工程 EPO 不能用大肠杆菌而只能利用真核表达系统来生产，如哺乳动物细胞，其糖基化特性与人体中自然产生的糖基化特性最相近。现在市场上的促红细胞生成素主流产品都是通过基因重组技术，利用中国仓鼠卵巢细胞（Chinese hamster ovary，CHO）生产的。将编码人红细胞生成素的基因装入哺乳动物细胞表达载体，转染二氢叶酸还原酶缺陷的 CHO 细胞（CHO-dhfr$^-$）株，并进一步筛选获得高产人红细胞生成素的 CHO 细胞。经过一系列细胞培养和蛋白质纯化等工艺制备过程，产生的重组人 EPO 具有与人体内源性 EPO 相似的生物学功能。

三、基因工程干扰素

1. 干扰素的结构组成、生物活性和临床作用

干扰素（interferon，IFN）是一种具有广谱抗病毒、抗肿瘤和免疫调节作用的可溶性糖蛋白细胞因子，最早于 1957 年发现。当病毒侵染人体时，就会激发体细胞产生各种不同的干扰素。干扰素保护人体细胞抵抗病毒侵染是一种非专一性反应，即由某种病毒激发产生的干扰素不仅对该病毒有抵抗作用，对其他的病毒也会有抑制效果。当病毒在人体细胞质中释放了它的核酸物质之后，激活被侵染细胞产生干扰素，产生的干扰素分泌到细胞外，到达临近细胞表面；当干扰素进入邻近细胞时，激活细胞 DNA 编码一系列的抗病毒蛋白，这些抗病毒蛋白能够抑制病毒的复制，从而起到保护细胞的作用。

干扰素是发现最早、研究最多、其编码基因第一个被克隆、第一个用于临床治疗和使用最广泛的细胞因子基因工程产品。干扰素是一类多功能细胞因子，按照其结构和功能的差异可以分为三类，即干扰素 α、干扰素 β 和干扰素 γ。其中人干扰素 α 含有 23 种不同的亚型，而干扰素 β 和干扰素 γ 都只有一种亚型。随后，一些新的干扰素相继被发现，如干扰素 ω 和干扰素 τ。

干扰素 α 的成熟产物由 165~166 个氨基酸组成，其中含 4 个半胱氨酸，形成对生物活性至关重要的两个二硫键。干扰素 α 主要由白细胞、B 淋巴细胞、成纤维细胞和一些肿瘤细胞分泌，临床上主要用来治疗白血病，以及一些慢性病毒病，如乙型肝炎、丙型肝炎和疱疹病毒感染。中国人受病毒攻击后产生的干扰素主要是干扰素 α-1b。此外，干扰素 α 在 40 多个国家被用于治疗超过 14 种癌症，包括一些血液系统恶性肿瘤（毛细胞白血病、慢性粒细胞白血病、一些 B 和 T 细胞淋巴瘤）和某些实体瘤，如黑色素瘤、肾癌和卡波西肉瘤。干扰素 β 主要由成纤维细胞产生，由 166 个氨基酸组成，与干扰素 α 的生物学和生物化学性质相似，氨基酸序列具有一定的同源性，临床上主要用来治疗多发性硬化症。干扰素 γ 由 143 个氨基酸组成，与干扰素 α 和干扰素 β 无序列同源性，主要由 T 淋巴细胞和自然杀伤细胞产生，临床上主要用来治疗类风湿性关节炎等疾病。

三种干扰素都已经用于临床治疗多发性硬化症、多种癌症、乙型和丙型肝炎以及单纯疱疹多种疾病，并收到较好疗效。遗憾的是只有人干扰素对人体细胞有抗病毒抗肿瘤等作用，动物干扰素对人体细胞没有效用。

2. 基因工程干扰素的生产

早期干扰素的制备是通过诱导或重复诱导天然或人工培养的人体细胞及血细胞产生天然干扰素，但价格昂贵而且产量有限，从而限制了其临床应用。利用基因工程技术生产干扰素则完全解决了传统制备方案的弊端。

首先要获得干扰素的编码基因。一般利用诱生剂诱导细胞表达干扰素，然后提取干扰素的 mRNA，反转录成 cDNA。国外用的基因来自瘤细胞和白种人白细胞，如干扰素 α-2a 和干扰素 α-2b 的编码基因。我国发现中国人的白细胞在受到病毒攻击时，诱生出的干扰素主要类型是 α-1b，他们从人脐血白细胞获得的干扰素 α-1b 基因已用于我国第一个基因工程干扰素 α-1b（赛若金）的生产。

然后将干扰素编码基因通过合适的表达载体，导入大肠杆菌进行表达可产生大量干扰素，经过分离纯化便可制成药物制剂。由于干扰素不能通过肠胃吸收，临床上主要采用肌肉注射和皮下注射给药，因此对产品的纯度要求很高。

1986 年罗氏（Roche）公司的基因工程干扰素 α-2a 和 Schering 公司的干扰素 α-2b 获准上市，干扰素 β 和干扰素 γ 也分别于 1990 年和 1993 年上市。基因工程干扰素是生物医药的重要产品，目前在 60 多个国家被批准上市。我国开发的第一个基因工程药物是基因工程干扰素 α-1b，于 1992 年获得国家一类新药证书。干扰素 ω 具有广谱抗病毒、抑制细胞增殖和提高免疫力等作用，已经被列入了国家特种应急药物。干扰素 ω 喷雾剂于 2009 年获得了国家药监局的生产批文，这是全球第一支正式上市的"ω 干扰素"，2012 年 4 月，获准用于预防非典型肺炎的临床研究。这是国家食品药品监管局启动防治"非典""绿色通道"后批准的第二个在一线医护人员等高危人群中使用的预防药品。

为了提高治疗效果和延长半衰期，可改变干扰素的一级结构。例如根据已知 11 种干扰素 α 的氨基酸序列，筛查各位点上出现频率最高的氨基酸，重新设计获得了重组甲硫氨酸组合干扰素。由 166 个氨基酸组成，商品名为 Infergen，用于治疗感染丙型肝炎病毒（HCV）的患者，有更明显的抗病毒、抗细胞增殖、诱导产生多种细胞因子等作用。

四、基因工程疫苗

疫苗一般是由灭活或减毒的病原体做成的可预防相应病原物引起的疾病的药物，通过接种人或动物，在其体内建立抗感染免疫反应而产生保护作用。同时，疫苗是由国家卫生行政部门批准生产、并经国家鉴定合格的，能够预防由相应病原体所致疾病的生物制品，是预防和控制严重传染病的重要手段。将基因工程技术应用于疫苗生产所获得的疫苗即为基因工程疫苗。基因工程疫苗已经成为生物技术的热点内容之一。

1. 基因工程疫苗的种类

按照结构组成方式的不同，基因工程疫苗可以分为四类。

第一，亚单位疫苗。是指用病原体的组分制成的疫苗，主要包括病毒的结构蛋白和细菌的脱毒毒素蛋白，其中病毒的结构蛋白是指病毒的组成成分中能够引起人体对病毒颗粒的免疫反应，但是又不具有致病性的蛋白组分；细菌脱毒毒素蛋白是利用 DNA 重组技术在基因水平上对细菌的毒素蛋白进行脱毒所获得的基因工程疫苗。这种脱毒毒素蛋白可以通过改变毒素蛋白编码基因的个别碱基而获得，它既保留免疫原性却又失去了致病性，例如白喉毒素，破伤风毒素和百日咳毒素都已经获得了突变脱毒的毒素蛋白。最简单和最基本的亚单位疫苗形式是将传染源简单地分解成其组成部分。目前的一些流感疫苗，称为拆分产品疫苗，由福尔马林灭活病毒组成，经过处理以裂解病毒包膜并释放外部包膜蛋白以及内部核和基质蛋白。进一步的改进是在亚单位疫苗中单独使用纯化的包膜糖蛋白血凝素和神经氨酸酶，以降低任何毒副作用的风险。这类疫苗不含有细菌或者病毒颗粒，是最安全的，而且生产容易，成本低，缺点是与完整病毒产品相比，亚单位疫苗往往具有更低的免疫原性。

第二，无毒疫苗和减毒活疫苗。目前可用的大多数疫苗都依赖于灭活（灭活）或减毒活（弱化）技术，已成功用于预防多种重要的动物源性及人类传染病。利用DNA重组技术去掉致病菌的毒素基因后得到的减毒病原菌，它们既保留了其侵入细胞和刺激免疫系统的能力，又不会引起疾病。灭活疫苗必须完全无害且无感染性，由于此类疫苗的生产涉及大量传染性病原体的培养，因此对相关人员和环境存在潜在危害。灭活疫苗接种的反应可能有限且持续时间短，需要佐剂或免疫刺激剂来增强其整体免疫原性/功效。与传统的灭活和亚单位疫苗相比，减毒活疫苗具有明显的优势。通过在宿主中复制，它们更准确地模拟了自然感染，能够刺激更"全面"的免疫反应，包括产生体液抗体、分泌性抗体和激活细胞毒性T细胞；而且它们通常易于给药，提供更长时间的免疫力。例如基因工程霍乱菌疫苗，由去掉了毒素A基因、Shiga样毒素基因和溶血素A基因的霍乱菌制成。

第三，疫苗载体。把目的基因转到已经在临床上使用的安全的活疫苗中，利用该活疫苗作为载体表达目的抗原基因，从而达到针对某种传染病的免疫保护作用。常用的疫苗载体有病毒载体、细菌载体、原生动物载体等，大多数病毒载体研究都集中在相对较大的DNA病毒上，如痘病毒、疱疹病毒和腺病毒。最常用于实验的病毒载体是痘苗病毒，它成功地用于消灭天花的疫苗开发中。牛痘病毒基因组的9 000 bp片段可以在不影响其感染性或复制能力的情况下被删除，这一结果导致开发了可以插入外源基因的重组牛痘病毒。虽然痘苗病毒在根除天花运动中取得了出色的成绩，但在极少数情况下也会引起严重的不良反应，这促使了人们进一步合理地改造减毒痘苗病毒，例如插入TK基因能够使致病性显著降低。常用的病毒载体还有卡介苗、腺病毒等。

第四，核酸疫苗。这部分内容将在基因工程核酸类药物中介绍。

现在已经开发的基因工程疫苗种类很多，比如避孕疫苗、疱症病毒疫苗、黄热疫苗、人巨细胞病毒疫苗、HCMV病毒疫苗、高危型人乳头瘤病毒治疗性疫苗、肺结核疫苗、尼帕病毒疫苗、乙肝疫苗、抗GnRH疫苗、霍乱疫苗等。下面将介绍应用很广泛的一种病毒结构蛋白基因工程疫苗——重组乙型肝炎疫苗。

2. 重组乙型肝炎疫苗

乙型肝炎（乙肝）是由乙型肝炎病毒（HBV）引起的、以肝脏为主要病变并可累及多器官损害的一种传染病。据统计，每年约有786 000人死于乙型肝炎病毒（HBV）感染，主要是由于慢性HBV相关肝硬化和肝癌。全球HBV感染率约为3.5%，世界上有超过20亿的人口在他们生命中的某个阶段感染过HBV。乙型肝炎病毒通过接触感染者的血液或其他特定体液传播，还可以通过母婴传播。因此，世界卫生组织建议将乙型肝炎疫苗接种作为国家免疫计划（National Immunization Program，NIP）的一部分。乙型肝炎病毒颗粒由囊膜和含有DNA分子的核衣壳组成，具有感染性，直径42 nm，亦称Dane颗粒。Dane颗粒表面含有乙型肝炎病毒表面抗原（HbsAg），核心中还含有双股有缺口的DNA链和依赖DNA的DNA聚合酶。HBV感染人体后，血液中多见一种直径约22 nm的小球形颗粒，亦称22 nm颗粒，由HBsAg组成，无感染性，可能是HBV感染肝细胞时合成的过剩囊膜。纯化的HBsAg是含有类脂质、糖类、脂质、蛋白质及糖蛋白的混合物，具有高免疫原性。

HBV 的 DNA 分子由一个长度固定的负链和另一长度不定的正链组成。HBV DNA 负链有四个开放区，分别称为 S、C、P 及 X，能编码全部已知的 HBV 蛋白质。S 区可分为两部分，S 基因（编码主要表面蛋白）和前 S 基因（编码 Pre S1 和 Pre S2 蛋白）。C 区基因包括前 C 基因（编码 e 抗原，HBeAg）和 C 基因（编码核心抗原，HBcAg）。P 区编码病毒 DNA 聚合酶。

最初的乙型肝炎疫苗都是血源乙型肝炎疫苗，是从乙型肝炎患者血液中分离提取乙型肝炎表面抗原（HBsAg）制成的。乙型肝炎病毒携带者的血液是制备血源乙型肝炎疫苗的起始原料，具有一些很难克服的缺陷，包括：①在疫苗制备过程中，为除去人血清白蛋白和灭活可能残留的传染因子，采用的纯化程序耗时且价格昂贵，而且还影响了疫苗免疫原性；②受到乙型肝炎病毒携带者血液来源的限制；③存在潜在的危险性，虽然在生产过程中使可能存在的包括艾滋病病毒（AIDS virus）的污染物失活，但是这些疫苗可能造成负面效应的危险还是存在的。

目前，国际主流的和我国生产的乙肝疫苗都是基因重组乙肝疫苗，血源乙肝疫苗现已停止生产使用。基因重组乙肝疫苗分为哺乳动物细胞表达的疫苗和重组酵母乙肝疫苗，它们都能够安全有效地避免潜在污染物的危害。原核表达系统不适宜乙肝疫苗的生产，例如大肠杆菌，不能分泌产生 HbsAg，需要破碎细胞才能分离纯化，这就可能使 HbsAg 中含有细菌内毒素（endotoxins）。另外，原核系统既不能糖基化 HbsAg，又不能把 HBsAg 聚集形成 22 nm 颗粒。所以，制备基因重组乙肝疫苗常用的宿主细胞是酵母细胞和中国仓鼠卵巢（CHO）细胞。

在制作基因工程疫苗时，尽管选用不同的宿主细胞表达抗原成分，但是所用的基本策略还是相似的。一般选定具有免疫原性的乙型肝炎表面抗原基因片段，将其插入表达载体，并引入到与表达载体相对应的宿主细胞，构成重组体。重组体就像一个加工厂，可以表达、加工、生产出乙型肝炎病毒表面抗原，即得到基因工程疫苗。我国乙型肝炎血源疫苗于 1986 年正式批准生产，1992 年中国仓鼠卵巢细胞基因重组疫苗被批准中试生产、1996 年正式生产，1996 年从美国默克公司引进的酵母基因重组疫苗被正式批准生产。在中国大陆，血浆乙肝疫苗于 2000 年停止生产。自 2001 年以来，中国使用的所有乙肝疫苗均由重组 HBsAg 组成。目前，世界范围内不再使用血浆乙肝疫苗，所有乙肝疫苗都含有重组 HBsAg。目前我国乙型肝炎酵母基因重组疫苗的年生产量已达 6 000 万支以上，能完全满足新生儿及高危人群预防接种的需要。

（1）重组酵母乙型肝炎疫苗　早在 1982 年 Nature 期刊就报道了利用酵母表达质粒作为载体，在酵母中成功合成并装配了乙型肝炎病毒表面抗原颗粒，这种颗粒与患者血浆中的 22 nm 颗粒有相似特性，可以用作为疫苗。

用来表达抗原的酵母主要是酿酒酵母（*Saccharomyces cervisae*）以及汉逊酵母（*Hansenula polymorpha*）和毕赤酵母（*Pichia pastoris*）。在表达质粒上用来在酵母中表达 HBsAg 的主要部件有 3 个：①在酵母中表达的启动子，例如酵母 3-磷酸甘油醛脱氢酶基因（glyceraldehydge-3-phosphate dehydrogenase，G-3-PDH）的启动子和调控序列，或酵母乙醇脱氢酶Ⅰ（alcohol dehydrogenase Ⅰ）的 5′侧翼序列；②不含有内含子的乙型肝炎病毒 HBsAg 基因；③在酵母细胞中终止转录的 DNA 序列。

利用酵母生产 HBsAg 具有产量大，纯度高的优点。但是利用酵母细胞表达 HBsAg 仍存在缺点，包括①酵母细胞不能分泌 HBsAg 颗粒，使得纯化程序复杂；②酵母细胞对 HBsAg 蛋白的糖基化与哺乳细胞的不同，使得获得的酵母 HBsAg 可能具有与血源 HBsAg 不同的免疫原性；③在酵母中装配的 22 nm HBsAg 颗粒不稳定；④酵母细胞产生的 HBsAg 需要化学方法处理才能与血源的 HBsAg 相同，在这过程中可能改变 HBsAg 分子的结构，从而减小 HBsAg 抗原性。

（2）重组中国仓鼠卵巢细胞（CHO）乙型肝炎疫苗　利用哺乳动物细胞表达系统生产乙型肝炎疫苗表现出明显的优点。将乙型肝炎表面抗原基因片段重组到中国仓鼠卵巢细胞（CHO）内，通过对细胞的培养增殖，分泌乙肝表面抗原（HBsAg）于培养液中，经纯化，加佐剂氢氧化铝后制成疫苗。CHO 乙型肝炎疫苗产生的 HBsAg 的糖基化与血源 HBV 颗粒的糖基化一样；产生的 HBsAg 颗粒是以自然方式装配的，而不需要其他的化学处理；装配的 22 nm HBsAg 颗粒最后会被分泌到培养基中，不需要裂解细胞，简化了纯化步骤；成本不高，有利于那些负担不起现有的高价疫苗的患者。

为了彻底清除乙肝病毒携带者体内的病毒，科技工作者还一直致力于治疗性乙肝疫苗的研发。按照标准方法注射预防性疫苗后，机体可产生表面抗原抗体，在乙肝病毒感染时可阻止其与肝细胞膜的结合而中断感染过程，起到预防的作用。而治疗性乙肝疫苗则主要用于治疗已被乙肝病毒感染的个体，它是在机体已经感染了病毒之后再注射的疫苗。此时，机体内已经有病毒抗原存在，只是由于机体免疫反应的部分缺陷，而不能发挥有效地清除病原体的作用。治疗性疫苗就是通过某种途径来弥补或"唤醒"机体的免疫反应，从而达到清除病毒的目的。

截至 2018 年，我国正在获准进行临床试验的治疗性乙肝疫苗有高剂量乙型肝炎疫苗（简称 KT60）、抗原抗体复合物治疗性乙型肝炎疫苗（简称 YK，乙克）、治疗性乙型肝炎合成肽疫苗（简称 TCB）、双质粒治疗性乙型肝炎 DNA 疫苗（简称 GY-DNA）和组合疫苗 HEPLISAV-B（HBV 表面抗原与 Toll 样受体 9 激动剂联合）等，这些都是基因工程疫苗。例如，一种名为 HEPLISAV-B 的新型乙型肝炎疫苗于 2018 年获准用于 18 岁以上成年人，新疫苗只需间隔 1 个月接种两剂，而不是在 6 个月期间接种三剂。HEPLISAV-B 在获得批准之前被命名为 HBsAg-1018 ISS，它含重组 HBsAg、Toll 样受体 9 激动剂佐剂和具有免疫刺激性 CpG 基序的寡脱氧核苷酸，其可以刺激 B 细胞和浆细胞样树突细胞通过结合 TLR9。新获批的乙肝疫苗可以更快地引发更高的抗-HBs 反应，从而提供更早的保护，间隔 1 个月的两剂接种计划可以增加完全接种疫苗的依从性。

五、基因工程抗体

抗体是机体受抗原刺激后由 B 淋巴细胞产生，并且能与该抗原发生特异性结合的具有免疫功能的球蛋白，是体液免疫应答中发挥免疫功能的最主要的免疫分子，主要分布于血清中，在组织液和外分泌液中也存在。常规抗体是针对多种不同抗原决定簇产生的抗体，又称为多克隆抗体；而针对某种抗原决定簇产生的抗体称单克隆抗体（monoclonal antibody，McAb），一般由杂交瘤细胞分泌。在临床上，抗体可用于抗肿瘤、抗感染、抗器官移植排斥反应、抗血栓形成和解毒，以及构建独特型疫苗、治疗自身免疫性疾病和变态反应疾病，此外还可用于体外诊断和发挥体内药物导向作用。基因工程抗体在临床上可发挥更多更重要的作用。基因工程抗体的详细内容见下一节。

第三节 基因工程抗体

一、抗体的结构

抗体分子由 4 条多肽链组成，即由 2 条相同的蛋白轻链（L）和 2 条相同的重链（H）组成，重链之间以及轻链与重链之间通过二硫键连接，呈 Y 字形结构（图 17-3）。重链由 450 个氨基酸组成（如抗体 IgG），轻链由 214 个氨基酸组成，完整抗体的分子量约为 150 kDa。抗原的识别位点位于轻链和重链的 N 端区域（相当于轻链 N 端一半的部位），该区称作抗体可变区（variable region，V 区）。更精确的说抗原的识别和结合位点是 V 区内的三个互补决定区（complementarity determining region，CDR），也称超变区（hypervariable region），每个 CDR 长 5~16 个氨基酸。V 区 CDR 以外的部分称为框架区（frame-work region，FR），其氨基酸序列相对保守，不与抗原分子直接结合，可维持抗体的空间构型。抗体分子含有多个功能区，除 V 区外，每一条轻链含有一个保守区（constant region，C 区）C_L，每一个重链含有 3 个保守区（C_{H1}，C_{H2}，C_{H3}）。当用木瓜蛋白酶水解抗体分子时产生 3 个片段，即两个相同的 Fab 片段和一个 Fc 片段。Fab 片段 N 端一半的部分称 Fv 片段（图 17-3）。Fc 片段在抗原抗体发生结合反应后可诱发一些免疫反应。

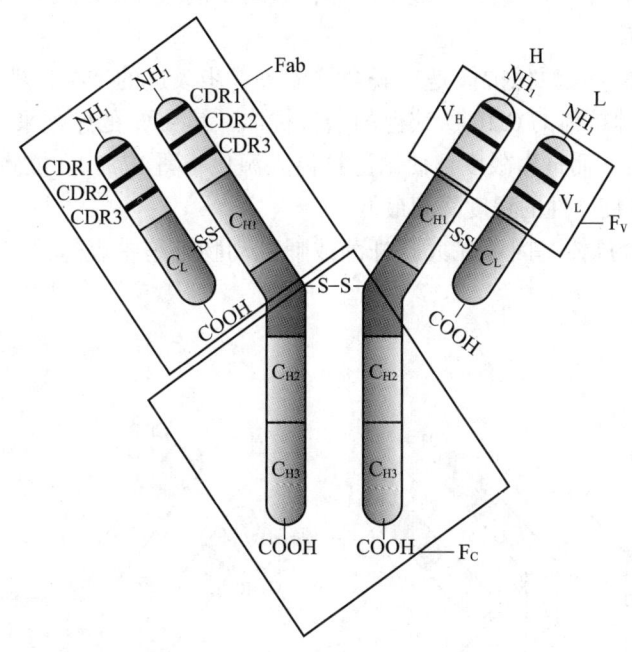

图 17-3 抗体分子的结构

二、天然抗体的局限性

抗原往往具有多种不同抗原决定簇，从而刺激机体产生多克隆抗体。这种抗体是不均一的，会影响检测抗原的特异性及敏感性，在临床上应用受到很大限制。

单克隆抗体是由识别一种抗原决定簇的细胞克隆所产生的均一抗体，可视为第二代抗体，具高度特异性、均一性，且亲和力强、效价高，在临床上发挥了重要作用。然而，单克隆抗体在临床应用中也存在一些问题。首先，单克隆抗体的免疫原性：多数单克隆抗体由小鼠产生，应用于人体后会产生抗鼠抗体，从而使临床疗效减弱或消失，甚至发生超敏反应。其次，半衰期短：杂交瘤制备的单克隆抗体在人体内的半衰期只有 5~6 h，不利于药效发挥作用。第三，吸收差：抗体分子量大，很难通过血管进入细胞间隙，大大降低治疗效果。最后，生产复杂，价格较高。基因工程抗体可很好地解决这些问题，包括利用基因工程手段生产抗体，以及将抗体基因进行切割、拼接或修饰，产生新性状的抗体甚至产生新型抗体。

三、基因工程抗体的种类

1. 单克隆抗体的人源化

为了解决鼠源抗体的免疫原性问题，可采用两种基本的方式改造抗体，即构建人-鼠嵌合抗体和人源化抗体。

（1）人-鼠嵌合抗体　通过基因重组技术，将鼠源单克隆抗体的 Fv 片段替换人源抗体的相应片段，制成人-鼠嵌合抗体（图 17-4）。这种嵌合抗体大约有 70% 的序列来自人源抗体，30% 的序列来自鼠源抗体，一方面保留抗体的特异性结合位点，另一方面可减弱其免疫原性。治疗结肠癌的嵌合抗体在血液中的保存时间比鼠源抗体延长 6 倍，10 个患者中仅 1 个出现轻度抗体反应。

（2）人源化抗体　人源化抗体是对嵌合抗体进一步改进的结果，即仅用鼠源单克隆抗体的 CDR 区替换人源抗体的 CDR 所获得的杂合抗体，其 95% 的序列来自人源抗体，5% 的序列来自鼠源抗体，从而最大限度地使鼠源抗体人源化（图 17-5）。抗体的抗原结合特性保留，在人体内产生免疫原性的程度降到最低。

以上构建的杂合抗体基因可在大肠杆菌或哺乳动物细胞中表达，产生相应的基因工程抗体。

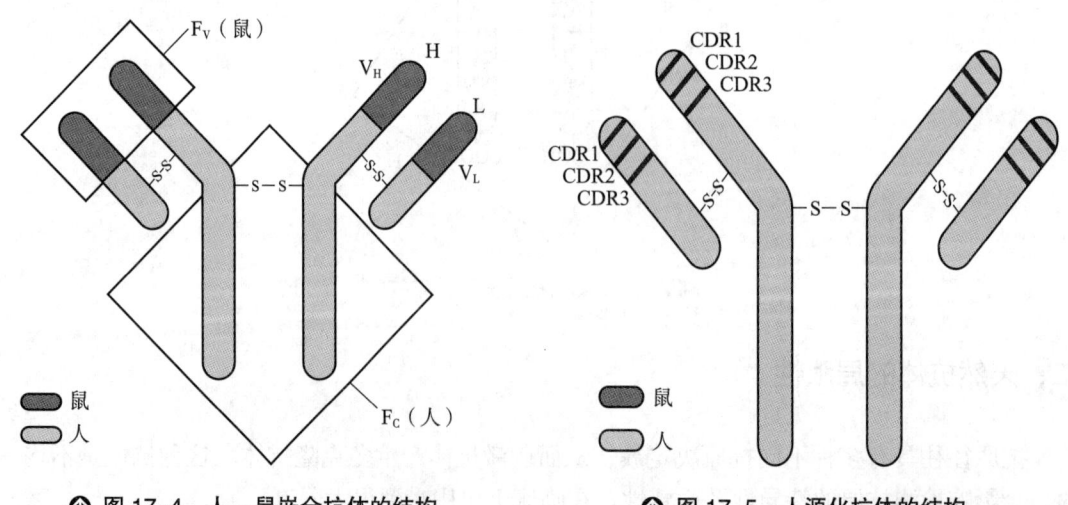

图 17-4　人-鼠嵌合抗体的结构　　　图 17-5　人源化抗体的结构

2. 小分子抗体

抗原和抗体分子的结合部位位于抗体分子的可变区，利用基因工程技术便可以构建出相对分子质量较小且能与抗原结合的小分子片段，这些片段被称为小分子抗体。小分子抗体具有可进行表达纯化、对血管壁或组织屏障的穿透性强等优势，根据构建方法的不同，可分为以下 5 种。

（1）Fab 抗体　抗体的 Fab 片段由重链的 V 区和 C_{H1} 区与轻链以二硫键相连，能发挥抗体的抗原结合功能，其大小只有完整抗体的 1/3。通过 DNA 重组技术，可将编码 Fab 片段的 DNA 连接在一起，在异源宿主细胞中表达。在大肠杆菌中表达的 Fab 片段已用于临床试验治疗洋地黄中毒、心绞痛和单纯疱疹病毒感染；此外还有阿昔单抗，其以血小板糖蛋白 Ⅱb/Ⅲa 为靶点，用以预防血小板集和血栓的形成。

（2）单链抗体　将抗体的 V_H 和 V_L 用连接肽（linker）连接，形成具有抗原结合能力的单链抗体多肽，即所谓的单链抗体（single chain variable fragment, ScFv）。连接肽的长度一般为 15 个氨基酸，具有疏水性和一定的伸展性，但并不影响抗原结合部位的构象。单链抗体的大小仅为完整抗体的 1/6，免疫原性弱，药物动力学优于 Fab 片段和完整抗体，能有效到达完整抗体无法到达的靶部位。通过 DNA 重组技术可在异源宿主细胞中表达单链抗体。在临床上已用于放射免疫治疗、免疫毒素治疗、体内药物解毒等。

（3）单域抗体　抗体结合抗原的部位主要在 V 区，只含有 V 区的小分子抗体，如 V_H 或 V_L，也能保持原单克隆抗体的特异性。这种小分子抗体就称为单域抗体（single domain antibody），其大小仅为完整抗体的 1/12，又称为纳米抗体（nanobody）。单域抗体只有一个功能区，制备简单，而且更容易穿过靶组织。但 V_H 由于暴露了原先和 V_L 结合的疏水面，致使对抗原的亲和力下降，非特异性增强。赛诺菲旗下的 Caplacizumab 是 FDA 批准的第一个纳米抗体，被用于获得性血栓性血小板减少性紫癜（aTTP）的治疗。

（4）超变区多肽　抗体与抗原的结合是通过 V 区的 CDR 区来实现的，CDR 区是抗原抗体结合的最小识别单位。由单个 CDR 多肽构成的小分子抗体称为超变区多肽。超变区多肽只有 16~30 个氨基酸，具有与抗原结合的能力，穿透力极强。但亲合力低，稳定性不高，实际应用中有很大的局限性。

（5）双体抗体　将 2 种不同抗体的 V_H 区和 V_L 区通过连接肽（5~10 个氨基酸）连接，形成"杂交"的单链抗体称作双体抗体（diabody），也称为双特异性抗体。在宿主细胞中表达后，2 条链自动折叠，形成双特异性的抗体片段，其大小为 IgG 的 1/3 或 Fab 的 1/2，是相对分子质量最小的双功能抗体。近年来，已有研究工作者通过人鼻病毒 3C（human rhinovirus 3C，HRV3C）蛋白酶识别位点，将双链特异性抗体和 Ex-ScDb 融合到人 Fc 区域，融合产物的肿瘤抑制效果明显优于已上市的西妥昔单抗，双体抗体在免疫诊断和治疗方面展示了极其良好的应用前景。

3. 双功能抗体

天然的抗体分子是双价单特异性的，将小分子抗体（如 Fab 或 Fv）与其他蛋白如毒素、酶、细胞因子、受体分子连接在一起，可形成的一种新型分子。既可以与靶位点结合，又可将特定的活性分子导向特定部位，发挥其生物学功能，如杀死肿瘤细胞、发挥催化功能等。就像生物导弹一样，通过抗体将"弹头"导向靶位点，在抗肿瘤、抗血栓形成、抗感染等方面发挥了重要作用。最早问世的细胞因子融合蛋白抗体，由抗神经节苷脂抗体 ch14.18 与重组人肿瘤坏死因子 b（rTNF-b）融合，其临床 Ⅰ、Ⅱ 期的试验结果表明其治疗效果明显优于两种组分单独使用的效果。

将人细胞受体或黏附分子与抗体的恒定区（主要是 Fc 片段）的 N 端连接，形成免疫黏连素，既可发挥抗体的效应功能，又能发挥细胞黏附功能。对于杀伤缺少相应表面抗原的肿瘤细胞有一定意义，可减少肿瘤的免疫逃逸。

4. 人源化抗体

用小鼠制备的鼠源性单抗属于异源性蛋白，在人体内会引起排异反应，有非常严重的毒副作用，制约了其在临床的广泛应用。抗体人源化技术是把鼠源性单抗的大部分转换为人的成分，使之接近于人体自身的抗体，从而消除人体免疫系统对异源性蛋白的排异反应。基因重组人源化单克隆抗体药物是当今世界生物医药发展的重点方向之一，目前主要有 2 种方法用来制备完全人源化单克隆抗体。

（1）噬菌体抗体库　噬菌体抗体库技术是噬菌体表面展示（phage surface display）技术在基因工程抗体应用上的一个成功范例，它可以模拟体内 B 淋巴细胞受到刺激后分化、成熟直至分泌抗体的过程。通过噬菌体表面展示技术，可将目标蛋白或多肽的编码基因与编码 M13 噬菌体颗粒末端蛋白的基因Ⅲ构建成融合基因，将含有融合基因的重组 M13 噬菌体转染大肠杆菌，可以在噬菌体颗粒表面展示目标蛋白。通过基因重组技术，将全套人抗体重链和轻链的 V 区基因与 M13 噬菌体基因Ⅲ构建成融合基因，在噬菌体表面以抗体 Fv 片段 - 末端蛋白融合蛋白的形式表达，表达这些融合蛋白的噬菌体群体就构成了噬菌体抗体库（phage antibody library）（图 17-6）。通过免疫法筛选，可从中得到针对某一抗原的人抗体 Fv 编码基因。利用噬菌体抗体库，不需要杂交瘤细胞就可得到目标单克隆抗体的编码基因，而且是人源化的。从理论上讲，噬菌体抗体库具有 B 细胞所编码全部抗体信息，从抗体库中可

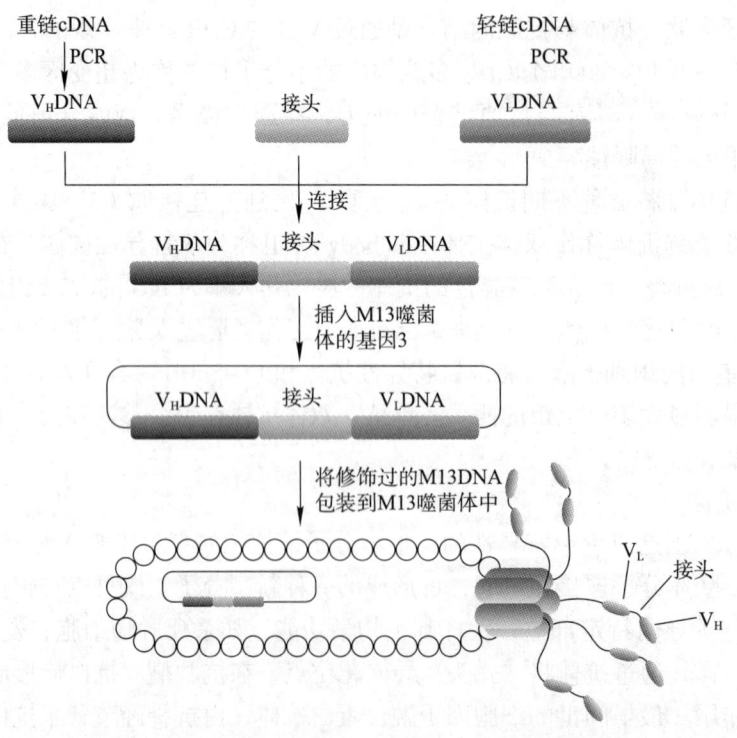

图 17-6　利用噬菌体表面展示构建 Fv 抗体库示意图

筛选到任何一种抗体。由于该抗体库中重、轻链是随机组合的，又称组合文库。迄今已成功制备出多种人源化单克隆抗体。

以上构建的是天然抗体库，为了获得特异性提高的抗体，可增大库的容量。库越大，就可以获得尽可能多的链的组合，筛选到特异性抗体的概率就越大。有两种方法可增大库的容量。其一是链替换（chain shuffling）。从来自不同的未经免疫的个体以及其他来源的B细胞扩增出所有CDR片段的编码基因，经过重叠延伸PCR技术，与V区中CDR片段以外骨架区的编码基因片段以及连接肽编码基因片段再重新组配成单链抗体的编码基因，从而产生更多样化的抗体库。从这样的抗体库中筛选到亲和力提高了300倍的单链抗体。其二是体外突变法。对抗体可变区基因人为地进行体外突变以模拟体内B细胞超突变分泌成熟抗体的过程，例如用易错PCR方法可在噬菌体抗体的可变区基因或CDR区域的碱基中产生随机位点突变，从而提高抗体库的多样性。

（2）完全人源化抗体转基因小鼠　用人的抗体基因替代小鼠的相应基因，可使小鼠产生完全人源性化抗体。将人的大部分抗体轻链和重链基因插入到小鼠的染色体中，同时将小鼠的全套抗体基因敲除掉，建立了一种小鼠模型XenoMouse，当用抗原刺激该小鼠时就可产生完全人源性化抗体。基于该模型动物，结合杂交瘤技术，制药公司已制备了多种类型的完全人源化单克隆抗体，如抗人表皮生长因子受体的抗体。

目前，单克隆抗体药物已经成为全球生物医药市场中最重要的部分，市场份额从2000年的10%增长至当前的约50%，用于治疗肿瘤、感染性疾病和自身免疫性疾病等领域。2002年，阿达木单抗（Adalimumab，也叫修美乐Humira）是第一个上市的人源化单克隆抗体，能够结合肿瘤坏死因子α（TNFα），用于治疗类风湿关节炎、溃疡性结肠炎等自体免疫性疾病。自上市以来，Humira累计销售额近1 500亿美元。2008年，我国生物技术企业研发并成功产业化中国首个人源化单抗药物泰欣生。泰欣生能够特异性地作用于肿瘤发生发展中起关键作用的靶分子——EGFR（表皮生长因子受体）及其调控的信号传导通路，从而达到治疗肿瘤的目的。其最大的特点是杀伤肿瘤细胞的同时，对正常细胞的影响非常小，患者耐受性和生活质量都得到提高。截至2022年，全球已有93种单抗类药物上市，包含我国研制的单抗药物17种，抗体靶点主要集中在TNFα、PD-1/PD-L1、HER2、VEGF等，2021年销售额超过2 000亿美元。

5. 基因工程抗体的生产

（1）大肠杆菌表达系统　大肠杆菌是常用的表达系统，但由于缺乏糖基化能力，以及不利于抗体分子链间形成二硫键，因此主要用来表达抗体的Fab、Fv和ScFv等小分子片段。胞内表达系统可在细胞内形成不溶且无活性的内含体，经破碎细胞后可将抗体释放出来。但这样生产的抗体活性较低。将编码信号肽的序列连接在抗体基因后在大肠杆菌中表达时，信号肽可介导抗体片段分泌出来并引向细胞周质区，抗体在此折叠形成适当二硫键。可变区内二硫键对于稳定Fab、Fv、ScFv及其早期折叠有重要意义。

（2）酵母表达系统　酵母是真核微生物，与原核微生物相比，酵母能对异源蛋白进行糖基化等修饰，能有效分泌、正确折叠和加工蛋白；与哺乳动物表达系统相比，酵母能在简单培养基上快速生长，是临床和工业生产上重要的蛋白表达系统。在酵母表达系统可获得高水平分泌的抗体，如某些单链抗体在毕赤酵母中表达时，其产量分别为60 mg/mL和100～250 mg/mL。

（3）哺乳动物细胞表达系统　中国仓鼠卵巢细胞（CHO）抗体表达系统是较成熟的哺乳

动物细胞表达系统，它采用最有效的来自人巨细胞病毒（Cytomegalovirus，CMV）的启动子，引导抗体基因在 CHO 细胞中表达。该表达系能使表达的抗体正确装配、折叠和糖基化；能在无血清培养基中生长，分泌水平高；瞬时表达系统可表达足量抗体，以便对抗体特异性和亲和力做快速鉴定。第一种批准用于治疗乳腺癌的人源化单克隆抗体贺赛汀（Herceptin）就是用 CHO 细胞生产的。

（4）植物表达系统　通过转基因技术，将抗体轻、重链基因导入不同的烟草植物表达，再将表达轻、重链抗体的植株进行有性杂交，筛选产生全功能抗体的植株。抗体可变区也可在植物中表达。转基因植物生产抗体的成功，为基因工程抗体的生产和应用带来了新的机遇。植物表达系统能大规模生产，成本低，而且有望作为食品疫苗口服使用而不需提取。

（5）昆虫表达系统　昆虫表达系统是一类应用广泛的真核表达系统，它具有同大多数高等真核生物相似的翻译后修饰、加工以及转移外源蛋白的能力。其中利用杆状病毒在昆虫细胞系中表达外源蛋白是目前较为流行的表达系统。现在已经利用昆虫表达系统成功地生产了鼠源单克隆抗体、人鼠嵌合抗体、单链抗体及人单克隆抗体等多种抗体分子，还将抗体分子与尿激酶型纤溶酶原激活物等肿瘤相关蛋白进行了融合表达，这些抗体分子多数能正确组装，完成糖基化过程，具有相当的活性。

第四节　基因工程核酸类药物

核酸类药物可以分为两大类，第一类为具有天然结构的核酸类物质，比如肌苷、ATP、辅酶 A 等。这类物质有助于改善机体的物质代谢和能量代谢平衡，加速受损组织的修复，促使机体恢复正常。它们在临床上广泛使用于血小板减少症、白细胞减少症、急慢性肝炎、心血管疾病、肌肉萎缩等代谢障碍性疾病。第二类为自然结构碱基、核苷、核苷酸的结构类似物或聚合物，这类药物大部分由自然结构的核酸类物质通过半合成生产。此类药物是治疗病毒、肿瘤、艾滋病的重要药物，也是产生干扰素、免疫抑制剂的临床药物。

基因工程核酸类药物则是指具有不同功能的寡聚核糖核苷酸（RNA）或寡聚脱氧核糖核苷酸（DNA），主要作用于基因水平，在遗传信息流传递的上游阶段起作用。对于多种疾病来说，在某种程度上是由于缺乏或过多产生某些蛋白引起的，因此通过蛋白或多肽类药物可解决部分问题。在遗传信息流的传递过程中，信号逐级放大，一个基因可以转录出多个 mRNA，一个 mRNA 又可以翻译出多个蛋白质。如果从控制蛋白质合成的遗传物质核酸入手，可更好地解决某些疾病问题。利用核酸作为药物，可以达到常规药物无法达到的效果。自从 1998 年第一个核酸药物——反义核酸药物福米韦斯（Formivisen）问世以来，核酸药物展现出非常广阔的应用前景。根据核酸药物的本质和作用方式，可将其分为四大类型，反义核酸、核酸疫苗、RNA 干扰剂和基因治疗药物。

一、反义核酸药物

反义核酸是一些人工合成的单链反义分子，可以通过碱基互补原则与被感染的细胞内部的某个靶标 mRNA 或 DNA 结合，抑制或封闭该基因的转录和表达，或切割 mRNA 使其丧失功能。以反义核酸作为药物可以治疗正常蛋白过量表达的疾病，如癌症、炎症、病毒或寄生虫感染。以 DNA 作为模板转录 mRNA 时，两条 DNA 链中只有一条链作为模板，另一条链是保持沉默的,是一个天然的反义分子。反义核酸参与基因表达调控在原核生物中是一种普遍的现象,例如在 pMB1 质粒拷贝数的调控系统中反义 RNA 就扮演着重要角色。

根据其组成和特点可将其分为反义 RNA(antisense RNA)、反义 DNA(antisense DNA)、肽核酸(peptide nucleic acid,PNA)和核酶(ribozyme)。反义核酸对基因表达的有效调控给人类疾病治疗带来了新的希望,将反义核酸作为一种生化药物,有希望在征服人类的大敌如癌症、病毒类引起的疾病、艾滋病和遗传性疾病中发挥重要作用。

1. **反义 RNA**

利用反义 RNA 可以与 mRNA 结合形成互补双链,阻断核糖核蛋白体同 mRNA 的结合,从而抑制了 mRNA 翻译成蛋白质的过程。

反义 RNA 与 mRNA 的核糖体结合区(SD 序列)结合可直接抑制翻译;与翻译起始密码子结合可抑制翻译的起始;与非编码区结合可影响 mRNA 的构象从而间接抑制翻译;与前体 RNA 结合可影响其剪切方式。反义 RNA 在细胞核中与 mRNA 结合后会干扰其加工和剪切,如加帽和加 poly(A) 尾,还会干扰 mRNA 转运至细胞质。反义核酸与 mRNA 结合后还使得 mRNA 更加易被核酸酶识别而降解,从而大大缩短 mRNA 的半衰期。反义 RNA 除了可以影响基因的表达外,还可与引物 RNA 前体互补结合,从而抑制 DNA 的复制。

反义 RNA 可以人工合成,更多的是将目标 DNA 以反义方向插入载体通过反义表达载体产生。通过这些载体可用于研发新型、高特异性和高效的反义治疗药物,在治疗艾滋病和麻疹以及恶性肿瘤方面起到一定作用。

2. **反义 DNA**

反义 DNA 也称反义寡核苷酸或反义脱氧寡核苷酸,是一种人工合成的、能与 mRNA 互补的、用于抑制翻译的短小反义核酸分子。

反义 DNA 与反义 RNA 一样,能通过与 mRNA 互补结合而抑制翻译,干扰 mRNA 前体的加工剪切以及 mRNA 的转运。不同的是,反义 DNA 与 mRNA 结合后还可诱导 RNase H 的产生,降解 DNA-RNA 复合物中的 RNA,从而大大缩短 mRNA 的半衰期。在逆转录病毒感染宿主细胞后,反义 DNA 可通过与引物竞争、终止 cDNA 延长以及与 DNA 聚合酶结合等方式抑制逆转录过程。反义 DNA 还能与靶细胞 DNA 形成一种三链核酸(triple helix nucleic acid),通过作用于转录子、增强子和启动子,对基因的转录进行调控。

反义 DNA 可以很容易地通过自动合成仪获得,但在生理条件下对核酸酶很敏感,易被快速降解。为提高其稳定性、亲和力、降解靶核酸的能力以及其他性能,可对其结构进行修饰,由此催生了第一代反义核酸药物硫代磷酸脱氧寡核苷酸(phosphorothioate oligodeoxynucleotide,PS-ODN)。其长度为 17~20 个核苷酸,连接核苷酸的磷酸磷脂基团的非桥氧原子被硫原子替代,在静脉注射或吸收到血液后可迅速分布至外周组织中。第一个反义核酸药物福米韦生就是 PS-ODN 药物,由 21 个硫代脱氧核苷酸组成,核苷酸序列为 5′-GCGTTTGCTCTTCTTCTTGCG-3′,具有强大的抗病毒作用,已用于治疗艾滋病病人巨细胞病毒(CMV)感染的视网膜炎。该药物的上市是开发反义核酸药物的一个里程碑。

将硫代磷酸寡核苷酸的 5′ 端和 3′ 端核苷酸中的 2′ 羟基进行烷基化修饰,开发出第二代反义核酸药物——混合骨架寡核苷酸(mixed-backbone oligonucleotide,MBO)。在反义作用的选择性、对核酸酶的稳定性、诱导 RNase H 的能力、组织分布的均一性和安全性等方面均有提高,显示出良好的应用前景。其他方式修饰的反义药物也正在开发之中,包括酰胺、短肽、磷酸酯等修饰。

3. 肽核酸

肽核酸是以肽链骨架代替核糖-磷酸骨架的 DNA 类似物，是通过计算机模拟设计出来的新型核酸类似物。以肽链的 2-氨基乙基甘氨酸键为骨架，4 种碱基为侧链，碱基通过亚甲羰基与骨架相连，保持与天然核酸中相邻碱基间以及碱基与骨架间相近的键数目，相邻碱基间间隔 6 个键，碱基与骨架间为 2~3 个键。

肽核酸保留了与互补 DNA 或 RNA 杂交的性能，亲和力得到进一步提高；其化学和生物稳定性更强，不易被核酸酶和蛋白酶降解；从化学合成的角度看，更易进行大规模生产。这些特性表明肽核酸具有开发成新一代反义药物的潜力。

4. 核酶

核酶是一类具有催化活性的 RNA 分子，具有核苷酸水解活性，可特异性剪切 RNA 分子，相当于 RNA 酶。核酶可以调节基因的表达，在 RNA 的自我裂解、自我剪切、tRNA 的转录后加工等过程中起重要作用；可用于药物的开发，抑制特定基因的表达。自从 20 世纪 80 年代初从四膜虫核糖体 RNA 前体中发现以来，改变了人类长期以来认为酶必须是蛋白质的认识，促使人们重新审视生命的起源。

现已发现四类天然的核酶，第一是小分子核酶，主要在病毒或类病毒中发现，可以自我切割特定的磷酸二酯键，包括锤头状（hammerhead）核酶和发卡状（hairpin）核酶，是用作药物开发的主要类型。其他还有 I 型内含子和 II 型内含子核酶，分子量较大，存在于一些低等真核生物和细菌的内含子中，可自我剪切并被加工成反式作用的核酶。RNase P 核酶来自大肠杆菌，具有 tRNA 前体加工活性。

核酶具有特定的催化域和底物结合域，底物结合域可通过碱基互补与靶序列结合，相当于反义 RNA，而催化域可在特定位点剪切目标 RNA。通过改变结合域的序列，核酶可切割特定序列的 mRNA，锤头状核酶和发卡状核酶在应用于治疗时具有很好的可操作性。合成一段带有核酶的催化域序列（约 20 个核苷酸）的脱氧寡核苷酸，两侧是能与目标 mRNA 杂交的序列；将这段核苷酸以双链形式克隆到真核表达载体，转染细胞后，经转录产生的核酶就能剪切目标 mRNA，从而抑制相关基因编码蛋白的翻译。对于核酶药物来说，可同时使用针对不同位点的核酶，从而达到更好的效果。核酶用作药物还有一个优点，即不易引起动物或人的免疫反应。自从 1990 年利用核酶在体外培养细胞中成功抑制艾滋病病毒复制以来，核酶的抗病毒和抗肿瘤疗效已经逐渐开始临床试验。

除了天然的核酶外，人们还创造了具有催化活性的脱氧核酶（deoxyribozyme，DNAzyme），通过合成随机寡核苷酸库，从中筛选到一个具有核酶活性的寡核苷酸。该寡核苷酸含一个由 15 个核苷酸组成的催化域，两侧是 7~8 个核苷酸，与目标 RNA 互补配对。作为一种新型反义治疗技术的脱氧核酶，更容易合成，稳定性更强，催化活性更高。

二、核酸疫苗

1. 核酸疫苗的工作方式

核酸疫苗（nucleic acid vaccine）又称基因疫苗（gene vaccine），包括 DNA 疫苗（DNA vaccine）和 mRNA 疫苗（mRNA vaccine），是利用基因重组技术将编码抗原的基因装入载体，然后直接导入动物体内，通过机体细胞的转录系统合成蛋白，产生的蛋白作为抗原诱导免疫系统产生免疫应答，即通过细胞和体液免疫反应产生抗体，从而达到预防和治疗疾病的目的。

2. 疫苗载体

核酸疫苗是通过疫苗载体将抗原编码基因导入机体而激发免疫的,进入体内的核酸必须表达出相应的蛋白抗原,才能发挥疫苗的作用。为此,疫苗载体起到重要作用。疫苗载体实际上是一种穿梭质粒载体,含有真核表达系统的启动子,如巨细胞病毒(CMV)和猿猴病毒(SV40)的启动子,以及应用于真核细胞的选择标记,如新霉素抗性基因或卡那霉素抗性基因。用于动物试验的载体还含有在哺乳动物细胞中复制的病毒复制区(如SV40病毒的复制单位)。为了提高其免疫原性,在载体中加入了具有强烈佐剂作用的CpG序列。将以上功能单元装载在大肠杆菌克隆载体(主要含ColE1质粒或pMB1质粒复制区,以及氨苄青霉素抗性基因)上,便于制备。典型的核酸疫苗载体有pcDNA3.1,以及在此基础上去掉病毒复制单位,并用双宿主可用的卡那霉素抗性基因替换氨苄青霉素抗性基因和新霉素抗性基因的改建载体pVAX1(图17-7)。核酸疫苗导入机体的方式有多种,可将裸DNA直接注射到肌肉、皮下、黏膜或静脉内,或用脂质体包裹DNA后再注射,或将DNA用基因枪注入体内,还可通过去毒的内生细菌引导DNA进入体内。

3. 核酸疫苗的特点

由于核酸疫苗是一种新型疫苗,大多数疫苗还处于临床试验阶段,如针对乙型肝炎、丙型肝炎、流感病毒、艾滋病毒、结核杆菌和疟疾等核酸疫苗。

传统的疫苗是通过接种抗原诱导机体产生免疫反应的,而核酸疫苗是通过将编码抗原的基因导入体内,使机体产生抗原而诱发免疫反应。由此可以看出,与传统免疫的方法相比,核酸疫苗表现出明显的优点。第一,安全性好,没有感染的危险;第二,免疫效果好,既能刺激机体产生体液免疫,又能产生细胞免疫。特别是能有效激活细胞毒T淋巴细胞的杀伤活性,有利于清除病毒等胞内感染的病原体;第三,制备简单,只需对编码抗原的基因进行克隆,不需在体外表达和纯化蛋白质;第四,核酸疫苗的本质是核酸分子,因而不同于蛋白质和活疫苗,可以在室温条件下保存,不存在疫苗的冷藏和低温运输问题,从而保证DNA疫苗的高效接种率。第五,免疫应答持久,外源基因的不断表达可持续提供抗原。这些优点开辟了疫苗研制的新途径,引发了第三次疫苗革命。

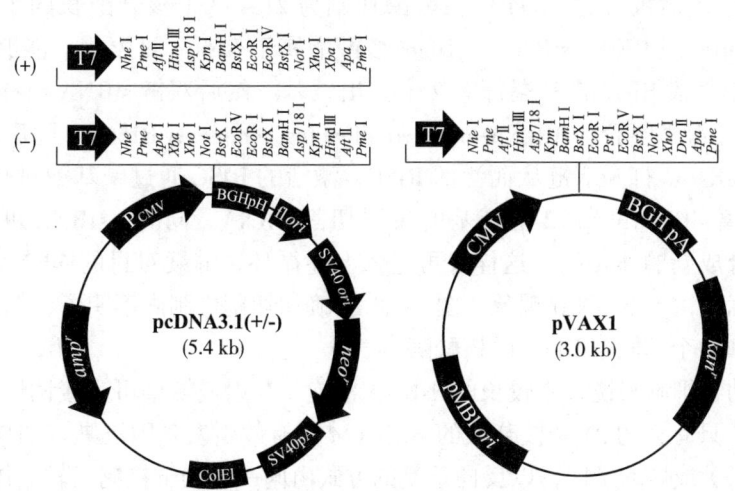

图 17-7　核酸疫苗载体 pcDNA3.1 及其改进的 pVAX1

改进的载体没有病毒复制区,选择标记改为卡那霉素抗性基因

mRNA 疫苗是将抗原的 mRNA 通过特定的递送系统送入细胞，表达抗原，从而引起体液和细胞介导免疫反应的疫苗。2019 年新型冠状病毒感染爆发，mRNA 疫苗大放光彩。我国新型冠状病毒 mRNA 候选疫苗（ARCoV）已于 2020 年 6 月 19 日正式通过国家药品监督管理局临床试验批准，这是国内首个获批开展临床试验的新冠 mRNA 疫苗。目前，辉瑞/BioNTech 和 Moderna 公司的 mRNA 新冠疫苗已获得全球多个国家的紧急使用授权，用于 SARS-CoV-2 病毒的预防，接种剂量超过 10 亿剂。人们发现将假尿苷分子替换尿嘧啶核苷修饰后的 mRNA 分子在细胞内不会激发炎症反应，进而推动了 mRNA 疫苗的应用。

新型冠状病毒 mRNA 疫苗以新冠病毒刺突蛋白的 mRNA 分子为抗原，mRNA 进入细胞后翻译成刺突蛋白，触发免疫系统针对刺突蛋白产生特异性抗体或细胞免疫。mRNA 疫苗的优势是不会进入细胞核，相对 DNA 疫苗，递送更容易，免疫原性好，具有更高的安全性。免疫接种几天后，mRNA 被机体分解和清除。mRNA 疫苗的另一大优势是可以通过简单的基因序列修改来产生不同的抗原，研发周期短，可快速应对病毒变异，提高疫苗的保护率。

mRNA 疫苗的生产包含 DNA 原液制备、mRNA 原液制备和脂质微粒包装三个阶段。以新冠疫苗 BNT162b2 为例，第一阶段是将新冠病毒 SARS-CoV-2 中刺突蛋白的 DNA 序列扩增，构建在环状 DNA 质粒上；在大肠杆菌中扩增和纯化 DNA 质粒，用酶将环状 DNA 切割成线性分子。第二阶段，将线性 DNA 分子与 RNA 逆转录酶混合反应，产生 mRNA。第三阶段是将 mRNA 分子包裹进入脂质载体中，并完成分装检验，用于冷链运输。

三、RNA 干扰

1. RNA 干扰现象

RNA 干扰（RNA interference，RNAi）是指对应于某种 mRNA 的正义 RNA 和反义 RNA 组成的双链 RNA（dsRNA）分子使 mRNA 发生特异性降解，导致其不能表达的转录后基因沉默（post-transcriptional gene silencing，PTGS）现象。从酵母到哺乳动物的多种真核生物，如果蝇、蚯蚓、斑马鱼和小鼠中都能发现 RNAi 的存在。

RNAi 发挥作用的过程可分为两个阶段，即起始阶段和效应阶段。在起始阶段，双链 RNA 分子进入细胞后被称为 Dicer 的核酸酶切割为 21~23 个核苷酸长的小分子干扰 RNA 片段（small interfering RNA，siRNA）。Dicer 核酸酶属于 RNase Ⅲ 家族，能够特异识别双链 RNA，产生的小片段 RNA 的 3′ 端都有 2 个突出碱基。然后双链 siRNA 与核酸酶复合物结合形成 RNA 诱导沉默复合体（RNA-induced silencing complex，RISC）。随后进入 RNA 干扰效应阶段，即 siRNAs 打开双链从而激活 RISC，激活的 RISC 通过碱基配对与对应的 mRNA 结合，并在距离 siRNA 3′ 端 12 个碱基的位置切割 mRNA。同时，siRNA 可作为引物并以 mRNA 为模板合成新的 dsRNA。这样又可进入上述循环，继续对目的 mRNA 进行切割，从而使目的基因沉默，产生 RNAi 现象（图 17-8）。确切切割机制尚不明了，但每个 RISC 都包含一个 siRNA 和一个不同于 Dicer 的核酸酶。

对非哺乳动物细胞来说，用较长的 dsRNA 浸泡、注射或转染可直接诱导 RNAi；而对于哺乳动物细胞，只有大约 21 个核苷酸的 siRNA 才能有效引发基因沉默。如果将目的基因的编码区（外显子）或启动子区，以反向重复的方式由同一启动子控制，转入体内，那么在转基因个体内转录出的 RNA 可形成 dsRNA。

与其他几种进行功能丧失的技术相比，RNAi 技术具有明显的优点，它比反义 RNA 技术和同源共抑制更有效，更容易产生功能丧失；与造成功能永久性缺失的技术相比，RNAi 技术更受人们青睐。而且通过与细胞特异性启动子及可诱导系统结合使用，可以在发育的不同时期或不同器官中有选择地进行。

2. **RNA 干扰的应用**

从理论上讲，RNAi 技术能选择性地沉默基因组中任何基因的表达。在实验室中，RNAi 已经被广泛用来研究生命现象的遗传奥秘，特别是在哺乳动物中抑制那些无法敲除的基因的表达，现已发展成为基因功能研究的有力工具。

同时，很多制药公司投入大量人力物力进行了 RNAi 药物的研发，或药物筛选。2004 年第一个基于 RNAi 研制而成的药物 Cand5 申请临床研究，该药物主要用来治疗湿性老年黄斑（wet AMD）和糖尿病患者的视网膜病变引起的失明。Cand5 是一个小分子干扰 RNA，通过 RNA 干扰机制关闭促进血管过度生长的基因表达，从而阻断刺激视网膜病变的血管内皮生长因子（VEGF）的生成。血管内皮生长因子是湿性老年黄斑和糖尿病患者视网膜病变发病时的一个主要刺激物，这两种病变是导致成人失明的主要原因。2018 年 8 月，美国 FDA 批准首款 siRNA 药物 Onpattro 上市，用于治疗由淀粉样沉积物（hATTR）引起的多发性周围神经疾病，可以干扰遗传性转甲状腺素蛋白淀粉样变性患者体内一种突变蛋白的产生。2020 年，两款 siRNA 药物 Vyondys 53 和 Viltepso 上市，均用于干扰抗肌萎缩蛋白基因中的外显子 53，促进功能性抗肌萎缩蛋白的表达，用于治疗杜氏肌营养不良症。RNAi 药物的潜力很大，人们正期待更多的 RNAi 药物进入临床研究。

3. **RNA 干扰核酸递送系统**

由于裸露的 RNA 很容易受到体内 RNA 切割酶的攻击，RNA 干扰药物开发中最关键的技术瓶颈是实现安全和有效的体内输送。Onpattro 使用的输送系统是一种脂质体（liposome），包含 DLin-MC3-DMA 和胆固醇等脂质分子。DLin-MC3-DMA 是一种 pH 敏感脂质，可在胞内体或溶酶体等酸性 pH 环境下质子化，导致渗透性肿胀和胞内体破裂。因此，siRNAs 成功地逃离了胞内体或溶酶体，并在细胞质中触发了 RNA 干扰。

另一种代表性输送技术是基于特定化学修饰的靶向递送。例如，RNA 干扰药物 DPCiv 利用 N- 乙酰半乳糖胺（GalNAc，N-acetylgalactosamine）修饰介导的肝靶向递送。GalNAc 对脱唾液酸糖蛋白（ASGPR）有很高的亲和力，而 ASGPR 主要表达在肝实质细胞表面，这是一个高度特异的肝脏细胞表面受体，结合配体后可以引发胞吞，从而实现肝靶向递送给药。

4. **基因治疗的实践**

20 世纪 80 年代人们积累了许多动物基因治疗的资料和经验。经过长期审查，1990 年在美国实施了人类第一例基因治疗临床试验。患者是一位患严重综合性免疫缺陷症（severe combined immunodeficiency，SCID）的 4 岁女孩，她从父母各继承了一个失活的 ADA（腺苷酸脱氨酶）基因，而 ADA 是免疫系统完成正常功能所必需的酶。

利用反转录病毒将正常人腺苷脱氨酶基因导入患者的淋巴细胞中，然后将这种淋巴细胞重新输入患者体内，患者症状得到明显改善，症状消失超过 10 年。该基因治疗的成功，导致世界各国掀起了研究基因治疗的热潮。此后又开展了一些针对不同疾病的基因治疗临床试验，如艾滋病、心血管疾病和癌症等。世界各国已提出近千个临床方案，各种病例近万个，并取得了一定疗效。

然而，1999 年一个患有鸟氨酸氨甲酰基转移酶缺陷症的 18 岁男孩，在基因治疗 4 天后死于严重的免疫反应。2002 年时，另外两名严重综合性免疫缺陷症孩童在接受治疗之后患上了白血病，导致该种治疗方法一度受到怀疑。由此促使人们理性看待基因治疗的效果，并展开更多的基础理论研究。

5. 基因治疗的工作原理

（1）目的基因导入人体的方法　目的基因导入人体的方法有2种。其一，离体法（ex vivo）途径，也称间接体外法。从机体内取出靶细胞进行体外培养，通过载体系统导入目的基因，获得"基因工程化的细胞"，经过体外的扩增后输回体内，第一个基因治疗病例就是采用这种方法。其二，直接体内法（in vivo）。直接将目的基因安装于特定的真核表达载体，导入人体内。该方法操作相对简单，利于工业化生产，但是技术要求很高。基因导入系统是基因治疗的核心技术，可以是病毒型也可是非病毒型载体，甚至是裸DNA。从已经使用的载体系统来看，反转录病毒载体占主要地位，但近来腺病毒载体也受到越来越多的重视。除此之外还有单纯疱疹病毒载体和人工染色体载体等。

（2）腺病毒载体　腺病毒（adenovirus）在自然界广泛存在，主要感染胃肠道和呼吸道。病毒粒子为无囊膜二十面体结构，直径为70~90 nm。基因组为双链DNA，约36 kb。基因组两端各有一个100~160 bp的反向末端重复序列（inverted terminal repeat, ITR），5′端（194~385 bp）是病毒的包装信号，ITR和包装信号是病毒基因组复制和包装必不可少的顺式功能元件，长度不到1 kb，是病毒的基本结构。除此以外的病毒基因组都可以被置换，其间含有编码复制和转录所需要酶的基因（如早期转录区E1、E2、E3、E4）以及病毒的结构蛋白的基因。

将外源目的基因替换基因组的E1区或E3区，就构建成了复制缺陷、非辅助病毒依赖型载体，最大可装载8.5 kb外源基因片段。由于E1区缺失，造成病毒复制缺陷，另一方面也避免了E1基因产物对细胞的转化作用，在基因治疗中比较安全。这类载体统称为第一代载体，是临床试验中的主要载体。

通过直接连接或同源重组的方式，可将目的基因插入病毒基因组中，获得重组载体。在制备这类载体时，通过感染能表达E1区的辅助细胞来获得重组病毒。常用的辅助细胞有人胚胎肾细胞293，该细胞经腺病毒5的DNA片段转染后，在基因组中含有E1区片段，可持续表达E1区蛋白。

缺失其他转录区，或缺失大部分或全部转录区的微载体系统，可在一定程度上克服第一代载体的不足，现已开发出第二代和新型载体，预计在不久的将来可用于临床试验。

（3）基因组编辑　与病毒载体相比，新型基因组编辑技术除了可以加入新的基因，还能完成基因敲除、基因校正。基因组编辑技术包括锌指核酸酶技术、TALEN技术和CRISPR-Cas技术。通过核酸酶诱发特定基因DNA双链断裂，在哺乳动物细胞内激活高效的重组修复来完成基因组编辑。

在基因治疗领域，这3种基因编辑技术正在快速研发之中。目前，中国已批准9项CRISPR-Cas9基因编辑技术的临床研究，对肿瘤靶向T细胞的PD1（programmed death 1）受体进行敲除。

（4）CAR-T治疗　CAR-T治疗又称为嵌合抗原受体T细胞（Chimeric antigen receptor T cell, CAR-T）治疗，是对人的T细胞进行基因改造，将抗体的单链可变区域（scFv）与T细胞表面受体嵌合于T细胞上，回输患者体内，用于治疗血液肿瘤疾病。嵌合抗原受体T细胞主要由胞外区、跨膜区和胞内区域3部分组成。胞外区是单链抗体，负责识别并结合靶标抗原，跨膜区将scFv锚定于细胞膜上，胞内信号由共刺激因子和CD3信号域组成。当抗原与抗体结合后，将信号传递至胞内，激活 T 细胞，发挥杀伤活性。目前，全球已有 7 款 CAR-T 药物上市，用于淋巴瘤或骨髓瘤治疗。2017 年，CAR-T 药物 Kymriah 和 Yescarta 产品上市，用于治疗复发/难治性急性淋巴细胞白血病和大 B 淋巴细胞瘤。2020 年，靶向 CD19 的 CAR-T 药物 Tecartus 上市，用于治疗复发/难治性套细胞淋巴瘤（r/r MCL）。2021 年，我国也有两款靶向 CD19 的 CAR-T 药物上市，如阿基仑赛注射液和瑞基仑赛注射液，均用于治疗复发/难治性大 B 细胞淋巴瘤（DLBCL）。

6. 基因治疗药物

基因治疗的概念于 1972 年提出，是将健康的基因转入细胞，替代发生突变的致病基因。经过四十多年，基因治疗从概念变成现实。

欧洲药品管理局以及美国食品和药物监管局对基因疗法药物的上市申请审批非常谨慎。直到 2017 年，美国 FDA 才批准第一款基因疗法，Spark Therapeutics 公司基因治疗药物 AAV-RPE65（Luxturna）上市，它以腺相关病毒 AAV 为载体，将正确的 RPE65 基因递送到视网膜，用于治疗 RPE65 基因纯合突变引起的视网膜疾病。2019 年，Zolgensma 上市，用于治疗 2 岁以下患有存活运动神经元 SMN1 等位突变导致的脊髓性肌萎缩症（SMA）的儿童，通过腺相关病毒 AAV 将正确的 SMN1 基因递送到患者神经元，从而恢复患者的运动能力。

虽然基因治疗药物开发难度大，审批管理严格，作为一种全新的医学生物学概念和治疗手段，基因治疗正逐步走向临床，随着基因编辑技术的成熟和发展，将推动 21 世纪医学的革命性变化。

基因工程药物的发展呈现急速发展的势头，越来越多的传统药物通过基因工程手段来生产，同时过去无法生产或难以生产的药物变得越来越容易生产，活性提升、递送可及、兼容性更好等改造或新型药物不断涌现，特别是随着技术的进步和学科交叉，更加多样化的基因工程药物会不断服务人类健康。

思考题

1. 基因工程药物包含哪些种类？
2. 你所认识的合成生物学有哪些特征？
3. 基因工程蛋白多肽药物的生产方式有哪些？
4. 核酸药物有哪些类型，如何制成药物？
5. 基因工程抗体有哪些表现形式，各有何特点？
6. 常用的基因工程药物表达体系有哪些，试述其优缺点。
7. mRNA 疫苗的制备流程是什么？与其他传统疫苗相比，它有哪些优势？
8. 我国生物医药产业的现状和发展趋势是什么？

主要参考文献

1. Glick BR, Pasternak JJ. 分子生物技术——重组 DNA 的原理与应用. 第三版. 陈丽珊，任大明译. 北京：化学工业出版社，2005
2. Dunbar CE, High KA, Joung JK, et al. Gene therapy comes of age. Science, 2018, 359（6372）: eaan4672
3. Larson RC, Maus MV. Recent advances and discoveries in the mechanisms and functions of CAR-T cells. Nat Rev

Cancer, 2021, 21(3): 145-161

4. Deshaies RJ. Multispecific drugs herald a new era of biopharmaceutical innovation. Nature, 2020, 580(7803): 329-338
5. Wang F, Zuroske T, Watts JK. RNA therapeutics on the rise. Nat Rev Drug Discov, 2020, 19(7): 441-442

(赵昌明　邹婷婷)

第十八章 基因工程产品的安全评价及其管理

在国际农业生物技术应用服务组织（ISAAA）发布的《2019年全球生物技术/转基因作物商业化发展态势》报告中指出，1994年到2019年共计71个国家地区（29个种植国+41个非种植国+欧盟26国，欧盟算为一个国家）的监管机构批准转基因作物用作粮食和/或饲料以及释放到环境中。涉及29个转基因作物（不包括康乃馨、玫瑰和矮牵牛）和403个转基因转化体的4 485项监管。2018年，全球范围内共有43项关于转基因作物的批准，涉及40个品种，有9个新的转基因作物品种获得批准，包括耐除草剂棉花和大豆、低酚棉、抗草甘膦和低木质素苜蓿、含有omega-3的高油酸油菜以及抗虫豇豆等。国际上转基因作物除了种植面积和应用率均位于前列的转基因玉米、大豆、棉花和油菜之外，品种更加多样化，上市销售的包括紫花苜蓿、甜菜、木瓜、甘蔗、南瓜、红花、茄子、土豆、苹果和菠萝。抗虫/耐除草剂（IR/HT）复合性状增长6%，占全球转基因作物种植面积的45%，超过了耐除草剂性状的种植面积，证明农民更喜欢不用翻耕和减少杀虫剂使用的耕种方式。2019年共有29个国家/地区批准种植转基因作物，种植面积达1.904亿公顷。其中24个发展中国家占全球转基因作物种植面积的56%，5个发达国家的种植面积为44%。转基因作物种植面积自1996年以来增长了约112倍，累计达到27亿公顷。拉丁美洲10国种植了8 390万公顷的转基因作物，占全球总种植面积的44%，大多数拉丁美洲国家生物技术作物面积的增加弥补了2017年和2018年大面积干旱造成的损失。2019年有6个非洲国家开始种植转基因作物。从2016年以来2个欧盟国家西班牙、葡萄牙一直种植转基因Bt玉米。另有42个国家/地区（16个国家/地区及26个欧盟国家）批准转基因农作物进口用于食品、饲料和加工。可见，转基因技术发展近40年来，利用转基因技术打破了不同物种之间天然杂交的屏障，实现物种间的基因转移，使作物获得新的优良性状，从而使得遗传资源获得了极大丰富，加快育种进程。但所产生的基因工程产品也可能对微生物、动植物、人类及其生态环境构成危险或潜在风险，产生生物安全问题。为此，应该重视转基因产品的安全评价和积极管理。

第一节 基因工程产品的安全评价

一、DNA重组生物安全准则

随着基因工程的诞生，关于基因工程的生物安全性争论就开始了。特别是1973年科学家在大肠杆菌中表达了一个来自沙门氏菌的基因后，就引发了大规模的关于 DNA 重组技术生物安全性争论，激起了人们对 DNA 分子体外重组的转基因安全性的深入思考。人们对此类重组试验主要的担忧在于：有可能使微生物获得危险的外源基因如抗生素抗性基因，或者通过重组试验，将一些不能或难以感染人类的病毒引入人类体内，扩大癌症及其他疾病的发生范围以及一些无法预知的潜在危险，而给人类带来巨大灾难。1975 年的阿西拉玛大会上，科学家建议政府对重组 DNA 相关研究进行监管。1976 年 6 月美国国家卫生研究院（NIH）制订并正式公布了"重组 DNA 研究准则"（Guidelines for Research Involving Recombinant DNA Molecules，以下简称"安全准则"），对于有关 DNA 重组技术的实验做了严格的限定。安全准则规定了禁止若干类型的重组 DNA 实验，建立了物理防护（P1、P2、P3 和 P4 4 个生物安全等级）和生物防护（EK1、EK2、EK3 3 个不同等级）两个方面的实验安全防护统一标准。一年后，随着安全寄主－载体系统的建立，DNA 重组的工作蓬勃发展起来。迄今，每天在全世界各个实验室进行的有关微生物 DNA 重组试验数以万计，特别是基因组文库和表达性 cDNA 文库的构建技术，几乎将所有的真核生物的基因转入微生物中，就目前来看进行此类试验还未带来任何危险性的后果。

二、转基因生物产品的安全评价原则

转基因产品具有潜在的巨大经济效益，但同时也可能存在一定风险性，因此建立合理的风险评价是科学管理的基础。GM（genetic modified）生物产品安全性的评价原则包括风险分析原则（Risk Analysis）、实质等同性原则（Substantial Equivalence）、个案分析原则（Case by Case）、逐步原则（Step by Step）、熟知性原则、预防原则等。根据国际食品法典委员会（Codex Alimentarius Commission）指南，转基因食品安全性评价的基本原则为危险性分析原则、实质等同性原则、个案分析原则和逐步原则。实质等同性原则是 GM 生物产品与常规生物产品比较是否具有实质等同性；个案分析原则主要针对不同基因、不同转化事件、不同环境条件作个案分析；熟知性原则指为了促进转基因技术及其产业发展的一种灵活利用，可以根据所评价转基因生物及其安全性的历史使用情况来决定是否可以采取简化的评价程序，但实际而言该定义无法精确；预防原则是指在科学上不确定时，可以采取预防为主的措施，但是该含义和寓意却被越来越多地被生物技术产品进口国用作有效的非关税贸易壁垒措施。所以对后两个原则，特别是预防原则，目前仍有很大的争论。

1. 转基因微生物的安全性评价规范

1978 年，Genetech 公司宣布利用重组 DNA 技术创建了一个新的大肠杆菌菌株，用于生产人胰岛素。目前转基因微生物的最主要用途是作为生物反应器，在工业生产和医药领域包括生产胰岛素、凝血因子、人生长激素以及疫苗等。任何转基因微生物产品在商业化使用前，应经过严格的安全评价，其中包括受体安全性评价、基因操作中的安全评价、遗传工程体安全性评价、遗传工程产品安全性评价、释放规定点安全性评价和实验方案安全性评价。

2. 转基因动物的安全性评价规范

美国食品药品监督管理局（FDA）于 2009 年批准了世界首例用于商品化生产的转基因动物——能够生产抗凝血酶的转基因山羊。转基因动物的生物安全性评价主要包括三个方面：①转基因动物的健康状况，分别从插入序列自身的分子特征，插入到基因组后从 DNA、RNA 和蛋白表达的安全性评估；产生的遗传修饰是否对转基因动物自身代谢、生长发育、生殖及免疫等的影响。②从环境角度考虑转基因动物逃逸对环境的影响；基因水平转移对环境微生物生态和体内共生菌群结构的影响；疾病传播。③转基因家畜与食品安全，营养学、毒理学、致敏性、加工和运输安全性评估。AquaBounty 公司在 1989 年培育出 AquAdvantage 转基因三文鱼，通常三文鱼养殖到能够食用的大小需要 3 年的时间，而转基因三文鱼只需 18 个月，且只用原来饲料量的 25%，因此减少了养殖成本和人力投入，也降低了养殖风险。AquaBounty 公司于 1995 年开始向 FDA 申请产业化，直到 2013 年才完成所有的安全评价，包括食品安全评价和环境安全评价。2015 年 11 月，AquAdvantage 转基因三文鱼被 FDA 批准可上市销售，成为为第一种可供食用的转基因动物产品。整个安全评价和产业化的进程经过 20 年的时间才完成。2016 年 5 月 19 日，加拿大卫生部和加拿大食品检验检疫局也批准了 AquAdvantage 转基因三文鱼进入市场销售。在加拿大卫生部发表的公告中，他们认为转基因三文鱼与对照三文鱼营养价值没有差异，不存在任何危害人类健康的风险。

3. 转基因植物的安全性评价规范

转基因植物安全评价和转基因动物安全性评价相似，主要也是 3 大方面：①受体植物的安全性评价，包括受体植物的背景资料、生物学特性、生态环境、遗传变异性等。②基因操作的安全评价，分子特征（DNA、RNA 和蛋白水平）分析。③转基因植物的安全性评价，包括遗传稳定性、基因表达与性状表现的稳定性，转基因植物与受体或亲本植物在环境安全性方面的差异，尤其是遗传物质向其他植物、动物、微生物发生转移的可能性，对生态环境的影响，对人类健康影响包括毒性、过敏性、营养成分（脂类、蛋白质、糖类、矿物质和维生素等），抗生素抗性等。

总之，转基因产品的安全性评价主要是从人体健康、农业生产和生态平衡 3 方面评价转基因生物产品的潜在影响。

第二节 基因工程产品的安全性管理类型

事实上针对转基因生物可能存在的风险，各国政府和科学家均制定了符合科学道理，适合各国国情的法律、法规，对每一例转基因产品在准予商业化生产之前都必须经过严格的检测和审批。国际上农业转基因生物安全管理没有统一的模式，对转基因生物的管理条例大体上可以分为三类：一类是以美国、加拿大等转基因产品生产和出口大国为代表，认为转基因产品的安全性与传统产品没有本质区别，管理应针对生物技术产品，而不是生物技术本身。第二类是以欧洲共同体及其成员国为代表，认为基因重组体技术本身具有潜在的危险性、只要与基因重组相关的活动，都应进行安全性评价并接受管理。第三类是介于两者之间的。总之，世界各国对生物安全问题始终给予密切关注和高度重视，并出台了一些政策、法规，但又有些差异。

1. 美国为代表的转基因生物安全管理模式和现状

美国是最早对转基因生物实施法规管理的国家，美国政府从 1983 年起就设立专项研究基金，对 GM 植物等生物技术产品的生物安全研究给予持续、重点支持，目前美国拥有先进的 GM 农产品安全评价设施。但是以产品的特性和用途为基础，未单独立法。美国农业部（USDA）、食品药品监督管理局（FDA）、环境保护局（EPA）等管理部门不指导科学审议，制造商也无需向食品、药品部咨询（申请是自愿的），但是生产者有确保他们的食品是安全的，并符合法律要求的义务。FDA 认为，在研究和开发的早期阶段，要求生产者用新技术来证实产品的安全及管理方面问题，是一件荒谬的事情。美国模式是对产品进行评估，有助于基因工程技术的发展和产品的推广应用，2018年美国转基因作物种植面积达7 504万公顷，其中大豆、玉米、棉花三个作物平均达到94.5%；批准产业化的转基因植物有20种，已批准于2019年在美国进行商业化生产和销售的转基因农作物有：Arctic® 苹果，油菜，玉米，棉花，茄子（BARI Bt Begun 品种），木瓜（抗环斑病毒的品种），菠萝（粉红果肉品种），土豆，大豆，南瓜和甜菜。另外，目前正对两种果树——美国板栗树和柑橘进行田间试验，这两种果树常受到病害袭击。20世纪早期，美国的板栗因为栗疫病几乎导致灭绝，目前SUNY-ESF的研究人员正在致力于开发一种抗栗斑病的美国板栗。黄龙病是柑橘的一种病害，正在摧毁佛罗里达州51亿美元的柑橘产业，超过80%的佛罗里达州种植者的生产已经受到了影响。得克萨斯州A&M大学的科学家在Southern Gardens公司的资助下，培育出了一种抗病的柑橘树。目前田间试验成功，正在申请检测机构的批准，预计未来三到四年内可商业化种植。值得注意的是，美国转基因大豆产量1.17亿吨，出口5 770万吨，国内使用或消费率为52%；转基因玉米产量3.85亿吨，出口5 260万吨，国内使用消费占85%，其中50%用于食用、饲用等，35%用于生产工业酒精。可以说美国市场上75%的加工食品含有转基因成分，是转基因农产品消费大国。在转基因产品标识上，FDA要求食品的标签应真实、不误导，可对生物技术食品做自愿标识。

2. 欧盟转基因生物安全管理模式和现状

欧盟对于GM植物的管理是非常严格的，欧盟在各成员国先后设立研究基金的基础上，于1991年启动生物安全研究项目，1999年在实行的第五个研究框架中继续将生物安全作为重点研究项目。德国、法国、波兰、意大利、挪威、瑞士、立陶宛等国家的数十名科学家纷纷加入GMO（genetic modified organism）安全评价的工作。日常管理由欧洲食品安全局（EFSA）及各成员国政府负责。迄今为止，EFSA已经批准了952个事件。欧盟委员会（OE）发布的研究报告中，"历时逾25年、500多个独立科研团体参与的130多个科研项目工作（耗资逾3亿欧元）得出的主要结论是生物技术特别是转基因技术与传统作物育种技术安全性相当"。2018年西班牙和葡萄牙继续种植转基因玉米控制欧洲玉米螟。虽然有些国家不允许种植，但欧盟仍然是牲畜饲料和工业用转基因生物技术最大的进口国之一。2019年，欧盟进口转基因大豆约1 200万吨，占欧盟大豆总消费量的70%以上，欧盟每年还进口约25万吨的转基因大豆油以弥补市场缺口。此外，包括NK603转基因玉米在内的40多种转基因作物也获准进口到欧盟销售，还涵盖棉花、大豆、油菜、土豆和甜菜等。欧盟颁布的《转基因食品及饲料条例》《转基因生物追溯性及标识办法以及含转基因生物物质的食品及饲料产品的追溯性条例》规定，对于转基因产品需要进行定量全面强制标识，即获得欧盟核准的转基因食品和饲料，只要转基因成分含量超过0.9%阈值的产品就必须进行转基因标识，对转基因产品实行从农田到餐桌的全过程管理，即对技术过程进行评估管理。

3. 中国基因工程产品的安全性管理模式和现状

与世界上许多国家一样，我国政府高度重视转基因技术研发，从1986年开始就纳入国家重大规划，包括863、973计划以及"十二五规划"、"十三五规划"。2016年，《中华人民共和国国民经济和社会发展第十三个五年规划纲要》中提出：加强农业科技自主创新、加快生物育种、农机装备、绿色增产等技术攻关。2016年，国务院印发《"十三五"国家科技创新规划》提出，加强作物抗虫、抗病、抗旱等基因技术研究，加大转基因棉花、玉米、大豆研发力度，推进新型抗虫棉、抗虫玉米、抗除草剂大豆等重大产品产业化。2021年中央一号文件提出要加快实施农业生物育种重大科技项目。

另一方面，我国政府也十分重视转基因农作物的安全性评价和管理。原国家科委于1993年就颁布了《基因工程安全管理办法》，为我国转基因生物安全管理提供了基本框架。根据这一基本框架，农业部于1996年颁布了《农业生物基因工程安全管理实施办法》，1997年又发布了《关于贯彻执行〈农业生物基因工程安全管理的实施办法〉的通知》，并于同年成立了"农业生物基因工程安全委员会"和"农业生物基因工程安全管理办公室"。2001年国务院又颁布了《农业转基因生物安全管理条例》，使得我国对转基因生物的安全管理更加完善具体。这些法规所管理的农业转基因生物包括转基因动植物（含种子、种畜禽、水产苗种）和微生物、转基因动植物、微生物产品、转基因农产品的直接加工品、含有转基因动植物、微生物或者其产品成分的种子、种畜禽、水产苗种、农药、兽药、肥料和添加剂等产品。在管理上，制定了农业转基因生物安全评价制度、转基因种子、种畜禽、水产苗种生产许可证制度、农业转基因生物经营许可证制度、农业转基因生物标识制度、农业转基因进口管理制度等一系列的制度。

根据受体的生物学特征和基因操作对生物体安全等级的影响，将农业转基因生物安全性分为：尚不存在危险、具有低度危险、具有中度危险、具有高度危险四个等级。评价过程分为5个阶段：实验研究、中间试验、环境释放田间试验、生产性试验和生物安全证书。

我国转基因生物安全评价制度分为两种：报告制和审批制。我国独资企业以及大专院校和事业单位在从事安全等级为Ⅰ和Ⅱ转基因生物的室内实验研究阶段时，试验过程中必须要采取妥当的安全措施，向隶属于相应机构或大学的农业转基因安全领导小组报告，在其监管之下进行。进行安全等级Ⅲ级和Ⅳ级的转基因生物的室内研究阶段以及所有的中间试验均需要履行报告制，向农业农村部农业转基因生物安全管理办公室提交申请报告，获得批准后方可进行。中外合资和外资企业则是从室内实验研究阶段就实行审批制。环境释放、生产性试验和安全证书阶段每个阶段，均执行审批制，申请者需要首先向农业部递交必需的数据，由我国国家农业转基因生物安全委员会开展评价，由农业农村部进行审批，审批允许后才能进入下一试验阶段。当生产性试验及其之前的所有试验都完成后，研发者可以向农业部申请转基因生物安全证书。一个转基因农作物完成全部管理程序一般需要至少6~8年时间。中国既对产品、又对过程进行评估，此外还增加了大鼠三代繁殖试验和水稻重金属含量分析等指标，对研发的全过程开展安全评价，任何一个阶段出现问题都会要求立即终止，从这个角度来说，我国的评价体系是全球最严的。

到目前为止，我国批准且已经商业化种植的转基因作物只有棉花和木瓜（转基因牵牛花、甜椒和番茄虽然曾获批准但因市场原因未能推广）。而自1997年我国批准进口用作加工原料的转基因作物已经有大豆、玉米、油菜、棉花、甜菜，其中2019—2021年，每年进口转基因大豆都超过1亿吨。转基因Bt水稻"华恢1号"和"Bt汕优63"和植酸酶玉米于2009年获得安全证书，2014年和2020年延续获得安全证书，但至今尚未获得生产许可，因此实际上也没有商业化种植。

对于农业转基因生物标识，属于按目录定性强制标识，凡是列入目录的产品，只要含有转基因成分或者是转基因产品加工而成的必须标识；未标识和不按规定标识的，不得进口或销售。第一批实施标识管理的农业转基因生物目录，有5类17种，包括：大豆类，大豆种子、大豆、大豆粉、大豆油、豆粕；玉米类，玉米种子、玉米、玉米油、玉米粉；油菜类，油菜种子、油菜籽、油菜籽油、油菜籽粕；番茄类，番茄种子、鲜番茄、番茄酱；和棉花种子。

按照党中央国务院的战略部署,我国农业转基因发展战略有3个原则:安全不安全,由科学评价确定;能种不能种,要按法规处理;食用不食用,由消费者自己选择。

从主要国家和地区对GM产品态度(表18-1),我们不难看出这些政策的出台,更多是考虑经济、贸易的因素,而不是科学、技术本身。对美国、加拿大等主要GM产品出口国而言,由于本国公司在基因技术上投下巨资,技术领先,并已在国内进行大规模商业化应用,为了保护本国利益,他们在GM产品的管理比较宽松。欧盟诸国由于深受疯牛病、口蹄疫之苦,消费者对食品安全的高度关注和绿党等环保力量的强大,使政府在GM产品的贸易问题上不敢退让,他们主张对GM产品的贸易采取"预防原则"。广大发展中国家既期望基因工程技术能解决他们面临的粮食问题,推动经济增长,又深恐由于本国缺乏技术和管理能力,沦为跨国公司GM产品的安全试验场,使本国最先面临由GM产品带来的风险和威胁。因此处在一种矛盾中,摸着石头过河。然而一个国家的政策会给基因工程技术及其产品研发推广带来极大的影响。

表 18-1 美国、欧盟、中国转基因评价制度比较

	美国	欧盟	中国
评价对象	产品	过程	产品+过程
法规	不单独立法	专门立法	专门立法
原则	个案分析+实质等同	个案分析+预防原则	个案分析+实质等同+预防原则

第三节 基因工程技术安全性探讨及其产品的发展前景

随着转基因技术的不断发展和完善,转基因生物产品及转基因食品愈来愈多,根据Cropnosis机构的估计,2017年全球转基因作物的市场价值为172亿美元,占2017年全球商业种子市场560.2亿美元市值的30%。预计全球转基因种子价值,到2022年和2025年将分别增长8.3%和10.5%。关于转基因产品的安全性争论也已经引起国内外各界人士的广泛关注,特别是媒体的强力介入对这场争论起了推波助澜的作用,吸引了包括科学家、经济学家、伦理学家、企业家和政府首脑以及普通民众的积极参与。如何站在科学的立场辨证看待和分析这起争论,不仅关系到基因工程技术的深入研究,而且直接影响到生物技术产业的发展。

在回答这个问题之前,首先要区分两个不同的概念,一是风险,二是有害或危害。风险是指潜在的或可能发生的对环境和人类健康的危害;而有害则是已经被科学证明,对环境和人类健康具有危害的客观事实。现在许多媒体都把这两个概念混淆起来,一讲到转基因生物,就只凭臆测,不加分析也不根据科学事实,把它说成是"洪水猛兽","危害巨大"、"甚至会影响到子孙万代"。这对不明真相的公众来说是一种误导!其次,要说明的是,安全性或风险性是一个相对的、动态的概念。今天科学上认为是安全的,明天可能会发现不安全的因素;今天认为不安全,随着科技的进步,明天会找到新的技术消除其不安全因素,化有害为有利。事实上,任何人类活动都有风险,任何科学技术发明都是一把双刃剑,既有有利的一面,也有不利的一面,最重要的是要权衡利弊,取其利,避其弊。电器、汽车、飞机、免

疫、青霉素等等都不是绝对保险，触电伤人、汽车尾气造成空气污染、空难以及青霉素过敏等事件人们已经是屡见不鲜。

1. 外源基因发生"异源重组"或"异源包装"的可能性探讨

基于病毒的特性，一种病毒的外壳蛋白有可能可以包装另一种病毒来源的核酸，而产生一种新病毒。而在转基因工程菌中，在筛选压力下，外源基因可以通过重组整合到质粒中。因此公众会担心①转基因生物中会发生"异源重组"或"异源包装"，从而产生具有"超级抗性"的病原微生物危害人类健康或是产生新的农作物病原物。此类现象在实验室中通过高强度的筛选压力曾获得验证，但转基因产品的商业化发展至今，目前在田间试验中尚无报道。同时要说明的是微生物的异源重组在自然界长期进化过程中是广泛发生的，因此可认为转基因产品并不是该现象产生的直接原因。②外源基因发生"异源重组"或"异源包装"是否会进入人的遗传体系中。专家们认为这种可能只是在理论上具有极小的概率。随着"Marker-free 技术"及更安全的标记基因的使用，这种担忧可被解除。

2. "超级杂草"和"超级害虫"的可能性探讨

人们会担心出现具有多种抗性基因的作物花粉与近缘属杂交，导致"超级杂草"的产生，同时也担心出现具有高度抗药性的农业"超级害虫"。关于此类问题的报道具有一定的实验依据，但随着科学技术的进步可以通过转双价基因和一定的种植手段逐步解决，另一方面，具有抗性的杂草或害虫出现不仅仅是由于转基因作物的种植，除草剂和农药的使用也同样会使杂草的耐除草剂和害虫的抗药性增强，这是人工选择抗性突变体的结果。

3. 保护生态平衡的探讨

保护生态平衡是目前全球最为沉重的话题之一。在生物进化过程中，不同物种之间的遗传物质交流是极为缓慢的，而目前人们担心转基因生物的释放会对人类的生存环境产生不利影响，包括顾虑。

（1）转基因技术的应用是否会使"基因交流"的频率成倍提高，从而提高相关物种的生存竞争性、杂草性和入侵性。有两种方式可能引起"基因交流"：基因漂移（gene flow）和基因水平转移。基因漂移又指基因漂流、基因流动，是指基因在种群之间的横向转移，是自然界里普遍存在的，例如花粉的随风飘散，它也是生物进化中普遍存在的一种自然现象。在转基因作物的环境安全评价中，基因漂移指转基因植物通过花粉漂移或种子扩散将转基因转入同一物种或相关物种。在分析基因漂移风险时要考虑生物学因素和物理因素。生物学因素包括不同物种的地理分布是否重叠、生殖交配方式和可交配性、花期是否相遇、每天的开花节律是否重叠、花粉和柱头的生活力等。物理因素包括地形地貌、气候条件、风向风速、是否具有隔离屏障等。我国以华南生态区为代表，转耐除草剂基因 bar 的粳稻作花粉供体，存在花粉竞争条件下，研究了转基因向籼稻、杂交稻不育系、杂交稻品种和普通野生稻等 8 个受体材料的基因漂移。研究发现，GM 作物的基因漂移与常规作物一致，对不同的受体发生基因漂移的潜在环境风险有高有低。同时，为了避免花粉传播带来的基因漂移，我国规定了转基因作物田间隔离距离，其中芸薹属的隔离距离为 1 000 m，玉米隔离距离 300 m 或花期隔离 25 天以上，大麦、小麦和水稻的隔离距离均为 100 m，或花期隔离 20 天以上。在《农业转基因生物安全管理通用要求试验基地》（国家标准，农业部 2406 号公告-3-2016）中明确规定试验基地应该符合监管部门要求的隔离距离，隔离距离内无所试验转基因植物的野生近缘种。基因水平转移（horizontal gene transfer，HGT）则是指遗传物质从一个有机体（供体）向另一个与供体有性不亲和的有机体（受体）转移，这是一种天然的转基因。而一般说的转基因指的是一种技术，需要人为操作。目前，关注的焦点问题是基因是否水平转移至土壤微生物或人畜消化道微生物中，或者其他物种，包括水生生物，甚至是哺乳动物等。仅有少数资料推测基因水平转移可将基因转入与植物共生的真菌，但缺乏稳定整合和遗传的依据。至今也未有实验证明转基因植物向细菌或其他物种的基因水平转移。

（2）对非目标生物的危害是否直接或间接影响生物多样性。研究人员用转 Bt 基因玉米以及转基因土豆进行的试验表明，转抗虫基因作物在降低虫害的同时，也会对有益昆虫的种群产生不良的影响。但英国耕地研究所（IACR）于 1999 年的研究认为，Bt 蛋白对小菜蛾寄生蜂的生存并无直接的不利影响。2012 年，中国农业科学院吴孔明教授在 *Nature* 期刊上发表文章，根据可追溯到 1990 年的 36 个地点的数据认为 Bt 棉花不光有效控制了棉田棉铃虫种群，也明显压低了其他作物上的虫源基数，同时促进了昆虫天敌回归，为转基因棉花及周围的田野提供了有效的生物学虫害防治。因此，对该问题进行更长期和更具体地研究将是十分必要的，而且个案之间存在一定差异也是完全可能的。

4. 转基因食品的毒性，过敏性反应的可能性探讨

不同的转基因生物包括以不同方式插入的各种基因，因此应根据个案分析原则评估任何一个转基因食品及其安全性。毒理学评价实验，需利用国际上认可的、经典的、通行的、标准动物模型，高剂量、全生命周期、多代数的全面评价，通过科学来验证转基因产品是否存在有毒有害物质，不存在对下一代及更多代产生危害的物质基础。任何一种食品包括转基因食品都不会做人体实验的，一方面是没有必要（因为，食品在消化系统里会被消化成蛋白质和淀粉被小肠吸收，如果被评价的转基因食品根据实质等同原则被认为和对照的非转基因材料在主体成分上没有区别，也就是没有带来任何新的东西）；另一方面，也不可行，因为不可能让实验对象在很长时间内只吃某一种特定的食品。转基因食品引起人体过敏性反应的发生概率相对可能高一些，但与之相应的过敏原检测和安全管理也更加完善和严格。世界卫生组织（WHO）2005 年认为，"目前尚未显示转基因食品批准国的广大民众食用转基因食品后对人体健康产生了任何影响"。经济合作与发展组织（OECD）、世界卫生组织（WHO）、联合国粮农组织（FAO）2002 年召开专家研讨会，发出"目前上市的所有转基因食品都是安全的"结论。国际科学理事会（ICSU）表示"现有的转基因作物以及由其制成的食品已被判定可以安全食用，所使用的检测方法被认为是合理适当的"。2016 年 5 月，美国国家科学院、工程院和医学院历时 2 年研究、分析 30 年 900 项基因工程技术研究资料，发布报告表示"没有发现确凿证据表明目前商业种植的转基因作物与传统方法培育的作物在健康风险方面之间存在差异，没有发现任何疾病与食用转基因食品之间存在关联，而且没有发现确定性因果关系证据表明转基因作物会造成环境问题"。2016 年 5 月，英国皇家学会出版报告："与传统农作物相比，食用转基因农作物是安全的"。2017 年，由全球 8 200 多名科学家组成的毒理学学会发布声明，确认了转基因作物的安全性，指出在近 20 年里，没有任何可证实的证据表明转基因作物对健康产生了不利影响。2016 年，来自英国、法国、德国、日本、美国、俄罗斯等 18 个国家 100 多位诺贝尔奖得主联名签署公开信，敦促绿色和平组织结束其对转基因生物的抵制，2018 年诺贝尔奖得主签名人数已达到 133 名，其中 46 人为生理学或医学奖得主，41 人为化学奖得主。

经过安全评价的转基因食品与传统食品相比没有增加风险，是同等安全的。事实上，转基因产品是迄今研究最为深入、检测最为全面、监管最为严格的一类农产品。全世界几十亿人吃了一二十年转基因食品，迄今，未发生一例上市的转基因食品被科学证实的安全问题。因此，应用实践和权威机构全面的跟踪研究评估都证明了通过安全评价的转基因产品是安全的。

围绕基因工程技术及其产品引发的争论，并不仅仅是基因工程技术发展过程中的独有现象。纵观历史上科学技术的产生和发展过程，不难发现，任何新技术的形成与发展都不可避免地要受到社会因素的影响。社会需求引导了它的出现，社会生产、生活中的应用推动了它的发展，不同社会意识形态之间相互斗争的结果决定了它的发展方向，这一过程并不是事先可以预测的。

5. 转基因产品的发展前景

国际上转基因技术已经广泛应用于医药、工业、农业、环保、能源等领域，成为新的经济增长点。我们应当看到，基因工程技术及其产品具有无限的社会需求，它被人们寄予着缓解饥饿与贫穷的沉重期待，也凝聚着人们改善生活质量，提高生活水平的美好憧憬，这就是它赖以存在与发展的意义所在。转基因作物在世界五大转基因作物种植国的平均应用率（大豆、玉米和油菜的平均应用率）已经接近饱和，其中美国93.3%、巴西93%、阿根廷接近100%、加拿大92.5%、印度95%。目前在遗传改良领域，转基因技术的发展趋势在转基因产品获得的外源性状由"单抗"逐渐向"双抗"，"多抗"发展，具有多重性状的转基因作物种植面积持续增加，占全球转基因作物种植面积的42%；功能也从增加抗性逐步向改善品质以及附加功能方向发展，包括提高营养元素、生产生物燃料，以及利用植物作为工业、医药和生物反应器等的第三代转基因产品。中国科学家独创的人血清白蛋白水稻已获得成功。人血清白蛋白是一线大宗临床用药，作为血浆容量扩充剂用途广泛，用于手术后体液补充和辅助治疗等，此外还广泛用于疫苗的赋形剂、蛋白药物保护剂以及动物细胞和干细胞培养的添加剂。这种蛋白过去要从血液中提取，在我国市场需求约为700 t/年，据我国2020年上半年数据，人血白蛋白需求为311 t/半年，其中我国自主生产105.5 t，进口205.5 t，进口占66.1%。以转基因水稻胚乳为原料，经提取和多步纯化等工艺获取的重组人血清白蛋白OsrHSA，目前纯度可达>99.999 9%。现在可利用转基因水稻生产，一亩地水稻生产的白蛋白可替代200人献血（200 ml/人），创造价值估计可超过12万元。2017年5月，植物源重组人血清白蛋白注射液获得国家食品药品审评中心批准进入临床研究的批文，这是我国乃至国际上第一个基于水稻胚乳细胞生物反应器生产的一类创新药。I期临床研究结果证明OsrHSA具有非常好的安全性和耐受性。美国Simplot公司研发的Innate® 土豆和Arctic® 苹果能够推动减少从农场到厨房的食物浪费。其中Arctic® 苹果利用CRIPSR技术实现了抗褐变，品种于2016年首次商业收获，2017年已在美国发售。第二代Innate® 土豆不但可以抗挫伤、抗褐变、减少油炸后产生的致癌物丙烯酰胺的含量，还增加对晚疫病的抗性和耐低温存储性。"黄金大米"富含胡萝卜素可以预防贫困地区儿童维生素A缺乏症。2017—2019年间，美国、加拿大、新西兰和澳大利亚的监管机构纷纷给予黄金大米食用批准。菲律宾农业部2019年12月18日向"黄金大米（GR2E）"颁发了"直接用作食品、饲料或加工"许可证。国际水稻研究所称，经过严格的生物安全评估，黄金大米被认定与传统水稻一样安全。

针对自身的不足，转基因技术也在不断完善，包括发展无标记转基因技术，有助于进一步降低安全性风险；发展多基因转化技术改良代谢性状；发展组织特异性表达技术，实现在食用部位无转基因产物，消除部分人群因食用转基因产物而产生的安全性顾虑；发展植物质体转化方法，利用大部分高等植物质体的母性遗传，避免转基因通过花粉漂移。

如果害怕以基因工程技术为主的生物技术研究可能带来负面效应，而禁止其发展，必将蒙受巨大损失，甚至在国际竞争中败下阵来。对于任一项科学技术，零风险是不存在的，也没有什么绝对安全。但是，因噎废食，无所作为才是最大的风险。

附录 转基因农作物产品的安全性争论事件

作为高技术试验品的转基因农作物，在其进入公众日常生活中，因与人类休戚相关的安全性问题在全球范围内广受争议，充满坎坷。对几个引起较大反响的事件，在一些科学家和民间组织的参与下，经过重要媒体、杂志的渲染而显得扑朔迷离，使得不知真相的民众忧心忡忡。站在科学的立场上，辨证分析这些事件是十分必要的。

一、食用安全争议事件

Pusztai 事件：1998 年秋天英国 Rowett 研究所的 Pusztai 博士在研究成果未发表的情况下，在英国电视台发表讲话，声称大鼠食用了转雪花莲凝集素基因的土豆后，导致体重和器官重量减轻，免疫系统受到了破坏，并且认为"这些症状不是食用凝集素的结果，而是转基因过程中的 DNA 结构所导致"。此事首次引起国际轰动。绿色和平组织、地球之友等反生物技术组织把这种土豆说成是"杀手"，并策划了破坏转基因作物试验地等行动，焚烧了印度的两块试验田，甚至美国加州大学戴维斯分校的非转基因试验材料也遭破坏，以致研究生的毕业论文答辩都无法进行。英国皇家学会对此非常重视，组织了同行评审，并于 1999 年 5 月发表评论，指出 Pusztai 的试验有六方面的错误，即：不能确定转基因和非转基因土豆的化学成分有差异；对实验用的大鼠，仅仅食用富含淀粉的土豆，未补充蛋白质以防止饥饿；供试动物数量少，饲喂几种不同的食物，且都不是大鼠的标准食物，没有统计学意义；试验设计差，未作双盲测定；统计方法不当；试验结果无一致性等。可以说设计不科学，实验过程错误百出，试验结果无法重复，因此结果和相应的结论根本不可信。

巴西坚果事件：大豆营养丰富，富含氨基酸，但缺乏硫氨基酸。巴西坚果中具有一种富含甲硫氨酸和半胱氨酸的蛋白质（2S albumin）。当美国先锋公司的研究人员对自行研发的转 2S albumin 基因的转基因大豆进行安全测试时，发现对巴西坚果过敏的人同样对这种大豆过敏，认为蛋白质 2S albumin 可能正是巴西坚果中的主要过敏原。因此先锋种子公司立即终止了这项研究计划，但事后一度被宣传为"转基因大豆引起食物过敏"，作为反对转基因的一个主要事例。但是实际上，该事件恰恰是因转基因蛋白属于过敏原未被商业化的转基因案例，体现对转基因植物的安全管理和生物技术育种技术体系具有自我检查和自我调控的能力，能有效地防止转基因食品成为过敏原，确保食物安全。

法国孟山都转基因玉米事件：2007 年和 2009 年，法国卡昂大学的 Seralini 及其同事发表文章认为，将 3 种孟山都公司的转基因玉米连续喂食大鼠 3 个月，能让大鼠的肝脏、肾脏受损。文章发表后，受到了同行科学家及监管机构的批评，他们指出，该论文仅仅列出了数据的差异，并没有给予生物学或毒理学上的解释，而且这种差异只是反映在某些实验用老鼠和某个时间点上，不具有一致性，他们仅仅是对数据选择了不合适的、不被同行使用的统计方法对孟山都公司之前的实验数据重新分析。2012 年 9 月，Seralini 等再次在英国期刊《食品和化学毒物学》刊登了一份类似研究报告，指出喂食美国孟山都公司 NK603 转基因玉米的实验鼠寿命比正常实验鼠短，且前者出现肿瘤的概率更高。但根据 10 月 4 日欧洲食品安全局公布的初步调查结果，认为这项研究的目标不明确，实验设计、指导和数据分析方面的诸多重要细节被省略，仅凭报告中给出的信息并不能得出相关结论。10月22日法国生物技术最高委员会和国家卫生安全署先后否定了关于美国孟山都公司NK603转基因玉米致癌的研究结论，同时也建议对转基因作物的长期影响进行研究。

奥地利孟山都转基因玉米事件：2007年，奥地利维也纳大学Juergen Zentek领导的研究小组发现，经过20周的观察之后，孟山都公司研发的抗除草剂转基因玉米NK603和转基因Bt抗虫玉米MON810的杂交品种对老鼠的生殖能力存在潜在危险。然而事实上，Zentek博士自己也表示，其研究结果很不一致，显得十分初级和粗糙，后被国际同行认可的专家以及欧洲食品安全部评价转基因安全性的专家组认为该研究存在严重错误和缺陷，不能支持任何关于食用转基因玉米NK603和MON810对生殖产生不良影响的结论。

俄罗斯之声转基因食品事件：2010年4月，俄罗斯广播电台俄罗斯之声以《俄罗斯宣称转基因食品是有害的》为题报道一则新闻。宣称"Severtsov生态与进化研究所的Alexei Surov博士介绍说，用转基因大豆喂养的仓鼠第二代成长和性成熟缓慢，第三代失去生育能力。法国政府立即禁止了转基因玉米的生产和销售"。然而实际是，该事件没有在任何学术期刊上发表过，也没有任何研究简报或新闻表明Alexei Surov博士写过这样的信息。同时新闻将一个俄罗斯人宣称上升到俄罗斯宣称也是完全夸大，至于新闻中还提到的法国禁止转基因玉米的生产和销售也是与事实不符的，在2004年5月欧盟就已经决定允许进口转基因玉米在欧盟境内销售。

广西迪卡007/008玉米事件：2010年2月，一篇署名为张宏良的题为《广西抽检男生一半精液异常，传言早已种植转基因玉米》的帖子在网络上传播，作者显然试图将广西大学生精液异常与种植转基因玉米这两件事联系起来，从而引发了不少公众对转基因产品的恐慌。然而，从了解的情况来看，该帖子是依据两个材料，一是网络报道称"从2001年至今广西推广上千万亩美国孟山都公司的迪卡系列007/008转基因玉米"，二是广西新闻网2009年11月的报道，广西在校大学男生过半抽检男生精液不合格。但是，第一个说法不属实，经孟山都公司、广西种子管理站和农业部证实迪卡007/008为传统的常规杂交玉米，而不是转基因作物品种。第二个关于广西大学生精液异常的材料有明确出处，来自《广西在校大学生性健康调查报告》，但是在报告中研究者根本没有提出精液异常是与转基因相关的观点，而是列出环境污染、食品中大量添加剂、长时间上网等不健康的生活习惯等因素。可见这一事例是一则虚假新闻。

2010年先玉335事件：2010年9月21日，《国际先驱导报》发表调查文章称，山西、吉林等地老鼠变少猪流产等异常与动物吃过的食物——先玉335玉米有关，而先玉335玉米为转基因品种。可实际上通过调查发现①杜邦公司的先玉335并不是转基因玉米，而是通过国家品种鉴定的杂交品种；②母猪产仔少、不育、流产的情况与本地实际严重不符；③而老鼠变少变小则是由于农村基础建设和住房成为水泥结构等环境因素造成。

二、生态安全事例

斑蝶事件：1999年5月，康奈尔大学的科学家约翰·洛希（John Losey）在 Nature 期刊上发表文章，声称转基因抗虫玉米的花粉飘到一种名叫"马利筋"的杂草上，用马利筋叶片饲喂美国大斑蝶，导致44%的幼虫死亡。文章很快引起了公众的高度关注。这一实验是在实验室完成的，并不反映田间情况，且没有提供花粉量数据。于是，美国国家环境保护局和美国农业部组织了一大批来自不同大学、研究所、环保组织和工业界的科学家开展了一项为期 2 年的研究。现在这个事件也有了科学的否定结论：第一，如果马利筋叶片上的转基因玉米花粉密度低于 1 000 粒 /cm^2，那它就不会对大斑蝶幼虫产生任何影响。第二，玉米的花粉较重，扩散不远，玉米田里，平均每平方厘米的马利筋叶片上也只有 171 颗转基因玉米花粉。99% 的叶片样本上玉米花粉的密度低于 900 颗 /cm^2。在玉米地以外 5 m，每一平方厘米马利筋叶片上只找到一个玉米花粉。同时，玉米花粉也很容易被雨水冲走。第三，2000 年开始在美国和加拿大进行的田间试验都证明，抗虫玉米花粉对斑蝶不构成实质性威胁，而如果对玉米田使用一种常用的杀虫剂，田里几乎所有的大斑蝶幼虫都会死亡。2000 年到 2003 年，美国的 Bt 转基因玉米种植面积的比例从 18% 增至 25%，与此同时，大斑蝶在美国的数量不仅没有减少，反而增加了 30%。

墨西哥玉米事件：2001 年 11 月，美国加州大学伯克利分校的两位研究人员在 *Nature* 期刊上发表文章，声称在墨西哥南部 Oaxaca 地区采集的 6 个玉米地方品种样本中，发现有 CaMV35S 启动子及诺华种子公司（Novartis）Bt11 抗虫玉米中的 *adh1* 基因相似序列。绿色和平组织借此大肆渲染，说墨西哥玉米已经受到了"基因污染"，甚至指责坐落于墨西哥的国际小麦玉米改良中心（CIMMYT）的基因库也可能受到了"基因污染"。文章发表后受到很多科学家的批评，指出其在方法学上的许多错误。所谓测出的 CaMV35S 启动子，经复查证明是假阳性。所称 Bt 玉米中的 *adh1* 基因已经转到了墨西哥玉米的地方品种，也是假的。因为转入 Bt 玉米中的基因序列是 *adh1–1S* 基因，而作者测出的是玉米中本来就存在的 *adh1–1F* 基因，两者的基因序列完全不同。显然作者没有比较这两个序列，审稿人和 *Nature* 期刊编辑部也没有核实。对此，*Nature* 期刊编辑部后来发表声明，称"这篇论文证据不足，不足以证明其结论，原本不应该发表"。墨西哥小麦玉米改良中心（CIMMYT）也发表声明指出，经对种质资源库和新近从田间收集的 152 份材料的检测，在墨西哥任何地区都没有发现 CaMV35S 启动子。遗憾的是绿色和平组织不以科学为基础，对科学的结果至今仍只字不提。当然，转基因玉米和栽培玉米之间发生基因漂移是可能的，但这不能渲染为"基因污染"，并作为禁止转基因作物的理由。

加拿大"超级杂草"事件：有研究报道，在加拿大的油菜地里发现了个别油菜植株可以抗一种、两种，甚至三种除草剂，因而把其称之为"超级杂草"。应当指出的是，"超级杂草"并不是一个科学术语，而只是一个形象化的比喻，目前并没有证据证明已经有"超级杂草"的存在。事实上，这种油菜在喷施另一种除草剂 2,4–D 后即被全部杀死。而这种基因漂移并不是从转基因作物开始，它是生物进化组成部分。例如，小麦是由 A、B、D 三个基因组组成的异源六倍体，它是由分别带有 A、B、D 基因组的野生种经过基因漂移合成的。所以，以此来禁止转基因作物，也是没有道理的。即使发现有抗多种除草剂的杂草，人们还可以研制出新的除草剂来消除它们，科学进步的历史就是这样。当然，油菜是异花授粉作物，通过虫媒传粉，花粉传播距离比较远，且在自然界中存在较多的相关物种和杂草，可以与转基因油菜发生极小机会的远缘杂交，因此，对其可能发生的基因漂移现象进行跟踪研究是必要的。

上面的例子从另一方面说明，随着转基因产品的商业化，对于转基因生态安全的研究就已经在全世界范围内同步展开。中国农业科学院吴孔明研究员所带领的研究小组根据可追溯到 1990 年的 36 个地点的数据，系统比较了 Bt 棉花种植前、种植期间及种植后害虫和天敌的种群动态，证明了 Bt 棉花在我国多作物生态系统中控制棉铃虫危害的有效性：不仅有效控制了棉田棉铃虫种群，也明显减轻压低了其他作物上的虫源基数，同时促进了昆虫天敌回归，为转基因棉花及周围的田野提供了有效的生物学虫害防治。

因此，我们一方面应该认识到转基因产品的商业化不可逆转，而另一方面科研人员也应从安全性方面着手，力争从转基因产品对人类、生态等方面多层次、多角度地进行研究，然后建立科学的生物安全评价指标体系。

思考题

1. 简述基因工程产品的安全性评价原则，你如何看待基因工程产品的安全性问题？
2. 根据我国基因工程研究的现状，你如何认识管理和发展的关系。
3. 欧盟、美国和中国是如何管理转基因产品的？管理转基因的模式有何差异？
4. 我国农业转基因安全评价程序是什么？
5. 你敢吃转基因食品吗，为什么？
6. 你如何看待转基因植物的生态安全性？

主要参考文献

1. 贾士荣. 转基因植物的环境及食品安全性. 生物工程进展，1997，17（6）
2. 贾士荣. 转基因作物的环境风险分析研究进展. 中国农业科学，2004，37（2）：175-187
3. 樊龙江，等. 转基因作物安全性争论与事实. 北京：中国农业出版社，2001
4. 张启发，林拥军. 遗传工作作物-经验与展望. 北京：科学出版社，2021
5. 中国国家生物安全框架. 中国国家生物安全框架课题组. 北京：中国环境科学出版社，2000
6. 国家科委. 基因工程安全管理办法. 1993
7. 中华人民共和国国务院令第 304 号. 农业转基因生物安全管理条例. 2001，农业部令 2017 年第 8 号修订
8. 中华人民共和国农业部令第 8 号. 农业转基因生物安全评价管理办法. 2002，农业部令 2017 年第 8 号修订
9. 中华人民共和国农业部令第 9 号. 农业转基因生物进口安全管理办法. 2002，农业部令 2017 年第 8 号修订
10. 中华人民共和国农业部令第 10 号. 农业转基因生物标识管理办法. 2002. 农业部令 2017 年第 8 号修订
11. 中华人民共和国农业部. 农业转基因生物（植物、动物、动物用微生物）安全评价指南. 2017
12. 国际农业生物技术应用服务组织. 2019 全球生物技术/转基因作物商业化发展态势. 中国生物工程杂志，2021，41（1）：114-119
13. 转基因权威关注　http：//www.moa.gov.cn/ztzl/zjyqwgz/
14. ISAAA 网（国际农业生物技术应用服务组织）http：//www.isaaa.org/default.asp

（林拥军　周　菲）

索 引

10X Genomics 175, 207
2,5-二酮-L古龙糖酸 326
$2^{-\Delta\Delta CT}$ 149
2-酮-L古龙糖酸 326
2′-脱氧核苷酸 155
3′-RACE 144
3-磷酸甘油醛脱氢酶基因 383
454测序 160, 161
5′-RACE 143
5-甲基胞嘧啶 12
6-甲基腺嘌呤 12
α-互补 46
β-半乳糖苷酶 46
β-环状糊精葡基转移酶 340
β-肌球蛋白编码基线 277,147
β-酪蛋白 277
β-内酰胺酶 45
θ复制 65
χ位点 56
AcMNPV 369
AMV反转录酶 35
ATAC-seq 212
ATP硫酸化酶 161
Bacmid 360
Bac-to-Bac 360
BAC文库 74
BL21（DE3） 36
BLAST 178, 180
BmNPV 369
BSA 24
Bst DNA聚合酶 32
CaCl₂转化法 108
CAR-T治疗 396
CAST 241
ccd基因 137
cDNA-AFLP技术 227
cDNA末端的快速扩增 143
cDNA文库 9, 197
ChIP-seq 115, 211
chi位点 56
CIAP 37
CIP 37
cos位点 54
Cre-loxP重组系统 233
Cre重组酶 41, 234
CRISPR/Cas基因编辑 303
CRISPRi 223
CRISPR RNA 237
CRISPR干扰技术 223
CRISPR关联转座子 241
CRISPR序列 237
CTAB法 96
Ct值 147, 148
Cy3和Cy5花菁类染料 106
cI基因 50
DDBJ数据库 180
DEAE葡聚糖转染法 285
DETECR 39
Dicer核酸酶 394
DMSO 103, 286
DNase Ⅰ 172, 194
DNase-seq 211
DNase Ⅰ足迹实验 112
DNA shuffling 303
DNA测序 153
DNA结合蛋白 40
DNA结合结构域 114, 203
DNA聚合酶 29
DNA酶足迹法 38
DNA纳米球 165
DNA纳米球测序 164
DNA迁移率变动试验 111
DNA双螺旋结构 6
DNA微阵列 106
DNA文库 197
DNA洗牌 184
DNA疫苗 392
DTT 40
dUTG酶 188
EBI 180
EcoR Ⅰ 4
EMBL数据库 180
ExPASy 180
Fab抗体 387
FAIRE-seq 212
Forward引物 157
Fv片段 385
F质粒 67
G418 280
Gateway克隆技术 62
GenBank数据库 180
Gibson组装技术 139
GISAID数据库 180
glass bead 101
Golden Gate组装 26
λgt10载体 57
λgt11 57
hot start 134
Illumina测序 160
iTRAQ 228
Klenow DNA聚合酶 30, 31
Klenow片段 31
k-mer 179
Kunkel定点诱变法 188
Maxam-Gilbert化学降解法 153
McrBC甲基化 190
M-MuLV反转录酶 35
MNase-seq 212
Moloney鼠白血病病毒 34
Mo-MLV 353
mRNA-seq技术 172
mRNA疫苗 392
NCBI 176, 180
NGDC数据库 180
Northern杂交 104, 105, 263

索引

NPV 369
Oxford Nanopore 166
P1 人工染色体载
　体 70, 76
PacBio 166
PAM 位点 238
PCR 3, 128, 263
pegRNA 239
PEG 介导的基因转
　化 250
pET 载体 80
Pfu DNA 聚合酶 34, 132
PHA 346
PHB 346
phi29 DNA 聚合酶 32
PicoTiterPlate 平板 161
poly(A) 尾 12
Profinity eXact 85
pUC19 47
Pwo DNA 聚合酶 34, 132
REBASE 17
RF DNA 65
RGD 364
Ribo-seq 212
RNAi 123, 394
RNA-seq 172
RNase 保护分析 103
RNA 测序技术 172
RNA 干扰 8, 123
RNA 酶抑制剂 102
RNA 诱导沉默复合体 394
RNA 诱导的沉默复
　合体 124
RT-PCR 技术 263
SAMRT 201
SCRaMbLE 242
SD 序列 79, 326
sgRNA 304
SHERLOCK 39
SINOGEN 372

SMART 142
SMART-seq 207
SMRT 单分子测序
　技术 166
Southern 杂交 104,
　105, 263, 291
SP6 RNA 聚合酶 36
Spi 筛选 56
SUMO 蛋白 80
SV40 载体 352
SYBR Green I 149
SYBR 荧光染料 149
S- 层表面蛋白 328
S- 腺苷甲硫氨酸 15
T3 RNA 聚合酶 36
T4 DNA 聚合酶 31
T4 DNA 连接酶 36, 37
T4 多核苷酸激酶 37
T7 DNA 聚合酶 31
T7 RNA 聚合酶 36
TAIL-PCR 140
TALEN 236, 259
Taq DNA 聚合酶 34, 132
Taq DNA 连接酶 37
TA 克隆法 135
T-DNA 转移的效
　率 258
Tn5 转座酶 118
TRIZOL 试剂 102
tSMS 测序技术 166
Tth DNA 聚合酶 34, 132
Universal 引物 157
Vent DNA 聚合酶 132
Weiss 单位 36
Western 杂交 104, 105,
　263
Xa 因子 80, 83
ZFN 259
ZMW 166

A

阿达木单抗 389
阿维菌素 333
埃氏交替单胞菌 193
艾滋病病毒 383
氨苄青霉素抗性
　基因 45, 277
氨基糖苷磷酸转移酶
　基因 280

B

靶向切割和标记
　技术 118
斑点杂交 104
半保留复制 6
棒杆菌 326, 337
胞嘧啶 6
胞嘧啶单碱基编辑
　器 239
胞嘧啶脱氨酶 119
饱和诱变 191
保守区 385
保真度 130
报告基因 262
报告制 403
北非蝎子 369
本底 147
比较基因组杂交试验 106
毕赤酵母 383
变构位点 23
变性 128
标记 158
标记基因 45
标签化 119, 207
表达标签 80
表达元件 78
表达载体 78
表面等离子共振 119
冰核蛋白 328

丙氨酸扫描诱变 190
并列点样 153
病毒 351
病毒感染法 285
病毒基因工程 351
病毒样颗粒疫苗 364
波莉 274
玻璃奶 101
泊松分布 150
哺乳动物细胞表达
　系统 389

C

操纵子 8
草生欧文氏菌 326
测序酶 31, 156
层叠基因芯片 106
插入失活 46
插入型载体 57
差异剪接 222
差异显示 PCR 技术 227
产黄头孢 342
产品质量 265
肠激酶 80, 83
超变区 385
超变区多肽 387
超表达 275
超级工程菌 323
超声波转染法 285, 286
超氧化物歧化酶 340
巢式 PCR 140
炽热球菌 20
重测序 106, 160
重叠群 70, 216
重叠延伸 187
重叠延伸剪接法 192
重排 76
重组干扰素 372
重组人干扰素 372

索引

重组人红细胞生成
　素　372
重组乙型肝炎疫苗　382
穿梭型表达载体　327
穿梭载体　92，281
从头测序　160
从头组装　173
促旋酶　50
错误掺入诱变　183

D

大肠杆菌　4，29
大肠杆菌 BL21　80
大肠杆菌 DNA 聚合
　酶Ⅰ　29
大肠杆菌 DNA 连接
　酶　37
大肠杆菌 poly(A) 聚合酶
　Ⅰ　35
大肠杆菌表达系统　389
代谢组-全基因组关联
　分析　230
代谢组学　227
单纯疱疹病毒载体　357
单分子测序　166
单分子荧光共振能量转
　移技术　117
单核苷酸多态性　106
单克隆抗体　384
单链 DNA　25
单链 DNA 结合蛋白　40
单链抗体　387
单链噬菌体载体　63
单细胞 RNA 测序　175
单细胞测序　9，176，220
单细胞转录组　175
单细胞转录组测序　207
单域抗体　387
蛋白酶 K　41
蛋白质 A　80

蛋白质富集全基因组甲
　基化测序　210
蛋白质芯片技术　229
蛋白质组学　227
德谷胰岛素　379
等电点　177
等温扩增　31
地高辛　107
第二代测序　153
第三代测序　153
点饱和突变　303
电场转移基因法　285
电穿孔　108
电击法　285
电激法　250，285
电转化　108，285
定点诱变　186
定量 PCR　147
定量蛋白质组学　228
定向进化　183
痘苗病毒　41
痘苗病毒载体　353
读长　159，216
端到端协作组　219
端粒　75
端粒到端粒　220
短波假单胞菌　342
短短芽胞杆菌　340
对读测序　160
多重 PCR　145
多重置换扩增　32，165
多聚腺苷酸尾　12
多联体　54
多维基因组　209

E

二氢榴菌素　342
二氢榴菌紫素　342
二元载体　255

F

发夹状单链接头　167
反式作用 CRISPR RNA　237
反向 PCR　140
反向末端重复序列　396
反义 DNA　391
反义 RNA　391
反义核酸药物　390
反转录 PCR　143
反转录病毒　34
反转录酶　34
放射农杆菌　334
放线菌素 D　35
放线菌紫素　341
非编码 RNA　172，222
非理性设计　183
肺炎克雷伯氏臭鼻
　亚种　267
肺炎双球菌　108
分子机器　10
分子杂交　104
福米韦斯　390
辅助噬菌体　58
辅助噬菌体 M13KO7　69
复制单位　4
复制蛋白　54
复制区　10
复制型 DNA　65
富养罗尔斯通氏菌　267，
　344

G

干扰素　380
杆状病毒　359
感染复数　52
感染率　14
感受态　108
高频溶原化　56

高通量染色质构象捕获
　技术　231
个案分析原则　400
根癌农杆菌 Ti 质粒　255
根癌农杆菌 Ti 质粒介
　导法　250
工程伦理　6
功能基因组学　227
共价闭合环状　23
共价闭合环状超螺旋　98
谷氨酸棒杆菌　337
谷胱甘肽转移酶　80
固定序列引物　146
光学图谱技术　216
归位内切酶　17，20
规律间隔的短回文重复
　序列　237
硅胶膜　96
硅芯片　106
滚环复制　54
国际农业生物技术应用
　服务组织　399
国际人类基因组测序协
　作组　219
果聚糖蔗糖酶　46

H

汉逊酵母　383
合成生物学　10，376
核酶　391，392
核酸类基因工程药
　物　375
核酸酶 BAL 31　38
核酸酶 MNase　118
核酸酶 S1　38
核酸酶 S1 作图　120
核酸酶靶向切割和释放
　技术　118
核酸酶抑制剂　40
核酸适体　116

核酸外切酶Ⅲ 38，172
核酸外切酶BAL 31 172
核酸疫苗 382，392
核糖核酸酶A 38
核糖核酸酶H 39
核糖体结合位点 11，78
核型多角体病毒 369
核移植法 274
盒式诱变 183
贺赛汀 390
红平红球菌 345
红细胞生成素 379
宏基因组测序 220
后基因组学 227
琥珀突变抑制基因 *supF* 46
互补DNA 198
互补决定区 385
环介导等温扩增 32
环境释放 403
回文对称序列 15，16
混合骨架寡核苷酸 391
活体重组疫苗 364

J

基因表达系统分析技术 227
基因操作 3
基因重组 3
基因重组激素 377
基因重组细胞因子 377
基因打靶 274
基因的可变性 11
基因的重叠性 11
基因工程 3，265
基因工程病毒疫苗 364
基因工程干扰素 380
基因工程抗体 375，384
基因工程药物 373
基因工程胰岛素 4

基因工程乙肝疫苗 372
基因工程疫苗 381
基因活化的诱导物 258
基因克隆 3，43
基因漂移 405
基因枪法 250，285
基因敲除 275，277
基因水平转移 405
基因文库 12，43，197
基因芯片 106
基因疫苗 392
基因元件 11
基因治疗 5，10，365，372
基因组 214
基因组DNA文库 197
基因组编辑 396
基因组工程 233
基因组文库 9
基因组药物 376
基于胞嘧啶脱氨酶的互作DNA捕获技术 119
基于双链DNA特异性胞嘧啶脱氨酶毒素 118
激光导入法 250
即时 24
几丁质结合域 84
几丁质树脂层析柱 84
加工 12
家蚕NPV 369
甲基化 12
甲基转移酶 15
甲基转移酶Dam 28
甲基转移酶Dcm 28
剪接 12
减毒活疫苗 382
简并序列 16
碱基编辑技术 260，296
碱基颠换 183
碱基对 197

碱基修饰 8
碱基置换 183
碱基转换 183
碱裂解法 95
碱性磷酸酶 37
渐次截短文库 193
交换热点激活区 56
胶质芽胞杆菌 335
焦磷酸测序 161
焦碳酸二乙酯 102
脚手架 231
酵母表达系统 389
酵母单杂交技术 114，203
酵母人工染色体载体 70
酵母双杂交技术 114，203
酵母双杂交系统 224
酵母转录激活因子 203
接合 45
接头 29，134，146
结合 108
结晶牛胰岛素 378
解淀粉芽胞杆菌 46
解毒基因 261
解离载体 333
解耦合组装动力学 117
解旋酶 124
解旋酶基因 74
金属硫蛋白 344
茎-环结构 11
精子介导法 274
肼 154
巨细胞病毒 390
聚3-羟基丁酸酯 346
聚丙烯酰胺凝胶电泳 98，154
聚合酶链反应 128
聚羟基脂肪酸酯 346
绝对定量 149

菌落杂交 104
菌毛 73

K

卡那霉素抗性基因 4，45
开放阅读框 10
抗病基因工程 265
抗虫基因工程 265
抗除草剂基因工程 265
抗逆 265
抗生素抗性标记 4
可变区 385
克隆 4
克隆载体 4
扣除杂交 204
扣除杂交cDNA文库 203
枯草杆菌蛋白酶 85
枯草芽胞杆菌 32，108，327
框架区 385
昆虫表达系统 390
扩增片段长度多态性 146

L

蜡状芽胞杆菌群 328
蓝色链霉菌 341
梨豆夜蛾核型多角体病毒 369
立即早期转录 52
连接酶 36
镰刀菌 342
链霉亲和素 161
链霉素 333
链球菌 336
链替换 389
链置换 31
链置换扩增 32
粮食安全 265

裂解生长状态 50
裂解循环 50
邻氨基苯甲酸合成
　酶 337
淋病奈瑟球菌 344
磷酸二酯键 8
磷酸钙沉淀法 285
磷酸钙法 286
磷酸基团 6
零模波导孔 166
流感嗜血杆菌 15
硫代磷酸脱氧寡核苷
　酸 391
硫酸二甲酯 154
榴菌素 341
六聚组氨酸肽 80
绿豆核酸酶 38
绿色荧光蛋白基因 276
氯霉素抗性基因 45
氯霉素乙酰转移酶 45

M

脉冲场凝胶电泳 99
慢病毒 353
慢病毒载体 366
梅德霉素 341
梅德紫素 A 342
酶单位 22
免疫黏连素 388
明串球菌 336
模板转换 201
模板转换引物 201
末端酶 54
末端转移酶 35
木聚糖酶 345
目录定性强制标识 403
苜蓿银纹夜蛾核多角体
　病毒 369

N

纳米抗体 387
纳米孔单分子测序技
　术 166, 168
耐热 DNA 聚合酶 34, 158
囊性纤维化 372
内含肽 20, 84
内含子 11, 20
逆转录病毒 353
逆转录病毒载体介导
　法 274
黏粒 47, 71
黏粒载体 70
黏末端 4, 19
念珠菌林伯氏变种 41
酿酒酵母 75, 383
鸟嘌呤 6
鸟枪测序 171
尿嘧啶 DNA 糖基化
　酶 41, 119
尿嘧啶 N-糖基化
　酶 188
尿嘧啶诱变法 188
凝胶珠 207
凝胶阻滞实验 111
凝乳酶 339
凝血蛋白酶 80, 82
牛小肠碱性磷酸酶 37
农杆菌素 335
农艺性能 265

P

哌啶甲酸 154
胚胎干细胞 288
胚胎干细胞介导法 274
胚胎内细胞团 288
匹配末端 19
匹配末端标签测序分析
　染色质相互作用 232

匹配黏末端 19
片球菌 336
平末端 19
平台效应 133
葡萄糖基-羟甲基化 17

Q

漆酶 345
启动子 10
前胰岛素原 378
箝位匀场电泳 99
嵌合抗原受体 T 细胞免
　疫治疗 5
嵌套缺失 193
嵌套缺失克隆 172
羟基丁酸和羟基己酸共
　聚物 347
羟甲基化 17
敲入 277
桥接双环糖基 201
切口 16
切口环状 98
切口酶 16
切口平移 30
切口平移标记 107
切离 54
切离酶 Xis 62
禽成髓细胞瘤病毒 34
青蒿素 376
琼脂糖 98
琼脂糖酶 40
区室 231
趋磁细菌 347
全基因组重亚硫酸盐
　测序 210
缺失 76

R

染色体步查 60, 140
染色质疆域 231

染色质可及性 211
染色质免疫沉淀技
　术 114
染色质远程互作 8
热不对称交错
　PCR 140
热启动 134
热循环方式 158
人工染色体载体 70
人凝血因子Ⅸ 290
人-鼠嵌合抗体 386
人源化抗体 386
日光霉素 333
溶菌酶 41
溶瘤病毒 367
溶原化 50, 52
溶原性噬菌体 50
溶原状态 50
熔解温度 101
融解曲线 149
乳化 PCR 161
乳球菌 336
乳酸杆菌 336
乳铁蛋白 291
弱毒疫苗 364

S

赛若金 372
三联体密码 8
三链核酸 391
三磷酸腺苷双磷酸
　酶 161
三亲本杂交 45
三维基因组学 231
三维基因组研究技
　术 227
扫描探针显微镜技
　术 119
扫描诱变 190
杀虫晶体蛋白 332

杀虫晶体蛋白基因 145
上样缓冲液 98
上游激活序列 203
审批制 403
渗漏表达 46
生产性试验 403
生长激素 273
生命时空图谱 9
生物安全证书 403
生物反应器 9,249,340
生物合成技术 10
生物积块 11,26
生物伦理 6
生物素 107
生物修复 323
生物元件 10
生殖支原体 10
实时荧光定量 PCR 147,265
实验研究 403
实质等同性原则 400
试管进化 183
试剂盒 102
嗜热热细菌 132
嗜热水生菌 132
嗜热脂肪芽胞杆菌 32,329
噬菌斑 51,56
噬菌斑杂交 104
噬菌粒 47,49,69
噬菌体 351
噬菌体 λ 14
噬菌体 $λ_B$ 14
噬菌体 $λ_K$ 14
噬菌体 M13 64
噬菌体 P1 载体 76
噬菌体 T7 启动子 80
噬菌体表面展示 224,362,388
噬菌体抗体库 388

噬菌体 λ 载体 50
噬菌体治疗 368
手动测序 158
熟知性原则 400
数字 PCR 150
双功能抗体 387
双体抗体 387
双脱氧核苷酸 155
双脱氧链终止测序方法 155
双向凝胶电泳 228
水解探针 149
硕鼠 273
斯氏普威登斯菌 340
四环素抗性基因 4,45
苏云金芽胞杆菌 145,324
宿主 351
宿主控制的专一性 14
随机克隆测序 170
随机扩增多态性 DNA 146
随机扫描诱变 191
随机引物标记 31
随机诱变 182
随机整合 274
梭状芽胞杆菌 340
锁核酸 201

T

肽核酸 391
泰欣生 389
探针 104
体内足迹试验 114
体外诱变 182
填充片段 59
条带阻滞实验 111
条形码标签序列 164
条形码序列 201
通用引物 157

同裂酶 19
同位素标记相对和绝对定量 228
同尾酶 20
同源二聚体 16
同源性检索 221
透明颤菌属 342
退火 128,158
蜕皮激素 UDP-葡萄糖基转移酶 370
脱氧核苷酸 6
脱氧核酶 6,392
脱氧核糖核酸酶Ⅰ 38
拓扑异构酶Ⅰ 40

W

外显子 11
外源基因转化验证 263
外植体 258
微量离心管 102
微量热泳动仪 117
微量移液吸头 102
微流 SELEX 样机 116
微流控 175
微阵列技术 227
微珠 106
微注射法 285
位点偏爱 23
位点特异性重组系统 233
无毒疫苗 382
无缝克隆技术 139
无碱基位点 201
无引物 PCR 185

X

细胞工厂 10
细菌碱性磷酸酶 37
细菌内毒素 383

细菌人工染色体载体 70
虾碱性磷酸酶 37
狭线杂交 104
先导编辑 239
纤维素结合位点 80
显微注射法 250,274,285
限制酶 8,14
限制性核酸内切酶 8
限制性内切酶 4,8
限制与修饰 14
线状 98
腺病毒 23,396
腺病毒载体 356
腺苷酰硫酸 161
腺嘌呤 6
腺嘌呤单碱基编辑器 239
腺嘌呤磷酸核糖转糖基因 276
腺相关病毒载体 366
相对定量 149
相互作用陷阱 203
相互作用组 229
小分子干扰 RNA 片段 394
小向导 RNA 303
锌指核酸酶技术 237
新霉素抗性基因 45,276
新霉素磷酸转移酶基因 261
新型冠状病毒 mRNA 疫苗 394
信号肽 86
星星活性 25
性菌毛 64,65,67,73
胸苷激酶基因 276
胸苷嘧啶激酶编码基因 280

胸腺嘧啶 6
修饰酶 14
秀丽隐杆线虫 27,123
选择 260
选择标记 4,45
选择标记基因 261

Y

亚单位疫苗 381
延迟早期转录 52
延伸 128,158
一元载体 255
衣滴虫 20
依赖于 DNA 的 RNA 聚合酶 36
胰岛素 377
胰岛素原 378
遗传修饰生物体 6
乙醇脱氢酶 I 383
乙醇氧化酶 300
异裂酶 20
异位表达 275
抑制性扣除杂交 204,227
易错 PCR 183,389
疫苗载体 382
引导编辑技术 296
引物步移 170
引物延伸 122

印迹转移 104,105
应对气候变化 265
应激蛋白 54
荧光淬灭剂 149
荧光共振能量转移 117
荧光基团 149
荧光假单胞菌 333
荧光素 161
荧光素酶 161
荧光自动 DNA 测序技术 153
预防原则 400
阈值 147
元件 326
原生质体介导法 250
原噬菌体 54
原位 Hi-C 联合染色质免疫沉淀 232

Z

载体 BAC 47
增变菌株诱变 183
增效蛋白 370
蔗糖致死基因 46
真养产碱杆菌 344
整合酶 54,61
整合宿主因子 61
整合载体 327
脂蛋白 328

脂质体包埋法 286
脂质体介导的基因转化 250
植物表达系统 390
植物促生细菌 324
植物基因工程 249
指数富集配体系统进化 116
质粒 4
质粒 pSC101 4
质粒 pSC102 4
质粒不相容性 44
质粒载体 4
质粒载体 pBR322 47
质粒载体 pUC18 47
致突变 PCR 183
置换型载体 57
中国仓鼠卵巢细胞 380
中间试验 403
中心法则 10
终止 158
终止子 10,11
重症联合免疫缺损病 10
周质空间 45
转导 108
转化 108
转化率 254
转化子 108

转基因 273
转基因动物 9
转基因生物安全管理模式 401
转基因植物 9
转录单位 11
转录后基因沉默 123,394
转录激活结构域 114,203
转录激活样效应因子 236
转录耦连供体 240
转录物 11
转录组 172
转录组学 227
转染 108
转座子测序 225
准读长 168
着丝粒 75
紫红链霉菌 341
自主复制序列 75
棕榈独角仙 369
组氨酸表达标签 82
组装 26
最基本启动子 115
最小基因组 234

郑重声明

高等教育出版社依法对本书享有专有出版权。任何未经许可的复制、销售行为均违反《中华人民共和国著作权法》,其行为人将承担相应的民事责任和行政责任;构成犯罪的,将被依法追究刑事责任。为了维护市场秩序,保护读者的合法权益,避免读者误用盗版书造成不良后果,我社将配合行政执法部门和司法机关对违法犯罪的单位和个人进行严厉打击。社会各界人士如发现上述侵权行为,希望及时举报,我社将奖励举报有功人员。

反盗版举报电话　　(010)58581999　58582371
反盗版举报邮箱　　dd@hep.com.cn
通信地址　北京市西城区德外大街4号　高等教育出版社知识产权与法律事务部
邮政编码　100120

读者意见反馈

为收集对教材的意见建议,进一步完善教材编写并做好服务工作,读者可将对本教材的意见建议通过如下渠道反馈至我社。

咨询电话　400-810-0598
反馈邮箱　gjdzfwb@pub.hep.cn
通信地址　北京市朝阳区惠新东街4号富盛大厦1座　高等教育出版社总编辑办公室
邮政编码　100029

防伪查询说明

用户购书后刮开封底防伪涂层,使用手机微信等软件扫描二维码,会跳转至防伪查询网页,获得所购图书详细信息。

防伪客服电话　　(010)58582300